河南省“十四五”普通高等教育规划教材

新工科暨卓越工程师教育培养计划电子信息类专业系列教材

丛书顾问/郝　跃

DIANLU FENXI JICHU JIAOCHENG

电路分析基础教程

■ 主　编/余本海　涂友超　仓玉萍

■ 参　编/钟莉娟　陈天歌　刘力伟

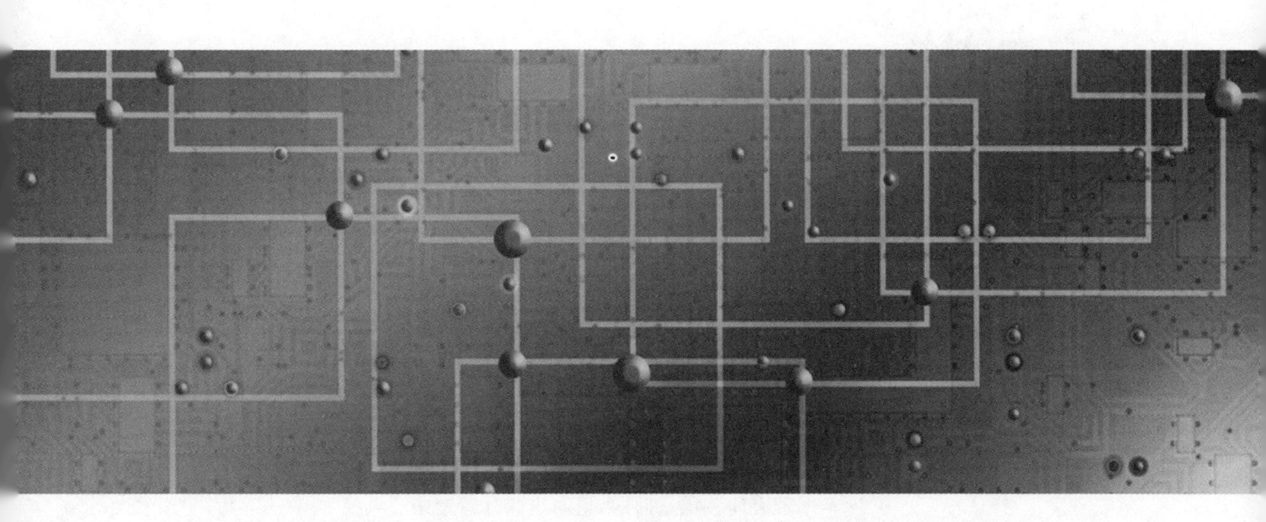

華中科技大學出版社
http://www.hustp.com
中国·武汉

内容提要

本书为普通高等教育“十四五”省级规划教材，根据教育部修订颁布的《高等工业学校电路分析基础基本要求》，并结合本科教学培养方案教学计划编写。本书注重基本概念、基本原理、基本分析方法，章前有重点、难点提示，章后有章节回顾，并配以大量的例题、习题，注重与后续课程和工程实际紧密衔接，有益于学生结合知识点融会贯通、拓宽知识面，在电路基本理论方面打下坚实的基础。

本书可作为全日制高等学校理工科电子信息工程、通信工程、电子科学与技术、计算机科学与技术、自动化、电气工程、应用物理学等专业的本科生教材及考研复习资料，也可作为有关专业的教师、工程技术人员的参考书。本书配有电子教案。

图书在版编目(CIP)数据

电路分析基础教程/余本海，涂友超，仓玉萍主编. —武汉：华中科技大学出版社，2021.9(2024.3 重印)
ISBN 978-7-5680-7423-0

Ⅰ.①电…　Ⅱ.①余…　②涂…　③仓…　Ⅲ.①电路分析-高等学校-教材　Ⅳ.①TM133

中国版本图书馆 CIP 数据核字(2021)第 163073 号

电路分析基础教程
Dianlu Fenxi Jichu Jiaocheng

余本海　涂友超　仓玉萍　主编

策划编辑：范　莹
责任编辑：刘艳花　李　昊
封面设计：秦　茹
责任校对：张会军
责任监印：周治超
出版发行：华中科技大学出版社(中国·武汉)　　电话：(027)81321913
　　　　　武汉市东湖新技术开发区华工科技园　　邮编：430223
录　　排：武汉市洪山区佳年华文印部
印　　刷：武汉科源印刷设计有限公司
开　　本：787mm×1092mm　1/16
印　　张：23
字　　数：551 千字
版　　次：2024 年 3 月第 1 版第 3 次印刷
定　　价：54.00 元

前言

为适应面向21世纪电工、电子课程体系改革的需求，使电子信息工程、电子科学与技术、电气工程等专业的学生掌握必备的电路基本理论与专业基础知识，掌握电路分析的基本概念、基本定律和定理、基本分析方法，提高学生的综合分析能力和思维创新的能力，我们编写了这本书。

本书体现“基础、实用、面宽、新颖”等特点，注重搭建基础框架和知识体系，保持内容的系统性、实用性和新颖性，激发学生的学习兴趣；根据电路课程内容多、教学课时少的特点，本书旨在突出“简明”二字，由浅入深，循序渐进，突出基本点、重点、难点，内容简明扼要，分析方法步骤详尽；注重明晰的主线，从直流到交流，从直流稳态到直流暂态再到交流稳态，从单相交流电路到三相交流电路，从一端口到多端口电路，从电路器件到模块，并配以大量例题和习题，便于读者加深理解、巩固知识点；注重与本专业教学计划和后续电类课程相衔接，有益于理工科学生结合知识点融会贯通，面向工程实际、拓宽知识面，为学生学习后续相关专业课程及今后从事科学研究、继续深造，打下坚实的电路基础。

本书共12章，主要内容包括电路模型与基本定律、电阻电路的等效变换、电阻电路的分析方法、电路定理、一阶电路的时域分析、二阶电路的时域分析、相量法基础、正弦稳态分析、电路的频率响应、三相正弦交流电路、含耦合电感的电路分析、非线性电路分析等。

本书由余本海、涂友超和仓玉萍担任主编并统稿，其中刘力伟编写第2章、第3章、第9章、第10章，仓玉萍编写第7章、第8章、第11章、第12章，钟莉娟编写第5章、第6章，陈天歌编写第1章、第4章并负责全书绘图工作，仓玉萍、钟莉娟负责全书整理工作。

由于编者水平有限，书中难免有错误和不妥之处，敬请读者指正。

编　者

2021年3月

目录

1

电路模型与基本定律

本章重点

(1) 电流、电压的参考方向,关联参考方向。

(2) 功率正、负的意义。

(3) 独立电源和受控电源。

(4) 基尔霍夫电流定律(KCL 定律)和基尔霍夫电压定律(KVL 定律)。

本章难点

(1) 参考方向。

(2) 功率的正与负。

(3) 受控电源。

本章学习电路模型;电路的基本物理量——电流、电压、电动势、功率等;参考方向、关联参考方向的概念;欧姆定律;受控电源;重点掌握电路的基本定律——基尔霍夫定律。

1.1 电路模型

电路是由若干个电气设备或元器件连接组成的电流通路。电路的作用是进行能量的产生、传输、分配和转换。例如,电力系统中,发电厂的发电机把热能、水能、核能、风能、太阳能、化学能等能量转换成电能,通过输电线路、变压器等输送给各个用户,又把电能转换成机械能、光能、热能等其他形式的能量。电路的另一重要作用是信号的传递、处理和转换,把施加于电路的输入信号(称为激励)变换或“加工”成为其他所需要的输出信号(称为响应)。例如,收音机或电视机的调谐电路用来选择所需要的信号,而由于收到的信号是很微弱的,所以需要放大电路,调谐电路和放大电路的作用就是把激励信号经过加工处理成所需要的响应。在许多场合,如通信系统、自动控制系统、交通运输、计算机等,有种类繁多、为完成不同任务组成的各种电路。

1.1.1 电路的组成

我们把提供电能的设备称为电源,把用电的设备称为负载,把连接电源与负载之间的电路称为中间环节。图 1.1(a)所示的是一个简单的实际电路,其中有一个电源(干电池)、一个负载(小灯泡)和两根连接导线和开关,其电路模型如图 1.1(b)所示,电阻

元件 R 表示小灯泡，干电池用电压源 U_S 和电阻元件 R_S 来表示，而连接导线在电路模型中用相应的理想导线(认为它们的电阻为零)或线段来表示。

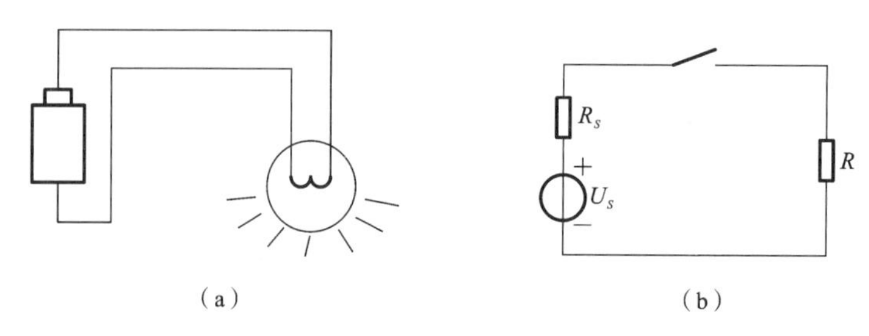

图 1.1 简单的实际电路

1.1.2 电路模型

1. 一个重要假设

电路理论中有一个重要的假设：$d \ll \lambda$，即电路的元件以及构成电路的尺寸远小于电路工作时电磁波的波长，或认为电磁波瞬时通过电路。

电磁场理论和实践均证明在任意时刻流入各器件任一端子的电流和任两端子之间的电压都是单值的。在这种近似条件下，可以用一些理想电路元件或它们的组合，来模拟实际电路中的器件。

如果实际电路的尺寸不是远小于工作时电磁波的波长，则这种电路便不能按集总参数电路来处理。例如，电力系统的长距离输电线路，要考虑分布参数(如分布电容、分布电感和对应的分布参数电路)。这将在后续课程中涉及。

2. 集总参数元件

反映某种确定的电磁性质、具有严格的数学定义的一种理想化的电路模型称为集总参数元件，又称为集总元件、理想电路元件，是用抽象的理想元件及其组合近似代替实际的器件，从而构成与实际电路元件等相对应的理想电路元件。例如，电阻元件是反映电阻器等实际器件阻碍电流消耗电能作用的一种理想化的电路元件。

3. 集总参数电路

由集总参数元件构成的电路称为集总参数电路 (或集总电路)。在实际电路中各器件通过导线相互连接起来，而在集总参数电路中各理想元件用“理想导线”连接起来，从而构成了与实际电路相对应的电路模型。

电路理论有一个重要的假设：电磁波瞬时通过电路，集总参数电路的尺寸完全可以忽略不计。

电路分析的目的是求解电路各部分的电流、电压和功率，一般不考虑器件内部发生的物理过程。无论简单的还是复杂的实际电路，都可以通过理想电路元件所构成的电路模型来分析。

1.1.3 集总参数元件、电路特点

理想电路元件是通过端子与外部相连接的，根据端子的数目可分为二端、三端、四端元件等，如图 1.2 所示。

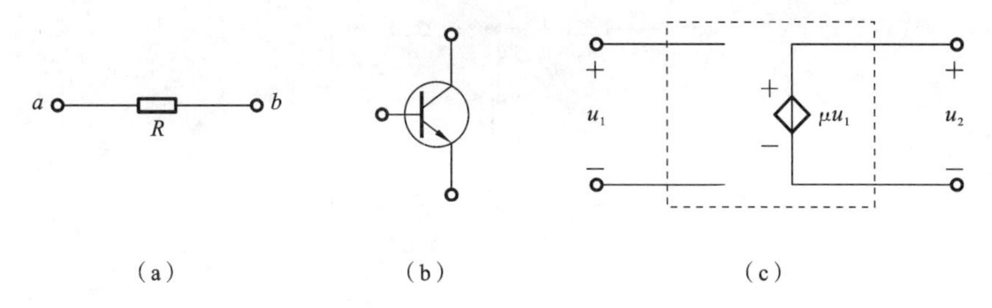

图 1.2 理想电路元件

1. 集总参数元件特点

在任何时刻,对于具有两个端子的某个集总元件,从一个端子流入的电流恒等于从另一个端子流出的电流,并且元件的端电压是单值的。对于多个端子的集总元件,在任何时刻流入任一端子的电流和任意两端子之间的电压是单值的量。

2. 集总参数电路特点

若集总参数电路通过两个端子与外电路连接,则该部分称为二端电路,或称为一端口电路,此时一端口电路与一端口网络是相同的。集总参数电路中任何一端口电路均有两个特点(见图 1.3):① 从一个端子流入的电流等于从另一个端子流出的电流;② 端口电压具有单值性。

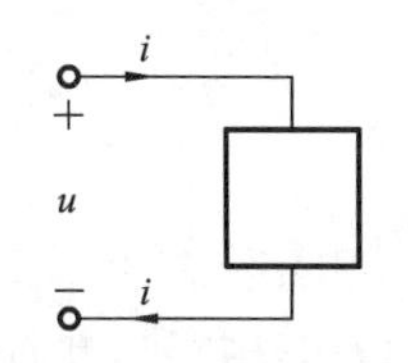

图 1.3 一端口电路的两个特点

1.2 基本物理量

电路的基本物理量:电流、电压、电动势、电功率。

1.2.1 电流

1. 定义

电荷(电子、正离子等)的移动形成电流。电流既是一种物理现象,也是一个物理量,电流在量值上等于单位时间通过某一截面的电荷量,是电流强度的简称,用符号 i 表示,即

$$i=\frac{\mathrm{d}q}{\mathrm{d}t} \tag{1-1}$$

电流的单位:安培(A),还有 mA、μA、kA。

电流的实际方向:正电荷移动的方向。

(1) 直流电(DC):$I=\frac{Q}{t}$ 为常数,其大小和方向均不随时间变化而变化,用符号 I 表示。

(2) 交流电(AC):$i(t)=\frac{\mathrm{d}q}{\mathrm{d}t}$,其大小和方向随时间变化而变化,用符号 $i(t)$ 或 i 表示。

2. 电流的参考方向

电路比较复杂时,电流的实际方向在电路中难以判断。例如,图 1.4 所示的电路中,电阻 R 的电流的实际方向难以判断,因此引入电流参考方向这一概念。

电流的参考方向:一段电路中,在电流两种可能的实际方向中任意选择一种方向作

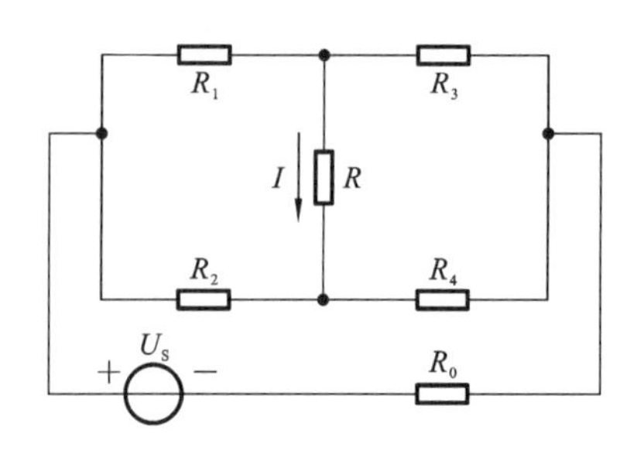

图 1.4　电流的参考方向

为参考，称为参考方向（或假定正方向，简称正方向）。当该方向与实际方向相同时，电流为正；反之，电流为负，如图 1.5 所示。

图 1.5　电流的参考方向及其表示方法

由定义可知：① 电流的参考方向可以任意确定；② 从计算结果来确定实际方向。若 $I>0$，则实际方向与参考方向一致；若 $I<0$，则实际方向与参考方向相反。

电流的参考方向可以选择，而电流的实际方向不可以选择。一段电路确定后，电路中各部分电流的实际方向也就全部确定，而且唯一确定，它不受参考方向的影响。电流在选择参考方向后变成一个代数量，可能为正，也可能为负。正电流或负电流是相对所选择的参考方向而言的，无实际物理意义，也就是说给定了参考方向之后电流才有正负之分。

电流参考方向的标注方法：箭头表示法和双下标表示法，如图 1.5(a)和图 1.5(b)所示。

1.2.2　电压

1. 定义

1）电位

电位是指电路中某点电位与电位参考点之间的电位之差。对于同一电路，电位与参考点的选择有关，参考点不同，电位大小不同。

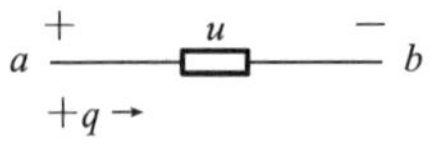

图 1.6　电压的实际方向

2）电压

电压是指任意两点之间的电位之差（电压与参考点的选择无关），是电场力将单位正电荷 q 由实际高电位 a 点移至实际低电位 b 点所做的功，用符号 U 或 u 表示，如图 1.6 所示。

电压的实际方向：电位降，是高电位指向低电位。沿着电压的实际方向，电位逐点降低，电场力做正功，电势能减少，电能转换为其他形式的能。

数学表达式：

$$u_{ab}=\frac{\mathrm{d}W}{\mathrm{d}q}$$

直流（恒定）电压：大小、方向不变的电压，用符号 U 表示。

交变(交流)电压:大小、方向随时间改变的电压,用符号 $u(t)$或 u 表示。

单位:伏特(V),或 mV、μV、kV。

3) 电动势

电动势是指非电场力将单位正电荷 q 由实际低电位 b 点移至实际高电位 a 点所做的功,用符号 E 或 $e(t)$表示,如图 1.7(a)所示。

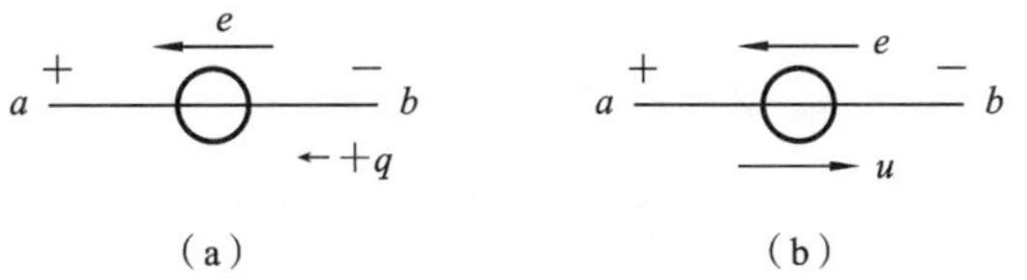

(a) (b)

图 1.7 电动势的实际方向

电动势的实际方向:电位升,是低电位指向高电位。沿着电动势的实际方向,电位逐点升高,非电场力做正功,电位能增加,其他形式的能转换为电能。

数学表达式:

$$e=\frac{\mathrm{d}W}{\mathrm{d}q} \tag{1-2}$$

电动势通常用其两端的电压 u 表示,它们大小相等,方向相反,如图 1.7(b)所示,且有

$$e=\frac{\mathrm{d}W}{\mathrm{d}q}=u_a-u_b=u$$

直流(恒定)电动势:大小、方向不变的电动势,用符号 U 表示。

交变(交流)电动势:大小、方向随时间变化的电动势,用符号 $e(t)$或 e 表示。

单位:伏特(V),或 mV、μV、kV。

2. 电压的参考方向

在电路中某两端电位极性不能确定时,必须事先任意假定电压的参考方向。如图 1.2(a)所示,电阻 R 两端的电位极性难以判断,因此引入电压参考方向这一概念。

电压的参考方向:在电压两种可能的真实方向中,任意选择一种方向作为参考,该方向称为参考方向(或假定正方向,简称正方向)。当该方向与实际方向相同时,电压是一个正值;反之,电压是一个负值。

沿着电压的参考方向,假定电位逐点降低,电场力做正功,电势能减少,电能转换为其他形式的能。表示方法有三种,如图 1.8 所示。

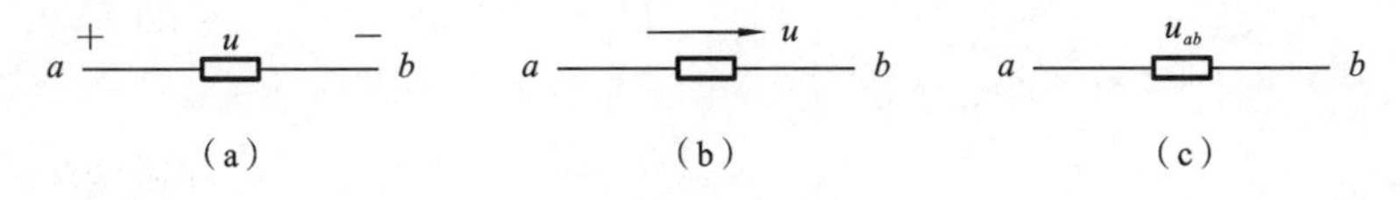

(a) (b) (c)

图 1.8 电压的参考方向

图 1.8(a)所示的是极性表示法:电压 U 的参考方向用"+ "、"−"表示。

图 1.8(b)所示的是箭头表示法:箭头方向表示电位降。

图 1.8(c)所示的是双下标表示法:U_{ab} 表示电压参考方向 a 点比 b 点电位高。

电动势的参考方向:在电动势两种可能的真实方向中,任意选择一种方向作为参考,该方向称为参考方向(或假定正方向,简称正方向)。当该方向与实际方向相同时,电动势是一个正值;反之,电动势是一个负值,如图 1.9 所示。

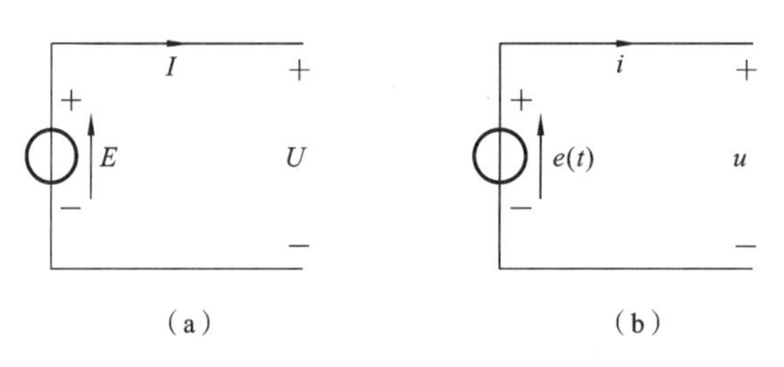

图 1.9　电动势的参考方向

沿着电动势的参考方向，假定电位逐点升高，非电场力做正功，电势能增加，其他形式的能转换为电能。

3. 电压与电流的关联参考方向

关联参考方向：某一元件电压 u、电流 i 的参考方向相同称为关联参考方向，即电荷沿着电流的参考方向，是从假定的高电位点移动到假定的低电位点，如图 1.10(a)所示。

（a）　　（b）

图 1.10　u、i 的关联参考方向

非关联参考方向：某一元件电压 u、电流 i 的参考方向相反称为非关联参考方向，如图 1.10(b)所示。电动势 E(或 $e(t)$)两端电压 u 的参考方向与电流 i 的参考方向相反，是非关联参考方向，如图 1.9 所示。

例 1-1　电路如图 1.11 所示，分别设 a、b 点为参考点，求各点电位及电压 U_{ab}、U_{cb}、U_{db}。

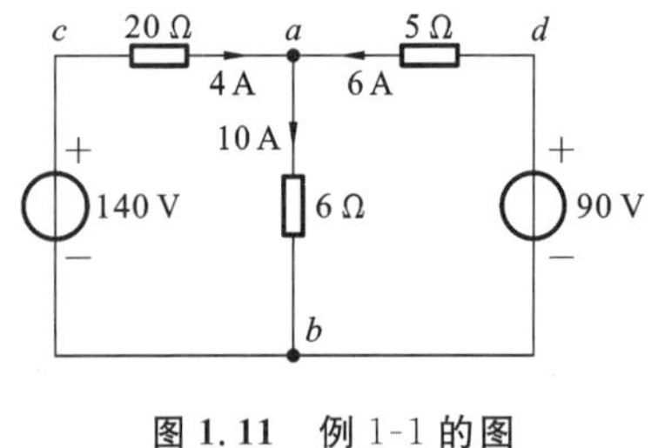

图 1.11　例 1-1 的图

解　设 b 点为参考点，则

$$U_b=0,\quad U_a=U_{ab}=10\times6=60\ (\text{V})$$

$$U_c=U_{cb}=140\ (\text{V}),\quad U_d=U_{db}=90\ (\text{V})$$

设 a 点为参考点，则

$$U_a=0,\quad U_b=U_{ba}=-10\times6=-60\ (\text{V})$$

$$U_c=U_{ca}=4\times20=80\ (\text{V})$$

$$U_d=U_{da}=5\times6=30\ (\text{V}),\quad U_{ab}=10\times6=60\ (\text{V})$$

$$U_{cb}=140\ (\text{V}),\quad U_{db}=90\ (\text{V})$$

本题说明：电位与参考点的选取有关，电压与参考点的选取无关。

1.2.3　功率

单位时间内电场力所做的功称为电功率，即电流与电压的乘积，用符号 p 或 P 表示。

由 $u=\dfrac{\mathrm{d}W}{\mathrm{d}q}$，则有

$$p=\frac{\mathrm{d}W}{\mathrm{d}t}=\frac{\mathrm{d}W}{\mathrm{d}q}\frac{\mathrm{d}q}{\mathrm{d}t}=ui$$

交流功率为

$$p=ui \tag{1-3}$$

直流功率为

$$P=UI \tag{1-4}$$

单位：瓦特(W)，或 mW、kW。

1. 电阻的功率

电阻的功率如图 1.12 所示。

在图 1.12(a)中，u、i 取关联参考方向，有

$$p=ui=i^2R=\frac{u^2}{R}$$

在图 1.12(b)中，u、i 取非关联参考方向($-u$、i 取关联参考方向，$u=-iR$)，有

$$p=(-u)i=i^2R=\frac{u^2}{R}$$

由于上述两式均有 $p>0$，说明电阻消耗功率。

2. 一端口电路的功率

根据电压 u、电流 i 的参考方向是关联还是非关联，决定一端口电路实际是吸收还是产生功率，如图 1.13 所示。

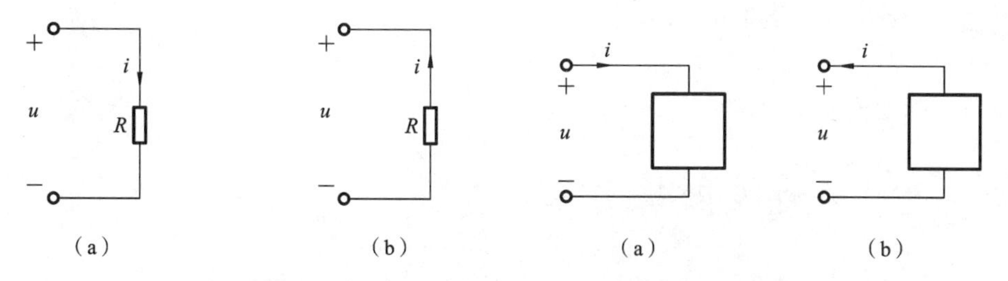

图 1.12 电阻的功率

图 1.13 一端口电路的功率

(1) 当 u、i 取关联方向时，电路吸收功率，由于

$$p=ui$$

当 $p>0$ 时，该电路实际吸收功率；当 $p<0$ 时，该电路实际发出功率(吸收负功率)。

如图 1.13(a)所示，在 u、i 取关联参考方向情况下，如当 $u>0$，电压实际方向向下，极性上高下低；当 $i<0$，电荷移动实际从下到上，电位逐点升高，电势能增加，其他形式的能量转换为电能，此端口功率为

$$p=ui<0$$

根据定义，实际发出电功率，则端口内部是电源性质。

(2) 当 u、i 取非关联方向时，电路发出功率，由于

$$p=ui$$

当 $p>0$ 时，该电路实际发出功率；当 $p<0$ 时，该电路实际吸收功率(发出负功率)。

如图 1.13(b)所示，在 u、i 非关联方向情况下，当 $u>0$ 时，电压实际方向向下，极性上高下低；当 $i<0$ 时，电荷移动实际从上到下，电位逐点降低，电势能减少，电能转换为其他形式的能量，此端口功率为

$$p<0$$

根据定义，实际吸收电功率，则端口内部是负载性质。

按照上述(1)或(2)的条件均可以判断电路是发出功率还是吸收功率。但判断一个

电路是否功率守恒，要有一个统一标准：在电压、电流取关联参考方向下，各个元件功率均用上述条件(1)判断，最终有 $\sum P=0$，满足功率守恒，能量守恒；同理，均用条件(2)，也同样满足功率守恒。

例 1-2 一端口电路如图 1.13 所示，求电路的功率，并判断下列情况端口是实际吸收功率还是发出功率：(1) 图 1.13(a)中，若 $u=2$ V，$i=-3$ A；(2) 图 1.13(a)中，若 $u=-2$ V，$i=-3$ A；(3) 图 1.13(b)中，若 $u=-2$ V，$i=-3$ A。

解 (1) u、i 取关联参考方向，有

$$p=ui=2\times(-3)=-6\ (\mathrm{W})<0$$

则端口实际发出功率。

(2) u、i 取关联参考方向，有

$$p=ui=(-2)\times(-3)=6\ (\mathrm{W})>0$$

则端口实际吸收功率。

(3) u、i 取非关联参考方向，有

$$p=ui=(-3)\times(-2)=6\ (\mathrm{W})>0$$

则端口实际发出功率。

或 $-u$、i 取关联参考方向，其中 $-u=2$ V，$i=-3$ A，有

$$p=ui=3\times(-2)=-6\ (\mathrm{W})<0$$

则端口实际发出功率。

1.3 电阻元件及欧姆定律

分析电路时，首先要了解各电路元件的特性，其中表示元件特性的数学关系称为元件约束。各元件的特性可以用它们的电压、电流关系表示，简称伏安关系，记为：VAR 或 VCR。

1.3.1 电阻元件

电阻元件的 $u=f(i)$ 或 $i=g(u)$，可由 u-i 平面上的一条曲线来表征，该曲线称为伏安特性曲线。

根据其 VAR 特性的不同，电阻元件可分以下两种。

(1) 线性电阻——伏安特性曲线是一条过坐标原点的直线。

(2) 非线性电阻——伏安特性曲线不是一条直线。

电阻元件还可分为以下两种。

(1) 时不变(非时变)电阻——伏安特性曲线不随时间变化而变化。

(2) 时变电阻——伏安特性曲线随时间变化而变化。

本书主要讨论线性时不变电阻元件。

1.3.2 欧姆定律

1. 电阻与电导

1) 电阻元件

电阻是表示元件阻碍电流的能力，是一种理想二端元件，电路符号如图 1.14 所示，

R 为元件的电阻。

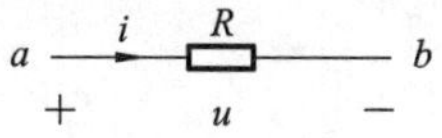

$$a \xrightarrow{i} [R] — b \quad (+\ u\ -)$$

图 1.14　电阻元件

线性电阻元件的伏安特性曲线是通过坐标原点的直线，如图 1.15(a)所示。

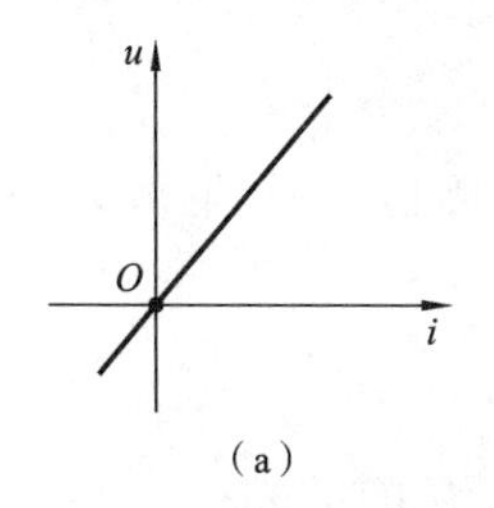

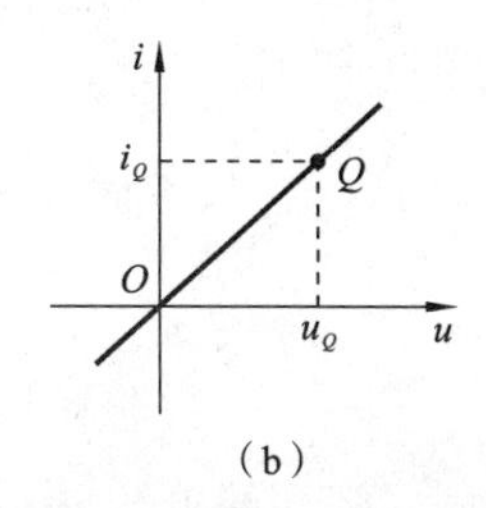

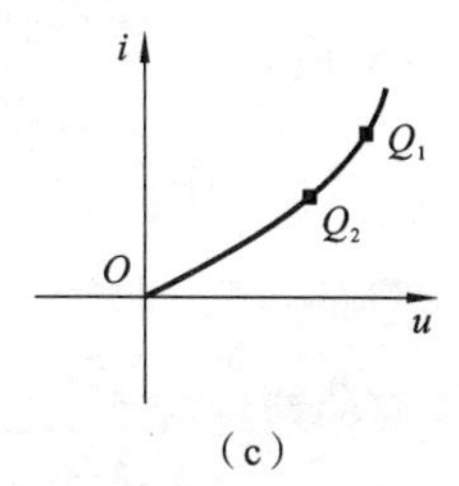

(a)　(b)　(c)

图 1.15　电阻的 VCR 曲线

定义：

$$R=\frac{u}{i} \tag{1-5}$$

其中：线性电阻元件参数 R 为一常数。

单位：欧姆(Ω)，或 kΩ、MΩ 等。

2）电导

线性电阻元件也可用另一个参数电导来表征。从物理概念看，电导是反映电阻元件导电能力强弱的参数，用与电阻相反的方面来表征同一电阻元件的特性。电导符号为 G。

定义：

$$G=\frac{1}{R} \tag{1-6}$$

或

$$G=\frac{i}{u}$$

单位：西门子(S)。

2. 欧姆定律

欧姆定律：元件两端的电压与电流成正比的规律。

当 u、i 为关联参考方向时，如图 1.16(a)所示，有

$$u=iR \tag{1-7}$$

$$i=Gu \tag{1-8}$$

当 u、i 为非关联参考方向时，如图 1.16(b)所示，有

$$u=-iR \tag{1-9}$$

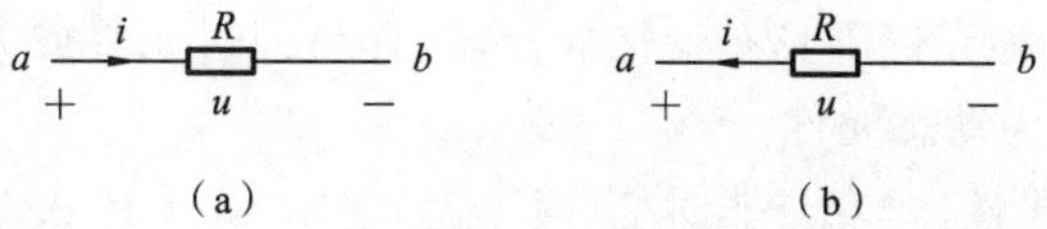

(a)　(b)

图 1.16　电导元件

$$i=-Gu \tag{1-10}$$

如未指明，u、i均默认为关联参考方向。

注意：欧姆定律只适用于线性电阻。

如图1.15(b)所示，Q点的电阻$R_Q=\frac{u_Q}{i_Q}$，不同Q点的阻值相同，电阻R为常数。电阻是线性时不变元件。

3. 非线性电阻

如图1.15(c)所示，Q点的电阻$R_Q=\frac{u_Q}{i_Q}$，不同Q点的阻值不同，电阻R不等于常数，如二极管的VCR曲线。

4. 电阻的两种特殊状态

(1) 电阻短路：若电阻$R=0$，则电阻两端电压$u=0$，称为电阻短路。

(2) 电阻开路：若电阻$R=\infty$，则电阻通过的电流$i=0$，称为电阻开路。

5. 功率

线性电阻元件消耗的功率为

$$p=ui=i^2R=\frac{u^2}{R}=u(Gu)=u^2G$$

其中：R为耗能元件，不对外提供能量。

6. 能量

电阻元件从t_0到t时间内吸收的电能为

$$W=\int_{t_0}^{t}Ri^2(\xi)\mathrm{d}\xi \tag{1-11}$$

在直流情况下，有

$$Q=W_R=I^2R\Delta t=\frac{U^2}{R}\Delta t=U^2G\Delta t$$

在交流情况下，有

$$Q=W_R=p(t-t_0)=ui\Delta t=i^2R\Delta t=\frac{u^2}{R}\Delta t=u^2G\Delta t$$

单位：焦耳(J)。

1 J=24 cal(卡，热量实用单位)， 1 kWh(1度电)$=3.6\times10^6$ J。

实际电阻的电压U、电流I、功率P都有额定值，若在使用时超过额定值则会损坏元件。

7. 无源元件与即时元件

无源元件：不能独立对外电路提供电能的元件，如电阻R、电感L、电容C均为无源元件。

即时元件：任一时刻瞬时电压u只取决于同一瞬时的电流i，而与该瞬时之前的电压、电流情况无关，这种元件不具有记忆的性质，称为即时元件或无记忆元件。例如，R为即时元件，而L、C为动态元件。

电阻有线性、非线性、时变与非时变(时不变)之别，如无特殊说明，本书中的电阻均指线性时不变电阻。

1.4 独立电源

独立电源：向电路提供电能，输入电信号，故称为电源或信号源。例如，直流(DC)电源、交流(AC)电源。

两种理想独立电源元件：电压源和电流源，均为有源元件。

1.4.1 电压源

1. 定义及符号

电压源：向外电路提供恒定不变的电压 U_S(直流)或者某一固定时间函数的电压 $u_S(t)$(交流)。它是一个理想二端元件，电路符号如图 1.17 所示，图 1.17(a)所示的是直流电压源 U_S，图 1.17(b)所示的是交流电压源 $u_S(t)$，"+"、"−"为参考极性。这里，电压源的电压、电流的参考方向取非关联方向。

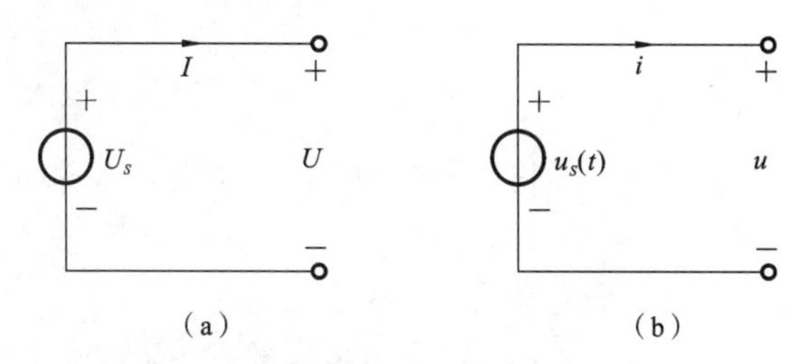

图 1.17 电压源的符号及其参考方向

电压源一般用其两端的电压 U_S 或 $u_S(t)$表示。

直流电压源 U_S 的伏安特性：在 u-i 平面上是一条与 i 轴平行的直线，如图 1.18(a)所示。交流电压源 $u_S(t)$的伏安特性如图 1.18(b)所示。

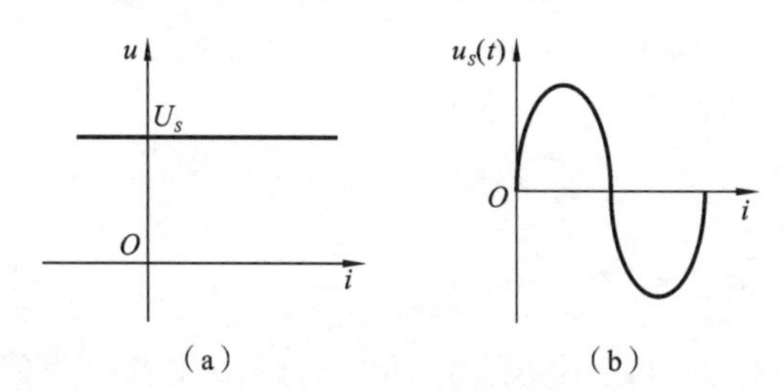

图 1.18 电压源的伏安特性

2. 特点

(1) 端电压是恒定值 U_S，或者是固定时间函数 $u_S(t)$，不会受外电路的影响。

(2) 电压源通过的电流与外接电路有关。如图 1.19(a)所示，电压源流过的电流为 i。

(3) 电压源短路。

电压源短路如图 1.19(b)所示，端口 $R=0$，有 $i=\dfrac{U_S}{R}\rightarrow\infty$，此时电流很大，会烧毁电压源，所以电压源不允许短路。

(4) 电压源开路。

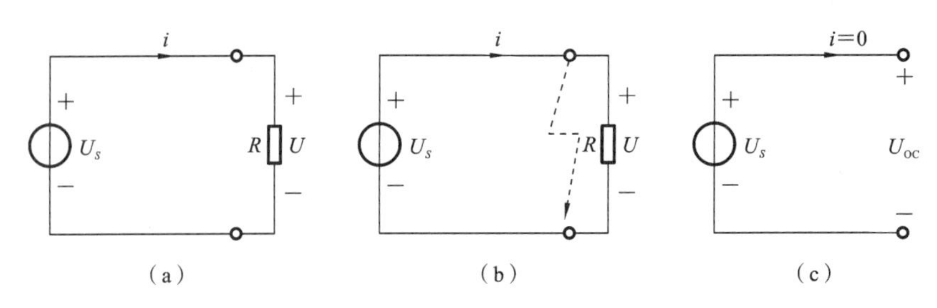

图 1.19　电压源的特点

电压源开路如图 1.19(c)所示，其流过的电流 $i=0$，端口开路电压 U_{oc} 等于电压源电压 U_S，即 $U_{oc}=U_S$。

例 1-3　在图 1.20 所示电路中，计算各元件的功率，并验证功率守恒。

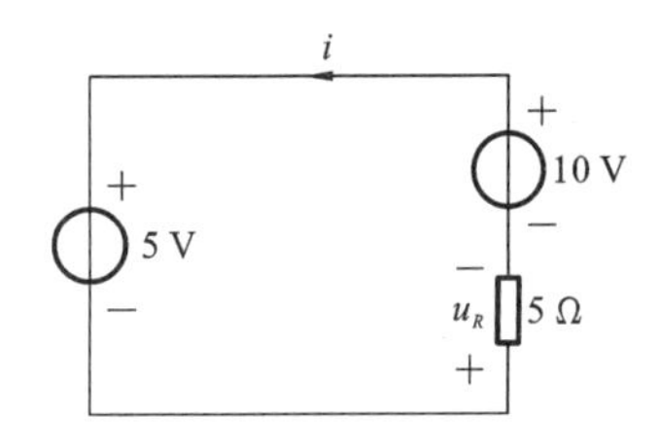

图 1.20　例 1-3 的图

解　由于

$$5+u_R=10$$

$$u_R=10-5=5\ (\text{V})$$

$$i=\frac{u_R}{R}=\frac{5}{5}=1\ (\text{A})$$

将各元件的 u、i 取关联参考方向，则有

$$P_R=i^2R=1\times5=5\ (\text{W})$$

为实际吸收功率；

$$P_{u_{S1}}=(-i)u_{S1}=(-1)\times10=-10\ (\text{W})$$

为实际发出功率；

$$P_{u_{S2}}=iu_{S2}=1\times5=5\ (\text{W})$$

为实际吸收功率。

即有

$$P_R+P_{u_{S1}}+P_{u_{S2}}=5-10+5=0\ (\text{W})$$

则该电路功率守恒。

1.4.2　电流源

1. 定义及符号

电流源：向外电路提供恒定不变的电流 I_S(直流)或者某一固定时间函数的电流 $i_S(t)$(交流)。例如，光电池，当光的照度一定，激发的电子数一定时，电流恒定。电流源是一个理想二端元件，电流源的电路符号及其参考方向如图 1.21 所示，图 1.21(a)为直流电流源 I_S，图 1.21(b)为交流电流源 $i_S(t)$，均为关联参考方向。

伏安特性：直流电流源 I_S 在 u-i 平面上是一条与电压轴 u 平行的直线，如图 1.22(a)所示，交流电流源 $i_S(t)$ 如图 1.22(b)所示。

2. 特点

(1) 电流源的电流 I_S 或 $i_S(t)$ 与外电路无关。

(2) 电流源的端电压 $u(t)$ 与外电路有关。

如图 1.23(a)所示，电流源两端的电压为

$$u=u_R=RI_S。$$

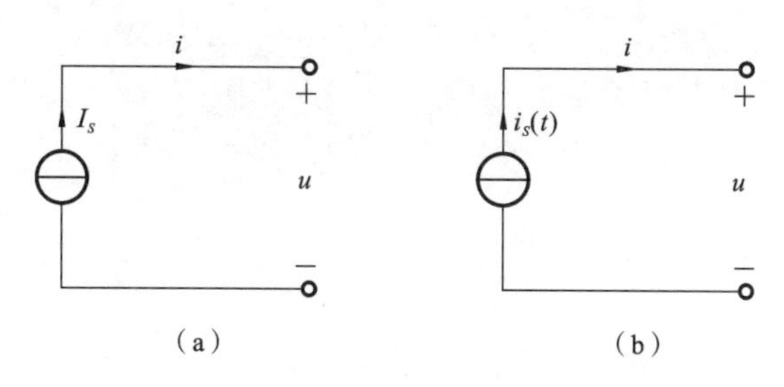

图 1.21　电流源的电路符号及其参考方向

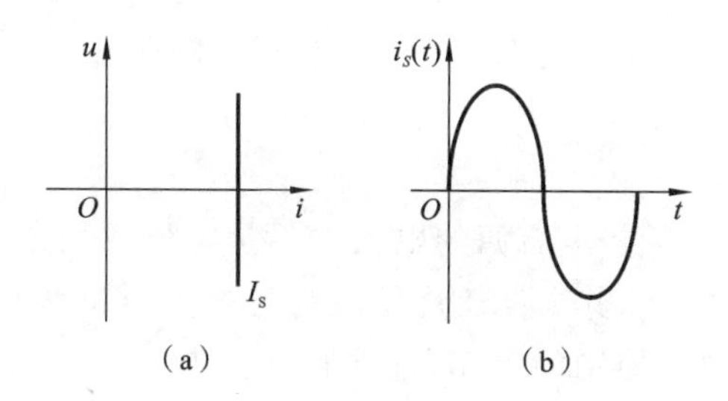

图 1.22　电流源的 VCR 曲线

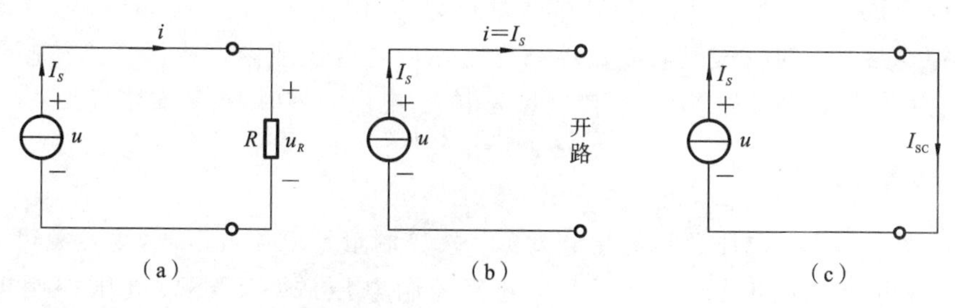

图 1.23　电流源的特点

(3) 电流源开路。

当电流源开路时，如图 1.23(b)所示，端口电阻 $R\to\infty$，有

$$u=i_S R\to\infty$$

此时电流源的电压很大，会烧毁器件，所以电流源不允许开路。

(4) 电流源短路。

当电流源短路时，如图 1.23(c)所示，其端电压 $u=0$，端口短路电流 I_{sc} 等于电流源电流 I_S，即

$$I_{sc}=I_S$$

例 1-4　计算图 1.24 所示电路各元件的功率。

解　各元件的 u、i 取关联参考方向，则有

$$u_S=5\ (\text{V}),\quad i=i_S=2\ (\text{A})$$

又　$$P_R=i^2R=2^2\times 2=8\ (\text{W})$$

电阻实际吸收功率。

$$P_{u_S}=iu_S=2\times 5=10\ (\text{W})$$

电压源实际吸收功率。

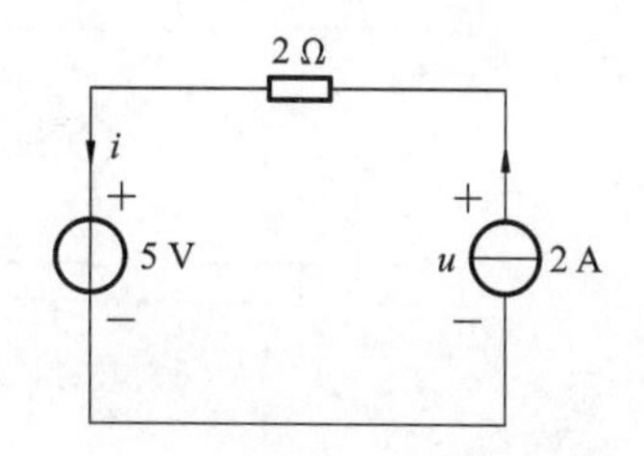

图 1.24　例 1-4 的图

电流源的端电压：由 KVL 定律，按逆时针绕向，有

$$2i+5-u=0,\quad u=2i+5=2\times 2+5=9\ (\text{V})$$

$$P_{i_S}=(-i_S)u=(-2)\times 9=-18\ (\text{W})$$

则电流源实际发出功率 18 W,即有

$$P_R+P_{u_S}+P_{i_S}=8+10-18=0\ (\text{W})$$

则该电路功率守恒。

1.5 受控源

前面讨论的电压源输出电压、电流源输出电流都是定值,与外电路无关,称为独立源。在电路理论中,除了独立源还引入了"受控源"的概念。

1.5.1 定义

受控电压源的电压和受控电流源的电流并不是定值或固定的时间函数,而是受电路中某处电流或电压的控制,其中反映这种控制与被控制关系的器件的电路模型称为受控源,又称为非独立源。控制的电压、电流称为控制量,受控制的电压、电流称为受控量。

受控源是一个二端口元件,其中输入端口为控制支路端口,输出端口为受控支路端口。受控支路端口的电压或电流被控制支路端口的电压或电流控制。当控制量为电压,电流为零时,控制支路开路;当控制量为电流,电压为零时,控制支路短路。

1.5.2 受控源分类

受控源分为受控电压源和受控电流源。按控制量是电压或电流,受控源可分类为以下四种:电压控制电压源(VCVS)、电流控制电压源(CCVS)、电压控制电流源(VCCS)、电流控制电流源(CCCS)。

当受控源的受控量与控制量成正比时,称为线性受控源,其控制系数为常数。本书只考虑线性受控源。

受控源的符号及电路如图 1.25 所示。

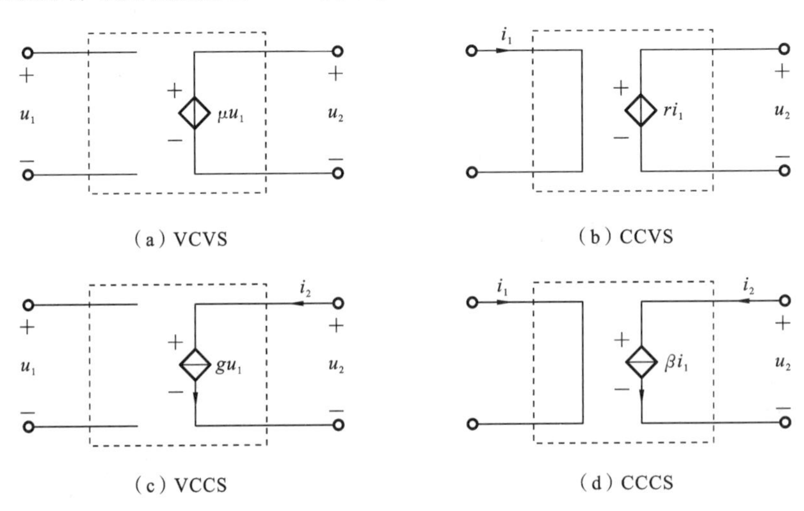

图 1.25 受控源的符号及电路

1. 受控电压源

受控量是电压时，控制量为电流或电压，称为受控电压源，可分为两种：电压控制电压源和电流控制电压源。其电路符号及电路如图 1.25(a)(b)所示。

(1) 电压控制电压源(VCVS)：

$$u_2=\mu u_1 \tag{1-12}$$

其中：μ 为转移电压比。

(2) 电流控制电压源(CCVS)：

$$u_2=ri_1 \tag{1-13}$$

其中：r 为转移电阻。

2. 受控电流源

受控量是电流时，控制量为电流或电压，称为受控电流源，可分为两种：电压控制电流源和电流控制电流源。其电路符号及电路如图 1.25(c)(d)所示。

(1) 电压控制电流源(VCCS)：

$$i_2=gu_1 \tag{1-14}$$

其中：g 为转移电导。

例如，场效应管的栅-源极电压控制漏极电流，有 $i_d=gu_{gs}$。

(2) 电流控制电流源(CCCS)：

$$i_2=\beta i_1 \tag{1-15}$$

其中：β 为转移电流比。

例如，晶体管的基极电流 i_b 控制集电极电流 i_c，有 $i_c=\beta i_b$，β 又称为电流放大倍数。

1.5.3 受控源与独立源的区别

独立源在电路中起着“激励”的作用，因为有了独立源才能在电路中产生电流和电压(响应)，没有独立源，电路中就不产生电流和电压(响应)，则受控源也不存在。受控源本身不起“激励”作用，它的电压或电流是受电路中其他电压和电流所控制。如果控制量为 0，则受控源也为 0，此时受控电压源相当于短路，受控电流源相当于开路。

受控源与独立源存在相同点，即当控制量不变时，受控源与独立源相似：受控电压源与电压源相似，即使外部电路变化，其端电压不变；受控电流源与电流源相似，即使外部电路变化，其通过的电流不变。除了控制量和独立源外，它不受控于其他任何电路中的电流或者电压。

受控源与独立源的联系：独立源控制控制量，控制量控制受控量。

需要注意的问题如下。

(1) 受控源采用菱形符号表示，与独立电源区别。

(2) 受控源不仅受控于控制量的大小，还受控于其方向。

(3) 在电路上无须标出控制端口，但控制量、受控量必须明确标出。

(4) 受控源可吸收功率也可发出功率。

例 1-5　已知 VCVS 的电压 $u_2=2u_1$，电流源 $i_S=2$ A。求图 1.26 所示电路中的电流 i。

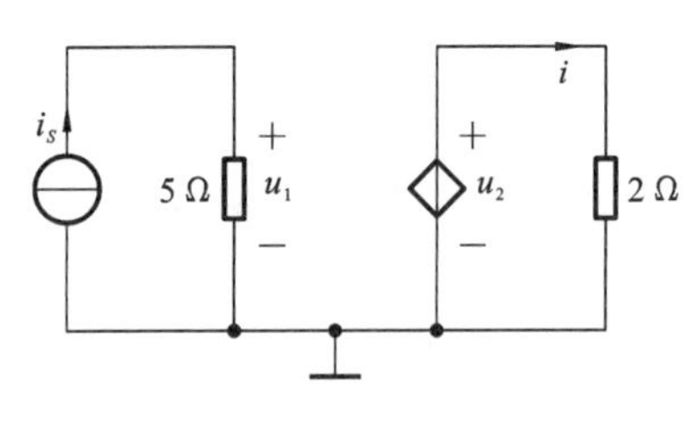

图 1.26　例 1-5 的图

解　由于

$$u_1 = 5i_S = 5\times2 = 10\ (\mathrm{V})$$

$$u_2 = 2u_1 = 2\times10 = 20\ (\mathrm{V})$$

则有

$$i = \frac{u_2}{2} = \frac{20}{2} = 10\ (\mathrm{A})$$

1.6　基尔霍夫定律

基尔霍夫定律是电路理论中最重要的基本定律，是分析和计算电路的依据，是描述集总参数元件电路中的各支路电流、各部分电压之间相互制约的规律，电路中许多分析方法(如支路电流法、回路电流法、结点电压法等)以及替代定理、戴维宁定理等均由它推导出来。

基尔霍夫定律包括基尔霍夫电流(KCL)定律和基尔霍夫电压(KVL)定律。前者适用于电路中的任一结点，后者适用于电路中的任一回路。

电路由各个元件相互连接而成，各元件之间的连接关系是拓扑关系，且连接在同一个结点的各支路电流之间，或者在同一回路各部分电压之间均有一定的约束关系。基尔霍夫定律是从电路的整体描述电路的规律——约束关系，与元件的性质无关；而欧姆定律是从电路的局部描述电路的规律，与元件的性质有关。

下面介绍几个电路名词。

(1) 支路(branch)：由一个或若干个二端元件串联组成的电路。支路中流过每一个元件的电流相等。图 1.27(a)所示的电路共有 6 条支路，每条支路流过的电流不等。

(2) 结点(node)：三条或三条以上的支路的连接点。图 1.27(a)所示的电路共有 4 个结点，即 a、b、c、d。

(3) 回路(loop)：由若干条支路连接成的任一闭合路径。图 1.27(a)所示的电路共有 7 个回路：a-d-b-a、b-d-c-b、a-d-c-b-a、a-d-c-R_1-a、a-b-c-R_1-a、d-R_3-c-R_1-a-b-d、a-R_2-d-b-c-R_1-a。

(4) 平面电路：如果电路画在平面上不会出现交叉且不相连的情况，则称这种电路为平面电路。图 1.27(a)即为平面电路。

(5) 网孔(mesh)：平面电路内部不包含任何支路的回路，网孔有 3 个，即 a-d-b-a、d-b-c-d、a-d-c-a，如图 1.27(b)所示。两个回路如图 1.27(c)(d)所示，而 d-R_3-c-R_1-a-b-d 回路内部有一条支路 bc，a-R_2-d-b-c-R_1-a 回路内部有一条支路 ab，故它们不是网孔。

1.6.1　基尔霍夫电流定律

基尔霍夫电流定律总结了连于某一结点上的各支路电流之间相互制约的规律。

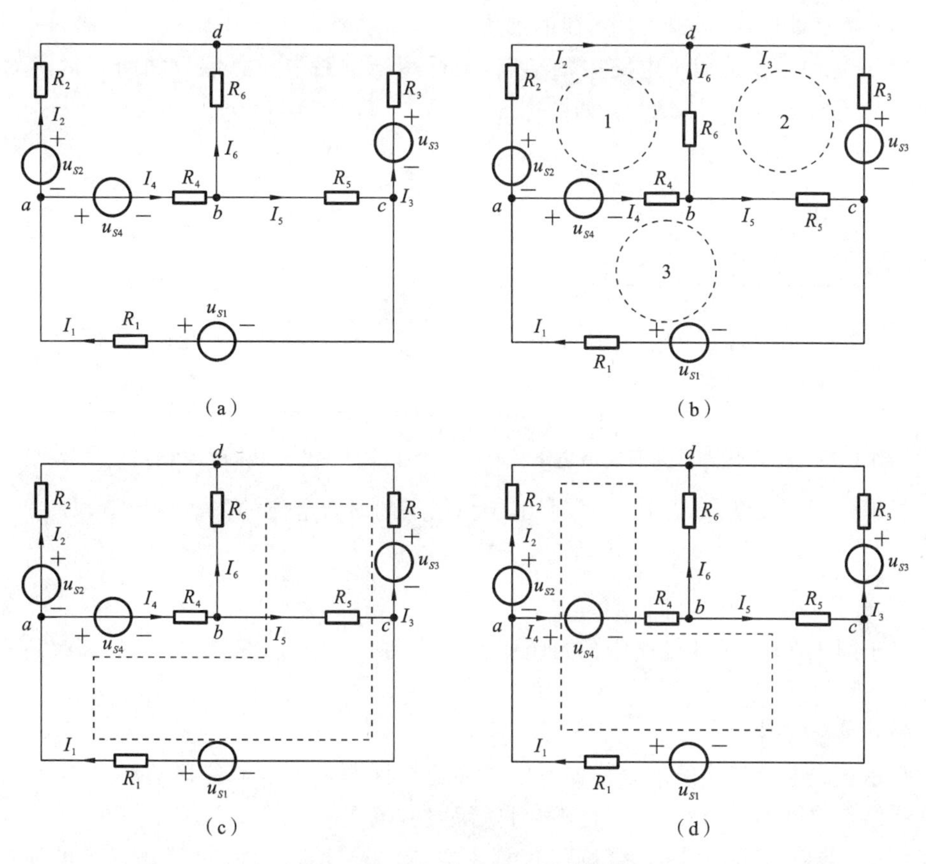

图 1.27 介绍电路名词的电路图

(1) 第一种形式：

$$\sum I_{\text{入}} = \sum I_{\text{出}} \tag{1-16}$$

在集总电路中，对任何一个结点，在任一时刻，流入该结点的电流之和等于流出该结点的电流之和。

例如，对于图 1.28 所示的电路中的结点，有

$$I_1 + I_2 + I_3 = I_4$$

(2) 第二种形式：

$$\sum I = 0 \tag{1-17}$$

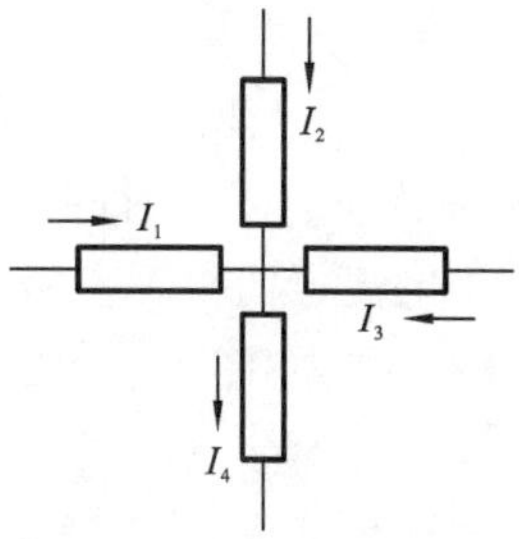

图 1.28 KCL 定律应用举例

在集总电路中，对于任一结点，在任一时刻，汇于该结点的所有电流的代数和为零。其中流入结点的电流为正，流出结点的电流为负；或反之。

例如，对于图 1.28 所示电路中的结点，有

$$I_1 + I_2 + I_3 - I_4 = 0$$

或

$$-I_1 - I_2 - I_3 + I_4 = 0$$

KCL 定律应用于交流电路如图 1.29 所示，有

$$i_1 + i_3 = i_2 + i_4$$

或

$$-i_1 + i_2 - i_3 + i_4 = 0$$

(3) 第三种形式——KCL 定律的推广。

KCL 定律不仅适用于电路中的结点，也适用于电路中任意假设的闭合封闭面 S，将闭合封闭面 S 称为广义结点，如图 1.30 所示。

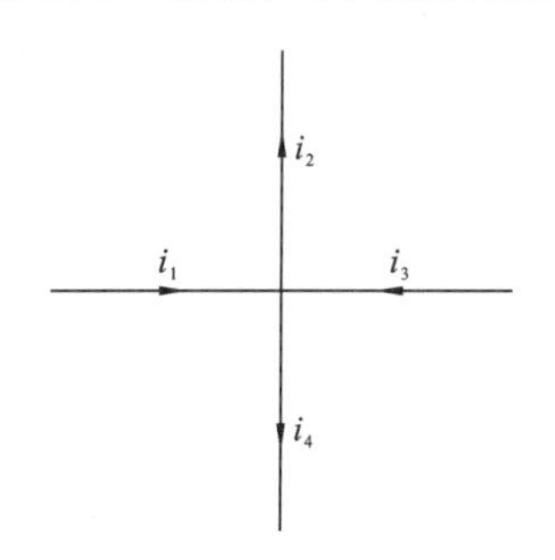

图 1.29　KCL 定律应用于交流电路

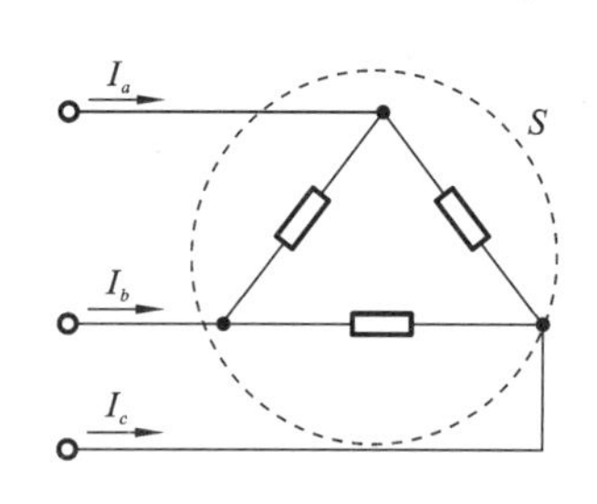

图 1.30　广义结点

对于任一广义结点，在任一时刻，汇于该结点的所有电流的代数和为零，即

$$\sum I=0$$

上式可以用 KCL 定律证明。

对于图 1.30 所示的电路中的封闭面 S 构成的广义结点，有

$$I_a+I_b+I_c=0$$

(4) 理论依据。

基尔霍夫电流定律的理论依据是电流的连续性原理。电荷的移动形成电流，电荷在某一结点上既不会自行产生，也不会自行消失，流入结点多少就流出多少，所以电荷是守恒的，即电流是连续的；否则就违背了电流的连续性原理，也就违背了电荷的守恒性。

注意以下两点。

① KCL 定律适用于线性、非线性、时变、时不变的任意集总参数电路，适用于直流、交流及任意固定时间函数电源作用的电路；

② 电流方向均为参考方向。

例 1-6　在图 1.31 所示的电路中，求电流 I_6、I_7。

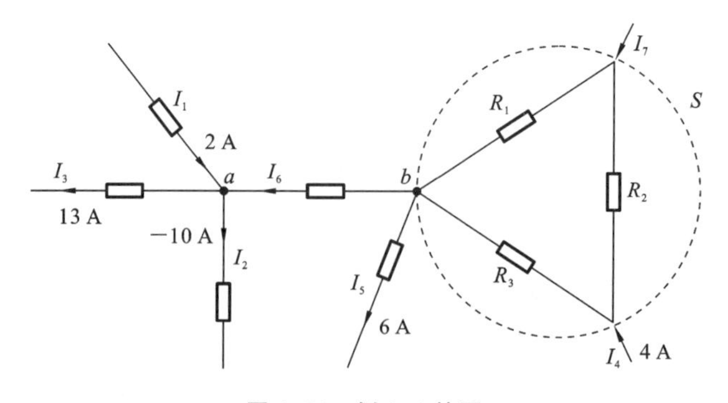

图 1.31　例 1-6 的图

解　由 KCL 定律知，对于结点 a，有

$$\sum I_{\text{入}}=\sum I_{\text{出}}$$

$$I_1+I_6=I_2+I_3$$

$$I_6=-I_1+I_2+I_3=-2+(-10)+13=1\ (\text{A})>0(\text{实际方向向左})$$

对于广义结点(封闭面 S),有

$$\sum I=0$$

$$I_5+I_6-I_4-I_7=0$$

$$I_7=I_5+I_6-I_4=6+1-4=3\ (\text{A})>0(\text{实际方向向下})$$

1.6.2 基尔霍夫电压定律

基尔霍夫电压定律总结了电路中的任意一个回路各部分电压之间相互制约的规律。

(1) 第一种形式:

$$\sum U=0 \tag{1-18}$$

对于任一集总电路的任一回路,在任一时刻,从某一结点出发,沿任一循环方向绕行一周,各部分电压的代数和为零。其中与绕行方向相同的电压取"+",反之取"-"。

例如,对于图 1.32 所示的回路,有

$$U_1-U_2-U_3+U_4=0$$

(2) 第二种形式:

$$\sum IR=\sum U_S \tag{1-19}$$

对于集总电路中的任一闭合回路,在任一时刻,沿任一循环方向绕行一周,各电阻压降的代数和等于各电源电压的代数和。其中等式左边电阻压降与绕向相同的取"+",反之取"-";等式右边电动势方向(电位升)与绕向相同的取"+",或电源电压与绕向相反的取正,反之取"-"。

例如,图 1.33 所示电路,对于回路 1,取顺时针的绕向,由 $\sum U=0$,得

$$I_1R_1-I_2R_2-U_{S1}+U_{S2}=0$$

或由 $\sum IR=\sum U_S$,得

$$I_1R_1-I_2R_2=U_{S1}-U_{S2}$$

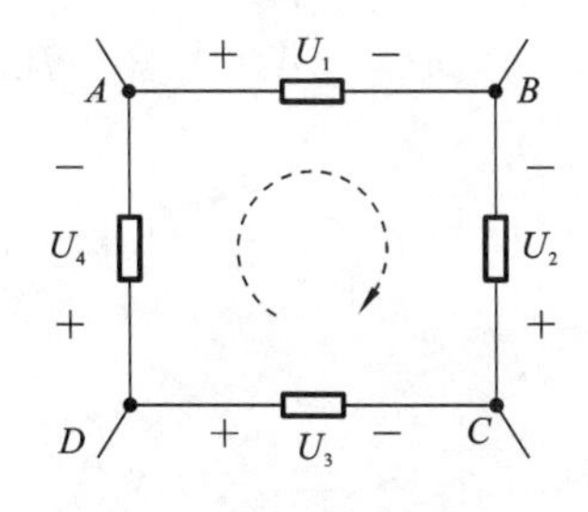

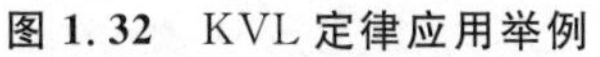

图 1.32 KVL 定律应用举例

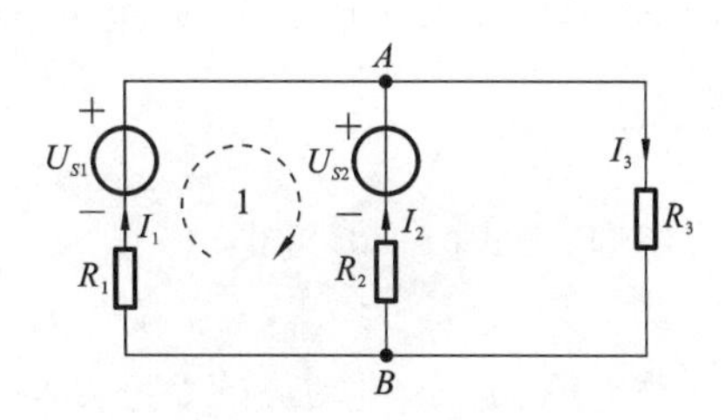

图 1.33 电路中的回路

可以看到等式右边,电源电动势与绕向相同的取"+",反之取"-"。

上述两式结果相同。

(3) 第三种形式——KVL 定律的扩展应用:

$$\sum U=\sum U_S \tag{1-20}$$

对于集总电路中的任一闭合回路,在任一时刻,沿任一循环方向绕行一周,各部分

电压的代数和等于各电源电压的代数和。其中等式左边各部分电压与绕向相同的取“+”，反之取“−”；等式右边电动势方向（电位升）与绕向相同的取正，或电源电压与绕向相反的取“+”，反之取“−”。

集总电路中各点电位是单值的，故两点之间的电位差——电压也是单值的，与具体路径无关。KVL 定律研究一个闭合回路中各点电位变化的情况（回到原出发点时电位没有变化，满足单值性特点），只要各点电位构成首尾相接的闭合形式就行，无论实际电路是否存在，各部分电压都可认为是闭合路径的一部分，由此可以简化电路分析。

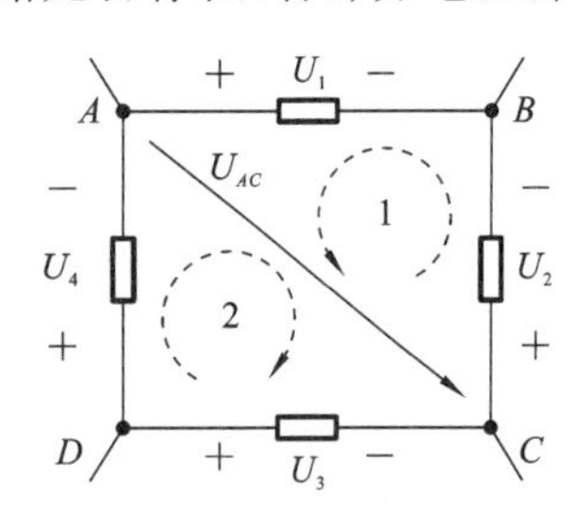

图 1.34 KVL 定律扩展应用举例

如图 1.34 所示，结点 A、C 之间的电压 U_{AC} 无论按 A-B-C-A 闭合路径还是按 A-D-C-A 闭合路径求取都可以。

对于回路 1，有

$$U_{AC}+U_2-U_1=0,\quad U_{AC}=U_1-U_2$$

对于回路 2，有

$$U_{AC}-U_3+U_4=0,\quad U_{AC}=U_3-U_4$$

由于上述两式相等，则有

$$U_{AC}=U_1-U_2=U_3-U_4\rightarrow U_1-U_2-U_3+U_4=0$$

仍然满足 KVL 定律，与 A—B—C—D—A 回路列写的 KVL 方程相同。

(4) 有源支路欧姆定律。可以求出支路电流与支路电压、电压源的关系。

电路如图 1.35(a)所示，设支路 AB 电压为 U，则 I 与 U 的关系分析如下。

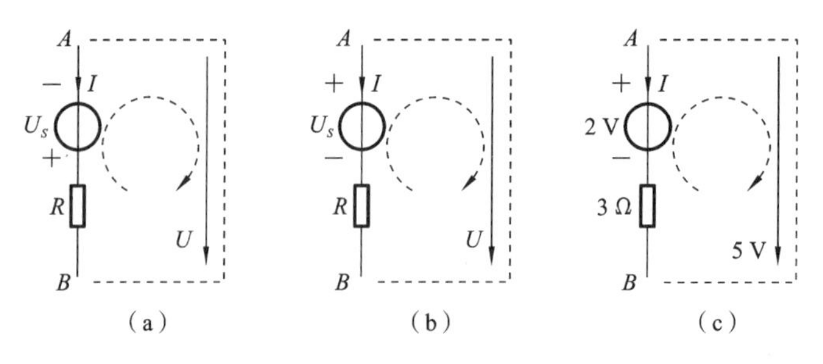

图 1.35 有源支路欧姆定律

根据 KVL 定律的扩展应用，假想一个回路 A—B—A，即虚线 AB 支路与 BA 支路构成回路，有

$$U_{AB}+U_{BA}=0$$

取顺时针绕向，由式(1-20)可得

$$U-IR+U_S=0$$

当支路电流、电压、电动势的参考方向一致时，则有

$$I=\frac{U+U_S}{R}\tag{1-21}$$

同理，电路如图 1.35(b)所示，当支路电流、电压与电动势的参考方向相反时，有

$$I=\frac{U-U_S}{R}\tag{1-22}$$

式(1-21)中，如果有一个电量参考方向与其他两个电量的不同，则该电量前面取“−”号。例如，图 1.35(c)所示电路，电动势为 2 V，其电位升参考方向与电压、电流的

参考方向相反，由式(1-22)可得电流 I 为

$$I=\frac{U-U_S}{R}=\frac{5-2}{3}=1\ (\mathrm{A})$$

(5) 理论依据。

基尔霍夫电压定律的理论依据是电位的单值性原理。对于任一回路，沿着某一循环方向看各点电位的变化，电位有升也有降，升多少就会降多少，即吸收多少电能就会失去多少电能。回到原来出发点时能量是守恒的，电位没有变化，即电位是单值性的。否则，它将违背电位的单值性原理，也就违背了能量守恒原理。

注意：

① 电路必须是集总参数电路才能满足 KVL 定律；

② 电压、电流、电动势的方向均为参考方向。

例 1-7　电路如图 1.36 所示，求电流 I 和电压 U_{cf}、U_{be}。

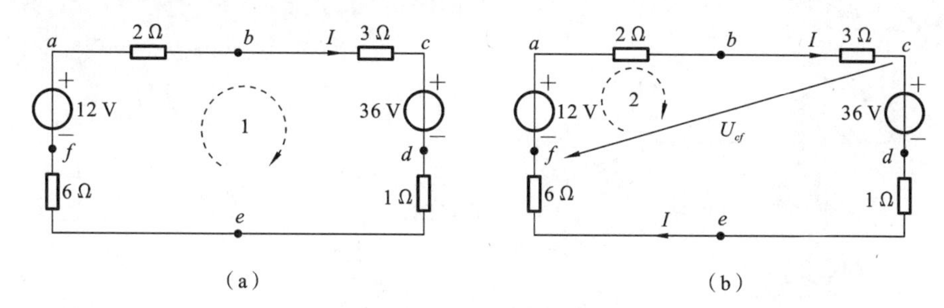

图 1.36　例 1-7 的图

解　由 KVL 定律知，对图 1.36(a)中的回路 1 取顺时针绕向，有

$$(2+3+1+6)I=12-36$$

$$I=-2\ (\mathrm{A})$$

由 KVL 定律的扩展应用，对图 1.36(b)中的回路 2 取顺时针绕向，有

$$U_{ab}+U_{bc}+U_{cf}+U_{fa}=0$$

$$\begin{aligned}U_{cf}&=-U_{ab}-U_{bc}+U_{af}=-(2+3)\times I+12\\&=-(2+3)\times(-2)+12=22\ (\mathrm{V})\end{aligned}$$

同理，有

$$U_{ab}+U_{be}+U_{ef}+U_{fa}=0$$

$$\begin{aligned}U_{be}&=-(U_{ab}+U_{ef}+U_{fa})=-(2+6)I+12\\&=-(2+6)(-2)+12=28(\mathrm{V})\end{aligned}$$

或

$$U_{be}=(3+1)\times(-2)+36=28\ (\mathrm{V})$$

例 1-8　电路如图 1.37 所示，试求每个元件的功率，并验证功率平衡。

解　已知 $I=0.5$ A。由 KVL 定律知

$$2\times I+2U-U=0$$

$$U=-1\ (\mathrm{V})$$

又　　$P_R=I^2R=0.5^2\times 2=0.5\ (\mathrm{W})$

为实际吸收功率。

$$P_U=(-I)U=(-0.5)\times(-1)=0.5\ (\mathrm{W})$$

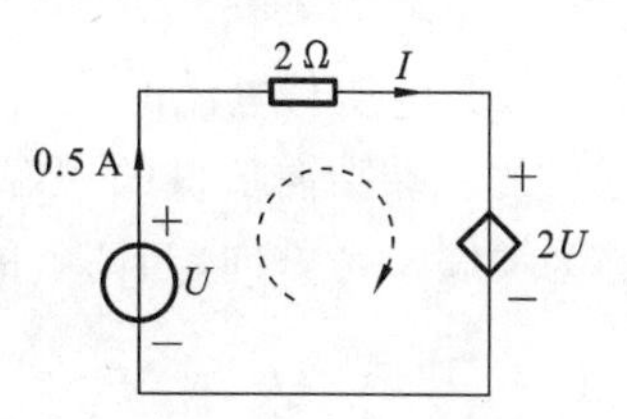

图 1.37　例 1-8 的图

为实际吸收功率($-I$ 与 U 关联参考方向)。

且

$$P_{2U}=I\cdot 2U=0.5\times(-2)=-1\ (\mathrm{W})$$

为实际发出功率(I 与 $2U$ 关联参考方向)。

则有

$$P_R+P_U+P_{2U}=0$$

此时电路功率平衡。

例 1-9 晶体管 BJT 放大电路如图 1.38 所示,已知参数如下:$U_{BE}=-0.4\ \mathrm{V}$,$R_1=5.6\ \mathrm{k\Omega}$,$R_2=10\ \mathrm{k\Omega}$,$R_3=20\ \mathrm{k\Omega}$,$R_C=1.5\ \mathrm{k\Omega}$,求电流 I_B。

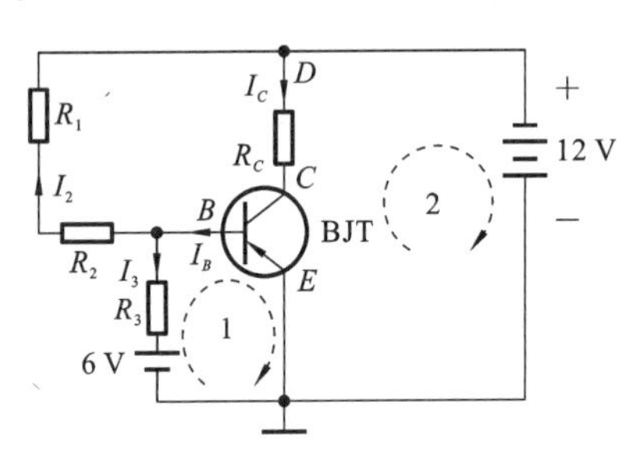

图 1.38 例 1-9 的图

解 由 KVL 定律的扩展应用知

$$\sum U=\sum U_S$$

对回路 1,有

$$U_{BE}-I_3R_3=6$$

$$I_3=\frac{U_{BE}-6}{R_3}=\frac{(-0.4)-6}{20\times10^3}$$

$$=-3.2\times10^{-4}(\mathrm{A})=-0.32\ (\mathrm{mA})$$

对回路 2,有

$$U_{EB}+U_{BD}-12=0$$

$$U_{EB}=-U_{BE}=0.4\ (\mathrm{V})$$

$$U_{BD}=12-U_{EB}=12-0.4=11.6\ (\mathrm{V})$$

$$U_{BD}=I_2(R_1+R_2)$$

$$I_2=\frac{U_{BD}}{R_1+R_2}=\frac{11.6}{(5.6+10)\times10^3}=0.74\ (\mathrm{mA})$$

由 KCL 定律知,对于 B 结点,有

$$I_B=I_2+I_3=0.74-0.32=0.42\ (\mathrm{mA})$$

1.7 章节回顾

1. 电压、电流的参考方向

(1) 电流的参考方向:当电流的参考方向与实际方向相同时,$I>0$;当电流的参考方向与实际方向相反时,$I<0$。

在电路中,一般先选定参考方向,根据参考方向列出方程,再解方程求得结果(是大于 0 或小于 0),方可确定电流的实际方向。

(2) 电压的参考方向(极性):当电压的参考方向(极性)与实际方向(极性)相同时,$U>0$;反之,$U<0$。

(3) 电压与电流的关联参考方向:如果指定流过元件的电流的参考方向是从电压正极的一端指向负极的一端,即两者的参考方向一致,则把电流和电压的这种参考方向称为关联参考方向;当两者的参考方向不一致时,称为非关联参考方向。

2. 功率

(1) 当元件(或支路)的 u、i 为关联参考方向时,该元件(或支路)吸收的功率为

$$p=ui$$

当 $p>0$ 时，该元件（或支路）实际上为吸收功率；当 $p<0$ 时，该元件（或支路）实际上为发出功率。

（2）当元件（或支路）的 u、i 为非关联参考方向时，该元件（或支路）发出的功率为

$$p=ui$$

当 $p>0$ 时，该元件（或支路）实际上为发出功率；当 $p<0$ 时，该元件（或支路）实际上为吸收功率。

3. 电阻元件

（1）欧姆定律。

如果电压 u 和电流 i 为关联参考方向，则欧姆定律为

$$u=iR$$

如果电压 u 和电流 i 为非关联参考方向，则欧姆定律为

$$u=-iR \quad \text{或} \quad i=-Gu$$

（2）功率和电能。

当电压 u 和电流 i 为关联参考方向时，电阻元件消耗的功率为

$$p=ui=i^2R=u^2G$$

若 P 恒为正值，则线性电阻元件是一种无源元件。

电阻元件从 t_0 到 t 时间内吸收的电能为

$$W=\int_{t_0}^{t} Ri^2(\xi)\mathrm{d}\xi$$

4. 电压源 u_S、电流源 i_S

电压源、电流源是有源元件，区别于受控源，称为独立电源。

5. 受控源

受控源是一个四端元件，由两条支路构成，一条为控制支路，另一条为受控支路。受控支路的电压或电流受控于控制支路的电压或电流。

应注意的问题如下。

（1）CCVS、VCVS：受控量均为电压，统称为受控电压源。受控支路的电压与该支路的电流无直控关系，这一点与独立电压源相同，但又有所不同，独立电压源的电压不受其他支路的电压或电流控制，而受控电压源的电压受其控制支路的电压或电流控制。

（2）VCCS、CCCS：受控量均为电流，统称为受控电流源。受控支路的电流与该支路的电压无直接关系，这一点与独立电流源相同，但又有所不同，独立电流源的电流不受其他支路电压或电流控制，而受控电流源的电流受其控制支路的电压或电流控制。

（3）受控源自身不能产生激励作用，即当电路中无独立电压源或电流源时，电路中不能产生响应（u、i），因此受控源是无源元件。

6. 基尔霍夫定律

（1）无论是线性、非线性电路，还是时变、非时变电路，只要是集总电路均可使用。

（2）任意时刻均成立。

（3）基尔霍夫电流定律：在集总电路中，对于任何结点，在任一时刻汇于该结点的电流的代数和恒等于零，即

$$\sum_{1}^{n} i_k(t) = 0$$

基尔霍夫电流定律既可用于一个结点，也可用于一个闭合面。其物理实质是电流连续性和电荷守恒的体现。

(4) 基尔霍夫电压定律：在集总电路中，对于任何回路，在任一时刻，各部分电压降的代数和恒等于零，即

$$\sum_{1}^{n} u_k(t) = 0$$

基尔霍夫电压定律用于任何一个闭合路径，其中 u_k 可认为是元件电压，也可认为是支路电压。其物理实质是电位单值性和能量守恒的体现。

7. 有源支路欧姆定律

当支路中电流、电压、电动势的参考方向一致时，有

$$I=\frac{U+U_S}{R}$$

1.8 习题

1-1 一端口电路如图 1.39 所示，求电路的功率，并判断它是实际吸收功率还是发出功率：(1) 在图 1.39(a)中，$u=4$ V，$i=2$ A；(2) 在图 1.39(a)中，$u=4$ V，$i=-2$ A；(3) 在图 1.39(b)中，$u=4$ V，$i=-2$ A。

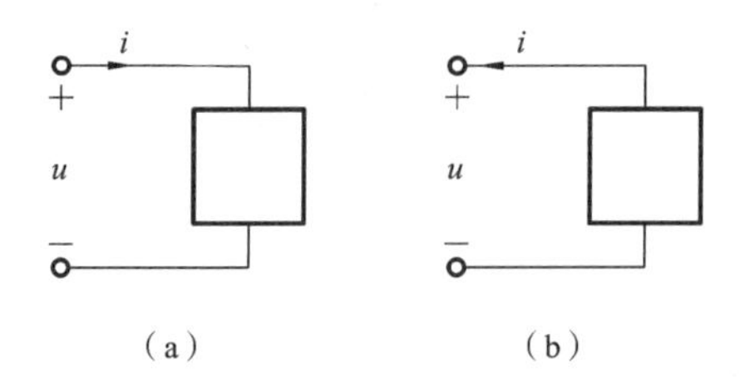

图 1.39 题 1-1 图

1-2 如图 1.40 所示电路，试求：(1) 各部分电路的功率；(2) 验证该电路满足功率平衡。

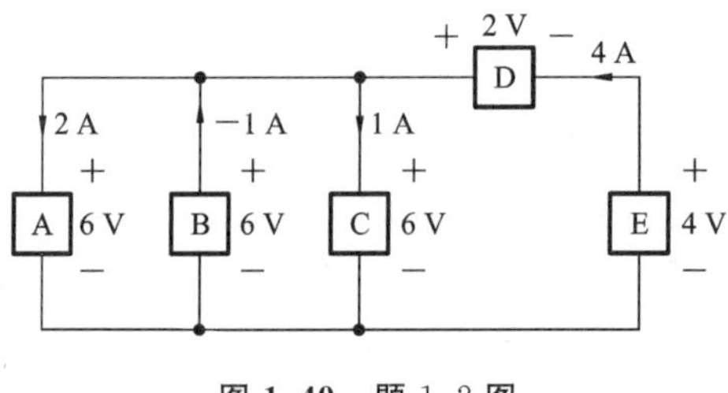

图 1.40 题 1-2 图

1-3 如图 1.41 所示电路，写出各元件的伏安关系式。

1-4 一段电路如图 1.42 所示，电动势和电阻均标示在图中，(1) 图 1.42(a)中的电流参考方向下，$I=0.5$ A；(2) 图 1.42(b)中的电流参考方向下，$I=-0.5$ A。分别计算(1)(2)两种情况中的 u_{ab}、u_{bc}、u_{dc}、u_{de}。

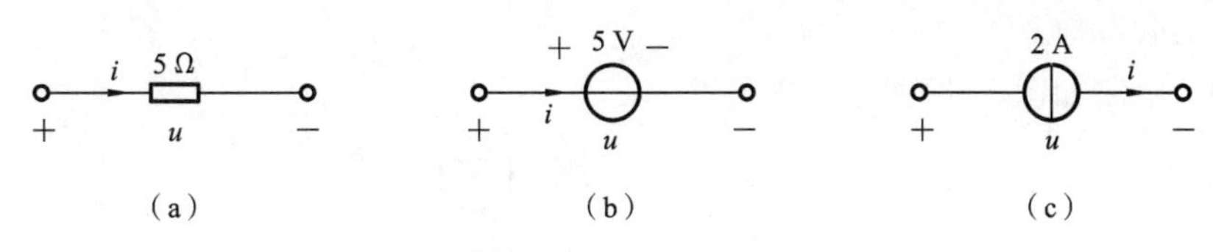

图 1.41　题 1-3 图

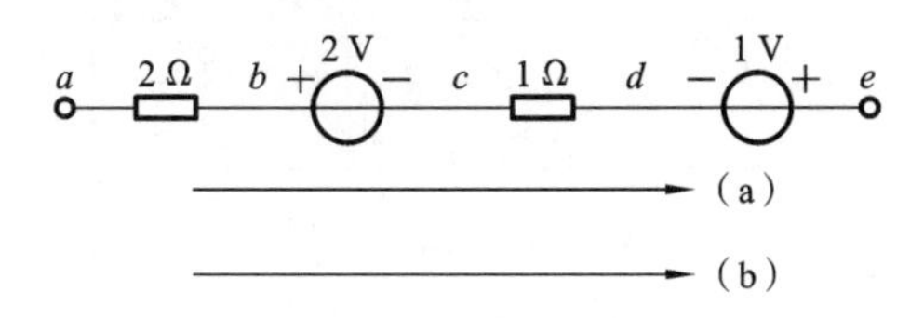

图 1.42　题 1-4 图

1-5　求图 1.43 中各电路的电压 U，并验证其功率平衡。

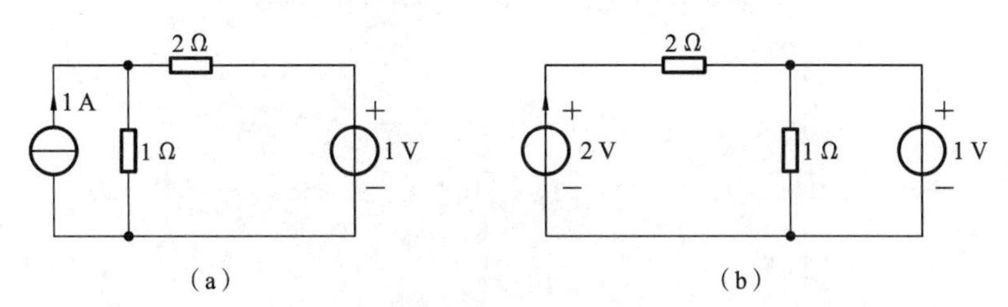

图 1.43　题 1-5 图

1-6　如图 1.44 所示的电路中，求电压 u。

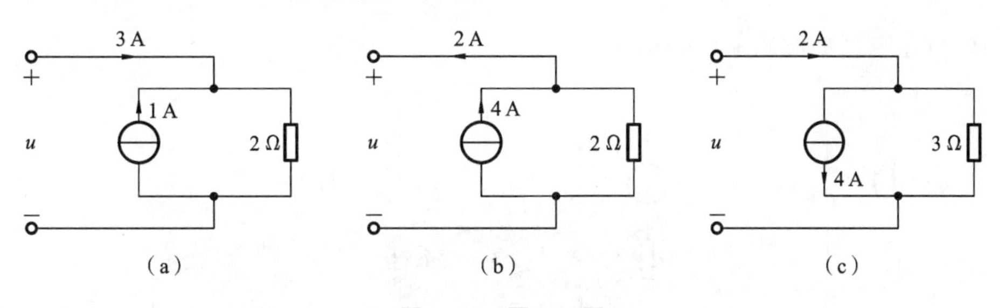

图 1.44　题 1-6 图

1-7　如图 1.45 所示电路，已知电流 $I_1=2$ A、$I_2=-4$ A、$I_3=1$ A、$I_5=-6$ A，求 I_4。

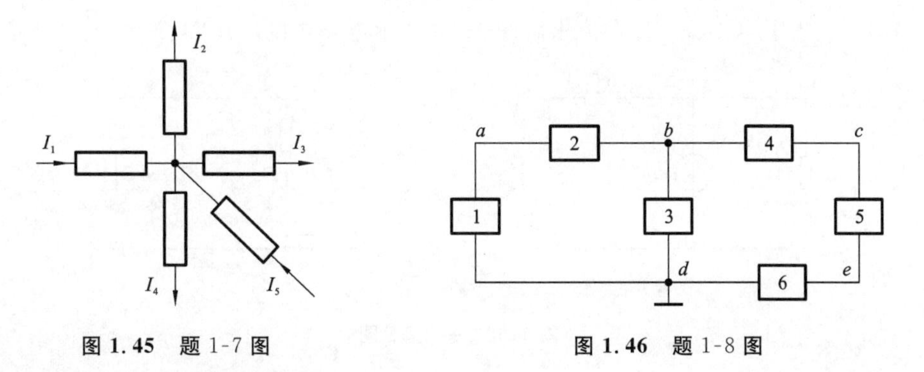

图 1.45　题 1-7 图　　图 1.46　题 1-8 图

1-8　电路如图 1.46 所示，已知电压 $u_a=8$ V、$u_{ab}=2$ V、$u_{bc}=9$ V、$u_{ce}=6$ V，求 u_b、

u_c、u_e、u_{ad}、u_{be}、u_{cd}、u_{ae}。

1-9　电路如图 1.47 所示，求 I_1、I_2、U。

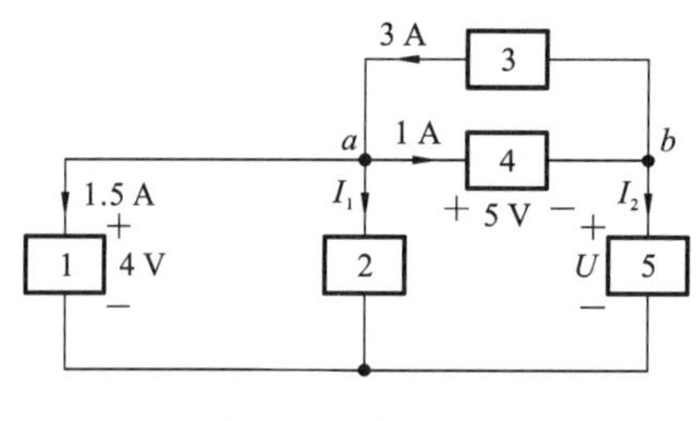

图 1.47　题 1-9 图

1-10　电路如图 1.48 所示，按指定的电流绕向列出三个回路的 KVL 方程。

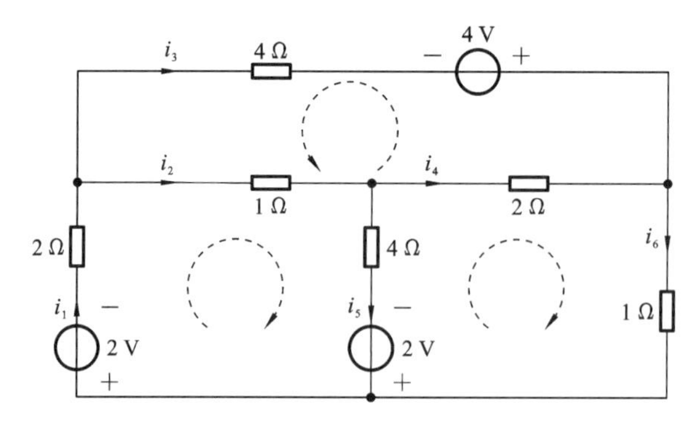

图 1.48　题 1-10 图

1-11　电路如图 1.49 所示，求 I。

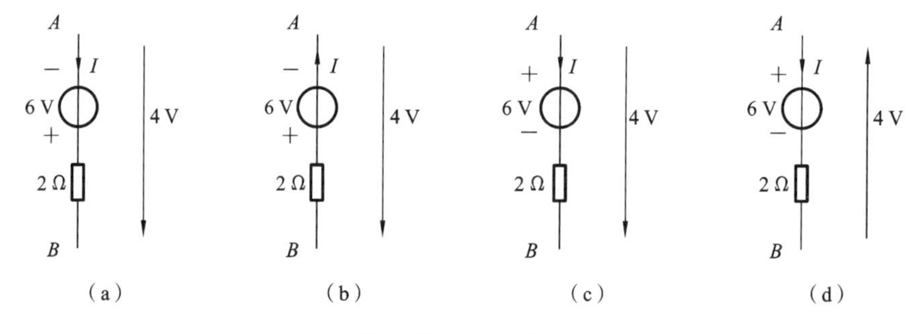

图 1.49　题 1-11 图

1-12　利用 KCL、KVL 定律求解图 1.50 所示电路中的电压 U、I。

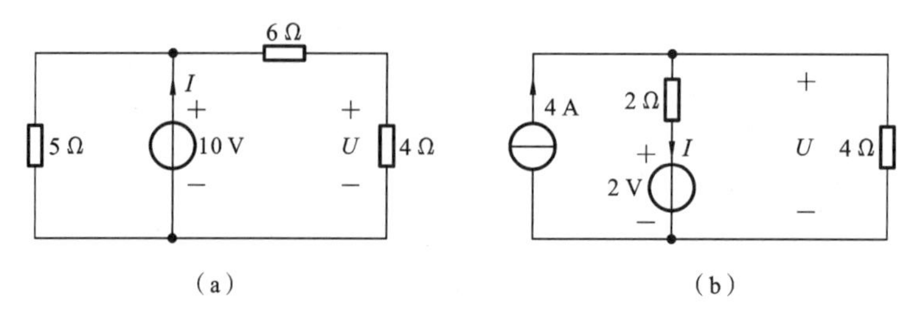

图 1.50　题 1-12 图

1-13　在图 1.51 所示电路中，电流控制电流源 CCCS 的 $i_d=5i_1$，求电阻 R_3 两端

电压 u_3。

1-14 已知图 1.52 所示的电路，求 u_2。

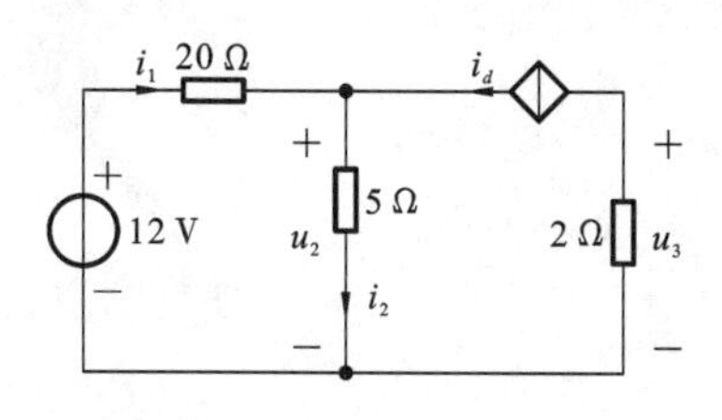

图 1.51 题 1-13 图

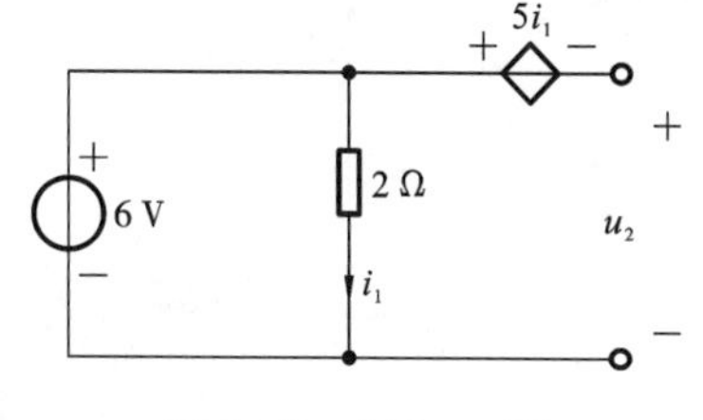

图 1.52 题 1-14 图

1-15 已知图 1.53 所示的电路，求 U、I。

1-16 电路如图 1.54 所示，求 U、U_S。

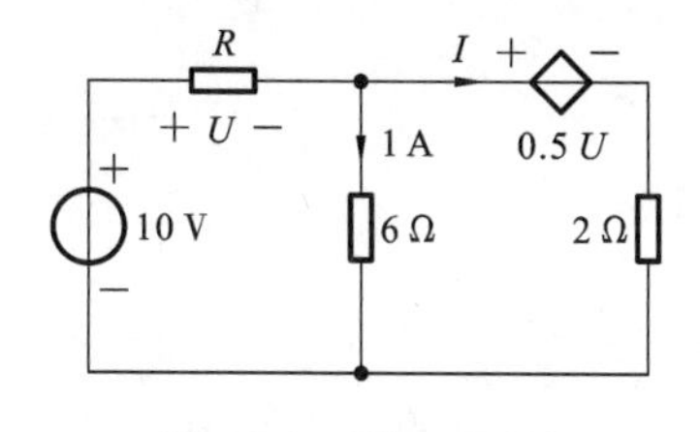

图 1.53 题 1-15 图

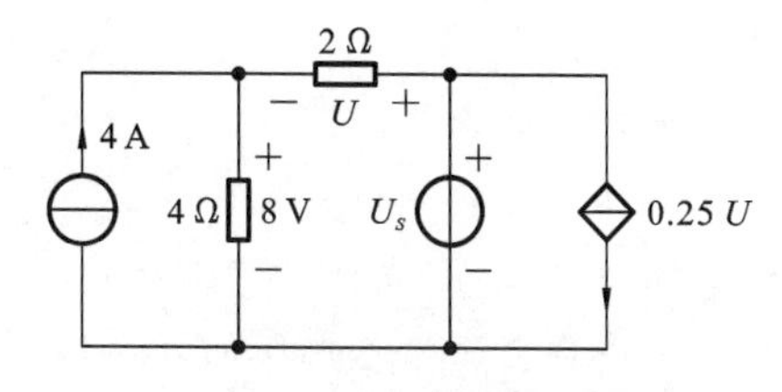

图 1.54 题 1-16 图

1-17 放大电路如图 1.55 所示，已知晶体管 BJT 的参数如下：电流放大倍数 $\beta=100$，B 点与 E 点电压 $U_{BE}=0.7$ V，$R_B=565$ kΩ，$R_C=3$ kΩ，$V_{CC}=12$ V，求(1) R_B 上通过的电流 I_B 是多少？(2)若 $I_C=\beta I_B$，则 C 点与 E 点之间的电压 U_{CE} 是多少？

1-18 放大电路如图 1.56 所示，设 $I_E \approx I_C=\beta I_B$，求证：$I_E=\dfrac{U_{EE}-U_{BE}}{R_E+\dfrac{R_B}{\beta}}$。

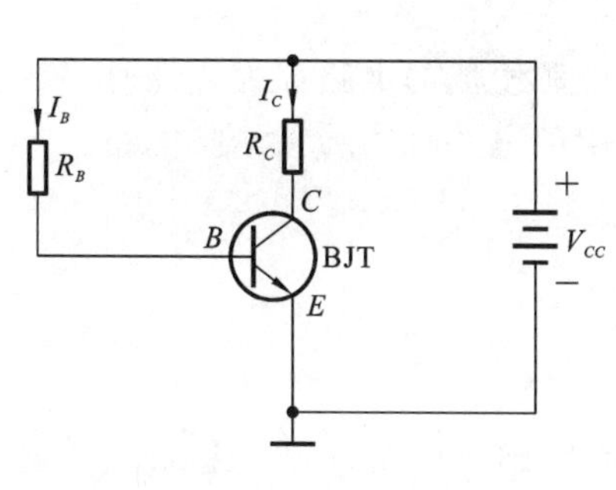

图 1.55 题 1-17 图

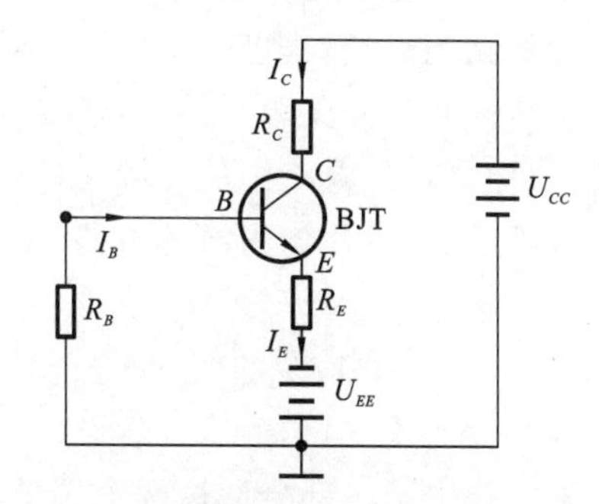

图 1.56 题 1-18 图

习题答案 1

2

电阻电路的等效变换

本章重点

(1) 等效的概念。

(2) 实际电源的等效变换。

(3) 电阻的 Y-△变换。

(4) 一端口电路输入电阻的计算。

本章难点

(1) 电阻的 Y-△变换。

(2) 含受控源的一端口电路输入电阻的计算。

等效变换可以使电路简化,电路分析经常采用等效变换的方法,将电路中某部分用一个简单电阻模型或电源模型来代替。本章重点介绍二端(一端口)电路或三端电路的等效变换,即电阻电路的串联、并联与混联、电阻的 Y-△变换,电源的等效变换,以及含受控源的无源一端口电路的等效变换。

由线性时不变无源元件、线性受控源和独立电源组成的电路称为线性时不变电路(简称线性电路),电路中的无源元件均为线性电阻的电路称为线性电阻电路。本书所讲内容除第 12 章外均为线性电路。

2.1 等效的概念

若电路中某一部分通过两个端子与外电路连接,则称该部分为二端电路,或称一端口电路。

线性电路中任何一端口电路均有以下两个特点。

(1) 从一个端子流入的电流,等于从另一端子流出的电流。

(2) 端口电压具有单值性。

如图 2.1(a)(b)所示,1-1′以右为一端口电路,它可以用一个电阻模型来代替,即"等效",如图 2.1(c)所示,电路看起来会更简单。

所谓"等效"即保持端口对外电路电压、电流不变(即伏安特性不变)的前提下将原电路用一个简化电路来代替。"等效"的条件是电路在替代前后端口的伏安特性不变,即对 1-1′端口以左的电路保持电压、电流不变,称为"对外等效"。也就是说,1-1′

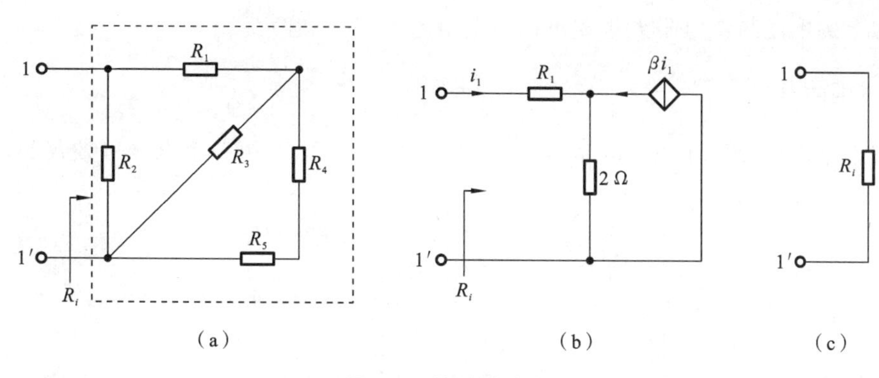

图 2.1　等效的概念

端口在等效后的电压、电流等于原电路中端口的电压、电流，即端口功率不变。替代电阻 R_i 等于等效电阻，即 $R_i=R_{eq}$。由于被代替的电路结构变形，对端口内部电路不等效。

2.2　电阻的串联和并联

2.2.1　电阻串联

若干个电阻串联，流过各个电阻的电流相等，可以用一个电阻等效代替，如图 2.2 所示，则有

$$u_1=iR_1,\quad u_2=iR_2,\quad \cdots,\quad u_n=iR_n$$

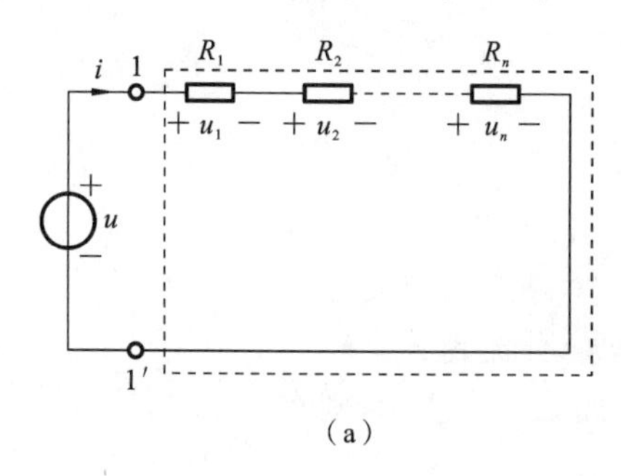

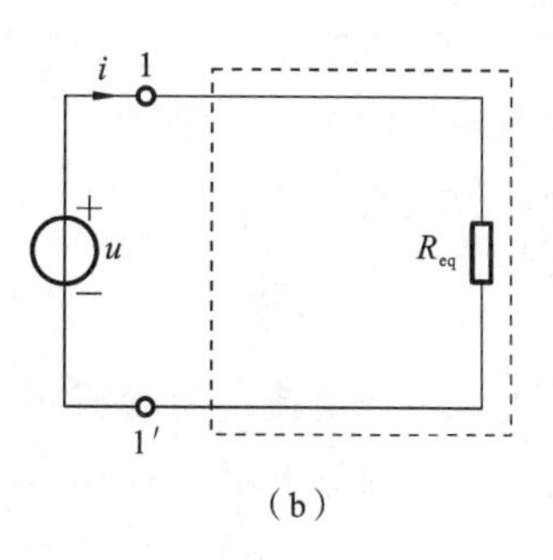

图 2.2　电阻的串联

由 KVL 定律知

$$u=u_1+u_2+\cdots+u_n=i(R_1+R_2+\cdots+R_n)$$

$$R_{eq}\overset{\text{def}}{=}\frac{u}{i}=R_1+R_2+\cdots+R_n=\sum_{k=1}^{n}R_k \tag{2-1}$$

其中：R_{eq}大于串联电路中的任一电阻。其等效电路如图 2.2(b)所示，则有

$$u=iR_{eq} \tag{2-2}$$

$$i=\frac{u}{R_{eq}} \tag{2-3}$$

分压公式为

$$u_k=R_ki=\frac{R_k}{R_{eq}}u_S \tag{2-4}$$

各电阻上的电压与该电阻大小成正比。电阻越大，分压越大。

2.2.2 电阻并联

若干个电导(阻)并联的电路，各电导上电压相等，可以用一个电导等效代替，如图2.3所示，则有

$$i=uG_1,\quad i_2=uG_2,\quad \cdots,\quad i_n=uG_n$$

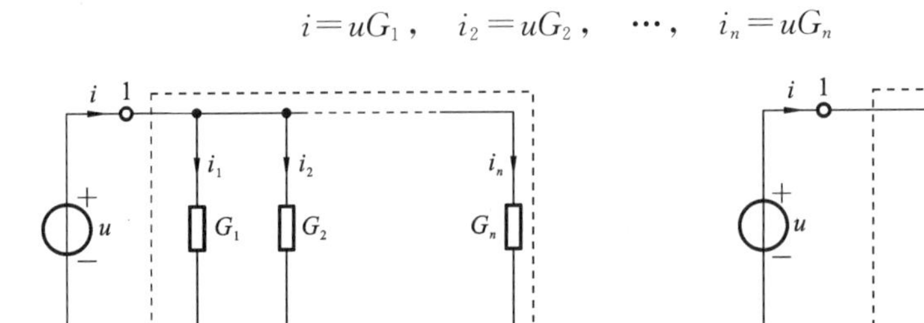

图 2.3　电导的并联

由 KCL 定律知

$$i_1+i_2+\cdots+i_n=i$$

$$i=u(G_1+G_2+\cdots+G_n)=uG_{eq}$$

$$G_{eq}\overset{\text{def}}{=}G_1+G_2+\cdots+G_n=\sum_{k=1}^{n}G_k \tag{2-5}$$

$$i=uG_{eq} \tag{2-6}$$

$$u=\frac{i}{G_{eq}} \tag{2-7}$$

其等效电路如图2.3(b)所示。

分流公式为

$$i_k=G_k u=\frac{G_k}{G_{eq}}i \tag{2-8}$$

各电导上流过的电流与电导成正比。电导越大，分流越大。

若干个电阻的并联可以用 R_{eq} 等效代替，如图2.4所示，则有

$$\frac{1}{R_{eq}}=G_{eq}=\sum_{k=1}^{n}G_k=\frac{1}{R_1}+\frac{1}{R_2}+\cdots+\frac{1}{R_n} \tag{2-9}$$

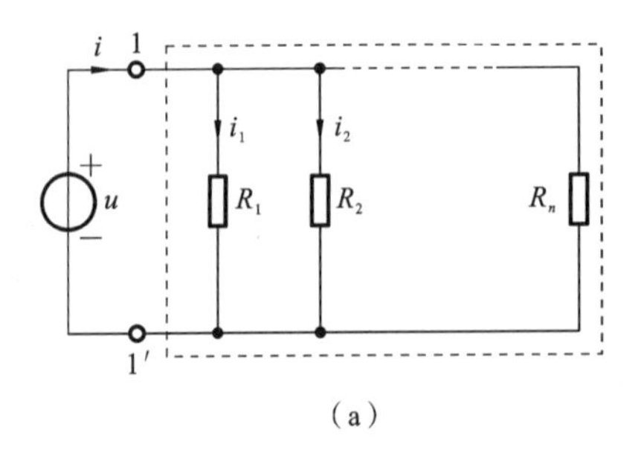

(a)

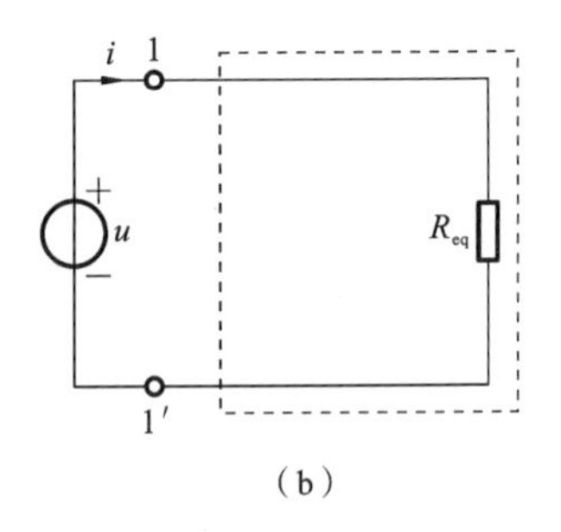

(b)

图 2.4　电阻的并联

各电阻上流过的电流与该电阻成反比，电阻越大，分流越小。

两个电阻的并联，有

$$i_1=\frac{u}{R_1}=\frac{R_{eq}}{R_1}i=\frac{R_2}{R_1+R_2}i$$

其中：

$$R_{eq}=\frac{R_1R_2}{R_1+R_2}$$

$$i_1=\frac{R_2}{R_1+R_2}i \tag{2-10}$$

$$i_2=\frac{R_1}{R_1+R_2}i \tag{2-11}$$

例 2-1 如图 2.5(a)所示电路，求：(1) 当 K 断开及闭合时的 R_{ab}；(2) 当 K 断开时，若 ab 端口电压 $U_{ab}=22$ V，3 Ω 电阻的电压 U_1；(3) 当 K 闭合时，若 ab 端口流过 10 A 电流，3 Ω 电阻的电流 I_1。

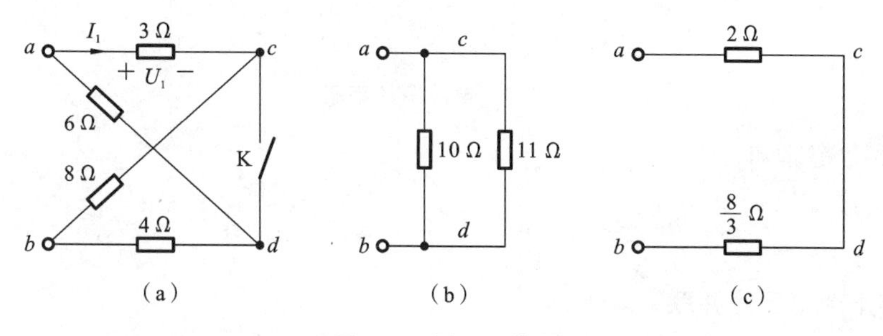

图 2.5 例 2-1 的图

解 (1) 当 K 断开时，如图 2.5(a)所示，a-c-b 是一条支路，该支路上流过的电流相等，3 Ω 电阻与 8 Ω 电阻串联，等效电阻为 11 Ω；a-d-b 是一条支路，该支路上流过的电流相等，6 Ω 电阻与 4 Ω 电阻串联，等效电阻为 10 Ω。两个等效电阻再并联，如图 2.3(b)所示，总电阻为

$$R_{ab}=\frac{10\times 11}{10+11}=\frac{110}{21}(\Omega)$$

当 K 闭合时，c、d 是等电位点，3 Ω 电阻与 6 Ω 电阻并联，等效电阻为 2 Ω；8 Ω 电阻与 4 Ω 电阻并联，等效电阻为 $\frac{8}{3}$ Ω。两个等效电阻再串联，如图 2.5(c)所示，总电阻为

$$R_{ab}=2+\frac{8}{3}=\frac{14}{3}(\Omega)$$

(2) 当 K 断开时，$U_{ab}=22$ V，3 Ω 电阻与 8 Ω 电阻串联，由分压公式知

$$u_1=\frac{3}{3+8}\times u_{ab}=\frac{3}{3+8}\times 22=6(\text{V})$$

(3) 当 K 闭合时，ab 端口流过 10 A 电流，3 Ω 电阻与 6 Ω 电阻并联，8 Ω 电阻与 4 Ω 电阻并联，然后两者再串联，均流过 10 A 电流，如图 2.5(a)所示，3 Ω 电阻的电流由分流公式得

$$I_1=\frac{6}{6+3}\times 10=\frac{20}{3}(\text{A})$$

2.3 理想电源的等效

2.3.1 电压源的等效

1. 若干个电压源 u_{Sk} 串联

可以用一个电压源 U_S 等效替代,等效电压源 U_S 的电压大小等于 n 个电压源的代数和。其中与等效电压源 U_S 方向一致的 U_{Sk} 取"+";反之取"−",如图 2.6 所示。

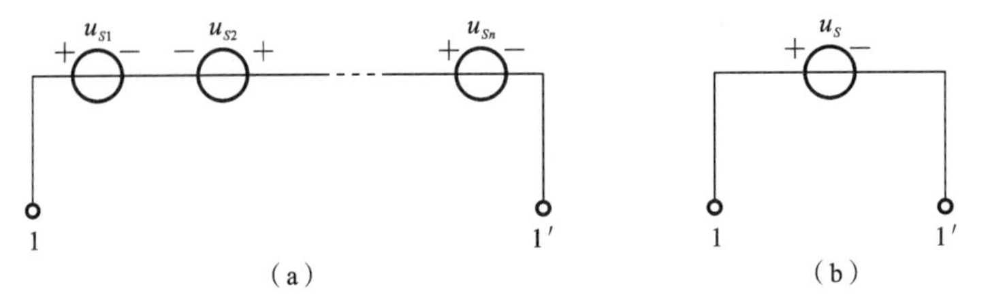

图 2.6 电压源的串联

由 KVL 定律知

$$u_S = u_{S1} - u_{S2} + \cdots + u_{Sn} = \sum_{k=1}^{n} u_{Sk} \tag{2-12}$$

2. 若干个电压源并联

若干个电压源并联,只能在它们大小相等、极性相同时才可行,即

$$u_{S1} = u_{S2} = \cdots = u_{Sn}$$

并联可以使端口总电流增加,输出功率增大。

2.3.2 电流源的等效

1. 若干个电流源 I_{Sk} 并联

可以用一个电流源 I_S 等效替代,等效电流源 I_S 的大小等于 n 个电流源的代数和。其中与等效电流源 I_S 方向一致的 I_{Sk} 取"+";反之取"−",如图 2.7 所示。

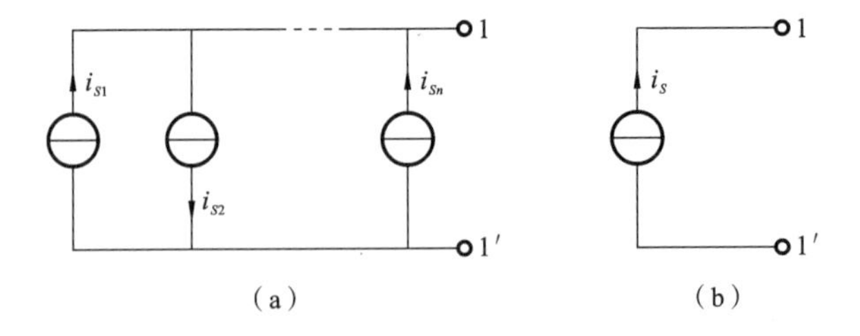

图 2.7 电流源的并联

由 KCL 定律知

$$I_S = I_{S1} - I_{S2} + \cdots + I_{Sn} = \sum_{k=1}^{n} I_{Sk} \tag{2-13}$$

2. 若干个电流源串联

若干个电流源串联,只能在它们大小相等、极性相同时才可行,即

$$I_{S1}=I_{S2}=\cdots=I_{Sn}$$

串联可以使端口总电压增加,输出功率增大。

2.4 实际电源的等效变换

2.4.1 实际电压源模型

理论上,电压源向外电路提供恒定不变规律的电压 U_S。而实际上,任何电源内部都有损耗,可以用一个等效内阻 R_S 来表示这种情况(R_S 的值很小),如手电筒的电源是干电池,输出端电压不是一个恒定值,而是略小于 U_S。

实际电压源可以用一个电压源串联一个电阻等效代替,其串联等效模型如图 2.8(a)所示。

实际电压源对外伏安特性为

$$U=U_S-IR_S \tag{2-14}$$

其对外伏安特性如图 2.8(b)所示。

当 $I=0, U=U_S=U_{oc}$ 时,说明电压源大小是实际电压源的开路电压。

当 $R_S=0, U=U_S$ 时,说明电压源是内阻为零的实际电压源,是一种理想情况。

当 $U=0, I=\dfrac{U_S}{R_S}$ 时,R_S 内阻很小,短路电流很大,对电源易造成损坏,所以实际电压源不允许短路。

如图 2.8(c)所示电路,伏安特性为

$$U=4-2I$$

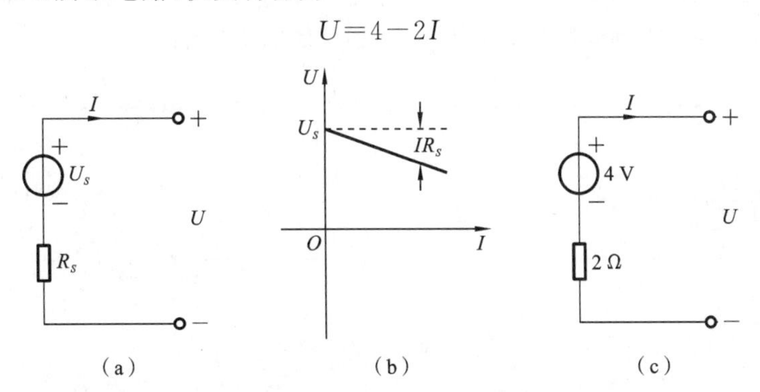

图 2.8 实际电压源的等效模型

2.4.2 实际电流源模型

理论上,电流源向外电路提供恒定不变规律的电流 I_S,而实际上,由于电流源内部有损耗,输出电流不是一个恒定值,而是略小于 I_S,相当于内阻很大,分流很小,损耗很小。由于输出电流小于 I_S,可以用一个分流内阻 R_0(R_0 很大)来表示这种情况。

实际电流源可以用一个电流源并联一个电阻等效代替,其并联等效模型如图 2.9(a)所示。

实际电流源对外伏安特性为

$$I=I_S-\frac{U}{R_0} \tag{2-15}$$

或 $$I=I_S-UG_0,\quad G_0=\frac{1}{R_0}$$

其对外伏安特性如图 2.9(b)所示。

当 $u=0$ 时,$I=I_SI_{sc}$,说明电流源大小是实际电流源的短路电流。

当 $R_0\to\infty$(或 $G_0=0$)时,$I=I_S$,说明电流源是内阻无穷大、内导为零的实际电流源,是一种理想情况。

当 $I=0$ 时,有 $U=IR_0=I/G_0$,由于 R_0 很大或 G_0 很小,U 很大,对电源易造成损坏,所以实际电流源不允许开路。

如图 2.9(c)所示电路,伏安特性为

$$I=2-\frac{U}{2}\quad 或\quad U=4-2I$$

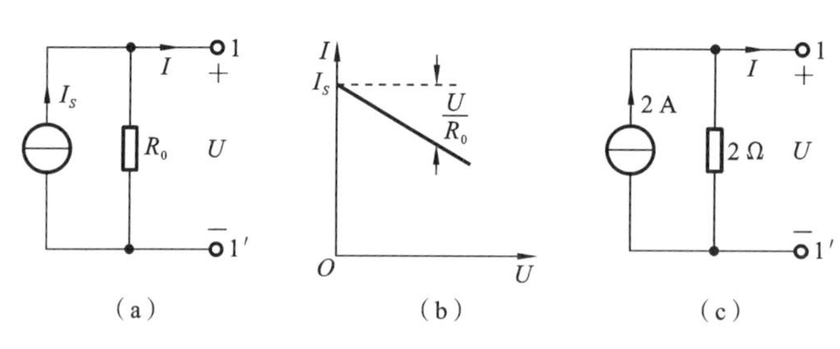

图 2.9　实际电流源的等效模型

例 2-2　图 2.10 所示的两个电路中,$R_1=6\ \Omega$,$R_2=4\ \Omega$,$U_S=12\ \text{V}$,$I_S=2\ \text{A}$。问:(1) R_1 是否为电源的内阻?(2) R_2 的电流 I_2 及其两端电压 U_2 各等于多少?(3) 改变 R_1 的阻值,对 I_2、U_2 有无影响?(4) 12 V 电压源的电流 I 是多少?2 A 电流源的端电压 U 是多少?(5) 改变 R_1 阻值,对问题(4)中 I、U 有无影响?

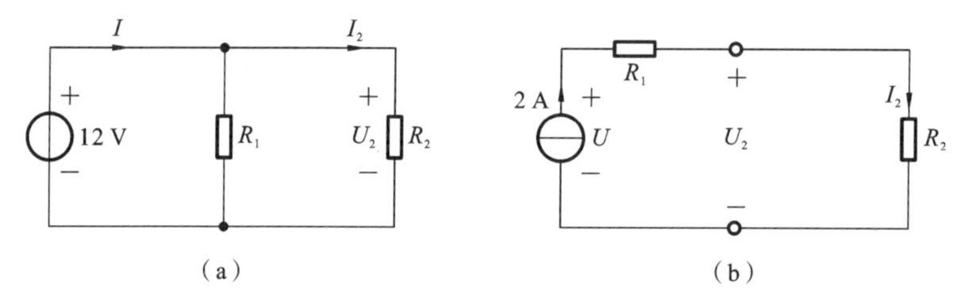

图 2.10　例 2-2 的图

解　如图 2.10(a)所示的电路,有

(1) 由实际电压源模型可知,R_1 不是电压源的内阻;

(2) $U_2=12\ (\text{V})$,$I_2=\frac{U_2}{R_2}=\frac{12}{4}=3\ (\text{A})$;

(3) 改变 R_1 的阻值,对 I_2、U_2 无影响;

(4) 12 V 电流源的电流为

$$I=I_1+I_2=\frac{U}{R_1}+\frac{U}{R_2}=\frac{12}{6}+\frac{12}{4}=5\ (\text{A})$$

(5) 改变 R_1 阻值,对电压 U 无影响,对电流 I 有影响,即

$$I=I_1+I_2=\frac{U}{R_1}+\frac{U}{R_2}$$

如图 2.10(b)所示的电路，有

(1) 根据实际电流源模型可知，R_1 不是电流源的内阻；

(2) $I_2=2$ A，$U_2=I_2R_2=2\times4=8$ (V)；

(3) 改变 R_1 的阻值，对 I_2、U_2 无影响；

(4) 2 A 电流源的电压为

$$U=I(R_1+R_2)=2\times(6+4)=20\ (\text{V})$$

(5) 改变 R_1 阻值，对电流 I 无影响，对电压 U 有影响，即

$$U=I(R_1+R_2)$$

由例 2-2 可知，对外电路端口来说，R_1 不影响电路的电压 U_2、电流 I_2，根据等效的概念，可以去掉它，使电路简化，称为对外电路等效；对内部电路来说，R_1 影响电压源的电流和电流源的电压，根据等效的概念，不可以去掉，称为对内电路不等效。

2.4.3 实际电源的等效变换

为简化电路分析，可以将电压源模型转换为电流源模型，或者反之，但需考虑二者等效变换。根据等效的概念，应对端口之外的电路提供不变的伏安特性，即等效前后对外电路所提供的功率不变。

1. 实际电压源模型等效为实际电流源模型

已知实际电压源模型是串联等效电路，如图 2.11(a)所示，待求实际电流源模型是并联等效电路，如图 2.11(b)所示，电流源 I_S 大小及方向如何？其内阻 R_0 大小为多少？与已知电压源模型 U_S 和 R_S 的关系怎样？等效后是否端口伏安特性不变？下面对此求证。

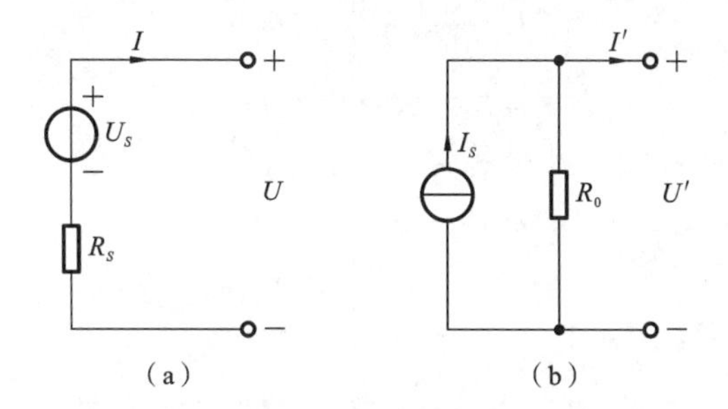

图 2.11 实际电压源等效为实际电流源

如图 2.11(a)所示，实际电压源端口的伏安特性为

$$U=U_S-IR_S$$

$$I=\frac{U_S}{R_S}-\frac{U}{R_S} \tag{2-16}$$

如图 2.11(b)所示，待求的实际电流源端口的伏安特性为

$$I'=I_S-\frac{U'}{R_0}=I_S-G_0 \tag{2-17}$$

则

$$U'=I_SR_0-I'R_0$$

根据等效的条件有

$$\begin{cases} I=I' \\ U=U' \end{cases} \tag{2-18}$$

比较式(2-16)与式(2-17)，当且仅当

$$\begin{cases} I_S=\dfrac{U_S}{R_S} \\ R_0=R_S \end{cases} \tag{2-19}$$

成立时，两个端口等效。

如果式(2-19)成立，根据等效的概念，就有式(2-18)成立，则式(2-16)、式(2-17)也成立，就保证向外电路提供的伏安特性不变，说明用电流源模型可以代替电压源模型。

注意：等效电流源的方向与电压源 U_S 电位上升的方向一致。

例 2-3 对图 2.12(a)所示的电路进行等效变换。

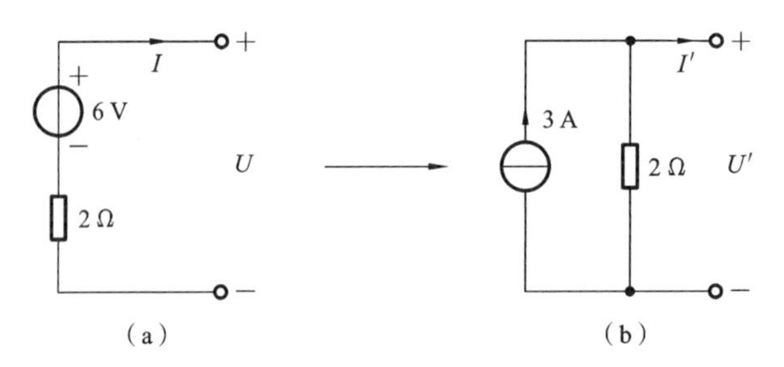

图 2.12 例 2-3 的图

解 由式(2-12)可知，将图 2.12(a)所示的电路中的 6 V、2 Ω 电压源串联模型等效为电流源并联模型，如图 2.12(b)所示，则有

$$I_S=\frac{U_S}{R_S}=\frac{6}{2}=3\ (\mathrm{A})$$

$$R_0=R_S=2\ (\Omega)$$

下面验证两个电路在端口处伏安关系是否相同。

在等效条件下，由图 2.12(a)的伏安关系有

$$U=U_S-IR_S=6-2I$$

由图 2.12(b)的伏安关系有

$$I'=I_S-\frac{U'}{R_0}=3-\frac{U'}{2},\quad U'=6-2I'$$

根据等效条件式(2-18)，两个电路在端口处伏安关系相同，所以可以进行等效变换。

例 2-4 如图 2.13(a)所示，对其电路进行等效变换。

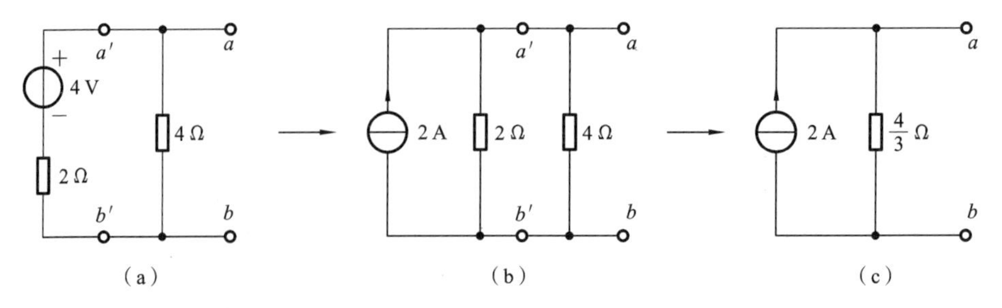

图 2.13 例 2-4 的图

解　在图 2.13(a)中，先对端口 $a'b'$ 进行等效变换，如图 2.13(b)所示，再对端口 ab 进行等效变换，进一步简化为如图 2.13(c)所示的电路。

两个电路在变换前后对端口 ab 处均保持伏安关系不变。

2. 电流源模型等效为电压源模型

已知实际电流源模型是并联等效电路，如图 2.14(a)所示，待求实际电压源模型是串联等效电路，如图 2.14(b)所示。电压源 U_S 大小及其方向如何？内阻 R_S 大小为多少，与已知电流源模型 I_S 和 R_0 的关系怎样？等效后是否端口伏安特性不变？下面对此求证。

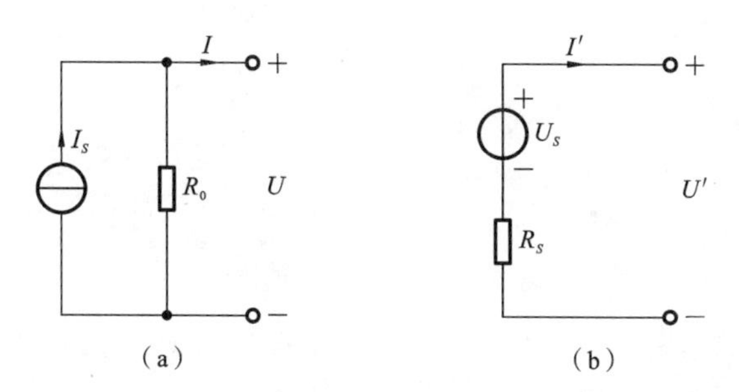

图 2.14　实际电流源等效为实际电压源

如图 2.14(a)所示，实际电流源端口的伏安特性为

$$I=I_S-\frac{U}{R_0}$$

$$U=I_SR_0-IR_0 \tag{2-20}$$

待求的实际电压源端口的伏安特性如图 2.14(b)所示，则有

$$U'=U_S-I'R_S \tag{2-21}$$

由等效的概念，并根据式(2-18)得

$$\begin{cases}I=I'\\U=U'\end{cases}$$

比较式(2-20)、式(2-21)，当且仅当

$$\begin{cases}U_S=I_SR_0\\R_S=R_0\end{cases} \tag{2-22}$$

成立时，两个端口等效。

如果式(2-22)成立，根据等效的概念，就有式(2-18)成立，则式(2-20)、式(2-21)也成立，就保证向外电路提供的伏安特性不变，说明用电压源模型就可以代替电流源模型。

注意：等效电压源电位上升的方向与电流源方向一致。

3. 受控电压源与受控电流源之间的等效变换

受控电压源与受控电流源之间的等效变换与实际电源之间的等效变换的方法相同，但要注意以下几点。

(1) 等效变换指对外等效，对内不等效。

(2) 理想电压源与理想电流源之间不能等效变换。

因为根据等效的概念，理想电压源内阻为 0，而理想电流源内阻为∞，电压源找不到一个∞的内阻与电流源并联，反之亦然。再选择两种状态：端口开路、短路，并分析它们是否可以相互等效。由于这两种特殊情况下不能相互等效，就说明理想电压源与理想电流源之间不能等效。

(3) 当实际电压源与其他电路并联，实际电流源与其他电路串联时，可以进行这种等效变换，从而简化电路。

例 2-5　对图 2.15(a)所示的电路进行等效变换。

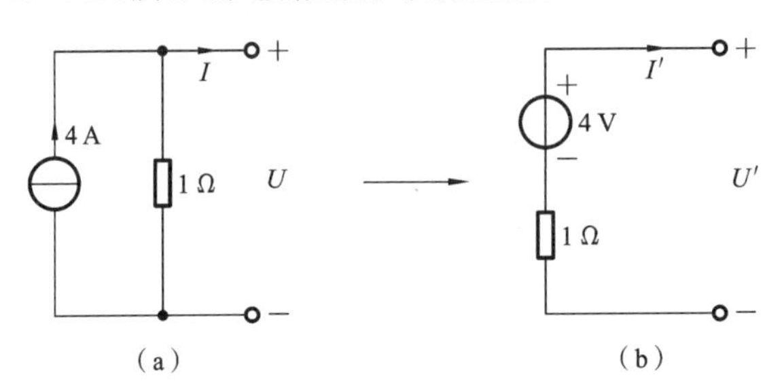

图 2.15　例 2-5 的图

解　由式(2-22)，将图 2.15(a)中的 4 A、1 Ω 电流源并联模型等效为电压源串联模型，如图 2.15(b)所示，则有

$$U_S=I_SR_S=4\times1=4\ (\text{V})$$

$$R_0=R_S=1\ \Omega$$

下面验证两个电路在端口处的伏安关系是否相同。

在等效条件下，由图 2.15(a)中的伏安关系有

$$I=I_S-\frac{U}{R_0}=4-U$$

$$U=4-I$$

由图 2.15(b)中的伏安关系有

$$U'=4-I'$$

根据等效条件式(2-18)，两个电路在端口处的伏安关系相同，所以可以进行等效变换。

例 2-6　对图 2.16(a)所示的电路进行等效变换。

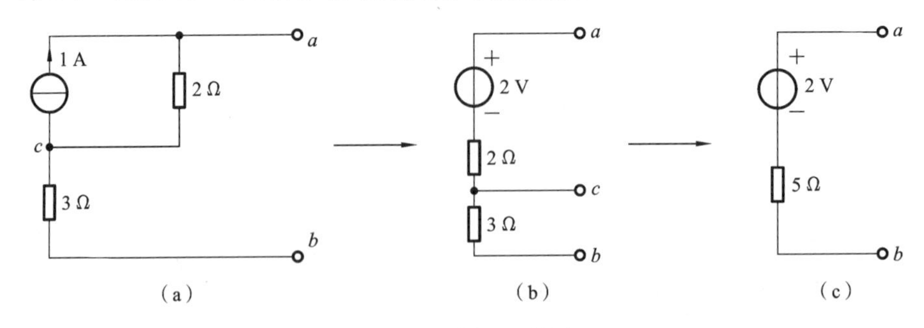

图 2.16　例 2-5 的图

解　在图 2.16(a)中，先对端口 ac 进行等效变换，如图 2.16(b)所示，则有

$$U_S=I_SR_S=1\times2=2\ (\text{V})$$

$$R_0=R_S=2\ (\Omega)$$

再进一步简化如图 2.16(c)所示。

例 2-7 计算如图 2.17(a)所示电路中的电流 i_1。

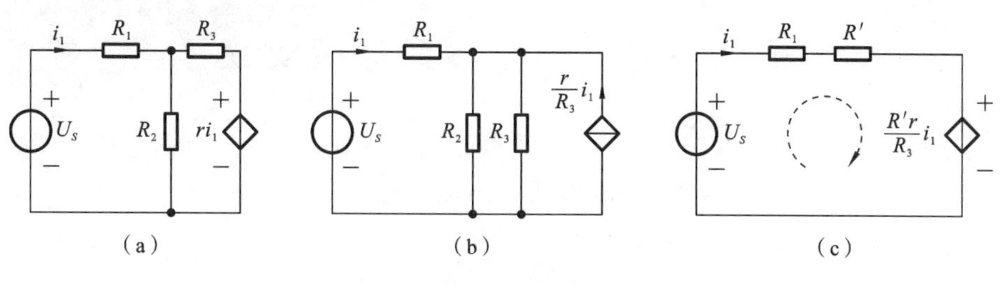

图 2.17 例 2-7 的图

解 (1) 将图 2.17(a)所示的受控电压源模型串联并等效变换为受控电流源并联等效模型，如图 2.17(b)所示。

(2) 再将图 2.17(b)中的受控电流源模型等效变换为受控电压源模型，如图 2.17(c)所示，则受控电压源为

$$U'_S = R'\frac{r}{R_3}i_1$$

$$R' = R_2 /\!/ R_3 = \frac{R_2R_3}{R_2+R_3}$$

(3) 求回路电流 i_1。如图 2.17(c)所示，由 KVL 定律，得

$$i_1(R_1+R')+R'\frac{r}{R_3}i_1 = U_S$$

$$i_1 = \frac{U_S}{R_1+R'+R'\frac{r}{R_3}} = \frac{U_S}{R_1+\frac{R_2R_3}{R_2+R_3}+\frac{R_2R_3}{R_2+R_3}\frac{r}{R_3}}$$

例 2-8 计算如图 2.18(a)所示电路中的电流 I。

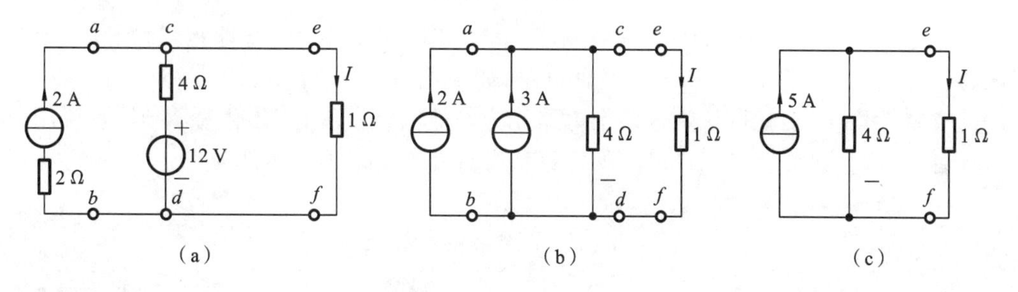

图 2.18 例 2-8 的图

解 如图 2.18(a)所示。ab 端口以左等效为 2 A 的电流源，因为该支路电流为 2 A，与串联电阻 2 Ω 无关，其伏安关系为

$$I = 2\ \text{A}$$

即无论 ab 端口电压 u 为何值，电流总为 2 A。

因为 cd 支路与 ab 端口左边电路为并联形式，先将 cd 支路等效变换为电流源模型，如图 2.18(b)所示，则有

$$I_S = \frac{12}{4} = 3\ (\text{A}),\quad R_0 = 4\ (\Omega)$$

ef 端口以左电路再进一步等效为电流源模型，如图 2.18(c)所示。由分流公式知

$$I=\frac{4}{4+1}\times5=4\ (\text{A})$$

2.5 电阻Y形电路与△形电路的等效变换

对于较复杂的电路，如图2.19所示的电路，四个臂一个桥组成的电路，如果用串联、并联形式均不能等效变换，则考虑通过三端电路进行等效变换。

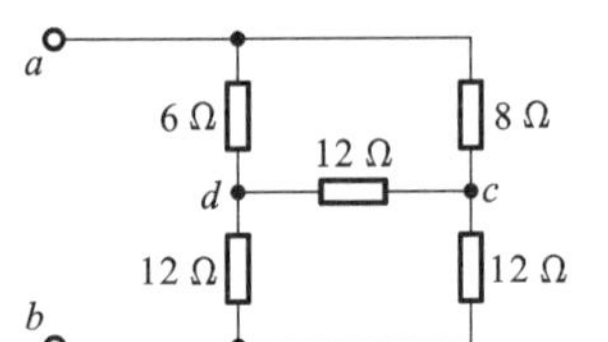

图2.19 四臂一桥组成的电路

2.5.1 概念

星形（Y形）连接是指三个电阻，每一个电阻的一端连接一起，另一端分别与外电路连接，组成Y形结构，如图2.20所示，R_1、R_2、R_3组成星形连接。

三角形（△形）连接是指每个电阻一端与另一电阻一端连接组成首尾连接，引出三端与外电路连接，组成△形结构，如图2.21所示，R_{12}、R_{23}、R_{31}组成三角形连接。

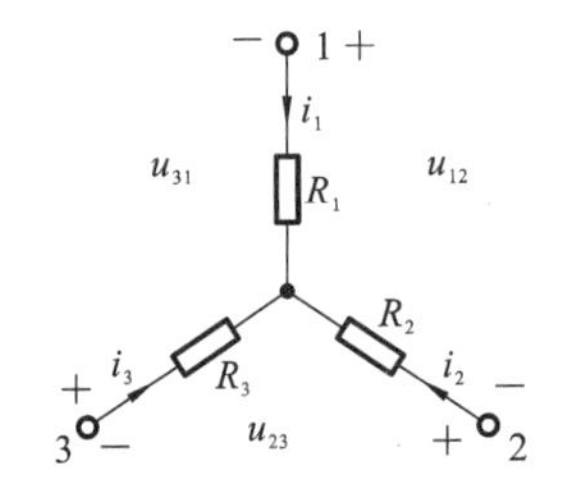

图2.20 星形（Y形）连接

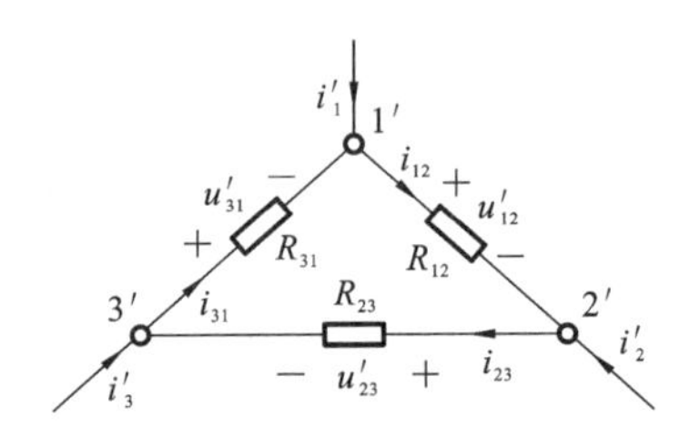

图2.21 三角形（△形）连接

2.5.2 等效条件

根据等效的概念，若对外电路来说，两个电路对应端口伏安特性相同，则互为等效电路。如图2.20、图2.21所示的两种电路，如果端口12与1′2′、23与2′3′、31与3′1′的伏安特性均相同，就可认为这两个电路互为等效电路，可用△形代替Y形，也可用Y形代替△形，替代前后对端口以外的电路伏安特性不变。等效条件为

$$\begin{cases} i_1=i'_1, \quad i_2=i'_2, \quad i_3=i'_3 \\ u_{12}=u'_{12}, \quad u_{23}=u'_{23}, \quad u_{31}=u'_{31} \end{cases} \tag{2-23}$$

2.5.3 等效关系式

1. Y形转换为△形

已知Y形每臂电阻，求出△形与之等效的每臂电阻。

先列出Y形和△形电路方程，由u_{12}、u_{23}、u_{31}求出i_1、i_2、i_3，然后再列出△形电路方程求出i'_1、i'_2、i'_3，根据等效条件，将Y形与△形电路方程进行比较，求出它们之间相互等效的关系式。

由Y形电路（见图2.20），有

$$\begin{cases} i_1+i_2+i_3=0 \\ R_1 i_1-R_2 i_2=u_{12} \\ R_2 i_2-R_3 i_3=u_{23} \end{cases} \tag{2-24}$$

用线性代数行列式方法求 i_1、i_2、i_3，有

$$\Delta=R_1R_2+R_2R_3+R_3R_1,\quad \Delta_1=R_3u_{12}-R_2u_{31}$$
$$\Delta_2=R_1u_{23}-R_3u_{12},\quad \Delta_3=R_2u_{31}-R_1u_{23}$$

则有

$$\begin{cases} i_1=\dfrac{\Delta_1}{\Delta}=\dfrac{R_3}{\Delta}u_{12}-\dfrac{R_2}{\Delta}u_{31} \\ i_2=\dfrac{\Delta_2}{\Delta}=\dfrac{R_1}{\Delta}u_{23}-\dfrac{R_3}{\Delta}u_{12} \\ i_3=\dfrac{\Delta_3}{\Delta}=\dfrac{R_2}{\Delta}u_{31}-\dfrac{R_1}{\Delta}u_{23} \end{cases}$$

$$\begin{cases} i_1=\dfrac{R_3}{R_1R_2+R_2R_3+R_3R_1}u_{12}-\dfrac{R_2}{R_1R_2+R_2R_3+R_3R_1}u_{31} \\ i_2=\dfrac{R_1}{R_1R_2+R_2R_3+R_3R_1}u_{23}-\dfrac{R_3}{R_1R_2+R_2R_3+R_3R_1}u_{12} \\ i_3=\dfrac{R_2}{R_1R_2+R_2R_3+R_3R_1}u_{31}-\dfrac{R_1}{R_1R_2+R_2R_3+R_3R_1}u_{23} \end{cases} \tag{2-25}$$

由△形电路(见图 2.21)，有

$$\begin{cases} i'_1=i_{12}-i_{31}=\dfrac{u'_{12}}{R_{12}}-\dfrac{u'_{31}}{R_{31}} \\ i'_2=i_{23}-i_{12}=\dfrac{u'_{23}}{R_{23}}-\dfrac{u'_{12}}{R_{12}} \\ i'_3=i_{31}-i_{23}=\dfrac{u'_{31}}{R_{31}}-\dfrac{u'_{23}}{R_{23}} \end{cases} \tag{2-26}$$

由等效条件式(2-23)，得

$$\begin{cases} \dfrac{R_3}{\Delta}=\dfrac{1}{R_{12}} \\ \dfrac{R_1}{\Delta}=\dfrac{1}{R_{23}} \\ \dfrac{R_2}{\Delta}=\dfrac{1}{R_{31}} \end{cases} \tag{2-27}$$

$$\begin{cases} R_{12}=\dfrac{R_1R_2+R_2R_3+R_3R_1}{R_3} \\ R_{23}=\dfrac{R_1R_2+R_2R_3+R_3R_1}{R_1} \\ R_{31}=\dfrac{R_1R_2+R_2R_3+R_3R_1}{R_2} \end{cases} \tag{2-28}$$

即

$$\triangle\text{形每臂的电阻}=\frac{\text{Y 形每臂电阻两两乘积之和}}{\text{Y 形不相邻一臂的电阻}}$$

特殊地，当 $R_1=R_2=R_3=R_Y$ 时，

$$R_{12}=R_{23}=R_{31}=R_\triangle=3R_Y$$

即

$$R_\triangle=3R_Y \tag{2-29}$$

2. △形等效为 Y 形

已知△形每臂电阻,求出 Y 形与之等效的每臂电阻。

由式(2-27),得

$$\Delta = R_1R_2 + R_2R_3 + R_3R_1 = R_1R_{23} = R_2R_{31} = R_{12}R_3 \tag{2-30}$$

由式(2-28)中三式相加,得

$$R_{12} + R_{23} + R_{31} = \frac{(R_1R_2 + R_2R_3 + R_3R_1)^2}{R_1R_2R_3} = \frac{\Delta^2}{R_1R_2R_3} \tag{2-31}$$

将式(2-30)代入式(2-31),得

$$R_{12} + R_{23} + R_{31} = \frac{\Delta^2}{R_1R_2R_3} = \frac{R_3^2R_{12}^2}{R_1R_2R_3} = \frac{R_3R_{12}^2}{R_1R_2} \tag{2-32}$$

$$= \frac{R_1^2R_{23}^2}{R_1R_2R_3} = \frac{R_1R_{23}^2}{R_2R_3} \tag{2-33}$$

$$= \frac{R_1^2R_{31}^2}{R_1R_2R_3} = \frac{R_2R_{31}^2}{R_1R_3} \tag{2-34}$$

由式(2-30),得

$$\frac{R_3}{R_2} = \frac{R_{31}}{R_{12}}$$

代入式(2-32),得

$$R_{12} + R_{23} + R_{31} = \frac{R_{31}R_{12}}{R_1}$$

由式(2-30),得

$$\frac{R_1}{R_3} = \frac{R_{12}}{R_{23}}$$

代入式(2-33),得

$$R_{12} + R_{23} + R_{31} = \frac{R_{12}R_{23}}{R_2}$$

由式(2-30),得

$$\frac{R_2}{R_1} = \frac{R_{23}}{R_{31}}$$

代入式(2-34),得

$$R_{12} + R_{23} + R_{31} = \frac{R_{23}R_{31}}{R_3}$$

整理得

$$\begin{cases} R_1 = \dfrac{R_{12}R_{31}}{R_{12} + R_{23} + R_{31}} \\ R_2 = \dfrac{R_{12}R_{23}}{R_{12} + R_{23} + R_{31}} \\ R_3 = \dfrac{R_{23}R_{31}}{R_{12} + R_{23} + R_{31}} \end{cases} \tag{2-35}$$

式(2-35)表述为

$$\text{Y 形(每臂)电阻} = \frac{\text{△形相邻两臂电阻的乘积}}{\text{△形三臂电阻之和}}$$

特殊地,当 $R_{12} = R_{23} = R_{31} = R_\triangle$ 时,有

$$R_1=R_2=R_3=R_Y=\frac{1}{3}R_\triangle,\quad R_Y=\frac{1}{3}R_\triangle=\frac{1}{3}\times12=4\ (\Omega)$$

由于

$$R_Y=\frac{1}{3}R_\triangle$$

即

$$R_\triangle=3R_Y \tag{2-36}$$

注意：Y 形与△形等效变换对外等效，对内不等效。

例 2-9 电路如图 2.22(a)(b)所示，求 ab 端口的 R_{ab}。

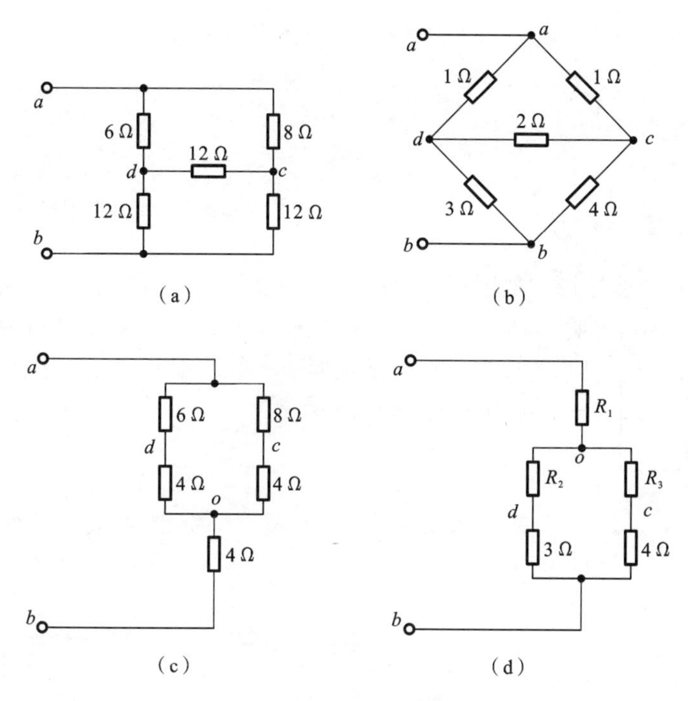

图 2.22 例 2-9 的图

解 电路如图 2.22(a)所示，bcd 支路组成△形电路，三边电阻相等均为 12 Ω，容易进行△-Y 变换(△→Y)，根据 Y 形电路特点，△形电路等效为 Y 形电路时找好对应的三点 b、c、d 并与外电路相连，从△形电路中间生成一个点 o，如图 2.22(c)所示，分别向 b、c、d 点连接，等效电阻为

$$R_Y=\frac{1}{3}R_\triangle=\frac{1}{3}\times12=4\ (\Omega)$$

则有

$$R_{ab}=(6+4)/\!/(8+4)+4=\frac{10\times12}{10+12}+4=\frac{120}{22}+4=\frac{104}{11}\ (\Omega)$$

电路如图 2.22(b)所示，将 adc 支路组成的△形电路变换为 Y 形电路(或将 dcb 组成的△形电路变换为 Y 形电路)，等效电路如图 2.22(d)所示，即

$$R_1=\frac{1\times1}{1+2+1}=\frac{1}{4}\ (\Omega)$$

$$R_2=\frac{2\times1}{2+1+1}=\frac{1}{2}\ (\Omega)$$

$$R_3=\frac{1\times 2}{1+2+1}=\frac{1}{2}\ (\Omega)$$

$$R_{ob}=(R_2+3)/\!/(R_3+4)=\frac{\left(\frac{1}{2}+3\right)\times\left(\frac{1}{2}+4\right)}{\frac{1}{2}+3+\frac{1}{2}+4}=\frac{63}{32}\ (\Omega)$$

$$R_{ab}=\frac{1}{4}+\frac{63}{32}=\frac{71}{32}\ (\Omega)$$

还可以将 ad、bd、cd 三边以 d 为中心组成的 Y→△，虽然计算结果相同，但比较烦琐。

无论是采用 Y→△还是△→Y，都要根据具体电路来分析。

2.6 输入电阻

2.6.1 R_i 的概念

对于一个仅含受控源和电阻而不含独立源的线性一端口电路，无论电路有多么复杂，其端口电压 u 与电流 i 成正比，这种特性与电阻伏安特性相似，可以用一个等效电阻 R_{eq} 表示，如图 2.23 所示。电压与电流比值称为输入电阻 R_i，即

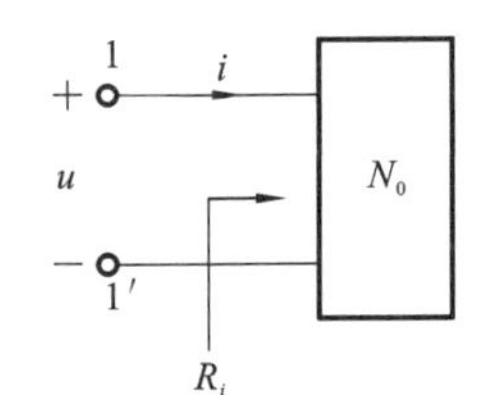

图 2.23 输入电阻 R_i

$$R_i \overset{\text{def}}{=} \frac{u}{i} \tag{2-37}$$

图 2.24(a)(b)所示的电路均可用 R_i 表示为图 2.24(c)所示的电路。

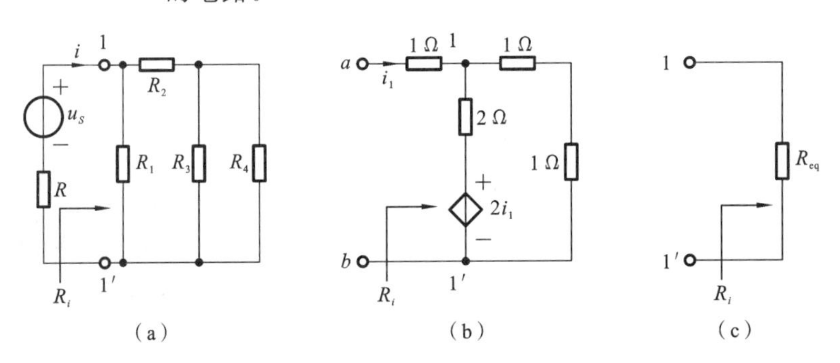

图 2.24 无源二端电路及其输入电阻

例如，模拟电子线路中晶体管 BJT 共射放大电路，放大器内部有等效受控电流源，对电源来说，放大器相当于一个负载电阻 r_i，电阻 r_i 越大，r_i 上的电压 u_i 越大；信号源内部阻值(R_S 表示)越小，衰减越小，而加在放大器上的电压 u_i 越大，信号失真越小。因此讨论 R_i 输入电阻具有实际意义。

输入电阻与等效电阻虽然都是电阻，二者大小相等，但是概念不同，考虑的角度也不同。输入电阻描述了不含独立源电路的端口特性，而"等效电阻"是对端口外而言，用 R_{eq}"等效"替代原电路，端口伏安特性不变。

如图 2.24(a)(b)所示，1-1′端口以右的电路，可用图 2.24(c)中 R_{eq} 等效，也可以用

R_{in}表示，输入电阻的大小就是等效电阻。

2.6.2 R_i 的求法

根据定义，采用两种方法求输入电阻，如图 2.25 所示。

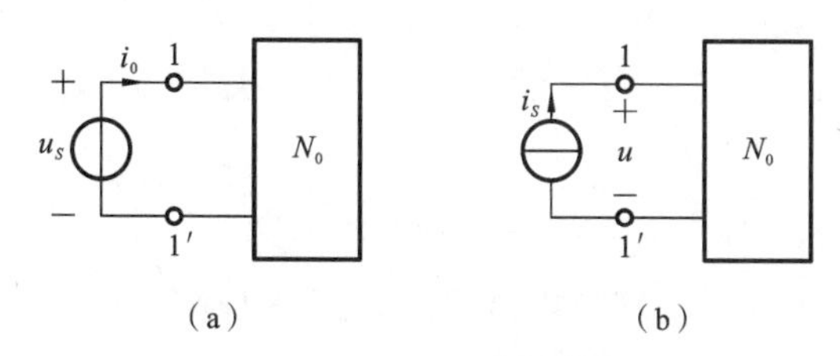

图 2.25 两种方法求输入电阻 R_i

1. 加压求流法

将端口处加一电压源 u_S，则端口必流过电流 i_0，且有

$$R_i=\frac{u_S}{i_0} \tag{2-38}$$

根据 KCL 定律和 KVL 定律，建立 u_S 与 i_0 的关系式，用 i_0 表示 u_S，或用 u_S 表示 i_0，或分子、分母都用第三方电量 X 表示，消掉 X 后，得到输入电阻，求出$\frac{u_S}{i_0}$之值就为 R_i，即

$$R_i=\frac{u_S}{i_0}=\frac{(R_i)i_0}{i_0}=\frac{u_S}{(G_i)u_S}=\frac{(a)X}{(b)X} \tag{2-39}$$

2. 加流求压法

将端口处加一电流源 i_S，则端口电压必为 u_0，且有

$$R_i=\frac{u_0}{i_S} \tag{2-40}$$

同加压求流法，建立 u_0 与 i_S 的关系式，求出$\frac{u_0}{i_S}$之值就为 R_i，即

$$R_i=\frac{u_0}{i_S}=\frac{(R_i)i_S}{i_S}=\frac{u_0}{(G_i)u_0}=\frac{(c)X}{(d)X} \tag{2-41}$$

需要注意如下几点。

(1) 根据定义求出的比值 R_i 是一个定值，它既不含电流 i，也不含电压 u，既与电流 i 无关，也与电压 u 无关。

(2) 求端口输入电阻时，一定要把端口内部的电压源短接、电流源断开。

(3) 当端口含有受控源时，用求 R_i 方法求端口输入电阻。当端口不含有受控源时，可以用求 R_{eq} 或求 R_i 的方法求出端口输入电阻。

(4) 当二端电路内部含有受控源时，R_i 分为三种情况：$R_i>0$，$R_i=0$，$R_i<0$。

当 $R_i>0$ 时，端口吸收电功率，相当于一个电阻。

当 $R_i=0$ 时，端口不消耗电功率，相当于端口短路。

当 $R_i<0$ 时，端口向外发出电功率，相当于一个电源。

例 2-10 电路如图 2.26(a)所示，求 1-1′端口以右的输入电阻 R_i。

解 用加压求流法：将 VCCS 的并联形式等效为 VCVS 的串联形式，如图 2.26(b)

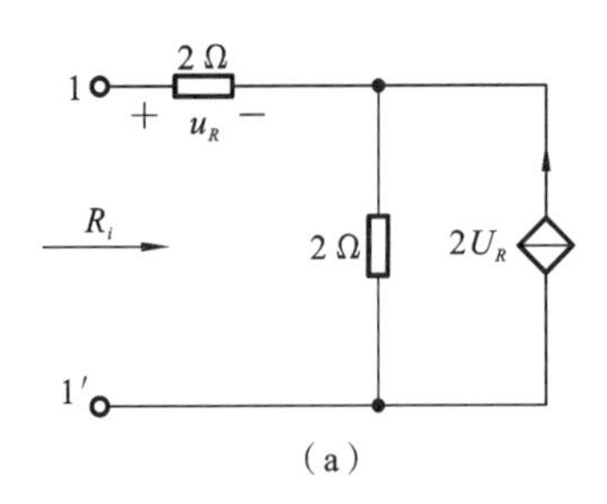

(a)

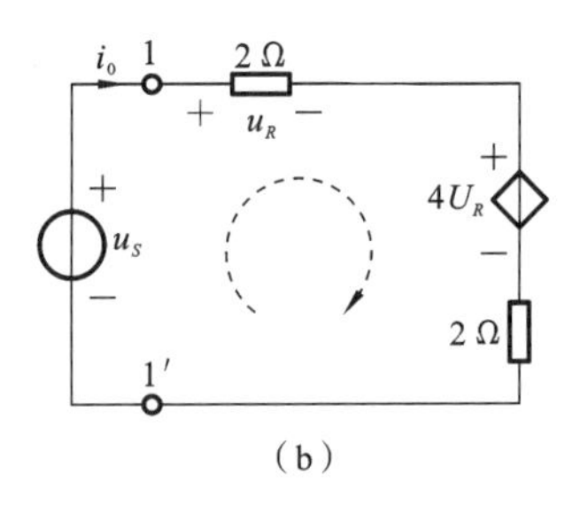

(b)

图 2.26　例 2-10 的图

所示，在 1-1′端口加电压 u_S，设端口电流为 i_0，由 KVL 定律知

$$(2+2)i_0+4u_R=u_S \tag{2-42}$$

$$u_R=2i_0 \tag{2-43}$$

将式(2-43)代入(2-42)得

$$12i_0=u_S$$

则由定义知

$$R_i=\frac{u_S}{i_0}=12\ (\Omega)$$

例 2-11　图 2.27(a)所示的是晶体管放大电路的等效电路，其中 R_1、R_2、R_3、R_4、R_5、R_6 及 β 均已知，求输入电阻 R_i。

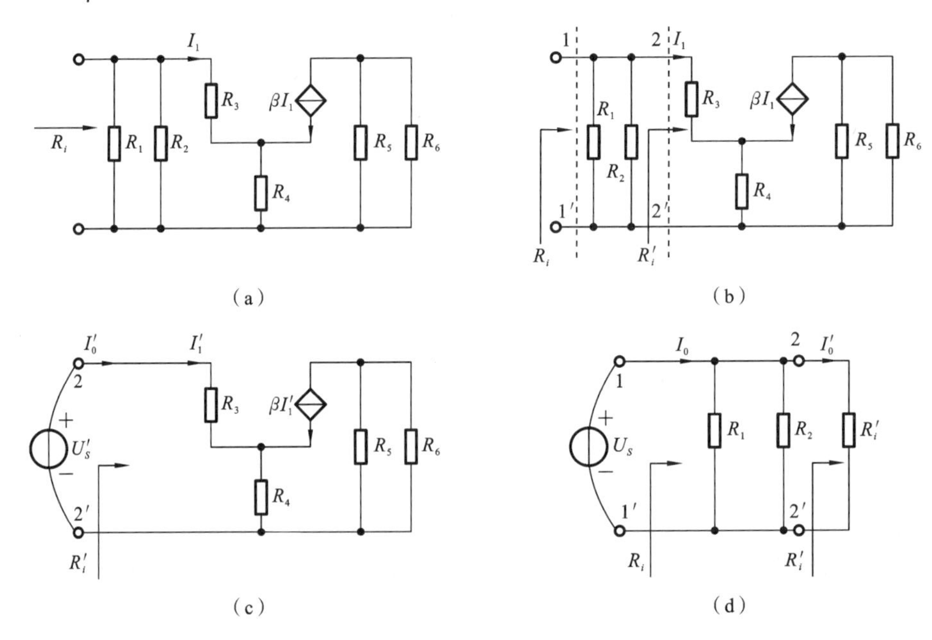

图 2.27　例 2-11 的图

解　用加压求流法。如图 2.27(b)所示，先求 2-2′端口的输入电阻 R_i'，再求 1-1′端口的输入电阻 R_i。

如图 2.27(c)所示，在 2-2′端口加电压 U_S'，设端口电流为 I_0'，则有

$$I_1'R_3+(I_1'+\beta I_1')R_4=U_S'$$

$$R_i'=\frac{U_S'}{I_0'}=\frac{U_S'}{I_1'}=R_3+(1+\beta)R_4$$

如图 2.27(d)所示,1-1′端口的输入电阻 R_i 为三个电阻并联,即

$$R_i = R_1 /\!/ R_2 /\!/ R'_i = R_1 /\!/ R_2 /\!/ [R_3 + (1+\beta)R_4]$$

$$\frac{1}{R_i} = \frac{1}{R_1} + \frac{1}{R_2} + \frac{1}{R'_i}$$

$$R_i = \frac{R_1 R_2 [R_3 + (1+\beta)R_4]}{(R_1 + R_2)([R_3 + (1+\beta)R_4]}$$

2.7 章节回顾

(1) 本章学习线性时不变电阻电路的等效变换及公式。按等效的原则简化电路,便于电路的分析与计算。等效的概念指某一部分二端网络用其等效电路替代后,端口的伏安特性不变也即端口功率不变。注意:等效指对外电路等效,对内电路不等效。

(2) 若干个电阻的串联,可以用一个电阻等效替代,其等效电阻为

$$R_{eq} \overset{\text{def}}{=} R_1 + R_2 + \cdots + R_n$$

分压公式为

$$U_k = \frac{R_k}{R_{eq}} U_S$$

若干个电阻的并联,可以用一个电阻等效替代,其等效电路为

$$\frac{1}{R_{eq}} \overset{\text{def}}{=} \frac{1}{R_1} + \frac{1}{R_2} + \cdots + \frac{1}{R_n}$$

$$G_{eq} \overset{\text{def}}{=} G_1 + G_2 + \cdots + G_n$$

分流公式为

$$I_K = \frac{G_K}{G_{eq}} \cdot I_S$$

(3) 若干个理想电压源串联,可用一个电压源等效替代,替代前后伏安特性不变,即

$$U_S = U_{S1} + U_{S2} + \cdots + U_{Sn}$$

若干个理想电流源可用一个电流源等效替代:

$$I_S = I_{S1} + I_{S2} + \cdots + I_{Sn}$$

注意:各个电源符号按其方向与替代后电源方向一致者取“+”,反之取“-”。

(4) 两种电源模型的等效变换。电压源模型可表示为串联等效电路,用一个理想电压源 U_S 与一个电阻 R_S 的串联表示,分压内阻 R_S 很小,其对外伏安特性为

$$U = U_S - IR_S$$

电流源模型可表示为并联等效电路,用一个理想电流源 I_S 与一个电阻 R_0(或电导 G_0)的并联表示,分流内阻 R_0 很大,其对外伏安特性为

$$I = I_S - \frac{1}{R_0}U = I_S - G_0 U$$

电压源模型等效变换为电流源模型(见图 2.28(a)):

$$I_S = \frac{U_S}{R_S}, \quad R_0 = R_S$$

电流源模型等效变换为电压源模型(见图 2.28(b)):

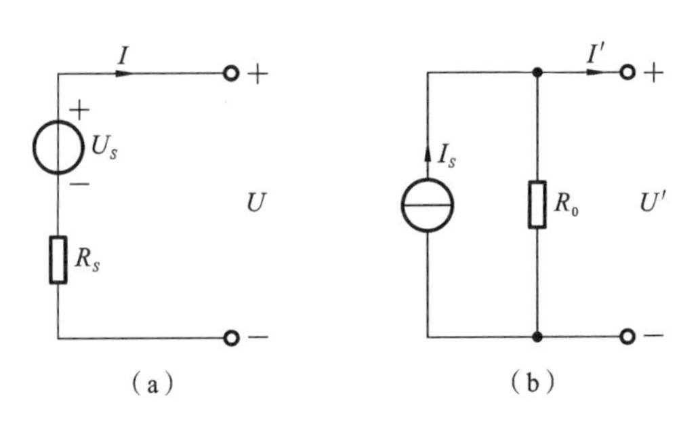

图 2.28 电压源模型与电流源模型的等效变换

$$U_S = I_S R_0,\quad R_S = R_0$$

等效的原则是，对外电路提供的伏安特性不变。

注意：对端口内部电路不等效。

(5) 较复杂的电阻电路，用 Y-△变换简化电路，如图 2.29 所示。

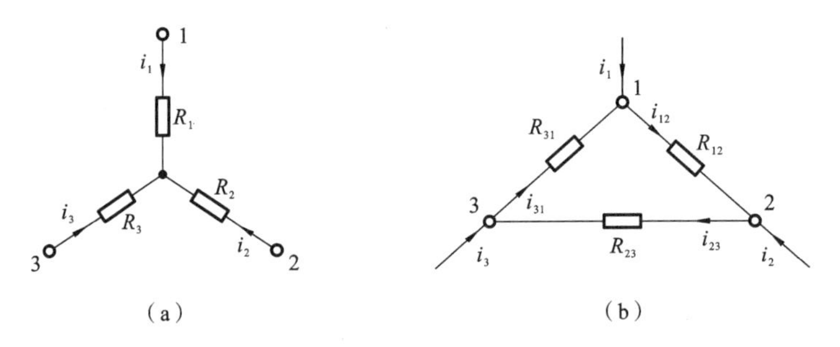

图 2.29 电阻 Y-△的等效变换

Y→△，有

$$R_{12} = R_1 + R_2 + \frac{R_1 R_2}{R_3}$$

$$R_{23} = R_2 + R_3 + \frac{R_2 R_3}{R_1}$$

$$R_{31} = R_3 + R_1 + \frac{R_3 R_1}{R_2}$$

△→Y，有

$$R_1 = \frac{R_{12} R_{31}}{R_{12} + R_{23} + R_{31}}$$

$$R_2 = \frac{R_{23} R_{12}}{R_{12} + R_{23} + R_{31}}$$

$$R_3 = \frac{R_{23} R_{31}}{R_{12} + R_{23} + R_{31}}$$

特殊地，当 $R_1 = R_2 = R_3 = R_Y$ 时，有

$$R_\triangle = 3R_Y$$

当 $R_{12} = R_{23} = R_{31} = R_\triangle$ 时，有

$$R_1 = R_2 = R_3 = \frac{1}{3} R_\triangle$$

(6) 对于含有受控源的无源二端电路，可以用一个输入电阻来等效替代，替代前后其端口的伏安特性不变。输入电阻大小等于等效电阻，但二者概念不同。在端口用加

压求流法或加流求压法可求出 R_i，即

$$R_i=\frac{u_S}{i_0} \quad 或 \quad R_i=\frac{u_0}{i_S}$$

2.8 习题

2-1 图 2.30 所示的分压器中，已知 $U=300\ \text{V}$，$R_1=150\ \text{k}\Omega$，$R_2=100\ \text{k}\Omega$，$R_3=50\ \text{k}\Omega$，求 ac 间和 bc 间的输出电压。

2-2 已知图 2.31 所示的电路，求 I_1、I_2、I_3。

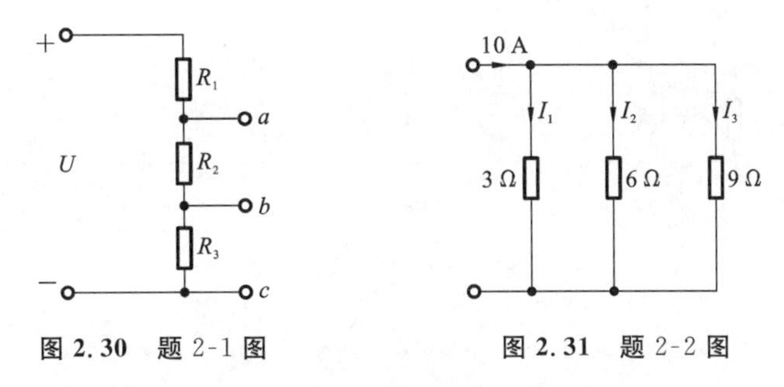

图 2.30 题 2-1 图　　图 2.31 题 2-2 图

2-3 已知图 2.32 所示的电路，求 R_{ab} 及图 2.32(d)中的 R_{cd}。

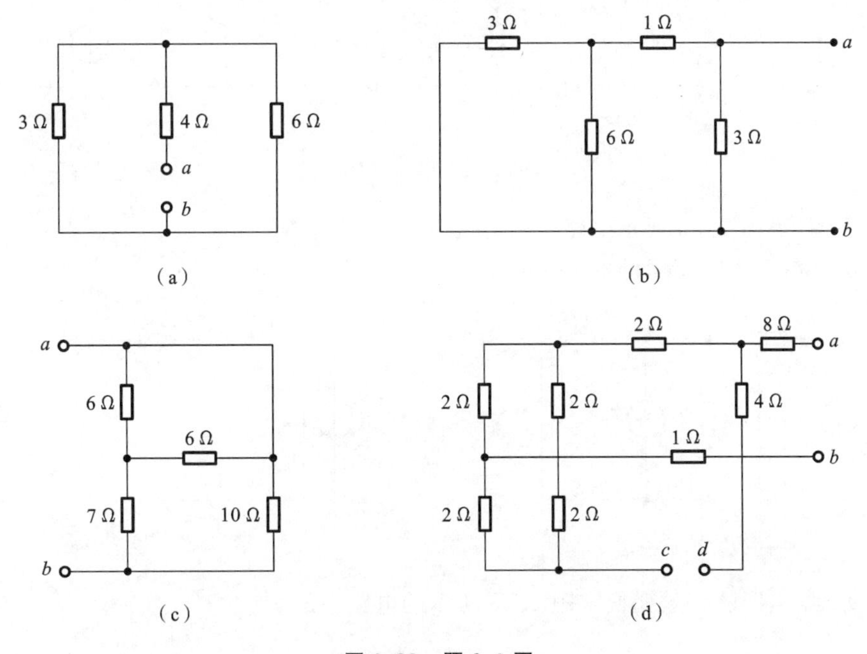

图 2.32 题 2-3 图

2-4 电路如图 2.33 所示，负载 $R_L=2\ \Omega$，$I_S=2\ \text{A}$，$U_S=10\ \text{V}$。(1) 负载 R_L 中的电流 I 及其两端电压 U 各为多少？(2) 若图 2.33(a)中断开电流源，图 2.33(b)中短接电压源，对计算结果有无影响？(3) 判别图 2.33(a)(b)中 U_S 与 I_S 何者为电源，何者为负载。(4) 分析图 2.33(a)(b)中功率平衡关系。

2-5 求图 2.34 所示电路的等效电压源模型。

2-6 求图 2.35 所示电路的等效电流源模型。

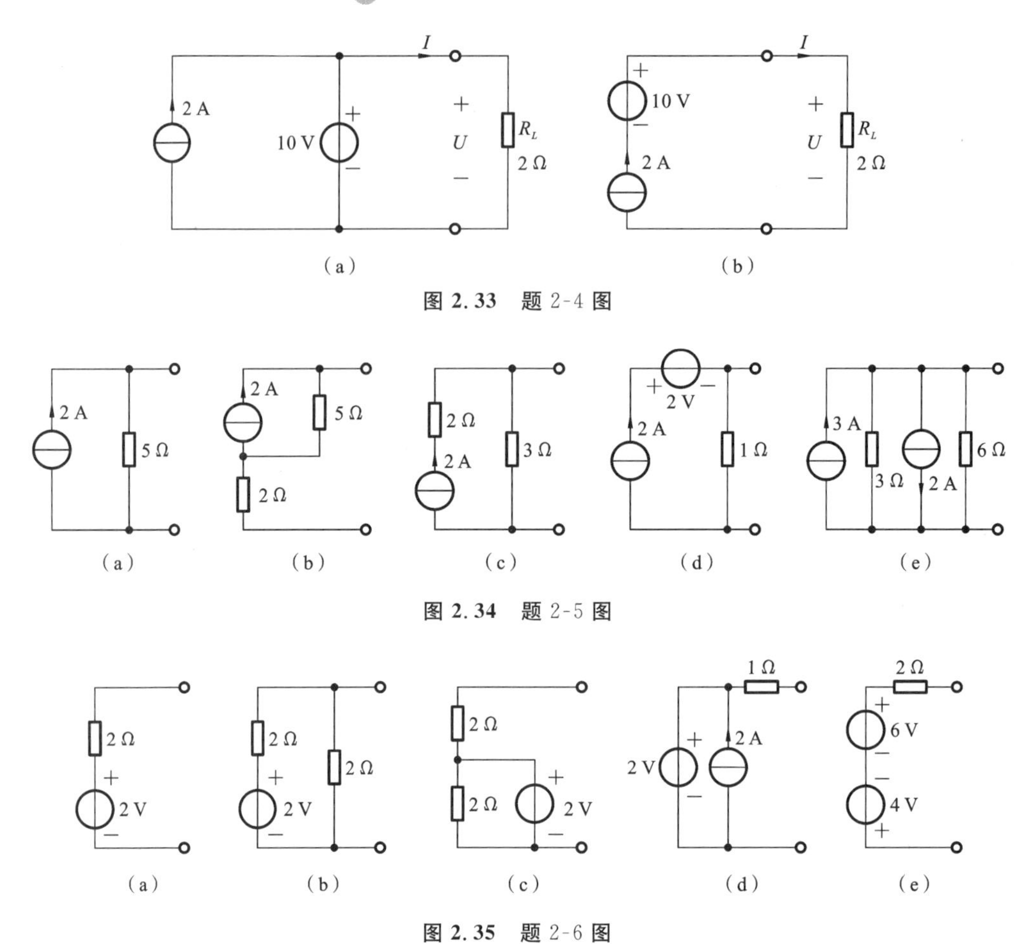

图 2.33　题 2-4 图

图 2.34　题 2-5 图

图 2.35　题 2-6 图

2-7　计算图 2.36 所示电路中的电流 i。

2-8　求图 2.37 所示的电路中的 I、U。

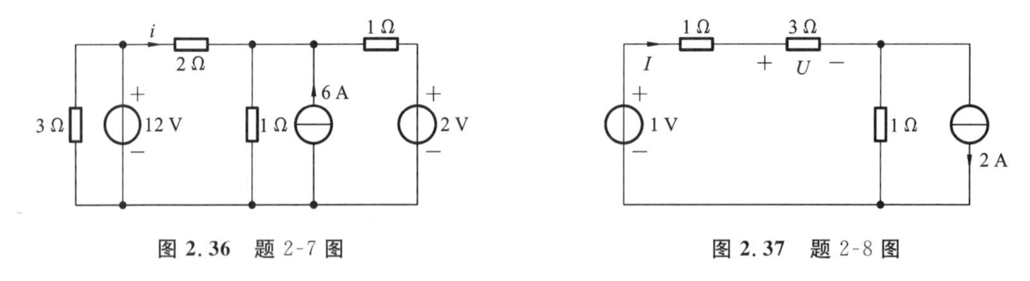

图 2.36　题 2-7 图　　　图 2.37　题 2-8 图

2-9　用电源的等效变换求图 2.38 所示的电路中的 I。

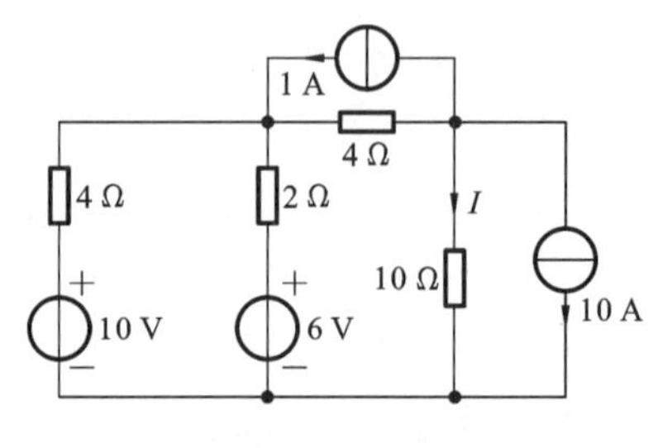

图 2.38　题 2-9 图

2-10　求图 2.39 所示电路的等效电阻 R_{ab}。

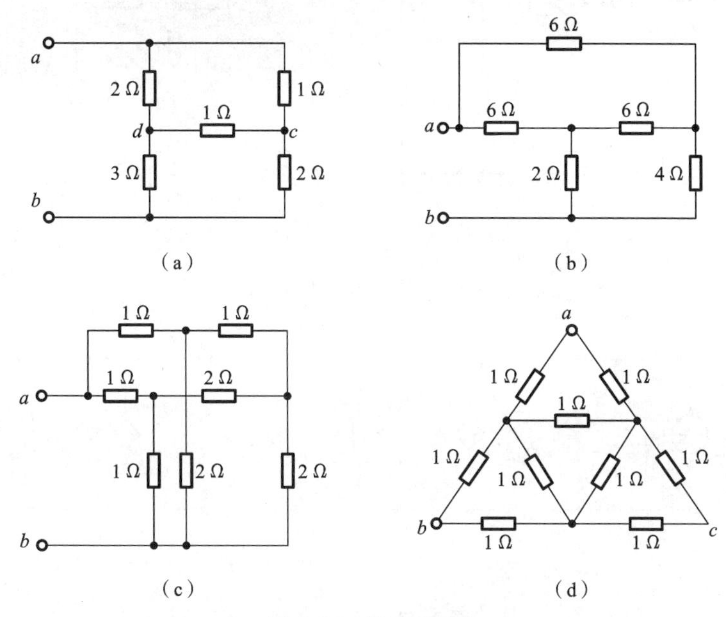

图 2.39　题 2-10 图

2-11　求图 2.40 所示电路的输入电阻 R_i。

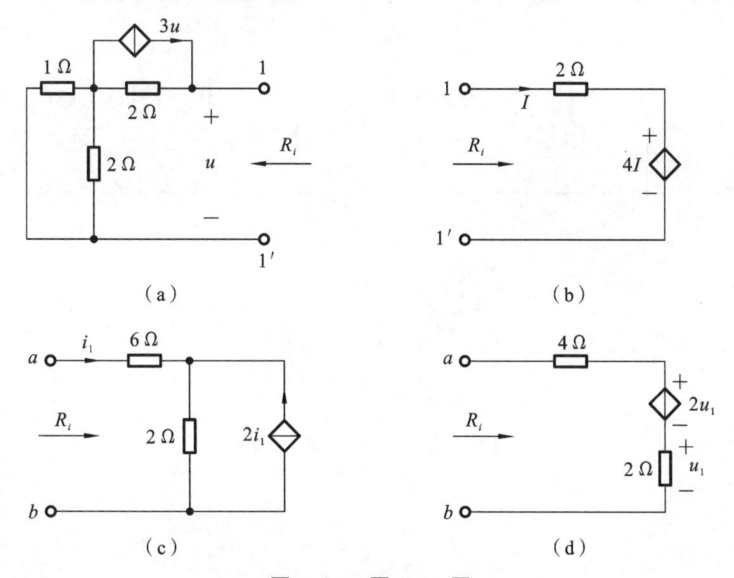

图 2.40　题 2-11 图

2-12　电路如图 2.41 所示，求 R_i。

2-13　受控源具有改变与它相接的负载性质的能力。(1) 对于图 2.42(a)所示的回转器电路模型，试证明：$R_i=\dfrac{1}{G_0^2R_L}$(G_0 为回转电导，$G_0=1$ S)；(2) 对于图 2.42(b)所示的“负阻抗变换器”(NIC)的电路模型，试证明 $R_i=-R_L$。

2-14　求图 2.43 所示电路的 1-1′端口以右的输入电阻 R_{i1} 及 2-2′端口以左的输入电阻 R_{i2}，并求 $A_u=\dfrac{u_0}{u_i}$。

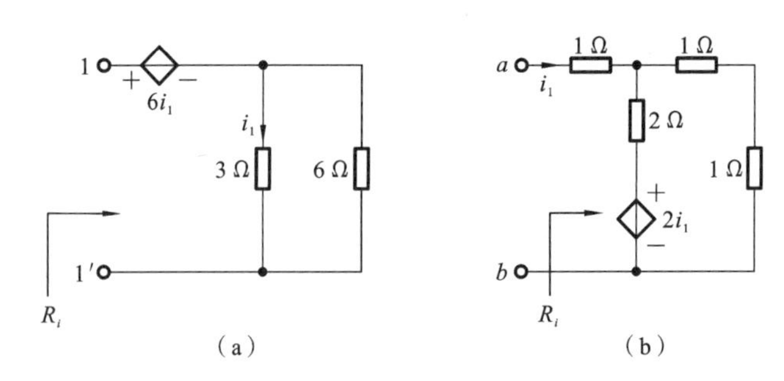

图 2.41 题 2-12 图

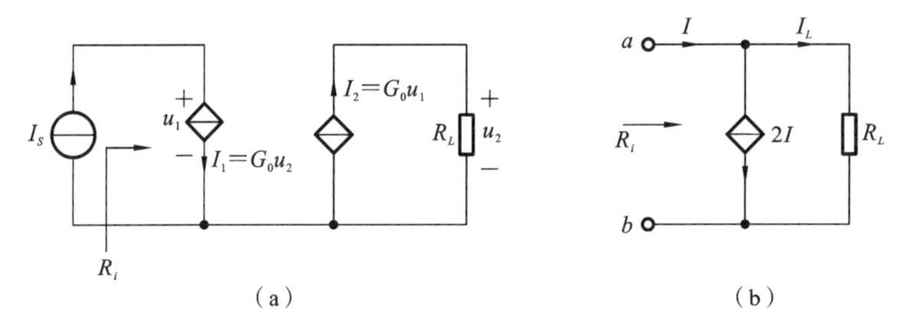

图 2.42 题 2-13 图

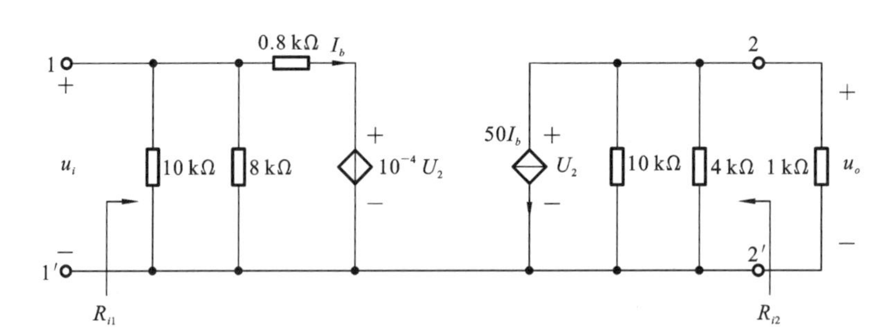

图 2.43 题 2-14 图

习题答案 2

3

电阻电路的分析方法

本章重点

(1) 电路的图、连通图、树T、树支、连支、单连支回路、独立回路等概念。

(2) 掌握支路电流法、网孔电流法、回路电流法、结点电压法等分析方法,求解较复杂的电路。

(3) 含有受控源及无伴理想电源电路的分析和计算。

(4) 理想运算放大器的"虚短"和"虚断"性质及分析和运算方法。

本章难点

(1) 确定单连支回路,用回路电流法列写方程。

(2) 支路电流法、网孔电流法、回路电流法在电路含有无伴电流源及无伴受控电流源的分析。

(3) 支路电流法、结点电压法在电路含有无伴电压源及无伴受控电压源的分析。

(4) 含理想运算放大器电路的分析和计算方法。

本章学习复杂电阻电路的分析和计算,以元件的 VCR 关系(VCR 定律)、基尔霍夫电压定律和基尔霍夫电流定律为理论依据,根据支路电流法、网孔电流法、回路电流法、结点电压法等建立代数方程组,求解未知电压或电流,其中后三种方法较简便。

3.1 电路的图

本节介绍一些图论的初步知识。图论是数学领域中的一个重要分支,其在电路中的应用称为网络图论。网络图论是指通过电路的结构及其连接性质对电路进行分析和研究,可用于较复杂的电路分析,为大规模的电路分析奠定基础。

在电路分析中,通常以图论为基础选择电路的独立变量,列出电路的独立方程,然后求解电路。

3.1.1 图的基本概念

在电路分析中,电路是由结点和支路构成的;在数学图论中,图是由点和边构成的。如果不考虑元件本身的性质,仅考虑元件之间的连接关系,而用线段和点表示,就组成了电路的"图"。将电路中每一元件或一些元件的简单组合(串联、并联)用一条线段来代替，这条线段称为支路，每一条支路的端点称为结点，由支路和点构成的集合，或由线段和点组成的图形，称为该电路的拓扑图（简称图）。电路的图中的支路和结点，区别于电路图中的支路和结点。有时电路的图相同，但电路图未必相同，因为每个支路上元件的性质不同，如图 3.1 所示。

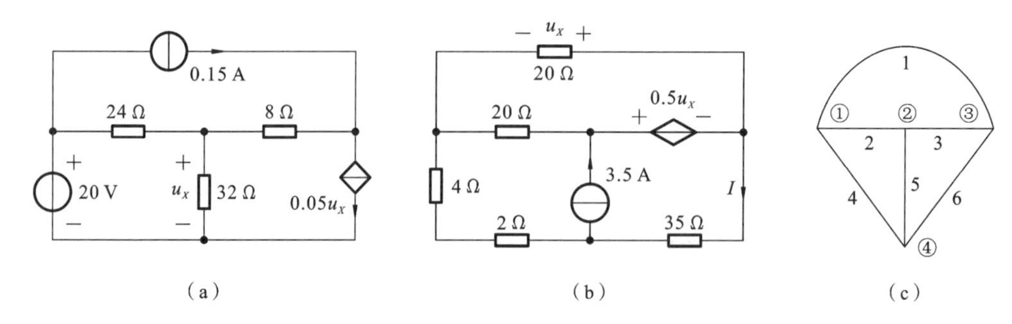

图 3.1　电路图不同，电路的图相同

在电路的图中，支路标示参考方向，称为有向图；未赋予支路方向的图，称为无向图。

如图 3.2 所示，其中(a)为电路图，(b)(c)为电路的图，(b)为有向图，(c)为无向图。

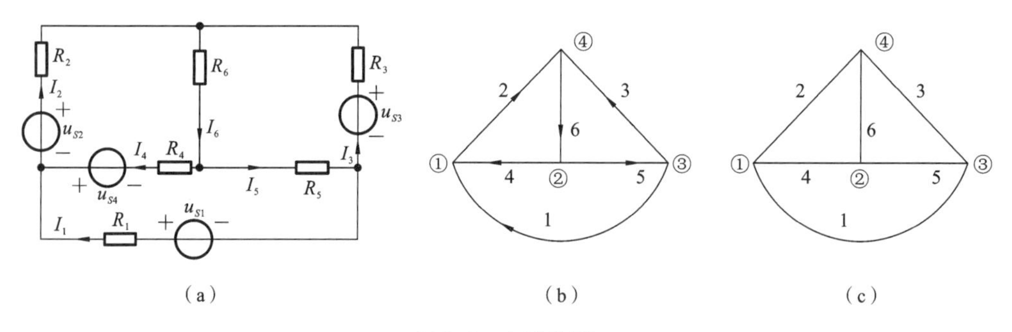

图 3.2　电路的图

图的画法如下。

(1) 支路用 1,2,3,…表示，结点用①,②,③,…表示。

(2) 理想电源可作为一个支路处理，用一条线段表示。

(3) 理想电源与电阻串联（或并联）组成一个复合支路，可用一条线段表示。

(4) 受控源同理想电源处理。

(5) 一个或若干个无源元件串（并）联构成一条支路。

3.1.2　KCL 独立方程和 KVL 独立方程

本节讨论如何利用电路的图列出独立的 KCL 方程和 KVL 方程，并讨论方程的独立性。由 KCL 定律和 KVL 定律列写方程时，与支路的元件性质无关。

为讨论独立性，我们引入路径、连通图 G、回路、树 T、树支、连支、单连支回路等概念，如图 3.3 所示电路。

(1) 路径：从图的某一点出发，沿着一个或一些支路移动，到达另一个结点或回到原出发点，这样的一条或多条支路构成了一条路径。对于图 3.3(a)，可以有许多条路径，如 a-b-c、a-b-c-d-a、a-d 等。

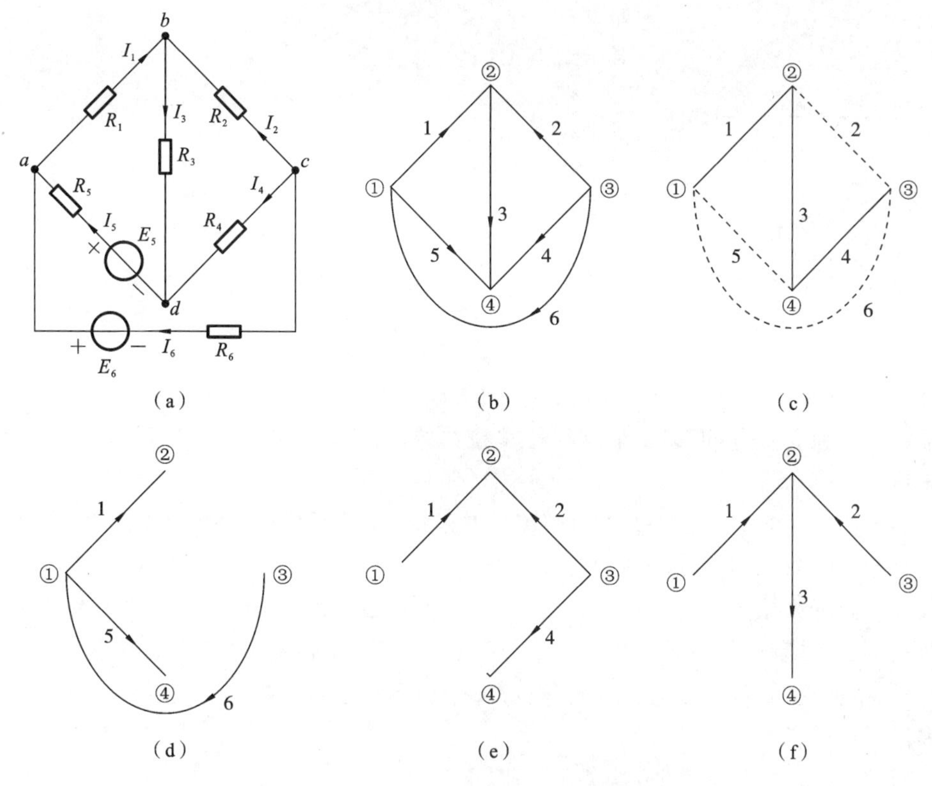

图 3.3 KVL 方程的独立方程数讨论

(2) 连通图 G：任意两个结点之间至少有一条路径的图称为连通图 G。图 3.3(b)所示的是连通图。

(3) 回路：从连通图 G 的某一结点出发，沿着一些支路和结点移动，最后又回到原出发点，形成闭合路径，该路径称为回路，回路中除起点和终点重合外，其他结点不重复出现，如图 3.3(b)中支路(1,3,5)、(1,3,4,6)、(1,2,4,5)、(2,3,5,6)等构成回路。

为确定一组独立回路，引入"树"的概念。

(4) 树 T：包含连通图 G 中的全部结点和部分支路，但不包含回路，而树 T 本身是连通的。对于图 3.3(b)，画出了几种树，如图 3.3(c)(d)(e)(f)所示。

(5) 树支：一个树 T 包含的支路称为树支。树支在图中用实线表示，如图 3.3(c)中树支为 1、3、4。

(6) 连支：连通图 G 中不属于这个树 T 的支路称为连支。连支在图中用虚线表示，如图 3.3(c)中连支为 2、5、6。

(7) 单连支回路：由一个连支和树 T 中的若干树支构成一个回路，称为单连支回路，又称为基本回路。每个单连支回路仅含一个连支，由 l 个连支分别与树 T 构成 l 个单连支回路。由全部连支和这个树 T 构成单连支回路组，故连支数等于单连支回路数，等于独立回路数。如图 3.3(c)中支路(1,3,5)构成回路，连支 5 与树支 1、3 构成单连支回路。

1. 关于 KCL 独立方程的讨论

对应 KCL 独立方程的结点称为独立结点。

图 3.4 所示的是一个电路的图，由 KCL 定律列出①、②、③、④等结点的 KCL 方程

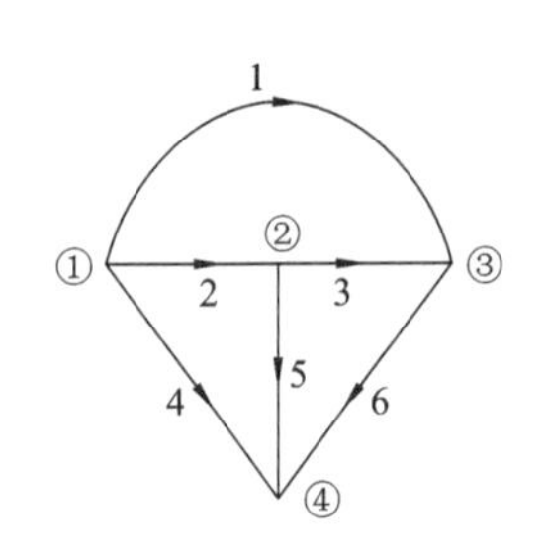

图 3.4 KCL 方程的独立方程数讨论

如下。

对于结点①，有

$$i_1+i_2+i_4=0$$

对于结点②，有

$$-i_2+i_3+i_5=0$$

对于结点③，有

$$-i_1-i_3+i_6=0$$

对于结点④，有

$$-i_4-i_5-i_6=0$$

如将其中任何 3 个方程相加，必得第 4 个 KCL 方程，说明其中 3 个方程是独立的，对应的结点就是独立结点，而第 4 个方程是非独立的，可由前 3 个方程得到，对应的结点就是非独立结点。

对于图 3.4，将结点①、②、③的 KCL 方程相加，得到结点④的 KCL 方程，结点①、②、③称为独立结点，结点④称为非独立结点。

推广到 n 个结点的电路，$n-1$ 个 KCL 方程是独立的，第 n 个方程是非独立的，对应独立 KCL 方程的结点称为独立结点，所以 n 个结点电路有 $n-1$ 个是独立结点，可列写 $n-1$ 个独立的 KCL 方程。注意这 $n-1$ 个结点是任意选择的，独立结点与非独立结点都是相对而言的。

列写 KCL 独立方程的方法如下。

(1) 画出电路的有向图 G。

(2) 选择 $n-1$ 个独立结点。

(3) 列写 $n-1$ 个 KCL 方程。

根据树的概念，可以证明：

$$\text{树支数 } b=\text{独立结点数 } n-1=\text{KCL 独立方程的个数}$$

2. 关于 KVL 独立方程的讨论

对应 KVL 独立方程的回路称为独立回路，它与支路的方向无关，故可以用无向图描述。

可以证明：

$$\text{连支数 } l=\text{独立回路数}=\text{KVL 独立方程的个数}$$

因为每个单连支回路中都包含一条且仅包含一条连支，是其他连支回路所没有的，故每出现一个新的连支回路，就出现一个新的连支电压，它不会出现在其他的回路中，因而由每个连支回路所建立的关于连支电压的 KVL 方程是独立方程。如果每一个连支电压，用相应的连支电流表示，该连支电流也是独立的，对应的方程是独立方程，各连支电流为独立变量，它仅在本连支流过，不会流到其他的连支中，其他连支电流也不会流过本连支，故不受其他连支电流的制约。

如图 3.5 所示，图 3.5(a)为某电路的图，图 3.5(b)是所选择的树 T(1,3,4)，用实线部分表示，图 3.5(c)中 2、5、6 为连支，用虚线表示，其中 $l=3$，图 3.5(d)(e)(f)分别为各单连支回路，共 3 个，由此列写出 3 个独立 KVL 方程。

由 KVL 定律知

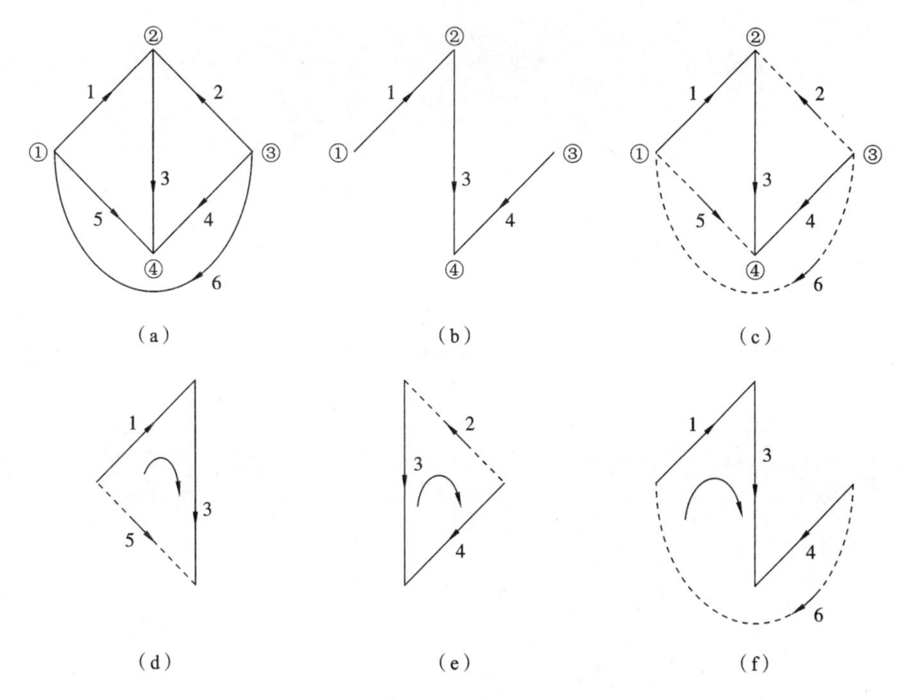

图 3.5 树与单连支回路

$$\begin{cases}u_1+u_3-u_5=0\\-u_2-u_3+u_4=0\\u_1+u_3-u_4+u_6=0\end{cases}$$

从此方程组可以看出，图 3.5(d)(e)(f)中各单连支分别为 2、5、6，每个回路仅出现一个连支，而在另外两个回路中没有出现过；对应的连支电压为 u_2、u_5、u_6，都仅在本回路方程中出现一次，而在另外两个方程中没有出现过，所以是独立变量，对应的方程是独立方程，对应的回路是独立回路，且都是单连支回路。

综上所述，一个具有 n 个结点、b 条支路的电路，其连通图 G 的树支数为 $n-1$ 个，等于 KCL 独立方程的个数；图 G 的连支数为 l 个，等于 KVL 独立方程的个数，故独立回路数为

$$l=b-(n-1)$$

电路有平面电路与非平面电路之分，若一个电路画在平面上，各条支路不会出现交叉但不相连的情况，这样的电路称为平面电路，反之称为非平面电路，对应电路的图分别是平面图与非平面图。图 3.6(a)为平面图，图 3.6(b)为非平面图。

平面电路中不包含支路的闭合回路称为网孔。网孔一定是独立回路，但独立回路不一定是网孔。因为网孔是一种特殊的单连支回路，对应网孔的树只有一种，而对应独立回路的树有多种，即

$$\text{网孔数}\ m=\text{连支数}\ l=\text{独立回路数}$$

如图 3.7 所示，图 3.7(a)为电路的图，共有 3 个网孔，对应的树如图 3.7(b)所示，树支分别为 3、4、5，连支分别为 1、2、6，构成 3 个单连支回路，如图 3.7(c)所示，它既是网孔又是独立回路。比较图 3.7 与图 3.5，可以区分网孔与独立回路。

一般情况下，对于平面电路，用网孔分析比较简便。

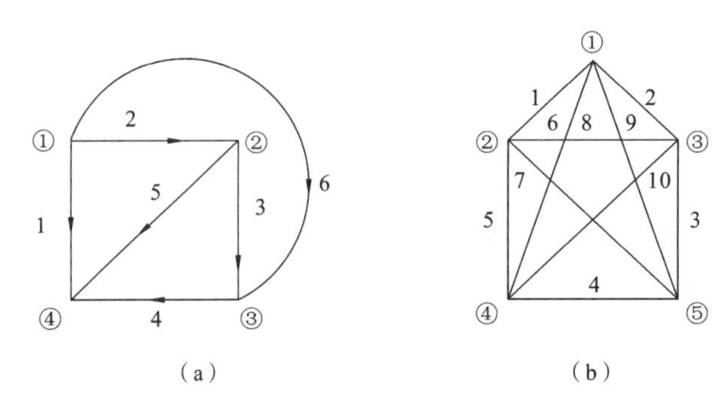

图 3.6 平面图与非平面图

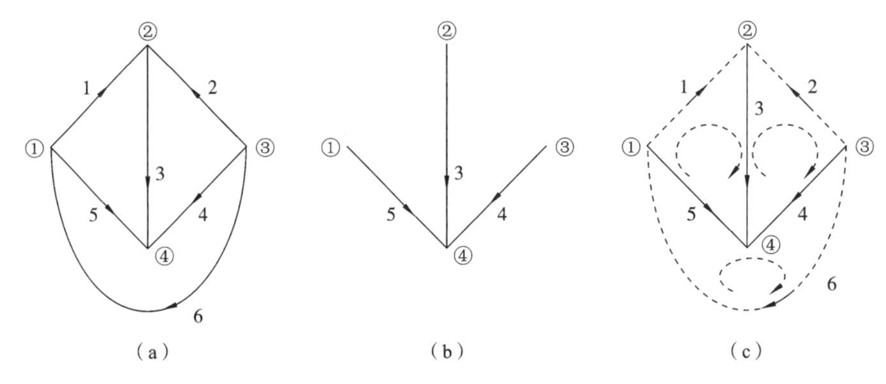

图 3.7 树与网孔

有的书把外围支路构成的回路称为外网孔，如图 3.7(a)中 1、2、6 构成的外网孔，但外网孔不是网孔，只是一个闭合回路，是否是独立回路还要看所选择的树是否构成单连支回路。

列写 KVL 独立方程的方法如下。

(1) 画出电路的有向图 G。

(2) 任意选一种树 T。

(3) 确定单连支回路组 l 个。

(4) 由单连支回路列写 l 个 KVL 方程组。

3.2 支路电流法

支路电流法以支路电流为未知量，列写 $n-1$ 个 KCL 独立方程，通过元件 VCR 关系用支路电流表示支路电压，列写 $l=b-(n-1)$ 个 KVL 独立方程，然后联立求解支路电流。

3.2.1 支路电流、结点的概念

前面提到的支路是若干个元件连接组成的电路，支路上流过的电流称为支路电流，其特点是流过每个元件的电流相等；结点是 3 条及以上支路的交汇点。

3.2.2 支路电流法方程的独立性讨论

b 个支路电流为未知量，共需要列 b 个方程。前面已经讨论，电路的结点数为 n，列

写$(n-1)$个KCL方程是独立电流方程，还需列写$b-(n-1)$个KVL方程，而独立回路正好是$b-(n-1)$个，等于单连支回路数$l=b-(n-1)$，由单连支回路列写的KVL方程也是独立的方程，支路电流数与独立方程数相等，故可求解各支路电流。一般情况下，对平面电路，可以选择网孔分析，该网孔是单连支回路，列写的方程也是独立方程。

3.2.3 支路电流法步骤

已知电路结构、元件参数及电源，求解各支路电流。

以图3.8所示的电路为例说明支路电流法。

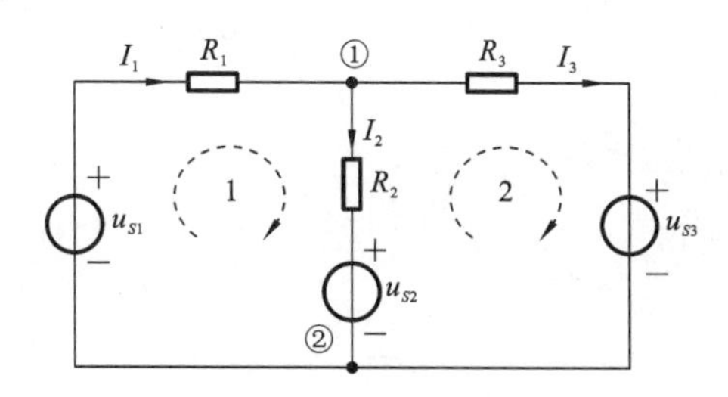

图3.8 支路电流法

(1) 确定支路数$b=3$，各支路电流分别为$I_1\sim I_3$，并标示出参考方向。

(2) 选择独立结点①(或选择结点②)，列写独立的KCL方程。独立结点数为$n-1=2-1=1$个。

由KCL定律$\sum I=0$，即

$$-I_1+I_2+I_3=0 \tag{3-1}$$

(3) 确定独立回路，列写l个KVL方程。独立回路数$l=b-(n-1)=3-(2-1)=2$个，本电路选取网孔为独立回路，由KVL定律$\sum IR=\sum U_S$，选取回路绕行方向，且绕行方向均设为顺时针方向。

对于回路1，有

$$I_1R_1+I_2R_2=u_{S1}-u_{S2} \tag{3-2}$$

对于回路2，有

$$-I_2R_2+I_3R_3=u_{S2}-u_{S3} \tag{3-3}$$

联立方程式(3-1)～式(3-3)，求出支路电流$I_1\sim I_3$。

步骤总结如下。

① 确定各支路电流，标示出参考方向。

② 选择独立结点，由KCL定律$\sum I=0$，列写$n-1$个独立的KCL方程。

③ 选择独立回路，$l=b-(n-1)$，选取回路绕行方向，由KVL定律$\sum IR=\sum U_S$，列写l个KVL方程。

注意：平面电路可以选取网孔为独立回路，且绕行方向均可设为顺时针方向(或逆时针方向)，也可以根据情况选择绕向。

④ 联立求解方程，求出各支路电流。

若电压源(或受控电压源)没有串联电阻，则该电压源称为无伴电压源；若电流源(或受控电流源)没有并联电阻，则电流源称为无伴电流源。若电路中含有无伴电流源，在列写 KVL 方程时，设该电流源电压为未知量，增加了一个新未知量，则要增加一个新方程，即建立该支路电流等于电流源（或受控电流源）的关系式，未知量变为 $b+1$ 个，方程式也为 $b+1$ 个，仍然可以求解；也可采用简便方法，不选择该电流源（或受控电流源）所在支路构成回路，避开列写该回路的 KVL 方程。

例 3-1　求图 3.9 所示的电路的各支路电流。

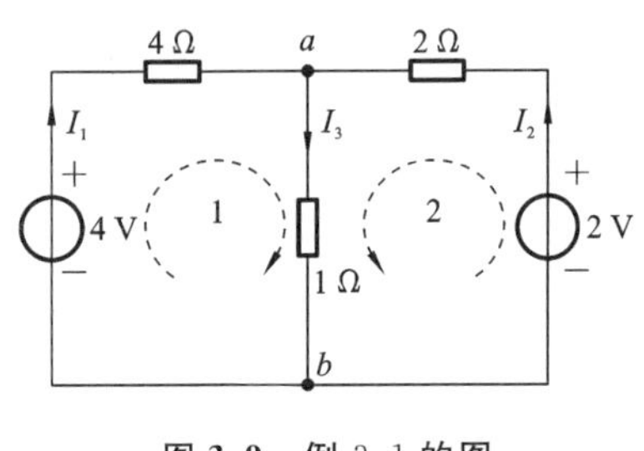

图 3.9　例 3-1 的图

解　用支路电流法。各支路电流参考方向如图 3.9 所示，$b=3$，$n=2$，独立结点为 $n-1=1$ 个，独立回路 $l=3-1=2$ 个。需列出 1 个 KCL 方程及 2 个 KVL 方程。

对于结点 a，有

$$I_1+I_2-I_3=0 \tag{1}$$

对于回路 1，有

$$4I_1+1\times I_3=4 \tag{2}$$

对于回路 2，有

$$2I_2+1\times I_3=2 \tag{3}$$

联立解得

$$I_1=\frac{5}{7}\ \text{(A)},\quad I_2=\frac{3}{7}\ \text{(A)},\quad I_3=\frac{8}{7}\ \text{(A)}$$

例 3-2　求图 3.10 所示电路中的电流 I_3。

解　用支路电流法。各支路电流参考方向如图 3.10 所示。

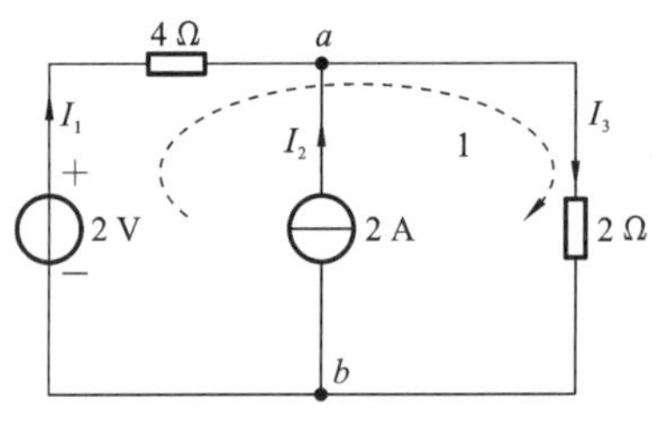

图 3.10　例 3-2 的图

对于结点 a，有

$$I_1+I_2-I_3=0$$

对于回路 1，有

$$4I_1+2I_3=2$$

$$I_2=2$$

解得

$$I_3=\frac{5}{3}\ \text{(A)}$$

电路中有一个 2 A 无伴电流源，避开列写该电流源支路与其他支路构成的回路 KVL 方程，如左网孔与右网孔，选择外网孔设为回路 1，列写 KVL 方程。

支路电流法简单，但求解方程组较麻烦，当电路复杂且支路数多时，需采用其他的简便方法。

3.3　网孔电流法

网孔电流法是以网孔电流为未知数，由 KVL 定律列写 $m=b-(n-1)$ 个网孔电流方程，然后取立求解网孔电流，并由此求出各支路电流的方法。它比支路电流法少 $n-1$ 个方程，从而简化分析计算。

网孔电流法适用于平面电路网孔少、结点多的情况。

3.3.1 网孔电流的概念

已知电路结构、元件及参数，求解各支路电流或电压，电路如图 3.11(a)所示。

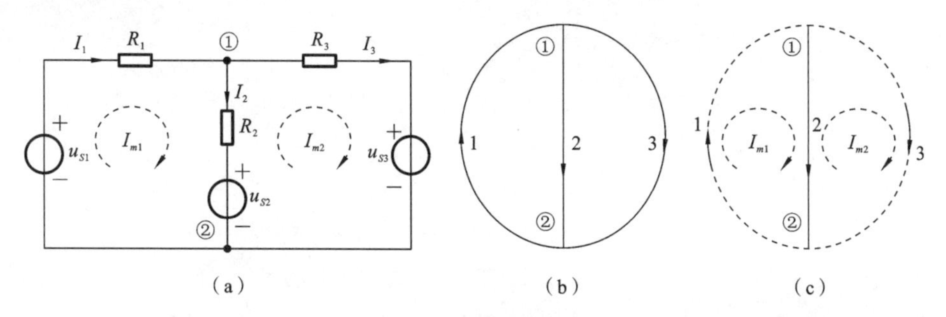

图 3.11 网孔电流法

如果用支路电流法求解，回路选顺时针绕向。

由 KCL 定律，对于结点①，有

$$-I_1+I_2+I_3=0 \tag{3-4}$$

由 KVL 定律，对于回路 1，有

$$I_1R_1+I_2R_2=u_{S1}-u_{S2} \tag{3-5}$$

对于回路 2，有

$$-I_2R_2+I_3R_3=u_{S2}-u_{S3} \tag{3-6}$$

由式(3-4)得

$$I_2=I_1-I_3$$

代入式(3-5)、式(3-6)得

$$\begin{cases}I_1R_1+(I_1-I_3)R_2=u_{S1}-u_{S2}\\-(I_1-I_3)R_2+I_3R_3=u_{S2}-u_{S3}\end{cases}$$

整理得

$$\begin{cases}I_1(R_1+R_2)-R_2I_3=u_{S1}-u_{S2}\\-I_1R_2+(R_2+R_3)I_3=u_{S2}-u_{S3}\end{cases} \tag{3-7}$$

式(3-7)可以这样考虑，假设网孔 1 流过电流 $I_{m1}=I_1$，网孔 2 流过电流 $I_{m2}=I_3$，则支路 1 流过电流 I_{m1}，支路 3 流过电流 I_{m2}，支路 2 流过电流 $I_2=I_{m1}-I_{m2}$，式(3-7)由式(3-4)代入式(3-5)、式(3-6)得到，故式(3-7)通过 KCL 定律得到，结点①的方程式(3-4)可以省略不列，则有

$$\begin{cases}I_{m1}(R_1+R_2)-R_2I_{m2}=u_{S1}-u_{S2}\\-I_{m1}R_2+(R_2+R_3)I_{m2}=u_{S2}-u_{S3}\end{cases} \tag{3-8}$$

由于有两个未知电流，两个 KVL 方程，故可以求解。

3.3.2 网孔电流方程的独立性讨论

由上面分析可知：根据前面关于 KVL 方程独立性的讨论，网孔是单连支回路，各连支电流为独立变量，它仅在本连支流过，不会流到其他的连支中，其他连支电流也不会流过本连支，故不受其他连支电流的制约。由网孔电流表示的各单连支电流也是独立变量，故网孔电流是独立变量，对应的网孔电流方程也为独立方程，网孔数 m＝独立

回路数 l，故可由网孔电流方程求解网孔电流。

各支路电流为非公共支路电流（连支电流），即为网孔电流，公共支路电流（树支电流）等于相邻网孔电流在该支路上的代数和，所有支路电流均可由 m 个网孔电流求出。

3.3.3 网孔电流方程的一般形式

通过前面的分析，令 $I_1=I_{m1}$，$I_3=I_{m2}$，将 I_{m1}、I_{m2} 代入式(3-7)可得到式(3-8)，整理后得

$$\begin{cases}(R_1+R_2)I_{m1}-R_2I_{m2}=u_{S1}-u_{S2}\\-R_2I_{m1}+(R_2+R_3)I_{m2}=u_{S2}-u_{S3}\end{cases}$$

从式(3-8)可以看出，在列写 m 个 KVL 方程时，KCL 方程已自行满足。联立求解 I_{m1}、I_{m2}，然后求出 I_1、I_2、I_3。

$R_{11}=R_1+R_2$ 为网孔 1 的自电阻，$R_{12}=-R_2$ 为网孔 2 对网孔 1 的互电阻，$R_{21}=-R_2$ 为网孔 1 对网孔 2 的互电阻，$R_{22}=R_2+R_3$ 为网孔 2 的自电阻，式(3-8)可写为

$$\begin{cases}R_{11}I_{m1}+R_{12}I_{m2}=\sum u_{S11}\\R_{21}I_{m1}+R_{22}I_{m2}=\sum u_{S22}\end{cases}\tag{3-9}$$

网孔电流方程的一般形式为

$$\begin{cases}R_{11}I_{m1}+R_{12}I_{m2}+\cdots+R_{1m}I_{mm}=u_{S11}\\R_{21}I_{m1}+R_{22}I_{m2}+\cdots+R_{2m}I_{mm}=u_{S22}\\\qquad\vdots\\R_{m1}I_{m1}+R_{m2}I_{m2}+\cdots+R_{mm}I_{mm}=u_{Smm}\end{cases}\tag{3-10}$$

共 m 个网孔电流方程。

式(3-10)表述为

本网孔电流×自电阻＋相邻网孔电流×互电阻＝本网孔中所有电压源的代数和

其中：当两个网孔电流在互电阻中流过的方向相同时，互电阻为"＋"，反之为"－"；等式右边，电压源的电动势与绕行方向相同取"＋"，反之取"－"，或电源电压与绕行方向相反取"＋"，反之取"－"。

自电阻均为正值，流过本网孔电流方向即为电压绕行方向，是关联方向，所以自电阻均为正；互电阻是正值还是负值，要看相邻网孔电流在互电阻上的流向与本网孔电流是否相同，若相同，则为正值，即相邻网孔电流在互电阻上产生的电压方向与本网孔电压绕向一致为"＋"，反之为"－"。

若选网孔电流均为顺时针（或逆时针），则所有互电阻均为负值。

若电路中不含无伴电流源或受控源，则网孔电流方程组的系数行列式是一个对称行列式，由此可以检验方程是否正确。

3.3.4 网孔电流法步骤

网孔电流法步骤如下。

(1) 选择网孔，设立网孔电流方向，网孔数共为 $m=b-(n-1)$ 个。

(2) 列写网孔电流方程。

(3) 解方程，求出网孔电流。

(4) 确定各支路电流参考方向，由网孔电流求出各支路电流。

非公共支路(单连支)电流＝网孔电流；公共支路(树支)电流＝各网孔电流的代数和，其中与该支路电流方向一致的网孔电流取“＋”，反之取“－”。

需要注意以下几点。

(1) 网孔电流法列写的方程是网孔电流未知量的 KVL 方程。

(2) 平面电路一般选网孔为独立回路，无须通过确定树来选择独立回路，可以简化分析。

(3) 当电路中存在电流源与电阻的并联组合时，可以先将其等效变换为电压源与电阻的串联组合，然后再按上述方法列写方程。

(4) 若电阻与电流源串联，则该电流源为无伴电流源，处理方法如下：电路中含有无伴电流源及无伴受控电流源，其端电压为未知量，用网孔法列写方程时需增加一个未知量，这要建立一个新方程，即建立电流源所在支路电流与网孔电流的关系式，使方程数等于未知量个数，才能求解方程。而含无伴电流源的电路用网孔法分析比较麻烦。

例 3-3　求图 3.12 所示电路中的各支路电流 I_1、I_2、I_3。

解　用网孔电流法。网孔电流方向如图 3.12 所示。

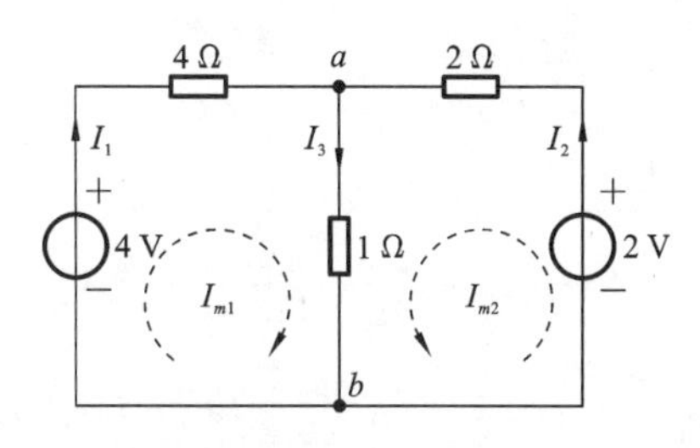

图 3.12　**例 3-3 的图**

对于网孔 1、2，有

$$(4+1)I_{m1}+1\times I_{m2}=4$$
$$1\times I_{m1}+(2+1)I_{m2}=2$$

解得

$$I_1=I_{m1}=\frac{5}{7}\ (\mathrm{A}),\quad I_2=I_{m2}=\frac{3}{7}\ (\mathrm{A})$$

$$I_3=I_{m1}+I_{m2}=\frac{8}{7}\ (\mathrm{A})$$

例 3-4　电路如图 3.13(a)所示，用网孔电流法求解电路中的电流 I。

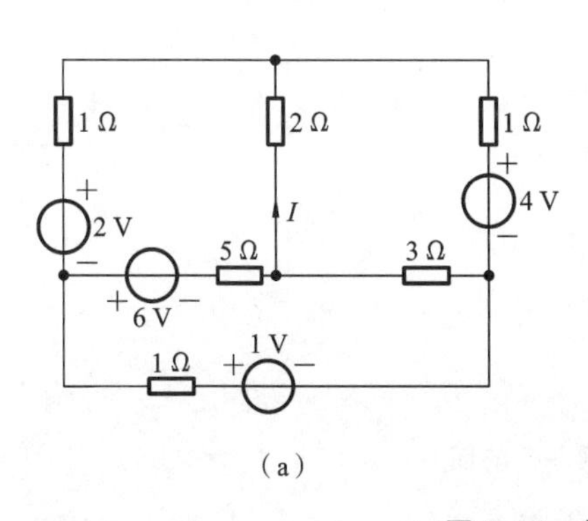

(a)

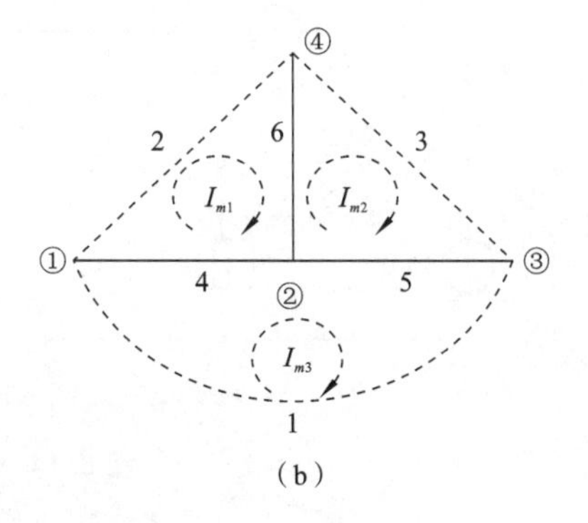

(b)

图 3.13　**例 3-4 的图**

解　用网孔电流法。选择 4、5、6 为树，1、2、3 为连支，其中 1、2、3 与树构成 3 个网孔，网孔电流如图 3.13(b)所示。

对于网孔 1，有

$$(1+2+5)I_{m1}-2I_{m2}-5I_{m3}=2+6=8$$

对于网孔 2，有

$$-2I_{m1}+(2+1+3)I_{m2}-3I_{m3}=-4$$

对于网孔 3，有

$$-5I_{m1}-3I_{m2}+(1+3+5)I_{m3}=1-6=-5$$

由线性代数知识，可得

$$\Delta=\begin{vmatrix}8 & -2 & -5\\ -2 & 6 & -3\\ -5 & -3 & 9\end{vmatrix}=8\times6\times9+(-2)\times(-3)\times(-5)+(-2)\times(-3)\times(-5)$$

$$-(-5)\times6\times(-5)-(-2)\times(-2)\times9-8\times(-3)\times(-3)=114$$

$$\Delta_1=\begin{vmatrix}8 & -2 & -5\\ -4 & 6 & -3\\ -5 & -3 & 9\end{vmatrix}=8\times6\times9+(-4)\times(-3)\times(-5)+(-2)\times(-3)\times(-5)$$

$$-(-5)\times6\times(-5)-(-2)\times(-4)\times9-(-3)\times(-3)\times8=48$$

$$\Delta_2=\begin{vmatrix}8 & 8 & -5\\ -2 & -4 & -3\\ -5 & -5 & 9\end{vmatrix}=8\times(-4)\times9+(-2)\times(-5)\times(-5)+(-5)\times(-3)\times8$$

$$-(-5)\times(-4)\times(-5)-8\times(-5)\times(-3)-8\times(-2)\times9=94$$

解得

$$I_{m1}=\frac{\Delta_1}{\Delta}=\frac{48}{114}=\frac{24}{57}\ (\mathrm{A}),\quad I_{m2}=\frac{\Delta_2}{\Delta}=-\frac{47}{57}\ (\mathrm{A}),\quad I_{m3}=-\frac{34}{57}\ (\mathrm{A})$$

故

$$I=-I_{m1}+I_{m2}=-\frac{24}{57}-\frac{47}{57}=-\frac{71}{57}\ (\mathrm{A})$$

由上面的计算可以看出，三元一次方程系数行列式 Δ 是一个以自电阻构成的对角线(8,6,9)为轴的对称行列式。

例 3-5 用网孔法求图 3.14 所示电路的 u_x。

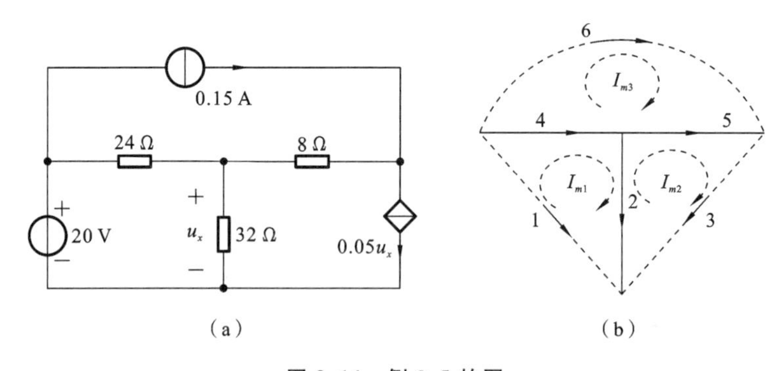

图 3.14 例 3-5 的图

解 选 2、4、5 为树支，各网孔电流方向如图 3.14(b)所示。由网孔电流法对各网孔电路求解。

对于网孔 1，有

$$(24+32)I_{m1}-32I_{m2}-24I_{m3}=20 \tag{1}$$

对于网孔 2，有

$$I_{m2}=0.05u_x \tag{2}$$

对于网孔 3，有

$$I_{m3}=0.15\ (\mathrm{A}) \tag{3}$$

增补方程为

$$u_x=32(I_{m1}-I_{m2}) \tag{4}$$

联立方程(1)(2)(3)(4)，解得

$$u_x=8\ (\mathrm{V})$$

上面分析中，$I_S=0.15$ A 及无伴受控电流源 $0.05U_x$ 均为无伴电流源，将它们各选为连支，从而避开列写这些连支所在回路的网孔电流方程，并建立网孔电流与无伴电流源的关系式，如方程(2)(3)。无伴受控电流源 VCCS 控制量电压要用网孔电流表示，如方程(4)。

3.4 回路电流法

回路电流法是以回路电流为未知数，列写 l 个独立的 KVL 方程，然后求解电路的方法，比支路电流法少列 $n-1$ 个 KCL 方程，从而简化分析过程。适用于平面或非平面电路回路少、结点多的情况。

3.4.1 回路电流的概念

3.3 节介绍了网孔电流法——假设网孔流过电流，列写关于网孔电流的 KVL 方程。由于网孔是独立回路，所以网孔电流是独立变量，列写的网孔电流方程也是独立的，从而可以求解网孔电流。本节为使方程是独立方程，所选回路为单连支回路，假设该回路中流过的电流为连支电流，即回路电流。

3.4.2 回路电流方程独立性的讨论

由前面图论分析可知，单连支回路是独立回路，每个单连支电流即回路电流，也是独立变量，仅流过本连支支路，它不会流到其他的连支中，且其他回路电流也不会流到本连支支路中，故它不受其他回路电流制约。因而每个回路电流是独立变量，关于回路电流的 KVL 方程也是独立方程，由 l 个单连支回路可以列写 l 个 KVL 独立方程。

由图论知，对于 n 个结点、b 条支路的电路，其连支数有 $l=b-(n-1)$ 个。连支流过回路电流，树支电流是流过该树支的所有回路电流，即单连支电流的代数和，体现了 KCL 定律的约束关系，是非独立电流，共有 $n-1$ 个，可由连支电流求出。因此所有支路电流可由 l 个回路电流表示，列回路电流方程时，只需列 l 个 KVL 方程即可，比支路电流法少列 $n-1$ 个 KCL 方程。

3.4.3 回路电流方程的一般形式

回路电路如图 3.15(a)所示，该电路的图如图 3.15(b)所示，选 2、5、6 为树支，1、3、4 为连支，如图 3.15(c)所示，I_{l1}、I_{l2}、I_{l3} 为连支电流，单连支回路如图 3.15(d)(e)(f)所示。

由 KVL 定律知，对回路 1、回路 2、回路 3 列写方程为

$$\begin{cases}(R_1+R_2+R_5+R_6)I_{l1}+(R_2+R_6)I_{l2}-(R_5+R_6)I_{l3}=u_{S1}+u_{S2}\\(R_2+R_6)I_{l1}+(R_2+R_4+R_6)I_{l2}-R_6I_{l3}=u_{S2}+u_{S4}\\-(R_5+R_6)I_{l1}-R_6I_{l2}+(R_3+R_5+R_6)I_{l3}=-u_{S3}\end{cases} \tag{3-11}$$

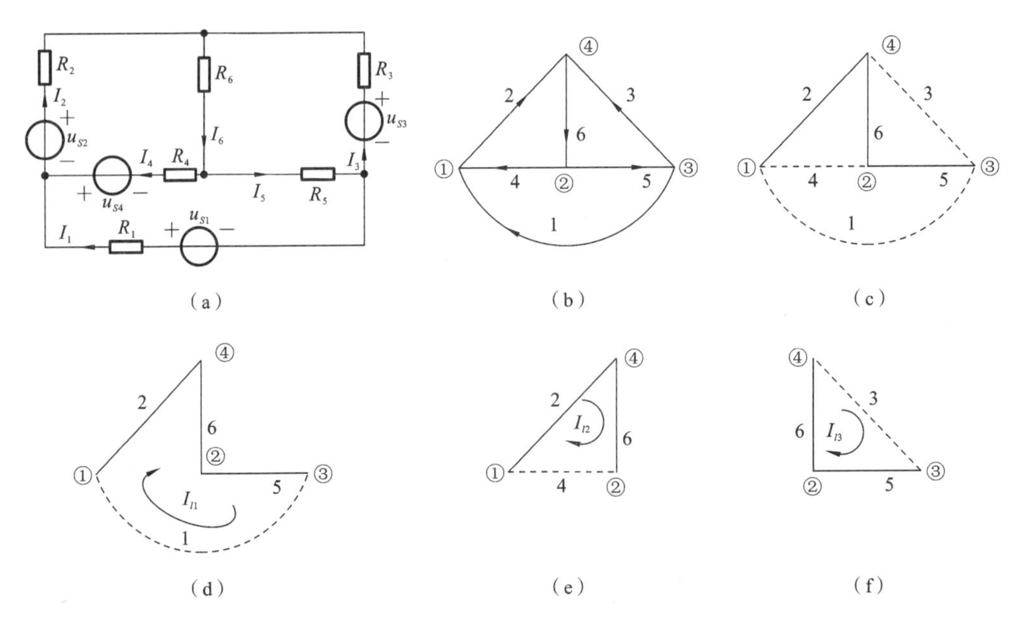

图 3.15 回路电流法

求解 I_{l1}、I_{l2}、I_{l3}，即可求出支路电流 $I_1 \sim I_6$。

故连支电流 $I_1=I_{l1}$，$I_3=-I_{l3}$，$I_4=I_{l2}$，树支电流 $I_2=I_{l1}+I_{l2}$，$I_5=I_{l1}-I_{l3}$，$I_6=I_{l1}+I_{l2}-I_{l3}$。选择的树不同，则树支数和连支数也各不相同，树支电流和连支电流也不一定相同，但各支路电流计算结果肯定是相同的。

设 $R_{11}=R_1+R_2+R_5+R_6$，$R_{12}=R_{21}=R_2+R_6$，$R_{13}=R_{31}=-(R_5+R_6)$，$R_{22}=R_2+R_4+R_6$，$R_{23}=R_{32}=-R_6$，$R_{33}=R_3+R_5+R_6$，其中 R_{11}、R_{22}、R_{33} 称为自电阻，其余称为互电阻。例如，当 $R_{21}=R_2+R_6$ 时，是相邻回路 1 的电流 I_{l1} 流过回路 2 的互电阻 R_2+R_6 时产生的电压 u_{21}，$u_{21}=I_{l1}R_{21}=I_{l1}(R_2+R_6)$，与回路 2 中电流 I_{l2} 方向(即 KVL 方程的绕行方向)相同，取"+"；当 $R_{13}=-(R_5+R_6)$时，是相邻回路 3 的电流 I_{l3} 流过回路 1 的互电阻 $R_{13}=-(R_5+R_6)$时产生的电压 u_{13}，$u_{13}=-I_{l3}R_{13}=-I_{l3}(R_2+R_6)$，与回路 1 中电流 I_{l1} 方向即 KVL 方程的绕行方向相反，故取"−"。

自电阻上电流均为"+"，因为自电阻压降的方向均与本回路电流绕向一致。互电阻上电流的正或负，要看相邻回路电流在作为公共支路的互电阻上产生的电压，是否与本回路电流方向一致，若一致为"+"，反之为"−"。这说明了回路电流方向代表了 KVL 方程的绕行方向。

回路电流法以支路电流法为基础，列写的 KVL 方程描述形式与支路电流法不同，但其计算结果是一样的。

验证如下，对于回路 1，有

$$(R_1+R_2+R_5+R_6)I_{l1}+(R_2+R_6)I_{l2}-(R_5+R_6)I_{l3}=u_{S1}+u_{S2} \tag{3-12}$$

整理为

$$R_1I_{l1}+R_2(I_{l1}+I_{l2})+R_5(I_{l1}-I_{l3})+R_6(I_{l1}+I_{l2}-I_{l3})=u_{S1}+u_{S2}$$

将 $I_1=I_{l1}$，$I_2=I_{l1}+I_{l2}$，$I_5=I_{l1}-I_{l3}$，$I_6=I_{l1}+I_{l2}-I_{l3}$ 代入上式得

$$R_1I_1+R_2I_2+R_5I_5+R_6I_6=u_{S1}+u_{S2} \tag{3-13}$$

用支路电流法列写回路 1 的 KVL 方程：

$$R_1I_1+R_2I_2+R_5I_5+R_6I_6=u_{S1}+u_{S2} \tag{3-14}$$

式(3-13)与式(3-14)的结果相同。这说明回路电流法是以支路电流法为基础列写的，式(3-12)与式(3-14)都满足KVL定律，仅仅只是描述的角度不同。式(3-12)采用回路电流法，利用回路电流产生压降列写方程，各树支电流均用回路电流表示。假设树支流过了有关的回路电流，如树支2流过了回路电流 I_{l1}、I_{l2}，树支电流 I_2 分为 I_{l1}、I_{l2}，就是将电阻压降 I_2R_2 分成了两部分：$I_{l1}R_2$、$I_{l2}R_2$ 的代数和，由于方向与 I_2R_2 相同，故相加取正。式(3-14)采用支路电流法，利用支路电流产生的压降列写方程。与支路电流法比较，回路电流法在列写回路1的KVL方程时，各树支电流用到了KCL定律：$I_2=I_{l1}+I_{l2}$，$I_5=I_{l1}-I_{l3}$，$I_6=I_{l1}+I_{l2}-I_{l3}$。故KCL方程在式(3-12)中自行满足，比式(3-14)(用支路电流法)少列 $n-1$ 个KCL方程。

回路电流方程的一般形式为

$$\begin{cases}R_{11}I_{l1}+R_{12}I_{l2}+\cdots+R_{1l}I_{ll}=u_{S11}\\R_{21}I_{l1}+R_{22}I_{l2}+\cdots+R_{2l}I_{ll}=u_{S22}\\\qquad\vdots\\R_{l1}I_{l1}+R_{l2}I_{l2}+\cdots+R_{ll}I_{ll}=u_{Sll}\end{cases} \tag{3-15}$$

式(3-15)表述为

本回路电流×自电阻+相邻回路电流×互电阻=本回路上所有电压源的代数和

其中：自电阻 R_{11}，R_{22}，R_{1l}，$\cdots R_{l1}$，$\cdots R_{l(l-1)}$，$\cdots$，R_{ll} 分别为各回路所有电阻之和；互电阻 R_{12}，R_{13}，$\cdots$，$R_{1(l-1)}$ 是该回路与相邻回路的公共支路上所有电阻之和，公共支路就是树支支路；u_{S11}，u_{S22}，$\cdots$，u_{Sll} 为回路1，2，…，l 中所有电压源的代数和，电压源电动势方向与回路电流方向相同的取“+”，反之取“−”。

需要注意以下几点。

(1) 若电路中有电流源与电阻的并联组合，可经过等效变换为电压源和电阻的串联组合。

(2) 若电阻与电流源串联，则该电流源为无伴电流源，处理方法将在后面详述。

(3) 列写回路电流方程时，可按一般形式直接列写。

(4) 若回路中不含独立电流源或受控源，则回路电流方程组的系数行列式 Δ 是一个对称行列式，由此可以检验方程是否正确。例如，式(3-11)中，互电阻 $R_{13}=R_{31}=-(R_5+R_6)$，$R_{12}=R_{21}=R_2+R_6$，$R_{23}=R_{32}=-R_6$，Δ 是关于三个自电阻为对角线的对称行列式。

3.4.4　回路电流法步骤

回路电流法步骤如下。

(1) 画出电路的图。

(2) 选择一种树，确定连支、树支及各单连支回路，标出回路电流方向(连支电流方向)。

(3) 列写 $l=b-(n-1)$ 个回路电流方程。

(4) 解方程，求出 l 个回路电流。

(5) 确定各支路电流方向，由回路电流求出各支路电流。

连支所在支路的电流等于该连支回路电流；树支所在支路的电流等于流过该树支的所有回路电流的代数和，其中与树支支路电流方向一致的，回路电流取“+”，反之取“−”。

(6) 对于含无伴电流源的电路,因其不能转换为电压源模型,可设其端电压作为一个变量列入方程,并增加一个方程,建立无伴电流源所在支路与回路电流的关系式;也可采用简便方法——选无伴电流源所在支路为一连支,尽量避免列写该连支所在回路的回路电流方程。对于无伴受控电流源,建立 CCCS 的控制量电流(或 VCCS 的控制量电压)与回路电流的关系式,对于受控电压源,用回路电流表示受控源电压。

需要注意以下几点。

(1) 对于平面电路尽量选取网孔作为回路,列写网孔电流方程。

(2) 尽管未知量是回路电流,但列写的是 KVL 方程。

例 3-6 对图 3.16 所示的电路,求电流 i_1、i_x。

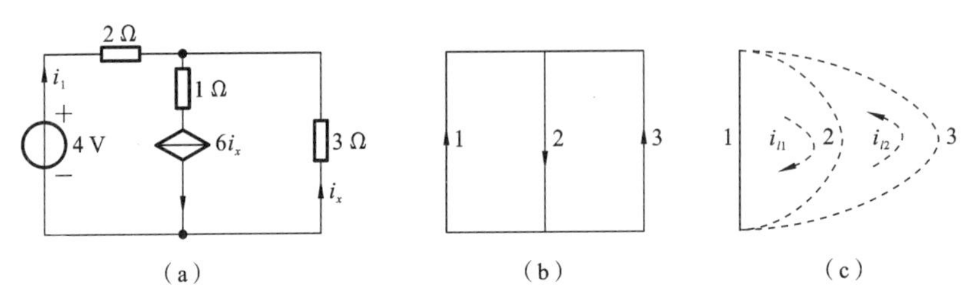

图 3.16 例 3-6 的图

解 用回路电流法。电路的图如图 3.16(b)所示,选择 1 为树支,2、3 为连支,回路电流如图 3.16(c)所示。

对于回路 2,有

$$-2i_{l1}+(2+3)i_{l2}=-4$$

$$i_{l1}=6i_x,\quad i_{l2}=i_x,\quad i_1=i_{l1}-i_{l2}$$

联立解得

$$i_x=i_{l2}=\frac{4}{7}\ (\text{A}),\quad i_{l1}=6i_x=\frac{24}{7}\ (\text{A}),\quad i_1=i_{l1}-i_{l2}=\frac{20}{7}\ (\text{A})$$

注意:本题受控电流源 $6i_x$ 是无伴受控电流源 CCCS,对于外电路,1 Ω 不起作用。对于无伴受控电流源,选其所在支路为连支,尽量避免列写该连支所在回路的回路电流方程,建立 CCCS 控制量电流与回路电流的关系式。

例 3-7 用回路法求图 3.17(a)所示电路的电流 I_L。

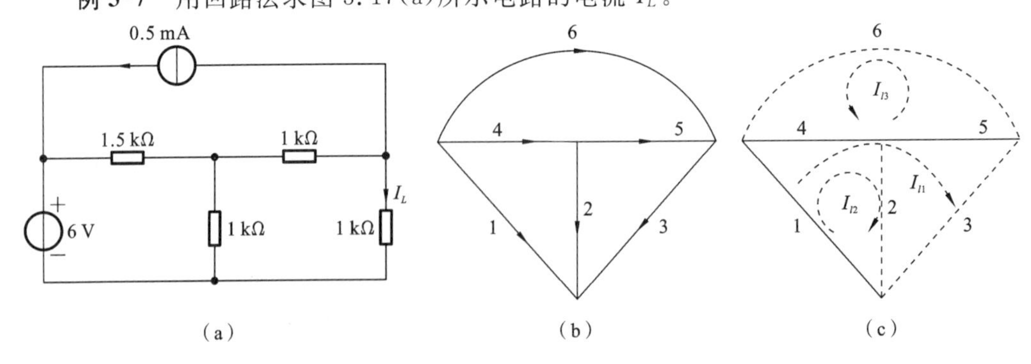

图 3.17 例 3-7 的图

解 选择 1、4、5 为树支,2、3、6 为连支,回路电流的绕向如图 3.17(c)所示。

对于回路 1,有

$$(1.5+1+1)I_{l1}+1.5I_{l2}+(1.5+1)I_{l3}=6$$

对于回路 2，有

$$1.5I_{l1}+(1.5+1)I_{l2}+1.5I_{l3}=6$$

对于回路 3，有

$$I_{l3}=0.5$$

联立解得

$$I_L=I_{l1}=\frac{8}{13}\ (\text{mA})$$

3.5 结点电压法

结点电压法是以结点电压为未知量，列写 $n-1$ 个独立结点的 KCL 方程，然后求解电路的方法。它比支路电流法少列 l 个方程，适用于平面及非平面电路结点少、回路多的情况。

3.5.1 结点电压的概念

前面分析提到，电压与电位参考点的选取无关，即无论选择哪个结点为零电位点，各支路电压不变。每一支路连于两个结点之间，若选其中一个结点为参考零电位，则另一个结点到该参考点的电位即为结点电位，也称为结点电压，即支路电压大小。结点电压是指独立结点与参考点的电位之差，所有支路电压均可通过 KVL 方程建立与结点电位的关系，所以用结点电压(结点电位)可以表示所有支路电压，进而可表示所有支路电流。结点用①，②，③，…表示，结点电压用 u_{n1}，u_{n2}，u_{n3}，u_{n4}，…表示。

电路如图 3.18 所示，设结点④为参考结点，$u_{n4}=0$，则结点①、②、③为独立结点，有

$$u_1=u_{n1}-u_{n4}=u_{n1},\quad u_2=u_{n2}-u_{n4}=u_{n2},\quad u_3=u_{n3}-u_{n4}=u_{n3}$$

由 KVL 定律知

$$u_4+u_2-u_1=0,\quad u_4=u_1-u_2=u_{n1}-u_{n2}$$
$$-u_2+u_3+u_5=0,\quad u_5=u_2-u_3=u_{n2}-u_{n3}$$
$$u_1-u_3+u_6=0,\quad u_6=u_3-u_1=u_{n3}-u_{n1}$$

由以上可知，各支路电压 $u_1\sim u_6$ 均可由结点电压(结点电位)表示，在此过程中，

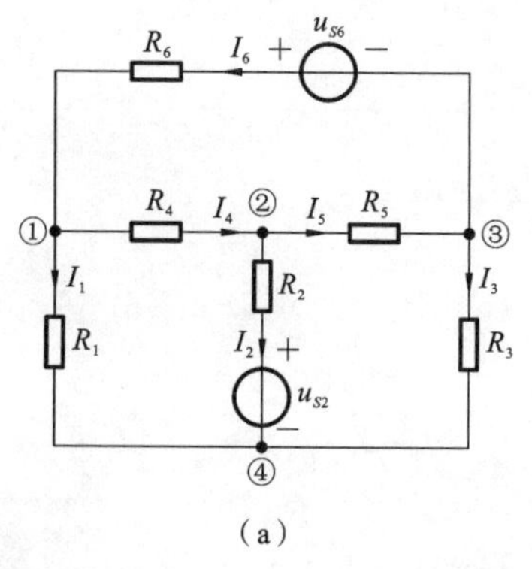

(a)

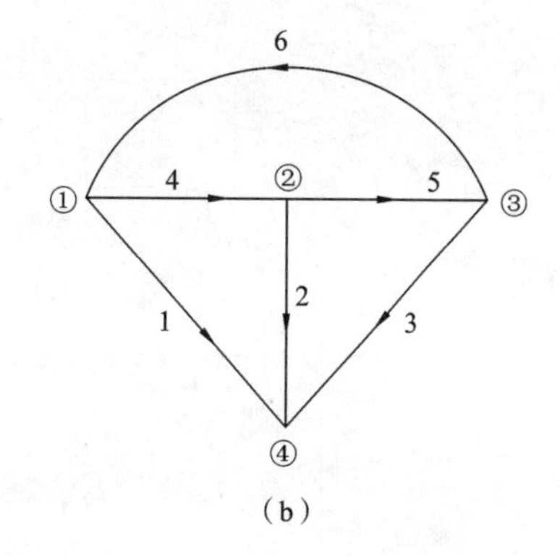

(b)

图 3.18 结点电压法

KVL 定律自行满足，所有支路电压由结点电压表示。列写 $n-1$ 个 KCL 方程时均通过有源或无源支路的欧姆定律用结点电压表示，无须再列写 KVL 方程，因此它比支路电流法少列 $l=b-(n-1)$ 个方程。

3.5.2 结点电压方程的独立性讨论

由图论可知，对于 b 个支路 n 个结点的电路，$n-1$ 个 KCL 方程是独立的，由 $n-1$ 个结点电压根据 VCR 关系表示各支路电流，所列的 KCL 方程也是独立的，而 $l=b-(n-1)$ 个支路电压是非独立的，可由 $n-1$ 个结点电压（结点电位）求得，独立结点数恰好是 $n-1$ 个，故可用独立的结点电压（电位）作为独立变量，表示 $b-(n-1)$ 个支路电压。任意选择一个结点为非独立结点，其余 $n-1$ 个结点是独立结点，独立与非独立是相对而言的，一般选公共支路交叉多的结点作为参考点，可简化分析。

3.5.3 结点电压方程的一般形式

1. 思路

用 $n-1$ 个 KCL 方程求解电流，通过元件 VCR 关系式（有源支路欧姆定律或无源支路欧姆定律），用结点电压表示各支路电流，然后代入 $n-1$ 个 KCL 方程，则 $n-1$ 个 KCL 方程就成为关于结点电压的方程。

由 VCR 关系可用结点电压表示各支路电流，即

$$\begin{aligned}
&I_1=\frac{U_{n1}}{R_1},\quad I_2=\frac{U_{n2}-U_{S2}}{R_2},\quad I_3=\frac{U_{n3}}{R_3}\\
&I_4=\frac{U_4}{R_4}=\frac{U_{n1}-U_{n2}}{R_4},\quad I_5=\frac{U_5}{R_5}=\frac{U_{n2}-U_{n3}}{R_5}\\
&I_6=\frac{U_6+U_{S6}}{R_6}=\frac{U_{n3}-U_{n1}+U_{S6}}{R_6}
\end{aligned}\tag{3-16}$$

由 KCL 定律，设电流流出为正，如图 3.18(b)所示，对结点①、②、③列写方程如下：

$$\begin{cases}
I_1+I_4-I_6=0\\
I_2-I_4+I_5=0\\
I_3-I_5+I_6=0
\end{cases}\tag{3-17}$$

将式(3-16)代入式(3-17)，得

$$\begin{cases}
\dfrac{U_{n1}}{R_1}+\dfrac{U_{n1}-U_{n2}}{R_4}-\dfrac{U_{n3}-U_{n1}+U_{S6}}{R_6}=0\\
\dfrac{U_{n2}-U_{S2}}{R_2}-\dfrac{U_{n1}-U_{n2}}{R_4}+\dfrac{U_{n2}-U_{n3}}{R_5}=0\\
\dfrac{U_{n3}}{R_3}-\dfrac{U_{n2}-U_{n3}}{R_5}+\dfrac{U_{n3}-U_{n1}+U_{S6}}{R_6}=0
\end{cases}\tag{3-18}$$

整理后得

$$\begin{cases}
\left(\dfrac{1}{R_1}+\dfrac{1}{R_4}+\dfrac{1}{R_6}\right)U_{n1}-\dfrac{1}{R_4}U_{n2}-\dfrac{1}{R_6}U_{n3}=\dfrac{U_{S6}}{R_6}\\
-\dfrac{1}{R_4}U_{n1}+\left(\dfrac{1}{R_2}+\dfrac{1}{R_4}+\dfrac{1}{R_5}\right)U_{n2}-\dfrac{1}{R_5}U_{n3}=\dfrac{U_{S2}}{R_2}\\
-\dfrac{1}{R_6}U_{n1}-\dfrac{1}{R_5}U_{n2}+\left(\dfrac{1}{R_3}+\dfrac{1}{R_5}+\dfrac{1}{R_6}\right)U_{n3}=-\dfrac{U_{S6}}{R_6}
\end{cases}\tag{3-19}$$

电导形式为

$$\begin{cases}(G_1+G_4+G_6)U_{n1}-G_4U_{n2}-G_6U_{n3}=G_6U_{S6}\\-G_4U_{n1}+(G_2+G_4+G_5)U_{n2}-G_5U_{n2}=G_2U_{S2}\\-G_6U_{n1}-G_5U_{n2}+(G_3+G_5+G_6)U_{n3}=-G_6U_{S6}\end{cases}\tag{3-20}$$

令 $G_{11}=G_1+G_4+G_6,\quad G_{12}=-G_4=G_{21},\quad G_{13}=-G_6=G_{31}$

$G_{22}=G_2+G_4+G_5,\quad G_{23}=-G_5=G_{32},\quad G_{33}=G_3+G_5+G_6$

其中：自电导 G_{11}、G_{22}、G_{33} 等于连于本结点上所有电阻倒数之和；互电导为除自电导之外的所有电导，如 G_{12}，G_{13}，G_{23}，G_{31}，…，是本结点与相邻结点的公共支路上电阻倒数之和。自电导都是正的，因为本结点对参考点为正电位，连于本结点所有支路电流均向外流出；互电导均是负的，因为相邻结点对本结点的电位差使该支路电流流向本结点。

结点电压法以支路电流法为基础，但与支路电流法相比，列写的 KCL 方程描述形式不同，计算结果是一样的。

验证如下：用结点电压法，对于结点 1，有

$$\left(\frac{1}{R_1}+\frac{1}{R_4}+\frac{1}{R_6}\right)U_{n1}-\frac{1}{R_4}U_{n2}-\frac{1}{R_6}U_{n3}=\frac{U_{S6}}{R_6}\tag{3-21}$$

整理后得

$$\frac{U_{n1}}{R_1}+\frac{U_{n1}-U_{n2}}{R_4}-\frac{U_{n3}-U_{n1}+U_{S6}}{R_6}=0\tag{3-22}$$

将 $I_1=\dfrac{U_{n1}}{R_1}$、$I_4=\dfrac{U_4}{R_4}=\dfrac{U_{n1}-U_{n2}}{R_4}$、$I_6=\dfrac{U_6+U_{S6}}{R_6}=\dfrac{U_{n3}-U_{n1}+U_{S6}}{R_6}$ 代入式(3-22)，整理得

$$I_1+I_4-I_6=0\tag{3-23}$$

用支路电流法列写结点 1 的 KCL 方程为

$$I_1+I_4-I_6=0\tag{3-24}$$

方程(3-23)与式(3-24)相同。这说明结点电压法与支路电流法结果一致。结点电压法是用结点电压表示电流列写方程的，支路电流法是用支路电流列写方程的。它们的表达形式不同，结点电压法中 KVL 定律在列写方程中自行满足，在用结点电压 U_{n1}、U_{n2}、U_{n3} 表示电流 I_4、I_6 时用到了 KVL 定律，因而它比支路电流法少列了 l 个 KVL 方程，其分析方法更简便。

2. 结点电压方程的一般形式

结点电压方程的一般形式为

$$\begin{cases}G_{11}U_{n1}+G_{12}U_{n2}+\cdots+G_{1(n-1)}U_{(n-1)1}=I_{S11}\\G_{21}U_{n1}+G_{22}U_{n2}+\cdots+G_{2(n-1)}U_{(n-1)2}=I_{S11}\\\qquad\qquad\vdots\\G_{(n-1)}U_{n1}+G_{(n-1)2}U_{n2}+\cdots+G_{(n-1)(n-1)}U_{(n-1)(n-1)}=I_{S(n-1)(n-1)}\end{cases}\tag{3-25}$$

共列写 $n-1$ 个结点电压方程。

式(3-25)表述为

本结点电压×自电导＋相邻结点电压×互电导＝汇于本结点所有电流源的代数和

其中：自电导均为正值，互电导均为负值；指向本结点的电流源为“＋”，反之为“－”。电压源电动势方向指向本结点者为“＋”，反之为“－”。

3. 弥尔曼定律

对于 2 个结点多个支路的电路，如图 3.19 所示，只有一个独立结点，只需列写一个结点电压方程。

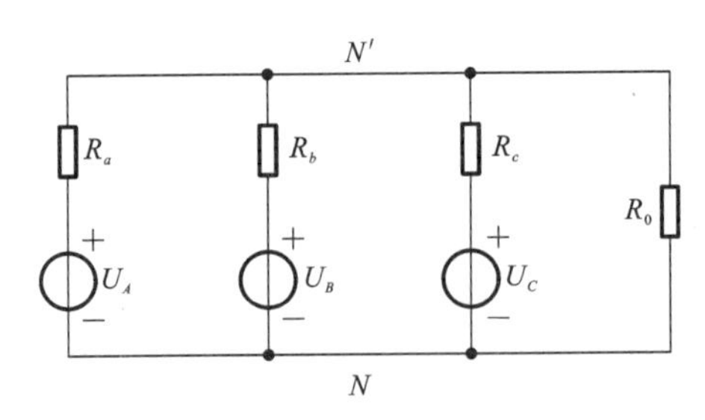

图 3.19 弥尔曼定律

设 $U_N=0$，用结点电压法写出方程：

$$U_{N'N}=\frac{G_aU_A+G_bU_B+G_cU_C}{G_a+G_b+G_c+G_0} \tag{3-26}$$

其中：$G_0=\frac{1}{R_0}$、$G_a=\frac{1}{R_a}$、$G_b=\frac{1}{R_b}$、$G_c=\frac{1}{R_c}$。这个结论称为弥尔曼定律。

对于 2 个结点 n 个支路的电路，设其中一个结点电压 $U_{nN}=0$，另一个结点电压为 $U_{nN'}$，则有

$$U_{nN'}=\frac{G_1U_{S1}+G_2U_{S2}+\cdots+G_nU_{Sn}}{G_1+G_2+\cdots+G_n}$$

求出结点电压就求出了各支路电压，各支路电流用欧姆定律求出。

3.5.4 结点电压法步骤

结点电压法的步骤如下。

(1) 选取参考结点和 $n-1$ 个独立结点，并标号①，②…。

(2) 列写 $n-1$ 个结点电压方程。

(3) 解方程求出结点电压。

(4) 确定各支路电流的参考方向，根据有源或无源支路的欧姆定律，由结点电压求出各支路电压和电流。

(5) 可由 KCL 定律验证结果的正确性。

需要注意以下几点。

(1) 参考结点的选取是任意的，余下的 $n-1$ 个结点则是独立结点，独立与非独立是相对而言的，一般选公共支路交叉多的结点作为电位参考点，可简化分析。

(2) 若电路中有电压源和电阻的串联组合，则可经过等效变换，变换为电流源与电阻的并联组合。

(3) 列写结点电压方程，可按一般形式直接写出。

(4) 列写的结点电压方程，尽管其电压是未知量，但列写的是 KCL 方程。

(5) 电路中不含受控源和无伴电压源，则上述方程的系数行列式 Δ 为对称行列式。

(6) 若电阻与电压源并联，且该电压源为无伴电压源，处理方法如下：无伴电压源因电压源支路没有串联电阻，不能转换为电流源的并联形式，因此对于无伴电压源及无伴受控电压源，可增设一个新的未知电流变量，同时增加一个新方程，建立结点电压与

无伴(受控)电压源的关系,使方程数与未知量个数相同,才能解出方程。它也可采用简便方法,对于无伴电压源及无伴受控电压源,尽量避免列写其所连结点的结点电压方程,并增加一个新方程,建立结点电压与无伴电压源或无伴受控电压源电压的关系式。对于无伴受控电流源则要建立结点电压与受控电流源电流的关系式。

例 3-8 用结点电压法求图 3.20 电路中的电流 I。

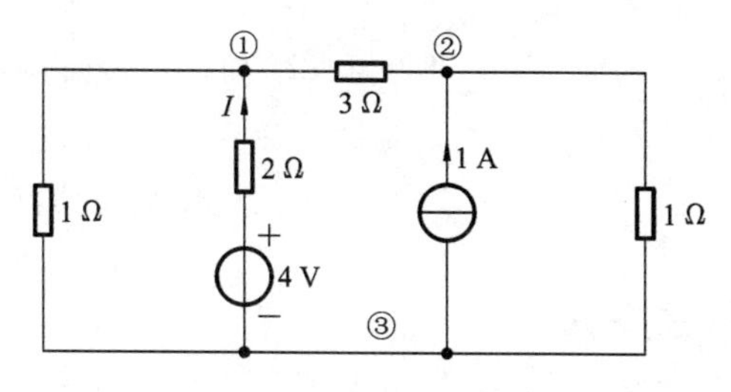

图 3.20 例 3-8 的图

解 用结点电压法。设 $U_{n3}=0$(即选结点③为参考结点),①、②为独立结点,如图 3.21 所示。结点电压方程为

$$\left(1+\frac{1}{2}+\frac{1}{3}\right)U_{n1}-\frac{1}{3}U_{n2}=\frac{4}{2} \tag{1}$$

$$-\frac{1}{3}U_{n1}+\left(1+\frac{1}{3}\right)U_{n2}=1 \tag{2}$$

联立方程,解得

$$U_{n1}=\frac{9}{7}\ (\mathrm{V}),\quad U_{n2}=\frac{15}{14}\ (\mathrm{V})$$

$$I=\frac{-U_{n1}+4}{2}=\frac{-\frac{9}{7}+4}{2}=\frac{19}{14}\ (\mathrm{A})$$

例 3-9 电路如图 3.21 所示,用结点电压法求 u_0、i_0。

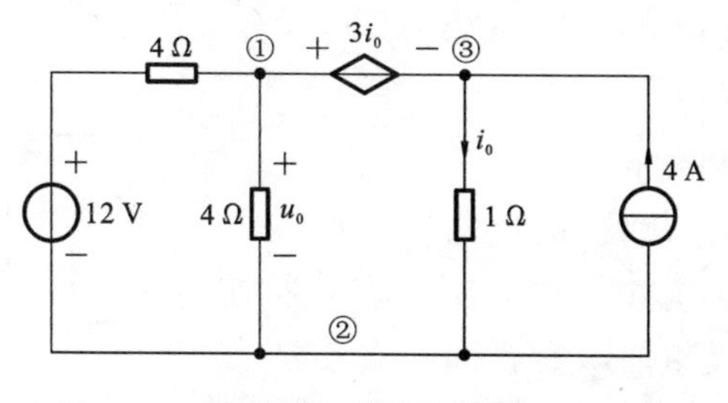

图 3.21 例 3-9 的图

解 设 $U_{n3}=0$,选①、②为独立结点,则有

$$-\left(\frac{1}{4}+\frac{1}{4}\right)U_{n1}+\left(\frac{1}{4}+\frac{1}{4}+\frac{1}{1}\right)U_{n2}=-\frac{12}{4}-4 \tag{1}$$

$$U_{n1}=3i_0 \tag{2}$$

$$i_0=\frac{-U_{n2}}{1} \tag{3}$$

$$u_0=U_{n1}-U_{n2} \tag{4}$$

联立方程,解得

$$i_0=\frac{7}{3}\ (\mathrm{A}),\quad u_0=\frac{28}{3}\ (\mathrm{V})$$

本题中，$3i_0$ 是无伴受控电压源 CCVS，设其一端为零电位点，另一端结点电位为 U_{n1}，避开列写结点①的结点电压方程，并建立结点电压与无伴受控电压源电压的关系式，如方程(2)；建立与受控源控制量的关系，如方程(3)。结点电压方程(1)与 u_0、i_0 无关，已经通过 1 Ω、4 Ω 列写在方程中。

例 3-10　电路如图 3.22 所示，用结点电压法列写结点电压方程。

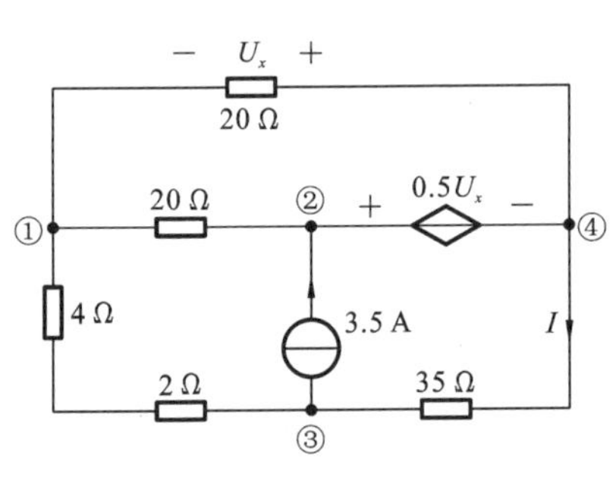

图 3.22　例 3-10 的图

解　设 $U_{n4}=0$，选①、②、③为独立结点。

由结点电压法，列写①、②、③结点方程，即

$$\left(\frac{1}{20}+\frac{1}{4+2}+\frac{1}{20}\right)U_{n1}-\frac{1}{20}U_{n2}-\frac{1}{4+2}U_{n3}=0 \tag{1}$$

$$-\frac{1}{2+4}U_{n1}+\left(\frac{1}{35}+\frac{1}{4+2}\right)U_{n3}=-3.5 \tag{2}$$

$$U_x=-U_{n1} \tag{3}$$

$$U_{n2}=0.5U_x \tag{4}$$

受控电压源 $U_{n2}=0.5U_x$ 为无伴电压源，避开列写结点②的结点电压方程，选择无伴受控电压源的一端为参考电位点，建立结点电压与控制量 U_x、受控电压源的关系，如方程(3)、(4)。

3.6　运算放大器

3.6.1　运算放大器简介

运算放大器(简称运放器)是一种三端元件，其应用非常广泛，是一种增益很高的直接耦合多级放大器，可构成加法、减法、积分、微分、比例、反相、跟随器等运算电路。

1. 实际运算放大器简介

运算放大器(简称运放器)的符号如图 3.23 所示。a、b 为两个输入端，其中 a 称为反相输入端(又称倒向端)，与输出端反相位，b 称为同相输入端(又称非倒向端)，与输出端同相位，o 为输出端，运放器中的 A 为电压增益，$+U_S$、$-U_S$为电源端，⊥为公共“接地端”。

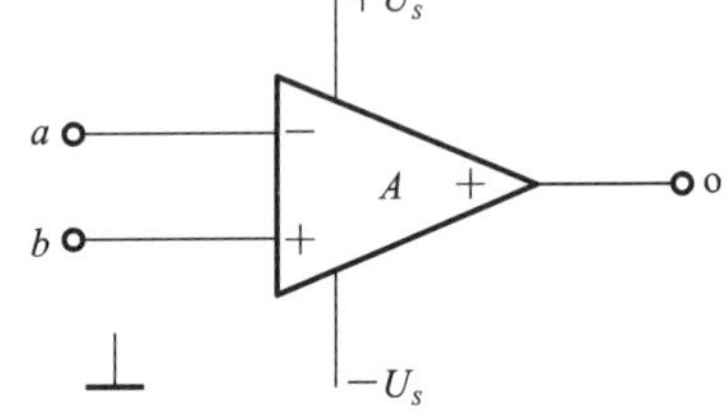

图 3.23　运算放大器的符号

2. 运算放大器的电路模型

运放器的电路模型是一个电压控制的电压源(VCVS)，如图 3.24 所示。实际运放器的输入电阻 R_i 较高(不小于 1 MΩ)，电压增益 A 较大($10^4\sim10^7$)，输出电阻 R_o 较小(100 Ω 左右)。

3. 运算放大器的外特性

由外特性可知，运放器工作于线性工作区域，如图 3.25 所示，输出在正负几伏至正负十几伏，由于电压增益 A 很大，故输入端电压必须很小。

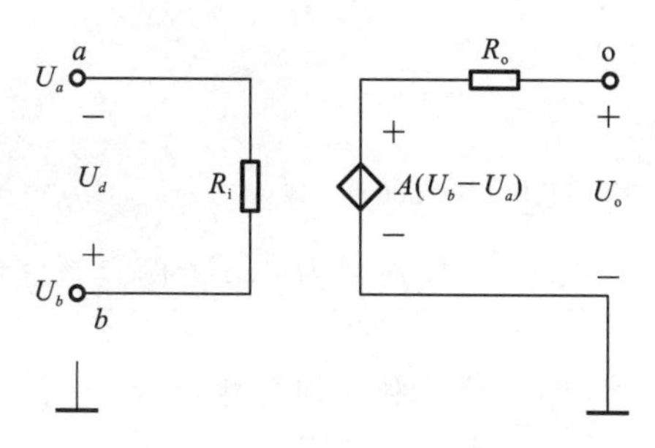

图 3.24 运放器的电路模型

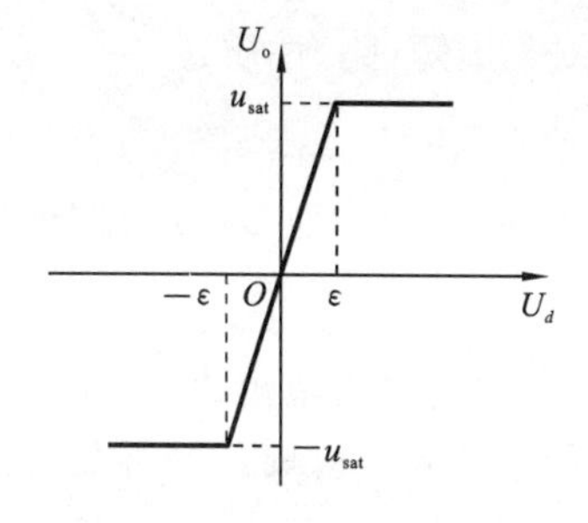

图 3.25 运放器的外特性

设运放器的输入端 $U_d=U_b-U_a$ 为差动输入电压，则对输出端有

$$U_o=A(U_b-U_a)=A(U^+-U^-)=AU_d \tag{3-27}$$

当单端 U_a 输入时，另一端 b 接地，则

$$U_o=-AU_a=-AU^-$$

当单端 U_b 输入时，另一端 a 接地，则

$$U_o=AU_b=AU^+$$

3.6.2 理想运算放大器

1. 理想运算放大器模型

若运算放大器满足

$$\begin{cases}R_i\to\infty\\R_o\to0\\A\to\infty\end{cases} \tag{3-28}$$

则其称为理想运算放大器(简称理想运放器)，且工作在运放器的线性区域，理想运放器的电路模型如图 3.26(a)所示。

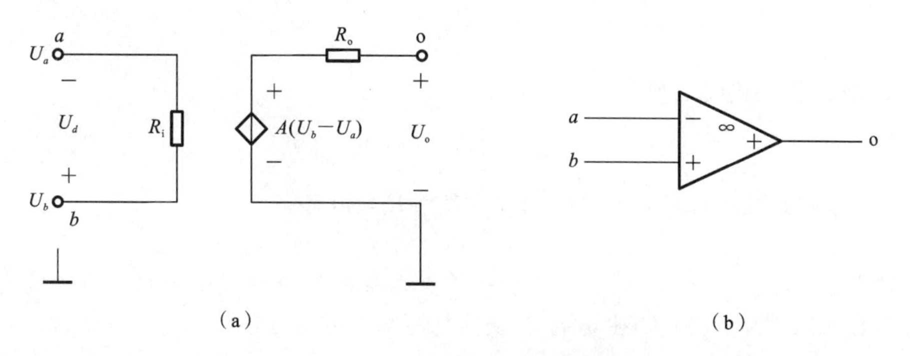

图 3.26 理想运放器的电路符号

2. 电路符号

电路符号如图 3.26(b)所示。

3. 性质

(1) 虚断(路)性质：

$$i^+=i^-=0 \tag{3-29}$$

因为 $R_i\to\infty$，根据运放器的电路模型，如图 3.26 所示，两输入端均近似无电流，相当于断路，但电路内部又不是真正断路。

（2）虚短（路）性质：

$$u^{+}=u^{-} \tag{3-30}$$

因为 $A\to\infty$，而 U_o 为有限值（受电源限制），且 $U_o=A(U_b-U_a)=AU_d$，$U_d=\frac{U_o}{A}=U_b-U_a=0$，则 $U_b=U_a$ 或 $u^{+}=u^{-}$，即差动输入电压 U_d 被强制为 0，a、b 两点被强制为等电位，故电路为虚短路。

（3）当 $R_o=0$ 时，U_o 不受所接负载的影响，即无论负载如何变化，输出电压为 U_o 不受影响。

3.6.3　含理想运放器电路的分析

含理想运放器的电路可以实现加、减、微分、积分、比例、反向等运算，在分析电路时采用下面的分析方法。

（1）基本分析法：利用理想运放虚断、虚短的性质及 KCL、KVL 定律等列写方程求解。

（2）结点电压法。

例 3-11　图 3.27 所示的电路为减法运算电路，求证：输出电压 u_o 与输入电压 u_1、u_2 关系为 $u_o=\frac{R_2}{R_1}(u_2-u_1)$。

解　由理想运放器的性质知

$$i^{+}=i^{-}=0,\quad u^{+}=u^{-}$$

则有

$$i_2=i_4,\quad u^{+}=u^{-}=\frac{R_2}{R_1+R_2}u_2 \tag{1}$$

$$i_1=i_3,\quad \frac{u_1-u^{-}}{R_1}=\frac{u^{-}-u_o}{R_2} \tag{2}$$

由式(2)得

$$u_o=\frac{R_1+R_2}{R_1}u^{-}-\frac{R_2}{R_1}u_1 \tag{3}$$

将式(1)代入式(3)，则有

$$u_o=\frac{R_2}{R_1}(u_2-u_1)$$

由于本题是减法运算电路，特殊地，当 $R_1=R_2$ 时，有

$$u_o=u_2-u_1$$

另一方法：运用结点电压法，设下面接地点为参考点，如图 3.28 所示，两个输入端、输出端结点分别为①、②、③独立结点，从而列写结点电压方程。

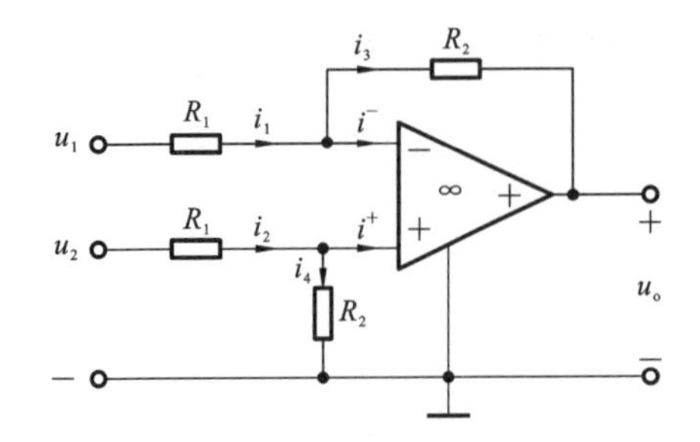

图 3.27　例 3-11 的图(1)

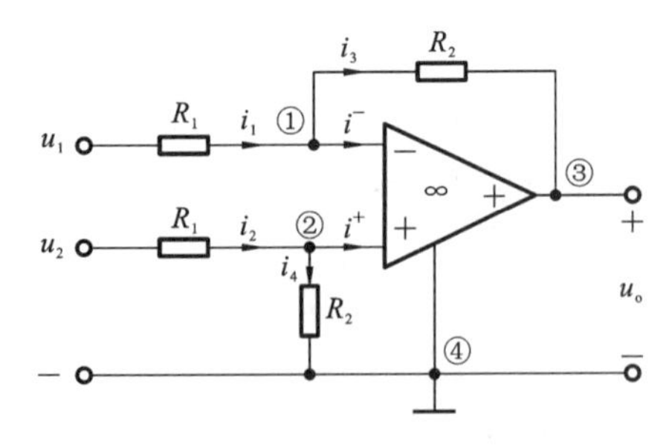

图 3.28　例 3-11 的图(2)

解 用结点电压法。设 $U_{n4}=0$,由理想运放器的性质知

$$i^{+}=i^{-}=0,\quad u^{+}=u^{-}$$

对于结点①,有

$$\left(\frac{1}{R_1}+\frac{1}{R_2}\right)u_{n1}-\frac{1}{R_2}u_{n3}=\frac{u_1}{R_1} \tag{1}$$

根据弥尔曼定律,对于结点②,有

$$\left(\frac{1}{R_1}+\frac{1}{R_2}\right)u_{n2}=\frac{u_2}{R_1} \tag{2}$$

$$u_{o}=u_{n3} \tag{3}$$

$$u^{+}=u_{n1}=u^{-}=u_{n2} \tag{4}$$

将式(4)代入式(2),再代入式(1),再将式(3)代入式(1),整理得

$$u_{o}=\frac{R_2}{R_1}(u_2-u_1)$$

注意:在列写结点①方程时,用到了理想运放器的模型,如图 3.27 所示以及性质(1),输入端电阻 $R_{i}\to\infty$,即 $i^{+}=i^{-}=0$,还用到了性质(2),即 $u^{+}=u^{-}=u_{n1}=u_{n2}$。

例 3-12 用结点电压法求图 3.29 所示电路的电压比值$\frac{u_o}{u_1}$。

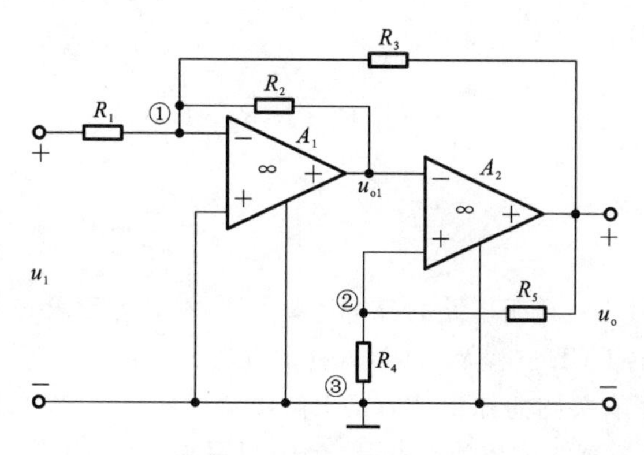

图 3.29 例 3-12 的图

解 方法一:用结点电压法。设 $u_{n3}=0$,对结点①列写结点电压方程:

$$\left(\frac{1}{R_1}+\frac{1}{R_2}+\frac{1}{R_3}\right)u^{-}-\frac{1}{R_2}u_{o1}-\frac{1}{R_3}u_{o}=\frac{u_1}{R_1} \tag{1}$$

由运放器的性质知

$$i^{+}=i^{-}=0,\quad u^{+}=u^{-}$$

对于运放器 A_1,有

$$u^{+}=u^{-}=0$$

式(1)可写为

$$-\frac{1}{R_2}u_{o1}-\frac{1}{R_3}u_{o}=\frac{u_1}{R_1} \tag{2}$$

通过运放器 A_2,对于结点②,有

$$u^{+}=u^{-}=u_{o1}=u_{n2} \tag{3}$$

$$\left(\frac{1}{R_4}+\frac{1}{R_5}\right)u_{n2}-\frac{1}{R_5}u_{o}=0 \tag{4}$$

将式(3)代入式(4),得

$$u^+ = u^- = u_{o1} = u_{n2} = \frac{R_4}{R_4 + R_5} u_o$$

再代入式(2),整理得

$$\frac{u_o}{u_1} = -\frac{R_2 R_3 (R_4 + R_5)}{R_1 (R_2 R_4 + R_3 R_4 + R_2 R_5)}$$

注意:此题用到了理想运放器 A_2 的输入端电阻 $R_i \to \infty$。

方法二:此题还可以用运放器的性质求解。根据运放器的性质,有

$$i^+ = i^- = 0, \quad u^+ = u^-$$

对于运放器 A_1,有

$$u^+ = u^- = 0 \tag{1}$$

由 KCL 定律对结点①列写方程,得

$$\frac{u_1 - u^-}{R_1} = \frac{u^- - u_{o1}}{R_2} + \frac{u^- - u_o}{R_3} \tag{2}$$

对于运放器 A_2,有

$$u^+ = u^- = u_{o1} = u_{R4} = \frac{R_4}{R_4 + R_5} u_o \tag{3}$$

将式(1)、式(3)代入式(2),整理得

$$\frac{u_o}{u_1} = -\frac{R_2 R_3 (R_4 + R_5)}{R_1 (R_2 R_4 + R_3 R_4 + R_2 R_5)}$$

3.7 章节回顾

本章讨论线性时不变电阻电路的分析计算方法,在列方程求解电路时,掌握如何列方程和列几个独立的 KCL 方程及 KVL 方程的方法。

(1) 本章学习了有关图的知识。为了求解电路中的电流和电压等未知量,在列写电路方程时,应用图的概念选择独立变量,确定列写独立的 KCL 方程及 KVL 方程的个数。若不考虑元件本身的特性,只考虑电路的连接关系称为拓扑关系。它反映了电路的结构及连接性质,应用拓扑约束特性(即 KVL 定律和 KCL 定律)建立方程组,从而求解未知量。要掌握支路、结点、图与电路中的支路、结点、电路图的区别;掌握有向图、连通图、回路、树 T、树支、连支、单连支回路、网孔、平面电路的概念。

电路中支路和结点与电路的图中的树支和连支关系如下。

b 条支路中,树支数为 $n-1$ 个,从而确定独立 KCL 方程的个数;连支 l 个,确定独立 KVL 方程个数,则有下面方程:

支路数 b=树支数$(n-1)$+连支数 l

树支数=结点数 $n-1$

连支数 l=独立回路数=网孔数 $m=b-(n-1)$

(2) 支路电流法是分析电路的基本方法,设电路中支路数 b 为未知量个数,根据 $n-1$ 个 KCL 方程组及 $l=b-(n-1)$个方程组联立求解电路,是本章最简单的方法。但当电路含多个支路时电路方程个数较多,其求解过程较麻烦,因而此时它不是最简便的方法。

(3) 网孔法需要列写 $l=b-(n-1)$ 个网孔电流方程，比支路电流法少列 $n-1$ 个方程。此方法在列方程时 KCL 定律自行满足，因为所有支路电流均可用网孔电流表示，适用于回路少、结点多的情况。网孔法适用于平面电路，采用网孔法求解电路时无须作电路的图，直接用网孔法列 m 个网孔电流方程，解方程后再用网孔电流求解各支路电流。

(4) 回路电流法适用于非平面或平面等任一种电路。需要列写 $l=b-(n-1)$ 个回路电流方程，比支路电流法少列 $n-1$ 个方程，此方法在列回路电流方程时 KCL 定律自行满足。所有支路电流均可以用回路电流表示。回路法在分析平面电路及非平面电路时，要作出电路的图，确定树、树支，由若干个树支和一个连支构成单连支回路，从而确定单连支回路组，由此列写 l 个方程求解电路，要注意无伴电流源、无伴受控电流源及受控电压源的处理方法。

(5) 结点电压法需列写 $n-1$ 个结点电压方程比支路电流法少列 $l=b-(n-1)$ 个方程，因为在用结点电压表示所有支路电流时 KVL 定律自行满足。它适用于结点少回路多的情况，采用结点电压法时无须作电路的图，可解出结点电压后再求各支路电压及电流。

(6) 无伴电源及无伴受控源的处理方法。

用支路电流法、网孔法及回路法分析电路时，是以 KVL 定律为基础列写的。当电路中含有无伴电流源及无伴受控电流源时，因为不能将它等效变换为电压源和电阻的串联形式，需增设一个新的未知量电压表示其两端电压，同时增加一个新的方程，即建立该电流源电流与网孔电流或回路电流未知量的关系式，或者设该支路为一连支，避免列写该连支回路方程，同时添加一个新的方程，建立无伴受控电流源或无伴电流源与未知量网孔电流(回路电流)的关系式。

支路电流法、结点电压法是以 KCL 方程为基础列写的，当电路中含有无伴电压源及无伴受控电压源时，因不能等效变换为电流源和电阻的并联形式，需增设一个新的未知量电流表示通过其电源的电流，同时增加一个新的方程，即建立该电流与结点电压的关系式。或者，避免列写该电源所连结点的结点电压方程，并添加一个新方程，即建立无伴电压源或无伴受控电压源与未知量结点电压的关系。

(7) 运算放大器是一种三端元件。

① 输出端电压与输入端电压的关系为

$$U_o=A(U_b-U_a)=A(U^+-U^-)=AU_d$$

② 理想运算放大器模型：

$$\begin{cases}R_i\to\infty\\R_o\to 0\\A\to\infty\end{cases}$$

③ 理想运算放大器性质。

(a) 虚断性质：$i^+=i^-=0$。

(b) 虚短性质：$u^+=u^-$。

特殊地，若 $u^+=u^-=0$ 称为虚地。

④ 含理想运放器电路的分析。

基本方法是利用理想运放器虚断、虚短的性质，以及 KCL、KVL 定律，还可以采用结点电压法分析。

3.8 习题

3-1 如图 3.30 所示的电路。(1) 标示电流(电压)的参考方向,画出该电路的图;(2) 求出支路数 b、结点数 n 和独立回路数 l;(3) 求出独立 KCL、KVL 方程的个数。

3-2 如图 3.31 所示的电路。(1) 若选择支路(1,2,3)为树,求出各单连支回路;(2) 若选择支路(2,5,4)为树,求出各单连支回路。

3-3 如图 3.32 所示的非平面图,设(1) 选择支路(1,2,3,4)为树;(2) 选择(5,6,7,8)为树,问独立回路各为多少?并求其独立回路组。

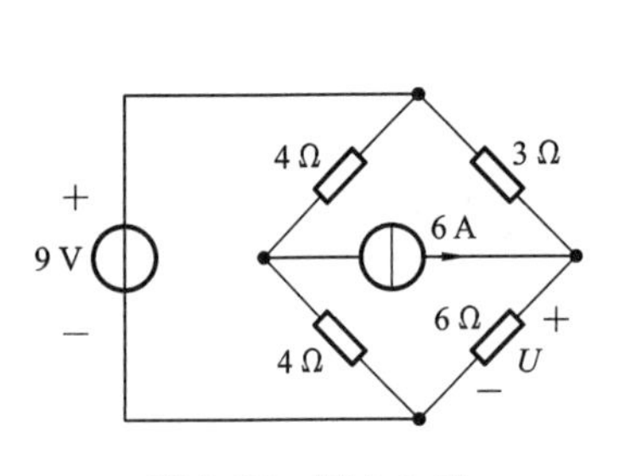

图 3.30 题 3-1 图

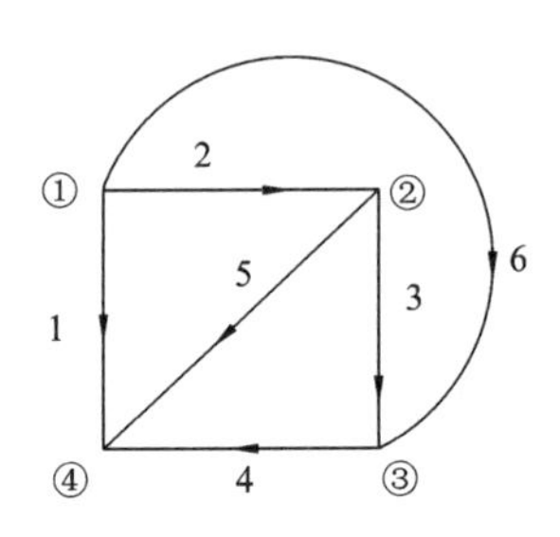

图 3.31 题 3-2 图

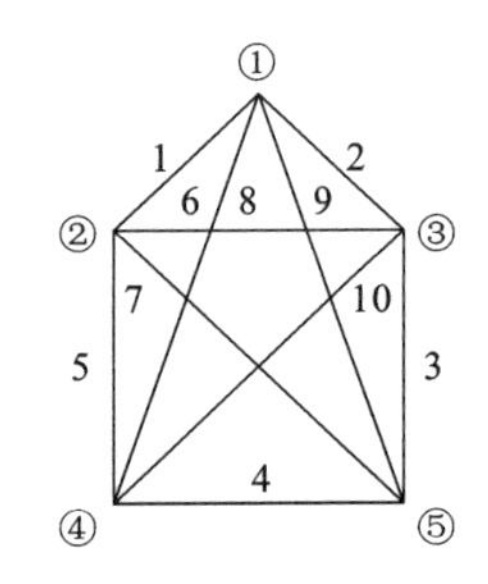

图 3.32 题 3-3 图

3-4 如图 3.33 所示的电路,已知 $R_1=2\ \Omega$,$R_2=4\ \Omega$,$R_3=20\ \Omega$,$U_{S1}=10\ \text{V}$,$U_{S2}=20\ \text{V}$,求电流 i_3,并计算 R_3 的电压和其吸收的功率。

3-5 如图 3.34 所示的电路为晶体管放大器等效电路,各电阻的大小及 β 均为已知量,求电流放大倍数 $A_i\left(\dfrac{i_2}{i_1}\right)$和电压放大倍数 $A_u\left(\dfrac{u_2}{u_1}\right)$。

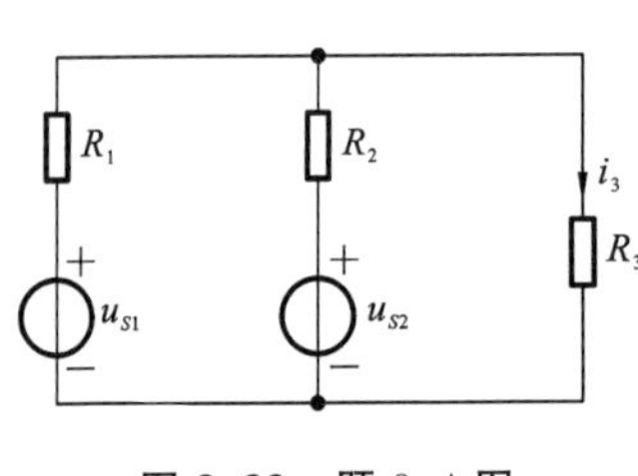

图 3.33 题 3-4 图

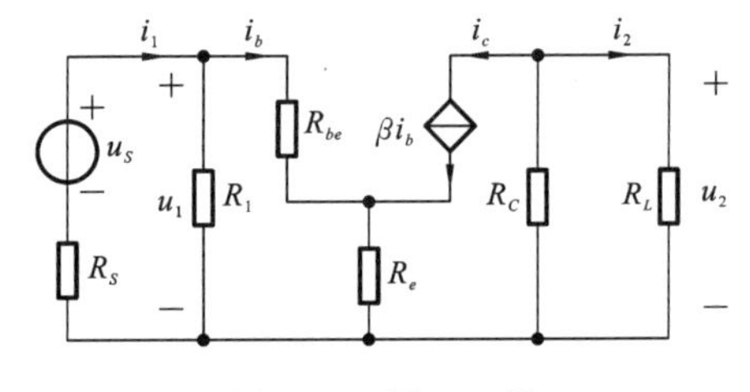

图 3.34 题 3-5 图

3-6 用支路电流法求图 3.35 所示的电路中的电流 i_x。

3-7 用网孔法求题 3-4 电路。

3-8 已知如图 3.36 所示的电路中,$R_1=R_2=R_3=R_4=R_5=1\ \Omega$,$u_S=20\ \text{V}$,$I_{S1}=10\ \text{A}$,$I_{S2}=5\ \text{A}$,用网孔法求流过 R_3 的电流 I_3。

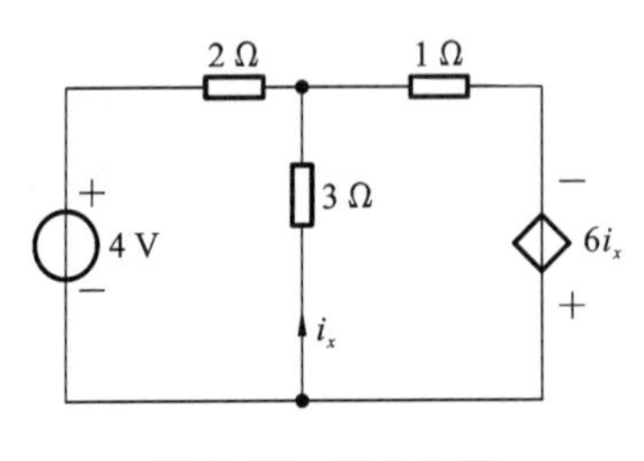

图 3.35 题 3-6 图

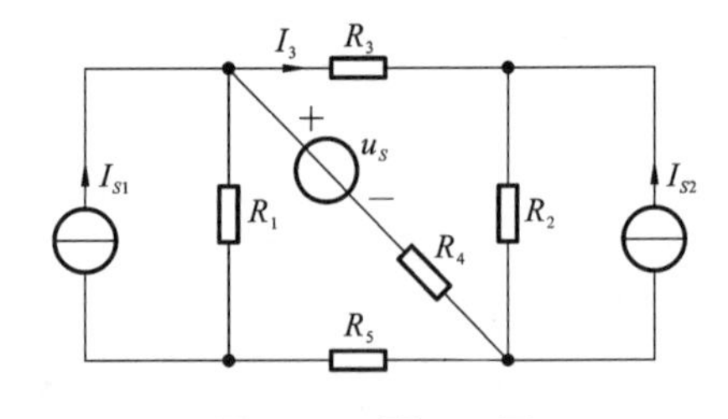

图 3.36 题 3-8 图

3-9 已知 $u_S=5\ \text{V}$，$R_1=R_2=R_4=R_5=1\ \Omega$，$R_3=2\ \Omega$，$\mu=2$。用网孔法求图 3.37 所示的电路中 u_1。

3-10 如图 3.38 所示的电路中，$g=0.1\ \text{S}$，用网孔法求流过 8 Ω 的电流。

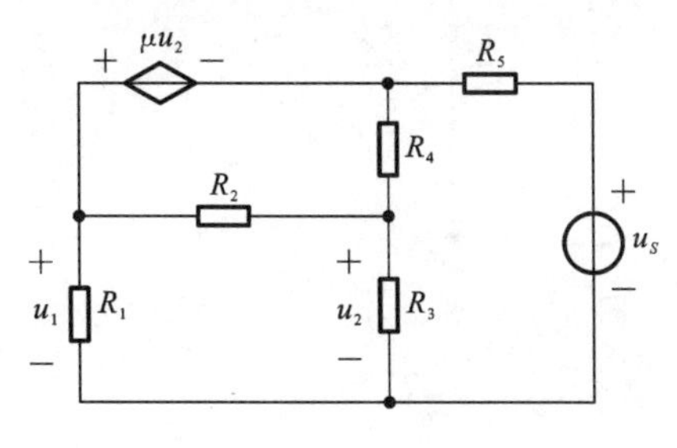

图 3.37 题 3-9 图

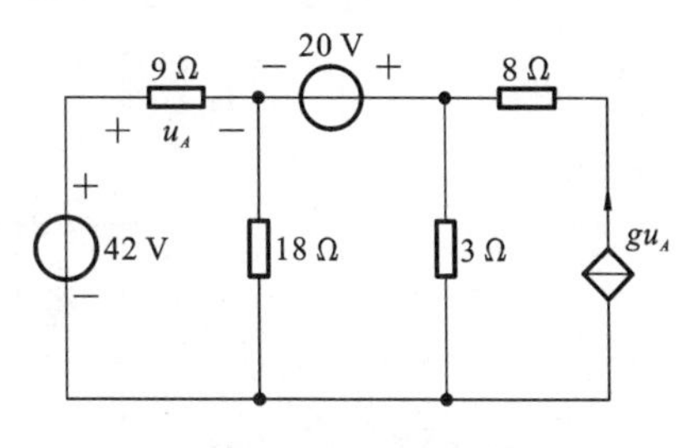

图 3.38 题 3-10 图

3-11 用回路法求图 3.39 所示的电路中的电流 I。

3-12 用回路电流法求解如图 3.40 所示的电路中的电流 I_1 与电压 u_0。

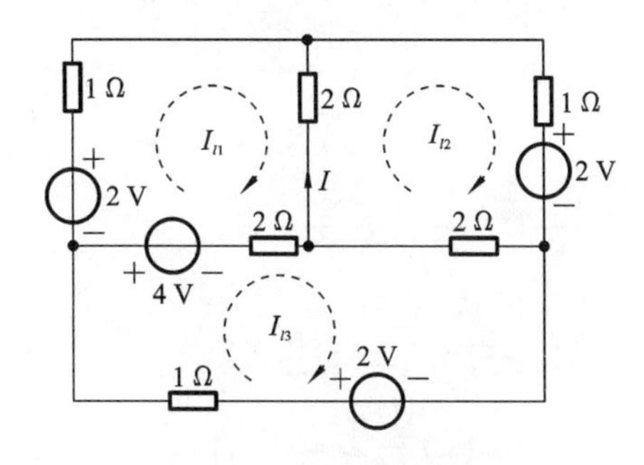

图 3.39 题 3-11 图

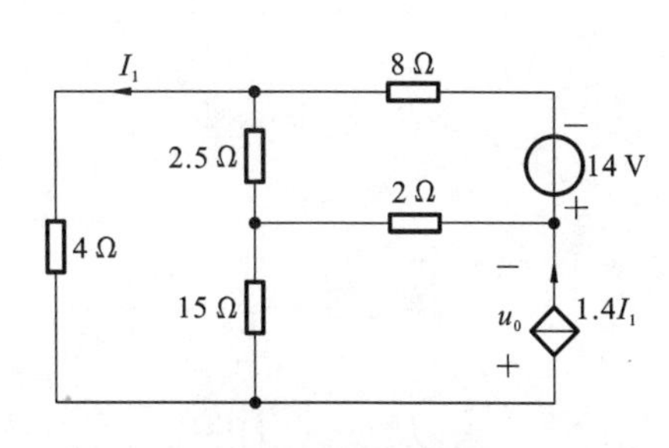

图 3.40 题 3-12 图

3-13 用回路电流法求解如图 3.41 所示的电路中的电压 u_0 和电流 i_0。

3-14 电路如图 3.42 所示，试用回路电流法求 I_X。

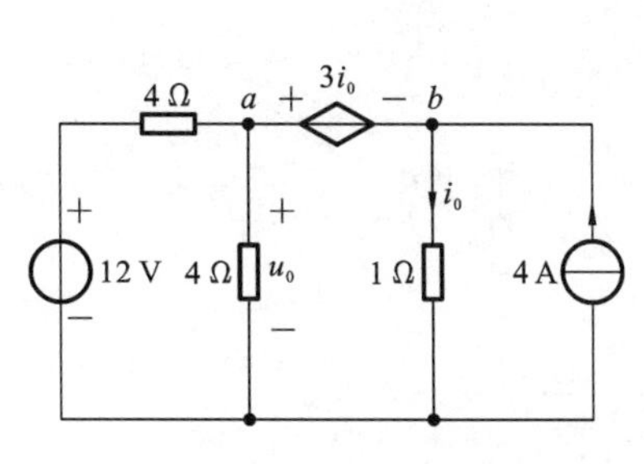

图 3.41 题 3-13 图

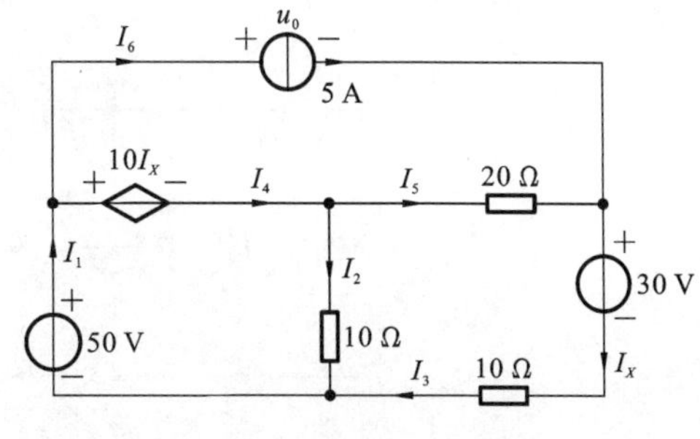

图 3.42 题 3-14 图

3-15 用回路法求图 3.43 所示的电路中的电流 I。

3-16 列出图 3.44 所示的电路的结点电压方程。

3-17 用结点电压法求题 3-9。

3-18 用结点电压法求题 3-12。

3-19 用结点电压法求图 3.45 所示的电路中的电流 I 。

3-20 用结点电压法求图 3.46 所示的电路中的电压 u_X。

3-21 用结点电压法求图 3.47 所示的电路中的电压 u 。

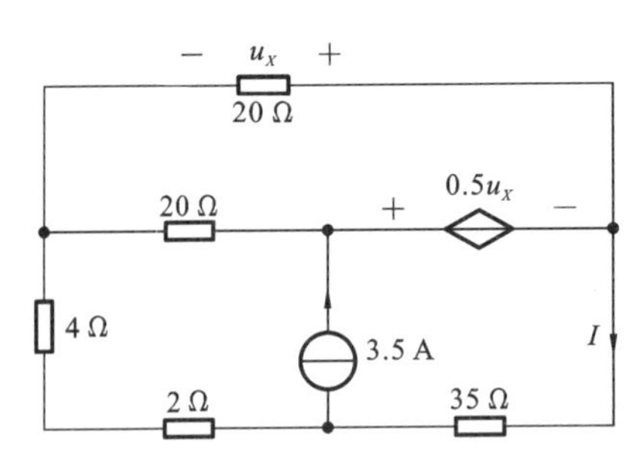

图 3.43　题 3-15 图

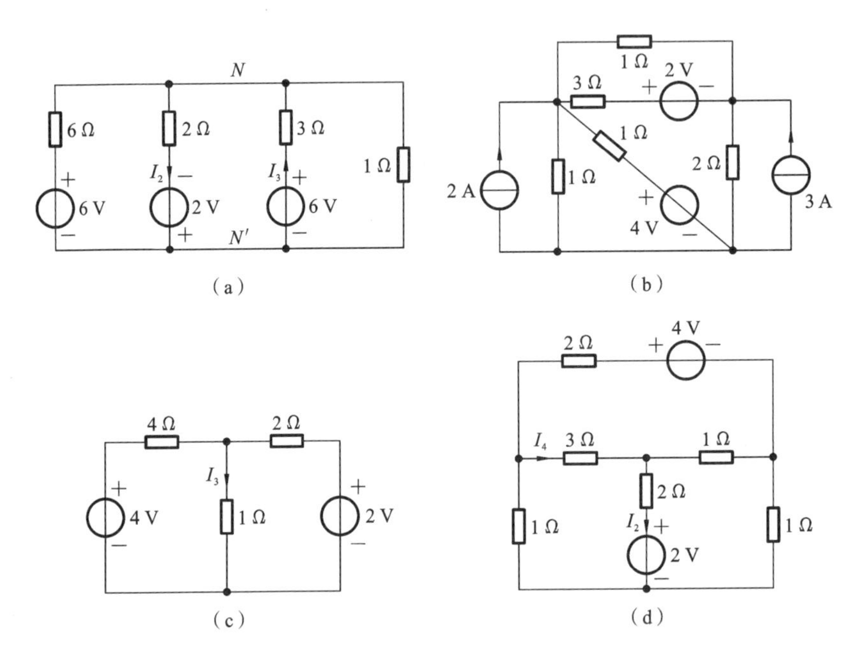

图 3.44　题 3-16 图

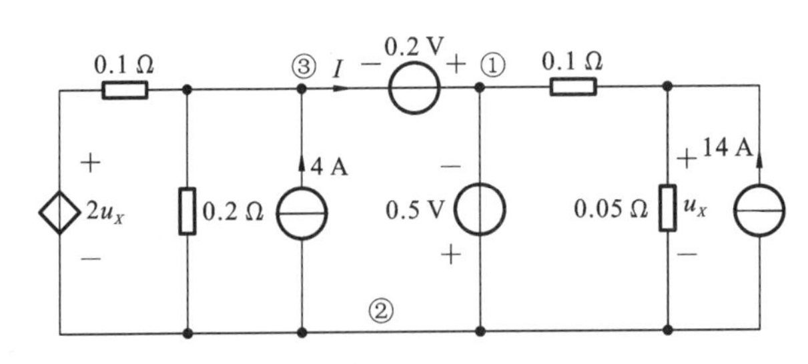

图 3.45　题 3-19 图

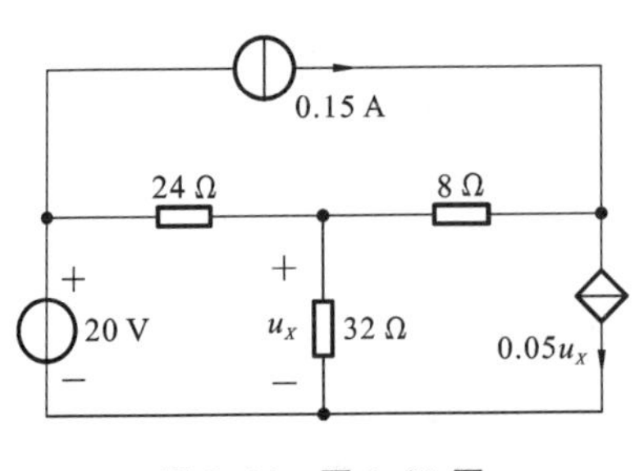

图 3.46　题 3-20 图

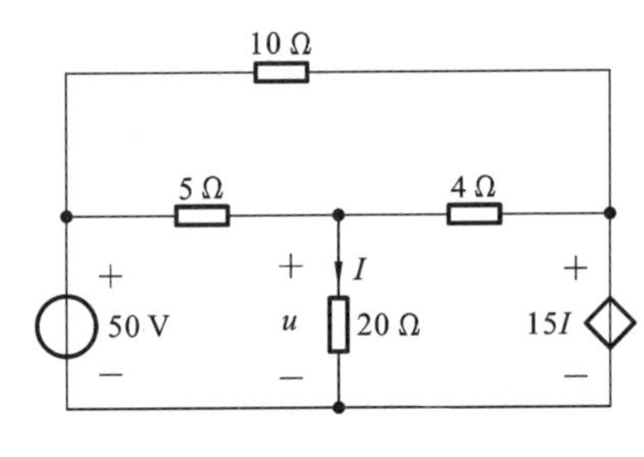

图 3.47　题 3-21 图

3-22　已知(1) $R_1=R_f$，$R_2=3R_f$，$R_3=5R_f$；(2) $R_1=R_2=R_3=R_f$；求图 3.48 所示的电路中的 u_0 与 u_1、u_2、u_3 的关系式。

3-23　图 3.49 所示的电路为反相比例运算电路，求(1) u_o 与 u_i 的关系；(2) 当 $R_1=R_f$ 时，u_o 与 u_i 的关系。

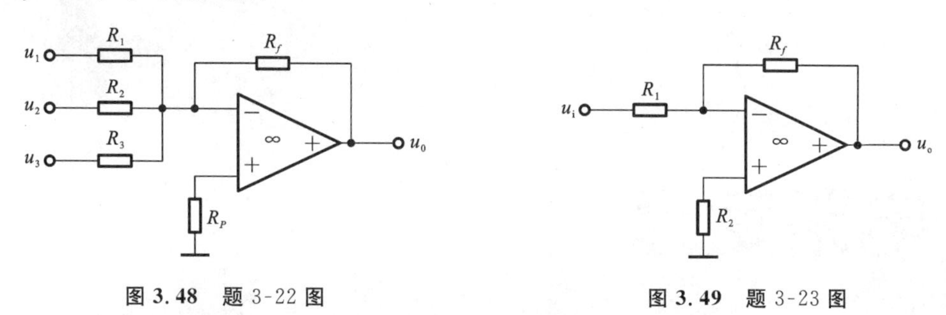

图 3.48　题 3-22 图　　　　**图 3.49**　题 3-23 图

3-24　如图 3.50 所示的电路，求 u_0 与输入电压 u_1、u_2 的关系。

3-25　用结点法求图 3.51 所示的电路中的 u_0 与 u_{S1}、u_{S2} 的关系。

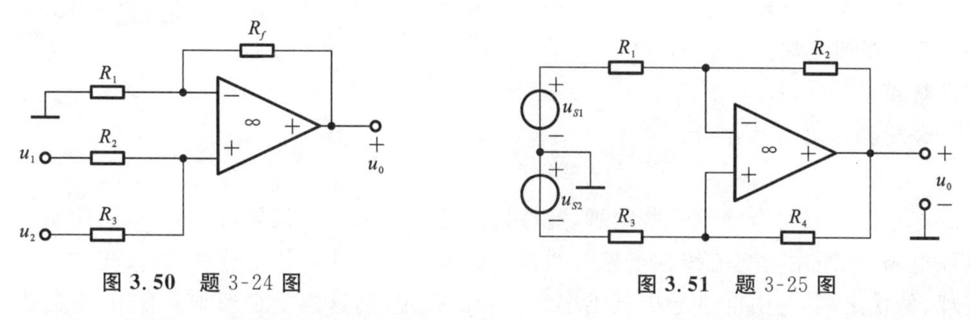

图 3.50　题 3-24 图　　　　**图 3.51**　题 3-25 图

3-26　如图 3.52 所示的电路，已知 $R_2=R_5=10R_1$，$R_3=R_4=2R_1$，(1) 说明 A_1、A_2 各组成的基本运算电路；(2) 求电压 u_{o1} 与 u_{i1} 的关系；(3) 用结点电压法求电压 u_o 与 u_{i1}、u_{i2} 的关系。

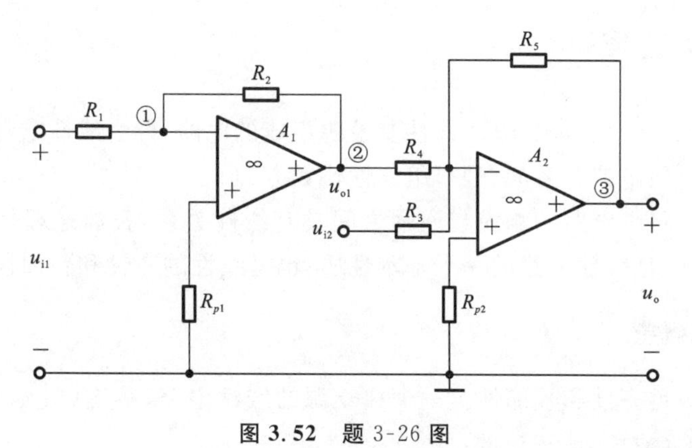

图 3.52　题 3-26 图

习题答案 3

4

电路定理

本章重点

(1) 叠加定理。

(2) 戴维宁定理。

(3) 诺顿定理。

本章难点

含受控源电路的分析。

本章学习线性电路的一些定理、特性以及线性电路的简化分析方法，既适用于直流线性电路，也适用于交流线性电路。线性电路最基本的性质就是叠加性，首先讨论叠加定理、替代定理，并由此推导出戴维宁定理和诺顿定理，这两个定理非常有用，为分析线性含源二端电路提供简便、有效的方法；然后介绍戴维宁定理的应用——最大功率传输定理；最后介绍互易定理、对偶原理，有助于分析复杂端口和电路。

4.1 叠加定理

由独立电源和线性电阻元件、线性受控源组成的电路，称为线性电阻电路。描述线性电阻电路各电压电流关系的，是一组线性代数方程。

线性电阻电路中电路的响应与激励之间具有线性关系，叠加定理是线性电路普遍适用的一个定理，是线性电路的一个基本性质，也是线性的齐性和叠加性的体现。

4.1.1 线性的概念

线性电路满足齐性和叠加性。一个独立源的线性电路，响应(电压或电流)与独立源 U_S(或 u_S)、I_S(或 i_S)成正比的。

由高等数学知识可知，线性由齐性与叠加性组成。

1. 齐性：响应与激励成正比

若 $y=f(x)$，则有

$$ky=f(kx) \tag{4-1}$$

其中：y 为响应或输出；x 为激励或输入。

例 4-1 线性电路如图 4.1 所示，设 I_1 为响应，(1) 求响应与激励的关系；(2) 若 $U_S=6$ V，求 I_1。

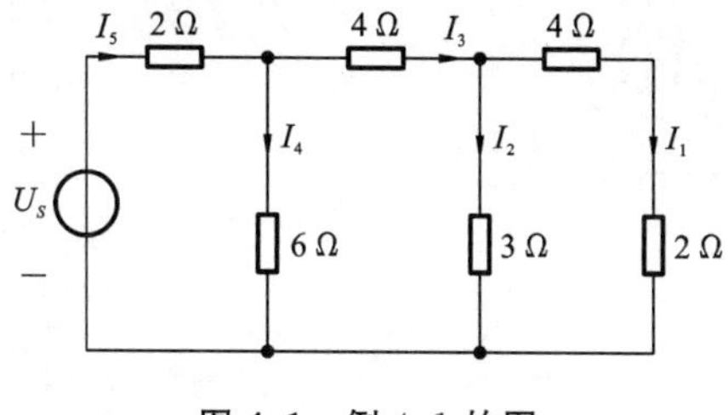

图 4.1 例 4-1 的图

解 (1) 电路结构属于 T 形电路。由线性关系知

$$I_1=kU_S$$

根据齐性性质，有

$$\frac{I_1}{U_S}=\frac{I'_1}{U'_S}=k$$

设 $I'_1=1$ A，根据分压公式及分流公式、欧姆定律，有

$$I'_2=\frac{(2+4)I'_1}{3}=\frac{(2+4)\times 1}{3}=2\ (\text{A}),\quad I'_3=I'_1+I'_2=1+2=3\ (\text{A}),$$

$$I'_4=\frac{4I'_3+3I'_2}{6}=\frac{4\times 3+6}{6}=3\ (\text{A}),\quad I'_5=I'_3+I'_4=3+3=6\ (\text{A})$$

从而得到

$$U'_S=2I'_5+6I'_4=2\times 6+18=30\ (\text{V}),\quad k=\frac{I'_1}{U'_S}=\frac{1}{30}$$

则响应与激励的关系为

$$I_1=\frac{1}{30}U_S$$

(2) 若

$$U_S=6\ (\text{V}),\quad I_1=\frac{1}{30}U_S=\frac{1}{30}\times 6=\frac{1}{5}\ (\text{A})$$

2. 叠加性

若 $y_1=f(x_1)$，$y_2=f(x_2)$，则有

$$y_1+y_2=f(x_1+x_2) \tag{4-2}$$

其中：x_1 为第一个激励或输入；x_2 为第二个激励或输入；y_1 为第一个响应或输出；y_2 为第二个响应或输出。

叠加性也是线性电路的一个重要性质。

3. 齐性与可加性

若 $y_1=f_1(x_1)$，$y_2=f_2(x_2)$，则有

$$k_1y_1+k_2y_2=f\ (k_1x_1+k_2x_2) \tag{4-3}$$

例 4-2 如图 4.2 所示电路，已知 $I_S=1$ A，$U_S=1$ V 时，$I=2$ A；$I_S=2$ A，$U_S=8$ V 时，$I=6$ A。求 $I_S=3$ A，$U_S=6$ V 时，I 为多少？

解 由叠加定理，设响应与激励的关系为

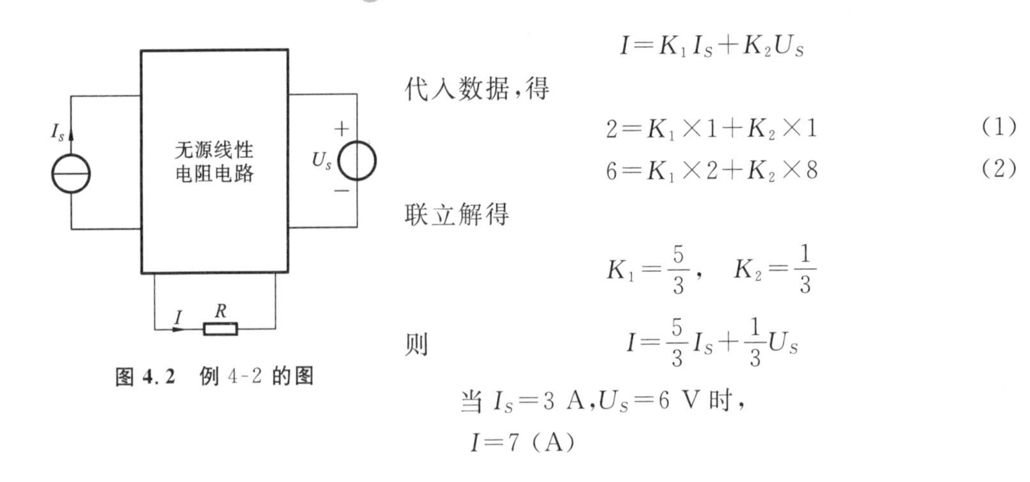

图 4.2　例 4-2 的图

$$I=K_1I_S+K_2U_S$$

代入数据，得

$$2=K_1\times1+K_2\times1 \tag{1}$$

$$6=K_1\times2+K_2\times8 \tag{2}$$

联立解得

$$K_1=\frac{5}{3},\quad K_2=\frac{1}{3}$$

则

$$I=\frac{5}{3}I_S+\frac{1}{3}U_S$$

当 $I_S=3$ A，$U_S=6$ V 时，

$I=7$ (A)

4.1.2　叠加定理

叠加定理：当线性电路中若干个独立源共同作用时，各支路的电流（或电压）等于各个独立源单独作用时分别在该支路产生的电流（或电压）的叠加（代数和）。

下面验证叠加定理。

先用支路电流法求出 I_1 和 U_3，再根据叠加定理加以验证。

根据支路电流法，如图 4.3(a)所示，列出 KVL 方程（虚线箭头环绕的外网孔电路）及 KCL 方程（结点 A），即

$$R_1I_1-R_3I_3=U_S \tag{1}$$

$$I_1+I_3=I_2=I_S \tag{2}$$

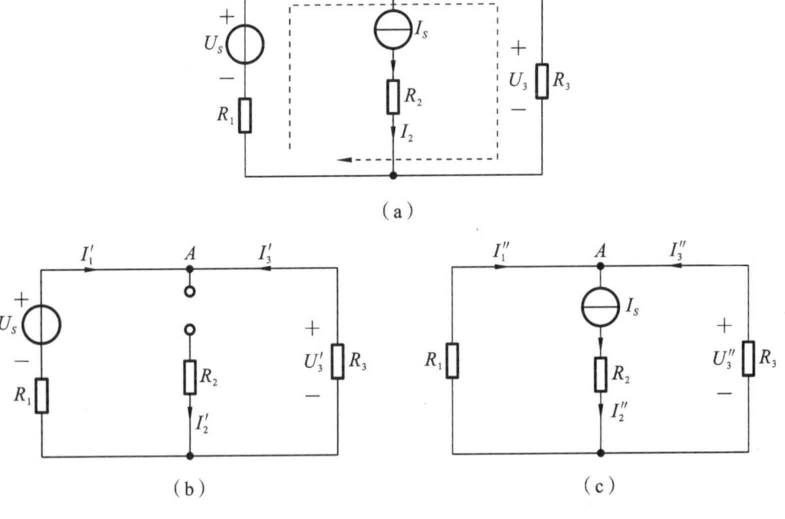

图 4.3　验证叠加定理

由线性代数求解方程，可得到电阻 R_1 上的电流 I_1 和电阻 R_3 上的电压 U_3 为

$$I_1=\frac{U_S}{R_1+R_3}+\frac{R_3}{R_1+R_3}I_S \tag{4-4}$$

$$U_3=\frac{R_3}{R_1+R_3}U_S+\frac{-R_1R_3}{R_1+R_3}I_S \tag{4-5}$$

根据叠加定理，当电压源 U_S 作用时，如图 4.3(b)所示，电流源不作用，断开，即 $I_S=0$，则有

$$I'_1=I_1|_{I_S=0}=\frac{u_S}{R_1+R_3}=k_1u_S$$

$$U'_3=U_3|_{I_S=0}=\frac{R_3}{R_1+R_3}U_S=k_3U_S$$

当电流源 I_S 作用时，如图 4.2(c)所示，电压源不作用，短接，即 $U_S=0$，则有

$$I''_1=I_1|_{U_S=0}=\frac{R_3}{R_1+R_3}I_S=k_2I_S$$

$$U''_3=U_3|_{U_S=0}=\frac{-R_1R_3}{R_1+R_3}I_S=k_4I_S$$

$$I_1=I'_1+I''_1=\frac{u_S}{R_1+R_3}+\frac{R_3}{R_1+R_3}I_S=k_1u_S+k_2I_S \tag{4-6}$$

$$U_3=U'_3+U''_3=\frac{R_3}{R_1+R_3}U_S+\frac{-R_1R_3}{R_1+R_3}I_S=k_3U_S+k_4I_S \tag{4-7}$$

式(4-6)和式(4-7)满足式(4-3)线性的齐次叠加性。

由式(4-4)、式(4-6)、式(4-5)与式(4-7)可知：叠加定理分析求解电路电流 I_1 和电压 U_3 与支路电流法的结果相同(还可以用其他方法验证，此处不再详述)，验证完毕。

两个独立电源共同作用产生的响应，等于每个独立电源单独作用产生的响应之和，这就证明了线性电路的叠加性。

应用叠加定理的解题步骤如下(以两个电源的电路为例)。

(1) 确定各电压或电流的参考方向。

(2) 第一个电源单独作用时，其他电源作"0"值处理，画出电路图，求出第一个电路中的响应 y'。

(3) 第二个电源单独作用时，其他电源作"0"值处理，画出电路图，求出第二个电路中的响应 y''。

(4) 根据叠加定理，电路中的响应为

$$y=y'+y''$$

需要注意以下几点。

(1) 叠加定理只适用于线性电路。

(2) 叠加定理适用于支路电流或电压的求解，不能进行功率的叠加计算。

(3) 叠加的各个电路中，不作用的电源置零(电压源不作用时 $U_S=0$，应视为短路；电流源不作用时 $I_S=0$，应视为开路)。电路中的所有线性元件(包括电阻、电感和电容)都不予更动，受控源也应保留在各个电路中。

(4) 叠加时，选取各个电路的响应(电压和电流)的参考方向与原电路中的相同；求和时，应该注意各响应是正值还是负值。

例 4-3 求图 4.4(a)所示的电路中的电流 I_1 和 U_3。

解 (1) 当 2 V 电压源单独作用时，由图 4.4(b)知

$$I'_1=-I'_3=\frac{2}{2+1}=\frac{2}{3}\ (\text{A})$$

$$U'_3=I'_1R_3=\frac{2}{3}\times 1=\frac{2}{3}\ (\text{V})$$

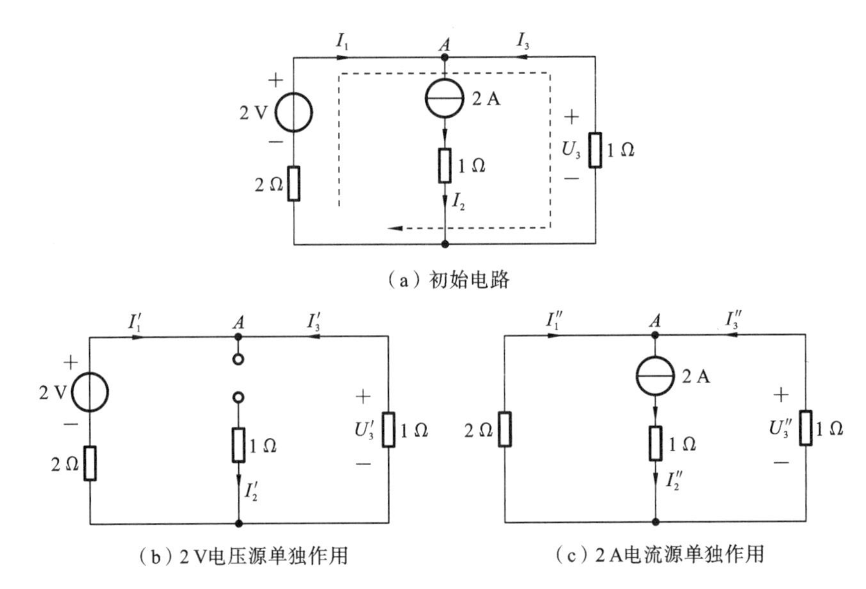

图 4.4　例 4-3 的图

(2) 当 2 A 电流源单独作用时，由图 4.4(c)知

$$I''_1=\frac{1}{2+1}\times 2=\frac{2}{3}\ \text{(A)}$$

$$U''_3=-I''_3R_3=-\frac{2}{1+2}\times 2\times 1=-\frac{4}{3}\ \text{(V)}$$

(3) 由叠加定理，得

$$I_1=I'_1+I''_1=\frac{2}{3}+\frac{2}{3}=\frac{4}{3}\ \text{(A)}$$

$$U_3=U'_3+U''_3=\frac{2}{3}+\left(-\frac{4}{3}\right)=-\frac{2}{3}\ \text{(V)}$$

例 4-4　如图 4.5(a)所示的电路，求电压 U。

分析：本题含有多个独立电源，若应用叠加定理画出各独立源单独作用的电路，如图 4.5(b)(c)(d)所示，分解图的个数较多，求解烦琐。本题的目的在于，对含有多个独立源的电路，可以灵活地把含独立源的电路分组，这样仍然满足叠加原理，使求解过程简化，如本题的分解图可简单地分为图 4.5(e)和图 4.5(f)的叠加。

解　将独立源分为两组。

(1) 第一组作用时，由图 4.5(e)可求出

$$U'=\frac{4}{4+2+2}\times 10=5\ \text{(V)}$$

(2) 第二组作用时，由图 4.5(f)，先等效变换为图 4.5(g)所示电路，再由 KVL 定律得

$$(4+2+2)I''=4+2$$

即

$$I''=\frac{3}{4}\ \text{(A)}$$

则有

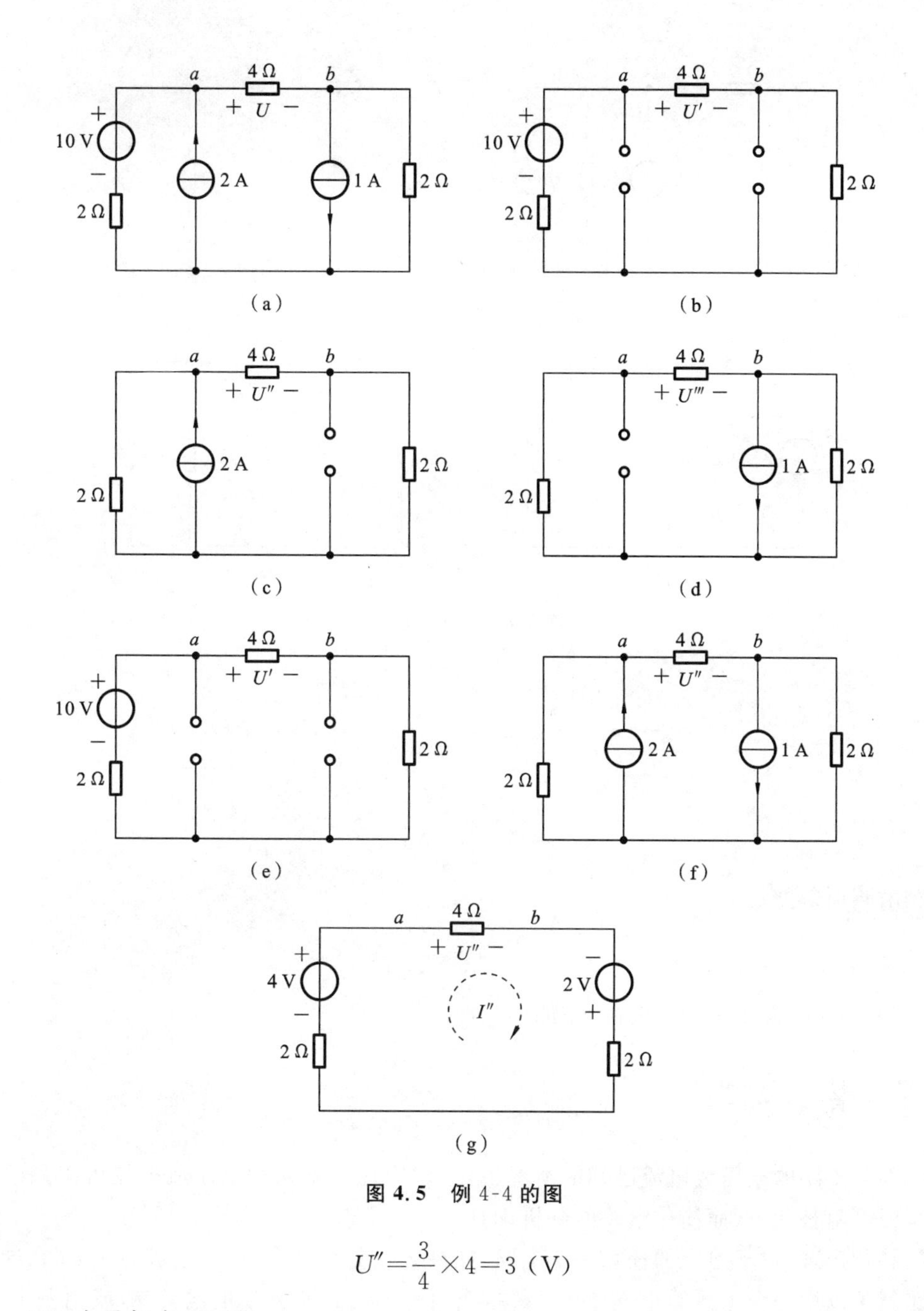

图 4.5 例 4-4 的图

$$U''=\frac{3}{4}\times 4=3\ (\mathrm{V})$$

(3) 由叠加定理可得

$$U=U'+U''=5+3=8\ (\mathrm{V})$$

例 4-5 如图 4.6(a)所示,用叠加定理求电流 I。

解 (1) 设 9 V 电压源单独作用时,电路如图 4.6(b)所示。将受控电流源并联电阻等效变换为受控电压源串联电阻,电路如图 4.6(c)所示,则有

$$(3+2)I'+4I'=9$$

即

$$I'=1\ (\mathrm{A})$$

(2) 设 3 A 电流源单独作用,电路如图 4.6(d)所示,用结点电压法,设 $U_B=0$,则有

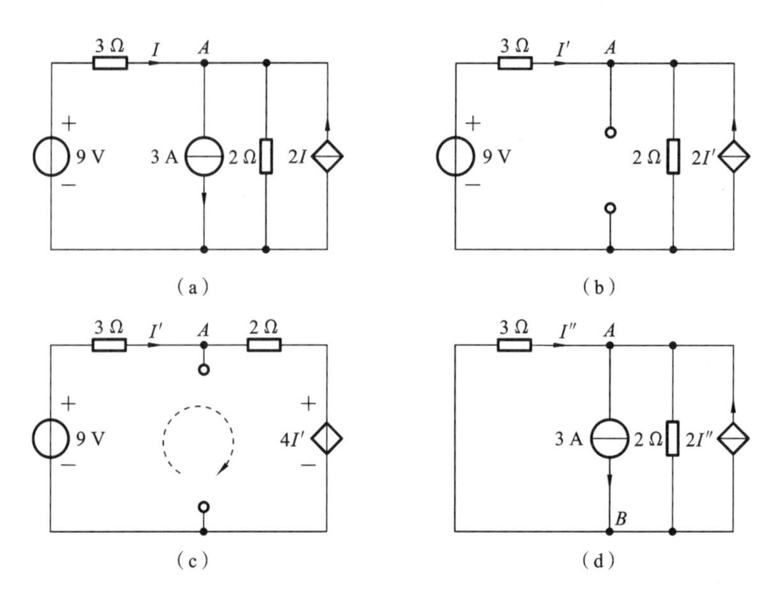

图 4.6 例 4-5 的图

$$\left(\frac{1}{3}+\frac{1}{2}\right)U_A=-3+2I''$$

$$3I''=-U_A$$

即

$$I''=\frac{2}{3}\ (\mathrm{A})$$

由叠加定理知

$$I=I'+I''=\frac{5}{3}\ (\mathrm{A})$$

注意:受控源不是独立电源,不能单独作用于电路。

4.2 替代定理

在某支路的电压或电流已知的情况下,电路中任一支路的电压或电流可以用一个电源或电阻替代,从而简化电路的分析计算。

替代定理:对于给定的任意一个电路,如果某一支路电压为 u_k、电流为 i_k,那么这条支路就可以用一个电压等于 u_k 的电压源,或用一个电流等于 i_k 的电流源,或用一个 $R_k=\frac{u_k}{i_k}$ 的电阻来替代,替代后的电路中所有电压和电流均保持不变。

如图 4.7 所示,这里的端口电路 N_R、N_L,可以是无源的(如仅由电阻、受控源组成),也可以是有源的(如有源二端电路);可以是线性电路,也可以是非线性电路。

电路理论的解释:替代前后电路的 KCL、KVL 关系相同,其余支路的 u、i 关系不变。用等于 u_k 的电压源替代后,其余支路电压不变(KVL 约束),其余支路电流也不变(VCR 约束),故第 k 条支路 i_k 也不变(KCL 约束)。用等于 i_k 的电流源替代后,其余支路电流不变(KCL 约束),其余支路电压不变(VCR 约束),故第 k 条支路 u_k 也不变(KVL 约束)。

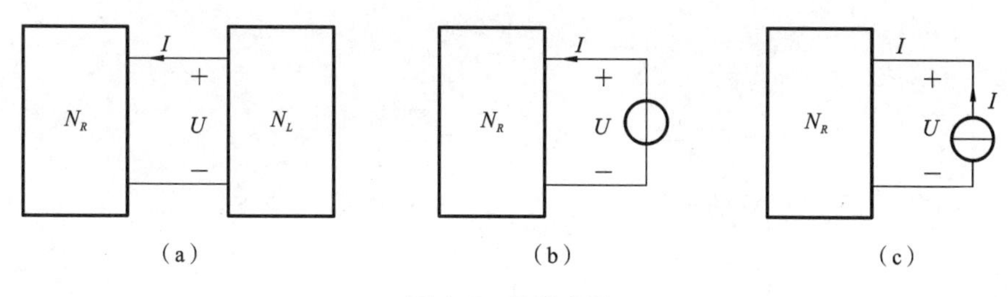

图 4.7　替代定理

替代定理有许多应用。例如，前面提到的电压等于零的支路可用“短路”替代，即电压等于零的电压源支路；电流等于零的支路可用“开路”替代，即电流等于零的电流源支路。

需要注意以下几点。

(1) 替代定理对线性、非线性、时变和时不变电路均适用。

(2) 电路中含有受控源、耦合电感等耦合元件时，一般不能用替代定理。其原因在于受控源或耦合元件的控制量所在支路被替代后，该控制量可能不复存在。

(3) 若支路的电压和电流均已知，则该支路也可以用电阻替代。

下面举例说明替代定理的正确性。

例 4-6　电路如图 4.8(a)所示，(1) 求支路电流 I_1、I_2 和支路电压 U_{ab}；(2) 用(1)中计算得到的 U_{ab} 作为电压源的电压替代 4 V 电压源与 2 Ω 电阻的串联支路，重新计算 I_1、I_2 和 U_{ab}；(3) 用(1)中计算得到的 I_2 替代 4 V 电压源与 2 Ω 电阻的串联支路，重新计算 I_1、I_2 和 U_{ab}。

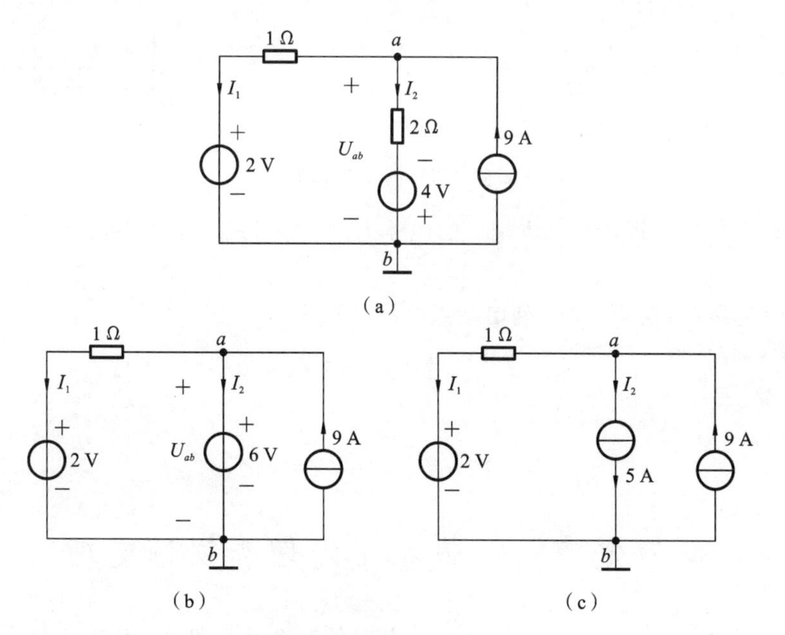

图 4.8　例 4-6 的图

解　(1) 对图 4.8(a)列出结点电压方程，设 $U_{nb}=0$ 有

$$\left(\frac{1}{1}+\frac{1}{2}\right)U_{ab}=\frac{2}{1}-\frac{4}{2}+9$$

解得

$$U_{ab}=6\ (\text{V})$$

支路电流为

$$I_1=\frac{U_{ab}-2}{1}=4\ (\text{A}),\quad I_2=\frac{U_{ab}+4}{2}=5\ (\text{A})$$

(2) 用电压 $U_{ab}=6$ V 的电压源替代图 4.8(a)中的第二条支路,如图 4.8(b)所示。可得

$$I_1=\frac{6-2}{1}=4\ (\text{A}),\quad I_2=9-I_1=5\ (\text{A})$$

(3) 用电流 $I_2=5$ A 的电流源替代图 4.8(a)中的第二条支路,如图 4.8(c)所示。可得

$$I_2=5\ (\text{A}),\quad I_1=9-I_2=4\ (\text{A}),\quad U_{ab}=1\times I_1+2=6\ (\text{V})$$

由此可知,在两种替代后的电路中,计算出的支路电流 I_1、I_2 和支路电压 U_{ab} 与电路完全相同。这是因为替代后的新电路与原电路的拓扑关系是完全相同的,所以两个电路的 KCL 方程和 KVL 方程也相同。而被替代的支路的电压或电流,由于其他支路在电路改变前后的电压和电流均不变,被替代支路的电压和电流也保持不变,这就是任何一条支路都能被电源替代的原因。

例 4-7 如图 4.9(a)所示,用替代定理求电压 U。

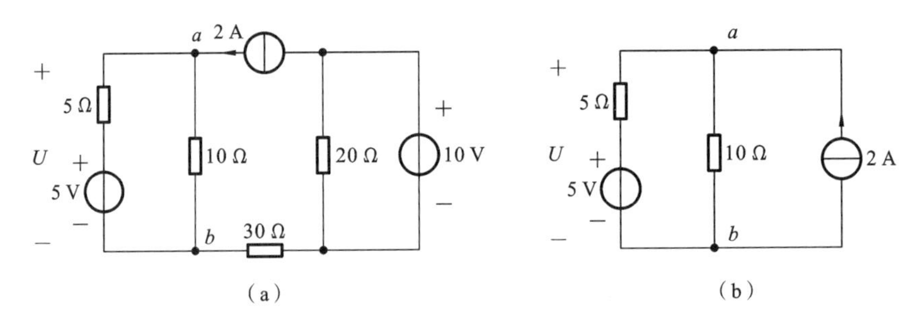

图 4.9 例 4-7 的图

解 根据替代定理,流出 ab 端口的电流 $I=2$ A,可用 2 A 的电流源替代,如图 4.9(b)所示。

用结点电压法,设 $U_{nb}=0$,列出结点电压方程为

$$\left(\frac{1}{10}+\frac{1}{5}\right)U_{na}=2+\frac{5}{5}$$

解得

$$U=U_{na}=10\ (\text{V})$$

4.3 等效电源定理——戴维宁定理和诺顿定理

本节学习含源线性二端(一端口)线性电路的一个重要性质,也是一种等效简化的方法,是电路分析中的一种重要分析方法。将任一复杂的有源线性时不变二端电路等效为一个实际电压源模型或实际电流源模型,这就是等效电源定理,即戴维宁定理和诺顿定理。

4.3.1　戴维宁定理

戴维宁定理：任意一个含独立源、线性受控源和线性电阻的有源线性二端电路（一端口电路），对外电路来说，都可以用一个理想电压源串联电阻来替代。理想电压源的电压就是该一端口电路的开路电压 U_{oc}，串联电阻就是该一端口电路内部除源（独立源）后的输入电阻 R_{eq}。

根据戴维宁定理，任意一个有源线性二端电路如图 4.10(a)所示，其中 N_S 为有源二端电路，可以用图 4.10(b)等效替代，求一端口电路的开路电压 U_{oc} 和等效电阻 R_{eq}，如图 4.10(c)(d)所示。

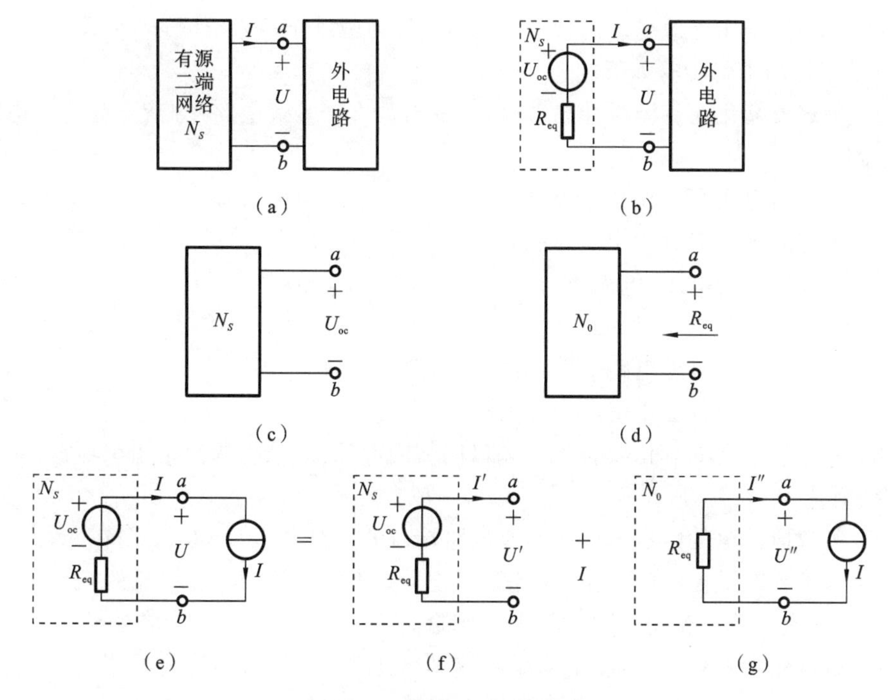

图 4.10　戴维宁定理的证明

其端口伏安关系为

$$U=U_{oc}-IR_{eq} \tag{4-8}$$

证明如下。

电路如图 4.10(e)所示，根据替代定理，端口电流为 I，可以用电流源等效替代。应用叠加定理，端口电压 U 和电流 I 可以分别用两部分叠加而成，一部分是端口 N_S 内部独立电源作用时，在端口产生的 U'，此时电流源不作用，$I=0$，即端口开路时的电压 U_{oc}；一部分是电流源 I 单独作用，电路 N_S 内部所有独立电源不作用时（此时 N_S 变为 N_0），在端口处产生的电压 U''。

如图 4.10(f)所示，有

$$I'=0,\quad U'=U_{oc}$$

如图 4.10(g)所示，有

$$I''=I,\quad U''+I''R_{eq}=0,\quad U''=-I''R=-IR_{eq}$$

由叠加定理，知

$$I=I'+I''=I,\quad U=U'+U''=U_{oc}-IR_{eq}$$

由端口伏安关系，有

$$U=U_{oc}-IR_{eq}$$

与式(4-8)相同，定理得证。

由电压源 U_{oc} 和电阻 R_{eq} 的串联组合称为戴维宁等效电路。

根据实际电压源的概念可知，一个实际电压源是 U_S 与 R_S 串联组成的等效电路，实际电压源端口的开路电压就是 U_S，因而比较可知，此电路对端口外的伏安特性相当于一个实际电压源模型的特性，即

$$U=U_{oc}-IR_{eq}=U_S-IR_S$$

其中：U_{oc} 称为戴维宁等效电压源，$U_{oc}=U_S$；R_{eq} 称为戴维宁等效电阻，$R_{eq}=R_S$。

戴维宁定理求解步骤如下。

(1) 确定要简化的有源线性二端电路，画出戴维宁等效电路(分清要简化的电路以及外电路)。

(2) 求开路电压 U_{oc}(画出电路图)。

(3) 求等效电阻 R_{eq}(画出电路图)。

(4) 求外电路的电压、电流或功率。

应用戴维宁定理时应注意以下几点。

(1) 戴维宁定理对外电路等效，对电路内部不等效。

(2) 戴维宁定理也适用于非线性电路中的线性部分。

(3) 求等效电阻 R_{eq} 时，要将该一端口网络内部除源(独立源)，是指电压源"短接"，电流源"断开"。

(4) 等效电压源的电压方向应与原电路端口的开路电压 U_{oc} 方向保持一致。

(5) 对于含有受控源的电路，受控源只能受端口内部的电压、电流的控制，内部的电压、电流不能作为外部电路受控源的控制量。

(6) 若等效电阻 $R_{eq}=0$，则只有戴维宁等效电路，没有诺顿等效电路；若等效电阻 $R_{eq}=\infty$，则只有诺顿等效电路，没有戴维宁等效电路。

例 4-8 用戴维宁定理求电路(见图 4.11(a))中的电压 U_3。

解 根据戴维宁定理，ab 端口以左的含源二端电路，可以等效为一个电压源 U_{oc} 与电阻 R_{eq} 的串联等效电路，如图 4.11(b)所示。

(1) 求开路电压 U_{oc}。由图 4.11(c)知

$$I'_1=I'_2=2\ (\text{A})$$

根据 KVL 定律，有

$$U_{oc}+2\times I'=2$$

即

$$U_{oc}=2-2\times 2=-2\ (\text{V})$$

(2) 求等效电阻 R_{eq}。如图 4.11(d)所示，将图 4.11(c)中含源二端电路中的电压源($U_S=2$ V)短接，恒流源($I_S=2$ A)断开，可得

$$R_{eq}=2\ (\Omega)$$

(3) 求得 U_3。如图 4.11(b)所示等效电路，有

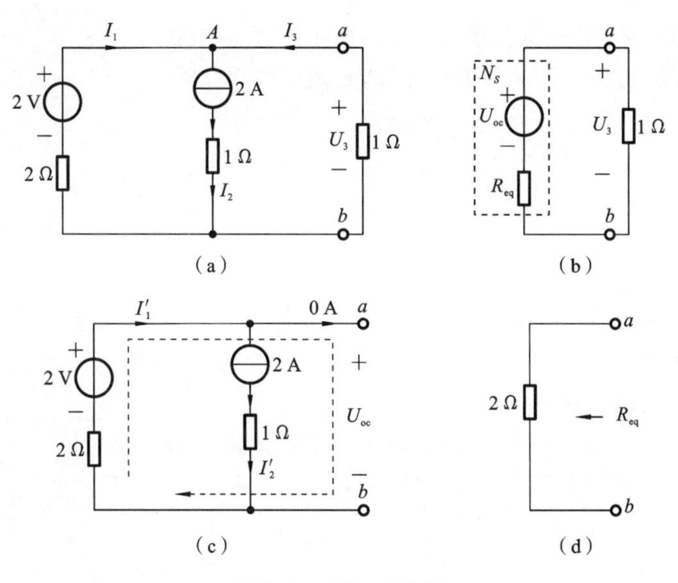

图 4.11 例 4-8 的图

$$U_3=\frac{-2}{2+1}\times1=-\frac{2}{3}\ (\text{V})$$

本题还可用网孔电流法和结点电压法等方法求解，但当 ab 支路电阻发生改变时，这些方法都需要重新列写电路方程求解。而采用戴维宁等效电路却可以直接、方便地求解。

例 4-9 图 4.12(a)所示电路，计算电阻 $R=1.6\ \Omega$ 的电流 I。如果将 R 的阻值改为 3.6 Ω，再求电阻 R 的电流 I。

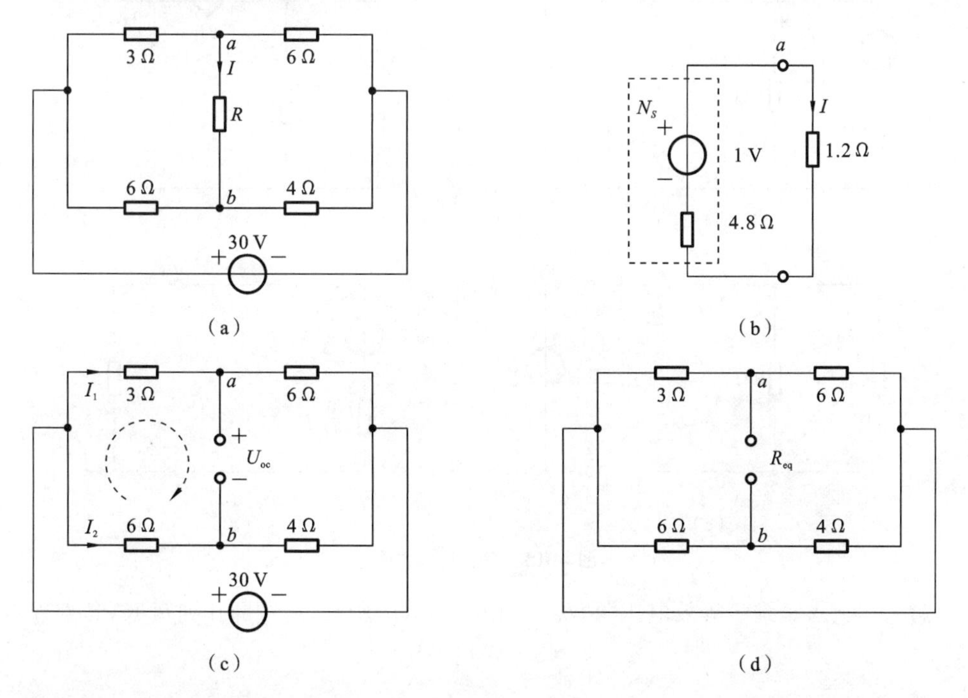

图 4.12 例 4-9 的图

解 根据戴维宁定理，ab 端口以外的含源二端电路，可以简化为一个电压源 U_{oc} 与

电阻 R_{eq} 的串联等效电路,即如图 4.12(b)所示的等效电路。

(1) 求 U_{oc}。由图 4.12(c)并根据 KVL 定律可得

$$I_1\times3+U_{oc}-I_2\times6=0$$

$$\frac{3}{3+6}\times30+U_{oc}-\frac{6}{6+4}\times30=0$$

即

$$U_{oc}=8\ (\mathrm{V})$$

(2) 求等效电阻 R_{eq}。如图 4.12(d)所示,将图 4.12(c)中含源二端电路中的电压源($U_S=30$ V)短接,电阻 3 Ω 与 6 Ω 的两端均为等电位点,所以是并联,同理电阻 6 Ω 与 4 Ω 并联,然后两支路串联,可得

$$R_{eq}=(3/\!/6)+(6/\!/4)=4.4\ (\Omega)$$

(3) 求 I。如图 4.11(b)所示,根据 KVL 定律可得

$$I=\frac{U_{oc}}{R_{eq}+1.2}=\frac{8}{4.4+1.6}=\frac{4}{3}\ (\mathrm{A})$$

(4) 如果将 R 的阻值改为 3.2 Ω,则有

$$I=\frac{8}{4.4+3.6}=1\ (\mathrm{A})$$

如果将 R 改为任意阻值,仍然可根据戴维宁等效电路方便求出电流 I,所以它比其他分析方法更简便。其他分析方法需重新列写关系式求解,这是戴维宁定理求解电路的一个优点。

例 4-10 求图 4.13(a)中 5 Ω 电阻的端电压。

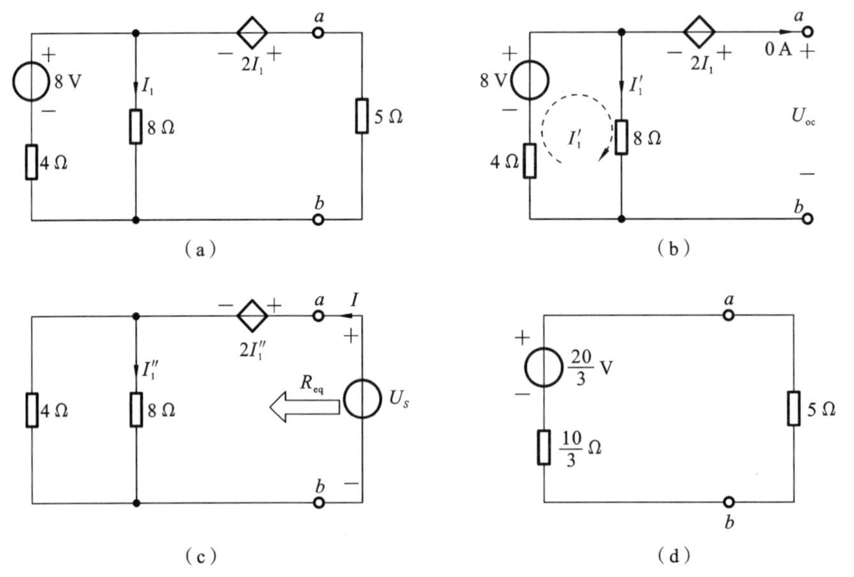

图 4.13 例 4-10 的图

解 (1) 求戴维宁等效电压源 U_{oc}。如图 4.13(b)所示,由左网孔列写 KVL 方程为

$$(8+4)I_1'=8$$

即

$$I_1'=\frac{2}{3}\ (\mathrm{A})$$

则有

$$U_{oc}=2I'_1+8I'_1=10I'_1=\frac{20}{3}\ (\mathrm{V})$$

(2) 求等效电阻 R_{eq}。用加压求流法,令图 4-13(b)中的恒压源短路。

如图 4.13(c)所示,用加压求流法可知

$$U_S=2I''_1+8I''_1=10I''_1$$

由分流公式可得

$$I''_1=\frac{4}{4+8}I,\quad I=3I''_1$$

$$R_{eq}=\frac{U_S}{I}=\frac{10I''_1}{3I''_1}=\frac{10}{3}\ (\Omega)$$

(3) 如图 4.13(d)所示的戴维宁等效电路,根据分压公式,有

$$U_{ab}=\frac{\frac{20}{3}}{\frac{10}{3}+5}\times 5=4\ (\mathrm{V})$$

本题求 R_{eq} 时用加压求流法,分子 U_S、分母 I 都用第三方电量 I''_1 表示,消掉 I''_1 后,得到输入电阻 R_{eq}。

4.3.2 诺顿定理

诺顿定理:任意一个含独立源、线性受控源和线性电阻的有源线性二端电路(一端口电路),对外电路来说,都可以用一个理想电流源并联内阻来替代。理想电流源的电流就是该一端口电路的短路电流 I_{sc},并联电阻就是该一端口电路内部除源(独立源)以外的等效电阻 R_{eq}。

任意一个有源线性二端电路如图 4.14(a)所示,可以用图 4.14(b)中的等效电路替代,一端口电路的短路电流 I_{sc} 可以用图 4.14(c)所示的电路求解,等效电阻 R_{eq}(N_S 内部独立源置零后变为 N_0)可以用图 4.14(d)所示的电路求解。

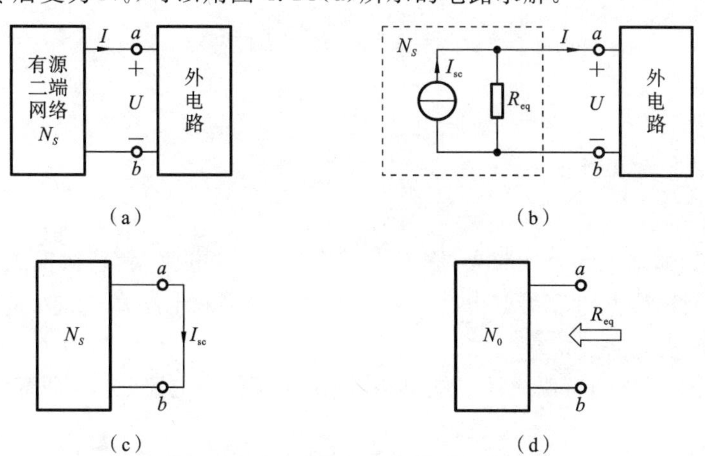

图 4.14 诺顿定理的说明

根据诺顿定理,线性含源二端电路端口的电压电流关系可表示为

$$I=I_{sc}-\frac{U}{R_{eq}} \tag{4-9}$$

由对外伏安关系可知

$$I=I_{sc}-\frac{U}{R_{eq}}=I_S-\frac{U}{R_0}$$

根据前面实际电流源的概念可知，一个实际电流源是 I_S 与 R_S 并联组成的等效电路，实际电流源端口的短路电流是 I_S，因而比较可知此电路对端口外的伏安特性相当于一个实际电流源模型的特性。其中，I_{sc} 称为诺顿等效电流源，$I_{sc}=I_S$；R_{eq} 称为诺顿等效电阻，$R_{eq}=R_0$，由电流源 I_{sc} 和电阻 R_{eq} 的并联电路称为诺顿等效电路。

诺顿等效电路可以由戴维宁等效电路变换得到，根据实际电压源与实际电流源之间的等效变换求证，如图 4.15 所示。

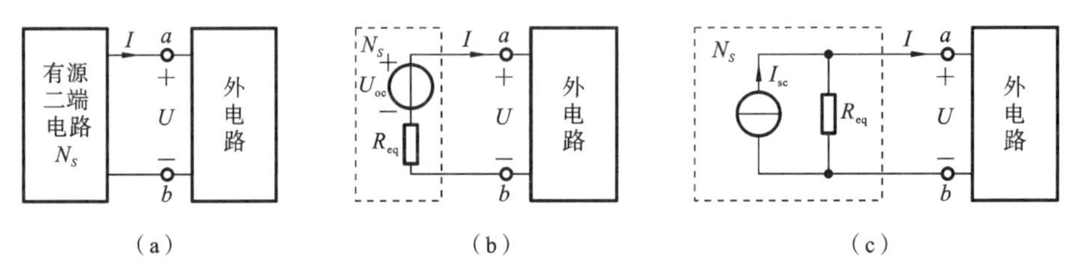

图 4.15　诺顿定理的证明

根据戴维宁定理，如图 4.15(b)所示，端口外部伏安特性为

$$U=U_{oc}-IR_{eq}=U_S-IR_S$$

则有

$$I=\frac{U_{oc}}{R_{eq}}-\frac{U}{R_{eq}}=\frac{U_S}{R_S}-\frac{U}{R_S} \tag{4-10}$$

如图 4.15(c)所示，有

$$I=I_{sc}-\frac{U}{R_{eq}}=I_S-\frac{U}{R_0} \tag{4-11}$$

根据对外等效的条件——端口处的电压相等、电流相等，并比较式(4-10)与式(4-11)，有

$$I_S=\frac{U_S}{R_S},\quad R_0=R_S$$

即

$$I_{sc}=\frac{U_{oc}}{R_{eq}} \tag{4-12}$$

$$R_0=R_{eq} \tag{4-13}$$

反过来说，如果上述公式成立，则端口处电压相等、电流相等、伏安关系相同，满足端口等效的条件，则戴维宁等效电路可以等效为诺顿等效电路。

具体步骤如下。

(1) 确定要简化的有源线性二端电路，画出诺顿等效电路(分清要简化的电路以及外电路)。

(2) 求短路电流 I_{sc}(画出电路图)。

(3) 求等效电阻 R_{eq}(画出电路图)。

(4) 求外电路的电压、电流或功率。

根据戴维宁定理及诺顿定理总结如下。

(1) 对外电路来说,含源线性一端口电路都可以等效为一个电压源和电阻的串联电路,或一个电流源和电阻的并联电路。只要能计算出端口开路电压 U_{oc}、短路电流 I_{sc} 和等效电阻 R_{eq},就可以求出以上两种等效电路。

(2) 计算开路电压 U 的一般方法是将端口外部负载或电路断开,用所学的任一种分析方法,求出端口电压 U_{oc}。计算短路电流 I_{sc} 的一般方法是将端口处电路短路,用所学的任一种分析方法,求出短路电流 I_{sc}。

(3) 计算等效电阻 R_{eq} 的一般方法:可以计算将含源线性一端口电路内部所有独立源"除源"(置"0"处理:电压源短接,电流源断开)的等效电阻;也可以用 U_{oc} 和 I_{sc} 求出,即

$$R_{eq}=\frac{U_{oc}}{I_{sc}} \tag{4-14}$$

含受控源的二端电路也可以用前面所学的求输入电阻的方法:加压求流法或加流求压法;不含受控源的二端电路可以用电阻串联、并联或 Y-Δ 变换方法求出等效电阻 R_{eq}。

(4) 戴维宁等效电路和诺顿等效电路还可以通过关系式互求,只需要求出一种等效电路即可,则有

$$U_{oc}=R_{eq}I_{sc} \tag{4-15}$$

$$I_{sc}=\frac{U_{oc}}{R_{eq}} \tag{4-16}$$

(5) 是将电路等效为戴维宁等效电路还是诺顿等效电路,要看电路的具体情况,是求解 U_{oc} 更简便还是求解 I_{sc} 更简便。

(6) 等效电压源的电压方向应与原电路端口的开路电压 U_{oc} 方向保持一致;等效电流源的电流方向应与原电路端口的电流 I_{sc} 方向保持一致。

例 4-11　电路如图 4.16(a)所示,用诺顿定理求电路中的电压 U_3。

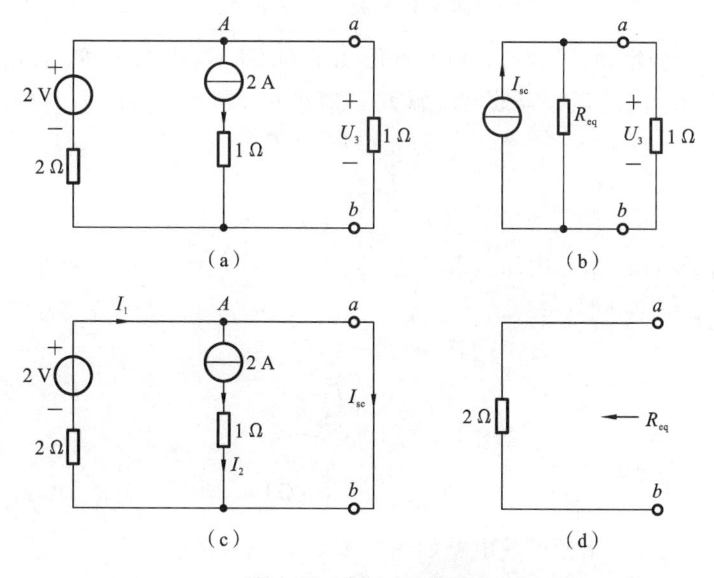

图 4.16　例 4-11 的图

解　根据诺顿定理,ab 端口以左的含源二端电路可以等效为一个电流源 I_{sc} 和电阻 R_{eq} 的并联等效电路,如图 4.16(b)所示。

(1) 求短路电流 I_{sc}，如图 4.16(c)所示。根据叠加定理，得

$$I_{sc}=I'_{sc}+I''_{sc}=I_1-I_2=\frac{2}{2}-2=-1\ (A)$$

(2) 求 R_{eq}，由于电压源短路，电流源开路，如图 4.16(d)所示电路，可求得

$$R_{eq}=2\ (\Omega)$$

(3) 诺顿等效电路如图 4.16(b)所示，根据分流公式及欧姆定律求出 U_3，即

$$U_3=\frac{R_{eq}}{R_{eq}+1}\times(-1)\times1=\frac{2}{2+1}\times(-1)\times1=-\frac{2}{3}\ (V)$$

例 4-12 用诺顿定理求图 4.17(a)中 5 Ω 电阻的端电压。

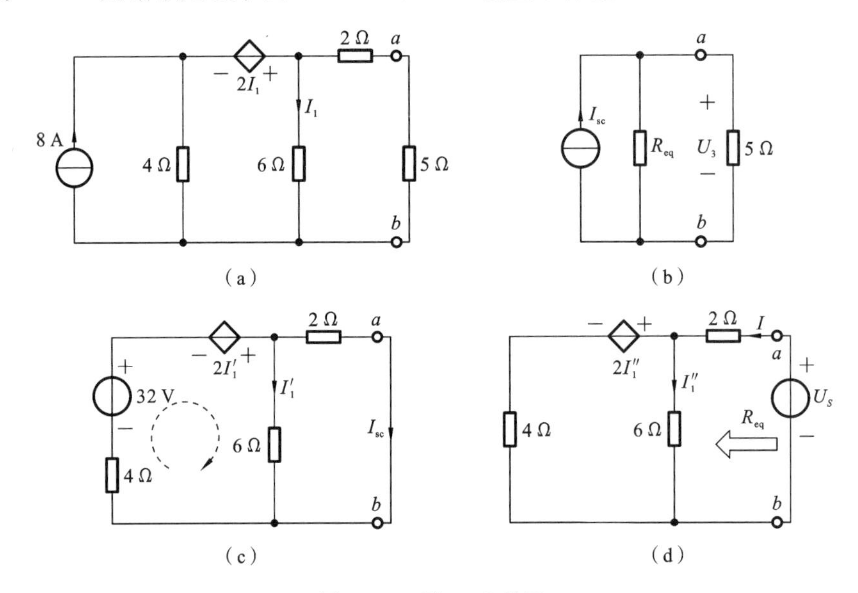

图 4.17 例 4-12 的图

解 根据诺顿定理，诺顿等效电路如图 4.17(b)所示，为 I_{sc} 及 R_{eq} 的并联电路。

(1) 求端口以左的诺顿等效电流源 I_{sc}。短接 ab 端口，可得图 4.17(c)，则有

$$-2I'_1+6I'_1+4(I'_1+I_{sc})=32$$

$$6I'_1=2I_{sc}$$

$$I_{sc}=4.8\ (A)$$

(2) 求等效电阻 R_{eq}。用加压求流法，令图 4.17(c)中的电压源短路，如图 4.17(d)所示，则有

$$6I''_1=2I''_1+4(I-I''_1)$$

$$I=2I''_1$$

$$U_S=2I+6I''_1=5I$$

$$R_{eq}=\frac{U_S}{I}=5\ (\Omega)$$

(3) 求电压 U_{ab}。诺顿等效电路如图 4.17(b)所示，则有

$$U_{ab}=I_{sc}(R_{eq}/\!/5)=4.8\times(5/\!/5)=12\ (V)$$

提示：本题还可以先求出 $U_{oc}=24$ (V)，再求等效电阻 R_{eq}，即

$$R_{eq}=\frac{U_{oc}}{I_{sc}}=\frac{24}{4.8}=5\ (\Omega)$$

4.3.3 最大功率传输定理

信息工程、通信工程和电子测量中，常遇到负载从电路中获取最大功率的问题。例如，放大器在什么条件下得到有效利用，从而使扬声器（放大器的负载）播出最大的音量？这就是最大功率传输问题。通常来说，电子设备的内部结构是非常复杂的，但其向外提供电能时都是引出两个端钮接到负载上。因此，这类问题可抽象为图 4.18(a)所示的电路模型。N_S 为供给电阻负载能量的含源一端口电路，可用戴维宁等效电路或诺顿等效电路代替，如图 4.18(b)和图 4.18(c)所示。要讨论的问题是负载电阻 R_L 为何值时可以从含源一端口电路获得最大功率。由图 4.18(b)可见，负载 R_L 为任意值时吸收功率的表达式为

$$P=I^2R_L=\left(\frac{U_{oc}}{R_{eq}+R_L}\right)^2R_L$$

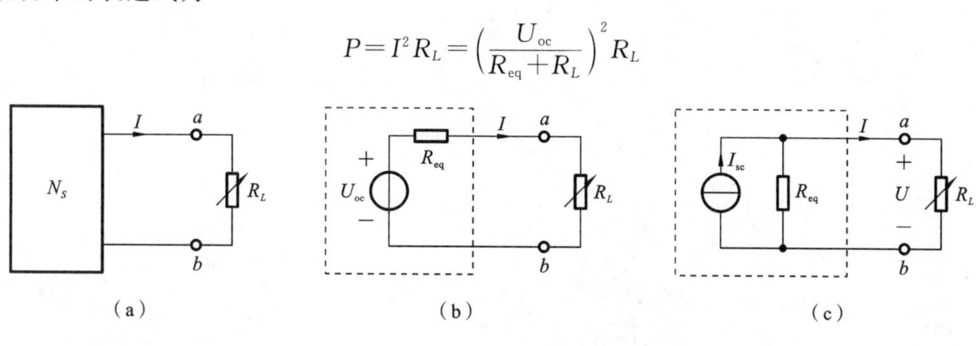

图 4.18 最大功率传输

当$\dfrac{dP}{dR_L}=0$ 时，P 获得最大值，即

$$\frac{dP}{dR_L}=\frac{(R_{eq}-R_L)^2}{(R_{eq}+R_L)^4}U_{oc}^2=0$$

由此求得负载电阻获取最大功率的条件是

$$R_L=R_{eq} \tag{4-17}$$

最大功率传输问题实际上是等效电源定理的应用问题。

获得的最大功率为

$$P_{max}=I^2R_L=\left(\frac{U_{oc}}{R_{eq}+R_L}\right)^2R_L\bigg|_{R_L=R_{eq}}=\frac{U_{oc}^2}{4R_{eq}}$$

若将有源二端电路等效为图 4.18(c)所示的诺顿等效电路，在 I_{sc} 和 R_{eq} 保持不变而 R_L 可变时，同理可以推得当 $R_L=R_{eq}$ 时，负载 R_L 获得最大的功率，其最大功率为

$$P_{max}=\frac{I_{sc}^2}{4G_{eq}}=\frac{1}{4}I_{sc}^2R_{eq}$$

归纳以上结果，可得以下结论：设一可变负载电阻 R_L 接在有源线性二端电路 N_S 上，若二端电路 N_S 可以等效为戴维宁电压源 U_{oc} 串联电阻 R_{eq}，或者等效为诺顿电流源 I_{sc} 并联电阻 R_{eq}，则当 $R_L=R_{eq}$ 时，负载 R_L 可获得最大功率，其最大功率为

$$P_{max}=\frac{U_{oc}^2}{4R_{eq}} \tag{4-18}$$

或

$$P_{max}=\frac{1}{4}I_{sc}^2R_{eq} \tag{4-19}$$

该结论称为最大功率传输定理。

在使用最大功率传输定理时要注意，对于含有受控源的有源线性二端电路，其戴维宁等效电阻可能为零或负值，在这种情况下，该最大功率传输定理不再适用。

下面举例说明最大功率传输定理的应用。

例 4-13 电路如图 4.19(a)所示，用戴维宁定理求(1) ab 端口以左的戴维宁等效电压源 U_{oc}；(2) ab 端口以左的等效电阻 R_{eq}；(3) 电阻为 4 Ω 的电流 I；(4) 若将 4 Ω 电阻换成一个可调负载 R_L，则当 R_L 为多少时获得最大功率 P_{max}，P_{max} 为多少？

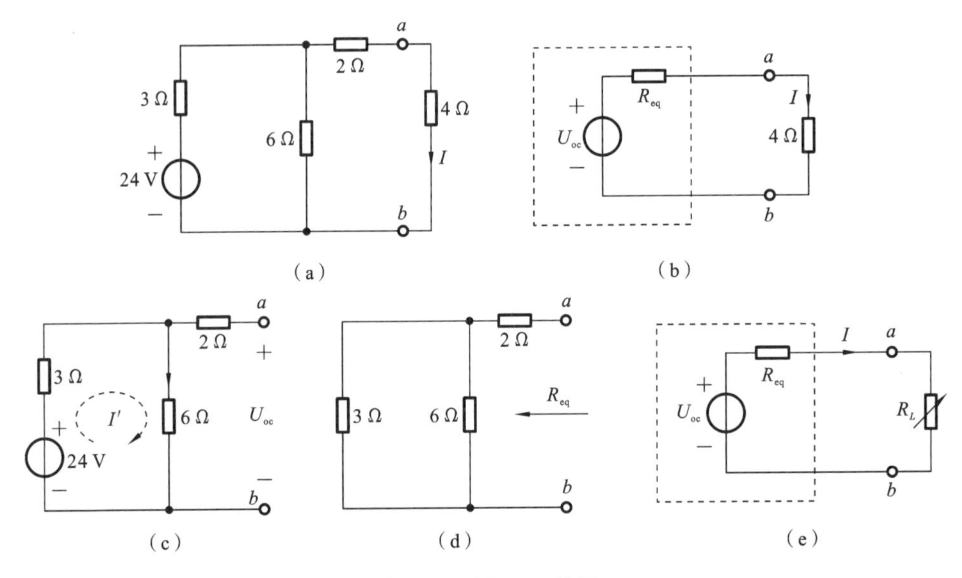

图 4.19 例 4-13 的图

解 根据戴维宁定理，戴维宁等效电路如图 4.19(b)所示，为 U_{oc} 及 R_{eq} 串联电路。

(1) 戴维宁等效电压源 U_{oc} 如图 4.19(c)所示，则有

$$3I'+6I'=24,\quad I'=\frac{8}{3}\ (\text{A})$$

$$U_{oc}=6I'=6\times\frac{8}{3}=16\ (\text{V})$$

(2) ab 端口以左的等效电阻 R_{eq} 如图 4.19(d)所示，则有

$$R_{eq}=2+3/\!/6=2+\frac{3\times 6}{3+6}=4\ (\Omega)$$

(3) 戴维宁等效电路如图 4.19(b)所示，电阻为 4 Ω 的电流 I 为

$$I=\frac{U_{oc}}{R_{eq}+4}=\frac{16}{4+4}=2\ (\text{A})$$

(4) R_L 及最大功率 P_{max} 如图 4.19(e)所示。当 $R_L=R_{eq}=4\ \Omega$ 时，有

$$P_{max}=\frac{U_{oc}^2}{4R_{eq}}=\frac{16^2}{4\times 4}=16\ (\text{W})$$

*4.4 互易定理

互易定理是线性电路的一个重要定理。在线性电路中，响应与激励之间遵循某

一规律。在一个激励下得到一个响应，响应与激励二者互换位置后，响应与激励的比值不变。

根据激励和响应是电压还是电流，互易定理有以下三种形式。

4.4.1　第一种形式

激励是电压，响应是电流。

互易定理的第一种形式为

$$\frac{i_2}{u_S}=\frac{\hat{i}_1}{\hat{u}_S} \tag{4-20}$$

即对于一个仅含线性电阻的电路，在单一电压源作激励而响应为电流，激励和响应互换位置时，将不改变同一激励产生的响应。

如果 $u_S=\hat{u}_S$，则有

$$i_2=\hat{i}_1$$

如果把电压源置零，则电路保持不变。电路如图 4.20 所示。

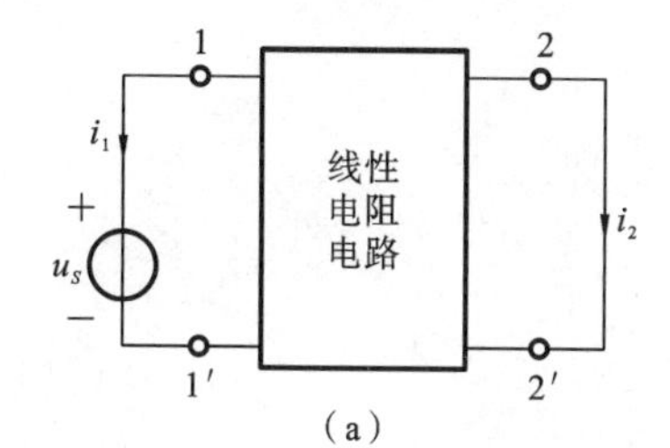

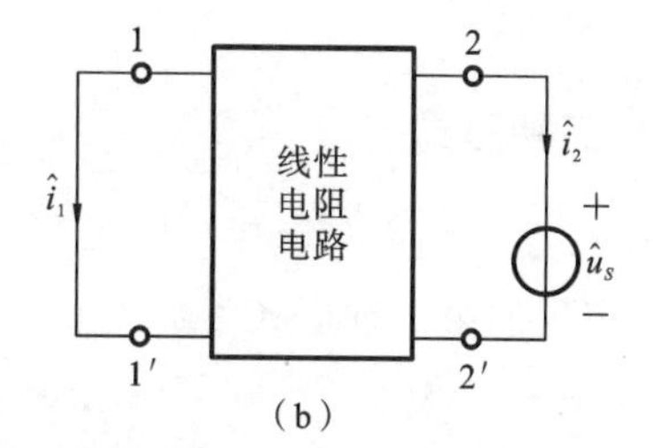

图 4.20　互易定理的第一种形式

仅含线性电阻，不含任何独立电源和受控源的电路，向外引出四端，即两个端口：1-1′端口和 2-2′端口，如图 4.20(a)所示，接在 1-1′端口的支路 1 为电压源 u_S，接在 2-2′端口的支路 2 为短路电流 i_2，是电路中唯一的激励(u_S)产生的响应。如果把激励和响应位置互换，如图 4.20(b)所示，接于 2-2′端口的支路 2 为电压源 $\hat{u}_S$，而响应则是接于 1-1′端口的支路 1 中的短路电流 $\hat{i}_1$。假设把图 4.20(a)和图 4.20(b)中的电压源置零，则除图 4.20(a)和图 4.20(b)方框内的内部电路完全相同外，接于 1-1′端口和 2-2′端口的两个支路均为短路。

证　应用特勒根定理，对于图 4.20(a)和图 4.20(b)，有

$$u_1\hat{i}_1+u_2\hat{i}_2+\sum_{k=3}^{b}u_k\hat{i}_k=0$$

$$\hat{u}_1 i_1+\hat{u}_2 i_2+\sum_{k=3}^{b}\hat{u}_k i_k=0$$

其中：$\sum_{k=3}^{b}u_k\hat{i}_k$、$\sum_{k=3}^{b}\hat{u}_k i_k$ 取和号遍及方框内所有支路，并规定所有支路中电流和电压都取关联参考方向。

因方框内部仅为线性电阻，故 $u_k=R_k i_k$、$\hat{u}_k=R_k\hat{i}_k$ $(k=3,4,\cdots,b)$，分别代入上式，有

$$u_1\hat{i}_1+u_2\hat{i}_2+\sum_{k=3}^{b}R_k i_k\hat{i}_k=0$$

$$\hat{u}_1 i_1 + \hat{u}_2 i_2 + \sum_{k=3}^{b} R_k \hat{i}_k i_k = 0$$

故有

$$u_1 \hat{i}_1 + u_2 \hat{i}_2 = \hat{u}_1 i_1 + \hat{u}_2 i_2 \tag{4-21}$$

对于图 4. 20(a),有

$$u_1 = u_S, \quad u_2 = 0$$

对于图 4.20(b),有

$$\hat{u}_1 = 0, \quad \hat{u}_2 = \hat{u}_S$$

代入式(4-21)得

$$u_S \hat{i}_1 = \hat{u}_S i_2$$

即

$$\frac{i_2}{u_S} = \frac{\hat{i}_1}{\hat{u}_S}$$

如果 $u_S = \hat{u}_S$,则有

$$i_2 = \hat{i}_1$$

4.4.2 第二种形式

激励是电流,响应是电压。

互易定理的第二种形式为

$$\frac{u_2}{i_S} = \frac{\hat{u}_1}{\hat{i}_S} \tag{4-22}$$

一个仅含线性电阻的电路,在单一电压源作激励而响应为电流,当激励和响应互换位置时,将不改变同一激励产生的响应。如果 $i_S = \hat{i}_S$,则有

$$u_2 = \hat{u}_1$$

电路如图 4.21 所示。在图 4.21(a)中,接在 1-1′端口的支路 1 为电流源 i_S,接在 2-2′端口的支路 2 为开路,它的电压为 u_2。如把激励和响应互换位置,如图 4.21(b)所示,此时接于 2-2′端口的支路 2 为电流源 $\hat{i}_S$,接于 1-1′端口的支路 1 为开路,其电压为 $\hat{u}_1$。假设把电流源置零,则图 4.21(a)和图 4.21(b)的两个电路完全相同。

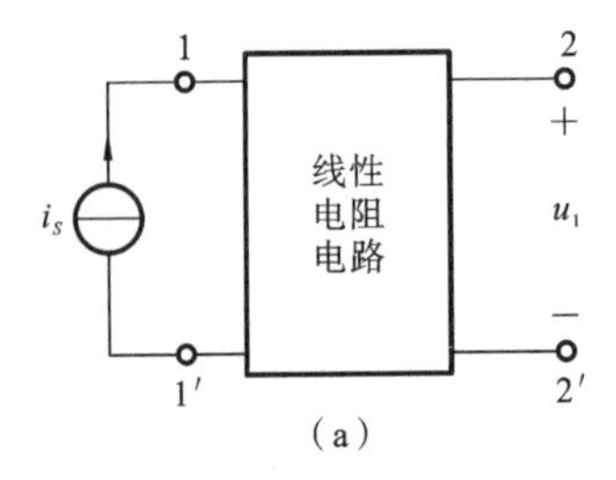

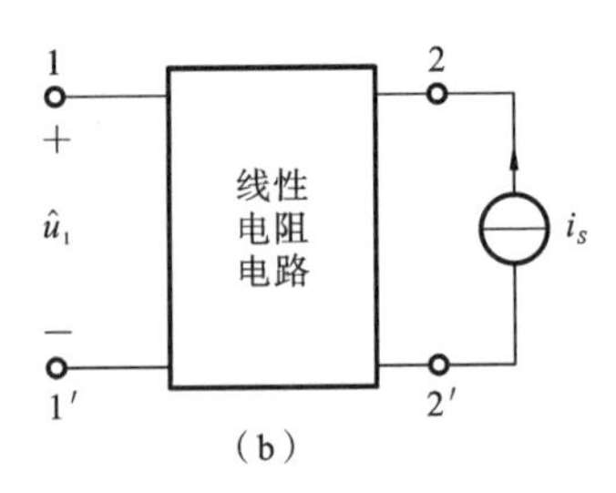

图 4.21 互易定理的第二种形式

证 应用特勒根定理,如图 4.21 所示。由式(4-21)得

$$u_1 \hat{i}_1 + u_2 \hat{i}_2 = \hat{u}_1 i_1 + \hat{u}_2 i_2$$

将 $i_1 = -i_S$、$i_2 = 0$、$\hat{i}_1 = 0$、$\hat{i}_2 = -\hat{i}_S$ 代入上式,则有

$$u_2 \hat{i}_S = \hat{u}_1 i_S$$

即

$$\frac{u_2}{i_S}=\frac{\hat{u}_1}{\hat{i}_S}$$

如果 $i_S=\hat{i}_S$，则有

$$u_2=\hat{u}_1$$

4.4.3 第三种形式

激励与响应同为电流或电压。

互易定理的第三种形式为

$$\frac{i_2}{i_S}=\frac{\hat{u}_1}{\hat{u}_S} \tag{4-23}$$

一个仅含线性电阻的电路，在单一电流源作激励而响应为电流时，当激励和响应互换位置，将不改变同一大小的激励产生的响应。如果在数值上 i_S 与 $\hat{u}_S$ 相等，则有 i_2 与 $\hat{u}_1$ 在数值上相等。

电路如图 4.22 所示。在图 4.22(a)中，接在 1-1′端口的支路 1 为电流源 i_S，接在 2-2′端口的支路 2 为短路，其电流为 i_2。如果把激励改为电压源 $\hat{u}_S$，且接于 2-2′端口中，则接于 1-1′端口的为开路，其电压为 $\hat{u}_1$，如图 4.22(b)所示。假设把电流源和电压源置零，不难看出激励和响应互换位置后，电路保持不变。

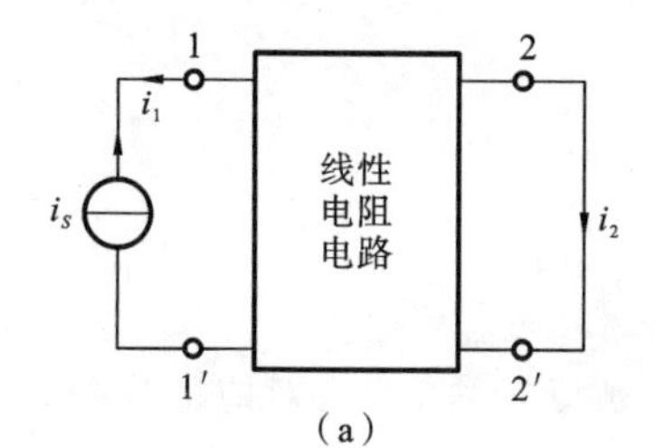

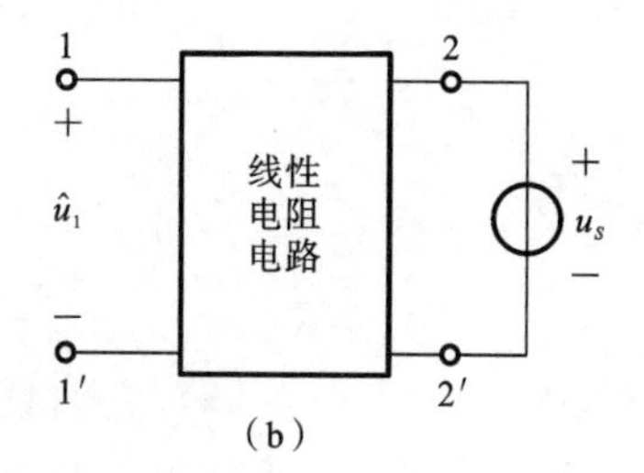

图 4.22 互易定理的第三种形式

证 应用特勒根定理，如图 4.22 所示。由式(4-21)得

$$u_1\hat{i}_1+u_2\hat{i}_2=\hat{u}_1 i_1+\hat{u}_2 i_2$$

将 $i_1=-i_S$，$u_2=0$，$\hat{i}_1=0$，$\hat{u}_2=\hat{u}_S$ 代入上式，则有

$$-\hat{u}_1 i_S+\hat{u}_S i_2=0$$

即

$$\frac{i_2}{i_S}=\frac{\hat{u}_1}{\hat{u}_S}$$

如果在数值上 i_S 与 $\hat{u}_S$ 相等，则有 i_2 与 $\hat{u}_1$ 在数值上相等。

注意：i_2 和 i_S、$\hat{u}_1$ 和 $\hat{u}_S$ 取同样的单位。

*4.5 对偶原理

许多元件、电路、定律、定理乃至公式间有着某种相似及对应关系。图 4.23(a)所示的电路为若干电阻的串联电路。

可以写出电路各参数之间的关系，即

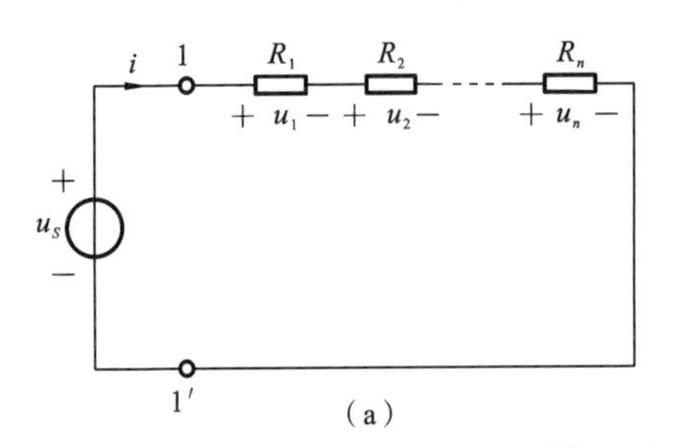

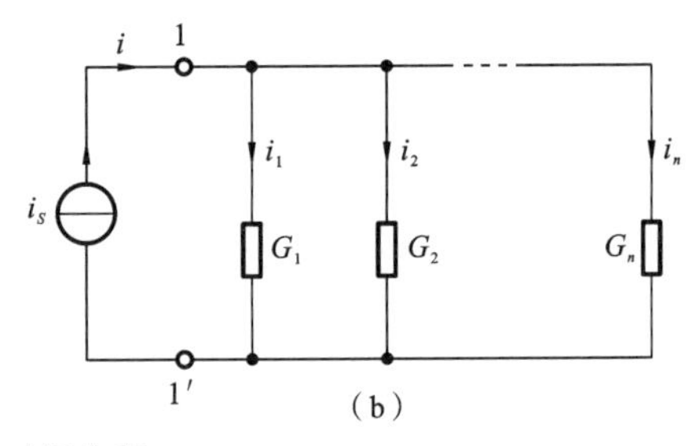

图 4.23　对偶电路

$$\begin{cases} R = \sum_{k=1}^{n} R_k \\ i = \dfrac{u}{R} \\ u_k = \dfrac{R_k}{R}u \end{cases} \tag{4-24}$$

图 4.23(b)所示的为电流源与相应电导的并联电路。

电路各参数之间的关系为

$$\begin{cases} G = \sum_{k=1}^{n} G_k \\ u = \dfrac{i}{G} \\ i_k = \dfrac{G_k}{G}i \end{cases} \tag{4-25}$$

比较式(4-24)和式(4-25),它们具有相同的数学形式,若将对应的参数(R 与 G,u 与 i)互换,则上述两组关系式可以互换,这样的关系式称为对偶关系式,关系式中能够互换的元素称为对偶元素,互换的元件称为对偶元件,符合对偶关系式的两个电路相互称为对偶电路。由此可以归纳出电路的对偶原理。

如果电路中某一关系式成立,则将其中的元素用其相应的对偶元素置换后所得到的新关系式也一定成立,这一规律称为对偶原理。

电路理论中的许多概念、公式都是成对出现的,其表述方式、数学关系具有一定的相似性。

例如,欧姆定律的数学表达式为

$$\begin{cases} u = Ri \\ i = uG \end{cases}$$

其中:u-i、R-G 是对偶元素。

再如,基尔霍夫定律的表述如下。

每个结点上各支路电流的代数和恒等于零,则有

$$\sum i_k = 0$$

每一回路上各支路电压的代数和恒等于零,则有

$$\sum u_k = 0$$

综上,结点-回路、电流-电压均为对偶元素。

研究结果表明，平面电路也有对偶电路。下面举例说明以加深对对偶原理的理解。如图 4.24 所示的两个平面电路，根据元件和电路的结构特点，图 4.24(a)和图 4.24(b)两个电路为对偶电路。

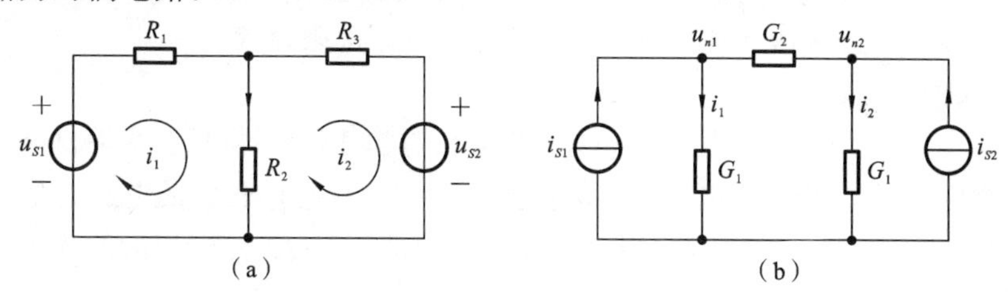

图 4.24 一种对偶电路

图 4.24(a)电路的网孔电流方程为

$$\begin{cases}(R_1+R_2)i_1-R_2i_2=u_{S1}\\-R_2i_1+(R_2+R_3)i_2=u_{S2}\end{cases}\tag{4-26}$$

将上述方程的各元素变成与其对应的对偶元素，如结点-回路、电流-电压、电阻-电导、网孔电流-结点电压、电压源-电流源，可以得到一组方程，即

$$\begin{cases}(G_1+G_2)u_{n1}-G_2u_{n2}=i_{S1}\\-G_2u_{n1}+(G_2+G_3)u_{n2}=i_{S2}\end{cases}\tag{4-27}$$

式(4-27)正好就是对偶电路图 4.24(b)的结点电压方程式。这就验证了对偶原理的正确性。

对偶原理具有广泛的应用价值。根据对偶原理，若已知原电路的电路方程及其解，则可以直接写出其对偶电路的电路方程及其解。例如，前面讨论过的戴维宁定理和诺顿定理，它们也是对偶电路，只要证明了戴维宁定理的正确性，应用对偶原理，诺顿定理也是正确的。

再例如，RLC 串联电路与 RLC 并联电路、RLC 串联谐振电路与 RLC 并联谐振电路、一阶 RC 电路与一阶 RL 电路、二阶动态 RLC 串联电路与二阶动态 RLC 并联电路等电路都是对偶电路。三要素公式、复阻抗与复导纳，品质因数的公式等关系式及元件都是对偶的，对应的元素也是对偶的。掌握了对偶原理，就掌握了对偶电路、对偶元素、对偶公式，也就掌握了同样的关系式、同样的规律。这是一种简化分析电路的方法和思路，同时也提供了一种记忆的方法。因此，对偶原理在电路中的应用是非常广泛的。

4.6 章节回顾

(1) 叠加定理：线性电路中任一支路的电压或电流为电路中各电源单独作用于该支路时电压或电流的叠加。

在使用叠加定理分析、计算电路时应注意以下几点。

① 叠加定理只能用于计算线性电路的支路电流或电压，功率不可叠加。

② 单个电源作用的电路中，其他电源置零，受控源则保留在电路中。

③ 注意待求量的参考方向。

(2) 替代定理。

使用替代定理应注意以下几点。

① 替代定理对线性、非线性、时变及时不变电路均适用。

② 电路中含有受控源、耦合电感等耦合元件时，耦合元件所在的支路与其控制量所在的支路，一般不能用替代定理，其原因在于替代后该支路的控制量可能不复存在。

③ 若支路的电压和电流均已知，该支路也可以用电阻替代。

(3) 戴维宁定理。

任意一个含独立源、线性受控源和线性电阻的有源线性二端电路(一端口电路)，对外电路来说，都可以用一个理想电压源串联电阻来替代。理想电压源的电压就是该一端口电路的开路电压 U_{oc}，串联电阻就是该一端口电路内部除源(独立源)以后的等效电阻 R_{eq}。

应用戴维宁定理需要注意以下几点。

① 戴维宁定理只对外电路等效，对内电路不等效。

② 戴维宁定理也适用于非线性电路中的线性部分。

③ 在求等效电阻 R_{eq} 时，该一端口电路内部除源(独立源)是指电压源“短接”，电流源“断开”。

④ 等效电压源的电压方向应与原电路端口的开路电压 U_{oc} 方向保持一致。

⑤ 对含有受控源的电路，受控源只能受端口内部的电压、电流的控制，内部的电压、电流不能作为外部电路受控源的控制量。

(4) 诺顿定理：任意一个含独立源、线性受控源和线性电阻的有源线性二端电路(一端口电路)，对外电路来说，都可以用一个理想电流源并联内阻来替代。理想电流源的电流就是该一端口电路的短路电流 I_{sc}，并联电阻就是该一端口电路内部除源(独立源)以后的输入电阻 R_{eq}。

诺顿等效电路可以由戴维宁等效电路等效变换得到。

(5) 负载获得最大功率的条件为

$$R_L = R_S$$

最大功率为

$$P_{max} = \frac{U_{oc}^2}{4R_{eq}}$$

或

$$P_{max} = \frac{I_{sc}^2}{4G_{eq}} = \frac{1}{4} I_{sc}^2 R_{eq}$$

(6) 互易定理有以下三种形式。

① $\frac{i_2}{u_S} = \frac{\hat{i}_1}{\hat{u}_S}$。

如果 $u_S = \hat{u}_S$，则有

$$i_2 = \hat{i}_1$$

如果把电压源置零，则电路保持不变。

② $\frac{u_2}{i_S} = \frac{\hat{u}_1}{\hat{i}_S}$。

如果 $i_S = \hat{i}_S$，则有

$$u_2 = \hat{u}_1$$

③ $\frac{i_2}{i_S} = \frac{\hat{u}_1}{\hat{u}_S}$。

如果在数值上 i_S 与 $\hat{u}_S$ 相等，则有 i_2 与 $\hat{u}_1$ 在数值上相等。

(7) 对偶原理：如果电路中某一关系式成立，则将其中的元素用其相应的对偶元素置换后所得到的新关系式也一定成立，这一规律称为对偶原理。

4.7 习题

4-1 电路如图 4.25 所示，用齐次定理求 I 和 U。

4-2 电路如图 4.26 所示，用叠加定理求电流 I。

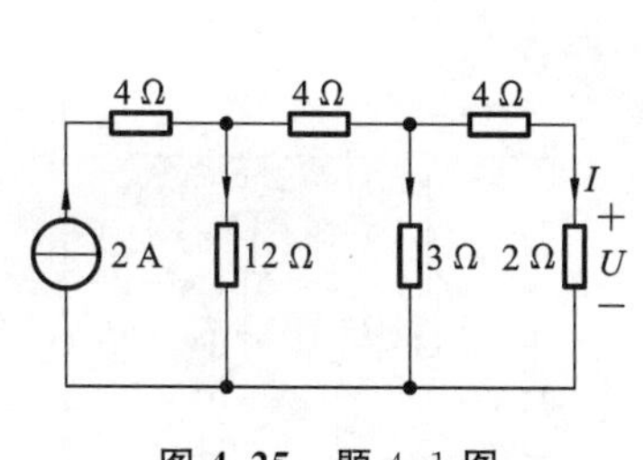

图 4.25 题 4-1 图

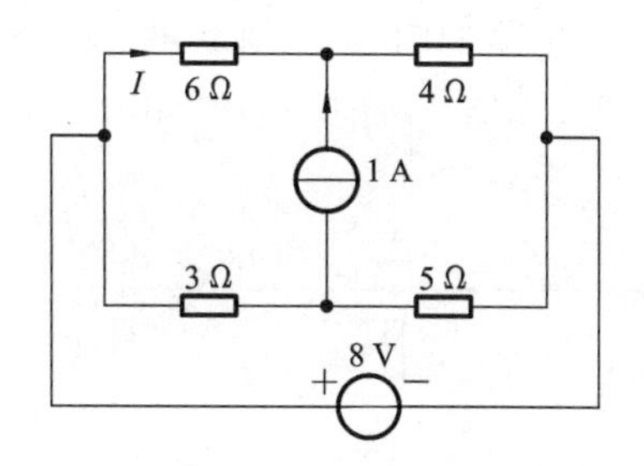

图 4.26 题 4-2 图

4-3 电路如图 4.27 所示，用叠加定理求支路电流 I。

4-4 电路如图 4.28 所示，用叠加定理求支路电流 I。

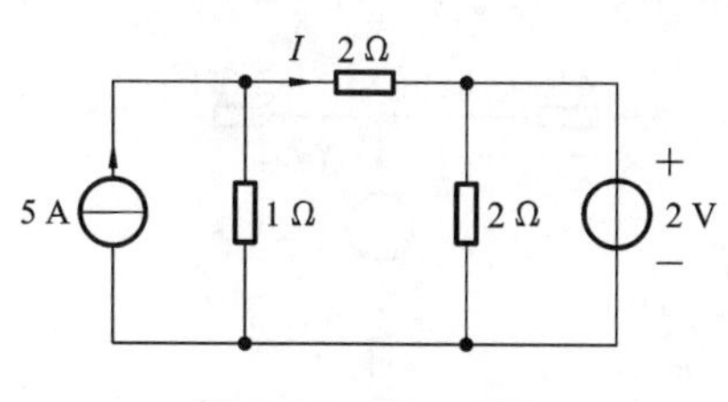

图 4.27 题 4-3 图

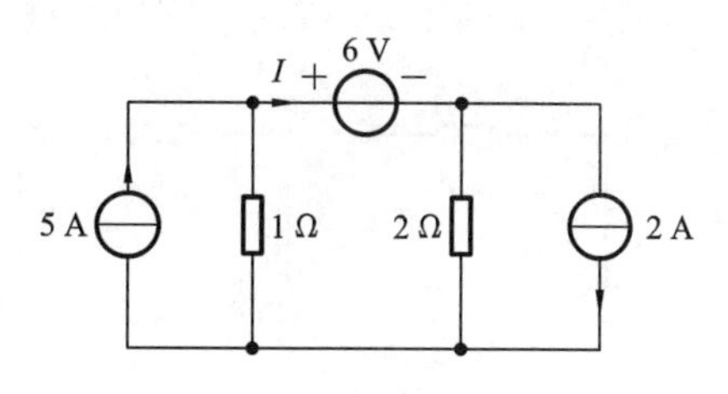

图 4.28 题 4-4 图

4-5 电路如图 4.29 所示，已知 $I_{S1}=I_{S2}=5$ A 时 $U=0$ V；$I_{S1}=8$ A，$I_{S2}=6$ A 时，$U=4$ V。求当 $I_{S1}=3$ A，$I_{S2}=4$ A 时，U 为多少？

4-6 电路如图 4.30 所示，用叠加定理求电压 U_{ab}。

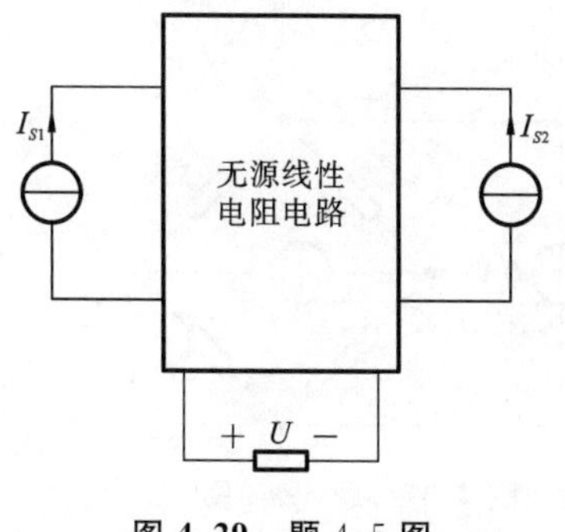

图 4.29 题 4-5 图

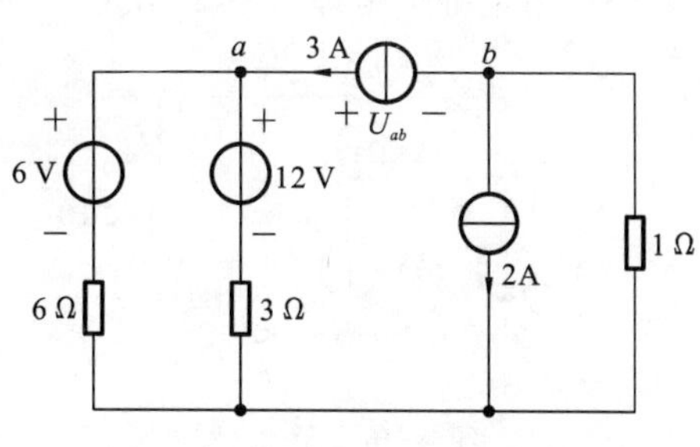

图 4.30 题 4-6 图

4-7 电路如图 4.31 所示，用叠加定理求电流 I_1。

4-8 电路如图 4.32 所示，用叠加定理求 U 及 I。

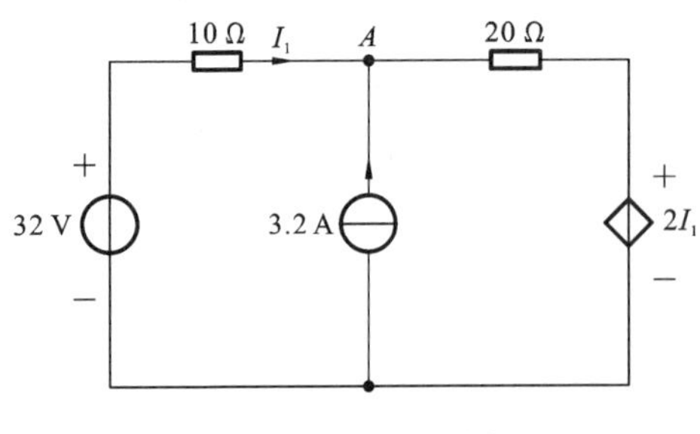

图 4.31 题 4-7 图

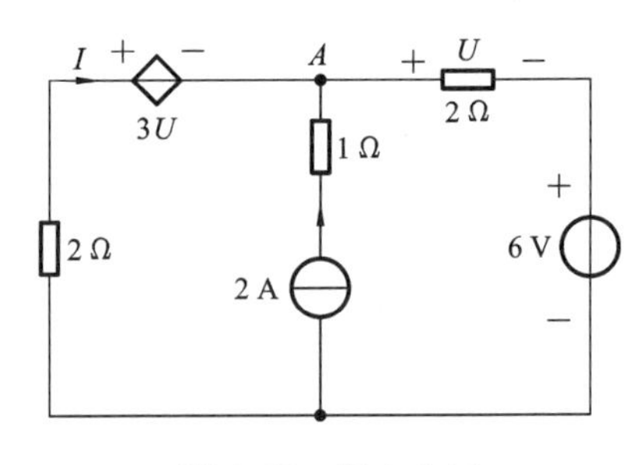

图 4.32 题 4-8 图

4-9 电路如图 4.33 所示，已知 $U=8$ V，用替代定理求 I_1、I_2。

4-10 如图 4.34 所示，已知流出端口 N 的电流为 $I=1$ A，用替代定理求电压 U。

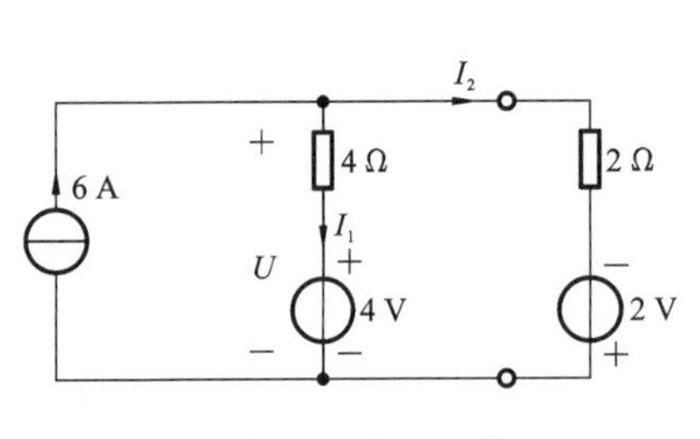

图 4.33 题 4-9 图

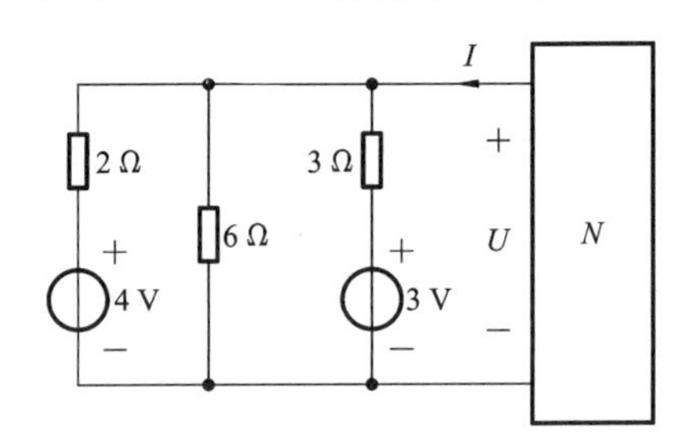

图 4.34 题 4-10 图

4-11 求图 4.35 所示电路的戴维宁等效电路。

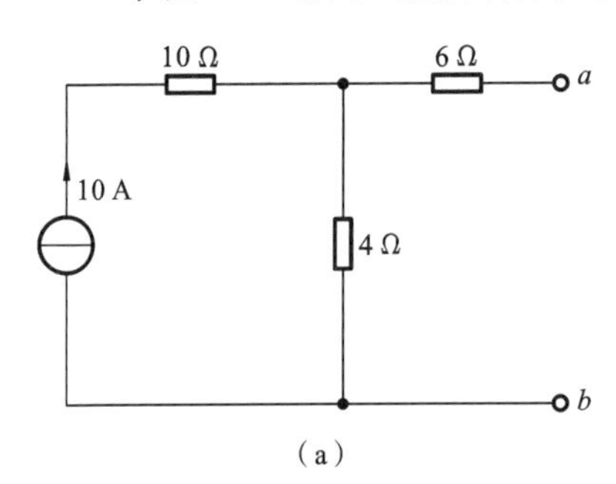

(a)

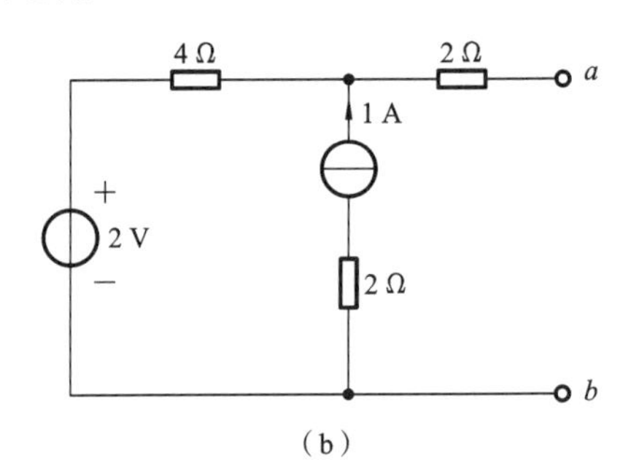

(b)

图 4.35 题 4-11 图

4-12 用戴维宁定理求图 4.36 中的电流 I。

4-13 用戴维宁定理求图 4.37 所示电路中的电压 U。

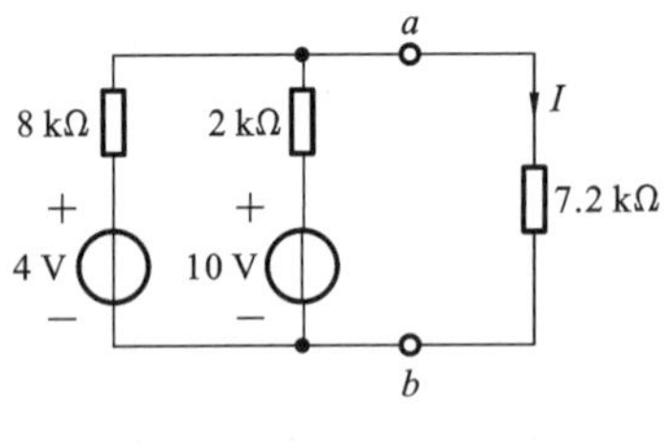

图 4.36 题 4-12 图

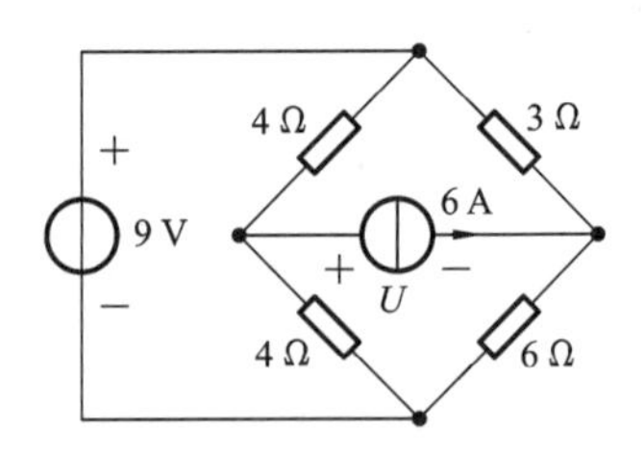

图 4.37 题 4-13 图

4-14 用戴维宁定理求图 4.38 中 5 Ω 电阻的端电压 U。

4-15 电路如图 4.31 所示，用戴维宁定理求电流 I_1。

4-16 电路如图 4.26 所示，用戴维宁定理和诺顿定理分别求电流 I。

4-17 求图 4.35 所示电路的诺顿等效电路。

4-18 用诺顿定理求图 4.36 中的电流 I。

4-19 用诺顿定理求图 4.37 所示电路中的电压 U。

4-20 如图 4.39 所示，求 ab 端口的戴维宁等效电路和诺顿等效电路。

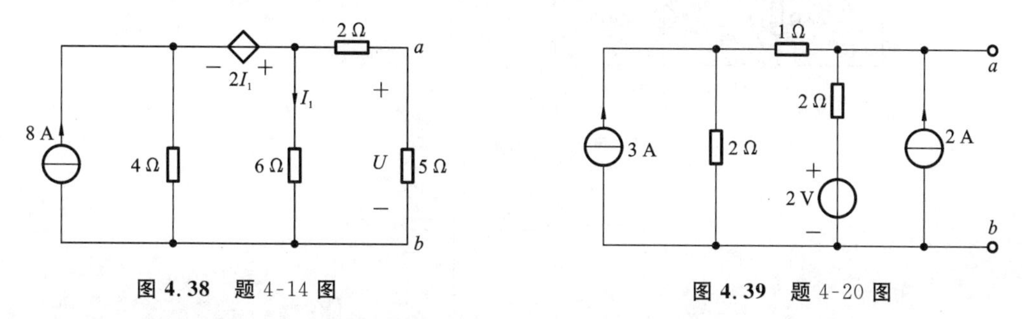

图 4.38 题 4-14 图　　**图 4.39** 题 4-20 图

4-21 用戴维宁定理及诺顿定理求如图 4.40 所示电路中的电流 I。

4-22 如图 4.41 所示电路，用戴维宁定理和诺顿定理求电压 U_{ab}。(1) $R_x=3\ \Omega$；(2) $R_x=9\ \Omega$。

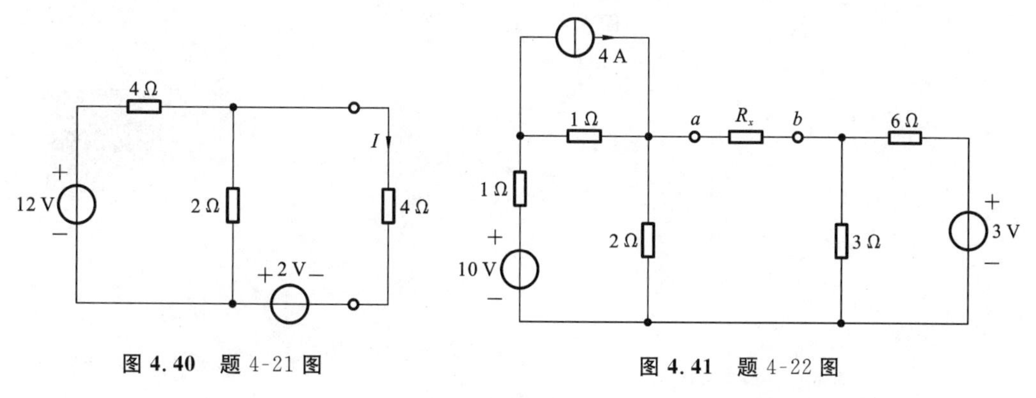

图 4.40 题 4-21 图　　**图 4.41** 题 4-22 图

4-23 求图 4.42 所示一端口电路的戴维宁等效电路和诺顿等效电路。

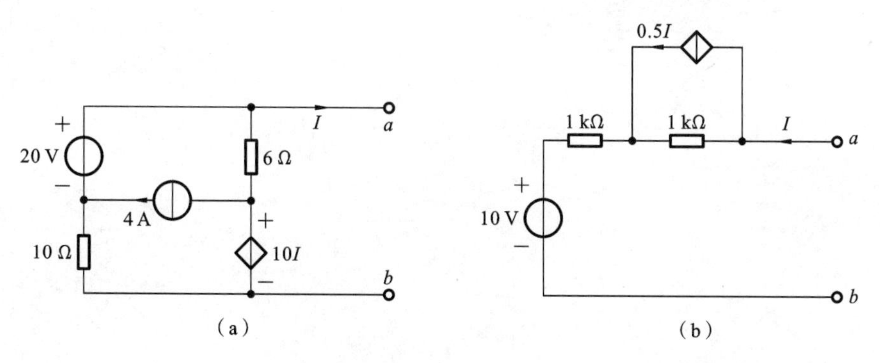

图 4.42 题 4-23 图

4-24 如图 4.35 所示电路中，若端口接一个可调电阻 R_L，当 R_L 多大时，在 R_L 上可获得最大功率？此时最大功率是多少？

4-25 求如图 4.43 所示电路中当 R 为多大时，在 R 上可获得最大功率？此时最大功率是多少？

4-26 求如图 4.44 所示电路中负载电阻 R_L 所获得的最大功率。

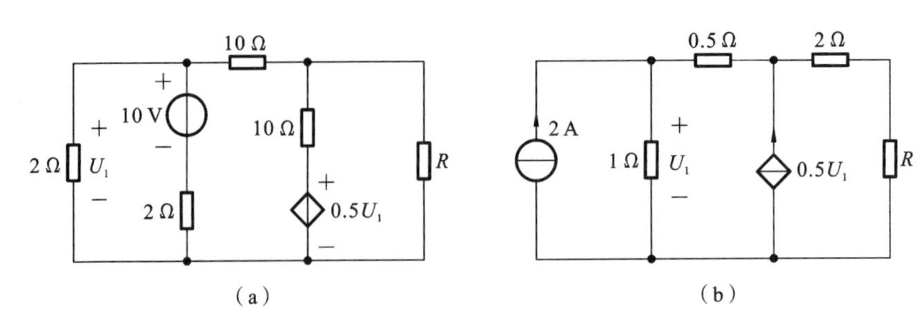

图 4.43 题 4-25 图

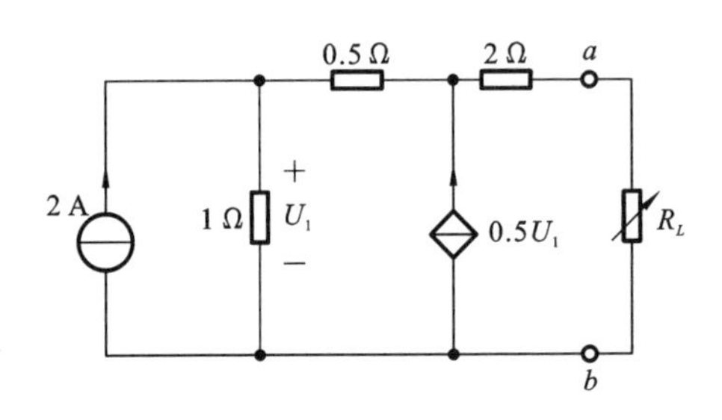

图 4.44 题 4-26 图

习题答案 4

5

一阶电路的时域分析

本章重点

(1) 动态电路微分方程的建立。

(2) 初始条件及换路定律。

(3) 一阶电路的零输入响应、零状态响应和全响应求解。

(4) 三要素法求全响应。

本章难点

(1) 含受控源的一阶电路的时域分析。

(2) 冲激响应。

由电容或电感等动态元件构成的电路称为动态电路。当电路含有电感 L 或电容 C 时，描述电路状态的方程是以电流或电压为变量的微分方程。一阶电路是指由一个动态元件(或一个等效的 L_{eq}、C_{eq})与电阻构成的电路；二阶电路是指由两个动态元件和电阻构成的电路；n 阶电路是指由 n 个动态元件和电阻构成的电路。

本章学习电容、电感两种动态元件的伏安关系，动态电路方程的建立及其初始条件的求解方法。含有动态元件 L、C 的电路用微分方程来描述，采用经典法分析和求解一阶动态 RC、RL 电路的各响应：零输入响应、零状态响应和全响应。介绍全响应的简便求法——三要素法，学习阶跃响应、冲激响应的分析方法，介绍时间常数、瞬态响应、稳态响应等概念。

5.1 动态元件

根据元件存储能量(电场能和磁场能)形式的不同，元件可以分为理想的电容元件和电感元件。在动态电路中，电容元件或电感元件的电压和电流的约束关系是通过导数或积分来表达的，故称为动态元件。

5.1.1 电容元件

电容器具有存储电荷的能力，反映这种存储电场能力的理想化电路模型称为电容元件，常见的电容元件由两个平板形电极和极板间绝缘介质构成。电容元件的大小取决于导体的几何形状、尺寸和导体间绝缘物质的介电常数，C 既代表电容元件又代表该元件的容值。

$$C=\varepsilon \frac{S}{d} \tag{5-1}$$

其中：S 为极板面积；d 为极板间的距离；ε 为极板间绝缘介质的介电常数，如平板电容器。

1. 线性时不变电容元件

库伏特性为一条过原点的直线，具有这种特性的电容称为线性时不变电容（简称电容）。

在任何时刻，电容极板上的电荷 q 与电压 u 成正比，电容元件电路及库伏特性曲线如图 5.1 所示。本书如未特殊说明，则讨论的均为线性时不变电容。

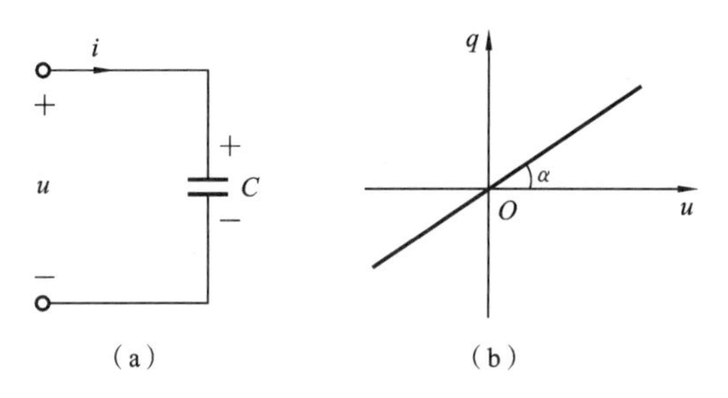

图 5.1 电容元件电路及库伏特性曲线

对于线性时不变电容，有

$$C=\frac{q}{u} \tag{5-2}$$

$$q=Cu \tag{5-3}$$

电容 C 的单位为 F（法拉）、μF（微法）、pF（皮法），且有

$$1\ \text{F}=10^6\ \mu\text{F}=10^9\ \text{nF}=10^{12}\ \text{pF}$$

量纲为

$$\text{法拉}=\frac{\text{库仑}}{\text{伏特}}=\frac{\text{安培}\times\text{秒}}{\text{伏特}}=\frac{\text{秒}}{\text{欧姆}}$$

2. 电容的伏安关系

如图 5.1(a)所示，电容电流为

$$i(t)=\frac{\mathrm{d}q}{\mathrm{d}t}$$

在电压 u_C、电流 i_C 取关联参考方向时，将式(5-3)代入上式可得

$$i(t)=C\frac{\mathrm{d}u_C}{\mathrm{d}t} \tag{5-4}$$

式(5-4)说明：流过电容的电流 i 与电压的变化率成正比，电容是一个动态元件，电压变化才有电流，若电压为直流（$f=0$），变化率为 0，则 $i=0$，电容对直流来说相当于"开路"，所以电容具有隔直流、通交流的作用。

当电压、电流取非关联参考方向时，电容伏安关系应为

$$i(t)=-C\frac{\mathrm{d}u_C}{\mathrm{d}t} \tag{5-5}$$

由式(5-4)得

$$u_C(t)=\frac{1}{C}\int_{-\infty}^{t} i\,(\xi)t\mathrm{d}\xi=\frac{1}{C}\int_{-\infty}^{t_0} i\,(\xi)\mathrm{d}\xi+\frac{1}{C}\int_{t_0}^{t} i\,(\xi)\mathrm{d}\xi$$

则有

$$u_C(t)=u_C(t_0)+\frac{1}{C}\int_{t_0}^{t} i\,(\xi)\mathrm{d}\xi \tag{5-6}$$

式(5-6)表明：t 时刻的电容电压不仅取决于该时刻的电流值，还取决于从 $-\infty$ 到 t 所有时刻的电流值，电容电压具有“记忆”电流的作用，电容是一种“记忆元件”。

若 $t_0=0$，则有

$$u_C(t)=u_C(0)+\frac{1}{C}\int_{0}^{t} i\,(\xi)\mathrm{d}\xi \tag{5-7}$$

当 $t_0=0_-$，$t=0_+$ 时，则有

$$u_C(0_+)=u_C(0_-)+\frac{1}{C}\int_{0_-}^{0_+} i\,(t)\mathrm{d}t \tag{5-8}$$

式(5-6)两边同时乘以 C，则得到

$$Cu_C(t)=q(t_0)+\int_{t_0}^{t} i(\xi)\mathrm{d}\xi \tag{5-9}$$

3. 功率与能量

在关联参考方向下，电容吸收的瞬时功率为

$$p_C=u_Ci=u_C\times C\frac{\mathrm{d}u_C}{\mathrm{d}t}=Cu_C\frac{\mathrm{d}u_C}{\mathrm{d}t} \tag{5-10}$$

电路中通过电容的电流 i_C 一般为有限值，则电容电压 u_C 必定是时间的连续函数，即电容电压不跃变，否则电容电压的跃变必然带来无穷大的电流，即 $i_C=C\frac{\mathrm{d}u_C}{\mathrm{d}t}\rightarrow\infty$，$p_C\rightarrow\infty$，从而违背了功率守恒。

在 $t_0\sim t$ 时刻，电容吸收的电能为

$$W_C(t)=\int_{t_0}^{t} Cu\frac{\mathrm{d}u}{\mathrm{d}\xi}\mathrm{d}\xi=\frac{1}{2}Cu^2(\xi)\Big|_{u_C(t_0)}^{u_C(t)}=\frac{1}{2}Cu_C^2(t)-\frac{1}{2}Cu_C^2(t_0) \tag{5-11}$$

设 t_0 为 $-\infty$，则有

$$u_C(-\infty)=0\ (\mathrm{V})$$

电容处于未充电的状态，该时刻电场能量为零。电容吸收的能量以电场能量形式存储在电场中，任何时刻 t 电容存储的电场能量为 $W_C(t)$，即

$$W_C(t)=\frac{1}{2}Cu_C^2(t) \tag{5-12}$$

式(5-12)表明：电容在任何时刻的储能只与该时刻电容电压值有关。

从 t_1 到 t_2，电容储能的变化量为

$$\Delta W_C=W_C(t_2)-W_C(t_1)=\frac{1}{2}Cu^2(t_2)-\frac{1}{2}Cu^2(t_1)=\frac{1}{2C}q^2(t_2)-\frac{1}{2C}q^2(t_1) \tag{5-13}$$

当 $t_2>t_1$ 时，若 $|u_C(t_2)|>|u_C(t_1)|$，$W_C(t_2)>W_C(t_1)$，则吸收能量，电容元件充电；若 $|u_C(t_2)|<|u_C(t_1)|$，$W_C(t_2)<W_C(t_1)$，则释放能量，电容元件放电。若电容原来没有充电，则在充电时吸收并存储起来的能量一定又在放电完毕时全部释放，由于它本身不消耗能量，故电容元件是一种储能元件。同时，电容元件也不会释放出多于它吸收

或存储的能量，故它又是一种无源元件。

4. 电容的串联与并联

根据等效的概念，可以用一个电容替代电容的串联与并联，如图 5.2 所示。

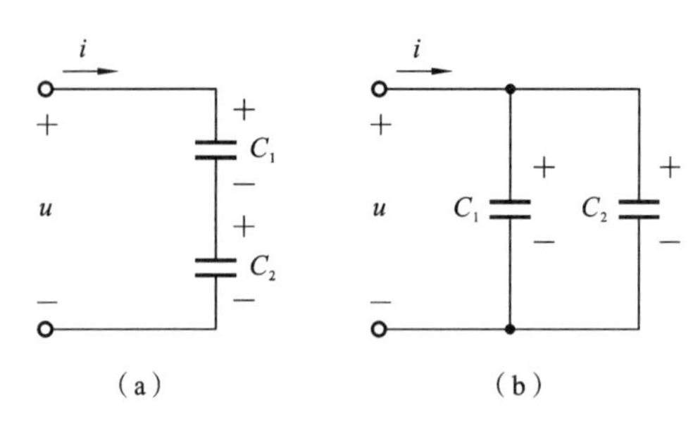

图 5.2 电容的串联与并联

当电容串联时，有

$$\frac{1}{C_{\mathrm{eq}}}=\frac{1}{C_1}+\frac{1}{C_2} \tag{5-14}$$

当电容并联时，有

$$C_{\mathrm{eq}}=C_1+C_2 \tag{5-15}$$

例 5-1 已知电流源的电流 $i(t)$ 波形为一个三角形，如图 5.3 所示，电容 $C=0.5$ F，已知 $u_C(0)=0$ V，求电容电压 $u_C(t)$、功率 P 和能量 W。

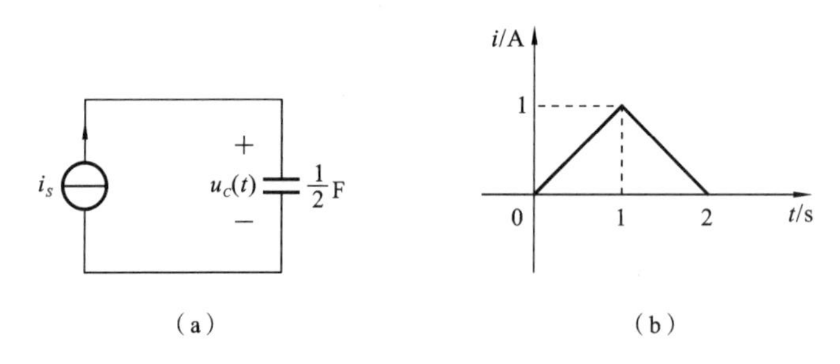

图 5.3 例 5-1 的图

解 电流源的波形描述为

$$i_S(t)=\begin{cases}0, & t\leqslant 0\\ t, & 0<t\leqslant 1\\ 2-t, & 1<t\leqslant 2\\ 0, & t>2\end{cases}$$

(1) 当 $t\leqslant 0$ 时，u、P 和 W 都为零。

(2) 当 $0<t\leqslant 1$ 时，有

$$u_C(t)=u_C(0)+\frac{1}{C}\int_0^t i(\xi)\mathrm{d}\xi=0+\frac{1}{0.5}\int_0^t \tau\mathrm{d}\tau=t^2$$

则有

$$u_C(1)=1\ \mathrm{V},$$

$$P=ui=t^2\cdot t=t^3,$$

$$W=\frac{1}{2}C^2\,u_C(t)=\frac{1}{4}t^4$$

(3) 当 $1<t\leqslant 2$ s 时,有

$$t=1\ \text{s},\quad u_C(1)=1\ (\text{V})$$

$$u_C(t)=u_C(1)+\frac{1}{C}\int_0^t i(\xi)\mathrm{d}\xi=1+\frac{1}{0.5}\int_1^t(2-\tau)\mathrm{d}\tau=-t^2+4t-2$$

则有

$$u_C(2)=2\ (\text{V})$$

$$P=ui=(-t^2+4t-2)(2-t)=t^3-6t^2+10t-4$$

$$W=\frac{1}{2}Cu^2=\frac{1}{4}(-t^2+4t-2)^2=\frac{1}{4}t^4-2t^3+5t^2-4t+1$$

(4) 当 $t>2$ s 时,有

$$u_C(2)=2\ (\text{V})$$

$$i_C(2)=0\ (\text{A})$$

$$P=ui=0\ (\text{W})$$

$$W=\frac{1}{2}Cu_C(2)^2=1\ (\text{J})$$

5.1.2 电感元件

电感线圈是一种存储磁场能量的元件,反映这种存储磁场能力的理想化电路模型,就是电感元件,符号为 L。L 既代表电感元件,又代表该元件的自感系数,表征电感元件(简称电感)产生的磁通,它在数值上等于单位电流产生的磁通链。

1. 线性时不变电感元件

根据电流的磁效应,当线圈中通入电流 i,就会产生磁通量 Φ,存储磁场能量于线圈中,电感在 N 匝线圈上产生的磁通链 $\Psi=N\Phi$,磁通链 Ψ 与通入的电流 i 成正比。

电感元件的韦-安特性是一条过原点的直线,具有这种特性的电感称为线性时不变电感(简称电感)。

电感元件的电路符号及韦安特性如图 5.4 所示。本书如未特殊说明,讨论的均是线性时不变电感。

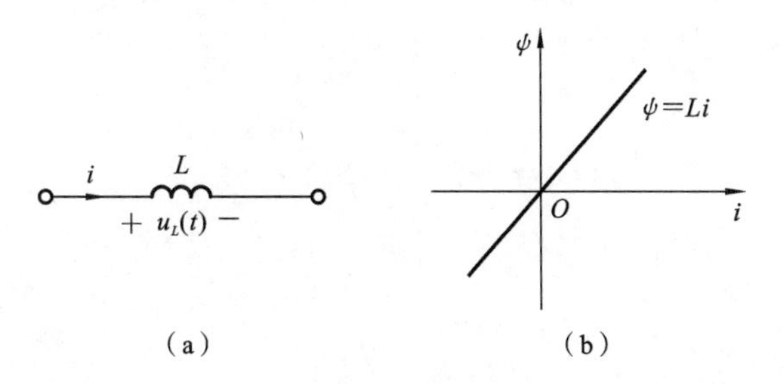

图 5.4 线性电感元件的电路符号及伏安特性

线性时不变电感元件有

$$L=\frac{\psi}{i} \tag{5-16}$$

$$\psi=Li \tag{5-17}$$

电感 L 的单位为 H(亨)、mH(毫亨)、μH(微亨),且有

$$1\ \mathrm{H}=10^3\ \mathrm{mH}=10^6\ \mu\mathrm{H}$$

量纲为

$$亨=\frac{韦伯}{安培}=\frac{伏特\times 秒}{安培}=欧姆\times 秒$$

2. 电感的伏安关系

当电感电流发生变化时，自感磁通和磁通链也发生变化，Ψ 为电感元件的自感磁通链，$\psi=N\Phi$，电感上产生感应电压 u。根据电磁感应定律，有

$$e(t)=-\frac{\mathrm{d}\psi}{\mathrm{d}t}=-N\frac{\mathrm{d}\phi}{\mathrm{d}t} \tag{5-18}$$

由图 5.4(a)知

$$u=-e$$

电感电压 e 和 u 的参考方向按电工惯例设定为同方向，则有

$$u(t)=\frac{\mathrm{d}\psi}{\mathrm{d}t}=N\frac{\mathrm{d}\phi}{\mathrm{d}t} \tag{5-19}$$

电感电压 u_L、电流 i_L 取关联参考方向时，将式(5-17)代入式(5-19)，其伏安关系为

$$u_L(t)=L\frac{\mathrm{d}i_L}{\mathrm{d}t} \tag{5-20}$$

电感电压的参考方向与自感磁链的参考方向符合右手螺旋定则。

式(5-20)说明：通过电感的电压 u 与电感电流 i 的变化率成正比可知，电感是一个动态元件。电流变化才会产生电压，若电流为直流($f=0$)，电流的变化率为 0，则 $u=0$，电感对直流相当于短路，所以电感具有通直流阻交流、通低频阻高频的作用。

当电压 u_L、电流 i_L 取非关联参考方向时，电感伏安关系为

$$u_L(t)=-L\frac{\mathrm{d}i_L}{\mathrm{d}t} \tag{5-21}$$

电感的电流 i_L 也可以表示为电压 u_L 的函数，对式(5-20)积分可得

$$i_L(t)=\frac{1}{L}\int_{-\infty}^{t}u_L\mathrm{d}\xi=\frac{1}{L}\int_{-\infty}^{t_0}u_L\mathrm{d}\xi+\frac{1}{L}\int_{t_0}^{t}u_L\mathrm{d}\xi=i_L(t_0)+\frac{1}{L}\int_{t_0}^{t}u_L\mathrm{d}\xi \tag{5-22}$$

式(5-22)表明：t 时刻电感电流不仅取决于该时刻的电压值，还取决于从 $-\infty$ 到 t 所有时刻的电压值，电感电流具有“记忆”电压的作用，故电感是一种“记忆元件”。

若 $t_0=0$，则有

$$i_L(t)=i_L(0)+\frac{1}{L}\int_{0}^{t}u_L(\xi)\mathrm{d}\xi \tag{5-23}$$

若 $t_0=0_-$，$t=0_+$，则有

$$i_L(0_+)=i_L(0_-)+\frac{1}{L}\int_{0_-}^{0_+}u_L(t)\mathrm{d}t \tag{5-24}$$

将式(5-22)两边同时乘以 L，得

$$\Psi(t)=Li_L(t)=\Psi(t_0)+\int_{t_0}^{t}u_L(\xi)\mathrm{d}\xi \tag{5-25}$$

3. 功率与能量

在关联参考方向下，电感吸收的瞬时功率为

$$p_L=u_Li_L=i_LL\frac{\mathrm{d}i_L}{\mathrm{d}t}=Li_L\frac{\mathrm{d}i_L}{\mathrm{d}t} \tag{5-26}$$

实际电路中一般电感电压 u_L 为有限值，则电感电流 i_L 必定是时间的连续函数，即电感电流不跃变，否则电感电流的跃变必然带来无穷大的电压，$u_L=L\dfrac{\mathrm{d}i_L}{\mathrm{d}t}\to\infty$，$p_L\to\infty$，违背功率守恒。

在 $t_0\sim t$ 时刻，电感吸收的能量为

$$W_L(t)=\int_{t_0}^{t}Li\frac{\mathrm{d}i}{\mathrm{d}\xi}\mathrm{d}\xi=\frac{1}{2}Li^2(\xi)\Big|_{i(t_0)}^{i(t)}=\frac{1}{2}Li_L^2(t)-\frac{1}{2}Li_L^2(t_0) \tag{5-27}$$

若 t_0 为 $-\infty$，$i_L(-\infty)=0$，则电感处于未充电的状态，电感在该时刻磁场能量为零，且有

$$W_L(t)=\frac{1}{2}Li_L^2(t) \tag{5-28}$$

式(5-28)表明，电感在任何时刻的储能只与该时刻电感电流值有关。

若 $|i(t_2)|>|i(t_1)|$，则有 $W_L(t_2)>W_L(t_1)$，电感存储磁场能量；若 $|i(t_2)|<|i(t_1)|$，则有 $W_L(t_2)<W_L(t_1)$，电感释放磁场能量。若电感原来没有储能，则存储的能量一定又在放电过程中全部释放出去，它本身不消耗能量，故电感元件是一种储能元件。同时，电感元件不会释放出多于它吸收或存储的能量，故它又是一种无源元件。

4. 电感的串联与并联

根据等效的概念，多个电感的串联与并联可以用一个电感替代，如图 5.5 所示。

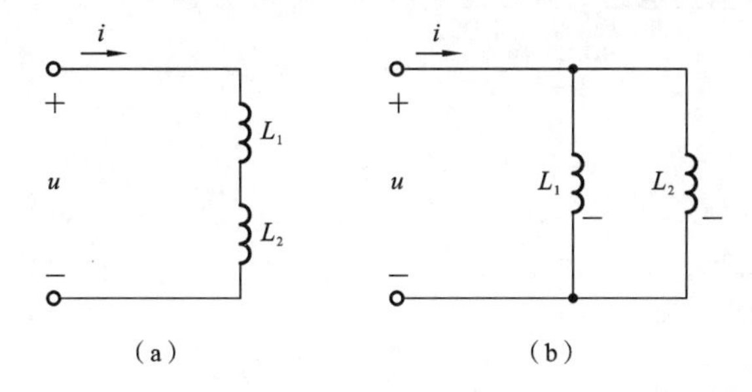

图 5.5　电感的串联与并联

电感串联：

$$L_{\mathrm{eq}}=L_1+L_2 \tag{5-29}$$

电感并联：

$$\frac{1}{L_{\mathrm{eq}}}=\frac{1}{L_1}+\frac{1}{L_2} \tag{5-30}$$

5.2　动态电路的方程及其初始条件

5.2.1　动态电路的方程

含储能元件(电容、电感)的电路中，电容、电感的伏安关系为微分或积分关系，其电路方程是一组以电流、电压为变量的微分方程或积分方程。在建立电路方程时，电路中支路电流和支路电压满足 KCL 定律和 KVL 定律，动态元件还受伏安关系约束。

动态电路的一个特征是当电路发生换路，即电路的结构、元件的参数、电路的状态

发生变化时，动态电路从原来的稳定状态变为新的稳定状态，中间经历的过程称为过渡过程。

1. 一阶动态电路

一阶 RC 动态电路如图 5.6 所示。

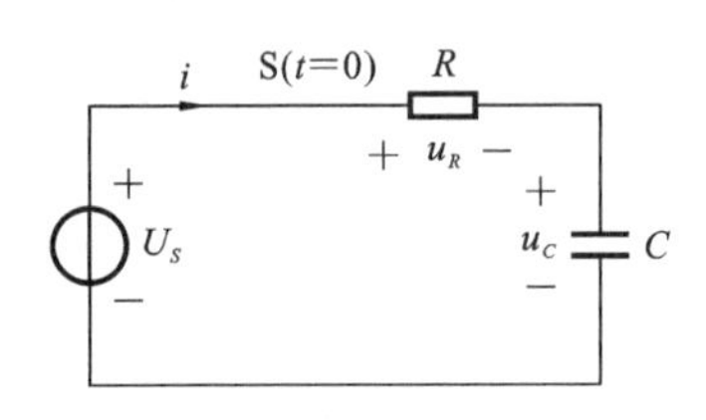

图 5.6 一阶 RC 动态电路

由 KVL 定律、VCR 关系、欧姆定律，列写一阶微分方程。

以 $u_C(t)$ 为变量，有

$$Ri+u_C=u_S(t),\quad i=C\frac{\mathrm{d}u_C}{\mathrm{d}t},\quad RC\frac{\mathrm{d}u_C}{\mathrm{d}t}+u_C=u_S(t)$$

以 $i_C(t)$ 为变量，有

$$Ri+\frac{1}{C}\int i\,\mathrm{d}t=u_S(t),\quad R\frac{\mathrm{d}i}{\mathrm{d}t}+\frac{i}{C}=\frac{\mathrm{d}u_S(t)}{\mathrm{d}t}$$

一个动态元件，描述电路的方程是一阶线性微分方程，即

$$a_1\frac{\mathrm{d}x}{\mathrm{d}t}+a_0x=e(t),\quad t\geqslant 0 \tag{5-31}$$

其初始条件为 $x(0_+)$。

2. 二阶动态电路

两个动态元件，描述电路的方程是二阶线性微分方程，即

$$a_2\frac{\mathrm{d}^2x}{\mathrm{d}t^2}+a_1\frac{\mathrm{d}x}{\mathrm{d}t}+a_0x=e(t),\quad t\geqslant 0 \tag{5-32}$$

其初始条件为 $x(0_+)$、$\left.\frac{\mathrm{d}x}{\mathrm{d}t}\right|_{t=0_+}$。

3. 高阶动态电路

描述高阶动态电路的方程为

$$a_n\frac{\mathrm{d}^nx}{\mathrm{d}t^n}+a_{n-1}\frac{\mathrm{d}^{n-1}x}{\mathrm{d}t^{n-1}}+\cdots+a_2\frac{\mathrm{d}^2x}{\mathrm{d}t^2}+a_1\frac{\mathrm{d}x}{\mathrm{d}t}+a_0x=e(t),\quad t\geqslant 0 \tag{5-33}$$

其初始条件为 $x(0_+)$，$\left.\frac{\mathrm{d}x}{\mathrm{d}t}\right|_{t=0_+}$，…，$\left.\frac{\mathrm{d}^{(n-1)}x}{\mathrm{d}t^{(n-1)}}\right|_{t=0_+}$。

结论：① 描述动态电路的方程为微分方程；

② 动态电路方程的阶数等于电路中动态元件的个数。

4. 动态电路的分析方法

动态电路的分析步骤：根据 KVL 定律、KCL 定律及动态元件 VCR 关系求解微分方程。

电路分析采用时域分析法之一的经典法。其他方法将在后续课程介绍。

5.2.2 动态电路的初始条件

初始条件：响应在 $t=0_+$ 时，$u(0_+)$ 或 $i(0_+)$ 及其各阶导数的值。

利用初始条件求出微分方程的解。

根据高等数学知识求解微分方程时，n 阶常系数线性微分方程的通解中含有 n 个待定的常数，它们需要由微分方程的初始条件来确定。而描述动态电路的初始条件是

指方程中的输出变量 $y(t)$ 在 $t=t_{0_+}$ 时，$0\sim n-1$ 阶的初始值 $y^{(0)}(t_{0_+})$，$y^{(1)}(t_{0_+})$，$y^{(2)}(t_{0_+})$，…，$y^{(n-1)}(t_{0_+})$。对于一阶电路，有一个初始条件，指零阶输出变量的初始值 $y^{(0)}(t_{0_+})$；对于二阶电路，有两个初始条件，指零阶输出变量的初始值 $y^{(0)}(t_{0_+})$、输出变量一阶导数的初始值 $y^{(1)}(t_{0_+})$，即 $t=t_{0_+}$ 时一阶导数值 $y'(t_{0_+})$。

1. 两个概念

(1) 换路(switching)——把电路与电源的接通、断开、电路参数的突然改变、电路连接方式的突然改变等，统称为换路。

(2) 过渡过程——电路在换路时由一种稳定状态变为另一种稳定状态中间所经历的过程，称为过渡过程(又称为暂态过程)。

2. $t=0_+$、$t=0_-$、$+\infty$

如果电路在 $t=t_0$ 时换路，则将换路前的最后一瞬间记为 $t=t_{0_-}$，将换路后的初始瞬间记为 $t=t_{0_+}$。一般来说，为方便分析和计算，电路开始换路的时间起点记为 $t=0$，电路换路瞬间为 $0_-\sim 0_+$，$t=0_-$ 表示换路前的最后一瞬间，$t=0_+$ 表示换路后的最初一瞬间，$+\infty$ 指电路在暂态过程达到新稳态的时间，$0_+\sim+\infty$ 为过渡过程时间。

3. 电容的初始条件

由式(5-8)可知

$$u_C(0_+)=u_C(0_-)+\frac{1}{C}\int_{0_-}^{0_+}i\ (t)\mathrm{d}t$$

通过前面分析可知，在电容电流有限的条件下，电容电压在电路换路瞬间保持不变，即

$$\frac{1}{C}\int_{0_-}^{0_+}i(t)\mathrm{d}t=0$$

这是分析求解电容电路初始值的重要前提。

在换路瞬间，有

$$u_C(0_+)=u_C(0_-)$$

将上式两边同时乘以 C，则有

$$q_C(0_+)=q_C(0_-)$$

4. 电感的初始条件

由式(5-24)可知

$$i_L(0_+)=i(0_-)+\frac{1}{L}\int_{0_-}^{0_+}u(t)\mathrm{d}t$$

通过前面分析可知，在电感电压有限的条件下，电感电流在换路瞬间保持不变，即

$$\frac{1}{L}\int_{0_-}^{0_+}u(t)\mathrm{d}t=0$$

这是分析求解电感电路初始值的重要前提。

在换路瞬间，有

$$i_L(0_+)=i_L(0_-)$$

将上式两边同时乘以 L，则有

$$\Psi_L(0_+)=\Psi_L(0_-)$$

5.2.3　换路定律

动态电路在 $0_-\sim 0_+$ 瞬间，对于电容 C，有

$$\begin{cases} q_C(0_+)=q_C(0_-) \\ u_C(0_+)=u_C(0_-) \end{cases} \tag{5-34}$$

对于电感 L，有

$$\begin{cases} \Psi_L(0_+)=\Psi_L(0_-) \\ i_L(0_+)=i_L(0_-) \end{cases} \tag{5-35}$$

由此可得，换路瞬间，在电容电流、电感电压有限的条件下，电容电压、电感电流不能跃变，即

$$\begin{cases} u_C(0_+)=u_C(0_-) \\ i_L(0_+)=i_L(0_-) \end{cases} \tag{5-36}$$

这个规律称为换路定律。

求初始条件分为以下三个步骤。

(1) 画出 $t=0_-$ 电路，求 $u_C(0_-)$ 或 $i_L(0_-)$（对于直流电路，当 $f=0$ 时，L 相当于“短接”，C 相当于“断开”）。

(2) 根据式(5-36)的换路定律求 $u_C(0_+)$ 或 $i_L(0_+)$。

(3) 画出 $t=0_+$ 电路，计算其他各变量在 $t=0_+$ 的初始值（对于直流电路，L 相当于电流源，大小和方向与 $i_L(0_+)$ 相同；C 相当于电压源，大小和方向与 $u_C(0_+)$ 相同）。

例 5-2　电路如图 5.7(a)所示，开关在 $t=0$ 时由“1”打到“2”，且开关在“1”时电路已处于稳定状态。求 $u_C(0_+)$、$i_L(0_+)$、$i_C(0_+)$和 $u_L(0_+)$的初始值。

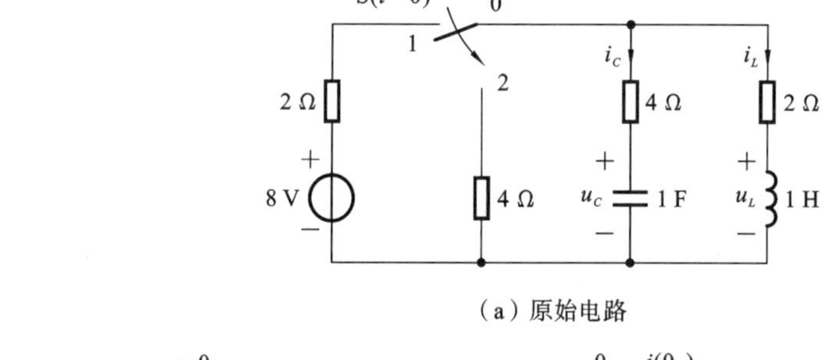

(a) 原始电路

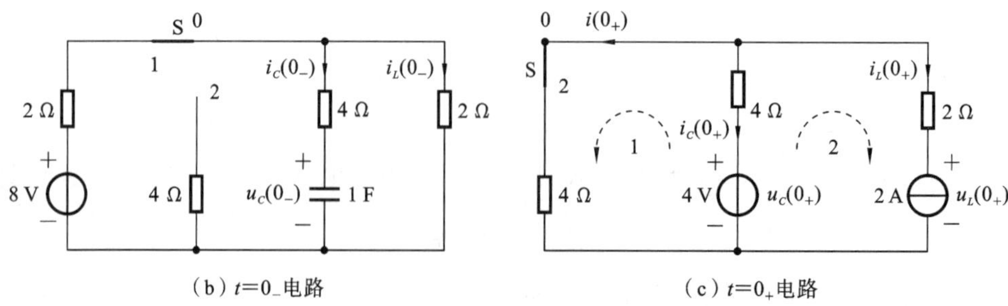

(b) $t=0_-$电路　　(c) $t=0_+$电路

图 5.7　例 5-2 的图

解　(1) 当 $S\to 1$，$t=0_-$ 时，电路如图 5.7(b)所示，在直流电源作用下，线圈 L 相当于短路，C 相当于开路，则有

$$i_L(0_-)=\frac{8}{2+2}=2\ (\mathrm{A})$$

$$u_C(0_-)=2\times i_L(0_-)=4\ (\mathrm{V})$$

（2）根据换路定律，有

$$i_L(0_+)=i_L(0_-)=2\ (\mathrm{A})$$

$$u_C(0_+)=u_C(0_-)=4\ (\mathrm{V})$$

（3）当 $S\to 2, t=0_+$ 时，电路如图 5.7(c)所示，电容相当于电压源，电感相当于电流源。

对于回路 1 有

$$i(0_+)\times 4-i_C(0_+)\times 4=4 \tag{1}$$

$$i(0_+)+i_C(0_+)+2=0 \tag{2}$$

解得

$$i_C(0_+)=-\frac{3}{2}\ (\mathrm{A})$$

对于回路 2，有

$$i_C(0_+)\times 4-u_L(0_+)-2\times 2+4=0$$

解得

$$u_L(0_+)=-6\ (\mathrm{V})$$

5.3　一阶电路的零输入响应

零输入响应是指电路在无外施激励源的情况下，由储能元件的初始储能产生的响应。

5.3.1　一阶 RC 电路的零输入响应

一阶 RC 电路如图 5.8 所示。

1. 求初始条件

已知电容元件在开关闭合之前已经充电，存储能量为

$$W_C=\frac{1}{2}Cu_C^2(0_+)$$

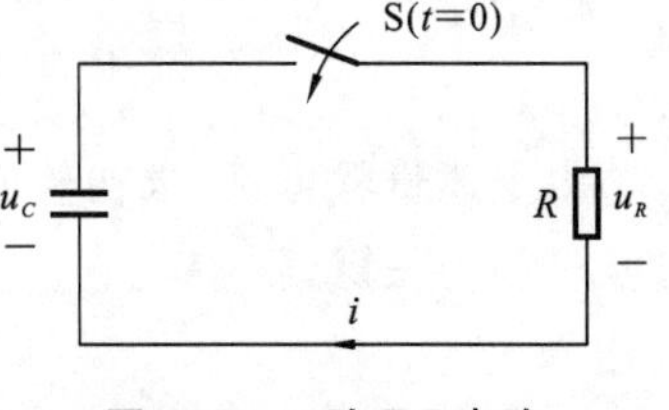

图 5.8　一阶 RC 电路

对应初始值为

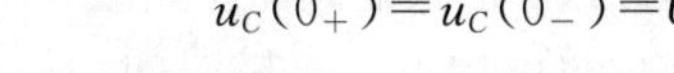

$$u_C(0_+)=u_C(0_-)=U_0$$

2. 列写微分方程

由 VCR 关系，可得

$$u_R=u_C=iR=-RC\frac{\mathrm{d}u_C}{\mathrm{d}t}$$

根据 KVL 定律得到

$$u_R-u_C=0$$

则电路方程为

$$u_C+RC\frac{\mathrm{d}u_C}{\mathrm{d}t}=0 \tag{5-37}$$

该方程是一阶常系数线性齐次微分方程。

3. 求解微分方程

设微分方程通解为

$$u_C(t)=A\mathrm{e}^{pt} \tag{5-38}$$

则有

$$\frac{\mathrm{d}u_C}{\mathrm{d}t}=AP\mathrm{e}^{pt}$$

将上式与式(5-38)代入式(5-37)中，得

$$RCp+1=0 \tag{5-39}$$

式(5-39)称为该齐次微分方程的特征方程。解得

$$p=-\frac{1}{RC} \tag{5-40}$$

式(5-40)称为特征方程的特征根。则微分方程的通解为

$$u_C(t)=A\mathrm{e}^{-\frac{1}{RC}t} \tag{5-41}$$

令 $t=0_+$，将初始条件代入式(5-41)，常数 $A=u_C(0_+)=U_0$。则方程的解为

$$u_C(t)=U_0\mathrm{e}^{-\frac{1}{RC}t}=U_0\mathrm{e}^{-\frac{t}{\tau}} \tag{5-42}$$

即零输入响应为

$$u_C(t)=u_C(0_+)\mathrm{e}^{-\frac{t}{\tau}} \tag{5-43}$$

其中：

$$\tau=RC=-\frac{1}{p} \tag{5-44}$$

这里，τ 称为电路的时间常数，单位为秒。

量纲为

$$欧姆\times法拉=\frac{伏特}{安培}\times\frac{库仑}{伏特}=\frac{安培\times秒}{安培}=秒$$

由上述步骤可见，求初始值、列写电路方程和求解微分方程是分析、求解动态电路过渡过程的关键。

4. 讨论

一阶 RC 电路的零输入响应曲线如图 5.9 所示。

(1) 零输入响应电容电压是随时间按指数规律衰减的函数。

(2) 响应与初始状态呈线性关系，其衰减快慢与 RC 有关。

(3) 对于一阶 RC 电路，有 $\tau=RC$，其中 τ 为一阶电路的时间常数，τ 的大小反映了电路过渡过程时间的长短，即 τ 越大，$u_C(t)$ 衰减越慢，过渡过程越长。

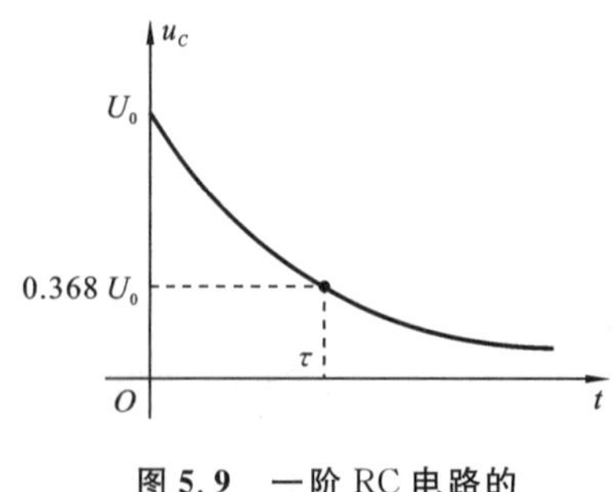

图 5.9 一阶 RC 电路的零输入响应曲线

从图 5.9 的曲线上看，τ 是 u_C 从 $u_C(0_+)$ 衰减到 $36.8\% u_C(0_+)$ 所需要的时间。它仅与电路的结构与参数有关，而与激励无关。时间常数 τ 如图 5.10 所示。

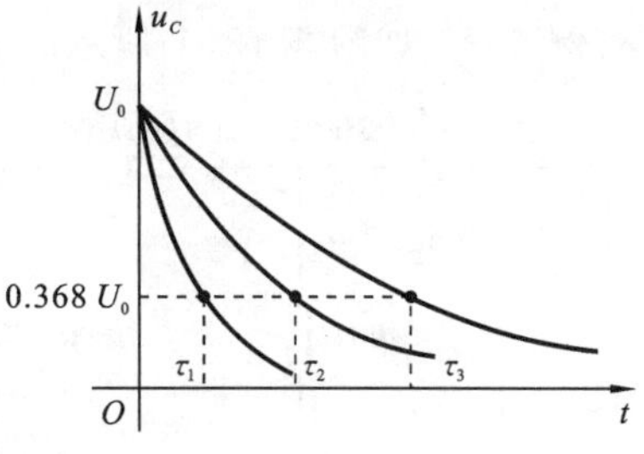

图 5.10　时间常数 τ

由图 5.10 可知，在相同初始值情况下，τ 越大，放电时间越长，衰减到 $36.8\% u_C(0_+)$ 所需要的时间越长，即有

$$\tau_3 > \tau_2 > \tau_1$$

(4) 一阶 RC 电路方程的特征根 $p=-\frac{1}{RC}=-\frac{1}{\tau}$，它具有频率的量纲，称为固有频率，单位为 1/秒。

(5) 能量关系：由式 $u_C(t)=u_C(0_+)\mathrm{e}^{-\frac{t}{\tau}}$ 可知，一阶 RC 电路零输入响应的暂态过程是储能元件 C 的放电过程，电路中的储能元件将其存储的能量通过耗能元件 R 释放。当时间 $t\to\infty$ 时，放电过程结束，电路处于另一个稳态，电容电压 $u_C(\infty)\to 0$ V。工程上常常认为电路经过 $3\tau\sim5\tau$ 时间后放电结束。

电容存储的能量为

$$W_C=\frac{1}{2}Cu_C^2(0_+)$$

电阻消耗的能量为

$$W_R(t)=\int_0^{\infty} i_R^2(t)R\mathrm{d}t=\int_0^{\infty}(u_C(0_+)\mathrm{e}^{-\frac{1}{\tau}t})^2(t)R\mathrm{d}t=\frac{1}{2}Cu_C^2(0_+)$$

可以看出，$W_R(t)=W_C$，即在过渡过程中电阻消耗能量等于电容释放能量。

5. 结论

初始值、稳态值和时间常数确定了一阶电路的零输入响应。其中初始值由换路前的电路确定，稳态值(为 0)由换路后的稳态电路确定，而 τ 值由暂态电路中的电容和电容两端的等效电阻确定。

6. 等效简化电路

如果电路为一个复杂无源一阶 RC 电路，总可以简化为仅含电阻与电容元件的等效简化电路，仅含一个 C 元件(或一个等效 C_{eq})，将 C 元件两端的复杂无源二端电路等效为一个 R_{eq}，变换成如图 5.11 所示的电路。

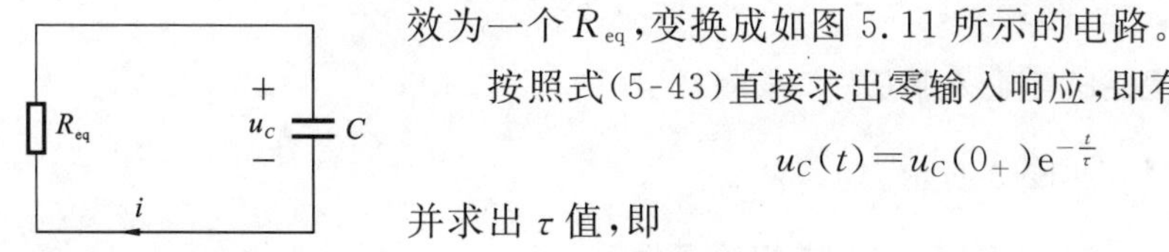

图 5.11　等效简化电路

按照式(5-43)直接求出零输入响应，即有

$$u_C(t)=u_C(0_+)\mathrm{e}^{-\frac{t}{\tau}}$$

并求出 τ 值，即

$$\tau=R_{eq}C \tag{5-45}$$

7. 求解一阶 RC 电路零输入响应的步骤

求解一阶 RC 电路零输入响应的步骤如下。

(1) 求出待求量的初始值。根据 $t=0_-$、换路定律、$t=0_+$ 电路求出。

(2) 求出 τ 值。根据 $0_+\sim\infty$ 电路，求出等效电阻 R_{eq}，则有

$$\tau=R_{eq}C$$

(3) 求出待求量响应，即

$$u_C(t)=u_C(0_+)\mathrm{e}^{-\frac{1}{\tau}t} \quad 或 \quad y(t)=y(0_+)\mathrm{e}^{-\frac{1}{\tau}t}$$

例 5-3　如图 5.12(a)所示的电路，试求 $u_C(t)$、$i_C(t)$。

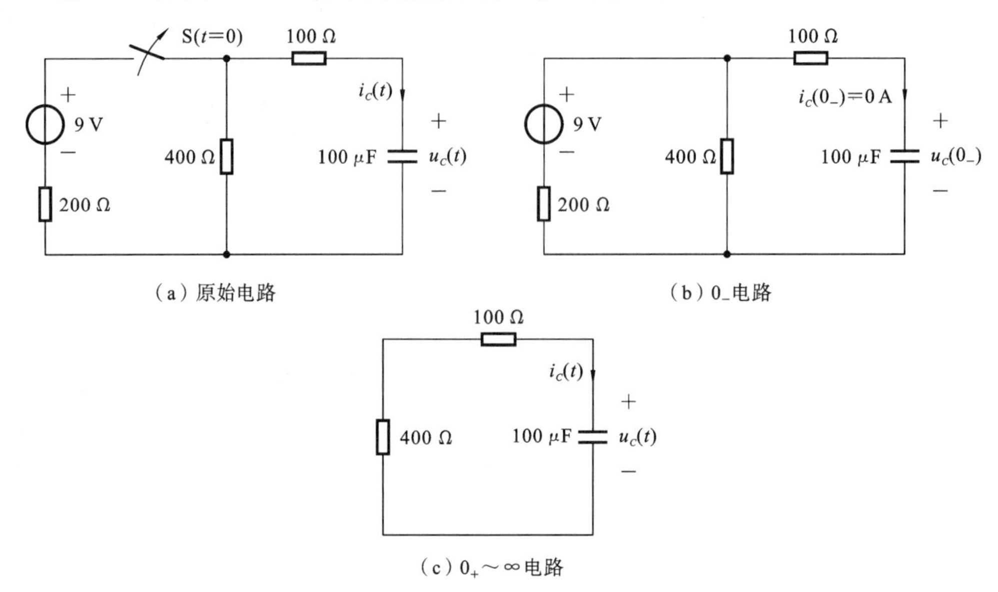

图 5.12　例 5-3 的图

解　(1) 求 $u_C(0_+)$。如图 5.12(b)所示，电容 C 相当于“开路”，则有

$$u_C(0_+)=u_C(0_-)=\frac{400}{400+200}\times 9=6\ (\mathrm{V})$$

(2) 求 τ。如图 5.12(c)所示，开关 S 断开后，过渡过程开始，电容 C 两端的等效电阻 R_{eq} 为

$$R_{\mathrm{eq}}=100+400=500\ (\Omega)$$

则有

$$\tau=R_{\mathrm{eq}}C=500\times 100\times 10^{-6}=0.05\ (\mathrm{s})$$

(3) 求零输入响应 $u_C(t)$、$i_C(t)$，即

$$u_C(t)=u_C(0_+)\mathrm{e}^{-\frac{t}{\tau}}=6\mathrm{e}^{-\frac{t}{0.05}}=6\mathrm{e}^{-20t}(\mathrm{V})$$

$$i_C(t)=C\frac{\mathrm{d}u_C}{\mathrm{d}t}=100\times 10^{-6}\times(-20)\times 6\times \mathrm{e}^{-\frac{t}{0.05}}=12\times 10^{-3}\mathrm{e}^{-20t}(\mathrm{A})=12\mathrm{e}^{-20t}(\mathrm{mA})$$

5.3.2　一阶 RL 电路的零输入响应

一阶 RL 电路如图 5.13 所示。

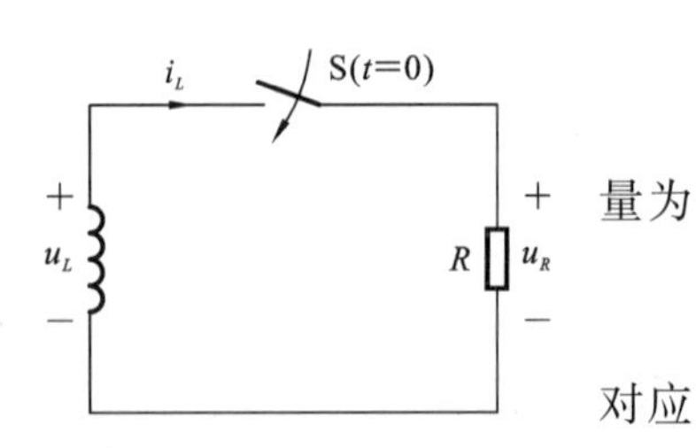

图 5.13　一阶 RL 电路

1. 求初始条件

已知电感元件在开关闭合之前已经充电，则存储能量为

$$W_L=\frac{1}{2}Li_L^2(0_+)$$

对应的初始值为

$$i_L(0_+)=i_L(0_-)=I_0$$

2. 列写微分方程

由 VCR 关系,可得

$$u_R=i_L R$$

而 u_L、i_L 在非关联方向下,有

$$u_L=-L\frac{\mathrm{d}i_L}{\mathrm{d}t}$$

根据 KVL 定律,有

$$u_R-u_L=0$$

则电路方程为

$$L\frac{\mathrm{d}i_L}{\mathrm{d}t}+Ri_L=0 \tag{5-46}$$

该方程是一阶常系数线性齐次微分方程。

3. 求解微分方程

设微分方程通解为

$$i_L(t)=A\mathrm{e}^{pt} \tag{5-47}$$

则有

$$\frac{\mathrm{d}i_L}{\mathrm{d}t}=Ap\mathrm{e}^{pt}$$

将上式及式(5-47)代入式(5-46)中,得

$$Lp+R=0 \tag{5-48}$$

式(5-48)称为齐次微分方程的特征方程。解得

$$p=-\frac{L}{R} \tag{5-49}$$

式(5-49)称为特征方程的特征根。则微分方程的通解为

$$i_L(t)=A\mathrm{e}^{-\frac{R}{L}t} \tag{5-50}$$

令 $t=0_+$,将初始条件代入式(5-20),就可得常数 $A=i_L(0_+)=I_0$。

方程的解为

$$i_L(t)=I_0\mathrm{e}^{-\frac{1}{RC}t}=I_0\mathrm{e}^{-\frac{t}{\tau}} \tag{5-51}$$

即零输入响应为

$$i_L(t)=i_L(0_+)\mathrm{e}^{-\frac{1}{\tau}t} \tag{5-52}$$

其中:

$$\tau=\frac{L}{R}=-\frac{1}{p} \tag{5-53}$$

这里,τ 称为电路的时间常数,单位为秒。

量纲为

$$\frac{\text{亨}}{\text{欧姆}}=\frac{\text{韦伯}}{\text{安培}}\times\frac{\text{安培}}{\text{伏特}}=\frac{\text{伏特}\times\text{秒}}{\text{伏特}}=\text{秒}$$

由上述步骤可见,求初始值、列写电路方程和求解微分方程是分析和求解动态电路过渡过程的关键。

4. 讨论

一阶 RL 电路的零输入响应曲线如图 5.14 所示。

(1) 电感电流是随时间按指数规律衰减的函数;一阶 RL 电路零输入响应的暂态过程,即为储能元件 L 的放电过程。

(2) 响应与初始状态呈线性关系,其衰减快慢与 L/R 有关。

(3) 对于一阶 RL 电路,有 $\tau=\dfrac{L}{R}$,其中 τ 为一阶 RL 电路的时间常数,τ 的大小反映了电路过渡过程时间的长短,即 τ 越大,$i_L(t)$衰减越慢,过渡过程越长。它只与电路的结构与参数有关,而与激励无关。时间常数 τ 如图 5.15 所示。

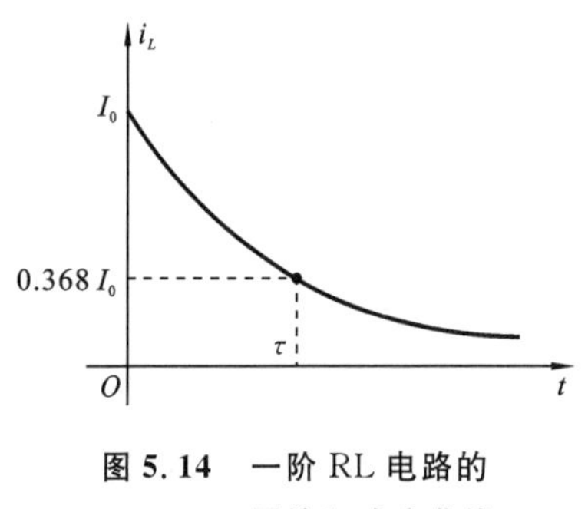

图 5.14 一阶 RL 电路的零输入响应曲线

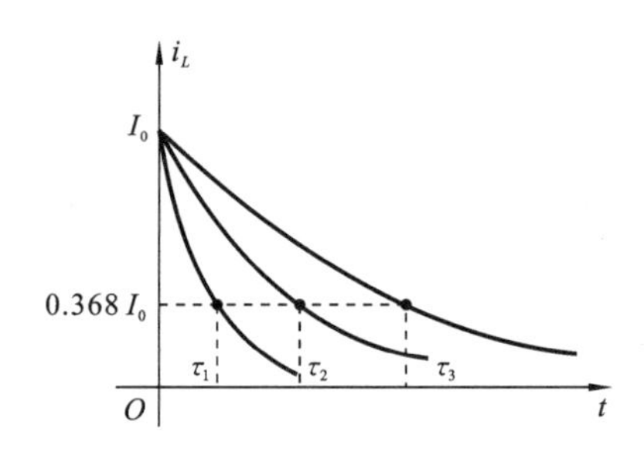

图 5.15 时间常数 τ

从图 5.14 中的曲线上看,τ 是 $i_L(t)$从 $i_L(0_+)$衰减到 $36.8\%i_L(0_+)$所需要的时间。由图 5.15 可知,在相同初始值情况下,τ 越大,放电时间越长。衰减到 $36.8\%i_L(0_+)$所需要的时间越长,即有

$$\tau_3>\tau_2>\tau_1$$

(4) 一阶 RL 电路方程的特征根 $p=-\dfrac{R}{L}$,它具有频率的量纲,称为固有频率。

(5) 能量关系:由式 $i_L(t)=i_L(0_+)\mathrm{e}^{-\frac{1}{\tau}t}$ 可知,一阶 RL 电路零输入响应的暂态过程是储能元件 L 的放电过程,电路中的储能元件将其存储的磁场能量通过耗能元件 R 释放。当时间 $t\to\infty$时,电感电流趋近于零,放电过程结束,电路处于另一个稳态。工程上常常认为电路经过 $3\tau\sim5\tau$ 时间后放电结束。

电感存储的能量为

$$W_L=\frac{1}{2}Li_L^2(0_+)$$

电阻消耗的能量为

$$W_R(t)=\int_0^\infty i_R^2(t)R\mathrm{d}t=\int_0^\infty (i_L(0_+)\mathrm{e}^{-\frac{1}{\tau}t})^2(t)R\mathrm{d}t=\frac{1}{2}Li_L^2(0_+)$$

可以看出,$W_R(t)=W_L$,即在过渡过程中电阻消耗能量等于电感释放能量。

(6) 一阶 RL 动态电路与一阶 RC 动态电路是对偶电路,微分方程以及对应关系式也都是对偶关系,则 $i_L(t)$与 $u_C(t)$是一对对偶元素。

5. 结论

初始值、稳态值和时间常数确定了一阶电路的零输入响应。其中初始值由换路前的电路确定,稳态值由换路后的稳态电路确定(为 0),而 τ 值由暂态电路中的电感和电

感两端的等效电阻确定。

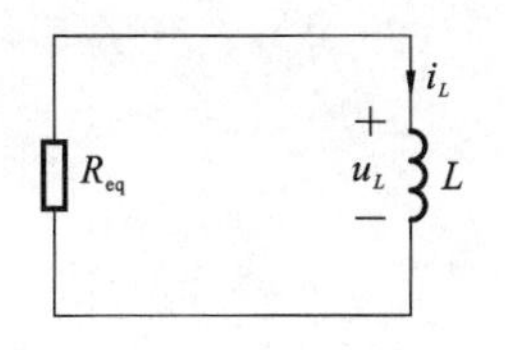

图 5.16　等效简化电路

6. 等效简化电路

如果电路为一个复杂无源一阶 RL 电路，总可以简化为仅含电阻与电感元件的等效电路，等效电路为一阶电路，仅含一个 L 元件（或一个等效 L_{eq}），将 L 元件两端的复杂无源二端电路等效为一个 R_{eq}，变换成图 5.16 所示的电路。

按照式（5-52）直接求出零输入响应，即有

$$i_L(t)=i_L(0_+)\mathrm{e}^{-\frac{1}{\tau}t}$$

并求出 τ 值，即

$$\tau=\frac{L}{R_{eq}} \tag{5-54}$$

7. 求解一阶 RL 电路零输入响应的步骤

求解一阶 RL 电路零输入响应的步骤如下。

（1）求出待求量的初始值。根据 $t=0_-$、换路定律、$t=0_+$ 电路求出。

（2）求出 τ 值。根据 $0_+\sim\infty$ 电路，求出等效电阻 R_{eq}，则有

$$\tau=\frac{L}{R_{eq}}$$

（3）求出待求量响应，即

$$i_L(t)=i_L(0_+)\mathrm{e}^{-\frac{1}{\tau}t}\quad 或 \quad y(t)=y(0_+)\mathrm{e}^{-\frac{1}{\tau}t}$$

例 5-4　图 5.17(a)所示的电路中开关 S 在 $t=0$ 时闭合，求换路后的响应 $i_L(t)$、$u_L(t)$ 与 $i_R(t)$。

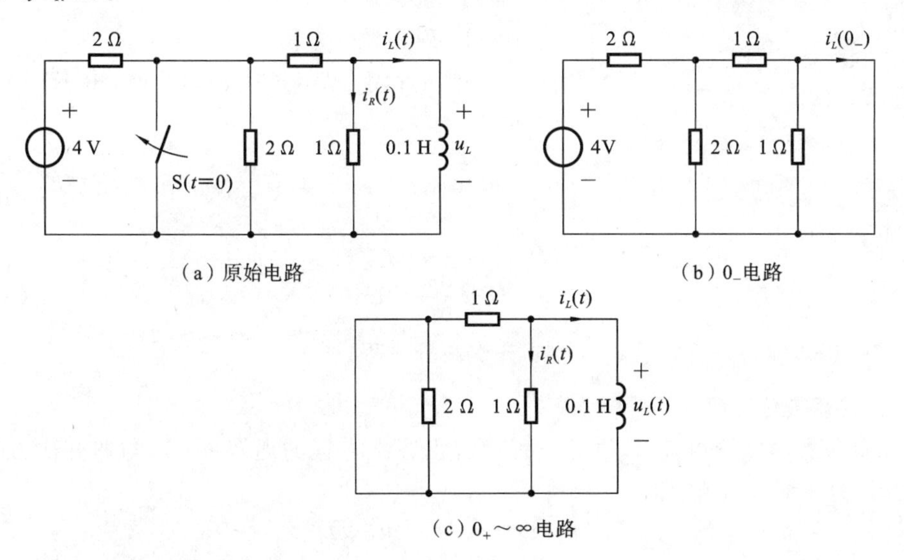

图 5.17　例 5-4 的图

解　(1) 求 $i_L(0_+)$。开关 S 闭合前，电路如图 5.17(b)所示，电感 L 相当于短路，则有

$$i_L(0_+)=i_L(0_-)=\frac{4}{2+2/\!/1}\times\frac{2}{2+1}=1\ (\mathrm{A})$$

（2）求 τ。开关 S 闭合后，电路如图 5.17(c)所示，电感 L 两端的等效电阻 R_{eq} 为

$$R_{eq}=\frac{1\times1}{1+1}=\frac{1}{2}\ (\Omega)$$

则有

$$\tau=\frac{L}{R_{eq}}=\frac{0.1}{0.5}=\frac{1}{5}\ (\mathrm{S})$$

（3）求零输入响应 $i_L(t)$、$u_L(t)$，即

$$i_L(t)=i_L(0_+)\mathrm{e}^{-\frac{t}{\tau}}=1\times\mathrm{e}^{-\frac{t}{\frac{1}{5}}}=\mathrm{e}^{-5t}(\mathrm{A})$$

$$u_L(t)=L\frac{\mathrm{d}i_L}{\mathrm{d}t}=0.1\times(-5)\times\mathrm{e}^{-5t}=-0.5\mathrm{e}^{-5t}(\mathrm{V})$$

$$i_R(t)=\frac{u_L(t)}{R}=\frac{-0.5\mathrm{e}^{-5t}}{1}=-0.5\mathrm{e}^{-5t}(\mathrm{A})$$

5.4 一阶电路的零状态响应

零状态响应是指电路中储能元件的初始储能为零，由外施电源激励产生的响应。

5.4.1 一阶 RC 电路的零状态响应

一阶 RC 电路如图 5.18 所示。

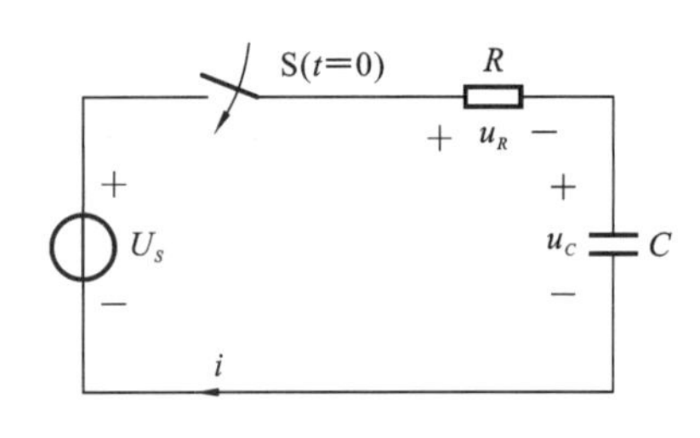

图 5.18 一阶 RC 电路

1. 确定初始条件

由于 C 元件的初始储能为零，有

$$u_C(0_+)=u_C(0_-)=0$$

2. 列写微分方程

开关 S 闭合后，过渡过程开始，由 KVL 定律可得

$$u_C+u_R=U_S,\quad i=C\frac{\mathrm{d}u_C}{\mathrm{d}t},\quad u_R=iR=RC\frac{\mathrm{d}u_C}{\mathrm{d}t}$$

电路方程为

$$u_C+RC\frac{\mathrm{d}u_C}{\mathrm{d}t}=U_S \tag{5-55}$$

式(5-55)称为一阶常系数线性非齐次微分方程。

3. 求解微分方程

由高等数学知识可知，该微分方程的解由齐次方程的通解 $u'_C(t)$ 与非齐次方程的特解 $u''_C(t)$ 两部分组成，即

$$u_C(t)=u'_C(t)+u''_C(t) \tag{5-56}$$

（1）通解 $u'_C(t)$ 是齐次微分方程的通解。式(5-55)微分方程的齐次方程为

$$u'_C(t)+RC\frac{\mathrm{d}u'_C(t)}{\mathrm{d}t}=0 \tag{5-57}$$

由于求解过程与零输入响应相同，则特征方程为

$$RCp+1=0 \tag{5-58}$$

其特征根为

$$p=-\frac{1}{RC} \tag{5-59}$$

则电路方程对应的齐次方程的通解形式为

$$u'_C(t)=A\mathrm{e}^{pt}=A\mathrm{e}^{-\frac{t}{\tau}} \tag{5-60}$$

其中：τ 为电路的时间常数，即

$$\tau=RC \tag{5-61}$$

(2) 特解 $u''_C(t)$是非齐次方程的一个特殊解，取决于激励函数的形式。当电压源为直流电压源时，式(5-55)的微分方程特解满足

$$u''_C(t)+RC\frac{\mathrm{d}u''_C(t)}{\mathrm{d}t}=U_S \tag{5-62}$$

则有

$$u''_C(t)=U_S \tag{5-63}$$

电容电压全解为

$$u_C(t)=u'_C(t)+u''_C(t)=A\mathrm{e}^{-\frac{t}{\tau}}+U_S \tag{5-64}$$

由初始条件，当 $t=0$ 时，$u_C(0_+)=u_C(0_-)=0$，代入式(5-64)，则有

$$u_C(0_+)=A\mathrm{e}^{-\frac{0}{\tau}}+U_S=A+U_S=0$$

得

$$A=-U_S$$

微分方程的全解为

$$u_C(t)=-U_S\mathrm{e}^{-\frac{t}{\tau}}+U_S=U_S(1-\mathrm{e}^{-\frac{t}{\tau}})$$

即零状态响应为

$$u_C(t)=U_S(1-\mathrm{e}^{-\frac{t}{\tau}}) \tag{5-65}$$

电容电流为

$$i_C(t)=C\frac{\mathrm{d}u_C}{\mathrm{d}t} \tag{5-66}$$

4. 讨论

由式(5-65)分析一阶 RC 电路的零状态响应曲线，如图 5.19 所示。

(1) 电容电压是随时间按指数规律变化上升的函数。

当 $t\to\infty$时，电路达到稳态，有

$$U_C(\infty)=U_S=U_{\mathrm{oc}}$$

(2) 响应变化的快慢由时间常数 $\tau=RC$ 决定，τ 越大，充电越慢，过渡过程就越长。τ 是指 $u_C(t)$从 0 上升到 $0.632U_S$ 时所经历的时间，如图 5.19 所示。实际上，零状态响应的暂态过程即为电路储能元件的充电过程。由式(5-65)可知，当 $t\to\infty$时，电容电压趋近于稳定值 U_S，充电过程结束，电路处于另一个稳态。在工程上，常认为电路经过 $3\tau\sim5\tau$ 时间后充电结束。

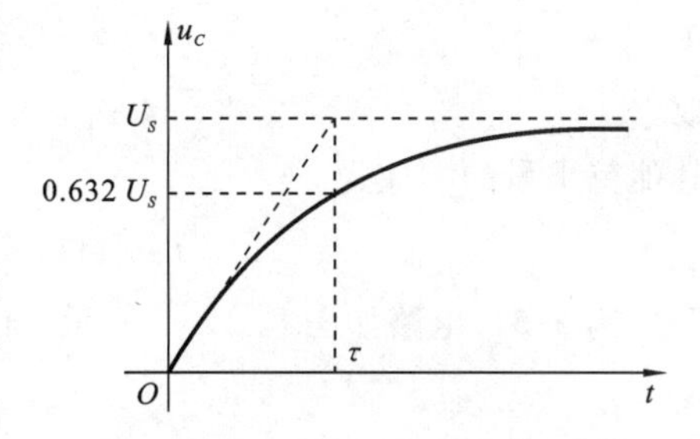

图 5.19　一阶 RC 电路的零状态响应曲线

(3) 响应与外加激励呈线性关系。由式(5-65)可知，外施激励 U_S 与响应 $U_C(t)$ 是线性关系。

5. 结论

初始值、稳态值和时间常数确定了一阶电路的零状态响应。初始值由换路前的 0_- 电路确定，稳态值由换路后的 $t\to\infty$ 电路确定，而 τ 由动态电路中的电容和电容两端的等效电阻 R_{eq} 确定，其意义与前面的相同。

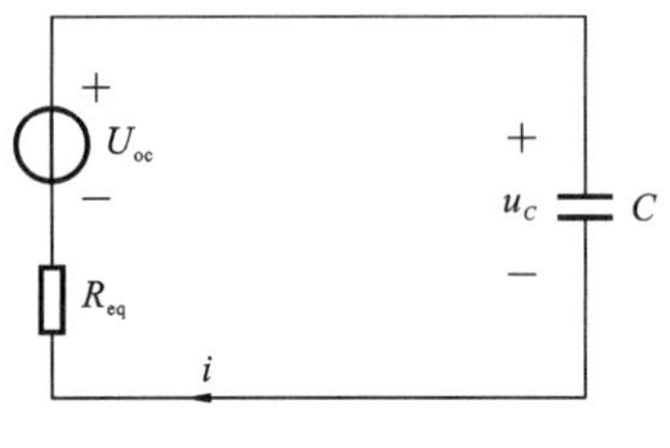

图 5.20 一阶 RC 等效简化电路

6. 等效简化电路

如果电路为一个复杂有源一阶 RC 电路，仅含一个 C 元件(或一个等效 C_{eq})，将 C 元件两端的复杂电路根据戴维宁定理等效变换为一个实际电压源模型，如图 5.20 所示。

戴维宁等效电压源为

$$U_S=U_{oc}=U_C(\infty) \tag{5-67}$$

由于等效电阻 $R_S=R_{eq}$，则有

$$\tau=R_{eq}C \tag{5-68}$$

零状态响应为

$$u_C(t)=U_{oc}(1-e^{-\frac{t}{\tau}}) \tag{5-69}$$

7. 求解一阶 RC 动态电路零状态响应的步骤

求解一阶 RC 动态电路零状态响应的步骤如下。

(1) 求出待求量的初始值，即

$$u_C(0_+)=u_C(0_-)=0$$

(2) 求出待求量在 $t\to\infty$ 时的稳态值，即

$$U_C(\infty)=U_{oc}$$

根据 $0_+\sim\infty$ 电路，求出等效电阻 R_{eq}，并求出 τ 值

$$\tau=R_{eq}C$$

(3) 求出待求量响应，即

$$u_C(t)=U_S(1-e^{-\frac{t}{\tau}})$$

或

$$u_C(t)=U_{oc}(1-e^{-\frac{t}{\tau}})$$

其他待求量的响应为

$$y(t)=y(\infty)(1-e^{-\frac{t}{\tau}})$$

例 5-5 电路如图 5.21(a)所示，开关闭合前 $u_C(0_-)=0$ V，求零状态响应 $u_C(t)$、$i_C(t)$。

解 (1) 求 $u_C(0_+)$。

$$u_C(0_+)=u_C(0_-)=0 \text{ (V)}$$

(2) 求 τ、$u_C(\infty)$。开关 S 闭合后，求戴维宁等效电路，如图 5.21(b)所示，则有

$$u_C(\infty)=U_{oc}=\frac{10}{10+10}\times 20=10 \text{ (V)}$$

当 $t\to\infty$，电路达到稳态，此时 C 相当于开路。

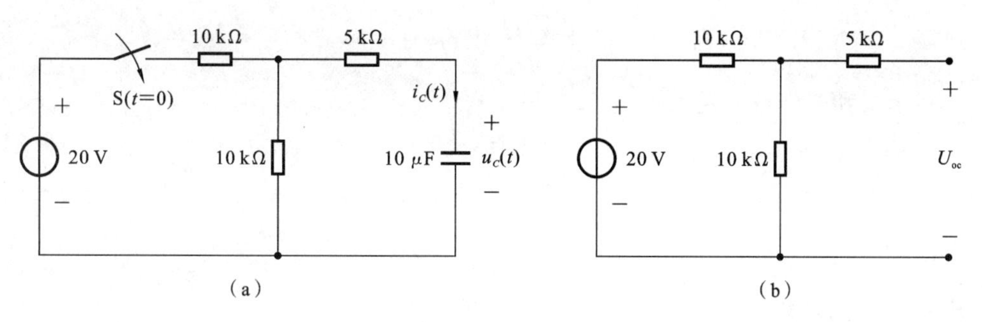

图 5.21　例 5-5 的图

求电容 C 两端的等效电阻 R_{eq}。将图 5.21(b)中的电压源 20 V 短接，得

$$R_{eq}=10/\!/10+5=10\ (\text{k}\Omega),\quad \tau=R_{eq}C=10\times10^3\times10\times10^{-6}=0.1\ (\text{s})$$

(3) 求零状态响应 $u_C(t)$、$i_C(t)$，即

$$u_C(t)=u_C(\infty)(1-e^{-\frac{t}{\tau}})=10(1-e^{-\frac{t}{0.1}})=10\ (1-e^{-10t})\ (\text{V})$$

$$i_C(t)=C\frac{du_C}{dt}=10\times10^{-6}\times(-10)\times(-10)\times e^{-10t}=1\times10^{-3}e^{-10t}(\text{A})=e^{-10t}(\text{mA})$$

5.4.2　一阶 RL 电路的零状态响应

一阶 RL 电路如图 5.22 所示。

1. 确定初始条件

由于 L 元件的初始储能为零，有

$$i_L(0_+)=i_L(0_-)=0\ (\text{A})$$

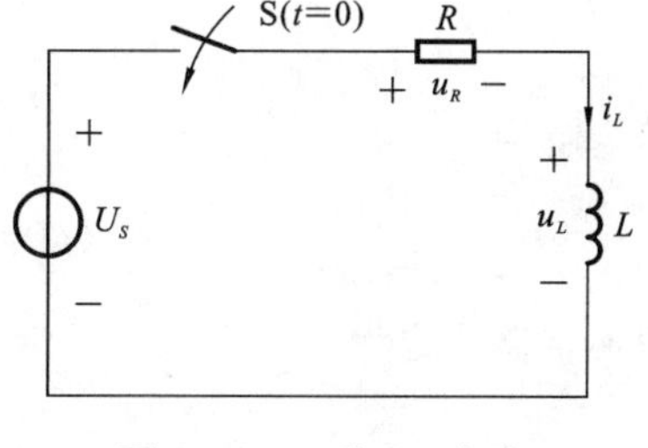

图 5.22　一阶 RL 电路

2. 列写微分方程

开关 S 闭合后，过渡过程开始，根据 KVL 定律，有

$$u_R+u_L=U_S,\quad u_R=i_L(t)R,\quad u_L=L\frac{di_L(t)}{dt}$$

电路方程为

$$L\frac{di_L(t)}{dt}+Ri_L(t)=U_S \tag{5-70}$$

式(5-70)称为一阶线性非齐次微分方程。

3. 求解微分方程

由高等数学知识可知，该微分方程的解 $i_L(t)$ 由齐次方程的通解 $i'_L(t)$ 与非齐次方程的特解 $i''_L(t)$ 两部分组成，即

$$i_L(t)=i'_L(t)+i''_L(t) \tag{5-71}$$

(1) $i'_L(t)$ 是齐次微分方程的通解，满足

$$L\frac{di'_L(t)}{dt}+Ri'_L(t)=0 \tag{5-72}$$

解得

$$i'_L(t)=Ae^{pt} \tag{5-73}$$

则有

$$\frac{\mathrm{d}i'_L(t)}{\mathrm{d}t}=Ap\mathrm{e}^{pt}$$

将上式和式(5-73)代入式(5-72),得

$$Lp+R=0 \tag{5-74}$$

$$p=-\frac{R}{L}=-\frac{1}{\tau} \tag{5-75}$$

$$i'_L(t)=A\mathrm{e}^{-\frac{R}{L}t}=A\mathrm{e}^{-\frac{t}{\tau}} \tag{5-76}$$

其中:τ 为时间常数,即

$$\tau=\frac{L}{R} \tag{5-77}$$

(2) $i''_L(t)$是特解,满足微分方程,即

$$L\frac{\mathrm{d}i''_L(t)}{\mathrm{d}t}+Ri''_L(t)=U_S \tag{5-78}$$

解得

$$i''_L(t)=\frac{U_S}{R} \tag{5-79}$$

$$i_L(t)=i'_L(t)+i''_L(t)=A\mathrm{e}^{-\frac{t}{\tau}}+\frac{U_S}{R} \tag{5-80}$$

将零状态 $i_L(0_+)=i_L(0_-)=0$ 代入式(5-80)得

$$A=-\frac{U_S}{R}$$

其全解为

$$i_L(t)=A\mathrm{e}^{-\frac{t}{\tau}}+\frac{U_S}{R}=\frac{U_S}{R}(1-\mathrm{e}^{-\frac{t}{\tau}})$$

即零状态响应为

$$i_L(t)=\frac{U_S}{R}(1-\mathrm{e}^{-\frac{t}{\tau}}) \tag{5-81}$$

电感电压为

$$u_L(t)=L\frac{\mathrm{d}i_L}{\mathrm{d}t}=U_S(1-\mathrm{e}^{-\frac{t}{\tau}}) \tag{5-82}$$

4. 讨论

由式(5-81)分析一阶 RL 电路的零状态响应曲线,如图 5.23 所示。

(1) 电感电流是随时间按指数规律变化的函数。

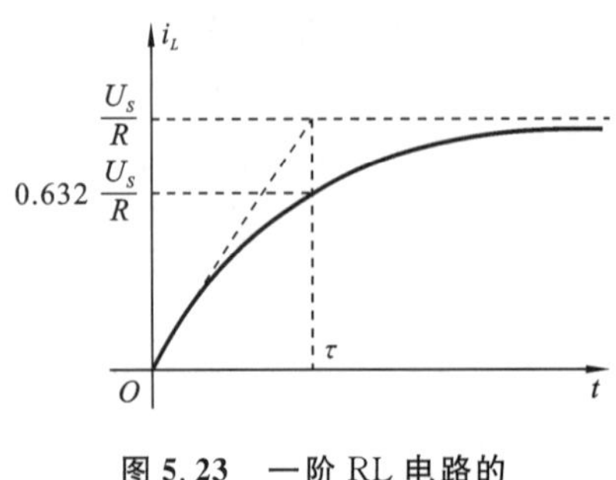

图 5.23 一阶 RL 电路的零状态响应曲线

当 $t\to\infty$时,电路达到稳态,有

$$i_L(\infty)=\frac{U_S}{R}=I_{sc}$$

(2) 响应变化的快慢由时间常数 $\tau=\frac{L}{R}$决定,τ 越大,充电越慢,过渡过程就越长。τ 是指 $i_L(t)$从 0 上升到 $0.632\,\frac{U_S}{R}$时所经历的时间,如图 5.23 所示。实际上,零状态响应的暂态过程

即为电路储能元件 L 的充电过程，由该式可知，当时间 $t\to\infty$ 时，电感电流趋近于充电值，充电过程结束，电路达到另一个稳态。在工程中，常认为电路经过 $3\tau\sim5\tau$ 时间后充电结束。

(3) 响应与外加激励呈线性关系。由式(5-81)可知，外施激励 U_S（或 U_S/R）与响应 $i_L(t)$ 是线性关系。

5. 结论

初始值、稳态值和时间常数确定了一阶电路的零状态响应。初始值由换路前的 0_- 电路确定，稳态值由换路后的 $t\to\infty$ 电路确定，而 τ 由动态电路中的电感及其两端的等效电阻 R_{eq} 确定，其意义与前面的相同。

6. 等效简化电路

如果电路为一个复杂有源一阶 RL 路，仅含一个 L 件（或一个等效 L_{eq}），将 L 件两端的复杂无源二端电路根据戴维宁定理等效变换为一个实际电压源模型，或一个实际电流源模型，如图 5.24 所示。

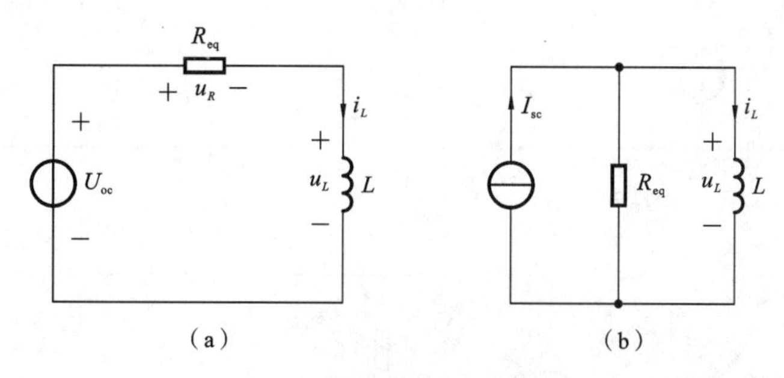

图 5.24　一阶 RL 等效简化电路

戴维宁等效电压源为

$$U_S=U_{oc}=u_C(\infty) \tag{5-83}$$

诺顿等效电流源为

$$i_L(\infty)=\frac{U_S}{R_S}=\frac{U_{oc}}{R_{eq}}=I_{sc} \tag{5-84}$$

由于等效电阻 $R_S=R_{eq}$，则有

$$\tau=\frac{L}{R_{eq}} \tag{5-85}$$

零状态响应为

$$i_L(t)=\frac{U_{oc}}{R_{eq}}(1-e^{-\frac{t}{\tau}}) \tag{5-86}$$

或

$$i_L(t)=I_{sc}(1-e^{-\frac{t}{\tau}}) \tag{5-87}$$

7. 求解一阶 RL 电路零状态响应的步骤

求解一阶 RL 电路零状态响应的步骤如下。

(1) 求出待求量的初始值，$i_L(0_+)=i_L(0_-)=0$。

(2) 求出待求量在 $t\to\infty$ 时的稳态值，根据 $0_+\sim\infty$ 电路，求出等效电路，即

$$u_C(\infty)=U_S=U_{oc}$$

并求出 τ 值，即

$$\tau=\frac{L}{R_{eq}}$$

（3）求出待求量响应，即

$$i_L(t)=\frac{U_S}{R}(1-e^{-\frac{t}{\tau}})$$

或
$$i_L(t)=\frac{U_{oc}}{R_{eq}}(1-e^{-\frac{t}{\tau}})=I_{sc}(1-e^{-\frac{t}{\tau}})$$

其他待求量的响应为

$$y(t)=y(\infty)(1-e^{-\frac{t}{\tau}})$$

例 5-6 试求图 5.25(a)所示的电路换路后的零状态响应 $i_L(t)$、$i(t)$。

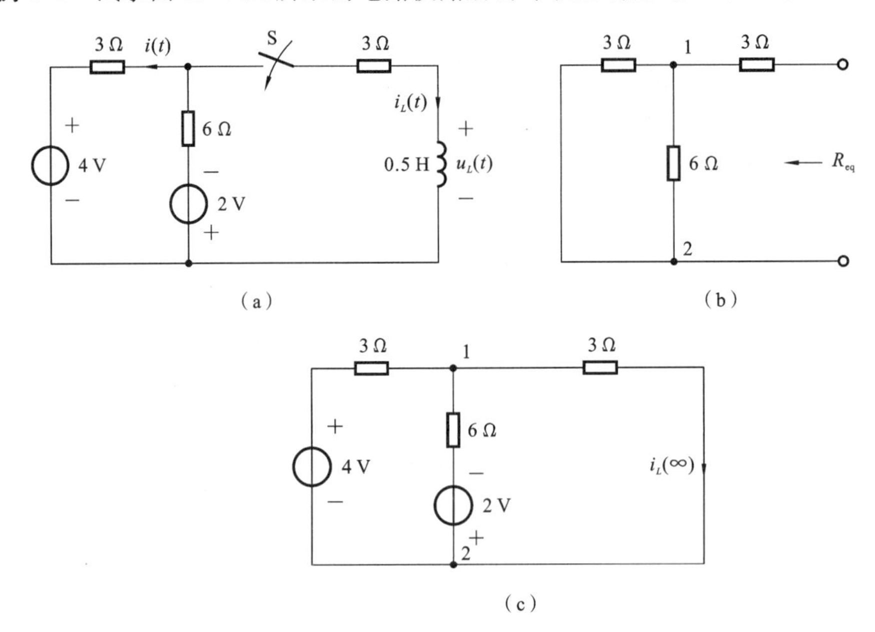

图 5.25 例 5-6 的图

解 （1）求 $i_L(0_+)$。

$$i_L(0_+)=i_L(0_-)=0\ (\text{A})$$

（2）求 τ、$i_L(\infty)$。开关 S 闭合后，电路如图 5.25(b)所示，电感 L 两端的等效电阻 R_{eq} 为

$$R_{eq}=3/\!/6+3=5\ (\Omega),\quad \tau=\frac{L}{R_{eq}}=\frac{0.5}{5}=0.1\ (\text{s})$$

当 $t\to\infty$，电路达到稳态，此时 L 相当于短路，电路如图 5.25(c)所示，用结点电压法求 $i_L(\infty)$，设 $U_{n2}=0$，则有

$$U_{n1}\left(\frac{1}{3}+\frac{1}{6}+\frac{1}{3}\right)=\frac{4}{3}-\frac{2}{6}$$

即
$$U_{n1}=\frac{6}{5}\ (\text{V})$$

$$i_L(\infty)=\frac{U_{n1}}{3}=\frac{\frac{6}{5}}{3}=\frac{2}{5}\ (\text{A})$$

(3) 求零状态响应 $i_L(t)$、$i(t)$，即

$$i_L(t)=i_L(\infty)(1-\mathrm{e}^{-\frac{t}{\tau}})=\frac{2}{5}(1-\mathrm{e}^{-\frac{t}{0.1}})=\frac{2}{5}(1-\mathrm{e}^{-10t})\ (\mathrm{A})$$

$$u_L=L\frac{\mathrm{d}i_L}{\mathrm{d}t}=0.5\times\left(-\frac{2}{5}\right)\times(-10)\mathrm{e}^{-10t}=2\mathrm{e}^{-10t}(\mathrm{V})$$

$$i(t)=\frac{3i_L(t)+u_L(t)-4}{3}=\frac{4}{15}\mathrm{e}^{-10t}-\frac{14}{15}\ (\mathrm{A})$$

5.5 一阶电路的全响应

5.5.1 直流电源激励下的全响应

在储能元件有初始储能的情况下，电路在外施激励下产生的响应称为全响应。

(1) 求初始值。初始条件为

$$u_C(0_+)=u_C(0_-)=U_0$$

一阶 RC 电路如图 5.26 所示。

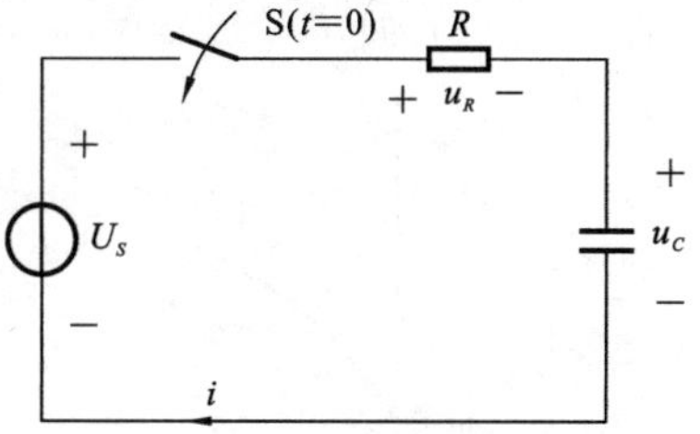

图 5.26 一阶 RC 电路

(2) 列写微分方程。由 KVL 定律可得

$$u_C+u_R=U_S,\quad u_R=iR=RC\frac{\mathrm{d}u_C}{\mathrm{d}t}$$

即

$$u_C+RC\frac{\mathrm{d}u_C}{\mathrm{d}t}=U_S \tag{5-88}$$

(3) 求解微分方程。

该方程为一阶常系数线性非齐次微分方程。此方程与前面所学的零状态响应的分析求解过程相同，不同的是电压 u_C 的初始值不为 0。

微分方程的解 $u_C(t)$ 由齐次方程的通解 $u'_C(t)$ 与非齐次方程的特解 $u''_C(t)$ 两部分组成，即

$$u_C(t)=u'_C(t)+u''_C(t) \tag{5-89}$$

求通解。特征方程为

$$RCp+1=0 \tag{5-90}$$

特征根为

$$p=-\frac{1}{RC} \tag{5-91}$$

则电路方程对应的齐次方程的通解形式为

$$u'_C(t)=A\mathrm{e}^{pt}=A\mathrm{e}^{-\frac{t}{\tau}} \tag{5-92}$$

电路的时间常数为

$$\tau=RC \tag{5-93}$$

其单位为秒。

求特解。令 $u''_C(t)=U_S$，代入式(5-88)，成立。

电容电压全解为

$$u_C(t)=u'_C(t)+u''_C(t)=A\mathrm{e}^{-\frac{t}{\tau}}+U_S$$

由初始条件知，当 $t=0$ 时，

$$u_C(0_+)=u_C(0_-)=U_0$$

代入上式，得

$$u_C(0_+)=Ae^{-\frac{0}{\tau}}+U_S=A+U_S=U_0$$

即

$$A=U_0-U_S$$

全解为

$$u_C(t)=u'_C(t)+u''_C(t)$$

$$=(U_0-U_S)e^{-\frac{t}{\tau}}+U_S \tag{5-94}$$

$$=U_0e^{-\frac{t}{\tau}}+U_S(1-e^{-\frac{t}{\tau}}) \tag{5-95}$$

由式(5-95)看出，通解即为电路的暂态值，特解即为电路的稳态值。

由此可知，初始值 U_0、稳态值 U_S 和时间常数 τ 确定了一阶电路的全响应。

(4) 全响应曲线。

由式(5-95)可得一阶电路的全响应曲线，如图 5.27 所示。全响应曲线分为两种情况：图 5.27(a)为 $y(0_+)<y(\infty)$；图 5.27(b)为 $y(0_+)>y(\infty)$。

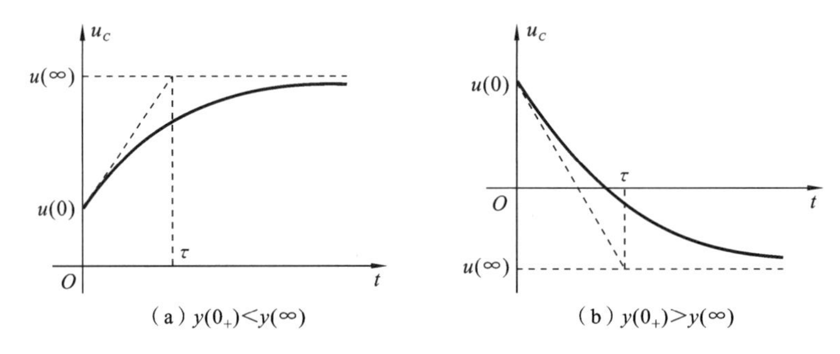

图 5.27 一阶电路的全响应曲线

另外还有一种特殊情况是，当 $U_0=U_S$ 时，有

$$u_C(t)=U_S$$

一阶 RL 电路的全响应分析方法同上。

5.5.2 三要素法

1. 全响应的分解

1) 自由分量(自然响应)

从电路方程的求解过程来看，其中对应的齐次方程的通解与输入函数(激励)无关，称为电路的自然(固有)响应，又称为自由分量。这一部分分量无论激励如何，都具有 Ae^{Pt} 的形式，它总是随着时间变化按指数规律衰减到零，也称为暂态响应。

2) 强制分量(强迫响应)

电路方程中的解的特解部分与电路的激励形式有关，或者说受到电路输入激励的约束，因此这一部分分量也称为强制分量或强制响应。如果强制响应为常量或周期函数，那么该响应也称为稳态响应。

对于线性电路，全响应为零状态响应与零输入响应的和。此为线性动态电路的一个普遍规律，它来源于线性电路的叠加性。

从解的结构方面来看，有

$$u_C(t)=(U_0-U_S)e^{-\frac{t}{\tau}}+U_S$$

即　　全响应=暂态响应+稳态响应=自由响应+强迫响应=通解+特解

从线性电路响应与激励的关系来看，它是非零状态（零输入）的激励产生的响应与非零输入（零状态）的激励产生的响应的叠加，有

$$u_C(t)=U_0e^{-\frac{t}{\tau}}+U_S(1-e^{-\frac{t}{\tau}})$$

即　　全响应=零输入响应+零状态响应

全响应的两种分解的求解结果是相同的，这也为我们提供了两种求解方法：一种是列写微分方程求出通解与特解，一种是把全响应分为零输入响应与零状态响应，分别求解再进行线性叠加。

2. 三要素法

1）三要素法

通过前面的分析可知，全响应为

$$u_C(t)=(U_0-U_S)e^{-\frac{t}{\tau}}+U_S$$

初始值 U_0、稳态值 $U_S=U_C(\infty)$ 和时间常数 τ 确定了一阶电路的全响应。

对于直流激励下的一阶电路中的各个响应，均可以归纳为求以下三个要素：响应电压（或电流）的初始值（0_+）、稳态值（∞）和时间常数（τ）。这种方法称为三要素法。

2）三要素法的计算公式

在直流输入的情况下，一阶动态电路中的任意支路电压、电流均可用三要素法来求解。其计算公式为

$$y(t)=y(\infty)+[y(0_+)-y(\infty)]e^{-\frac{t}{\tau}} \tag{5-96}$$

其中：$y(t)$ 为暂态过程电路中任意的全响应电压或电流；$y(0_+)$ 为全响应的初始值；$y(\infty)$ 为全响应的稳态值；τ 为时间常数。

3）三要素法的计算步骤

（1）计算初始值。

画出 0_- 电路，计算换路前电路中的 $u_C(0_-)$ 及 $i_L(0_-)$；由换路定律求出 $u_C(0_+)$ 及 $i_L(0_+)$；在换路后的电路中，用电压源（或电流源）替代 C（或 L），分别为 $u_C(0_+)$（或 $i_L(0_+)$），计算出待求量的初始值。

注意：从 0_- 到 0_+ 的换路过程，只有 $u_C(0_-)$ 及 $i_L(0_-)$ 不变，其余电流或电压都可能改变，所以只能求出这两个值。

（2）计算稳态值。

画出换路后的电路，计算 $t\to\infty$ 时待求量的稳态值 $y(\infty)$。在计算稳态值时，在直流激励下，电容作“开路”处理，电感作“短路”处理。

（3）计算时间常数。

画出 $0_+\sim\infty$ 电路，求出 L 或 C 两端的戴维宁等效电路或诺顿等效电路，求出 R_{eq}，再求暂态电路的时间常数。

对于电容电路，有

$$\tau=R_{eq}C \tag{5-97}$$

对于电感电路，有

$$\tau=\frac{L}{R_{eq}} \tag{5-98}$$

(4) 代入公式,有

$$u(t)=u(\infty)+[u(0_+)-u(\infty)]e^{-\frac{t}{\tau}} \tag{5-99}$$

$$i(t)=i(\infty)+[i(0_+)-i(\infty)]e^{-\frac{t}{\tau}} \tag{5-100}$$

对于电容,有

$$u_C(t)=u_C(\infty)+[u_C(0_+)-u_C(\infty)]e^{-\frac{t}{\tau}} \tag{5-101}$$

$$i_C(t)=C\frac{du_C}{dt} \tag{5-102}$$

对于电感,有

$$i_L(t)=i_L(\infty)+[i_L(0_+)-i_L(\infty)]e^{-\frac{t}{\tau}} \tag{5-103}$$

$$u_L(t)=L\frac{di_L(t)}{dt} \tag{5-104}$$

再求电路中其他电量的全响应。其他电量也可以直接用三要素法求解。

注意:当电路中存在电容、电感串联和并联的情况时,时间常数计算中的 C(或 L)同样可以用求等效电阻 R_{eq}的方法来计算,即用戴维宁定理或诺顿定理的等效来计算。而电容、电感的串联和并联计算公式为

电容串联: $\frac{1}{C}=\frac{1}{C_1}+\frac{1}{C_2}$

电容并联: $C=C_1+C_2$

电感串联: $L=L_1+L_2$

电感并联: $\frac{1}{L}=\frac{1}{L_1}+\frac{1}{L_2}$

例 5-7 电路如图 5.28(a)所示,当 $t=0$ 时开关闭合,闭合前电路已处于稳态,试求 $i_C(t)$、$i(t)$。

解 用三要素法。

(1) 求 $u_C(0_+)$。如图 5.28(b)所示,开关 S 闭合前,$t=0_-$ 电路,此时 C 相当于开路。

由 KVL 定律,知

$$(2+4+6)\times10^3 I'=36-12$$

解得

$$I'=2\ (\text{mA})$$

对回路 1,有

$$2I'+U_C(0_-)=36$$

$$U_C(0_-)=36-2I'=36-2\times2=32\ (\text{V})$$

由换路定律,知

$$u_C(0_+)=u_C(0_-)=32\ (\text{V})$$

(2) 求 τ、$u_C(\infty)$。开关 S 闭合后,电路如图 5.28(c)所示,当 $t\to\infty$时,电路达到稳态(C 相当于开路),电路如图 5.28(d)所示,则有

$$u_C(\infty)=U_{oc}=\frac{6}{6+2}\times36=27\ (\text{V})$$

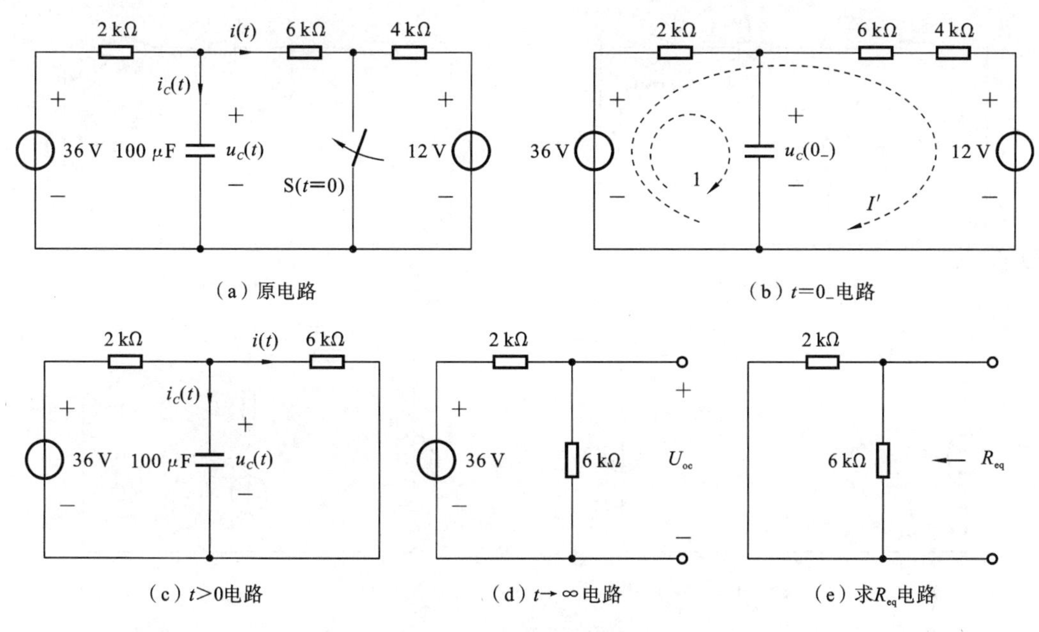

图 5.28 例 5-7 的图

电路如图 5.28(e)所示，电容 C 两端的等效电阻 R_{eq} 为

$$R_{eq}=2/\!/6=\frac{3}{2}\ (\text{k}\Omega)$$

$$\tau=R_{eq}C=\frac{3}{2}\times10^{3}\times100\times10^{-6}=\frac{3}{20}\ (\text{s})$$

(3) 求零全响应 $u_C(t)$、$i_C(t)$。则有

$$u_C(t)=u_C(\infty)+[u_C(0_+)-u_C(\infty)]\text{e}^{-\frac{t}{\tau}}=27+(32-27)\text{e}^{-\frac{t}{\frac{20}{3}}}=27+5\text{e}^{-\frac{3}{20}t}(\text{V})$$

$$i_C(t)=C\frac{\text{d}u_C}{\text{d}t}=100\times10^{-6}\times5\times\left(-\frac{3}{20}\right)\times\text{e}^{-\frac{3}{20}t}$$

$$=-75\times10^{-6}\text{e}^{-\frac{3}{20}t}(\text{A})=-75\text{e}^{-\frac{3}{20}t}(\mu\text{A})$$

$$i(t)=\frac{u_C}{6\ \text{k}\Omega}=\frac{9}{2}+\frac{5}{6}\text{e}^{-\frac{3}{20}t}(\text{mA})$$

例 5-8 图 5.29(a)所示的电路中电路已处于稳态，当 $t=0$ 时开关 S 闭合，求 $i_L(t)$、$u_L(t)$。

解 (1) 求 $i_L(0_+)$。当开关 S 断开，电感 L 相当于短接，被充电。电路如图 5.29(b)所示，即

$$i_L(0_+)=i_L(0_-)=\frac{10}{5}=2\ (\text{A})$$

(2) 求 τ、$i_L(\infty)$。开关 S 闭合后，电路如图 5.29(c)所示。$t\to\infty$，电路达到稳态，L 相当于短路，电路如图 5.29(d)所示，则有

$$i_L(\infty)=I_{sc}=\frac{10}{5}+\frac{20}{5}=6\ (\text{A})$$

再求等效电阻 R_{eq}，电容 L 两端的等效电路如图 5.29(e)所示，则有

$$R_{eq}=5/\!/5=\frac{5}{2}\ (\Omega)$$

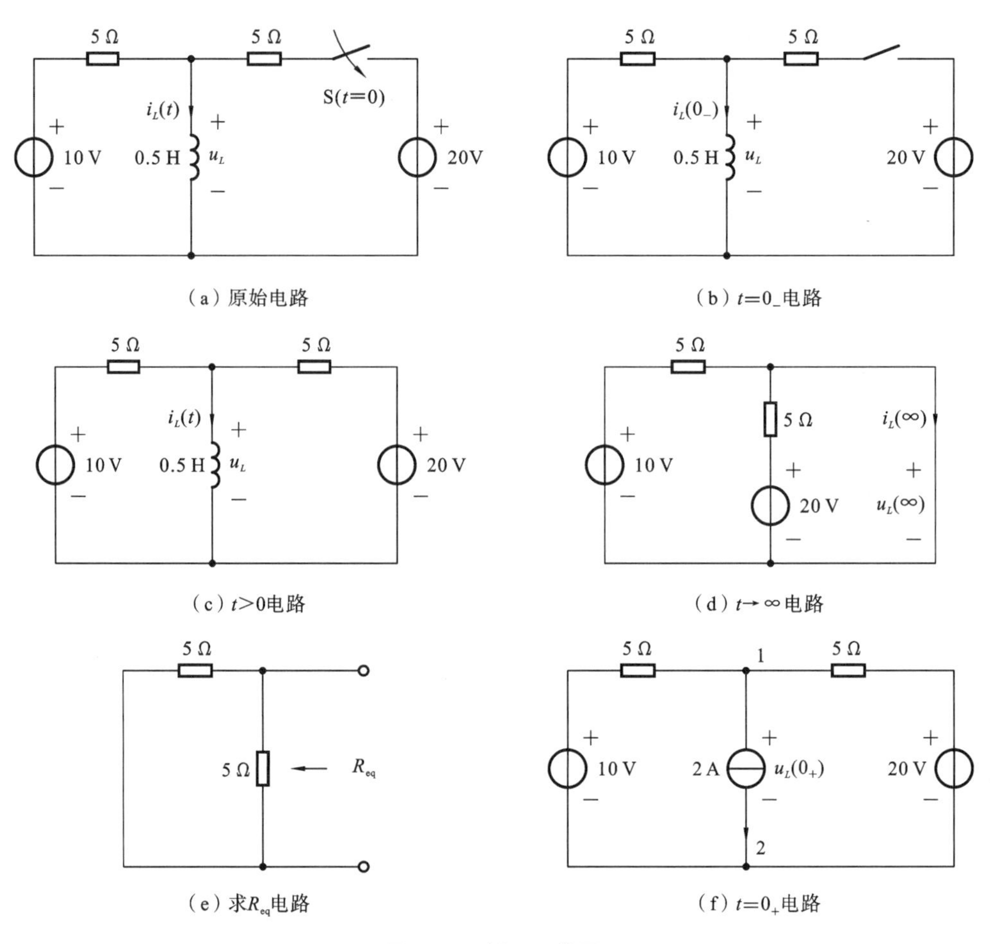

图 5.29 例 5-8 的图

$$\tau=\frac{L}{R_{eq}}=\frac{0.5}{\frac{5}{2}}=0.2\ (\mathrm{s})$$

(3) 求全响应 $i_L(t)$、$u_L(t)$。则有

$$i_L(t)=i_L(\infty)+[i_L(0_+)-i_L(\infty)]\mathrm{e}^{-\frac{t}{\tau}}=6+(2-6)\mathrm{e}^{-\frac{t}{0.2}}=6-4\mathrm{e}^{-5t}(\mathrm{A})$$

$$u_L=L\frac{\mathrm{d}i_L}{\mathrm{d}t}=0.5\times(-4)(-5)\mathrm{e}^{-5t}=10\mathrm{e}^{-5t}(\mathrm{V})$$

或者，$u_L(t)$用三要素法求出。

(1) 求 $u_L(0_+)$。用结点电压法，电路如图 5.29(f)所示，则有

$$\left(\frac{1}{5}+\frac{1}{5}\right)U_{n1}=\frac{10}{5}+\frac{20}{5}-2$$

$$U_L(0_+)=U_{n1}=10\ (\mathrm{V})$$

(2) 求 $u_L(\infty)$：

$$u_L(\infty)=0\ (\mathrm{V})$$

电路如图 5.29(d)所示。

(3) 求 τ：

$$\tau=0.2\ (\mathrm{s})$$

(4) 求全响应：

$$u_L(t)=u_L(\infty)+[u_L(0_+)-u_L(\infty)]\mathrm{e}^{-\frac{t}{\tau}}=0+(10-0)\mathrm{e}^{-5t}=10\mathrm{e}^{-5t}(\mathrm{V}) \quad (t\geqslant 0_+)$$

*5.5.3 正弦交流电源激励下的全响应

已知激励 $u_S(t)=U_m\cos(\omega t+\varphi)$，根据欧拉公式有

$$\mathrm{e}^{\mathrm{j}\beta}=\cos\beta+\mathrm{j}\sin\beta$$

其中：实部为 $\cos\beta=\mathrm{Re}[\mathrm{e}^{\mathrm{j}\beta}]$。令 $\beta=\omega t+\varphi$，则有

$$u_S(t)=U_m\cos(\omega t+\varphi)=\mathrm{Re}[U_m\mathrm{e}^{\mathrm{j}(\omega t+\varphi)}]$$

使用指数函数 $U_m\mathrm{e}^{\mathrm{j}(\omega t+\varphi)}$ 作为激励进行计算，最后将计算结果 $i_L(t)$ 取实部，就可以求得全响应 $i_L(t)$。

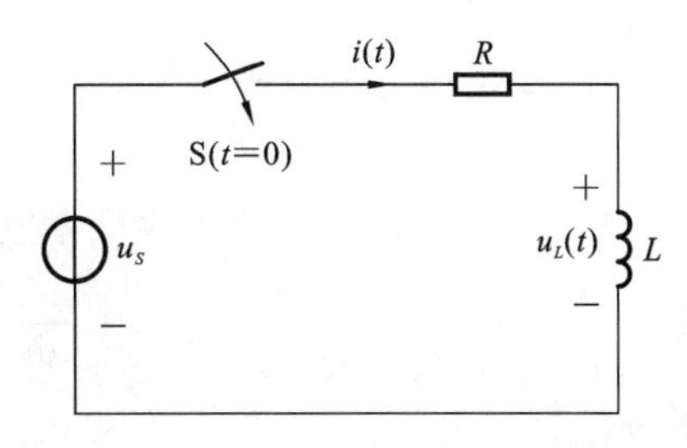

图 5.30 一阶电路的正弦激励下的全响应

电路如图 5.30 所示，分析如下。

(1) 列写微分方程得

$$L\frac{\mathrm{d}i_L}{\mathrm{d}t}+Ri_L=U_m\mathrm{e}^{\mathrm{j}(\omega t+\psi_u)} \qquad (5\text{-}105)$$

$$L\frac{\mathrm{d}i_L}{\mathrm{d}t}+Ri_L=(U_m\mathrm{e}^{\mathrm{j}\psi_u})\mathrm{e}^{\mathrm{j}\omega t}$$

(2) 全解为

$$i_L(t)=i'_L(t)+i''_L(t)=A\mathrm{e}^{-\frac{t}{\tau}}+I_m\mathrm{e}^{\mathrm{j}\omega t}$$

该方程的通解为

$$i'_L(t)=A\mathrm{e}^{-\frac{t}{\tau}} \qquad (5\text{-}106)$$

其中：$\tau=\dfrac{L}{R}$。

该方程的特解为

$$i''_L(t)=I_m\cos(\omega t+\psi_i) \qquad (5\text{-}107)$$

$$L\frac{\mathrm{d}i''_L}{\mathrm{d}t}+Ri'_L=u_S(t)=U_m\cos(\omega t+\psi_u)$$

$$i''_L(t)=I_m\cos(\omega t+\psi_i)$$

$$\omega LI_m[-\sin(\omega t+\psi_i)]+RI_m\cos(\omega t+\psi_i)=I_m\cos(\omega t+\psi_u)$$

$$\sqrt{R^2+(\omega L)^2}I_m\left[\frac{-\omega L}{\sqrt{R^2+(\omega L)^2}}\sin(\omega t+\psi_i)+\frac{R}{\sqrt{R^2+(\omega L)^2}}\cos(\omega t+\psi_i)\right]$$

$$=I_m\cos(\omega t+\psi_u)$$

$$\sqrt{R^2+(\omega L)^2}I_m[-\sin\varphi_Z\sin(\omega t+\psi_i)+\cos\varphi_Z\cos(\omega t+\psi_i)]=I_m\cos(\omega t+\psi_u)$$

$$\sqrt{R^2+(\omega L)^2}I_m\cos[(\omega t+\psi_i)+\varphi_Z]=I_m\cos(\omega t+\psi_u)$$

$$I_m=\sqrt{R^2+(\omega L)^2}I_m\rightarrow I_m=\frac{U_m}{\sqrt{R^2+(\omega L)^2}}$$

$$\varphi_Z=\arctan\frac{\omega L}{R}$$

$$\psi_i+\varphi_Z=\psi_u\rightarrow\psi_i=\psi_u-\varphi_Z$$

则有

$$i''_L(t)=\frac{U_m}{\sqrt{R^2+(\omega L)^2}}\cos(\omega t+\psi_u-\varphi_Z) \tag{5-108}$$

故全解为

$$i_L(t)=i'_L(t)+i''_L(t)=Ae^{-\frac{t}{\tau}}+\frac{U_m}{\sqrt{R^2+(\omega L)^2}}\cos(\omega t+\psi_u-\varphi_Z) \tag{5-109}$$

将初始条件代入式(5-109)中，即可确定该微分方程中的待定系数 A，从而求出全解。

或者，设该方程的特解为

$$i''_L(t)=I_m e^{j\omega t} \tag{5-110}$$

将式(5-110)代入式(5-105)微分方程中，则有

$$L\frac{di''_L}{dt}+Ri''_L=(U_m e^{j\psi_u})e^{j\omega t}$$

解得

$$j\omega L I_m e^{j\omega t}+RI_m e^{j\omega t}=(U_m e^{j\psi_u})e^{j\omega t}$$

即

$$j\omega L I_m+RI_m=U_m e^{j\psi_u}$$

$$I_m=\frac{U_m e^{j\psi_u}}{R+j\omega L}=\frac{U_m e^{j\psi_u}}{\sqrt{R^2+(\omega L)^2}e^{j\arctan\left(\frac{\omega L}{R}\right)}}=\frac{U_m}{\sqrt{R^2+(\omega L)^2}}e^{j\left(\psi_u-\arctan\frac{\omega L}{R}\right)}$$

微分方程的特解为

$$i''_L(t)=I_m e^{j\omega t}=\frac{U_m}{\sqrt{R^2+(\omega L)^2}}e^{j\left(\psi_u-\arctan\frac{\omega L}{R}\right)}e^{j\omega t}$$

$$=\frac{U_m}{\sqrt{R^2+(\omega L)^2}}e^{j\left[(\omega t+\psi_u)-\arctan\frac{\omega L}{R}\right]} \tag{5-111}$$

微分方程的全解为

$$i_L(t)=\mathrm{Re}[i'_L(t)+i''_L(t)]=\mathrm{Re}\left[Ae^{-\frac{t}{\tau}}+\frac{U_m}{\sqrt{R^2+(\omega L)^2}}e^{j\left(\omega t+\psi_u-\arctan\frac{\omega L}{R}\right)}\right] \tag{5-112}$$

将初始条件代入式(5-112)中，即可确定该微分方程中的待定系数 A，从而求出全解。

微分方程的通解随着时间变化按指数规律衰减，电路的正弦稳态响应为

$$i_L(t)=\frac{U_m}{\sqrt{R^2+(\omega L)^2}}\cos\left(\omega t+\psi_u-\arctan\frac{\omega L}{R}\right) \tag{5-113}$$

同样，可以分析含有电容的一阶电路的正弦稳态响应：

$$i_C(t)=\frac{U_m}{\sqrt{R^2+\left(\frac{1}{\omega C}\right)^2}}\cos\left(\omega t+\psi_u-\arctan\frac{1}{\omega CR}\right) \tag{5-114}$$

5.6 一阶电路的阶跃响应与冲激响应

5.6.1 阶跃响应

1. 阶跃函数

1）阶跃函数的定义

阶跃函数：

$$\varepsilon(t)=\begin{cases}1, & t>0_+\\0, & t<0_-\end{cases}\tag{5-115}$$

在 $0_-\sim 0_+$ 时发生阶跃，如图 5.31 所示。

延时 t_0 的单位阶跃函数：

$$\varepsilon(t-t_0)=\begin{cases}0, & t<t_{0_-}\\1, & t>t_{0_+}\end{cases}\tag{5-116}$$

在 $t_{0_-}\sim t_{0_+}$ 时发生阶跃，如图 5.32 所示。

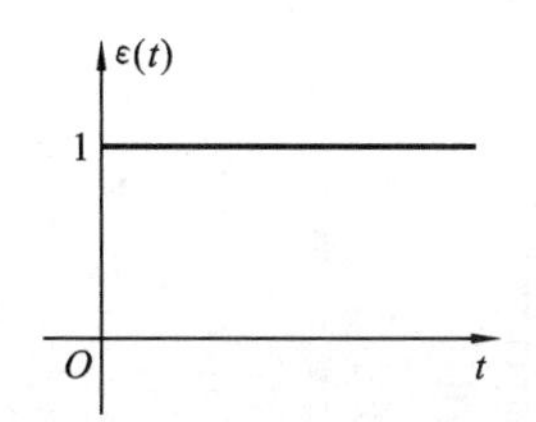

图 5.31　单位阶跃函数

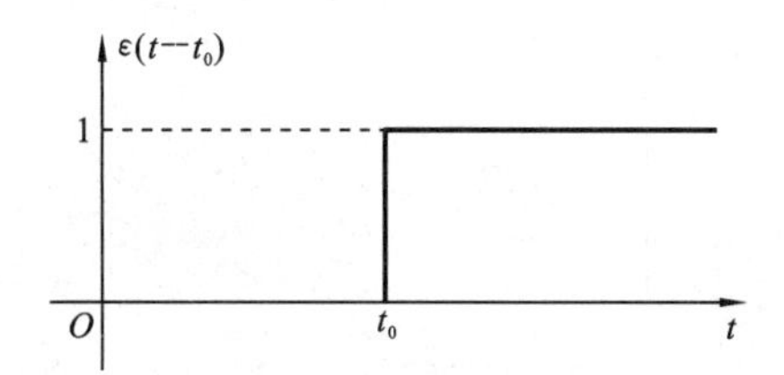

图 5.32　延时的单位阶跃函数

$\varepsilon(t)$ 称为开关函数，常用阶跃函数表示开关动作，用于描述开关在 $t=0$ 时把电路接在 $U=1$ V 的直流电源上，电路如图 5.33 所示。

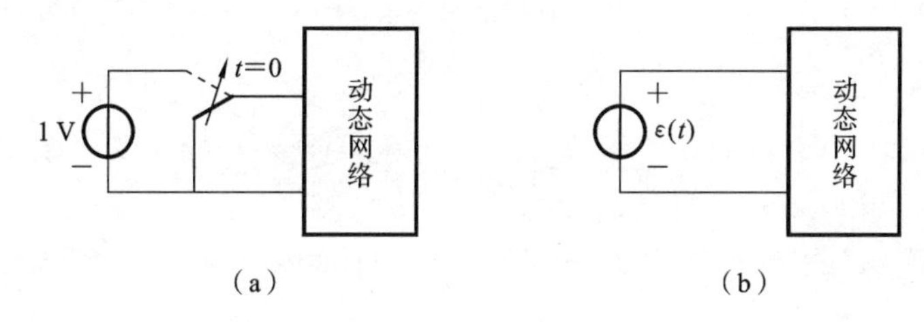

图 5.33　用阶跃函数表示开关动作

在实际电路中，$\varepsilon(t-t_0)$ 对应开关在 $t=t_{0_+}$ 时把电路接在 1 V 的直流电源上。

若

$$U\varepsilon(t)=\begin{cases}0, & t<0_-\\U, & t>0_+\end{cases}\tag{5-117}$$

在 $t=0$ 时发生阶跃，则阶跃幅度为 U。

又若

$$U\varepsilon(t-t_0)=\begin{cases}0, & t<t_{0_-}\\U, & t>t_{0_+}\end{cases}\tag{5-118}$$

在 $t=t_0$ 时发生阶跃，则阶跃幅度为 U。

2）用阶跃函数表示矩形脉冲信号和分段常量信号

矩形脉冲信号如图 5.34(a)所示，分解为两个阶跃信号叠加，如图 5.34(b)(c)所示，其响应可直接用阶跃响应的叠加来计算，即

$$f(t)=\varepsilon(t)-\varepsilon(t-t_0)\tag{5-119}$$

分段常量信号如图 5.35 所示。

分段常量信号均可用阶跃函数表示，在图 5.35(a)中可表示为

$$f(t)=\varepsilon(t)-2\varepsilon(t-t_1)+\varepsilon(t-t_2)\tag{5-120}$$

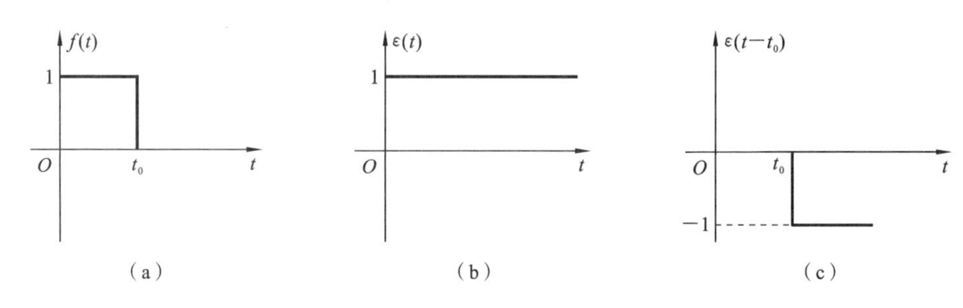

图 5.34　矩形脉冲信号的分解

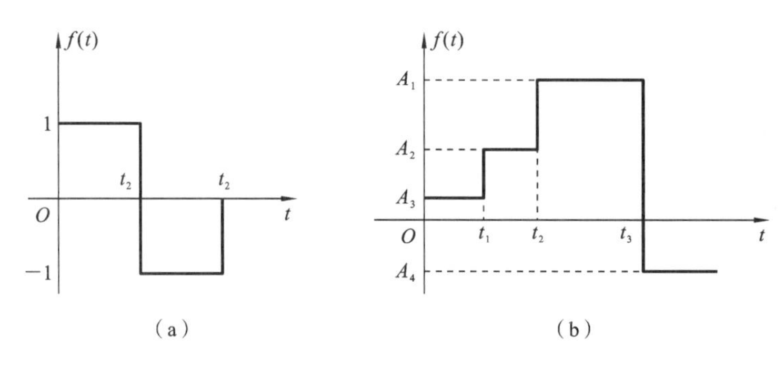

图 5.35　分段常量信号

在图 5.35(b)中可表示为

$$f(t)=A_3\varepsilon(t)+(A_2-A_3)\varepsilon(t-t_1)+(A_1-A_2)\varepsilon(t-2t_2)+(A_4-A_1)\varepsilon(t-3t_3)\tag{5-121}$$

矩形脉冲信号与矩形脉冲串是分段常量信号中的特殊种类，如图 5.36 所示。

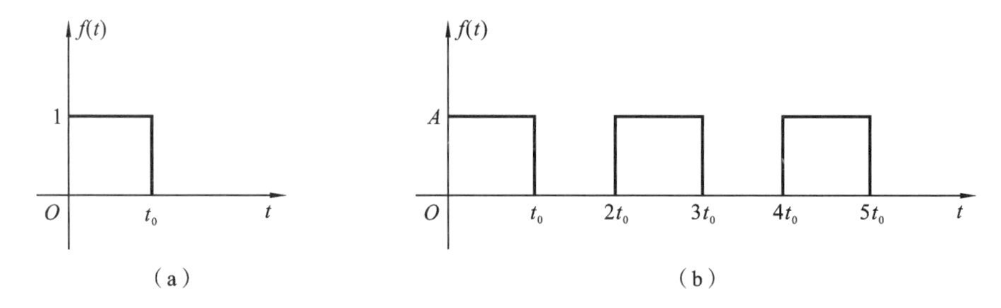

图 5.36　矩形脉冲信号与脉冲串

在图 5.36(b)中可表示为

$$f(t)=A\varepsilon(t)-A(t-t_0)+A\varepsilon(t-2t_0)-A\varepsilon(t-3t_0)+\cdots\tag{5-122}$$

分段常量信号在用阶跃函数表示时，应注意观察上升沿、下降沿及变化的幅度。

2. 单位阶跃响应

定义：电路在单位阶跃信号激励下的零状态响应。

单位阶跃响应与求解直流激励的零状态响应相同，直接用零状态响应的计算公式或者三要素法进行计算。

当激励为 $\varepsilon(t)$时，响应为

$$u_C(t)=(1-e^{-\frac{t}{\tau}})\varepsilon(t)\tag{5-123}$$

当激励为 $A\varepsilon(t)$时，响应为

$$u_C(t)=A(1-e^{-\frac{t}{\tau}})\varepsilon(t) \tag{5-124}$$

当激励为 $\varepsilon(t-t_0)$ 时，响应为

$$u_C(t)=(1-e^{-\frac{t-t_0}{\tau}})\varepsilon(t-t_0) \tag{5-125}$$

当激励为 $A\varepsilon(t-t_0)$ 时，响应为

$$u_C(t)=A(1-e^{-\frac{t-t_0}{\tau}})\varepsilon(t-t_0) \tag{5-126}$$

单位矩形脉冲响应：根据叠加定理，当激励为 $f(t)=\varepsilon(t)-\varepsilon(t-t_0)$，响应为

$$s(t)=(1-e^{-\frac{t}{\tau}})\varepsilon(t)-(1-e^{-\frac{t-t_0}{\tau}})\varepsilon(t-t_0) \tag{5-127}$$

或者分成以下两部分。

$0\sim t_0$ 为零状态响应，有

$$s(t)=(1-e^{-\frac{t}{\tau}})\varepsilon(t) \tag{5-128}$$

$t_0\sim\infty$ 为零输入响应，有

$$s(t)=s(t_0)e^{-\frac{t-t_0}{\tau}}\varepsilon(t-t_0) \tag{5-129}$$

注意：(1) 激励接入时刻在 $t=0$ 或者在 $t=t_0$ 时刻。

(2) 响应可以直接用阶跃函数表示。

等效简化电路：如果电路为一个复杂有源一阶 RL(或 RC)电路，仅含一个电感元件 L(或一个等效 L_{eq})，将 L 元件两端的复杂无源二端电路根据戴维宁定理等效变换为一个实际电压源模型，或者根据诺顿定理等效变换为一个实际电流源模型，如图 5.37 所示。

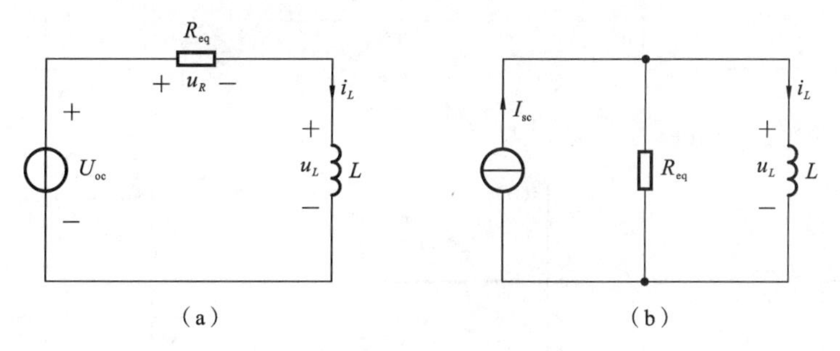

图 5.37 RL 等效简化电路

阶跃响应为

$$s(t)=\frac{U_{oc}}{R_{eq}}(1-e^{-\frac{t}{\tau}})\varepsilon(t)=i_L(\infty)(1-e^{-\frac{t}{\tau}})\varepsilon(t) \tag{5-130}$$

时间常数为

$$\tau=\frac{L}{R_{eq}} \tag{5-131}$$

例 5-9 求图 5-38(a)所示的电路的阶跃响应电压 $u_C(t)$ 和电流 $i(t)$。

解 (1) 求 $u_C(0_+)$。

$$u_C(0_+)=u_C(0_-)=0\ (\text{V})$$

(2) 求 τ、$u_C(\infty)$。开关 S 闭合后，电容 C 两端的等效电阻 R_{eq} 为

$$R_{eq}=20/\!/20=10\ (\Omega)$$

$$\tau=R_{eq}C=10\times0.01=0.1\ (\text{S})$$

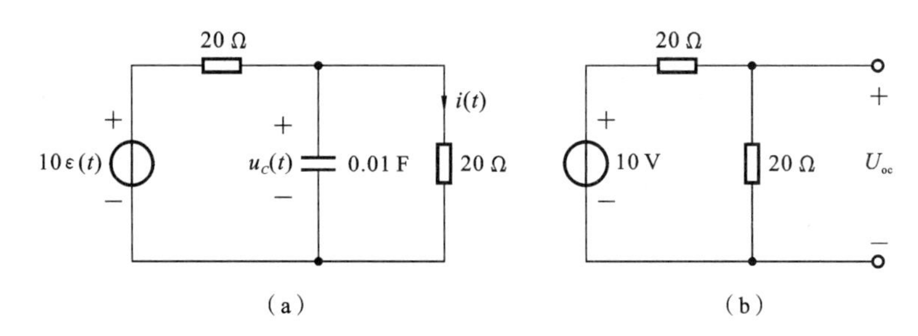

图 5.38 例 5-9 的图

$$u_C(\infty)=U_{oc}=\frac{20}{20+20}\times10=5\ (\mathrm{V})$$

注意:当 $t\rightarrow\infty$时,电路达到稳态,C 相当于开路。

(3) 求阶跃响应 $u_C(t)$、$i_C(t)$:

$$u_C(t)=u_C(\infty)(1-\mathrm{e}^{-\frac{t}{\tau}})=u_{oc}(1-\mathrm{e}^{-\frac{t}{\tau}})=5\times(1-\mathrm{e}^{-\frac{t}{0.1}})\varepsilon(t)=5(1-\mathrm{e}^{-10t})\varepsilon(t)\ (\mathrm{V})$$

$$i_C(t)=C\frac{\mathrm{d}u_C}{\mathrm{d}t}=0.01\times(-5)\times(-10)\times\mathrm{e}^{-10t}=0.5\mathrm{e}^{-10t}\varepsilon(t)\ (\mathrm{A})$$

例 5-10 求图 5.39(a)(b)所示的阶跃响应电流 $i_L(t)$。

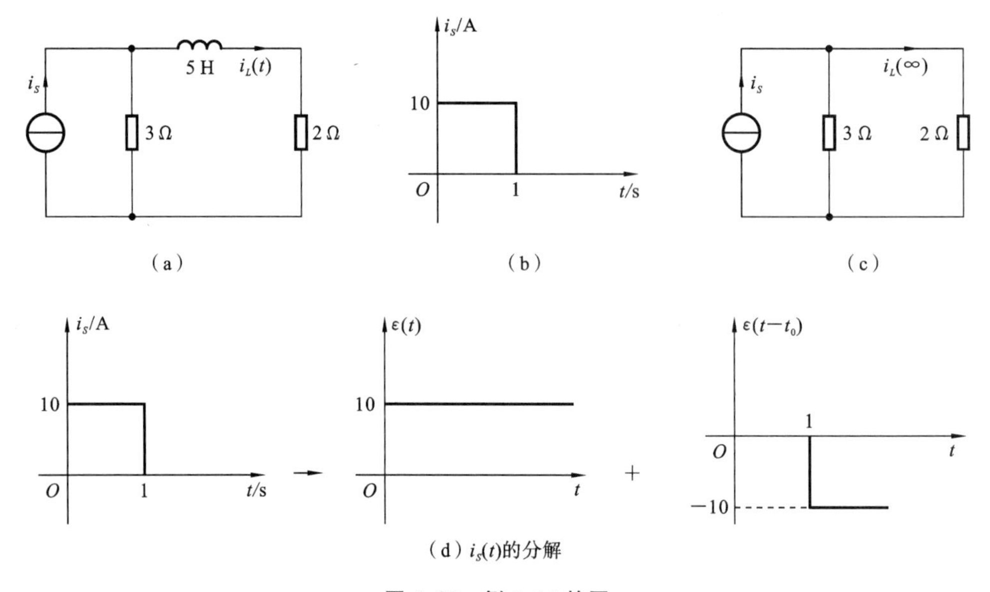

图 5.39 例 5-10 的图

解 (1) 求 $i_L(0_+)$。则有

$$i_L(0_+)=i_L(0_-)=0\ (\mathrm{A})$$

(2) 求 τ、$i_L(\infty)$。电感 L 两端的等效电阻 R_{eq} 为

$$R_{eq}=2+3=5\ (\Omega)$$

$$\tau=\frac{L}{R_{eq}}=\frac{5}{5}=1\ (\mathrm{s})$$

求 $i_L(\infty)$。短接 L 元件,电路如图 5.39(c)所示。电流源 i_S 是一个开关函数,如图 5.39(d)所示,将其用开关函数表示为

$$i_S(t)=10[\varepsilon(t)-\varepsilon(t-1)]$$

由分压公式知

$$i_L(\infty)=\frac{3}{3+2}i_S=\frac{3}{3+2}\times10[\varepsilon(t)-\varepsilon(t-1)]=6\,[\varepsilon(t)-\varepsilon(t-1)]\ (\mathrm{A})$$

（3）求阶跃响应 $i(t)$：

$$\begin{aligned}i(t)&=i_L(\infty)(1-\mathrm{e}^{-\frac{t}{\tau}})\varepsilon(t)-i_L(\infty)(1-\mathrm{e}^{-\frac{t-t_0}{\tau}})\varepsilon(t-t_0)\\&=6(1-\mathrm{e}^{-t})\varepsilon(t)-6(1-\mathrm{e}^{-(t-1)})\varepsilon(t-1)\ (\mathrm{A})\end{aligned}$$

或者通过分段方法求出。

（1）求 0～1 s 零状态响应：

$$i(t)=6(1-\mathrm{e}^{-t})\varepsilon(t)\ (\mathrm{A})$$

当 $t=1$ s 时，有

$$i(1)=(1-\mathrm{e}^{-1})\times6=3.79\ (\mathrm{A})$$

（2）求 1～∞ s 零输入响应：

$$i(t)=i(1)\mathrm{e}^{-(t-1)}\varepsilon(t-1)=3.79\mathrm{e}^{-(t-1)}\varepsilon(t-1)\ (\mathrm{A})$$

5.6.2 冲激响应

1. 冲激函数

1）单位冲激函数 $\delta(t)$

（1）$\delta(t)$是一种奇异函数，其定义为

$$\begin{cases}\delta(t)=0, & t\neq0\\ \int_{-\infty}^{+\infty}\delta(t)\mathrm{d}t=1, & 其他\end{cases}\tag{5-132}$$

该定义表明：冲激函数是一个具有无穷大幅度$\left(\frac{1}{\Delta}\right)$和零持续时间($\Delta$)的脉冲，其面积为 1。

（2）几何解释：$\delta(t)$函数可看作是单位脉冲函数的极限情况，$p(t)$为脉冲幅度，且有

$$\delta(t)=\lim_{\Delta\to0}p(t)\tag{5-133}$$

单位冲激函数及延时的单位冲激函数如图 5.40 所示，图 5.40(a)中在 $t=0$ 时发生冲激，强度为 1；图 5.40(b)中在 $t=0$ 时发生冲激，强度为 A；图 5.40(c)中在 $t=t_0$时发生冲激，强度为 1。

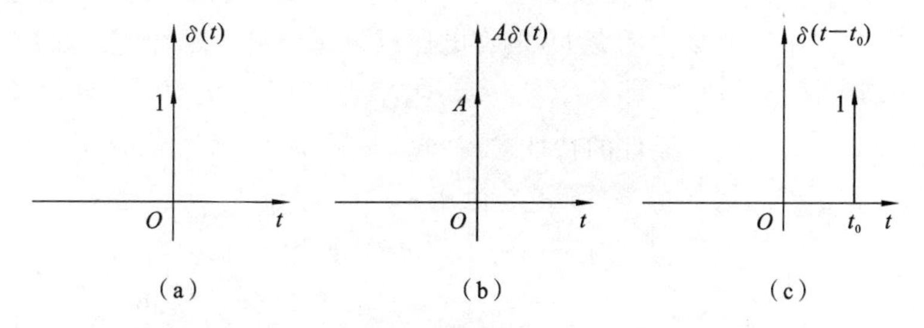

图 5.40 单位冲激函数及延时的单位冲激函数

2）单位冲激函数的特性

（1）$\delta(t)$与 $\varepsilon(t)$的关系。

$\delta(t)$与 $\varepsilon(t)$互为微积分关系：

$$\int_{-\infty}^{t}\delta(\tau)\mathrm{d}\tau=\varepsilon(t) \tag{5-134}$$

$$\frac{\mathrm{d}\varepsilon(t)}{\mathrm{d}t}=\delta(t) \tag{5-135}$$

图 5.41 及图 5.42 分别为单位阶跃函数和单位冲激函数在 $t=0$ 和 $t=t_0$ 的情况。

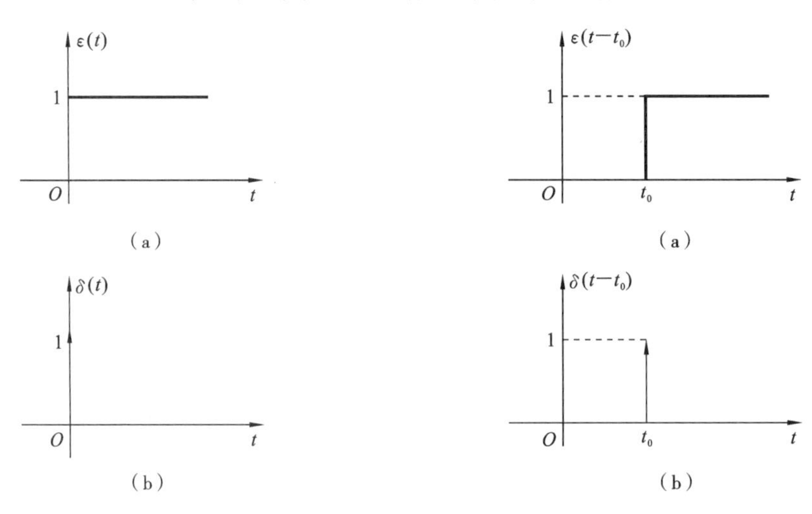

图 5.41　单位冲激函数与单位阶跃函数　　图 5.42　有时延的单位冲激函数与单位阶跃函数

(2) 筛分特性(又称抽样特性)。

在 $t\neq 0$ 时，$\delta(t)=0$，且 $f(t)\delta(t)=f(0)\delta(t)$，有

$$\int_{-\infty}^{+\infty}f(t)\delta(t)\mathrm{d}t=\int_{-\infty}^{+\infty}f(0)\delta(t)\mathrm{d}t=f(0)\int_{-\infty}^{+\infty}\delta(t)\mathrm{d}t=f(0) \tag{5-136}$$

在 $t\neq t_0$ 时，$\delta(t)=0$，有

$$\int_{-\infty}^{+\infty}f(t)\delta(t-t_0)\mathrm{d}t=\int_{-\infty}^{+\infty}f(t_0)\delta(t-t_0)\mathrm{d}t=f(t_0)\int_{-\infty}^{+\infty}\delta(t-t_0)\mathrm{d}t=f(t_0) \tag{5-137}$$

冲激函数可以把函数 $f(t)$ 在某一时刻的值选择出来。

3) 冲激电路初始值的计算

通过前面的分析，根据换路定律，在计算电路初始值时，当电容电流或电感电压为有限值时，电容电压与电感电流在换路前后不跳变。换路定律成立的前提条件是不违背能量守恒定律。而当能量为无穷大，电容电压或电感电流呈现冲激函数特点时，就会发生跳变，换路定律不再成立，即 $u_C(0_+)\neq u_C(0_-)$、$i_L(0_+)\neq i_L(0_-)$，此时要根据动态元件的特性求解。

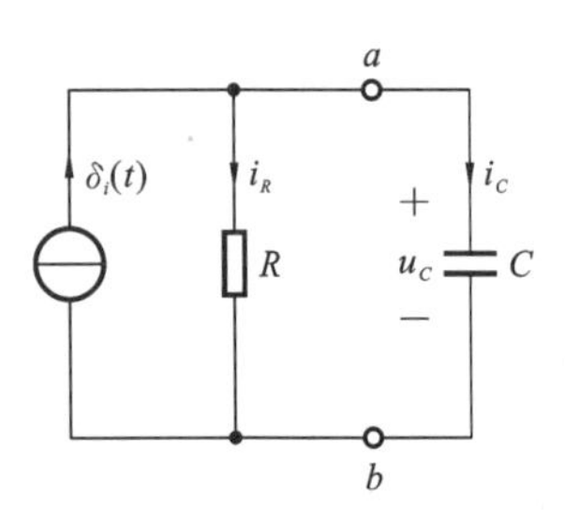

图 5.43　电容电压 $u_C(0_+)$

(1) 电容电压 $u_C(0_+)$。

对于一阶 RC 电路，如图 5.43 所示，有

$$i_R+i_C=\delta_i(t),\quad \frac{u_C(t)}{R}+C\frac{\mathrm{d}u_C}{\mathrm{d}t}=\delta_i(t)$$

$$\int_{0_-}^{0_+}\frac{u_C(t)}{R}\mathrm{d}t+\int_{0_-}^{0_+}C\frac{\mathrm{d}u_C}{\mathrm{d}t}\mathrm{d}t=\int_{0_-}^{0_+}\delta_i(t)\mathrm{d}t=1$$

由于有冲激电流源的作用，可以认为电流变化非常大，瞬间加在电容上，且 $i_C(t)=\delta_i(t)$，电阻电流非常小，故有

$$\int_{0_-}^{0_+} C\frac{\mathrm{d}u_C}{\mathrm{d}t}\mathrm{d}t = 1,\quad C[u_C(0_+)-u_C(0_-)]=1$$

$$u_C(0_+)=u_C(0_-)+\frac{1}{C} \tag{5-138}$$

若 $i_C(t)=A\delta_i(t)$，则有

$$u_C(0_+)=u_C(0_-)+\frac{A}{C} \tag{5-139}$$

(2) 电感电流 $i_L(0_+)$。

对于一阶 RL 电路，如图 5.44 所示，有

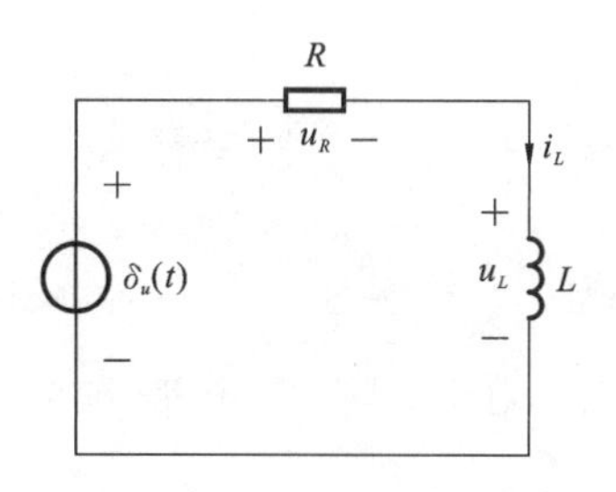

图 5.44　电感电流 $i_L(0_+)$

$$u_R+u_L=\delta_u(t),\quad Ri_L(t)+L\frac{\mathrm{d}i_L}{\mathrm{d}t}=\delta_u(t)$$

$$\int_{0_-}^{0_+} Ri_L\mathrm{d}t+\int_{0_-}^{0_+} L\frac{\mathrm{d}i_L}{\mathrm{d}t}\mathrm{d}t=\int_{0_-}^{0_+}\delta u(t)\mathrm{d}t=1$$

由于有冲激电压源的作用，可以认为电压变化非常大，瞬间加在电感上，且 $u_L(t)=\delta(t)$，电阻电压非常小，故有

$$\int_{0_-}^{0_+} L\frac{\mathrm{d}i_L}{\mathrm{d}t}\mathrm{d}t = 1,\quad L[i_L(0_+)-i_L(0_-)]=1$$

$$i_L(0_+)=i_L(0_-)+\frac{1}{L} \tag{5-140}$$

若 $u_L(t)=A\delta(t)$，则有

$$i_L(0_+)=i_L(0_-)+\frac{A}{L} \tag{5-141}$$

采用上述的计算公式求出电容电压和电感电流初始值，其他的初始值求解方法与 5.2 节的相同。

2. 冲激响应

1) 定义

电路在单位冲激信号激励下的零状态响应称为单位冲激响应。

2) 冲激响应

冲激响应分为以下两个时间段。

(1) 在 $0_-\sim0_+$ 时，求非零输入情况下的初始值。

(2) 在 $0_+\sim+\infty$ 时，求零输入响应。

由此可见，冲激响应实际上是求零输入响应。

如果电容 C 两端所接的是有源线性二端电路，则根据诺顿定理等效为诺顿等效电路；如果电感 L 两端所接的是有源线性二端电路，则根据戴维宁定理等效为戴维宁等效电路，然后再按照前面所述去求解冲激响应，如图 5.45 所示。

3) 求冲激响应的步骤

(1) 求初始值($0_-\sim0_+$)：$u_C(0_+)$、$i_L(0_+)$。

对于一阶 RC 电路，电路如图 5.45(a)所示，有

$$u_C(0_+)=u_C(0_-)+\frac{1}{C}$$

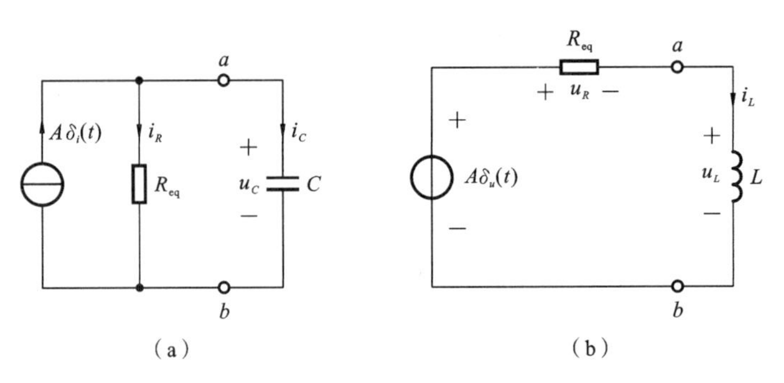

图 5.45 戴维宁等效电路

或 $$u_C(0_+)=u_C(0_-)+\frac{A}{C}(\text{强度为 } A)$$

对于一阶 RL 电路，电路如图 5.45(b)所示，有

$$i_L(0_+)=i_L(0_-)+\frac{1}{L}$$

或 $$i_L(0_+)=i_L(0_-)+\frac{A}{L}(\text{强度为 } A)$$

(2) 求零输入响应($0_-\sim\infty$)。

对于一阶 RC 电路，有

$$\tau=R_{eq}C$$

$$u_C(t)=u_C(0_+)\mathrm{e}^{-\frac{t}{\tau}}\varepsilon(t)\quad(t\geqslant 0_+)\tag{5-142}$$

$$i_C(t)=C\frac{\mathrm{d}u_C(t)}{\mathrm{d}t}=-\frac{u_C(0_+)}{R_{eq}}\mathrm{e}^{-\frac{t}{\tau}}\varepsilon(t)\quad(t\geqslant 0_+)\tag{5-143}$$

$$i_C(t)=\delta_i(t)-\frac{u_C(0_+)}{R}\mathrm{e}^{-\frac{t}{\tau}}\varepsilon(t)\quad(t\geqslant 0_-)$$

对于一阶 RL 电路，有

$$\tau=\frac{L}{R_{eq}}$$

$$i_L(t)=i_L(0_+)\mathrm{e}^{-\frac{t}{\tau}}\quad(t\geqslant 0_+)\tag{5-144}$$

$$u_L(t)=L\frac{\mathrm{d}i_L(t)}{\mathrm{d}t}=-R_{eq}i_L(0_+)\mathrm{e}^{-\frac{t}{\tau}}\varepsilon(t)\quad(t\geqslant 0_+)\tag{5-145}$$

$$u_L(t)=\delta u(t)-Ri_L(0_+)\mathrm{e}^{-\frac{t}{\tau}}\varepsilon(t)\quad(t\geqslant 0_-)$$

4) 冲激响应与阶跃响应的关系

对于线性非时变电路，若 $x\to y$，则有

$$\frac{\mathrm{d}x}{\mathrm{d}t}\to\frac{\mathrm{d}y}{\mathrm{d}t},\quad\int x\mathrm{d}t\to\int y\mathrm{d}t+C$$

因此电路的冲激响应是阶跃响应的导数，由于求一个电路的阶跃响应的计算非常方便，则冲激响应可以通过求阶跃响应得到，反之也可以，即

$$\frac{\mathrm{d}\varepsilon(t)}{\mathrm{d}t}=\delta(t)$$

则有

$$\frac{\mathrm{d}s(t)}{\mathrm{d}t}=h(t)\tag{5-146}$$

$$\int_{-\infty}^{t}\delta(\tau)\mathrm{d}\tau=\varepsilon(t)$$

故

$$\int_{-\infty}^{t}h(\tau)\mathrm{d}\tau=s(t) \tag{5-147}$$

例 5-11　电路如图 5-46 所示，$u_C(0_-)=0$ V，试求电路的冲激响应 $u(t)$，并画出曲线。

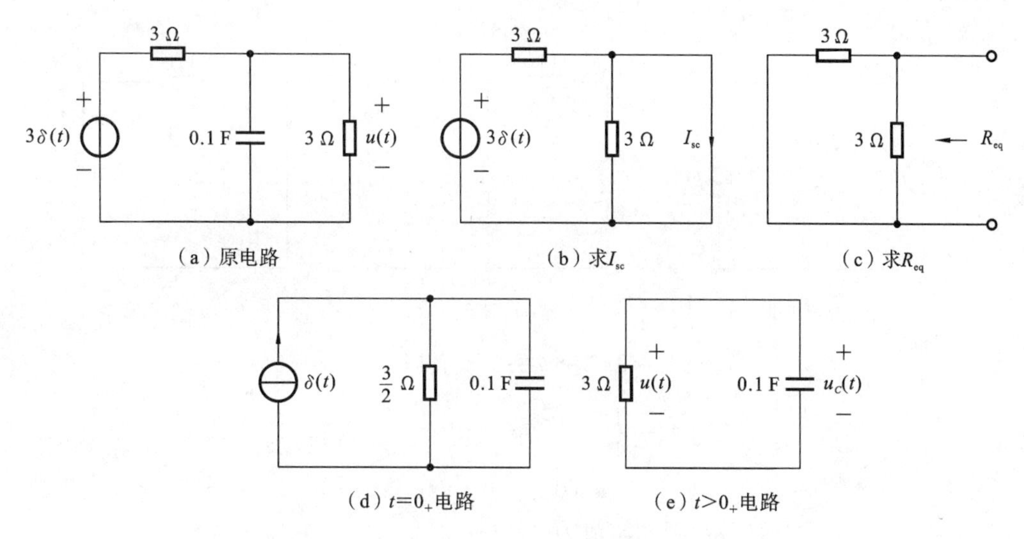

图 5.46　例 5-11 的图

解　(1) 求初始值 $u_C(0_+)$。电路如图 5.46(a)(b)(c)所示，则电容 C 端口的诺顿等效电流源为

$$I_{sc}=\frac{3\delta(t)}{3}=\delta(t)\ (\mathrm{A})$$

$$u_C(0_-)=0\ (\mathrm{V})$$

则有

$$u_C(0_+)=\frac{1}{C}\int_{0_-}^{0_+}\delta_i\mathrm{d}t=\frac{1}{0.1}=10\ (\mathrm{V})$$

(2) 求零输入响应($0_+\sim\infty$)。电路如图 5.46(d)(e)所示，则有

$$R_{eq}=3/\!/3=\frac{3}{2}\ (\Omega)$$

$$\tau=R_{eq}C=\frac{3}{2}\times0.1=\frac{3}{20}\ (\mathrm{S})$$

$$u(t)=u_C(t)=u_C(0_+)\mathrm{e}^{-\frac{t}{\tau}}=10\mathrm{e}^{-\frac{20}{3}t}$$

$$=10\mathrm{e}^{-\frac{20}{3}t}\varepsilon(t)\ (\mathrm{V})\quad(t\geqslant0_+)$$

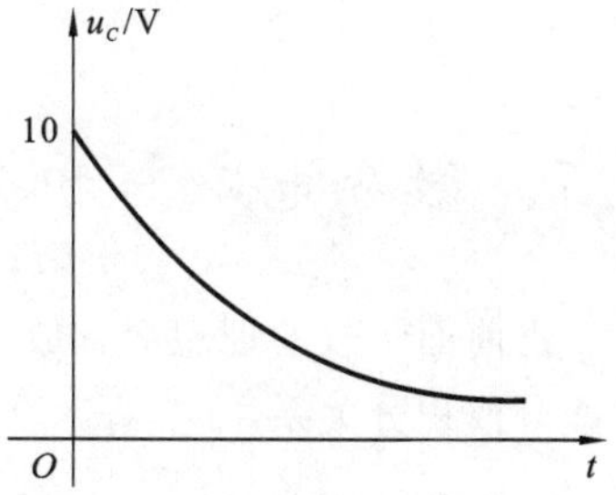

图 5.47　冲激响应曲线

冲激响应曲线如图 5.47 所示。

例 5-12　试求图 5.48(a)所示电路的冲激响应 $u(t)$。

解　(1)求初始值 $i_L(0_+)$。电路如图 5.48(b)所示，则电感 L 两端的戴维宁等效电压源为

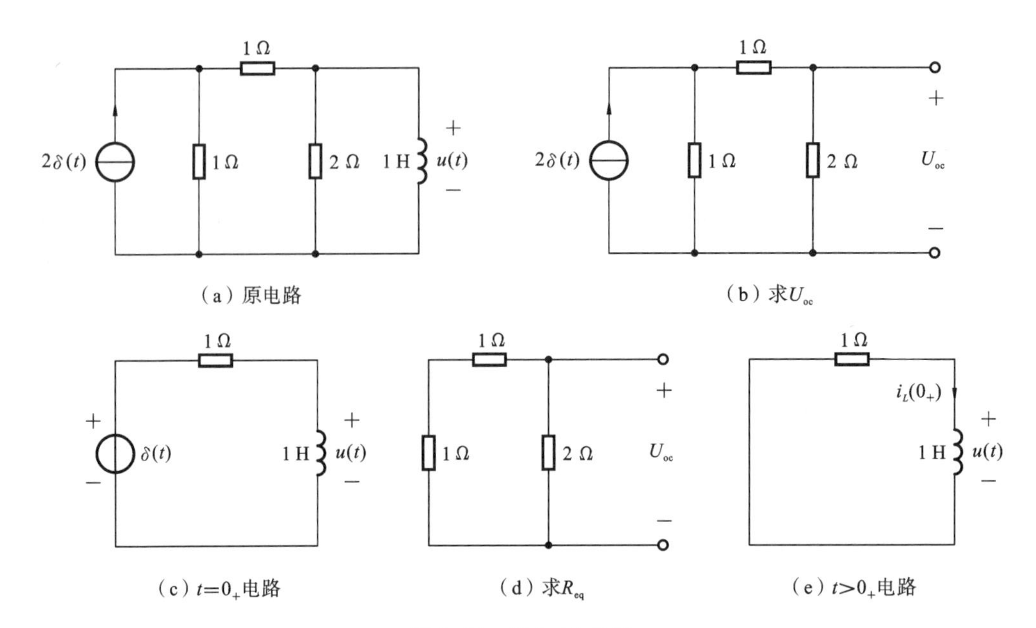

(a) 原电路　(b) 求U_{oc}　(c) $t=0_+$电路　(d) 求R_{eq}　(e) $t>0_+$电路

图 5.48　例 5-12 的图

$$U_{oc}=\frac{1}{1+1+2}\times 2\delta(t)\times 2=\delta(t)\ (\text{V})$$

$$u_C(0_-)=0\ (\text{V})$$

电路如图 5.48(c)所示，则初始值为

$$i_L(0_+)=\frac{1}{L}\int_{0_-}^{0_+}\delta_u\,\mathrm{d}t=1\ (\text{A})$$

(2) 求零输入响应($0_+\sim\infty$)。电路如图 5.48(d)所示，则有

$$R_{eq}=(1+1)/\!/2=1\ (\Omega)$$

$$\tau=\frac{L}{R_{eq}}=\frac{1}{1}=1\ (\text{S})$$

电路如图 5.48(e)所示，则有

$$i_L(t)=i_L(0_+)\mathrm{e}^{-\frac{t}{\tau}}\varepsilon(t)=\mathrm{e}^{-t}\varepsilon(t)\ (\text{A})\quad (t\geqslant 0_+)$$

$$u_L(t)=L\frac{\mathrm{d}i_L}{\mathrm{d}t}=-\mathrm{e}^{-t}\varepsilon(t)\ (\text{V})\quad (t\geqslant 0_+)$$

5.7　微分电路与积分电路

由前面学过的理想运算放大器及其性质知，理想运算放大器可以实现输出与输入的微分或积分关系。

5.7.1　微分电路

一阶微分电路如图 5.49 所示。

由理想运算放大器的性质知

$$u^+=u^-=0(\text{虚短}),\quad i^+=i^-=0(\text{虚断})$$

则有

$$i_C=i_f, \quad C\frac{\mathrm{d}u_C}{\mathrm{d}t}=\frac{u^- - u_o}{R_f}$$

$$u_C=u_i-u^+=u_i, \quad u_o=-R_fC\frac{\mathrm{d}u_C}{\mathrm{d}t}$$

$$u_o=-R_fC\frac{\mathrm{d}u_i}{\mathrm{d}t} \tag{5-148}$$

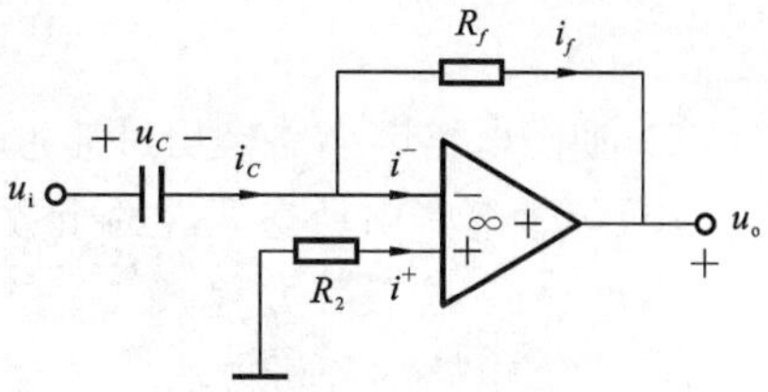

图 5.49　一阶微分电路

输出 u_o 与输入 u_i 为导数关系。

说明：① 当 u_i 为阶跃电压时，u_o 为尖脉冲电压；

② 平衡电阻 $R_2=R_f$。

5.7.2　积分电路

一阶积分电路如图 5.50 所示。

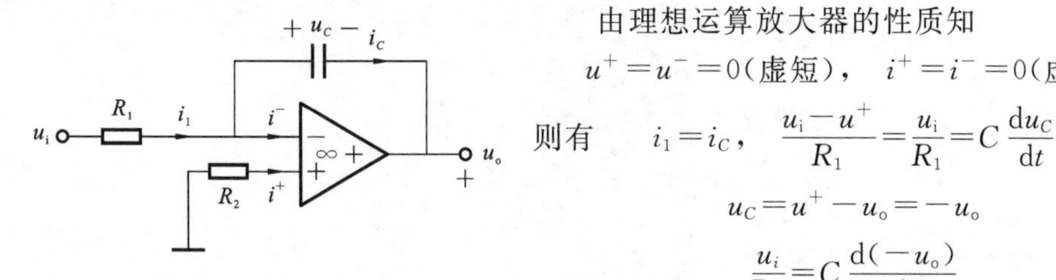

图 5.50　一阶积分电路

由理想运算放大器的性质知

$$u^+=u^-=0(\text{虚短}), \quad i^+=i^-=0(\text{虚断})$$

则有

$$i_1=i_C, \quad \frac{u_i-u^+}{R_1}=\frac{u_i}{R_1}=C\frac{\mathrm{d}u_C}{\mathrm{d}t}$$

$$u_C=u^+-u_o=-u_o$$

$$\frac{u_i}{R_1}=C\frac{\mathrm{d}(-u_o)}{\mathrm{d}t}$$

$$u_o=-\frac{1}{R_1C}\int u_i\mathrm{d}t \tag{5-149}$$

输出 u_o 与输入 u_i 为积分关系。

说明：① 当 u_i 为阶跃电压时，u_o 为线性积分；

② 平衡电阻 $R_1=R_2$。

5.8　章节回顾

(1) 在一阶电路中，电容元件或电感元件的电压和电流的约束关系是通过导数或积分来表达的。

线性时不变电容：

$$i=\frac{\mathrm{d}q}{\mathrm{d}t}=C\frac{\mathrm{d}u}{\mathrm{d}t}$$

电容是一个动态元件、记忆元件、无源元件、储能元件。

t 时刻存储能量为

$$W_C(t)=\frac{1}{2}Cu^2(t)$$

线性时不变电感：

$$u=\frac{\mathrm{d}\psi}{\mathrm{d}t}=L\frac{\mathrm{d}i}{\mathrm{d}t}$$

电感是一个动态元件、记忆元件、无源元件、储能元件。

t 时刻储存能量为

$$W_L(t)=\frac{1}{2}Li^2(t)$$

(2) 动态电路因换路经历过渡过程，描述动态电路的方程为微分方程；动态电路方程的阶数等于电路中动态元件的个数。一阶动态电路含有一个动态元件(或者等效为一个)，对应为一阶微分方程。

(3) 动态电路的分析方法——时域经典法。

时域经典法的步骤：① 根据 KVL 定律、KCL 定律及动态元件 VCR 关系写出微分方程；② 求解微分方程。

(4) 求解微分方程，需要初始条件，根据电容电压和电感电流不能跃变，使用换路定律求解初始值 $i(0_+)$ 或 $u(0_+)$。

(5) 一阶 RC 电路的零输入响应为

$$u_C(t)=U_0\mathrm{e}^{-\frac{1}{RC}t},\quad i_C(t)=C\frac{\mathrm{d}u_C(t)}{\mathrm{d}t}$$

则有

$$\tau=RC\quad 或\quad \tau=R_{eq}C$$

一阶 RL 电路的零输入响应为

$$i_L(t)=I_0\mathrm{e}^{-\frac{1}{RC}t},\quad u_L=L\frac{\mathrm{d}i_L}{\mathrm{d}t}$$

则有

$$\tau=\frac{L}{R}\quad 或\ \tau=\frac{L}{R_{eq}}$$

其中：等效电阻 R_{eq} 为电容或电感两端的等效戴维宁电阻。零输入响应的暂态过程即为电路储能元件的放电过程。

(6) 一阶 RC 电路的零状态响应为

$$u_C=U_S(1-\mathrm{e}^{-\frac{t}{\tau}})\quad 或\quad u_C=U_{oc}(1-\mathrm{e}^{-\frac{t}{\tau}})$$

一阶 RL 电路的零状态响应为

$$i_L=\frac{U_S}{R}(1-\mathrm{e}^{-\frac{t}{\tau}})\quad 或\quad i_L=I_{sc}(1-\mathrm{e}^{-\frac{t}{\tau}})$$

零输入响应的暂态过程即为电路储能元件的充电过程。

(7) 在直流输入的情况下，一阶动态电路中的任意支路电压、电流均可用三要素法来求解。其计算公式为

$$y(t)=y(\infty)+[y(0)-y(\infty)]\mathrm{e}^{-\frac{t}{\tau}}$$

其中：$y(t)$ 为任意瞬时电路中的待求电压或电流；$y(0)$ 为相应所求量的初始值(时的值)；$y(\infty)$ 为相应的稳态值；τ 为时间常数。

由于

$$u(t)=u(\infty)+[u(0_+)-u(\infty)]\mathrm{e}^{-\frac{t}{\tau}}$$

$$i(t)=i(\infty)+[i(0_+)-i(\infty)]\mathrm{e}^{-\frac{t}{\tau}}$$

对于电容，有

$$u_C(t)=u_C(\infty)+[u_C(0_+)-u_C(\infty)]\mathrm{e}^{-\frac{t}{\tau}}$$

$$i_C(t)=C\frac{\mathrm{d}u_C}{\mathrm{d}t}$$

对于电感，有

$$i_L(t)=i_L(\infty)+[i_L(0_+)-i_L(\infty)]e^{-\frac{t}{\tau}}$$

$$u_L(t)=L\frac{di_L(t)}{dt}$$

(8) 一阶电路的阶跃响应为

$$S(t)=(1-e^{-\frac{t}{\tau}})\varepsilon(t)$$

(9) 一阶电路的冲激响应。

① 求初值$(0_-\sim 0_+)u_C(0_+)$、$i_L(0_+)$。

$$u_C(0_+)=\frac{1}{C}\quad 或\quad u_C(0_+)=u_C(0_-)+\frac{A}{C}$$

$$i_L(0_+)=\frac{1}{L}\quad 或\ i_L(0_+)=i_L(0_-)+\frac{A}{L}$$

② 求零输入响应$(0_-\sim\infty)$。

对于一阶 RC 电路，有

$$\tau=R_{eq}C$$

$$u_C(t)=u_C(0_+)e^{-\frac{t}{\tau}}\quad (t\geqslant 0_+)$$

$$i_C(t)=C\frac{du_C(t)}{dt}=-\frac{u_C(0_+)}{R}e^{-\frac{t}{\tau}}\varepsilon(t)\quad (t\geqslant 0_+)$$

$$i_C(t)=\delta_i(t)-\frac{u_C(0_+)}{R}e^{-\frac{t}{\tau}}\varepsilon(t)\quad (t\geqslant 0_-)$$

对于一阶 RL 电路，有

$$\tau=\frac{L}{R_{eq}}$$

$$i_L(t)=i_L(0_+)e^{-\frac{t}{\tau}}\quad (t\geqslant 0_+)$$

$$u_L(t)=L\frac{di_L(t)}{dt}=-Ri_L(0_+)e^{-\frac{t}{\tau}}\varepsilon(t)\quad (t\geqslant 0_+)$$

$$u_L(t)=\delta u(t)-Ri_L(0_+)e^{-\frac{t}{\tau}}\varepsilon(t)\quad (t\geqslant 0_-)$$

(10) 冲激响应与阶跃响应关系。

电路的冲激响为其阶跃响应的导数。由于一个电路的阶跃响应的计算非常方便，故冲激响应可以通过阶跃响应的计算来求得，反之亦然，即

$$\frac{d\varepsilon(t)}{dt}=\delta(t)$$

$$\frac{ds(t)}{dt}=h(t)$$

$$\int_{-\infty}^{t}\delta(\tau)d\tau=\varepsilon(t)$$

有

$$\int_{-\infty}^{t}h(\tau)d\tau=s(t)$$

(11) 微分电路：输出 u_o 与输入 u_i 为导数关系，即

$$u_o=-R_fC\frac{du_i}{dt}$$

积分电路：输出 u_o 与输入 u_i 为积分关系，即

$$u_o=-\frac{1}{R_1C}\int u_i\mathrm{d}t$$

它们都可以通过理想运算放大器及其性质 $u^+=u^-=0$（虚短）、$i^+=i^-=0$（虚断）来实现。

5.9 习题

5-1 电路如图 5.51 所示，开关在 $t=0$ 时闭合。求 $t>0$ 时的 $u_C(t)$、$t=1$ s 时电容吸收的功率 $p_C(t)$ 及存储能量 $W_C(t)$。

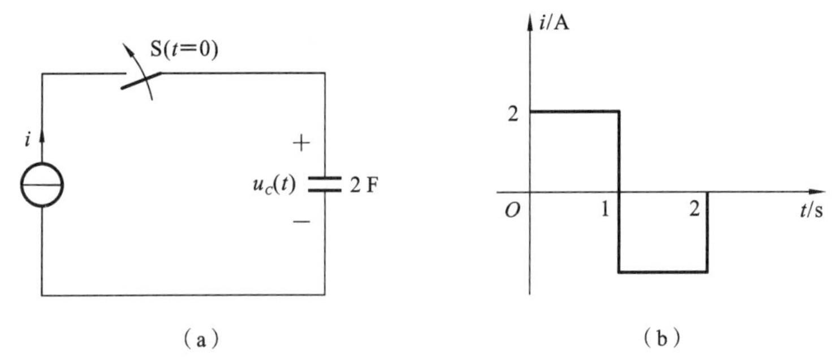

图 5.51 题 5-1 图

5-2 电路如图 5.52 所示，开关在 $t=0$ 时闭合。求 $t>0$ 时的 $i_L(t)$、$t=1$ s 时电感吸收的功率 $p_L(t)$ 及存储能量 $W_L(t)$。

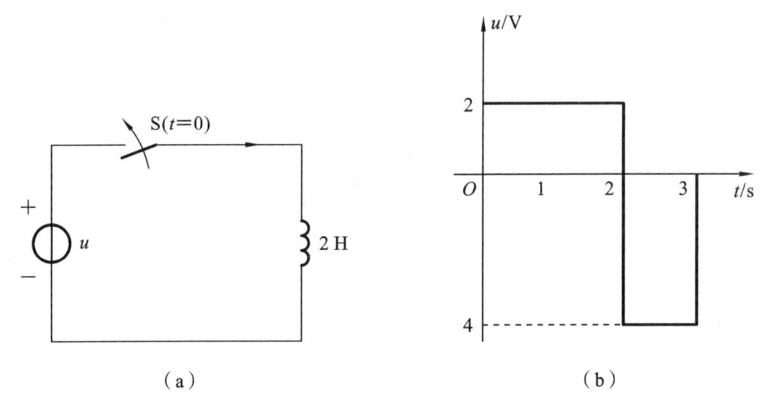

图 5.52 题 5-2 图

5-3 图 5.53 所示的电路原来处于稳态，开关在 $t=0$ 时打开。求换路后 $t=0_+$ 时刻动态元件电压、电流与各支路电流的初始值。

5-4 电路如图 5.54 所示，换路前电路已处于稳态，开关在 $t=0$ 时打开，求 $u_C(0_+)$、$i_L(0_+)$、$i_C(0_+)$、$u_L(0_+)$和 3 Ω 的电压 $u(0_+)$。

5-5 电路如图 5.55 所示，开关闭合前电路已经稳定且电感已储能，开关在 $t=0$ 时闭合，求 $i(0_+)$、$u(0_+)$。

5-6 电路如图 5.56 所示，试求 $u_C(t)$、$i_C(t)$。

5-7 图 5.57 所示的电路中，求零输入响应 $i_L(t)$ 及 $u_L(t)$。

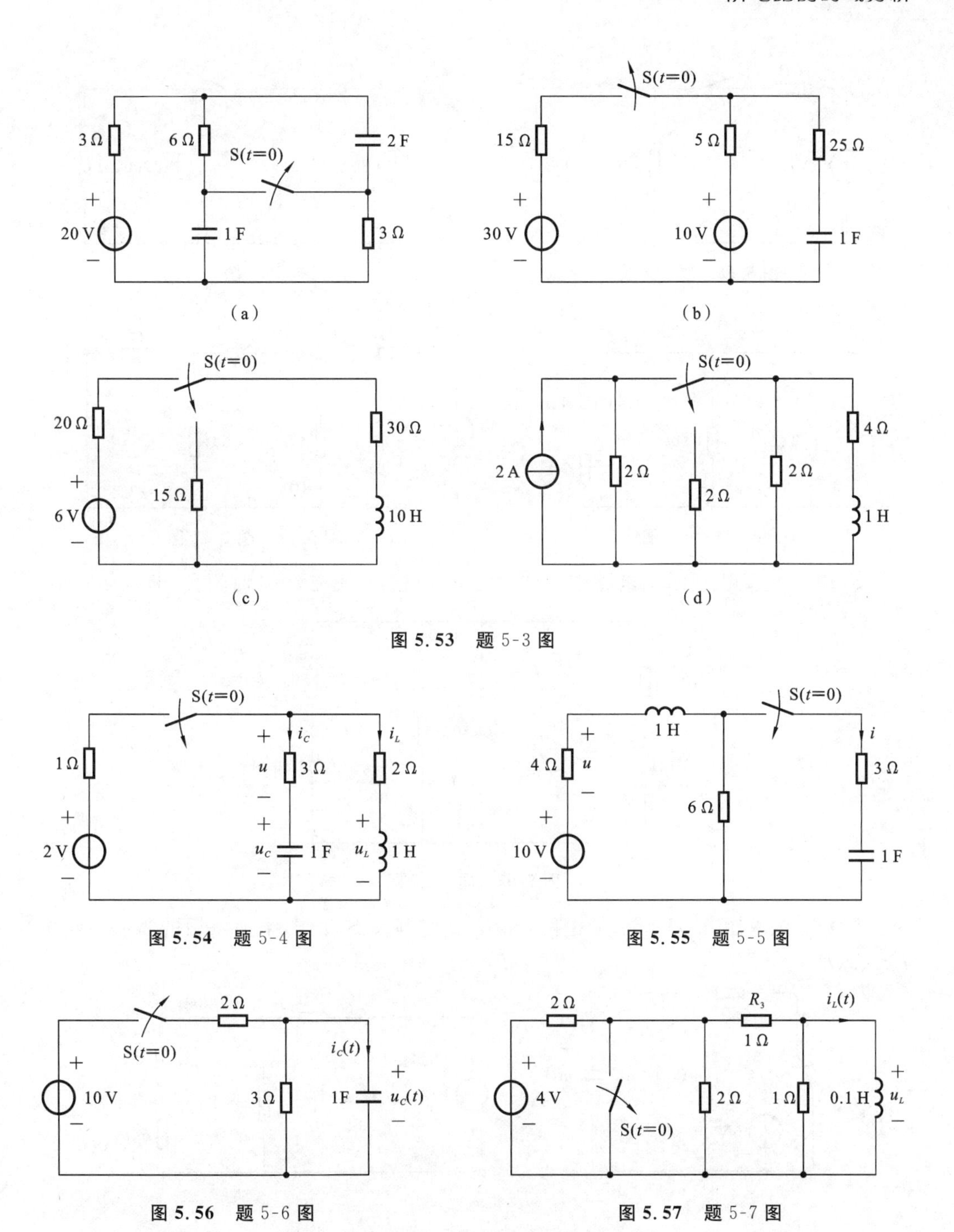

图 5.53　题 5-3 图

图 5.54　题 5-4 图

图 5.55　题 5-5 图

图 5.56　题 5-6 图

图 5.57　题 5-7 图

5-8　图 5.58 所示的电路中，开关 S 在 $t=0$ 时断开，求换路后的 $i(t)$ 与 $u_L(t)$。

5-9　图 5.59 所示的电路中，开关 S 在 $t=0$ 时由 1 位置合向 2 位置，求换路后的 $u_C(t)$ 与 $i(t)$。

5-10　图 5.60 所示的电路中，开关 S 在 $t=0$ 时由 1 位置合向 2 位置，求换路后的 $u_C(t)$ 与 $i(t)$。

5-11　电路如图 5.61 所示。已知 $t<0$ 时，原电路已稳定，$t=0$ 时，开关 S 由 a 合向 b，求 $t>0_+$ 时的 $u_C(t)$、$i_C(t)$。

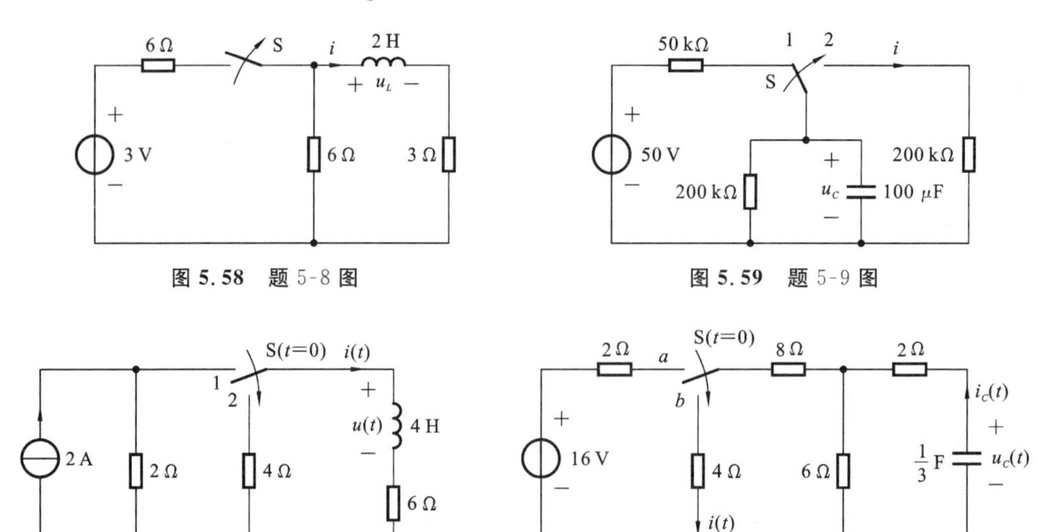

图 5.58　题 5-8 图　　　　图 5.59　题 5-9 图

图 5.60　题 5-10 图　　　　图 5.61　题 5-11 图

5-12　图 5.62 所示的电路中，原电路已达稳态，开关在 $t=0$ 时闭合，求 $i(t)$。

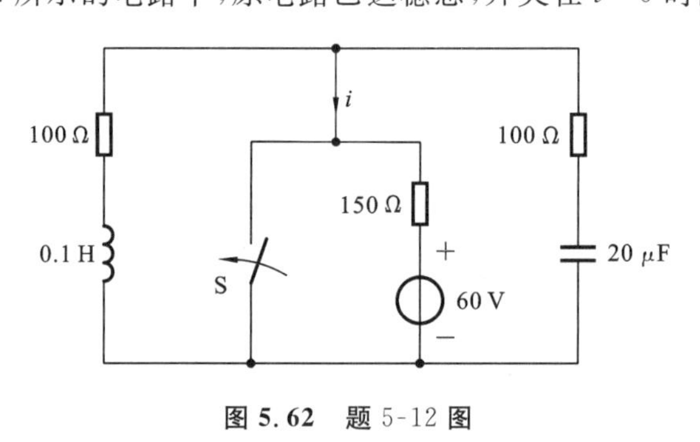

图 5.62　题 5-12 图

5-13　试求图 5.63 所示的电路，当 $t=0$ 时开关 S 动作，求换路后的零状态响应 $i(t)$、$u(t)$。

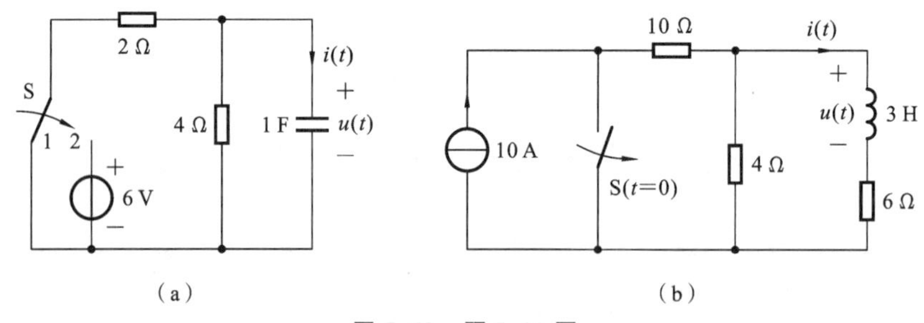

(a)　　　　(b)

图 5.63　题 5-13 图

5-14　图 5.64 所示的电路中，开关 S 在 $t=0$ 时断开，求零状态响应 $u_C(t)$、$i(t)$。

5-15　电路如图 5.65 所示。已知 $i_L(0)=0$，在 $t<0$ 时，原电路已稳定，开关 S 在 $t=0$ 时合上，求 $t\geqslant 0_+$ 时的 $i_L(t)$ 和 $i_0(t)$。

5-16　图 5.66 所示的电路在换路前已达稳态。开关在 $t=0$ 时接通，求 $t>0$ 时的 $u_C(t)$、$i(t)$。

5-17　图 5.67 所示的电路，开关动作前 S_1 闭合、S_2 断开，$t=0$ 时开关 S_1 断开、S_2 闭合，求换路后的 $i_L(t)$ 和 $i(t)$。

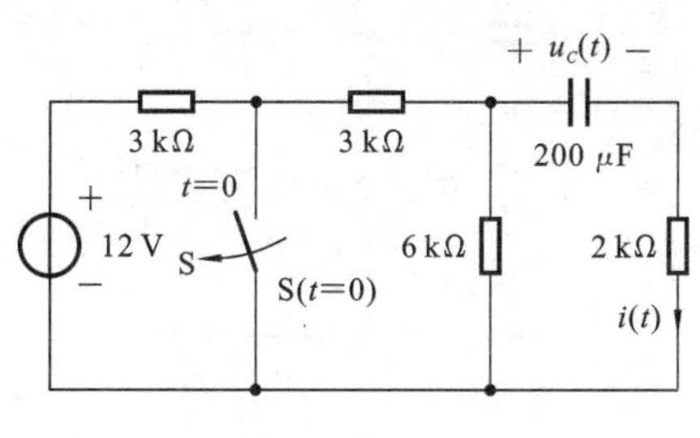

图 5.64 题 5-14 图

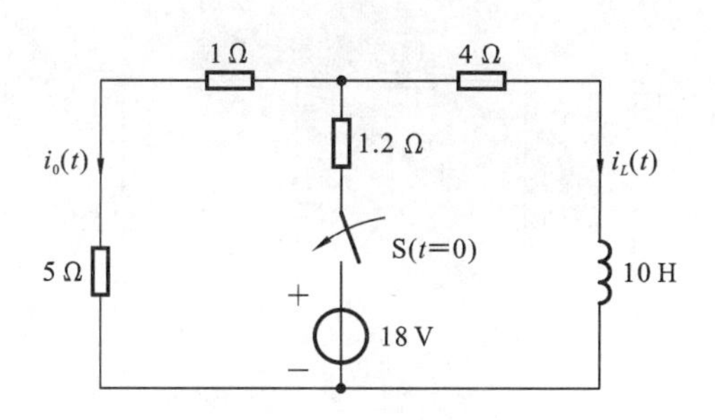

图 5.65 题 5-15 图

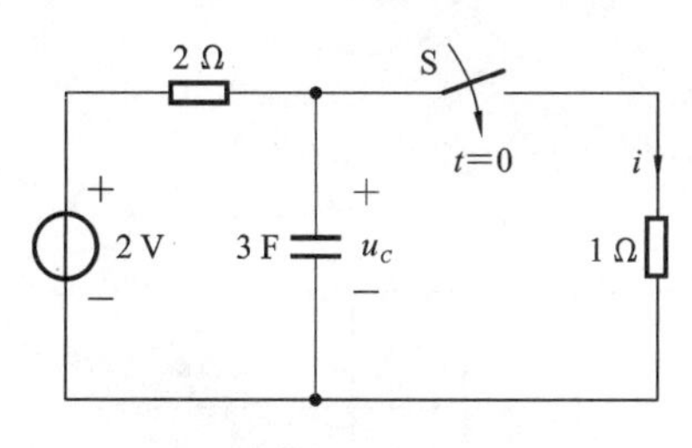

图 5.66 题 5-16 图

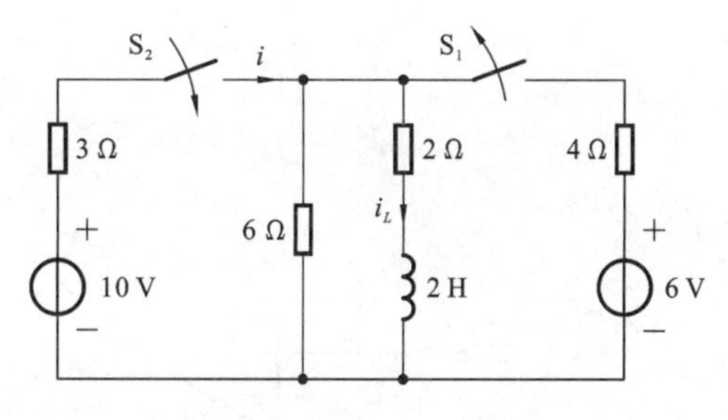

图 5.67 题 5-17 图

5-18 电路如图 5.68 所示。已知 $t<0$ 时，原电路已稳定，在 $t=0$ 时，开关 S 合上，求 $t \geqslant 0_+$ 时的 $u_C(t)$、$i(t)$。

5-19 电路如图 5.69 所示。已知 $t<0$ 时，原电路已稳定，在 $t=0$ 时，开关 S 由 a 合向 b，求 $t \geqslant 0_+$ 时的 $i_L(t)$、$i_0(t)$。

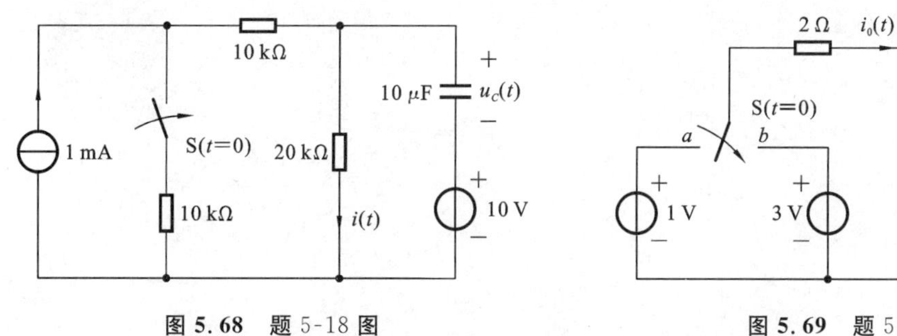

图 5.68 题 5-18 图

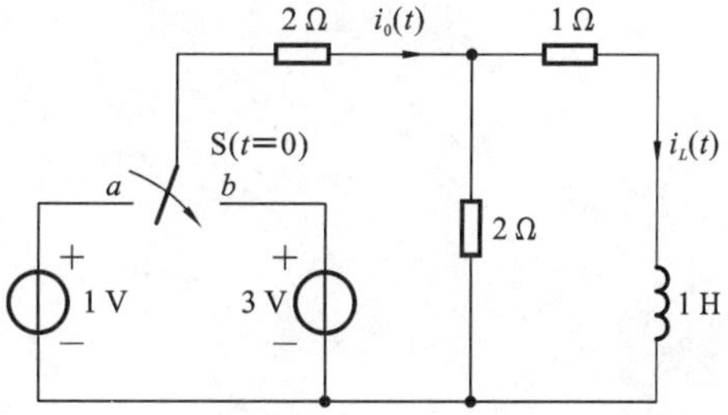

图 5.69 题 5-19 图

5-20 求如图 5.70 所示电路的单位阶跃响应 $S_C(t)$、$S_R(t)$。

5-21 试求图 5.71 所示的电路的零状态响应 $i(t)$、$u(t)$。

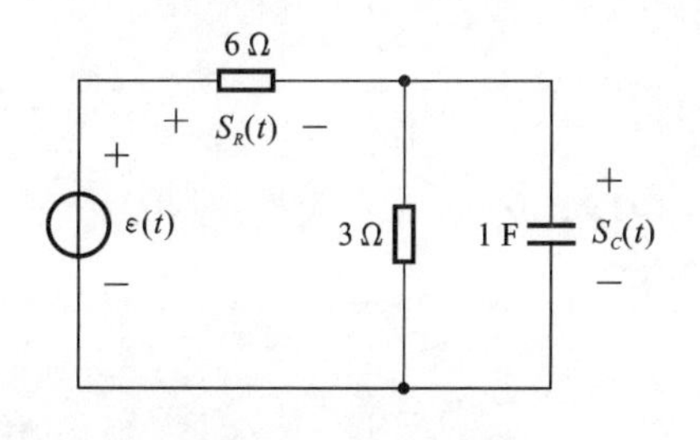

图 5.70 题 5-20 图

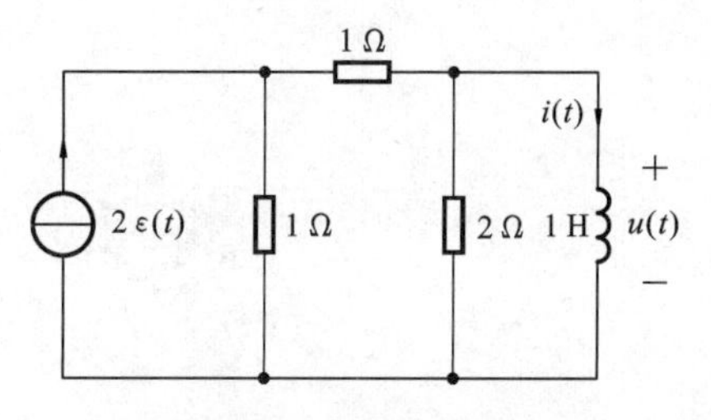

图 5.71 题 5-21 图

5-22 试求图 5.72 所示的电路的冲激响应 $u(t)$，并画出它的曲线。

5-23 电路如图 5.73 所示，求：(1) 初始值 $i_L(0_+)$；(2) 冲激响应 $i_L(t)$、$u_L(t)$。

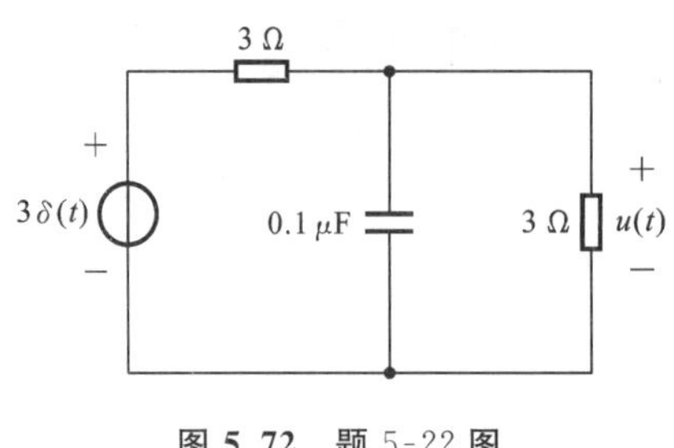

图 5.72 题 5-22 图

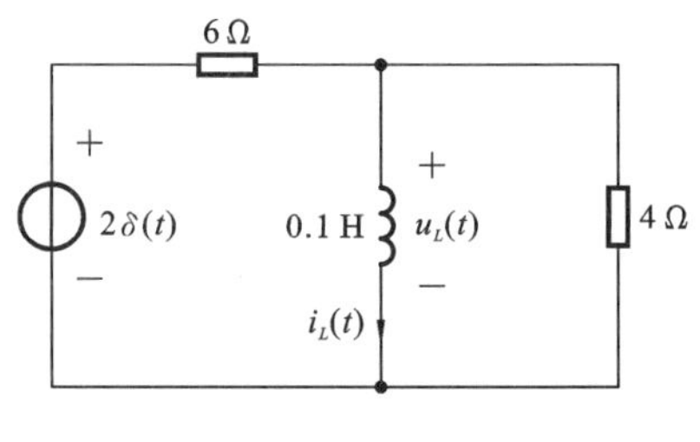

图 5.73 题 5-23 图

5-24 电路如图 5.74(a)所示，已知运放器的最大输出电压为 $U_{om}=\pm 12$ V，输入电压波形如图 5.74(b)所示，周期为 0.1 s。画出输出电压的波形，并求出输入电压的最大幅值。

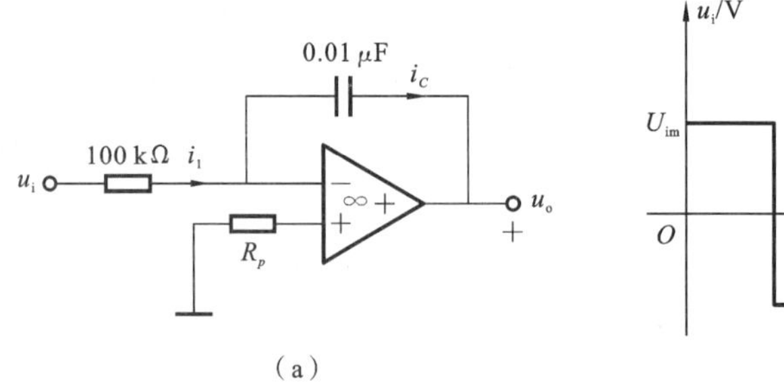

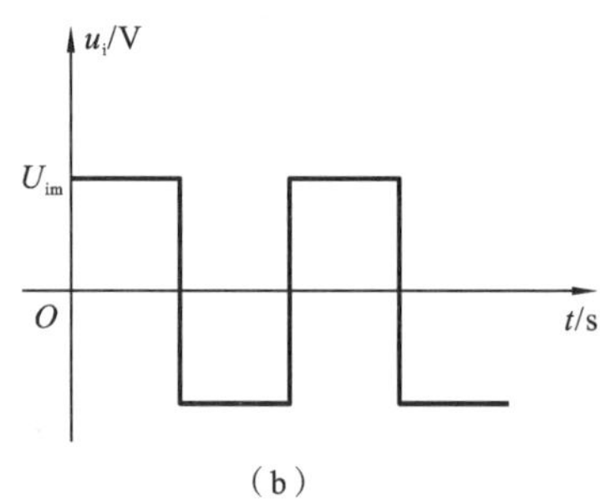

图 5.74 题 5-24 图

习题答案 5

6

二阶电路的时域分析

本章重点

(1) 二阶电路微分方程的建立。

(2) 用经典法分析二阶电路的过渡过程。

(3) 二阶电路的零输入响应、零状态响应、全响应的求解。

本章难点

(1) 不同特征根的讨论和计算。

(2) 二阶电路微分方程的解及其物理意义。

本章学习二阶动态电路的时域分析。二阶电路也要经历过渡过程，分别是零输入响应、零状态响应、全响应、阶跃响应和冲激响应。二阶微分电路含有两个动态元件，用二阶微分方程描述。求解二阶微分方程需要两个初始条件：$y(0_+)$、$y'(0_+)$。RLC 串联电路和 GLC 并联电路是最基本的二阶动态电路，本章从这两种电路入手分析并求解各种响应，再介绍较复杂的二阶电路的分析方法。

6.1 二阶电路的零输入响应

二阶电路中无独立电源激励，仅在动态元件初始储能作用下产生的响应称为零输入响应。

6.1.1 RLC 串联电路的零输入响应

RLC 串联的二阶电路如图 6.1 所示，电容电压的初始值为

$$u_C(0_+)=u_C(0_-)=U_0$$

电感电流的初始值为

$$i_L(0_+)=i_L(0_-)=0$$

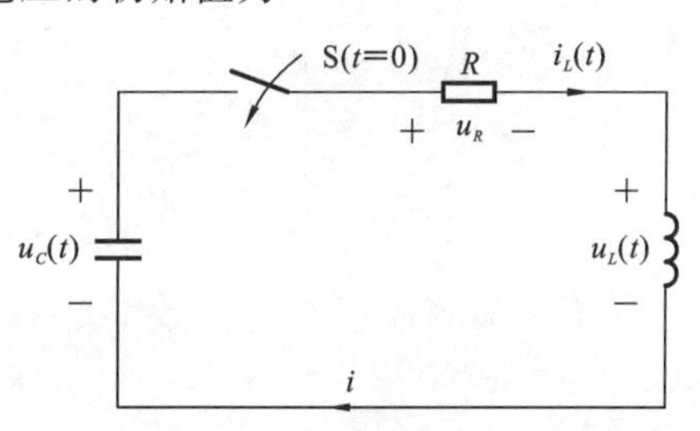

图 6.1 RLC 串联的二阶电路

1. 根据 KVL 定律，列写电路方程

$$-u_C+u_R+u_L=0,\quad i=-C\frac{\mathrm{d}u_C}{\mathrm{d}t}$$

$$u_R=Ri=-RC\frac{\mathrm{d}u_C}{\mathrm{d}t},\quad u_R=L\frac{\mathrm{d}i}{\mathrm{d}t}=-LC\frac{\mathrm{d}^2u_C}{\mathrm{d}t^2}$$

$$LC\frac{d^2u_C}{dt^2}+RC\frac{du_C}{dt}+u_C=0 \tag{6-1}$$

式(6-1)称为二阶线性常系数齐次微分方程。

2. 求解微分方程

设 $u_C(t)=Ae^{Pt}$，代入式(6-1)中，特征方程为

$$LCp^2+RCp+1=0 \tag{6-2}$$

特征根有两个：p_1、p_2，即

$$p_{1,2}=-\frac{R}{2L}\pm\sqrt{\left(\frac{R}{2L}\right)^2-\frac{1}{LC}} \tag{6-3}$$

由高等数学知识，通解由两部分组成：

$$u_C(t)=A_1e^{p_1t}+A_2e^{p_2t} \tag{6-4}$$

根据特征根的性质(不等根、等根、共轭复根)确定通解的具体形式，再根据电路的初始条件即可求出通解中的待定系数，得到微分方程的解。

3. 分三种情况讨论

1) 过阻尼情况$\left(R>2\sqrt{\frac{L}{C}}\right)$

当$\left(\frac{R}{2L}\right)^2-\frac{1}{LC}>0$，$R>2\sqrt{\frac{L}{C}}$时，特征根 p_1、p_2 为不相等的负实数。特征根为两个不相等的实根，响应是一个非振荡放电过程。

微分方程的解的形式为

$$u_C(t)=A_1e^{p_1t}+A_2e^{p_2t} \tag{6-5}$$

其中：

$$p_1=-\frac{R}{2L}+\sqrt{\left(\frac{R}{2L}\right)^2-\frac{1}{LC}} \tag{6-6}$$

$$p_2=-\frac{R}{2L}-\sqrt{\left(\frac{R}{2L}\right)^2-\frac{1}{LC}} \tag{6-7}$$

由电路的初始条件：

$$u_C(0_+)=u_C(0_-)=U_0$$
$$i_L(0_+)=i_L(0_-)=I_0=0$$

又由 $i=-C\frac{du_C}{dt}$得

$$\left.\frac{du_C}{dt}\right|_{t=0_+}=-\frac{I_0}{C}$$

(1) $U_0\neq0$、$I_0=0$ 的情况。

由于

$$\left.\frac{du_C}{dt}\right|_{t=0_+}=-\frac{I_0}{C}=-\frac{0}{C}=0$$

又有初始条件：

$$\begin{cases}u_C(0_+)=U_0\\ \left.\dfrac{du_C}{dt}\right|_{t=0_+}=0\end{cases} \tag{6-8}$$

代入式(6-5)中，解得

$$\begin{cases} A_1=-\dfrac{p_2}{p_1-p_2}U_0 \\ A_2=\dfrac{p_1}{p_1-p_2}U_0 \end{cases} \tag{6-9}$$

则零输入响应为

$$u_C(t)=\frac{U_0}{p_1-p_2}(p_1\mathrm{e}^{p_2t}-p_2\mathrm{e}^{p_1t}) \tag{6-10}$$

$$i_C(t)=-C\frac{\mathrm{d}u_C}{\mathrm{d}t}=-\frac{CU_0p_1p_2}{p_2-p_1}(\mathrm{e}^{p_1t}-\mathrm{e}^{p_2t})=-\frac{U_0}{L(p_2-p_1)}(\mathrm{e}^{p_1t}-\mathrm{e}^{p_2t}) \tag{6-11}$$

$$u_L(t)=L\frac{\mathrm{d}i}{\mathrm{d}t}=\frac{-U_0}{(p_2-p_1)}(p_1\mathrm{e}^{p_1t}-p_2\mathrm{e}^{p_2t}) \tag{6-12}$$

其中：

$$p_1p_2=\frac{1}{LC}$$

下面讨论 $u_C(t)$、$i_C(t)$、$u_L(t)$的变化规律。

① $u_C(t)$的变化规律。

由式(6-10)可以看出：当 $t=0$ 时，$u_C(0_+)=U_0$；当 $t\to\infty$时，$u_C(\infty)=0$；当 $t>0$ 时，$u_C>0$、$u_C(t)$随时间衰减，如图 6.2 所示。

② $i_C(t)$的变化规律。

由式(6-11)可以看出：当 $t>0$ 时，$i>0$，如图 6.2 所示。

当 $t=0$ 时，$i(0_+)=0$；当 $t\to\infty$时，$i(\infty)=0$，这表明 $i_C(t)$有一个极值点，即

$$\frac{\mathrm{d}i_C}{\mathrm{d}t}=p_1\mathrm{e}^{p_1t}-p_2\mathrm{e}^{p_2t}=0$$

故有

$$t_{\max}=\frac{1}{p_2-p_1}\ln\frac{p_2}{p_1} \tag{6-13}$$

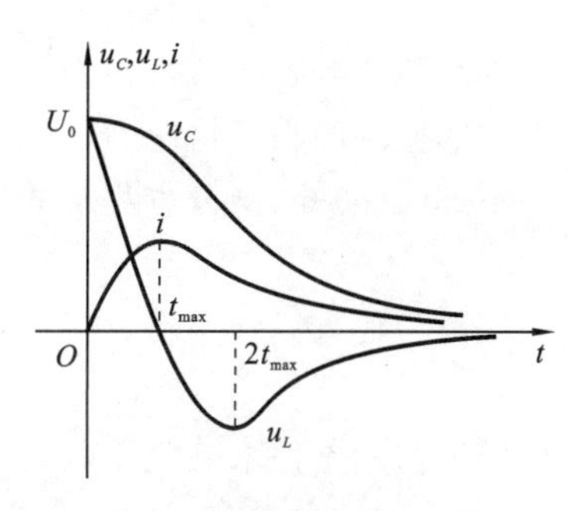

图 6.2　过阻尼放电过程中 u_C、i_C、u_L 的波形

其中：$t_{\max}$为对应电流最大值时的时间。

③ $u_L(t)$的变化规律。

由式(6-12)可以看出：由 $u_L=L\dfrac{\mathrm{d}i}{\mathrm{d}t}$可推得

$$u_L\propto\frac{\mathrm{d}i}{\mathrm{d}t}$$

当$\dfrac{\mathrm{d}i}{\mathrm{d}t}>0$ 时，$u_L>0$；当$\dfrac{\mathrm{d}i}{\mathrm{d}t}=0$ 时，$u_L=0$；当$\dfrac{\mathrm{d}i}{\mathrm{d}t}<0$ 时，$u_L<0$，u_L 由正过零变负。由于 u_L 有正有负，当 $t\to\infty$时，$u_L=0$，如图 6.2 所示。这表明 $u_L(t)$有一个极值点，由$\dfrac{\mathrm{d}u_L}{\mathrm{d}t}=0$可确定 u_L 为最小时的 t'，即有

$$(p_1^2\mathrm{e}^{p_1t'}-p_2^2\mathrm{e}^{p_2t'})=0$$

$$t'=\frac{2\ln\dfrac{p_2}{p_1}}{p_1-p_2}=2t_m \tag{6-14}$$

由此可知，u_L 为最小时的时间为 $t'=2t_m$。

④ L、C 能量转换过程。

电容在整个转换过程中一直在释放存储的电能，称之为非振荡放电。当 $t<t_m$ 时，电感吸收能量，建立磁场；当 $t>t_m$ 时，电感释放能量，磁场衰减，趋向消失。当 $t=t_m$ 时，电感电压过零点。

由于电路中的电阻较大，电容的电场能量会很快转变为热量消耗掉，响应没有经过振荡过程就衰减消失了，此过渡过程称为过阻尼情况，非振荡放电也称为过阻尼放电。

(2) $U_0\neq0$、$I_0\neq0$ 的情况。

该情况的分析方法与(1)相同。

由图 6.2 可知，$u_C(t)$、$i_C(t)$和 $u_L(t)$均为随时间衰减的函数，电路的响应为非振荡响应。

2) 临界阻尼情况$\left(R=2\sqrt{\dfrac{L}{C}}\right)$

当$\left(\dfrac{R}{2L}\right)^2-\dfrac{1}{LC}=0$，$R=2\sqrt{\dfrac{L}{C}}$时，特征根为

$$p_1=p_2=p=-\frac{R}{2L}=-\delta \tag{6-15}$$

即

$$\delta=\frac{R}{2L}$$

二阶微分方程的特征根为两个相等的实根，响应是一个临界非振荡放电过程，介于振荡与非振荡的临界情况。

由式(6-5)知，微分方程解的形式为

$$u_C(t)=(A_1+A_2t)\mathrm{e}^{pt} \tag{6-16}$$

将式(6-15)代入式(6-16)，得

$$u_C(t)=(A_1+A_2t)\mathrm{e}^{-\delta t} \tag{6-17}$$

根据初始条件求待定系数。由初始条件式(6-8)可得

$$\begin{cases}u_C(0^+)=U_0\rightarrow A_1=U_0\\ \dfrac{\mathrm{d}u_C}{\mathrm{d}t}(0^+)=0\rightarrow A_1(-\delta)+A_2=0\end{cases}$$

解得

$$\begin{cases}A_1=U_0\\ A_2=U_0\delta\end{cases} \tag{6-18}$$

将式(6-18)代入式(6-17)中，得

$$u_C(t)=U_0\mathrm{e}^{-\delta t}(1+\delta t) \tag{6-19}$$

则有

$$i_C=-C\frac{\mathrm{d}u_C}{\mathrm{d}t}=\frac{U_0}{L}t\mathrm{e}^{-\delta t} \tag{6-20}$$

$$u_L=L\frac{\mathrm{d}i}{\mathrm{d}t}=U_0\mathrm{e}^{-\delta t}(1-\delta t) \tag{6-21}$$

由此可见，$u_C(t)$和 $i_L(t)$均为随时间衰减的指数函数，仍然为非振荡响应。其中

$$t_m=\frac{1}{\delta} \tag{6-22}$$

u_C、i、u_L 的波形即为临界阻尼时的响应曲线。

临界阻尼时响应曲线的变化规律与过阻尼时的情况类似，如图 6.2 所示，$u_C(t)$ 的衰减变化更贴近 t 轴。u_C、i、u_L 无振荡变化，随着时间的推移逐渐衰减，此种状态是振荡过程与非振荡过程的分界线，所以 $R=2\sqrt{\frac{L}{C}}$ 时的过渡过程称为临界非振荡过程，该电阻称为临界电阻。

3）欠阻尼情况 $\left(R<2\sqrt{\frac{L}{C}}\right)$

当 $\left(\frac{R}{2L}\right)^2-\frac{1}{LC}<0$，$R<2\sqrt{\frac{L}{C}}$ 时，特征根 p_1、p_2 为一对共轭复数，其实部为负数。二阶微分方程的特征根为两个共轭复根，响应是一个振荡放电过程。

当特征根为不相等共轭复根时，微分方程的解的形式为

$$u_C(t)=A_1\mathrm{e}^{p_1t}+A_2\mathrm{e}^{p_2t}$$

由式(6-6)、式(6-7)知

$$p_1=-\frac{R}{2L}+\sqrt{\left(\frac{R}{2L}\right)^2-\frac{1}{LC}}$$

$$p_2=-\frac{R}{2L}-\sqrt{\left(\frac{R}{2L}\right)^2-\frac{1}{LC}}$$

令

$$\begin{cases}\delta=\dfrac{R}{2L}\\ \omega_0=\sqrt{\dfrac{1}{LC}}\\ \omega=\sqrt{\omega_0^2-\delta^2}\end{cases} \tag{6-23}$$

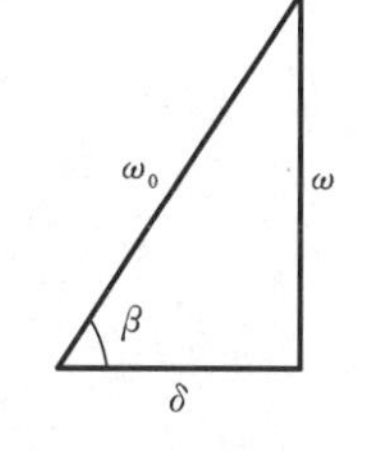

图 6.3 ω、δ 及 ω_0 之间的关系

式中：δ 称为衰减系数；ω_0 称为谐振角频率；ω 称为固有振荡角频率。如图 6.3 所示，设 ω 与 δ 及 ω_0 之间存在三角关系：

$$\omega_0=\sqrt{\delta^2+\omega^2} \tag{6-24}$$

$$\beta=\arctan\frac{\omega}{\delta} \tag{6-25}$$

则有

$$\delta=\omega_0\cos\beta \tag{6-26}$$

$$\omega=\omega_0\sin\beta \tag{6-27}$$

根据欧拉公式：

$$\begin{cases}\mathrm{e}^{\mathrm{j}\beta}=\cos\beta+\mathrm{j}\sin\beta\\ \mathrm{e}^{-\mathrm{j}\beta}=\cos\beta-\mathrm{j}\sin\beta\end{cases} \tag{6-28}$$

则有

$$\begin{cases}\sin(\omega t+\beta)=\dfrac{\mathrm{e}^{\mathrm{j}(\omega t+\beta)}-\mathrm{e}^{-\mathrm{j}(\omega t+\beta)}}{\mathrm{j}2}\\ \cos(\omega t+\beta)=\dfrac{\mathrm{e}^{\mathrm{j}(\omega t+\beta)}+\mathrm{e}^{-\mathrm{j}(\omega t+\beta)}}{2}\end{cases} \tag{6-29}$$

可将特征根写为

$$\begin{cases}p_1=-\delta+\mathrm{j}\omega\\p_2=-\delta-\mathrm{j}\omega\end{cases}\tag{6-30}$$

则有

$$\begin{cases}p_2-p_1=-\mathrm{j}2\omega\\p_1p_2=\dfrac{1}{LC}=\omega_0^2\end{cases}$$

$$\begin{aligned}p_1&=-\delta+\mathrm{j}\omega=-(\delta-\mathrm{j}\omega)=-\sqrt{\delta^2+\omega^2}\left(\frac{\delta}{\sqrt{\delta^2+\omega^2}}-\mathrm{j}\frac{\omega}{\sqrt{\delta^2+\omega^2}}\right)\\&=-\omega_0\left(\frac{\delta}{\omega_0}-\mathrm{j}\frac{\omega}{\omega_0}\right)=-\omega_0\mathrm{e}^{-\mathrm{j}\beta}\end{aligned}\tag{6-31}$$

$$\begin{aligned}p_2&=-\delta-\mathrm{j}\omega=-(\delta+\mathrm{j}\omega)=-\sqrt{\delta^2+\omega^2}\left(\frac{\delta}{\sqrt{\delta^2+\omega^2}}+\mathrm{j}\frac{\omega}{\sqrt{\delta^2+\omega^2}}\right)\\&=-\omega_0\left(\frac{\delta}{\omega_0}+j\frac{\omega}{\omega_0}\right)=-\omega_0\mathrm{e}^{\mathrm{j}\beta}\end{aligned}\tag{6-32}$$

根据初始条件(式(6-8)、式(6-10)～式(6-12)),有

$$\begin{aligned}u_C(t)&=\frac{U_0}{p_2-p_1}(p_2\mathrm{e}^{p_1t}-p_1\mathrm{e}^{p_2t})=\frac{U_0}{-\mathrm{j}2\omega}[(-\omega_0\mathrm{e}^{\mathrm{j}\beta})\mathrm{e}^{(-\delta+\mathrm{j}\omega)t}-(-\omega_0\mathrm{e}^{-\mathrm{j}\beta})\mathrm{e}^{(-\delta-\mathrm{j}\omega)t}]\\&=\frac{U_0\omega_0}{\omega}\mathrm{e}^{-\delta t}\frac{\mathrm{e}^{\mathrm{j}(\omega t+\beta)}-\mathrm{e}^{-\mathrm{j}(\omega t+\beta)}}{\mathrm{j}2}=\frac{U_0\omega_0}{\omega}\mathrm{e}^{-\delta t}\sin(\omega t+\beta)\end{aligned}\tag{6-33}$$

$$\begin{aligned}i_L(t)&=-C\frac{\mathrm{d}u_C}{\mathrm{d}t}=-C\frac{U_0\omega_0}{\omega}[(-\delta)\mathrm{e}^{-\delta t}\sin(\omega t+\beta)+\omega\mathrm{e}^{-\delta t}\cos(\omega t+\beta)]\\&=C\frac{U_0\omega_0^2}{\omega}\mathrm{e}^{-\delta t}\left[\frac{\delta}{\omega_0}\sin(\omega t+\beta)-\frac{\omega}{\omega_0}\cos(\omega t+\beta)\right]=\frac{U_0}{\omega L}\mathrm{e}^{-\delta t}\sin(\omega t)\end{aligned}\tag{6-34}$$

$$\begin{aligned}u_L(t)&=L\frac{\mathrm{d}i_L}{\mathrm{d}t}=\frac{U_0}{\omega}[(-\delta)\mathrm{e}^{-\delta t}\sin(\omega t)+\omega\mathrm{e}^{-\delta t}\cos(\omega t)]\\&=-\frac{U_0\omega_0}{\omega}\mathrm{e}^{-\delta t}\left[\frac{\delta}{\omega_0}\sin(\omega t)-\frac{\omega}{\omega_0}\cos(\omega t)\right]\\&=-\frac{U_0\omega_0}{\omega}\mathrm{e}^{-\delta t}\sin(\omega t-\beta)\end{aligned}\tag{6-35}$$

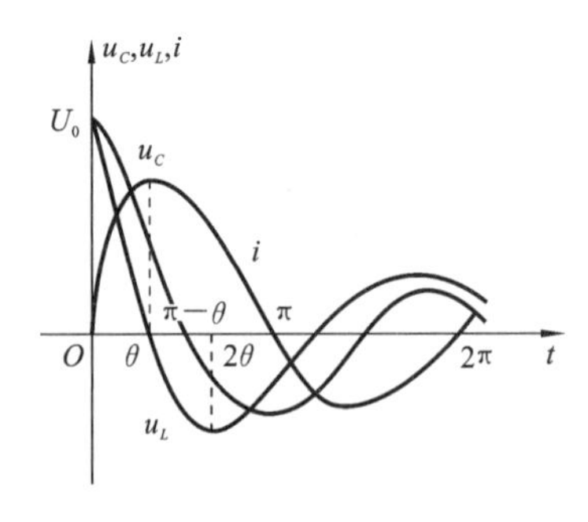

图 6.4 欠阻尼情况下 $u_C(t)$、$i_C(t)$、$u_L(t)$的波形

讨论 $u_C(t)$、$i_C(t)$、$u_L(t)$的变化规律。

欠阻尼情况下 $u_C(t)$、$i_C(t)$、$u_L(t)$的波形,如图 6.4 所示,$u_C(t)$、$i_C(t)$、$u_L(t)$呈振荡衰减状态。

① $u_C(t)$的变化规律。

由式(6-33)可以看出:$u_C(t)$按正弦规律 $\sin(\omega t+\beta)$振荡变化,幅度随时间按指数规律 $\mathrm{e}^{-\delta t}$衰减。当 $t=0$ 时,$u_C(0_+)=U_0$;当 $t\to\infty$时,$u_C(\infty)=0$。t 在 $0\sim\infty$期间,$u_C(t)$有正有负,在时间轴上下振荡,如图 6.4 所示。

② $i_C(t)$的变化规律。

由式(6-34)可以看出:$i_C(t)$按正弦规律 $\sin(\omega t)$振荡变化,幅度随时间按指数规律 $\mathrm{e}^{-\delta t}$衰减。

③ $u_L(t)$的变化规律。

由式(6-35)可以看出：$u_L(t)$按正弦规律 $\sin(\omega t-\beta)$振荡变化，幅度随时间按指数规律 $e^{-\delta t}$衰减。

④ 欠阻尼情况能量转换分析：在衰减过程中，两种储能元件相互交换能量，如表6-1所示。由于电路中的电阻较小，电容的电场能量不会很快转变为热量消耗掉，响应经振荡过程逐渐衰减消失，此过渡过程称为欠阻尼情况，衰减振荡过程。

表 6-1 欠阻尼情况能量转换

元件	$0<\omega t<\beta$	$0<\omega t<\pi-\beta$	$\pi-\beta<\omega t<\pi$
电容	释放	释放	吸收
电感	吸收	释放	释放
电阻	消耗	消耗	消耗

对于欠阻尼情况下的 $u_C(t)$、$i_C(t)$、$u_L(t)$，还能得到以下结论。

(1) $\omega t=k\pi-\beta, k=0,1,2,\cdots$为电容电压 $u_C(t)$的过零点。

(2) $\omega t=k\pi, k=0,1,2,\cdots$为电流 $i(t)$的过零点，即 $u_C(t)$的极值点。

(3) $\omega t=k\pi+\beta, k=0,1,2,\cdots$为电感电压 $u_L(t)$的过零点，即电流 $i(t)$的极值点。

$u_C(t)$、$i_C(t)$、$u_L(t)$的零点、极点分布如表 6-2 所示。

表 6-2 $u_C(t)$、$i_C(t)$、$u_L(t)$的零点、极点分布

$u_C(t)$零点	$-\beta$	$\pi-\beta$	$2\pi-\beta$	$3\pi-\beta$
$u_C(t)$极点	0	π	2π	3π
$i_C(t)$零点	0	π	2π	3π
$i_C(t)$极点	β	$\pi+\beta$	$2\pi+\beta$	$3\pi+\beta$
$u_L(t)$零点	β	$\pi+\beta$	$2\pi+\beta$	$3\pi+\beta$

在欠阻尼情况下，可以直接设电路方程的通解为

$$y=Ae^{-\delta t}\sin(\omega t+\varphi)$$

然后用初始值确定其中的待定系数 A 与 φ。

4) 无阻尼的情况

无阻尼情况是欠阻尼的一种特殊情况。在欠阻尼的情况中，当 $R=0$、$\delta=0$ 时，p_1、p_2 为一对共轭虚数，即

$$\begin{cases} p_1=j\omega_0 \\ p_2=-j\omega_0 \end{cases} \tag{6-36}$$

当 $\delta=0$ 时，则有

$$\omega=\omega_0=\frac{1}{\sqrt{LC}} \tag{6-37}$$

$$\beta=\frac{\pi}{2} \tag{6-38}$$

代入式(6-33)～式(6-35)中，有

$$u_C(t)=U_0\sin\left(\omega_0 t+\frac{\pi}{2}\right) \tag{6-39}$$

$$i_L(t)=\frac{U_0}{\omega_0 L}\sin(\omega_0 t)=U_0\sqrt{\frac{C}{L}}\sin(\omega_0 t) \tag{6-40}$$

$$u_L=-U_0\sin(\omega_0 t-90°)=U_0\sin(\omega_0 t+90°) \tag{6-41}$$

$$u_L(t)=u_C(t)$$

讨论 $u_C(t)$、$u_L(t)$和 $i_L(t)$的波形。

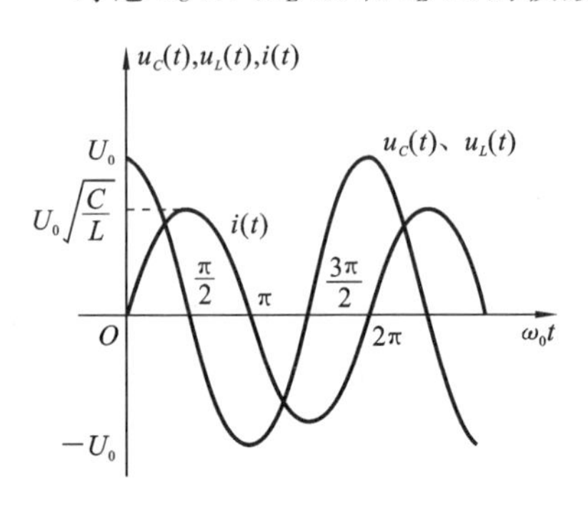

图 6.5 无阻尼振荡情况时 $u_C(t)$、$i(t)$、$u_L(t)$的波形

无阻尼振荡情况时 $u_C(t)$、$i(t)$、$u_L(t)$的波形如图 6.5 所示。$u_C(t)$、$u_L(t)$和 $i_L(t)$的波形均为正弦函数，其幅值不随时间衰减，电路的响应为等幅振荡响应，ω_0 称为电路的固有频率，当二阶电路的激励源频率 ω 与固有频率 ω_0 相等时，电路发生谐振。

无阻尼情况能量转换分析。

二阶电路含电容与电感的理想情况——等幅振荡，由于电阻为零，电路不消耗能量，此时电路的电感和电容等值交换能量，响应为无阻尼等幅振荡过程，电路如图 6.6 所示。

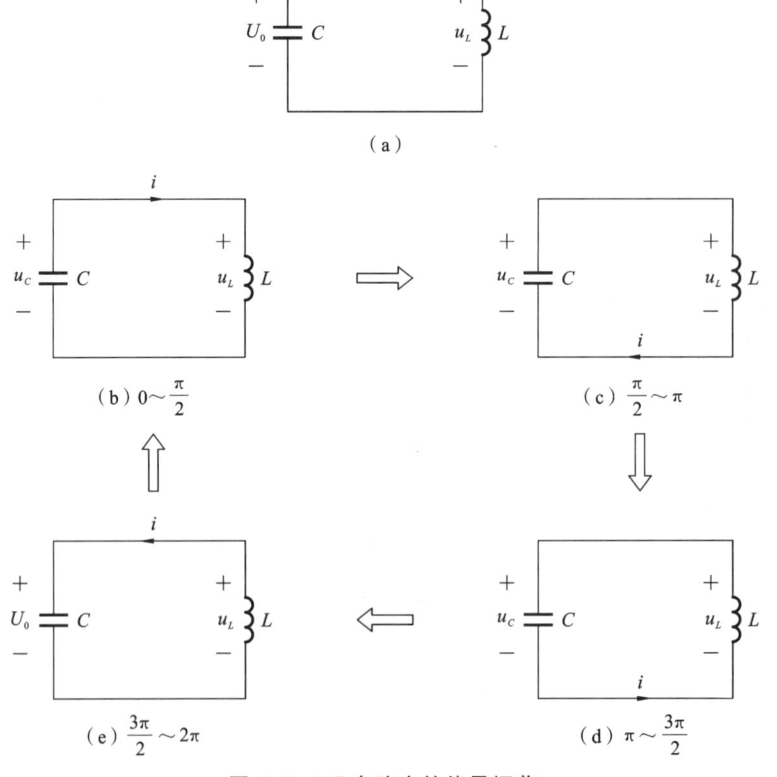

图 6.6 LC 电路中的能量振荡

设电容初始值 U_0，电感初始值零，如图 6.6(a)所示，在初始时刻，能量全部存储于电容中，电感中没有储能，此时电流为零。

根据图 6.5 所示波形，可分为以下四种情况。

① $0\sim\frac{\pi}{2}$期间：$C\rightarrow L$，电容放电，电感充电。如图 6.6(b)所示，电流变化率不为零$\left(\text{因为 } u_C=u_L=L\frac{\mathrm{d}i}{\mathrm{d}t}>0\text{，所以}\frac{\mathrm{d}i}{\mathrm{d}t}>0\right)$，电流将不断增大，电感电压为正值，原来存储在电容中的电能开始转移到电感中。当电容电压下降到零时，电感电压也为零，电流的变化率也为零，电流达到最大值 I_0，此时电场能全部转化为电磁能，且存储在电感中。

② $\frac{\pi}{2}\sim\pi$ 期间：$L\rightarrow C$，电感放电，电容充电。如图 6.6(c)所示，电容电压虽然为零，但其变化率不为零$\left(\text{（因为 } i_C=i_L=I_0=C\frac{\mathrm{d}u_C}{\mathrm{d}t}>0\text{，所以}\frac{\mathrm{d}u_C}{\mathrm{d}t}>0\right)$，电流达到最大值 I_0，之后电流从 I_0 逐渐减小，$\frac{\mathrm{d}i_L}{\mathrm{d}t}<0$，电感电压反向，电感释放磁能，电容在电流的作用下充电，电容电压反向增大，当电感中的电流下降到零的瞬间，能量再次全部存储在电容中，电容电压又达到 U_0，只是极性与开始时相反。

③ $\pi\sim\frac{3\pi}{2}$期间：$C\rightarrow L$，电容放电，电感充电。如图 6.6(d)所示，电容又开始反方向放电，此时电流的方向与初始时相反，电感反向充电，与刚才的过程相同，能量再次从电场能转化为电磁能。

④ $\frac{3\pi}{2}\sim2\pi$ 期间：$L\rightarrow C$，电感放电，电容充电。如图 6.6(e)所示，$i<0$，电感放电，电感电压再次反向，电感释放磁能，电容电压亦反向增加，与图 6.6(c)相反，直到电容电压的大小与极性为 U_0，与初始情况一致，电路回到初始情况。

上述过程将不断重复，电路中的电压与电流也就形成周而复始的等幅振荡。

6.1.2　GLC 并联电路的零输入响应

GLC 并联电路与 RLC 串联电路为一对对偶电路，对偶元件为 G-R、L-C，对偶元素为 $i_L(t)$-$u_C(t)$、$u_L(t)$-$i_C(t)$、$i_C(t)$-$u_L(t)$，其零输入响应可根据对偶原理中对偶元件及对偶元素对应地求出。

6.2　二阶电路的零状态响应

6.2.1　RLC 串联电路的零状态响应

二阶电路中动态元件的原始储能（电容存储电场能与电感存储的磁场能）均为零，由外施激励产生的电流和电压，称为二阶电路的零状态响应。原始储能为零是指电容存储电场能与电感存储的磁场能均为零。

电路如图 6.7 所示，在开关 S 闭合前，电容和电感电流均为零，$u_C(0_-)=0$ V，$i_L(0_-)=0$ A。当 $t=0$ 时，开关 S 闭合。

1. 列写微分方程

以 $u_C(t)$为电路的变量，根据 VCR 和 KVL 定律，有

$$LC\frac{\mathrm{d}^2u_C}{\mathrm{d}t^2}+RC\frac{\mathrm{d}u_C}{\mathrm{d}t}+u_C=U_S \tag{6-42}$$

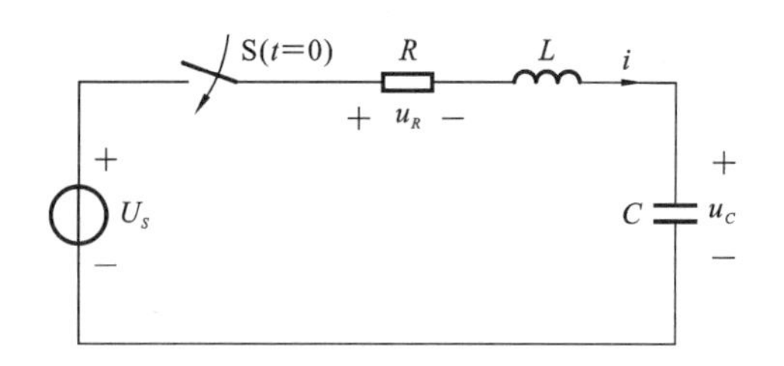

图 6.7 RLC 串联电路的零状态响应

式(6-42)为二阶线性常系数非齐次微分方程。

2. 求解微分方程

微分方程的解分为两部分。一部分为非齐次方程的特解：

$$u''_C(t)=U_S \tag{6-43}$$

另一部分为齐次方程的通解：

$$u'_C(t)=Ae^{pt}$$

则全解为

$$u_C(t)=u'_C(t)+u''_C(t)=Ae^{pt}+U_S$$

式(6-42)对应的齐次微分方程为

$$LC\frac{d^2u'_C(t)}{dt^2}+RC\frac{du'_C(t)}{dt}+u'_C(t)=0 \tag{6-44}$$

式(6-44)与式(6-1)的形式完全相同，其对应的特征方程的根也有三种情况。

由式(6-2)～式(6-4)可知，特征方程为

$$LCp^2+RCp+1=0$$

特征根有两个：p_1、p_2。由式(6-6)、式(6-7)可得

$$p_1=-\frac{R}{2L}+\sqrt{\left(\frac{R}{2L}\right)^2-\frac{1}{LC}}$$

$$p_2=-\frac{R}{2L}-\sqrt{\left(\frac{R}{2L}\right)^2-\frac{1}{LC}}$$

由高等数学知识可知，通解如下。

当特征根为两个不等根时，有

$$u'_C(t)=A_1e^{p_1t}+A_2e^{p_2t}$$

当特征根为两个等根时，有

$$u'_C(t)=(A_1+A_2t)e^{pt}$$

3. 求全解

根据特征方程特征根的性质，通解及其全解的具体形式，分为三种情况：两不等根、两等根、两共轭复根。其通解形式与零输入响应相同。再由初始条件代入全解中确定系数 A_1、A_2。

初始条件：

$$\begin{cases}u_C(0_+)=u_C(0_-)=0\\ i_L(0_+)=i_L(0_-)=0\\ \left.\dfrac{du_C}{dt}\right|_{t=0_+}=\dfrac{i_L(0_+)}{C}=0\end{cases} \tag{6-45}$$

(1) $R>2\sqrt{\frac{L}{C}}$的情况，即过阻尼情况，特征根为两不等负实根，暂态过程为过阻尼非振荡过程。

全解为

$$u_C(t)=u'_C(t)+u''_C(t)=A_1\mathrm{e}^{p_1t}+A_2\mathrm{e}^{p_2t}+U_S \tag{6-46}$$

将式(6-45)代入式(6-46)中，解得

$$\begin{cases}A_1=-\dfrac{p_2}{p_2-p_1}U_S\\[2ex]A_2=\dfrac{p_1}{p_2-p_1}U_S\end{cases} \tag{6-47}$$

将式(6-47)代入式(6-46)中，则零状态响应为

$$\begin{cases}u_C(t)=u'_C(t)+u''_C(t)=-\dfrac{U_S}{p_2-p_1}(p_2\mathrm{e}^{p_1t}-p_1\mathrm{e}^{p_2t})+U_S\\[2ex]i(t)=C\dfrac{\mathrm{d}u_C}{\mathrm{d}t}=-\dfrac{U_S}{L(p_2-p_1)}(\mathrm{e}^{p_1t}-\mathrm{e}^{p_2t})\\[2ex]u_L(t)=L\dfrac{\mathrm{d}i_L}{\mathrm{d}t}=-\dfrac{U_S}{p_2-p_1}(p_1\mathrm{e}^{p_1t}-p_2\mathrm{e}^{p_2t})\end{cases} \tag{6-48}$$

注意：u_C、u_L与i为关联参考方向。

u_L、i和u_C的波形如图6.8所示，为非振荡充电过程。

图6.8中：

$$t_{\max}=\frac{1}{p_1-p_2}\ln\frac{p_2}{p_1} \tag{6-49}$$

电感电压过零点，对应的是电流$i(t)$达到最大值的时刻，电感电压在$2t_{\max}$时间达到负的最大。

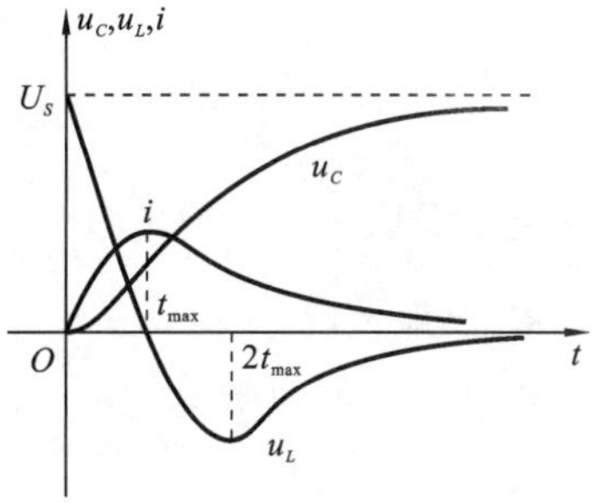

图6.8　u_L、i和u_C的波形

(2) $R=2\sqrt{\frac{L}{C}}$的情况，即临界阻尼情况，特征根为两等负实根，暂态过程为临界阻尼非振荡过程。

由式(6-15)可知特征根为

$$p_1=p_2=p=-\frac{R}{2L}=-\delta$$

$$\delta=\frac{R}{2L}$$

由式(6-17)可知通解为

$$u'_C(t)=(A_1+A_2t)\mathrm{e}^{-\delta t}$$

全解为

$$u_C(t)=u'_C(t)+u''_C(t)=(A_1+A_2t)\mathrm{e}^{-\delta t}+U_S \tag{6-50}$$

将式(6-45)初始条件代入式(6-50)，得

$$\begin{cases}u_C=-U_S(1+\delta t)\mathrm{e}^{-\delta t}+U_S\\[2ex]i=C\dfrac{\mathrm{d}u_C}{\mathrm{d}t}=\dfrac{U_S}{L}t\mathrm{e}^{-\delta t}\\[2ex]u_L=L\dfrac{\mathrm{d}i_L}{\mathrm{d}t}=U_S\mathrm{e}^{-\delta t}(1-\delta t)\end{cases} \tag{6-51}$$

此情况为临界非振荡充电过程。

(3) $R<2\sqrt{\dfrac{L}{C}}$的情况，即欠阻尼情况，特征根为两共轭复根，暂态过程为欠阻尼振荡过程。

由式(6-23)、式(6-30)知

$$\begin{cases}\delta=\dfrac{R}{2L}\\ \omega_0=\sqrt{\dfrac{1}{LC}}\\ \omega=\sqrt{\omega_0^2-\delta^2}\end{cases}$$

$$\begin{cases}p_1=-\delta+\mathrm{j}\omega\\ p_2=-\delta-\mathrm{j}\omega\end{cases}$$

由式(6-33)可知通解为

$$u'_C(t)=\frac{U_S}{\omega L}\mathrm{e}^{-\delta t}\sin(\omega t)$$

将上式代入式(6-46)，则零状态响应为

$$\begin{cases}u_C=-\dfrac{U_S\omega_0}{\omega}\mathrm{e}^{-\delta t}\sin(\omega t+\beta)+U_S\\ i_L(t)=C\dfrac{\mathrm{d}u_C}{\mathrm{d}t}=\dfrac{U_S}{\omega L}\mathrm{e}^{-\delta t}\sin(\omega t)\\ u_L(t)=L\dfrac{\mathrm{d}i_L}{\mathrm{d}t}=-\dfrac{U_S\omega_0}{\omega}\mathrm{e}^{-\delta t}\sin(\omega t-\beta)\end{cases} \tag{6-52}$$

此情况为欠阻尼振荡充电过程。

4. 一般情况

式(6-46)的初始条件：

$$\begin{cases}u_C(0_+)=u_C(0_-)=0\\ i_L(0_+)=i_L(0_-)=0\\ \left.\dfrac{\mathrm{d}u_C}{\mathrm{d}t}\right|_{t=0_+}=\dfrac{i_L(0_+)}{C}=0\end{cases}$$

中，如果不全为零，则其分析方法与其他情况相同。

6.2.2 RLC 并联电路的零状态响应

二阶 RLC 并联电路如图 6.9 所示。

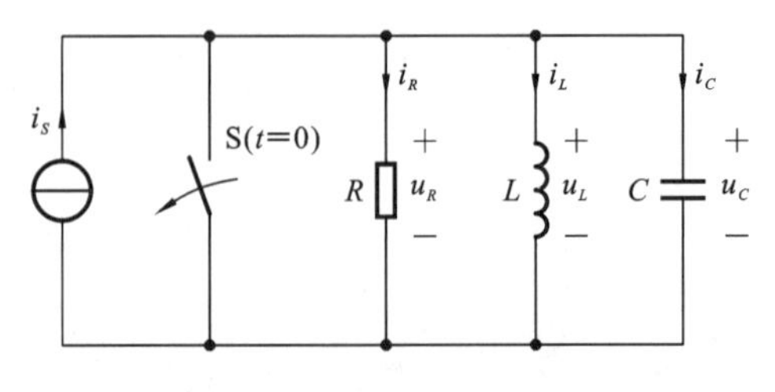

图 6.9 二阶 RLC 并联电路

电路初始状态为

$$u_C(0_-)=0,\quad i_L(0_-)=0$$

当 $t>0$ 时，开关 S 断开。根据 KCL 定律得

$$i_C+i_R+i_L=i_S \tag{6-53}$$

如果以 i_L 为待求变量，则有

$$i_R=\frac{u_L}{R}=\frac{L}{R}\frac{\mathrm{d}i_L}{\mathrm{d}t},\quad u_L=L\frac{\mathrm{d}i_L}{\mathrm{d}t},\quad i=C\frac{\mathrm{d}u_C}{\mathrm{d}t}=C\frac{\mathrm{d}u_L}{\mathrm{d}t}=LC\frac{\mathrm{d}^2 i_L}{\mathrm{d}^2 t^2}$$

将上式代入式(6-53)中，有

$$LC\frac{\mathrm{d}^2 i_L}{\mathrm{d}t^2}+\frac{L}{R}\frac{\mathrm{d}i_L}{\mathrm{d}t}+i_L=i_S \tag{6-54}$$

式(6-54)是二阶线性非齐次常微分方程，与二阶电路零状态响应式(6-42)的求解过程相同，其通解由特解 $i''_L(t)$ 和对应齐次微分方程的通解 $i'_L(t)$ 两部分组成。当 i_S 为直流激励或正弦激励，则稳态解 $i''_L(t)$ 为特解，而通解 $i'_L(t)$ 与二阶电路零输入响应形式相同，其积分常数由初始条件来确定。GLC 并联电路与 RLC 串联电路为对偶电路，其零状态响应可根据对偶原理对应求出对偶元素。

6.3　二阶电路的全响应

前两节分别讨论了仅在初始储能作用下的二阶零输入响应，以及仅在外施激励作用下的零状态响应，并分别求出了二阶微分方程的解。

二阶电路在既有初始储能又有外施激励作用下的响应称为二阶电路的全响应。分析一阶电路的全响应的方法在二阶电路中同样适用，它们的求解的方法相似，一般用零输入响应与零状态响应叠加来计算全响应。

求解的步骤如下。

(1) 计算电路的初始值：$i_L(0_+)$、$\left.\frac{\mathrm{d}i_L}{\mathrm{d}t}\right|_{0_+}$ 或 $u_C(0_+)$、$\left.\frac{\mathrm{d}u_C}{\mathrm{d}t}\right|_{0_+}$。

(2) 列写电路微分方程。

根据 KCL 或 KVL 定理列写电路方程，将其整理成有关电容电压或电感电流（状态变量）的二阶微分方程。

(3) 计算电路方程的特解。

电路方程的特解为常数 A，将其代入微分方程中求出 A。

(4) 计算电路方程的通解。

电路方程的通解为齐次方程的解，根据其特征方程求得电路方程的特征根为 p。

当 p 为两个不相等的实数 p_1、p_2 时，有

$$y=A_1\mathrm{e}^{p_1 t}+A_2\mathrm{e}^{p_2 t}$$

当 p 为两个相同的实根 p 时，有

$$y=(A_1+A_2 t)\mathrm{e}^{pt}$$

当 p 为两个共轭的复根 p_1、p_2，$p_{1,2}=-\alpha\pm\mathrm{j}\omega$ 时，有

$$y=\mathrm{e}^{(\delta+\mathrm{j}\omega)t}=\mathrm{e}^{-\delta t}[A_1\cos(\omega t)+A_2\sin(\omega t)]$$

在此情况下（欠阻尼），可以直接设电路方程的通解为

$$y=Ae^{-\delta t}\sin(\omega t+\varphi)$$

然后用初始值确定其中的待定系数 A 与 φ。

(5) 计算电路的各个待定系数。

原电路方程的解等于通解与特解之和,再根据电路的初始值计算出各个待定系数。

(6) 写出二阶微分方程的解。

例 6-1 电路如图 6.10 所示,已知 $u_C(0_-)=0$,$i_L(0_+)=0.5$ A,在 $t=0$ 时开关 S 闭合,求开关闭合后电感中的电流 $i_L(t)$。

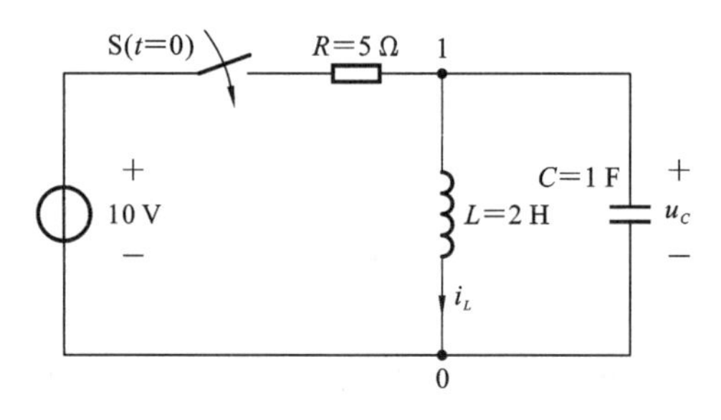

图 6.10 例 6.1 的图

解 选 $i_L(t)$ 为待求变量。开关 S 闭合前,电感中的电流 $i_L(0_-)=0.5$ A,具有初始储能;开关 S 闭合后,直流激励源作用于电路,故为二阶电路的全响应。

(1) 列出开关闭合后的电路微分方程,列结点①的 KCL 方程有

$$\frac{10-L\dfrac{di_L}{dt}}{R}=i_L+LC\frac{d^2 i_L}{dt^2}$$

即

$$RLC\frac{d^2 i_L}{dt^2}+L\frac{di_L}{dt}+Ri_L=10$$

将参数代入,得

$$\frac{d^2 i_L}{dt^2}+\frac{1}{5}\frac{di_L}{dt}+\frac{1}{2}i_L=1$$

电路全响应为

$$i'_L(t)=i'_L+i''_L$$

(2) 根据 $t\to\infty$ 的稳态分量计算出特解为

$$i''_L=\frac{10}{5}=2\ (\text{A})$$

(3) 为确定通解,首先列出特征方程为

$$p^2+\frac{1}{5}p+\frac{1}{2}=0$$

特征根为

$$p_1=-0.1+j0.7$$

$$p_2=-0.1-j0.7$$

特征根 p_1、p_2 是一对共轭复根,所以换路后暂态过程的性质为欠阻尼情况,即

$$i''_L=Ae^{-0.1t}\sin(0.7t+\beta)\ (\text{A})$$

(4) 全响应为

$$i_L(t)=i'_L+i''_L=2+Ae^{-0.1t}\sin(0.7t+\beta)\ (\text{A})$$

又因为初始条件为

$$i_L(0_+)=i_L(0_-)=0.5\ \text{A}$$

$$\frac{\mathrm{d}i_L}{\mathrm{d}t}\bigg|_{t=0_+}=\frac{u_C(0_-)}{L}=0$$

所以有

$$\begin{cases}2+A\sin\beta=0.5\\0.7A\cos\beta-0.1A\sin\beta=0\end{cases}$$

求解得

$$\begin{cases}A=1.52\\\beta=261.9^\circ\end{cases}$$

所以电流 $i_L(t)$ 的全响应为

$$i_L(t)=[2+1.52\mathrm{e}^{-0.1t}\sin(0.7t+261.9^\circ)]\ (\text{A})$$

6.4 二阶电路的阶跃响应与冲激响应

6.4.1 二阶电路的阶跃响应

1. 定义

二阶电路在阶跃激励下的零状态响应称为阶跃响应。RLC 串联的二阶电路的阶跃响应电路如图 6.11 所示。

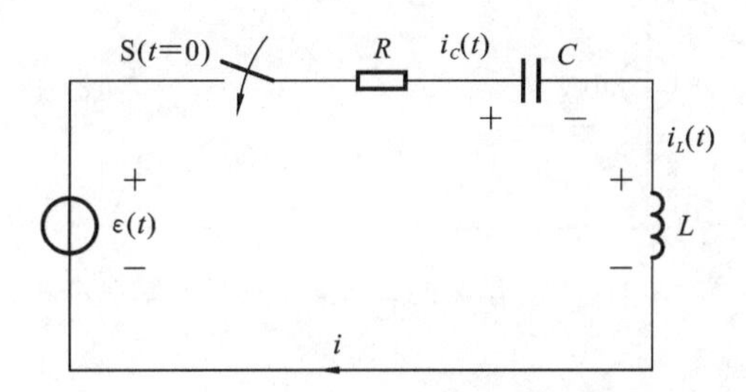

图 6.11 RLC 串联的二阶电路的阶跃响应电路

2. 求解方法及步骤

列写微分方程：以 $u_C(t)$ 为电路的变量，根据 VCR 和 KVL 定律，有

$$LC\frac{\mathrm{d}^2u_C}{\mathrm{d}t^2}+RC\frac{\mathrm{d}u_C}{\mathrm{d}t}+u_C=\varepsilon(t) \tag{6-55}$$

式(6-55)为二阶线性常系数非齐次微分方程。

激励电压源 $U_S=\varepsilon(t)=1$ (V)，求二阶电路的阶跃响应与二阶电路的零状态响应的求解方法相同。

3. 响应曲线

图 6.12 所示的是过阻尼、临界阻尼、欠阻尼三种情况下电路响应的曲线，可以看出，三种情况下的稳态值相同。

衰减振荡(欠阻尼)与等幅振荡(零阻尼)情况下的响应曲线，如图 6.13 所示。

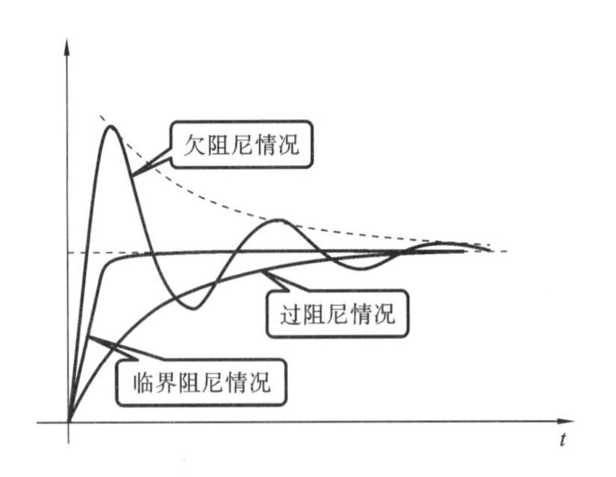

图 6.12 二阶电路的阶跃响应的响应曲线

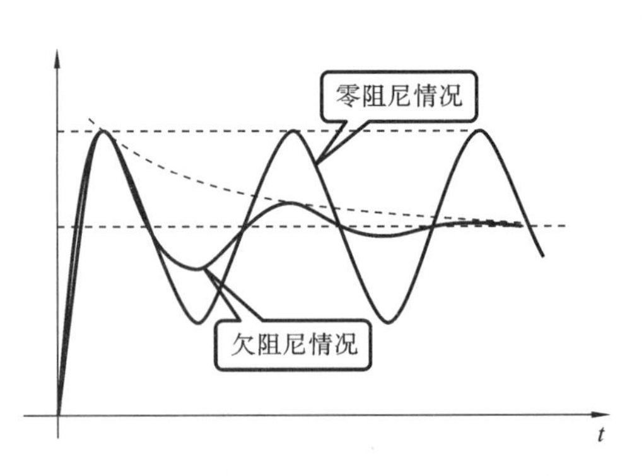

图 6.13 二阶电路阶跃响应的衰减振荡与等幅振荡曲线

6.4.2 二阶电路的冲激响应

1. 定义

二阶电路的冲激响应是零状态下的二阶电路在冲激源的作用下所产生的响应，即为二阶电路在冲激源作用下，建立一个初始状态后产生的零输入响应。RLC 串联的二阶电路的冲激响应电路如图 6.14 所示。

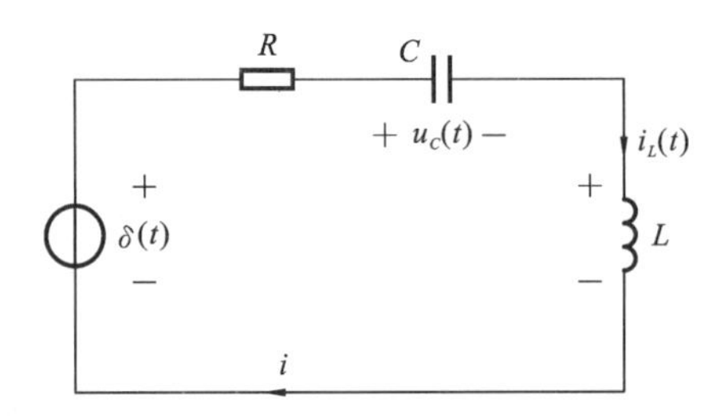

图 6.14 RLC 串联的二阶电路的冲激响应电路

2. 求解方法及步骤

先求出冲激激励所产生的电路初始值；再求出二阶电路的零输入响应，具有初始值的二阶电路的零输入响应的求法前面已介绍，虽然公式相同，但也需分为三种情况分析，由此求解二阶电路的冲激响应。

1）列写微分方程

以 $u_C(t)$ 为电路的变量，根据 VCR 和 KVL 定律，有

$$LC\frac{\mathrm{d}^2u_C}{\mathrm{d}t^2}+RC\frac{\mathrm{d}u_C}{\mathrm{d}t}+u_C=\delta(t) \tag{6-56}$$

式(6-24)为二阶线性常系数非齐次微分方程。

2）求出储能元件的初始值

将式(6-56)两边取 $0_-\sim0_+$ 的积分，则有

$$\int_{0_-}^{0_+}LC\frac{\mathrm{d}^2u_C}{\mathrm{d}t^2}\mathrm{d}t+\int_{0_-}^{0_+}RC\frac{\mathrm{d}u_C}{\mathrm{d}t}\mathrm{d}t+\int_{0_-}^{0_+}u_C\mathrm{d}t=\int_{0_-}^{0_+}\delta(t)\mathrm{d}t=1$$

其中第二项、第三项被积函数必须是有限值，否则会使式中的左式分别为 $\delta(t)$、$\delta'(t)$，从而不等于右式。则有

$$\int_{0_-}^{0_+} LC\,\frac{\mathrm{d}^2 u_C}{\mathrm{d}t^2}\mathrm{d}t = 1$$

即

$$LC\frac{\mathrm{d}u_C}{\mathrm{d}t}\bigg|_{0_+} - LC\frac{\mathrm{d}u_C}{\mathrm{d}t}\bigg|_{0_-} = 1$$

当 $i_C(0_-)=i_L(0_-)=0\ \mathrm{A}, u_C(0_-)=0$ 时，则有

$$LC\frac{\mathrm{d}u_C}{\mathrm{d}t}\bigg|_{0_+} = 1,\quad C\frac{\mathrm{d}u_C}{\mathrm{d}t}\bigg|_{0_+} = \frac{1}{L}$$

其初始条件为

$$\begin{cases}\dfrac{\mathrm{d}u_C}{\mathrm{d}t}\bigg|_{0_+} = \dfrac{1}{LC} \\ u_C(0_+)=0\end{cases} \tag{6-57}$$

电容 C 极板存储初始能量，具有初始值，由于 $t>0$ 时，$\delta(t)=0$，则二阶电路在 $t>0$ 的响应是零输入响应。

3）求零输入响应($t>0$)

$$LC\,\frac{\mathrm{d}^2 u_C}{\mathrm{d}t^2} + RC\,\frac{\mathrm{d}u_C}{\mathrm{d}t} + u_C = 0$$

(1) 当 $R>2\sqrt{\dfrac{L}{C}}$ 时，过阻尼非振荡过程响应为

$$u_C(t) = A_1 \mathrm{e}^{p_1 t} + A_2 \mathrm{e}^{p_2 t} \tag{6-58}$$

$$p_{1,2} = -\delta \pm \mathrm{j}\omega$$

代入初始条件后，有

$$\begin{cases}A_1 + A_2 = 0 \\ A_1 p_1 + A_2 p_2 = \dfrac{1}{LC}\end{cases} \tag{6-59}$$

$$A_1 = -A_2 = \frac{\dfrac{1}{LC}}{p_2 - p_1} \tag{6-60}$$

$$u_C(t) = \frac{-1}{LC(p_2 - p_1)}(\mathrm{e}^{p_1 t} - \mathrm{e}^{p_2 t})\varepsilon(t) \tag{6-61}$$

(2) 当 $R=2\sqrt{\dfrac{L}{C}}$ 时，临界阻尼非振荡过程为

$$p_1 = p_2 = p = -\frac{R}{2L} = -\delta$$

$$u_C(t) = (A_1 + A_2 t)\mathrm{e}^{pt} \tag{6-62}$$

代入初始条件后，有

$$\begin{cases}A_1 = 0 \\ A_2 = \dfrac{1}{LC}\end{cases} \tag{6-63}$$

将式(6-63)代入式(6-62)，有

$$u_C(t) = \frac{1}{LC}\mathrm{e}^{-\delta t}\varepsilon(t) \tag{6-64}$$

(3) 当 $R<2\sqrt{\dfrac{L}{C}}$ 时，欠阻尼振荡过程为

$$p_{1,2}=-\delta\pm j\omega$$

响应为

$$u_C(t)=Ae^{-\delta t}\sin(\omega t+\beta) \tag{6-65}$$

将初始条件式(6-59)代入式(6-63)，有

$$u_C(t)=\frac{1}{\omega LC}e^{-\delta t}\sin(\omega t)\varepsilon(t) \tag{6-66}$$

6.5 章节回顾

(1) 电路含有两个动态元件，用二阶微分方程描述的电路称为二阶电路。求解微分方程需要两个初始条件：$y(0_+)$、$y'(0_+)$。

(2) 掌握二阶电路微分方程、特征方程的建立，特征根的求取。

根据 KVL 定律、KCL 定律、VCR 关系，列写二阶动态电路的微分方程、齐次和非齐次微分方程，求出特征方程和特征根，并根据三种情况分析二阶电路的响应。

(3) 二阶 RLC 串联电路的零输入响应，由特征根的性质可分为以下几种情况。

① 过阻尼情况$\left(R>2\sqrt{\frac{L}{C}}\right)$，二阶微分方程的特征根为两个不相等的负实根，即有

$$u_C(t)=\frac{U_0}{p_1-p_2}(p_1e^{p_2t}-p_2e^{p_1t})$$

$$i_C(t)=-C\frac{du_C}{dt}=-\frac{U_0}{L(p_2-p_1)}(e^{p_1t}-e^{p_2t})$$

$$u_L=L\frac{di}{dt}=\frac{-U_0}{(p_2-p_1)}(p_1e^{p_1t}-p_2e^{p_2t})$$

$u_C(t)$、$i_C(t)$和$u_L(t)$的曲线均可看作为随着时间衰减的函数，电路的响应为非振荡响应。

② 临界阻尼情况$\left(R=2\sqrt{\frac{L}{C}}\right)$，二阶微分方程的特征根为两个相等的负实根，即有

$$u_C=U_0e^{-\delta t}(1+\delta t)$$

$$i_C=-C\frac{du_C}{dt}=\frac{U_0}{L}te^{-\delta t}$$

$$u_L=L\frac{di}{dt}=U_0e^{-\delta t}(1-\delta t)$$

$u_C(t)$、$i_C(t)$和$u_L(t)$的曲线均可看作为随着时间衰减的函数，与过阻尼情况相比，更靠近时间 t 轴衰减，电路的响应为非振荡响应。此种状态是振荡过程与非振荡过程的分界线。

③ 欠阻尼情况$\left(R<2\sqrt{\frac{L}{C}}\right)$，特征根 p_1、p_2 为一对共轭复数，其实部为负数，即有

$$u_C(t)=\frac{U_0\omega_0}{\omega}e^{-\delta t}\sin(\omega t+\beta)$$

$$i_L(t)=-C\frac{du_c}{dt}=\frac{U_0}{\omega L}e^{-\delta t}\sin(\omega t)$$

$$u_L(t)=L\frac{di_L}{dt}=-\frac{U_0\omega_0}{\omega}e^{-\delta t}\sin(\omega t-\beta)$$

响应是一个振荡衰减放电过程。

(4) 二阶 GLC 并联电路与 RLC 串联电路为对偶电路，其零输入响应可根据对偶原理对应求出。

(5) 二阶 RLC 串联电路的零状态响应是一个充电过程。

该方程为二阶线性常系数非齐次微分方程，其解为非齐次方程的特解加上齐次方程的通解($u'_C=Ae^{pt}$)，即 $u_C=u'_C+u''_C=Ae^{pt}+U_S$。

当特征根为两不等根时，有

$$u'_C(t)=A_1e^{p_1t}+A_2e^{p_2t}$$

当特征根为两等根时，有

$$u'_C(t)=(A_1+A_2t)e^{pt}$$

通解与零输入响应情况的分析方法相同。

零状态响应可分为以下几种情况。

① $R>2\sqrt{\dfrac{L}{C}}$，过阻尼非振荡过程，为非振荡充电过程，即有

$$\begin{cases}u_C=u'_C+u''_C=-\dfrac{U_S}{p_2-p_1}(p_2e^{p_1t}-p_1e^{p_2t})+U_S\\ i=C\dfrac{du_C}{dt}=-\dfrac{U_S}{L(p_2-p_1)}(e^{p_1t}-e^{p_2t})\\ u_L=-\dfrac{U_S}{p_2-p_1}(p_1e^{p_1t}-p_2e^{p_2t})\end{cases}$$

② $R=2\sqrt{\dfrac{L}{C}}$，临界阻尼非振荡过程，即有

$$\begin{cases}u_C=-U_S(1+\delta t)e^{-\delta t}+U_S\\ i=C\dfrac{du_C}{dt}=\dfrac{U_S}{L}te^{-\delta t}\\ u_L=U_Se^{-\delta t}(1-\delta t)\end{cases}$$

③ $R<2\sqrt{\dfrac{L}{C}}$，欠阻尼振荡过程，即有

$$\begin{cases}u_C=-\dfrac{U_S\omega_0}{\omega}e^{-\delta t}\sin(\omega t+\beta)+U_S\\ i_L(t)=\dfrac{U_S}{\omega L}e^{-\delta t}\sin(\omega t)\\ u_L(t)=-\dfrac{U_S\omega_0}{\omega}e^{-\delta t}\sin(\omega t-\beta)\end{cases}$$

(6) 二阶电路的全响应一般用零输入响应与零状态响应叠加来计算全响应。求解的步骤如下。

① 计算电路的初始值：$i_L(0_+)$、$\left.\dfrac{di_L}{dt}\right|_{0_+}$ 或 $u_C(0_+)$、$\left.\dfrac{du_C}{dt}\right|_{0_+}$。

② 列写电路微分方程。

根据 KCL 或 KVL 定理列写电路方程，将其整理成有关电容电压或电感电流(状态变量)的二阶微分方程。

③ 计算电路方程的特解。

电路方程的特解为常数 A,将其代入微分方程中求出 A。

④ 计算电路方程的通解。

电路方程的通解为齐次方程的解,根据其特征方程求得电路方程的特征根为 p。

当 p 为两个不相等的实数 p_1、p_2 时,有

$$y=A_1e^{p_1t}+A_2e^{p_2t}$$

当 p 为两个相同的实根 p 时,有

$$y=(A_1+A_2t)e^{pt}$$

当 p 为两个共轭的复根 p_1、p_2,$p_{1,2}=-\alpha\pm j\omega$ 时,有

$$y=e^{(\delta+j\omega)t}=e^{-\delta t}[A_1\cos(\omega t)+A_2\sin(\omega t)]$$

在此情况下(欠阻尼),可以直接设电路方程的通解为

$$y=Ae^{-\delta t}\sin(\omega t+\varphi)$$

然后用初始值确定其中的待定系数 A 与 φ。

⑤ 计算电路的各个待定系数。

原电路方程的解等于通解与特解之和,再根据电路的初始值计算出各个待定系数。

⑥ 将待定系数代入解中可得出二阶微分方程全响应的解。

(7) 二阶电路的阶跃响应,求解方法类似于二阶电路的零状态响应的求解方法,只是电路中的激励电源为阶跃源。

(8) 二阶电路的冲激响应,其求解方法分为以下两步。

① 先求出冲激激励所产生的电路初始值(初始条件)。RLC 串联电路在冲激激励下的初始条件为

$$\begin{cases}\left.\dfrac{du_C}{dt}\right|_{0_+}=\dfrac{1}{LC}\\ u_C(0_+)=0\end{cases}$$

② 再求出二阶电路的零输入响应,分为以下三种情况。

(a) 当 $R>2\sqrt{\dfrac{L}{C}}$ 时,过阻尼非振荡过程为

$$u_C(t)=\frac{-1}{LC(p_2-p_1)}(e^{p_1t}-e^{p_2t})\varepsilon(t)$$

(b) 当 $R=2\sqrt{\dfrac{L}{C}}$ 时,临界阻尼非振荡过程为

$$u_C(t)=\frac{1}{LC}e^{-\delta t}\varepsilon(t)$$

(c) 当 $R<2\sqrt{\dfrac{L}{C}}$ 时,欠阻尼振荡过程为

$$u_C(t)=\frac{1}{\omega LC}e^{-\delta t}\sin(\omega t)\varepsilon(t)$$

6.6 习题

6-1 图 6.15 所示的电路在开关换位前已工作了很长的时间,试求开关动作后的电感电流 $i_L(t)$ 和电容电压 $u_C(t)$。

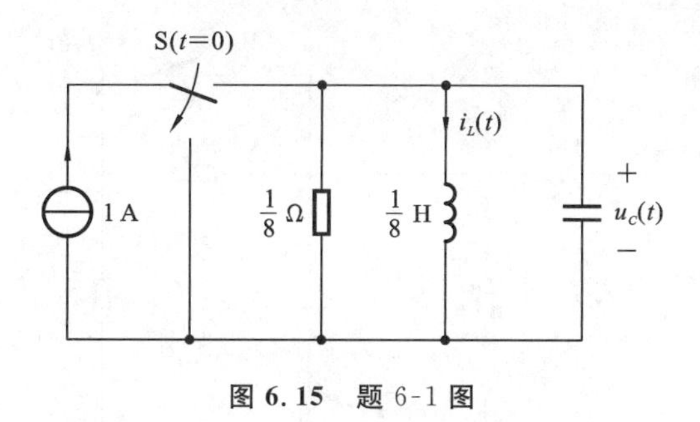

图 6.15 题 6-1 图

6-2 写出图 6.16 所示的电路以 $u_C(t)$ 为输出变量的输入-输出方程。

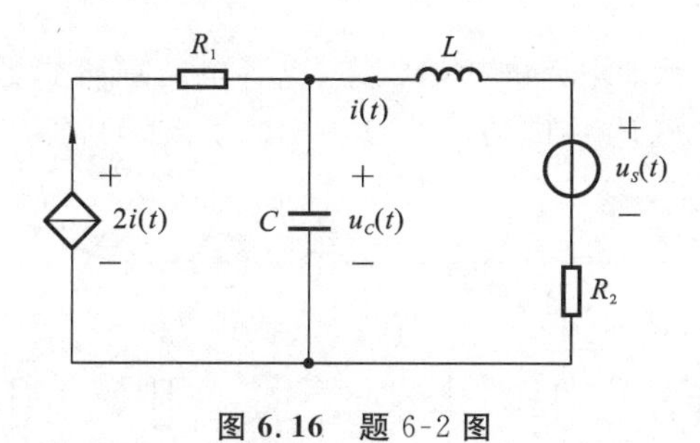

图 6.16 题 6-2 图

6-3 图 6.17 所示的电路在换路前已工作了很长的时间，试求换路后 30 Ω 电阻支路电流的初始值。

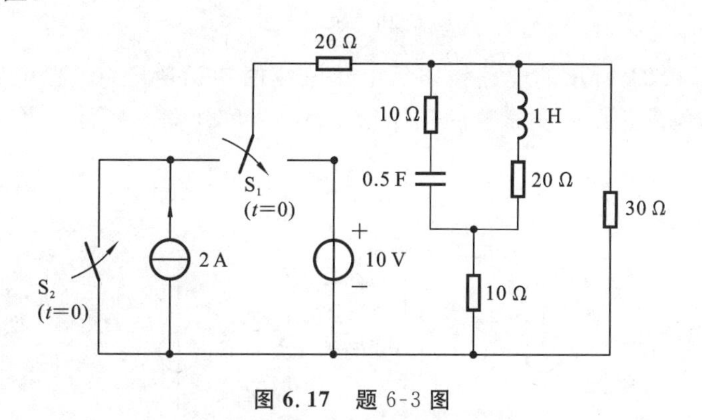

图 6.17 题 6-3 图

6-4 图 6.18 所示的电路在换路前已工作了很长的时间，试求电路的初始状态以及开关断开后电感电流和电容电压的一阶导数的初始值。

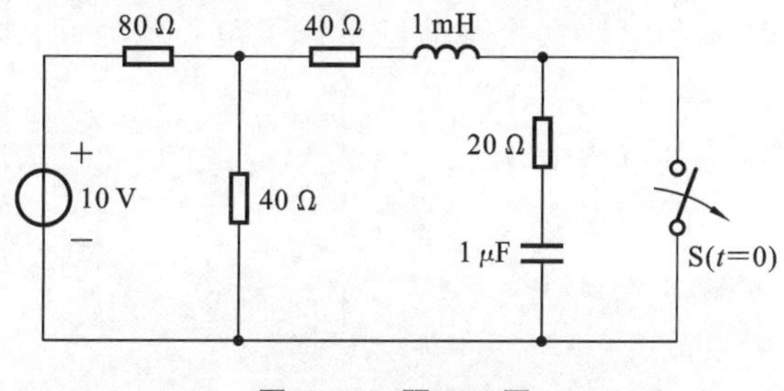

图 6.18 题 6-4 图

6-5 图 6.19 所示的电路在换路前已工作了很长的时间，试求开关闭合后电感电流和电容电压的一阶导数的初始值。

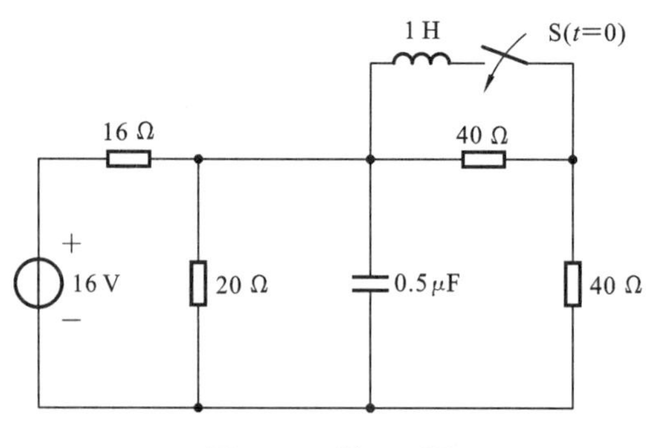

图 6.19　题 6-5 图

6-6　求图 6.20 所示的电路的初始状态、电容电压一阶导数的初始值和电感电流一阶导数的初始值。已知 $R_1=15\ \Omega, R_2=R=5\ \Omega, L=1\ \text{H}, C=10\ \mu\text{F}$。

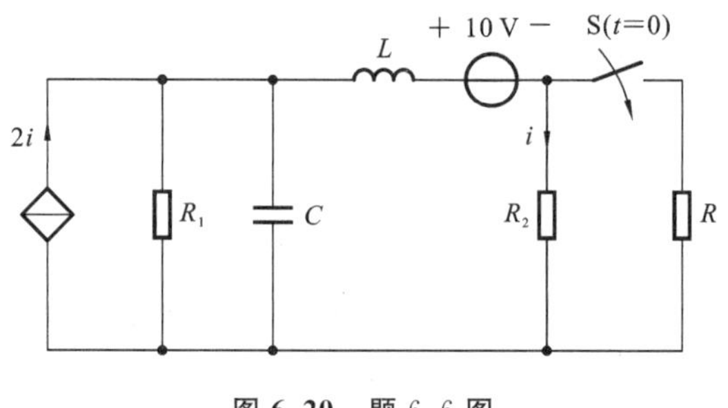

图 6.20　题 6-6 图

6-7　求图 6.21 所示的电路换路后电感电流的初始值 $i_L(0_+)$、电容电压的初始值 $u_C(0_+)$、电感电流的一阶导数的初始值 $i'_L(0_+)$ 和电容电压的一阶导数的初始值 $u'_C(0_+)$。

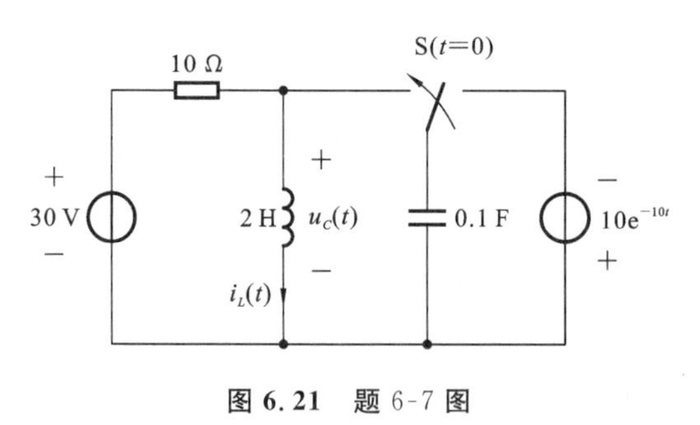

图 6.21　题 6-7 图

6-8　如图 6.22 所示的电路在换路前已工作了很长的时间，求换路（S 闭合）后的初始值 $i(0_+)$ 及 $i'(0_+)$。

6-9　在图 6.23 所示的电路中，$i_L(0_+)=2\ \text{A}, u_C(0_+)=20\ \text{V}, R=9\ \Omega, C=0.05\ \text{F}, L=1\ \text{H}$。

(1) 求零输入响应电压 $u_C(t)$；

(2) 求零输入响应电流 $i_L(t)$。

6-10　求图 6.24 所示的电路的零状态响应 $i(t)$。

6-11　求图 6.25 所示的电路的零状态响应 $u_C(t)$。

6-12　试求图 6.26 所示的电路的冲激响应 $i_L(t)$ 和 $u_C(t)$。

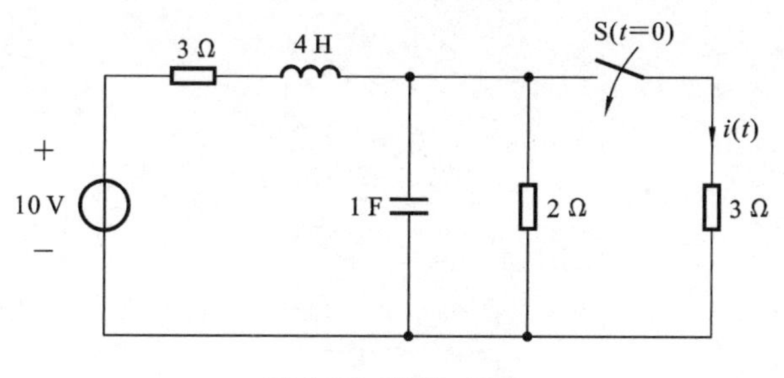

图 6.22　题 6-8 图

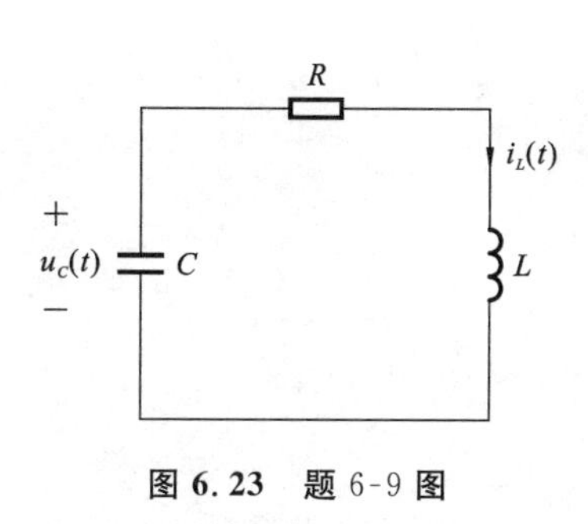

图 6.23　题 6-9 图

图 6.24　题 6-10 图

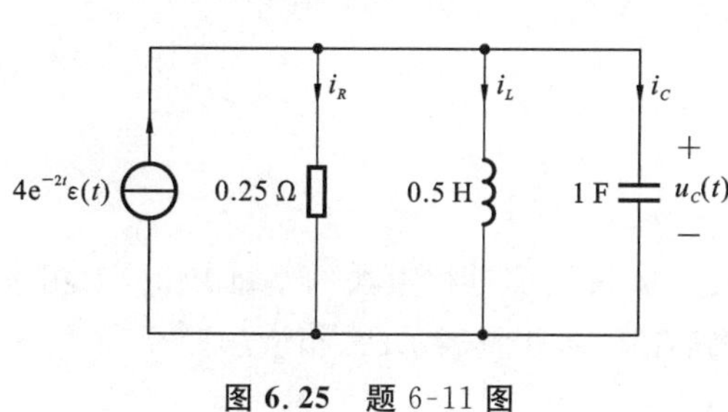

图 6.25　题 6-11 图

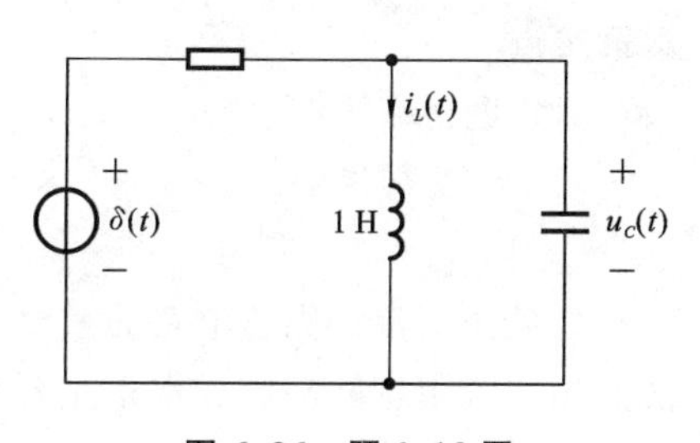

图 6.26　题 6-12 图

习题答案 6

7

相量法基础

本章重点

(1) 复数运算。

(2) 相量表示法。

(3) 相量分析法。

(4) 基尔霍夫定律的相量形式。

本章难点

(1) 复数运算。

(2) 相量分析法。

相量法是正弦稳态电路的重要分析方法。本章先学习相量法的基础知识,为相量法的相关应用打好基础。本章主要介绍正弦量、复数、相量表示法、相量法。

7.1 正弦量

大小和方向随时间按正弦规律变化的电流或电压,称为正弦量(也称为正弦交流电流或电压)。含有正弦交流电源的电路称为正弦交流电路。

一个正弦量与时间的关系可由三个特征来描述,即频率、初相位、振幅,称为正弦交流电的三要素。它是区分不同正弦量的主要依据,任一正弦量,若三要素确定,则该正弦量就唯一确定;若三要素中有一要素不同,则表示不同的正弦量。正弦量可以用正弦函数或余弦函数来描述,本书采用余弦函数来描述。

正弦交流电压的数学表达式为

$$u(t)=U_m\cos(\omega t+\psi) \tag{7-1}$$

式中:ω、ψ、U_m 分别称为角频率、初相位、振幅。正弦交流电压的波形如图 7.1 所示。

7.1.1 频率与周期

正弦量随时间按正弦规律变化,其变化快慢用角频率 ω、周期 T、频率 f 均可表示。

1. 周期 T

正弦交流电循环往复变化一周所需的时间称为周期,用 T 表示,单位为秒(s)。

T越大，表示正弦量变化一周所需要时间越长，波形变化越慢；反之，T越小，波形变化越快。

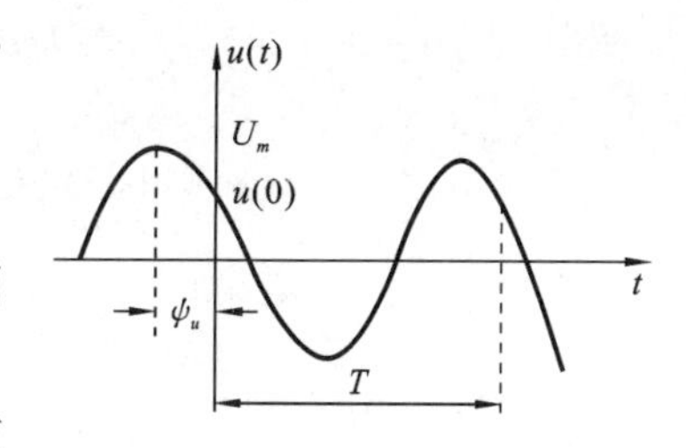

图 7.1 正弦交流电压的波形

2. 频率 f

单位时间(每秒)正弦量变化的次数称为频率，用f表示。

单位：赫兹(Hz 或 1/s)、千赫兹(kHz)、兆赫兹(MHz)。

频率f越大，正弦量变化越快；反之越慢。

T与f的关系为

$$f=\frac{1}{T} \tag{7-2}$$

我国发电厂发出的交流电能频率为 50 Hz，美国、日本等国家采用的是 60 Hz，各种工程领域应用的交流电频率不同，如音频频率为 20 Hz～20 kHz，有线通信频率为 300 Hz～5000 Hz，无线通信频率为 30 kHz～30000 MHz，高频加热频率为 200 Hz～300 kHz 等。

3. 角频率 ω

正弦交流电变化一个周期，相当于正弦函数变化 2π 弧度，称为电角度。每秒钟内交流电变化的角度(即相位随时间变化的速率)称为角频率，单位为弧度/秒(rad/s)，即有

$$\omega=\frac{2\pi}{T}=2\pi f \tag{7-3}$$

7.1.2 初相位

1. 相位 $\omega t+\psi$

不同时刻对应不同电角度，得到不同正弦量瞬时值，随时间变化的角度$\omega t+\psi$称为正弦交流电的相位，反映了正弦量随时间变化的进程，其单位为弧度(rad)或度(°)。相位随t连续变化，正弦量随之变化，相位角$\omega t+\psi$与角频率ω的关系为

$$\omega=\frac{\mathrm{d}}{\mathrm{d}t}(\omega t+\psi) \tag{7-4}$$

2. 初相位 ψ

$t=0$ 时的相位角称为正弦量的初相，ψ_i 表示电流初相，ψ_u 表示电压初相，反映正弦量在开始计时瞬间，正弦交流电所处的状态(称为计时零点)。初相与计时起点有关，起点不同，初相位不同，对应初相位的正弦值不同。离纵轴最近的最大值若在计时零点之左，ψ为正值，反之ψ为负值，如图 7.1 所示 $\psi>0$。

3. 相位差角 φ

两个同频率的正弦量在任一时刻的相位角之差称为相位差，反映两个同频率正弦量的相对位置关系，若 $u(t)=U_m\cos(\omega t+\psi_u)$ 及 $i(t)=I_m\cos(\omega t+\psi_i)$，则 $u(t)$ 与 $i(t)$ 的相位差角φ为两个正弦量初相角之差，即有

$$\varphi=(\omega t+\psi_u)-(\omega t+\psi_i)=\psi_u-\psi_i$$

相位差角 φ 与计时起点无关。无论何时计时，两个同频率的正弦量之间的相位关系不变。

若 $\varphi>0$，即 $\psi_u>\psi_i$，则 $u(t)$超前 $i(t)$；若 $\varphi<0$，即 $\psi_u<\psi_i$，则 $u(t)$滞后 $i(t)$；特殊地，若 $\varphi=0$，即 $\psi_u=\psi_i$，则 $u(t)$与 $i(t)$同相位。若 $\varphi=\pm\frac{\pi}{2}$，$\psi_u=\psi_i\pm\frac{\pi}{2}$，则 $u(t)$与 $i(t)$正交；若 $\varphi=\pm\pi$，$\psi_u=\psi_i\pm\pi$，则 $u(t)$与 $i(t)$反相。$u(t)$与 $i(t)$的相位差波形如图 7.2 所示。

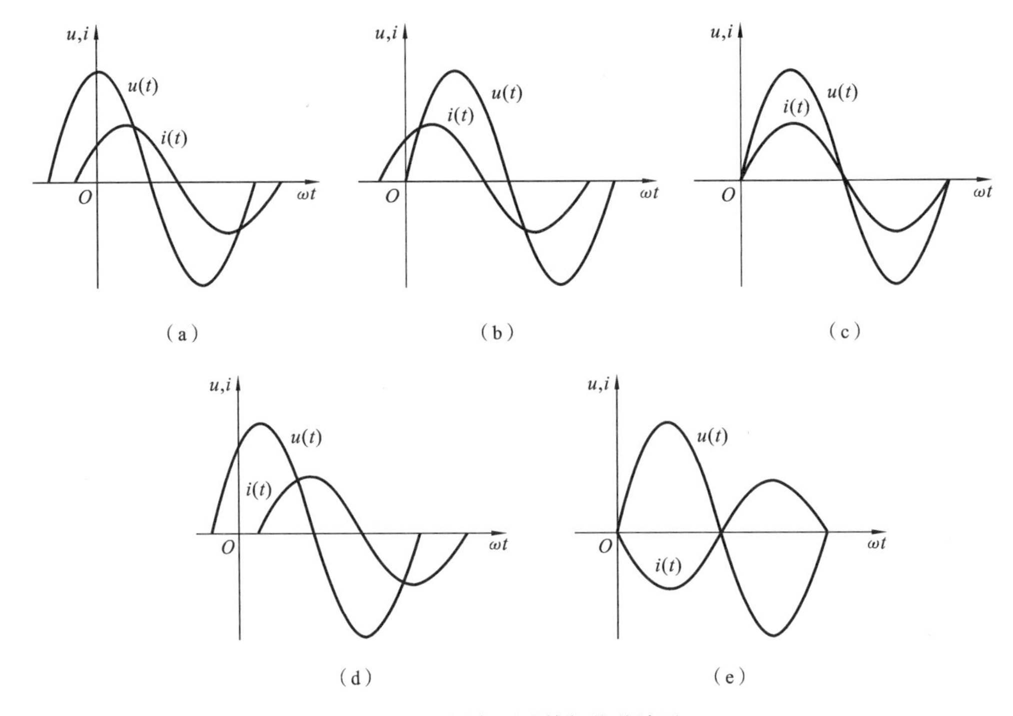

图 7.2　$u(t)$与 $i(t)$的相位差波形

需要注意以下几点情况。

(1) $t=0$ 是计时起点，是任意选取的，但并非 $i(t)$在 $t=0$ 时才开始有电流。稳态分析认为电路中各正弦量都已达稳定状态。

(2) 为方便分析，一般把初相位为零的正弦量作为参考正弦量，在 $t=0$ 时 $i(t)=0$，方便找出其他正弦量与该参考正弦量的相位关系。这样处理不会影响两个正弦量之间的相位差，即相对位置不改变。

(3) 必须是同频率的正弦量才可以比较相位关系。

7.1.3　有效值

正弦量可用瞬时值、最大值和有效值表示，通常用有效值表示。

瞬时值只能反映某一瞬间正弦量的大小，一般用小写字母 u、i、e 表示。最大值（幅值）是最大瞬时值，一般用大写字母 U_m、I_m、E_m 表示。瞬时值在测量和使用时不方便且不确定，电工中常用有效值反映正弦量在电路中产生的做功效果（即热能，机械能，光能等效应），用大写字母 U、I、E 表示。

交流电的有效值是指在相同时间内与交流正弦量平均做功能力等效的直流电数值。

在一个周期 T 内，电阻 R 消耗的交流电能为

$$W=\int_0^T i^2 R\mathrm{d}t$$

而 R 消耗的直流电能为

$$W=I^2RT$$

由定义知

$$\int_0^T i^2 R\mathrm{d}t = I^2RT$$

$$I=\sqrt{\frac{1}{T}\int_0^T i^2\mathrm{d}t} \tag{7-5}$$

故有效值又称为均方根值。

将 $i=I_m\cos(\omega t+\psi)$ 代入式(7-5)得

$$I=\frac{I_m}{\sqrt{2}} \tag{7-6}$$

同理，有

$$U=\frac{U_m}{\sqrt{2}} \tag{7-7}$$

$$E=\frac{E_m}{\sqrt{2}} \tag{7-8}$$

其物理意义：最大值为 1 A 的正弦交流电所消耗的能量与 $I=\frac{1}{\sqrt{2}}=0.707$ (A)的直流电在同样时间内消耗的能量相等。

一般地，交流电用电设备铭牌上标注的额定电压、额定电流均为有效值。交流电压表、交流电流表测得的数值均为有效值，如交流 220 V、5 A 等均指有效值。

需要指出的是，只有正弦交流电最大值与有效值之间才有$\sqrt{2}$关系，其他周期电流(或电压)等非正弦量的有效值与最大值之间需要由式(7-5)求出。

例 7-1 正弦交流电流 $u(t)=4\cos(\omega t-30°)$ V，周期 $T=2$ s，求出有效值、角频率、频率和初相，并绘出其波形图。

解 $U_m=4$ (V)

$$U=\frac{4}{\sqrt{2}}=2\sqrt{2}\ \text{(V)}$$

由 $\omega=2\pi f=\frac{2\pi}{T}=\pi$ (rad/s)

$$f=\frac{1}{T}=\frac{1}{2}\ \text{Hz}$$

$$\psi=-30°$$

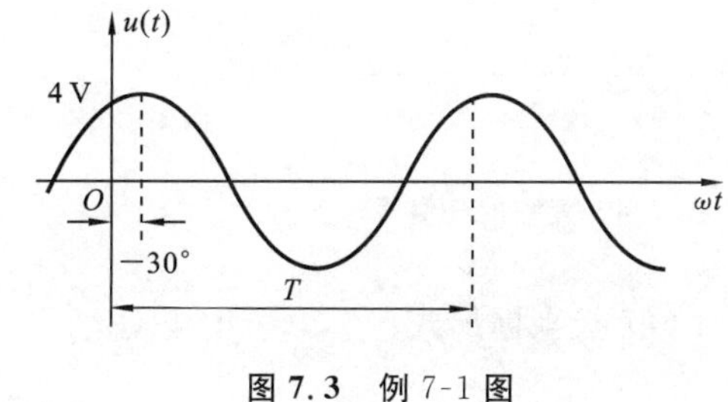

图 7.3 例 7-1 图

可得波形图如图 7.3 所示。

例 7-2 指出 $i_1(t)=2\cos(2t+60°)$与 $i_2(t)=3\cos(2t-60°)$的相位差，并指出其相位关系。

解 由于

$$\psi_1=60°,\quad \psi_2=-60°$$

$$\varphi=\psi_1-\psi_2=60°-(-60°)=120°$$

故 $i_1(t)$超前 $i_2(t)120°$。

7.2 复数

在电路分析中，经常遇到正弦量的加、减、微分、积分等运算，尽管计算结果是同频率的正弦量，但其幅值(有效值)、初相不同，用我们曾经学习的有关知识来求解会很麻烦，需借助数学中的复数作为工具来求解，即用复数表示正弦量，以复数运算为基础，用相量分析法分析电路。

本节复习有关复数的知识，后面再讨论如何用复数表示正弦量并计算正弦量。

7.2.1 复数的四种形式

复数有以下四种表示形式。

(1) 代数形式：

$$\dot{A}=a+\mathrm{j}b \tag{7-9}$$

其中：a 为实部；b 为虚部；$\mathrm{j}=\sqrt{-1}$为虚数单位，为避免与交流电 $i(t)$混淆，虚数单位改为 j；为区别于其他复数，将 A 上加点，即用$\dot{A}$表示；“+”为关系符号，不是运算符号。

(2) 三角形式：

$$\dot{A}=A(\cos\psi+\mathrm{j}\sin\psi) \tag{7-10}$$

$$\begin{cases} A=\sqrt{a^2+b^2} \\ \psi=\arctan\dfrac{b}{a} \\ a=A\cos\psi \\ b=A\sin\psi \end{cases} \tag{7-11}$$

其中：A 为幅模；ψ 为辐角。

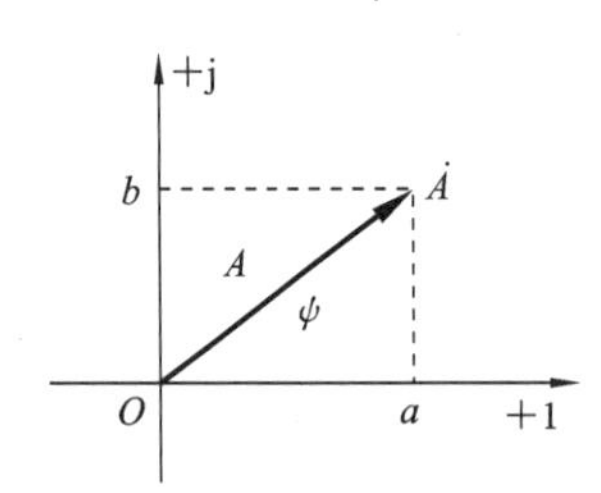

图 7.4 复数的矢量表示

复数$\dot{A}$与复平面上的点一一对应。复平面指由+1 实轴和+j 虚轴组成坐标平面，如图 7.4 所示。

(3) 复指数形式。

由欧拉公式知

$$\cos\psi=\frac{\mathrm{e}^{\mathrm{j}\psi}+\mathrm{e}^{-\mathrm{j}\psi}}{2},\quad \sin\psi=\frac{\mathrm{e}^{\mathrm{j}\psi}-\mathrm{e}^{-\mathrm{j}\psi}}{\mathrm{j}2}$$

代入式(7-10)得复指数形式：

$$\dot{A}=A\mathrm{e}^{\mathrm{j}\psi} \tag{7-12}$$

(4) 极坐标形式：

$$\dot{A}=A\angle\psi \tag{7-13}$$

为了书写方便，常将复数的三角形式和复指数形式简写成极坐标形式。上述四种表示形式可以互换，由任一形式通过式(7-11)可转换为其他三种形式。它们表示同一复数，只是表示形式不同，一般复数加减运算写成代数形式，乘除运算写成复指数或极坐标形式。

例 7-3 已知$\dot{A}_1=6+\mathrm{j}8=10\angle 53.1°$，写出复数$\dot{A}_2=-6+\mathrm{j}8$、$\dot{A}_3=-6-\mathrm{j}8$、$\dot{A}_4=6$

$-\mathrm{j}8$ 的极坐标形式。

解 由已知$\dot{A}_1=6+\mathrm{j}8=10\angle 53.1°$(第Ⅰ象限辐角)得

$$\dot{A}_2=-6+\mathrm{j}8=\sqrt{(-6)^2+8^2}\angle \pi-\arctan\frac{8}{6}$$

$$=10\angle 180°-53.1°=10\angle 126.9° \quad (\text{第Ⅱ象限辐角})$$

$$\dot{A}_3=-6-\mathrm{j}8=\sqrt{(-6)^2+(-8)^2}\angle -\pi+\arctan\frac{8}{6}$$

$$=10\angle -180°+53.1°=10\angle -126.9° \quad (\text{第Ⅲ象限辐角})$$

$$\dot{A}_4=6-\mathrm{j}8=\sqrt{6^2+(-8)^2}\angle -\arctan\frac{8}{6}=10\angle -53.1° \quad (\text{第Ⅳ象限辐角})$$

7.2.2 复数运算

1. 复数的加减

设有两个复数$\dot{A}_1=a_1+\mathrm{j}b_1$,$\dot{A}_2=a_2+\mathrm{j}b_2$,则有

$$\dot{A}_1\pm\dot{A}_2=(a_1\pm a_2)+\mathrm{j}(b_1\pm b_2) \tag{7-14}$$

复数的加、减运算即是实部与实部相加、减,虚部与虚部相加、减。复数相加或相减可在复数平面上用矢量相加减表示,如图 7.5 所示。

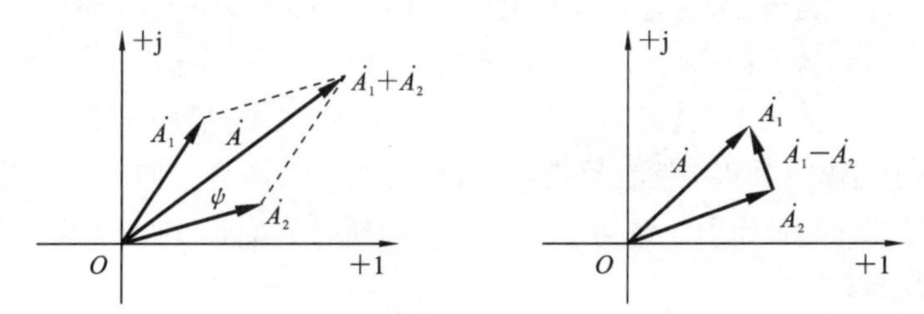

图 7.5 复数矢量的加、减运算

2. 复数的乘除

$$\dot{A}_1\cdot\dot{A}_2=A_1\cdot A_2\angle\psi_1+\psi_2 \tag{7-15}$$

即模相乘,辐角相加。在复平面上将复数$\dot{A}_1$ 逆时针旋转 ψ_2 角、并将其扩大 A_2 倍,如图 7.6(a)所示。

$$\frac{\dot{A}_1}{\dot{A}_2}=\frac{A_1}{A_2}\angle\psi_1-\psi_2 \tag{7-16}$$

即模相除,辐角相减。在复平面上将复数$\dot{A}_1$ 顺时针旋转 ψ_2 角、并将其缩小为 A_2 分之一,如图 7.6(b)所示。

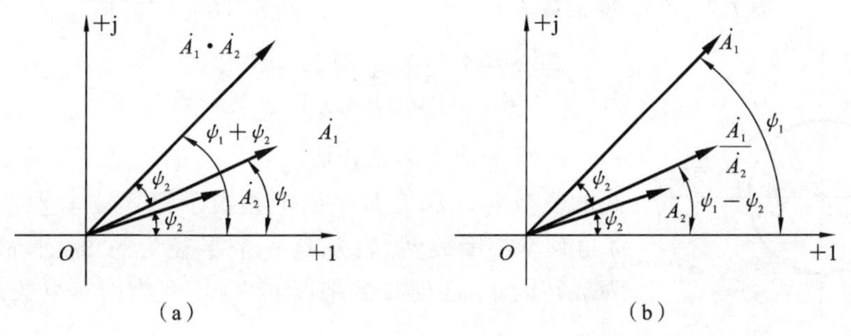

图 7.6 复数矢量的乘、除运算

3. 复数相等

若$\dot{A}_1=\dot{A}_2$,则有

$$a_1=a_2,\quad b_1=b_2$$

即两复数相等,实部与实部相等,虚部与虚部相等。

4. 复数等于零

若$\dot{A}=0$,则有

$$a=0,\quad b=0$$

即复数为零,其实部与虚部均为零。

5. 旋转 90°算子

$$\begin{aligned}&\mathrm{j}=0+\mathrm{j}=1\mathrm{e}^{\mathrm{j}90^\circ}=1\angle 90^\circ\\&\mathrm{j}^2=1\mathrm{e}^{\mathrm{j}180^\circ}=1\angle 180^\circ=-1\\&\mathrm{j}^3=\mathrm{e}^{\mathrm{j}270^\circ}=1\angle 270^\circ=-\mathrm{j}\\&\mathrm{j}^4=\mathrm{e}^{\mathrm{j}360^\circ}=1\angle 0^\circ=1\end{aligned}\tag{7-17}$$

若有一个复数$\dot{A}$乘以 j,则有

$$\begin{aligned}&\dot{A}\cdot\mathrm{j}=\dot{A}\angle 90^\circ=A\angle\psi+90^\circ=\dot{A}\cdot\mathrm{j}\\&\dot{A}\cdot\mathrm{j}^2=\dot{A}\angle 180^\circ=A\angle\psi+180^\circ=(\dot{A}\cdot\mathrm{j})\cdot\mathrm{j}\\&\dot{A}\cdot\mathrm{j}^3=\dot{A}\angle 270^\circ=A\angle\psi+270^\circ=(\dot{A}\cdot\mathrm{j}^2)\cdot\mathrm{j}\\&\dot{A}\cdot\mathrm{j}^4=\dot{A}\angle 360^\circ=A\angle\psi+0^\circ=\dot{A}=(\dot{A}\cdot\mathrm{j}^3)\cdot\mathrm{j}\end{aligned}\tag{7-18}$$

在复平面上复数$\dot{A}$乘以 j 就表示模不变,辐角加 90°,在复平面上将复数$\dot{A}$逆时针转 90°,故称 j 为旋转 90°的算子。任何复数乘以 j,均逆时针旋转 90°,如图 7.7 所示。

6. 旋转因子 $\mathrm{e}^{\mathrm{j}\omega t}$

$\mathrm{e}^{\mathrm{j}\omega t}=1\angle\omega t$,模为 1,辐角为 ωt。其中旋转角速度 ω 为一常数,辐角随时间 t 变化,故在复平面上它是一个不断旋转的旋转复数,轨迹是一个单位圆,如图 7.8 所示。

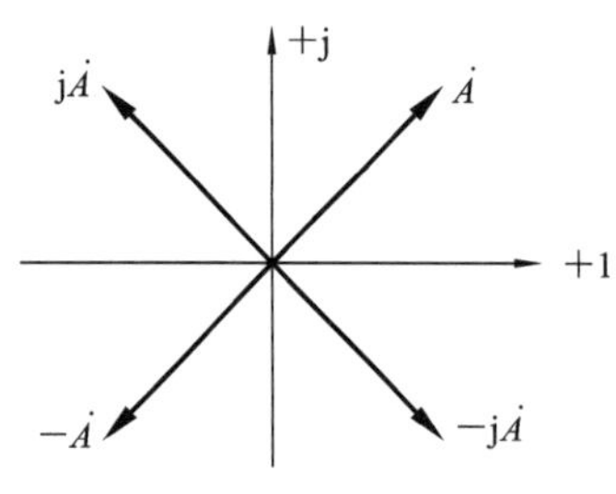

图 7.7 旋转 90°的算子 j

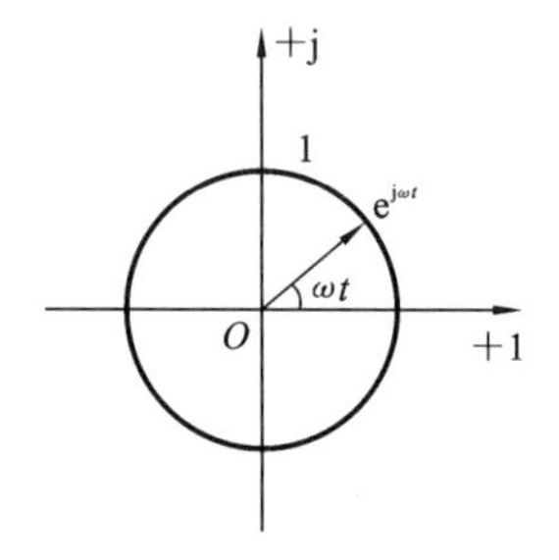

图 7.8 旋转因子

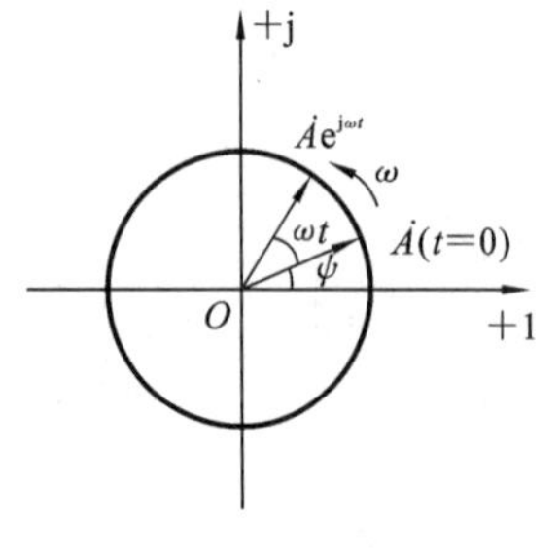

图 7.9 旋转复数

若有一个复数$\dot{A}$,乘以 $\mathrm{e}^{\mathrm{j}\omega t}$,则有

$$\dot{A}\,\mathrm{e}^{\mathrm{j}\omega t}=A\mathrm{e}^{\mathrm{j}\psi}\cdot\mathrm{e}^{\mathrm{j}\omega t}=A\mathrm{e}^{\mathrm{j}(\omega t+\psi)}=A\angle\omega t+\psi\tag{7-19}$$

在复平面上复数$\dot{A}$乘以 $\mathrm{e}^{\mathrm{j}\omega t}$,其结果是模不变、辐角为时间的复数 $\omega t+\psi$,在复平面上相当于把复数$\dot{A}$逆时针方向以 ω 角频率不断旋转,轨迹是一个半径为 A 的圆,故把 $\mathrm{e}^{\mathrm{j}\omega t}$ 称为旋转因子,任何复数乘以 $\mathrm{e}^{\mathrm{j}\omega t}$ 后均变为旋转复数,如图 7.9 所示。

各个正弦量通常具有相同的角频率 ω,故它们具有相同

的旋转因子，画在同一复平面上，这些复数变为旋转复数，它们都相对静止。

例 7-4 已知$\dot{A}_1=3-j4=5\angle-53.1°$，$\dot{A}_2=-4.33+j2.5=5\angle 150°$，求$\dot{A}_1+\dot{A}_2$、$\dot{A}_1-\dot{A}_2$、$\dot{A}_1\cdot\dot{A}_2$、$\dot{A}_1/\dot{A}_2$。

解

$$\begin{aligned}\dot{A}_1+\dot{A}_2&=(3-j4)+(-4.33+j2.5)=-1.33-j1.5\\&=\sqrt{(-1.33)^2+(-1.5)^2}\angle\arctan\frac{1.5}{1.33}-\pi\\&=1.98\angle-131.6°\end{aligned}$$

$$\begin{aligned}\dot{A}_1-\dot{A}_2&=(3-j4)-(-4.33+j2.5)=7.33-j6.5\\&=\sqrt{7.33^2+6.5^2}\angle\arctan\frac{6.5}{7.33}-\frac{\pi}{2}\\&=9.8\angle-48.4°\end{aligned}$$

$$\begin{aligned}\dot{A}_1\cdot\dot{A}_2&=5\angle-53.1°\times5\angle150°=25\angle96.9°\\&=25\angle96.9°+j25\sin96.9°=-3+j24.8\end{aligned}$$

$$\begin{aligned}\frac{\dot{A}_1}{\dot{A}_2}&=\frac{5\angle-53.1°}{5\angle150°}=1\angle-203.1°=1\angle156.9°\\&=\cos156.9°+j\sin156.9°=-0.92+j0.39\end{aligned}$$

7.3 相量表示法

用复数可以表示正弦量，用复数表示的正弦量称为相量，为了与其他复数区别，用$\dot{I}$、$\dot{U}$、$\dot{E}$表示，即在I、U、E符号上方标记“˙”表示电流相量、电压相量、电动势相量。

用复数表示正弦量，由式(7-19)可知一个复数$\dot{A}$乘以$e^{j\omega t}$后得

$$\dot{A}\,e^{j\omega t}=A\angle\omega t+\psi=A\cos(\omega t+\psi)+jA\sin(\omega t+\psi) \tag{7-20}$$

可以看到上式实部与正弦量形式相同。如果复数$\dot{A}=A\angle\psi$，其幅模A表示正弦量的振幅($A=I_m$)，辐角ψ表示正弦量的初相($\psi=\psi_i$)，则可以用$\dot{I}_m$表示复数，写成

$$\dot{I}_m=I_m\angle\psi_i \tag{7-21}$$

称为正弦量的幅值相量。若幅模A表示正弦量的有效值，则可以用$\dot{I}$表示复数，写成

$$\dot{I}=I\angle\psi_i \tag{7-22}$$

称为正弦量的有效值相量，通常称为相量。

若$j\omega t$中ω表示正弦量的角频率，则$\dot{I}_m$乘以$e^{j\omega t}$得

$$\dot{I}_m e^{j\omega t}=I_m e^{j\psi_i}e^{j\omega t}=I_m\angle\omega t+\psi_i=I_m\cos(\omega t+\psi_i)+jI_m\sin(\omega t+\psi_i)$$

对上式取实部，即得正弦交流电流

$$i(t)=\mathrm{Re}[\dot{I}_m e^{j\omega t}]=\mathrm{Re}[I_m e^{j\omega t}e^{j\psi_i}]=I_m\cos(\omega t+\psi_i) \tag{7-23}$$

其中：$\dot{I}_m e^{j\omega t}$称为旋转相量；$\dot{I}_m=I_m e^{j\psi_i}$称为复常量。

或者，有

$$i(t)=\mathrm{Re}[\sqrt{2}\dot{I}\,e^{j\omega t}]=\mathrm{Re}[\sqrt{2}Ie^{j\omega t}e^{j\psi_i}]=\sqrt{2}I\cos(\omega t+\psi_i) \tag{7-24}$$

相量与复数一样，可以在复平面上用矢量表示出来，如图 7.10 所示。在复平面上表示的相量称为相量图，图 7.10(a)也可用图 7.10(b)表示。

$i(t)$在复平面上表示为最大值相量(幅值相量)$\dot{I}_m$以ω角频率逆时针旋转，任一时

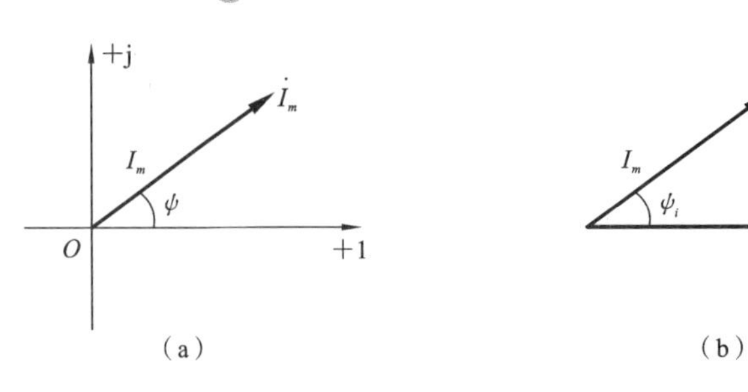

图 7.10 相量图

刻在实轴上的投影如图 7.11 所示。旋转相量旋转一周，对应实轴上的投影点往复变化一周，则交流电变化一个周期。若 ω 越大，则旋转相量旋转速度越快，在实轴上投影点变化越快，对应交流电变化一个周期所需时间越短。

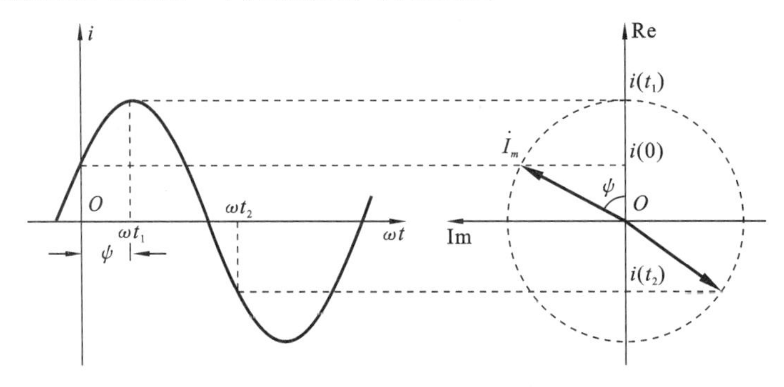

图 7.11 旋转相量与正弦量的对应

任何正弦量、旋转相量、相量均是一一对应的，且唯一对应。正弦量可表示为相量，相量也可表示为正弦量。但应注意的是，正弦量不等于相量，也不等于旋转相量，用相量表示正弦量，仅是一种数学变换，即

$$i(t)\longleftrightarrow\dot{I}_m,\quad i(t)=I_m\cos(\omega t+\psi_i)\longleftrightarrow\dot{I}_m=I_m e^{j\psi_i}$$

同理可写出 $u(t)$、$e(t)$ 与相量的对应关系：

$$u(t)\longleftrightarrow\dot{U}_m,\quad e(t)\longleftrightarrow\dot{E}_m$$

电压相量、电流相量可画在同一相量图上，但有不同的单位标准和比例。应注意的是，只有同频率的正弦量其相量才能画在同一复平面上。

正弦量常用有效值表示，则把正弦量的有效值相量称为相量，记为 $\dot{I}$，即

$$i(t)\longleftrightarrow\dot{I}$$

$$i(t)=\sqrt{2}I\cos(\omega t+\psi_i)\longleftrightarrow\dot{I}=Ie^{j\psi_i}=I\angle\psi_i \tag{7-25}$$

则有

$$\dot{I}=\frac{\dot{I}_m}{\sqrt{2}} \tag{7-26}$$

同理，有

$$\dot{U}=\frac{\dot{U}_m}{\sqrt{2}},\quad \dot{E}=\frac{\dot{E}_m}{\sqrt{2}}$$

相量表示法(以电流为例)的步骤如下。

(1) 将正弦量写为余弦函数形式(不是余弦形式的转换为余弦形式)。

(2) 将余弦函数表示为复指数形式并取实部，则有

$$i(t)=I_m\cos(\omega t+\psi_i)=\mathrm{Re}[I_m e^{j\psi_i}e^{j\omega t}]=\mathrm{Re}[\dot{I}_m e^{j\omega t}]$$

或

$$i(t)=\sqrt{2}I\cos(\omega t+\psi_i)=\mathrm{Re}\left[\sqrt{2}Ie^{j\omega t}e^{j\psi_i}\right]=\mathrm{Re}[\sqrt{2}\dot{I}\ e^{j\omega t}]$$

(3) 写出相量形式如下。

幅值相量：

$$\dot{I}_m=I_m e^{j\psi_i}=I_m\angle\psi_i$$

有效值相量：

$$\dot{I}=Ie^{j\psi_i}=I\angle\psi_i$$

若线性受控源控制量电压或电流为正弦量，则受控量电压或电流为同频率的正弦量。受控源的相量形式为

VCVS：

$$u_2(t)=\mu u_1(t)\longleftrightarrow\dot{U}_2=\mu\dot{U}_1 \tag{7-27}$$

VCCS：

$$i_2(t)=gU_1(t)\longleftrightarrow\dot{I}_2=g\dot{U}_1 \tag{7-28}$$

CCVS：

$$u_2(t)=ri_1(t)\longleftrightarrow\dot{U}_2=r\dot{I}_1 \tag{7-29}$$

CCCS：

$$i_2(t)=\alpha i_1(t)\longleftrightarrow\dot{I}_2=\alpha\dot{I}_1 \tag{7-30}$$

VCCS 电路模型及其相量模型如图 7.12 所示。

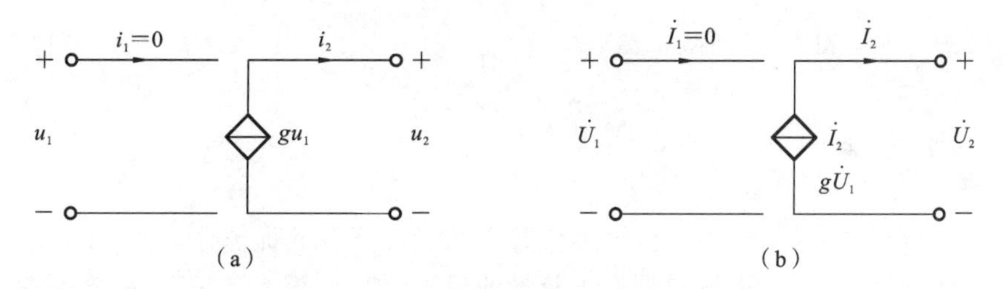

图 7.12 VCCS 电路模型及其相量模型

例 7-5 已知 $i_1(t)=5\cos(314t+60°)$，$i_2(t)=8\sin\left(314t+\frac{\pi}{3}\right)$，$u(t)=-10\cos(2t+60°)$，写出各正弦量相量，并画出相量图。

解 由于

$$i_1(t)=5\cos(314t+60°)=\mathrm{Re}[5e^{j60°}e^{j314t}]=\mathrm{Re}[\dot{I}_{m1}e^{j\omega t}]$$

则有

$$\dot{I}_{m1}=5e^{j60°}=5\angle 60°\ (\mathrm{A}),\quad \dot{I}_1=2.5\sqrt{2}\angle 60°\ (\mathrm{A})$$

$$i_2(t)=8\sin\left(314t+\frac{\pi}{3}\right)=8\cos\left(314t+\frac{\pi}{3}-\frac{\pi}{2}\right)=8\cos\left(314t-\frac{\pi}{6}\right)$$
$$=\mathrm{Re}[8e^{j\left(-\frac{\pi}{6}\right)}e^{j314t}]=\mathrm{Re}[\dot{I}_{m2}e^{j\omega t}]$$

即有

$$\dot{I}_{m2}=8\angle-\frac{\pi}{6}\ (\mathrm{A}),\quad \dot{I}_2=4\sqrt{2}\angle-\frac{\pi}{6}\ (\mathrm{A})$$

$$u(t)=-10\sin(2t+60°)=10\cos(2t+60°-180°)=10\cos(2t-120°)$$
$$=\mathrm{Re}[10e^{-j120°}e^{j2t}]=\mathrm{Re}[\dot{U}_m e^{j\omega t}]$$

故

$$\dot{U}_m=10e^{j(-120°)}=10\angle-120°\ (\mathrm{V}),\quad \dot{U}=5\sqrt{2}\angle-120°\ (\mathrm{V})$$

相量图如图 7.13 所示，图 7.13(a)为$\dot{I}_{m1}$、$\dot{I}_{m2}$相量，图 7.13(b)为$\dot{U}_m$ 相量，因为 ω 不同，故$\dot{U}_m$ 不能与$\dot{I}_{m1}$、$\dot{I}_{m2}$画在同一相量图上。

例 7-6 已知正弦量的相量为$\dot{U}_1=50\angle 30^\circ$ (V)，$\dot{U}_2=30\angle -40^\circ$ (V)，$f=50$ Hz，写出各正弦量表达式，并画出其相量图。

解 由于

$$\dot{U}_1=50\angle 30^\circ\ \text{(V)},\quad \dot{U}_2=30\angle -40^\circ\ \text{(V)},\quad \omega=2\pi f=314\ \text{rad/s}$$

则有

$$U_{1m}=50\sqrt{2}\ \text{(V)},\quad U_{2m}=30\sqrt{2}\ \text{(V)},\quad \psi_{u_1}=30^\circ,\quad \psi_{u_2}=-40^\circ$$

正弦量表达式为

$$u_1(t)=50\sqrt{2}\cos(314t+30^\circ)$$

$$u_2(t)=30\sqrt{2}\cos(314t-40^\circ)$$

相量图如图 7.14 所示。

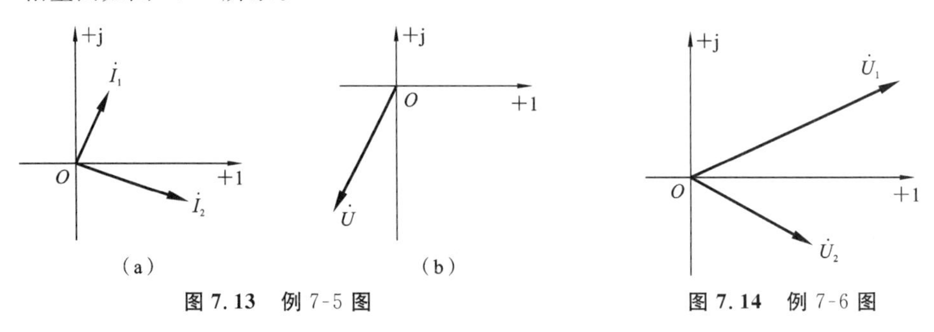

(a)　　(b)

图 7.13 例 7-5 图

图 7.14 例 7-6 图

7.4 相量法

相量法指相量分析法，用相量运算代替正弦量运算有其优越性。

在电路分析中，经常进行同频率正弦量的运算，如加、减运算和微、积分运算。相量法的重点是将时域内正弦量变换为复数(即相量)进行运算，然后运算结果再由复数(即相量)变为时域正弦量。

7.4.1 相量法步骤

相量法步骤如下。

(1) 用相量表示正弦量。

(2) 建立相量关系式，由已知相量求解未知相量。

(3) 将求解的未知相量变换为正弦量。

7.4.2 相量的基本运算

1. 求和运算

已知两支路电流 $i_1(t)=I_{m1}\cos(\omega t+\psi_1)$，$i_2(t)=I_{m2}\cos(\omega t+\psi_2)$，求和电流 $i(t)=i_1(t)+i_2(t)$。

由所学知识，两正弦量之和仍为同频率正弦量，设 $i(t)=I_m\cos(\omega t+\psi)$。

由相量表示法，得

$$i_1(t)=\mathrm{Re}[I_{m1}\mathrm{e}^{\mathrm{j}\psi_1}\mathrm{e}^{\mathrm{j}\omega t}]=\mathrm{Re}[\dot{I}_{m1}\mathrm{e}^{\mathrm{j}\omega t}]$$
$$i_2(t)=\mathrm{Re}[I_{m2}\mathrm{e}^{\mathrm{j}\psi_2}\mathrm{e}^{\mathrm{j}\omega t}]=\mathrm{Re}[\dot{I}_{m2}\mathrm{e}^{\mathrm{j}\omega t}]$$
$$i(t)=\mathrm{Re}[I_m\mathrm{e}^{\mathrm{j}\psi}\mathrm{e}^{\mathrm{j}\omega t}]=\mathrm{Re}[\dot{I}_m\mathrm{e}^{\mathrm{j}\omega t}]$$

由 $i(t)=i_1(t)+i_2(t)$，得

$$\mathrm{Re}[\dot{I}_m\mathrm{e}^{\mathrm{j}\omega t}]=\mathrm{Re}[\dot{I}_{m1}\mathrm{e}^{\mathrm{j}\omega t}]+\mathrm{Re}[\dot{I}_{m2}\mathrm{e}^{\mathrm{j}\omega t}]$$

当且仅当

$$\dot{I}_m\mathrm{e}^{\mathrm{j}\omega t}=\dot{I}_{m1}\mathrm{e}^{\mathrm{j}\omega t}+\dot{I}_{m2}\mathrm{e}^{\mathrm{j}\omega t}$$

则有

$$\dot{I}_m=\dot{I}_{m1}+\dot{I}_{m2} \tag{7-31}$$

在任一时刻 t，$i_1(t)$和 $i_2(t)$均有和电流 $i(t)$，由相量表示法知在复平面上它们相对静止，是同频率的，两电流的相量$\dot{I}_{m1}$与$\dot{I}_{m2}$和$\dot{I}_m$ 在实轴上的投影即是和电流 $i(t)$，与相量$\dot{I}_{m1}$的投影 $i_1(t)$、相量$\dot{I}_{m2}$的投影 $i_2(t)$的和 $i(t)$相等，如图 7.15 所示，故可以用相量和$\dot{I}_m$ 的投影求 $i(t)$。两电流相量$\dot{I}_{m1}$与$\dot{I}_{m2}$和$\dot{I}_m$ 在实轴上的投影即是和电流 $i(t)$。

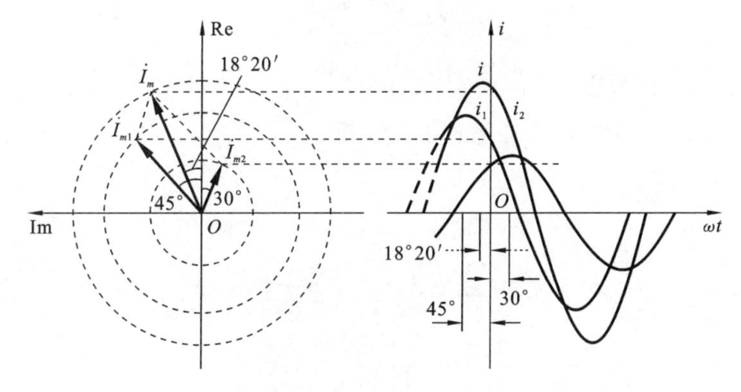

图 7.15　和电流的相量表示

由于 ω 相同，只需求解 $i(t)$的幅值 I_m 和初相 ψ，即求$\dot{I}_m=I_m\angle\psi$，选 $t=0$ 时刻的旋转相量$\dot{I}_{m1}$与$\dot{I}_{m2}$求和得到$\dot{I}_m$，幅值即为 I_m，其辐角即为初相 ψ。故有

$$i_1(0)+i_2(0)=i(0)\rightarrow\dot{I}_{m1}+\dot{I}_{m2}=\dot{I}_m$$

在 $t=0$ 时，和电流相量的投影等于各电流相量投影之和。故和电流相量等于电流相量之和。

上式也可写为

$$\dot{I}_1+\dot{I}_2=\dot{I} \tag{7-32}$$

2. 求差运算

已知两个正弦量 $i_1(t)$、$i_2(t)$，求 $i_3(t)=i_1(t)-i_2(t)$。

该式可写为 $i_2(t)+i_3(t)=i_1(t)$，由上面推导可知

$$\dot{I}_{m1}=\dot{I}_{m2}+\dot{I}_{m3}$$

则有

$$\dot{I}_{m3}=\dot{I}_{m1}-\dot{I}_{m2}\quad 或\quad \dot{I}_1-\dot{I}_2=\dot{I}_3$$

3. 求微分

若已知 $i(t)=\sqrt{2}I\cos(\omega t+\psi_i)$，求$\dfrac{\mathrm{d}i}{\mathrm{d}t}$的相量。

由于 $$\frac{\mathrm{d}i}{\mathrm{d}t}=-\sqrt{2}\omega I\sin(\omega t+\psi_i)=\sqrt{2}\omega I\cos(\omega t+\psi_i+90^\circ)$$
$$=\mathrm{Re}\left[\sqrt{2}\omega I\mathrm{e}^{\mathrm{j}\psi_i}\mathrm{e}^{\mathrm{j}90^\circ}\mathrm{e}^{\mathrm{j}\omega t}\right]$$
$$=\mathrm{Re}\left[\sqrt{2}\mathrm{j}\omega\dot{I}\mathrm{e}^{\mathrm{j}\omega t}\right]$$
可知在时域内求导运算$\frac{\mathrm{d}i}{\mathrm{d}t}$是将$i(t)$幅值扩大$\omega$倍，相位比$i(t)$超前90°得到，用相量表示为
$$\omega I\angle\psi_i+90^\circ=\mathrm{j}\omega\dot{I}$$
若 $$i(t)\leftrightarrow\dot{I}$$
则有
$$\frac{\mathrm{d}i}{\mathrm{d}t}\leftrightarrow\mathrm{j}\omega\dot{I} \tag{7-33}$$
可以推导，得
$$\frac{\mathrm{d}^n i(t)}{\mathrm{d}t^n}\leftrightarrow(\mathrm{j}\omega)^n\dot{I} \tag{7-34}$$
或 $$\frac{\mathrm{d}}{\mathrm{d}t}\mathrm{Re}\left[\dot{I}_m\mathrm{e}^{\mathrm{j}\omega t}\right]=\mathrm{Re}\left[\frac{\mathrm{d}}{\mathrm{d}t}\dot{I}_m\mathrm{e}^{\mathrm{j}\omega t}\right]=\mathrm{Re}\left[\mathrm{j}\omega\dot{I}_m\mathrm{e}^{\mathrm{j}\omega t}\right]$$
这里取实部运算“Re”与求导运算可以互换。

4. 求积分

由于
$$\int i\mathrm{d}t=\int\sqrt{2}I\cos(\omega t+\psi_i)\mathrm{d}t=\frac{\sqrt{2}I}{\omega}\sin(\omega t+\psi_i)=\sqrt{2}\frac{I}{\omega}\cos(\omega t+\psi_i-90^\circ)$$
$$=\mathrm{Re}\left[\sqrt{2}\frac{I}{\omega}\mathrm{e}^{\mathrm{j}\psi_i}\mathrm{e}^{\mathrm{j}(-90^\circ)}\mathrm{e}^{\mathrm{j}\omega t}\right]=\mathrm{Re}\left[\sqrt{2}\frac{\dot{I}}{\mathrm{j}\omega}\mathrm{e}^{\mathrm{j}\omega t}\right]$$
可知在时域内，积分运算将$i(t)$幅值缩小为ω分之一，相位比$i(t)$滞后90°，用相量表示为
$$\frac{I}{\omega}\angle\psi_i-90^\circ=\frac{I}{\mathrm{j}\omega}\angle\psi_i=\frac{\dot{I}}{\mathrm{j}\omega}$$
若 $$i(t)\leftrightarrow\dot{I}$$
则有
$$\int i(t)\mathrm{d}t\leftrightarrow\frac{\dot{I}}{\mathrm{j}\omega} \tag{7-35}$$
对正弦量的n重积分，其相量形式为
$$\frac{\mathrm{d}^{(-n)}i(t)}{\mathrm{d}t^{(-n)}}\leftrightarrow\frac{\dot{I}}{(\mathrm{j}\omega)^n} \tag{7-36}$$
或 $$\int\mathrm{Re}\left[\dot{I}_m\mathrm{e}^{\mathrm{j}\omega t}\right]\mathrm{d}t=\mathrm{Re}\left[\int\dot{I}_m\mathrm{e}^{\mathrm{j}\omega t}\mathrm{d}t\right]=\mathrm{Re}\left[\frac{\dot{I}_m}{\mathrm{j}\omega}\mathrm{e}^{\mathrm{j}\omega t}\right]$$
式中，取实部运算“Re”和求积分运算“$\int$”可以互换。

由上述分析可知，由于正弦量求和、差、微分、积分运算，其结果仍为同频率正弦量，故正弦量频率是已知的，只需求未知正弦量的另两个要素：振幅（或有效值）和初相（也就是相量）。由于任何时刻t各相量相对静止，大小和相位关系不变，只需求某一时刻

的相量即可，因此为简化分析、求出初相位，只考虑 $\omega t=0$ 时刻。应注意的是，相量法的前提条件是各正弦量是同频率的。

相量法的实质是将同频率正弦量变换为复数形式，在复数域内进行计算，用复数运算代替三角函数的运算，将时域的正弦量的和、差、微分、积分运算转变为复数的和、差、乘、除运算，从而简化分析运算，故相量法是分析正弦交流电路的一种数学工具。

相量分析法包括相量解析法和相量图法。相量解析法用复数表示正弦量，大小和相位计算可在同一式中进行，用复数的四则运算求解未知正弦量；相量图法把电压、电流相量画在复平面内并做出相量图，借助相量图建立关系式，分别求出未知相量大小及相位，是相量解析法的辅助分析方法。

例 7-7 已知 $u_1(t)=20\cos(\omega t-30^\circ)$，$u_2(t)=4\cos(\omega t+60^\circ)$，用相量法求同频率正弦量：(1) u_1+u_2；(2) u_1-u_2；(3) $\frac{\mathrm{d}u_1}{\mathrm{d}t}$；(4) $\int u_2\mathrm{d}t$。

解 用相量法分析。

(1) 求 u_1+u_2。

$$u_1(t)\leftrightarrow\dot{U}_{m1}=20\angle-30^\circ\ (\mathrm{V})$$

$$u_2(t)\leftrightarrow\dot{U}_{m2}=40\angle60^\circ\ (\mathrm{V})$$

由 $\dot{U}_{m1}+\dot{U}_{m2}=\dot{U}_m$ 可得

$$\begin{aligned}\dot{U}_m&=\dot{U}_{m1}+\dot{U}_{m2}=20\angle-30^\circ+40\angle60^\circ\\&=20\cos(-30^\circ)+40\cos60^\circ+\mathrm{j}[20\sin(-30^\circ)+40\sin60^\circ]\\&=37.32+\mathrm{j}24.64=\sqrt{37.32^2+24.64^2}\arctan\angle\frac{24.64}{37.32}\\&=44.7\angle33.43^\circ\ (\mathrm{V})\end{aligned}$$

故
$$u(t)=44.7\cos(\omega t+33.43^\circ)$$

(2) 求 u_1-u_2。

$$\begin{aligned}\dot{U}_m&=\dot{U}_{m1}-\dot{U}_{m2}=20\angle-30^\circ-40\angle60^\circ\\&=20\cos(-30^\circ)-40\cos60^\circ+\mathrm{j}[20\sin(-30^\circ)-40\sin60^\circ]\\&=-2.68-\mathrm{j}44.64=\sqrt{2.68^2+44.64^2}\angle-180^\circ+\arctan\frac{44.64}{2.68}\\&=44.7\angle-180^\circ+86.56=44.7\angle-93.44^\circ\ (\mathrm{V})\end{aligned}$$

故
$$u(t)=44.7\cos(\omega t-93.44^\circ)$$

(3) 求 $\frac{\mathrm{d}u_1}{\mathrm{d}t}$。

$$u_1(t)=20\cos(\omega t-30^\circ)\leftrightarrow\dot{U}_1=\frac{20}{\sqrt{2}}\angle-30^\circ\ (\mathrm{V})$$

$$\frac{\mathrm{d}u_1}{\mathrm{d}t}\leftrightarrow\mathrm{j}\omega\dot{U}_1=\mathrm{j}\omega\frac{20}{\sqrt{2}}\angle-30^\circ=\frac{40}{\sqrt{2}}\angle60^\circ$$

故
$$\frac{\mathrm{d}u}{\mathrm{d}t}=40\cos(\omega t+60^\circ)$$

(4) 求 $\int u_2\mathrm{d}t$。

$$u_2(t)=4\cos(\omega t+60^\circ)\leftrightarrow\dot{U}_2=\frac{40}{\sqrt{2}}\angle60^\circ\ (\mathrm{V})$$

$$\int u_2 \mathrm{d}t \leftrightarrow \frac{\dot{U}_2}{\mathrm{j}\omega} = \frac{\frac{40}{\sqrt{2}}\angle 60^\circ}{\mathrm{j}\times 2} = \frac{20}{\sqrt{2}}\angle -30^\circ$$

故
$$\int u_2 \mathrm{d}t = 20\cos(\omega t - 30^\circ)$$

例 7-8　图 7.16 所示的电路中，RC 串联电路的 $R=2\ \mathrm{k}\Omega$，$C=1\ \mu\mathrm{F}$，外施电压 $u_S(t)=30\cos(2\pi\times10^3 t)$，在 $t=0$ 时，开关 S 与电路接通，计算 $t\geqslant0$ 时的响应 $u_C(t)$ 的稳态响应 $u''_C(t)$（微分方程的特解）。

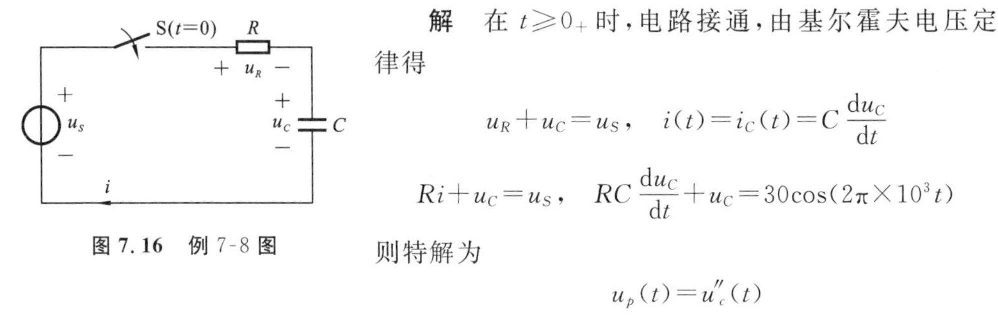

图 7.16　例 7-8 图

解　在 $t\geqslant0_+$ 时，电路接通，由基尔霍夫电压定律得

$$u_R+u_C=u_S,\quad i(t)=i_C(t)=C\frac{\mathrm{d}u_C}{\mathrm{d}t}$$

$$Ri+u_C=u_S,\quad RC\frac{\mathrm{d}u_C}{\mathrm{d}t}+u_C=30\cos(2\pi\times10^3 t)$$

则特解为

$$u_p(t)=u''_c(t)$$

为正弦函数稳态响应，满足

$$RC\frac{\mathrm{d}u''_C}{\mathrm{d}t}+u''_C=30\cos(2\pi\times10^3 t)$$

用相量法。

由于
$$\omega=2\pi\times10^3$$

设 $u''_C\leftrightarrow\dot{U}''_C$，则有

$$\frac{\mathrm{d}u''_C}{\mathrm{d}t}\leftrightarrow\mathrm{j}\omega\,\dot{U}''_C,$$

$$U_S(t)\leftrightarrow\dot{U}_{Sm}=30\angle0^\circ\ (\mathrm{V})$$

$$i_C(t)\leftrightarrow\dot{I}''_{Cm}=\mathrm{j}\omega C\,\dot{U}''_{Cm},\quad R\mathrm{j}\omega C\,\dot{U}''_{Cm}+\dot{U}''_{Cm}=30\angle0^\circ\ (\mathrm{V})$$

$$\dot{U}''_{Cm}(1+\mathrm{j}\omega RC)=30\angle0^\circ\ (\mathrm{V}),\quad \omega=2\pi\times10^3$$

$$\dot{U}''_{Cm}=\frac{30\angle0^\circ}{1+\mathrm{j}\omega RC}=\frac{30\angle0^\circ}{1+\mathrm{j}2\pi\times10^3\times2\times10^3\times1\times10^{-6}}$$

$$=\frac{30\angle0^\circ}{1+\mathrm{j}12.56}=2.38\angle-85.44^\circ\ (\mathrm{V})$$

故当 $t\geqslant0$ 时，$u_C(t)$ 稳态响应为

$$u''_C(t)=2.38\cos(2\pi\times10^3 t-85.44^\circ)$$

7.5　基尔霍夫定律的相量形式

连于某结点上的所有支路电流均为同频率的正弦量，仅是各电流初相和幅值不同；同样，在某一回路中各部分电压均为同频率正弦量，仅是各个电压初相和幅值不同，用相量法可建立电路中连于任一结点的各支路电流相量的关系，以及任一回路中各部分电压相量的关系。

7.5.1　KCL 定律的相量形式

若电路处于正弦稳态，则所有激励和响应均为同频率正弦量，由 KCL 定律，在任一

瞬时,对任一结点,有

$$\sum i(t)=0$$

即 $$\sum i(t)=\sum \mathrm{Re}\left[\sqrt{2}\,\dot{I}\,\mathrm{e}^{\mathrm{j}\omega t}\right]=\mathrm{Re}\left[\sqrt{2}(\sum \dot{I})\,\mathrm{e}^{\mathrm{j}\omega t}\right]=0$$

将求和与取实部运算次序交换,即各旋转相量取实部之和等于各旋转相量之和取实部,从相量图上看,若旋转相量 $\sum \dot{I}\,\mathrm{e}^{\mathrm{j}\omega t}$ 在任何时刻投影等于零,则必然有相量 $\sum \dot{I}$ 恒等于零,即

$$\sum \dot{I}=0 \tag{7-37}$$

在正弦交流电路中,汇于任一结点的各电流相量的代数和恒等于零,其中设流出该结点的电流相量为"+",反之为"−"。

其含义是,汇于某结点各正弦电流旋转相量取实部之和等于所有旋转相量之和取实部,且在任一瞬时恒等于零。

如图 7.17(a)所示,由 KCL 定律,有

$$\sum i(t)=0,\quad -i_1+i_2-i_3+i_4=0$$

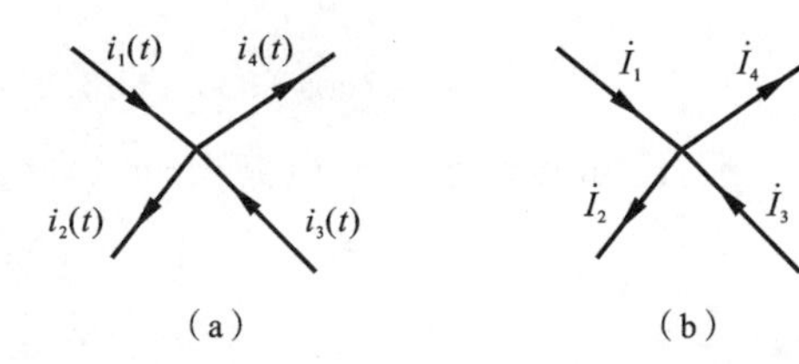

图 7.17 KCL **定律的相量形式**

如图 7.17(b)所示,上式写成相量形式:

$$\sum \dot{I}=0,\quad -\dot{I}_1+\dot{I}_2-\dot{I}_3+\dot{I}_4=0$$

7.5.2 KVL 定律的相量形式

在任一瞬时,对任一回路,沿着任一绕行方向一周,各部分正弦电压的代数和为零,其中绕向相同者取"+",反之取 "−",则有

$$\sum u(t)=0$$

$$\sum u(t)=\sum \mathrm{Re}\left[\sqrt{2}\,\dot{U}\,\mathrm{e}^{\mathrm{j}\omega t}\right]=\mathrm{Re}\left[\sqrt{2}\sum \dot{U}\,\mathrm{e}^{\mathrm{j}\omega t}\right]=0$$

各旋转相量取实部之和等于各旋转相量之和取实部,且在任一瞬时恒等于零。若旋转相量 $\sum \dot{I}\,\mathrm{e}^{\mathrm{j}\omega t}$ 在任何时刻投影恒等于零,则相量 $\sum \dot{I}$恒等于零,即

$$\sum \dot{U}=0 \tag{7-38}$$

对任一回路,各部分电压相量的代数和为零,其中与绕向相同者取"+",反之取"−"。

例 7-9 已知 $i_1(t)=26.4\sqrt{2}\cos(314t-65.4°)$,$i_2(t)=8.14\sqrt{2}\cos(314t+27.8°)$,$i_3(t)=8.6\sqrt{2}\cos(314t+110°)$,求 i_4。

解 用相量法。如图 7.18 所示。

(1) 写出各电流相量:

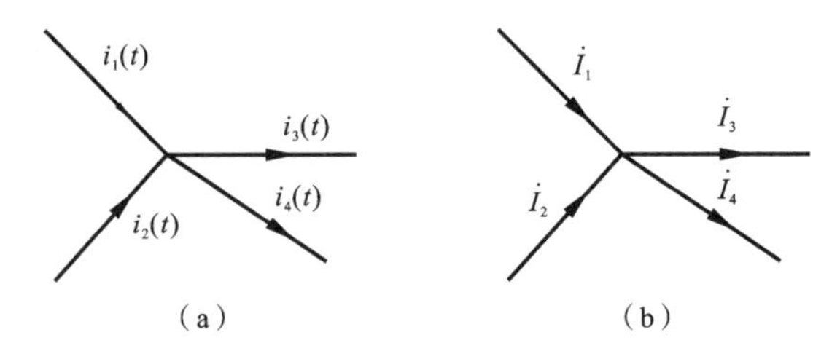

图 7.18 例 7-9 图

$$\dot{I}_1=26.4\angle-65.4^\circ=11-\text{j}\,24\ (\text{A})$$
$$\dot{I}_2=8.14\angle27.82^\circ=7.2+\text{j}\,3.8\ (\text{A})$$
$$\dot{I}_3=8.6\angle110^\circ=-2.94+\text{j}\,8.08\ (\text{A})$$

(2) 由 KCL 定律的相量形式：

$$\dot{I}_1+\dot{I}_2-\dot{I}_3-\dot{I}_4=0$$
$$\dot{I}_4=\dot{I}_1+\dot{I}_2-\dot{I}_3=11-\text{j}24+7.2+\text{j}3.8-(-2.94+\text{j}8.08)$$
$$=21.14-\text{j}28.28=35.31\angle-53.2^\circ\ (\text{A})$$

(3) 写出正弦表达式：

$$i_4=i_1+i_2-i_3=35.31\sqrt{2}\cos(314t-53.2^\circ)$$

例 7-10 如图 7.19 所示，已知某正弦交流电路中，$u_1(t)=6\sqrt{2}\cos(314t+15^\circ)$，$u_3(t)=9.43\sqrt{2}\cos(314t-48.65^\circ)$，$u_4(t)=7\sqrt{2}\cos(314t-60^\circ)$，求 $u_2(t)$。

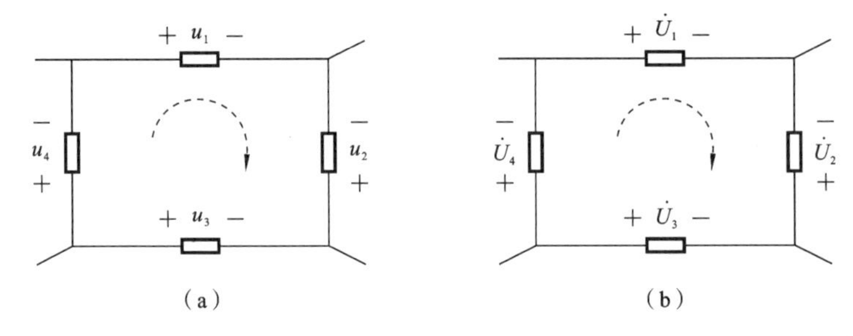

图 7.19 例 7-10 图

解 用相量法。

(1) 写出各电压相量：

$\dot{U}_1=6\angle15^\circ$ (V)，　$\dot{U}_3=9.43\angle-48.65^\circ$ (V)，　$\dot{U}_4=7\angle-60^\circ$ (V)

(2) 由 KVL 定律的相量形式：

$$\sum\dot{U}=0$$
$$\dot{U}_1-\dot{U}_2-\dot{U}_3+\dot{U}_4=0$$

故
$$\dot{U}_2=\dot{U}_1-\dot{U}_3+\dot{U}_4=6\angle15^\circ-9.43\angle-48.65^\circ+7\angle-60^\circ$$
$$=(5.80+\text{j}1.55)-(6.23-\text{j}7.08)+(3.5-\text{j}6.06)$$
$$=3.07+\text{j}2.57=\sqrt{3.07^2+2.57^2}\angle\arctan\frac{2.57}{3.07}$$
$$=4\angle40^\circ\ (\text{V})$$

(3) 写出正弦表达式：

$$u_3(t)=4\sqrt{2}\cos(314t+40^\circ)\ (\text{V})$$

7.6 章节回顾

本章学习有关相量法的基础知识。

(1) 正弦交流电流(或者电压,也称正弦量)三要素为幅值(I_m)、频率(f)和初相(ψ)。幅值表示正弦量变化的最大值,可用有效值表示;频率表示变化快慢;初相表示变化的起始位置。两个同频率的正弦量之间的相位差表示两正弦量的相对位置关系:超前或滞后,特殊关系有同相、反相、正交。

(2) 复数是分析正弦交流电路的数学工具。复数的表示方式有四种:① 代数形式;② 三角函数形式;③ 极坐标形式;④ 复指数函数形式。复数与复平面上的点一一对应,复数运算有加、减、乘、除、微分、积分。$+\mathrm{j}$ 称为旋转 90°的算子。若一个复数$\dot{A}$逆时针以 ω 旋转,任意时间 t 的轨迹是一个以幅模 A 为半径的圆。

(3) 用复数表示正弦量称为相量,正弦交流电路的运算有和、差、微分、积分。如果用三角函数形式表示正弦量则其运算过程麻烦,用相量法运算简便,且物理概念清晰。学会用复数表示正弦量,复数的幅模表示正弦量的振幅,辐角表示正弦量的初相,用最大值相量表示复数(如$\dot{U}_m$、$\dot{I}_m$、$\dot{E}_m$),也可用有效值相量表示正弦量(如$\dot{U}$、$\dot{I}$、$\dot{E}$)。相量不是正弦量,相量乘以 $\mathrm{e}^{\mathrm{j}\omega t}$ 取实部才等于正弦量。某一时刻的正弦值与复平面旋转相量在实轴上的投影点一一对应,即用正弦量振幅(有效值)表示相量的幅模,初相表示相量的辐角,以 ω 逆时针方向旋转,任一时刻 t 在实轴上的投影,即是某一时刻的正弦量。注意相量、旋转相量与正弦量的对应关系:

$$i(t)=R_m\left[I_m\mathrm{e}^{\mathrm{j}\psi_i}\mathrm{e}^{\mathrm{j}\omega t}\right]=I_m\cos(\omega t+\psi_i)$$

(4) 相量法分为相量解析法和相量图解法,相量解析法是分析交流电路的重要分析法,相量的模和辐角都统一在同一解析式中,各相量之间在不同电路中有不同的相量关系式,由此可由已知相量求出未知相量。相量图解法是分析交流电路的辅助分析方法,借助相量图根据相量大小(有效值相量)之间的关系或相位之间的关系,分别求出未知相量大小和辐角,从而得到正弦量的振幅和初相。

(5) 相量法的实质就是用复数表示正弦量,把复数的和、差、微分、积分运算转换为复数的和、差、乘、除运算,运算结果还是同频率的正弦量,从而把三角函数运算转换为代数运算,简化了计算过程,运算中只需求出未知正弦量的幅值(有效值)和初相,而频率可由已知正弦量求得。

(6) 相量的运算。

若 $i(t)\leftrightarrow\dot{I}$,则

$$\frac{\mathrm{d}i(t)}{\mathrm{d}t}\leftrightarrow\mathrm{j}\omega\,\dot{I},\quad \int i\mathrm{d}t\leftrightarrow\frac{\dot{I}}{\mathrm{j}\omega}$$

若 $i_1(t)\pm i_2(t)=i(t)$,则有

$$\dot{I}_1\pm\dot{I}_2=\dot{I}$$

(7) 相量表示法:① 对应求出正弦量的幅值(有效值)和初相;② 用复数表示正弦量:幅模表示振幅(有效值),辐角表示初相。

(8) 相量法步骤:① 用复数表示正弦量—相量;② 写出相量关系式,由已知相量求出未知相量;③ 用求得的相量对应写出正弦量。

(9) 正弦交流电路的分析可用于过渡过程结束的稳态分析，如求一阶、二阶动态电路的稳态响应。

7.7 习题

7-1 写出 $u(t)=10\sqrt{2}\cos\left(314t+\frac{\pi}{2}\right)$ 及 $i(t)=4\cos\left(314t-\frac{\pi}{3}\right)$ 的幅值、频率、周期和初相。

7-2 两个同频率、同振幅的正弦交流电流，幅值 $I_m=10$ A，$t=0$ 时，$i_1(0)=5$ A，$i_2(0)=-5$ A，(1) 求相位差角；(2) 写出正弦表达式；(3) 画出波形。

7-3 求下列各正弦量的相位差，指出其超前滞后关系：

(1) $u_1(t)=2\cos(4t+60°)$，$u_2(t)=6\cos\left(4t+\frac{\pi}{3}\right)$；

(2) $i_1(t)=-2\cos(3t-120°)$，$i_2(t)=3\cos(3t-30°)$。

7-4 已知正弦量的角频率均为 $\omega=2$ rad/s，相量分别为 $\dot{U}=4e^{j60°}$ V 和 $\dot{I}=-4+j3$ A，试画出它们的相量图，并分别写出其正弦表达式。

7-5 (1) 已知 $\dot{A}_1=\frac{1}{2}+j\frac{\sqrt{3}}{2}=1\angle 60°$，写出复数 $\dot{A}_2=-\frac{1}{2}+j\frac{\sqrt{3}}{2}$、$\dot{A}_3=-\frac{1}{2}-j\frac{\sqrt{3}}{2}$、$\dot{A}_4=\frac{1}{2}-j\frac{\sqrt{3}}{2}$ 的极坐标形式；

(2) 已知 $\dot{B}_1=1+j=\sqrt{2}\angle 45°$，写出复数 $\dot{B}_2=-1+j$、$\dot{B}_3=-1-j$、$\dot{B}_4=1-j$ 的极坐标形式。

7-6 已知 $\dot{A}_1=1+j$，$\dot{A}_2=1-j$，求 $\dot{A}_1+\dot{A}_2$、$\dot{A}_1-\dot{A}_2$、$\dot{A}_1\cdot\dot{A}_2$、$\dot{A}_1/\dot{A}_2$。

7-7 已知 $\dot{A}_1=1-j$，$\dot{A}_2=1+j$，$\dot{A}_3=25\sqrt{2}\angle 45°$，求 $\frac{\dot{A}_1}{\dot{A}_1+\dot{A}_2}\dot{A}_3$。

7-8 已知正弦量 $i(t)=3\sqrt{2}\cos(314t+30°)$，求 i、$\frac{di}{dt}$、$\int i dt$ 的相量。

7-9 已知 $i_1=15\sqrt{2}\cos(314t+45°)$，$i_2=10\sqrt{2}\cos(314t-30°)$，$i_3=5\sqrt{2}\cos(314t+60°)$，用相量法求 $i_1-i_2+i_3$。

7-10 电路如图 7.20 所示，已知 $i_1(t)=10\cos(\omega t+30°)$，$i_2(t)=5\cos(\omega t-120°)$，求 i_3。

7-11 正弦交流电路如图 7.21 所示，已知 $u_1(t)=6\sqrt{2}\cos(314t+15°)$，$u_2(t)=4\sqrt{2}\cos(314t+40°)$，求 $u_{ac}(t)$。

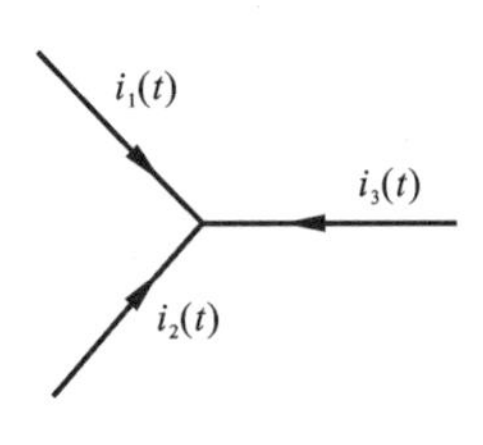

图 7.20　题 7-10 图

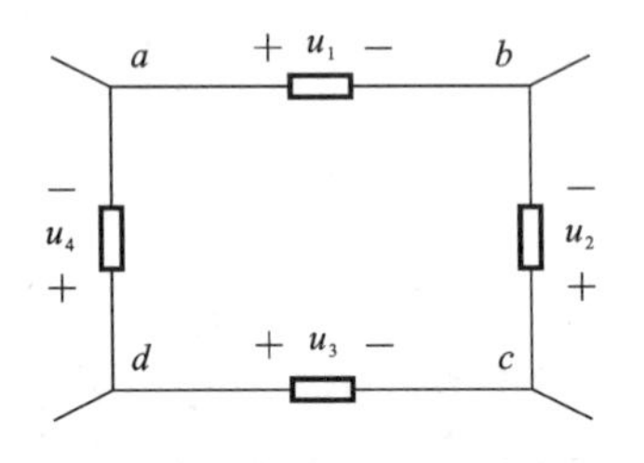

图 7.21　题 7-11 图

7-12 在图 7.22 所示的电路中,RL 串联电路的 $R=3\ \Omega$,$L=4\ \text{mH}$,外施电压 $u_S(t)=6\cos(10^3 t)$,在 $t=0$ 时开关 S 与电路接通,列出 $t\geqslant 0$ 时关于响应 $i_L(t)$ 的微分方程,并求出特解 $i''_L(t)$(微分方程的特解)。

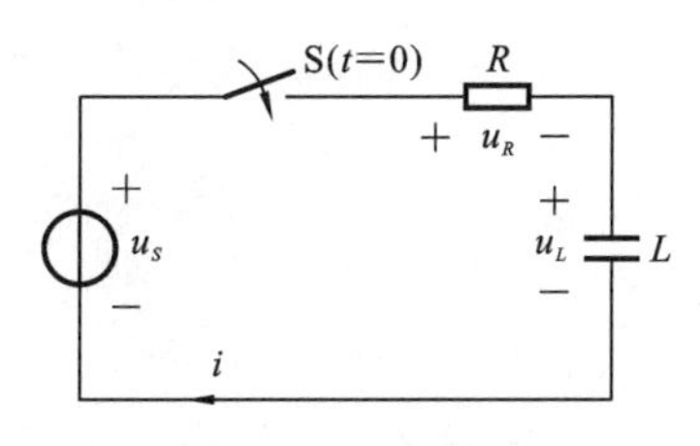

图 7.22 题 7-12 图

习题答案 7

8

正弦稳态分析

本章重点

(1) 基本电路元件 R、L、C 的 VCR 相量形式。

(2) 复阻抗,RLC 串联电路的 VCR 相量关系。

(3) 复导纳,RLC 并联电路的 VCR 相量关系。

(4) 正弦交流电路的相量分析法。

(5) 有功功率 P,无功功率 Q,视在功率 S。

(6) 复功率 $\overline{S}$。

(7) 最大功率传输定理。

本章难点

(1) 复杂正弦稳态电路的分析。

(2) 含受控源电路的有源、无源线性二端电路的分析。

相量法是分析正弦稳态电路的一种重要方法,本章学习用相量法分析、求解正弦交流电路。本章主要介绍:单一元件(电阻、电感和电容)的 VCR 相量形式、RLC 串联电路及 RLC 并联电路的 VCR 相量形式,阻抗和导纳的串联、并联与混联,电路方程及电路定理的相量形式,复杂正弦交流电路的分析方法,学习阻抗和导纳、功率因数等概念,电路的相量图,正弦交流电路的瞬时功率、有功功率、无功功率、视在功率和复功率,并讨论最大功率的传输问题。

8.1 单一元件 R、L、C 的 VCR 相量形式

电阻 R、电感 L、电容 C 等基本电路元件,在正弦交流电路的正弦激励下,其响应为同频率的正弦量。本节将求出这些线性电路元件的 VCR 相量关系式,为用相量法分析电路打下基础。

8.1.1 R 元件的 VCR 相量形式

1. 时域 VCR 关系式

电路如图 8.1(a)所示。

在正弦激励电流(或电压)下,$u(t)$、$i(t)$为关联正方向,线性 R 元件的时域 VCR 关

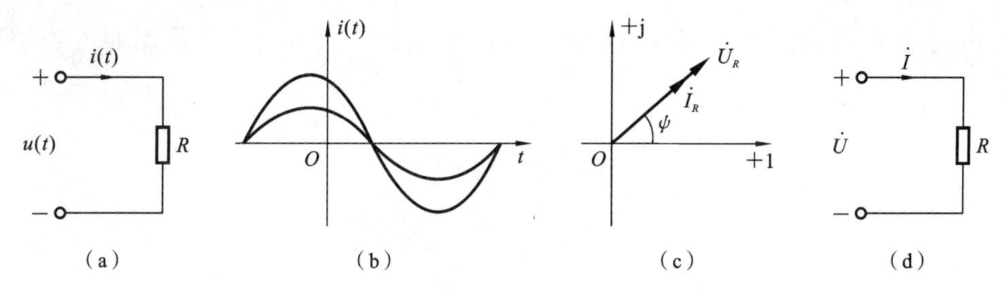

图 8.1 电阻元件

系为

$$u(t)=Ri(t) \tag{8-1}$$

$$\sqrt{2}U\cos(\omega t+\psi_u)=R\sqrt{2}I\cos(\omega t+\psi_i) \tag{8-2}$$

电压是电流有效值的 R 倍，二者相位相同。波形图如图 8.1(b)所示。

2. VCR 相量关系式

由式(8-2)，根据复数运算性质，得

$$\mathrm{Re}[\sqrt{2}\dot{U}\mathrm{e}^{\mathrm{j}\omega t}]=R\cdot\mathrm{Re}[\sqrt{2}\dot{I}\mathrm{e}^{\mathrm{j}\omega t}]$$

对任何时刻 t 均有

$$\dot{U}=R\dot{I} \tag{8-3}$$

大小及相位关系为

$$\begin{cases}U=RI\\ \psi_u=\psi_i\end{cases} \tag{8-4}$$

由此可知电阻的电压与电流大小关系及相位关系如下：$\dot{U}$比$\dot{I}$扩大 R 倍，$\dot{U}$与$\dot{I}$同相位。这与时域关系式结论相同。

相量图如图 8.1(c)所示，将$\dot{U}$、$\dot{I}$画在同一复平面上。

由式(8-3)得

$$\dot{I}=\frac{\dot{U}}{R} \tag{8-5}$$

由此得

$$\frac{\dot{U}}{\dot{I}}=R \tag{8-6}$$

根据式(8-6)，电阻的相量模型如图 8.1(d)所示。

8.1.2 L 元件的 VCR 相量形式

1. VCR 时域关系式

电路如图 8.2(a)所示，在 $u(t)$、$i(t)$关联参考方向下有

$$u_L(t)=L\frac{\mathrm{d}i_L}{\mathrm{d}t} \tag{8-7}$$

$$\begin{aligned}\sqrt{2}U\cos(\omega t+\psi_u)&=L\frac{\mathrm{d}}{\mathrm{d}t}[\sqrt{2}I_L\cos(\omega t+\psi_i)]\\&=\sqrt{2}\omega LI_L\cos\left(\omega t+\psi_i+\frac{\pi}{2}\right)\end{aligned} \tag{8-8}$$

由式(8-8)知，u_L 的有效值为 i_L 的 ωL 倍，u_L 超前 i_L 相位 $\frac{\pi}{2}$。波形图如图 8.2(b)所示。

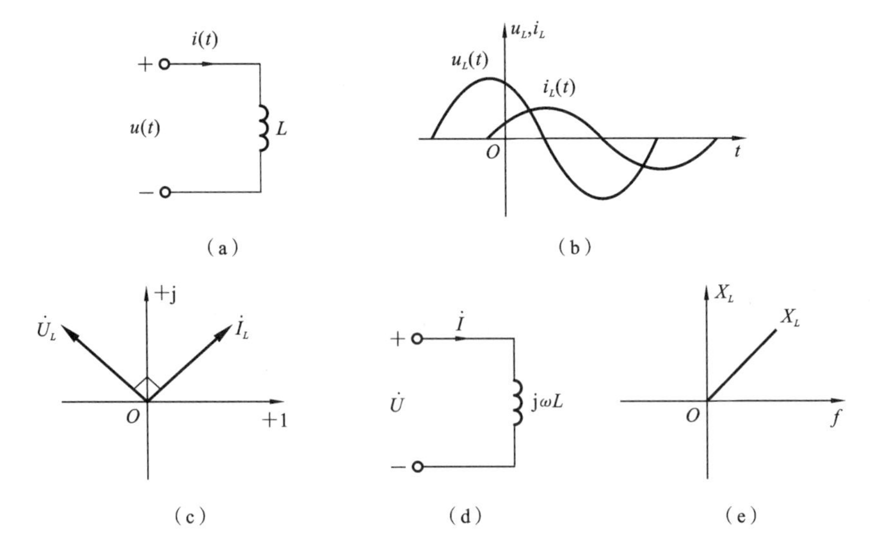

图 8.2　电感元件

2. VCR 相量关系式

由式(8-8)，根据复数运算性质，得

$$\mathrm{Re}\left[\sqrt{2}\dot{U}_L e^{\mathrm{j}\omega t}\right]=L\frac{\mathrm{d}}{\mathrm{d}t}\mathrm{Re}\left[\sqrt{2}\dot{I}_L e^{\mathrm{j}\omega t}\right]=L\mathrm{Re}\left[\frac{\mathrm{d}}{\mathrm{d}t}\sqrt{2}\dot{I}_L e^{\mathrm{j}\omega t}\right]$$

$$=\mathrm{j}\omega L\cdot\mathrm{Re}\left[\sqrt{2}\dot{I}_L e^{\mathrm{j}\omega t}\right]$$

$$\dot{U}_L=\mathrm{j}\omega L\,\dot{I}_L \tag{8-9}$$

$$\begin{cases}U_L=\omega L I_L=X_L I_L\\ \psi_u=\psi_i+\dfrac{\pi}{2}\end{cases} \tag{8-10}$$

其中：$X_L=\omega L$，称为电感电抗，简称感抗，单位为欧姆(Ω)。

由此可知，电感电压有效值与电流有效值的关系及相位关系如下：$\dot{U}_L$ 比 $\dot{I}_L$ 扩大 X_L 倍，$\dot{U}_L$ 比 $\dot{I}_L$ 超前 $\frac{\pi}{2}$。这与时域关系式结论相同。

相量图如图 8.2(c)所示，即在复平面上，把 $\dot{I}_L$ 逆时针转 $\frac{\pi}{2}$，再扩大 X_L 倍得到 $\dot{U}_L$。由式(8-9)得

$$\dot{I}_L=\frac{\dot{U}_L}{\mathrm{j}\omega L} \tag{8-11}$$

$$\frac{\dot{U}_L}{\dot{I}_L}=\mathrm{j}\omega L \tag{8-12}$$

根据式(8-12)，可得电感的相量模型如图 8.2(d)所示。

3. 感抗 X_L

$$X_L=\omega L=2\pi fL=\frac{U_L}{I_L}=\frac{U_{Lm}}{I_{Lm}} \tag{8-13}$$

式(8-13)说明:X_L 与 ω、f、L 成正比。L 越大,感应作用越强,受到阻碍越大,X_L 越大;ω、f 越大,变化越快,阻碍作用越大,X_L 越大,说明电感是通直流阻交流,通低频阻高频,常用于滤波电路。在直流中 $f=0$,$X_L=0$,L 相当于短路。当 L 一定时,X_L 与 f 的关系如图 8.2(e)所示。

例 8-1 把一个 0.1 H 的电感元件,接到正弦交流电源 $u(t)$ 上,已知通过的电流 $i_L(t)=\sqrt{2}\times0.32\cos(314t-60°)$,(1) 求感抗 X_L;(2) 求电压 $u(t)$;(3) 若保持电压大小不变,而电源频率改变为 5000 Hz,求电流 $i(t)$。

解 (1) $\omega=314\ (\text{rad/s})$, $X_L=\omega L=314\times0.1=31.4\ (\Omega)$

$$f=\frac{\omega}{2\pi}=\frac{314}{2\times3.14}=50\ (\text{Hz})$$

(2) 用相量法,则有

$$\dot{I}_L=0.32\angle-60°\ (\text{A})$$

$$\dot{U}=\dot{U}_L=\text{j}X_L\dot{I}_L=\text{j}31.4\times0.32\angle-60°=10\angle30°\ (\text{V})$$

$$u(t)=10\sqrt{2}\cos(314t+30°)\ (\text{V})$$

(3) 若电源频率扩大 100 倍,$X_L=\omega L=3140\ \Omega$,则有

$$\dot{I}_L=\frac{\dot{U}_L}{\text{j}X_L}=\frac{10\angle30°}{\text{j}3140}=0.32\times10^{-2}\angle-60°\ (\text{A})$$

$$i_L(t)=\sqrt{2}\times0.3\times10^{-2}\cos(31400t-60°)\ (\text{A})$$

由此可见,电压一定时,频率越高,电感电流越小,L 具有通低频阻高频的作用。

8.1.3 C 元件的 VCR 相量形式

1. VCR 时域关系式

电路如图 8.3(a)所示,在 u_C、i_C 关联正方向下,有

$$i_C(t)=C\frac{\text{d}u_C}{\text{d}t} \tag{8-14}$$

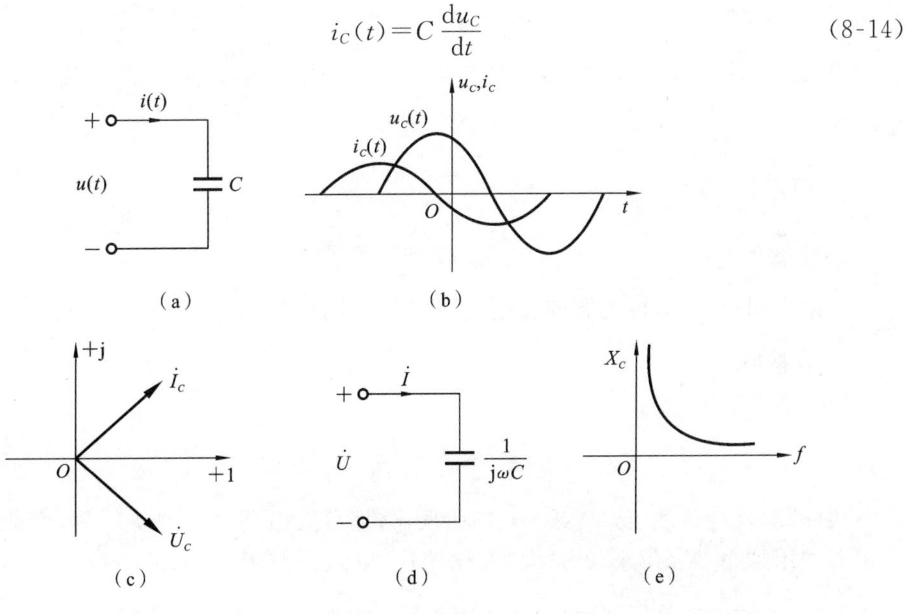

图 8.3 电容元件

$$\sqrt{2}I_C\cos(\omega t+\psi_i)=C\frac{\mathrm{d}}{\mathrm{d}t}[\sqrt{2}U_C\cos(\omega t+\psi_u)]$$

$$=\sqrt{2}\omega CU_C\cos\left(\omega t+\psi_u+\frac{\pi}{2}\right) \tag{8-15}$$

由式(8-15)可知,i_C 的有效值 I_C 为 u_C 的有效值 U_C 的 ωC 倍,或者说,U_C 为 I_C 的 $\frac{1}{\omega C}$,$i_C(t)$超前 $u_C(t)$相位角$\frac{\pi}{2}$。波形图如图 8.3(b)所示。

2. VCR 相量关系式

由式(8-15),并根据复数运算性质,得

$$\mathrm{Re}\left[\sqrt{2}\dot{I}_C\mathrm{e}^{\mathrm{j}\omega t}\right]=C\frac{\mathrm{d}}{\mathrm{d}t}\mathrm{Re}\left[\sqrt{2}\dot{U}_C\mathrm{e}^{\mathrm{j}\omega t}\right]=C\mathrm{Re}\left[\frac{\mathrm{d}}{\mathrm{d}t}\sqrt{2}\dot{U}_C\mathrm{e}^{\mathrm{j}\omega t}\right]$$

$$=\mathrm{Re}\left[\mathrm{j}\omega C\sqrt{2}\dot{U}_C\mathrm{e}^{\mathrm{j}\omega t}\right]=\mathrm{j}\omega C\mathrm{Re}\left[\sqrt{2}\dot{U}_C\mathrm{e}^{\mathrm{j}\omega t}\right]$$

$$\dot{I}_C=\mathrm{j}\omega C\dot{U}_C \tag{8-16}$$

$$\begin{cases} I_C=\omega CU_C \\ \psi_i=\psi_u+\frac{\pi}{2} \end{cases} \tag{8-17}$$

由式(8-16)得

$$\dot{U}_C=\frac{1}{\mathrm{j}\omega C}\dot{I}_C=-\mathrm{j}X_C\dot{I}_C \tag{8-18}$$

$$\begin{cases} U_C=\frac{1}{\omega C}I_C=X_CI_C \\ \psi_u=\psi_i-\frac{\pi}{2} \end{cases} \tag{8-19}$$

其中 $X_C=\frac{1}{\omega C}$,称为电容电抗,简称容抗,单位为欧姆(Ω)。

由此可知,电容电压有效值与电流的关系及相位关系如下:$\dot{U}_C$ 比$\dot{I}_C$ 大小扩大 X_C 倍,$\dot{U}_C$ 比$\dot{I}_C$ 滞后$\frac{\pi}{2}$。

相量图如图 8.3(c)所示,即在复平面上,把$\dot{I}_C$ 缩小为之前的 X_C 分之一,再顺时针旋转$\frac{\pi}{2}$得$\dot{U}_C$。

由式(8-13)得

$$\frac{\dot{U}_C}{\dot{I}_C}=\frac{1}{\mathrm{j}\omega C}=-\mathrm{j}X_C \tag{8-20}$$

根据式(8-20),可得电容的相量模型如图 8.3(d)所示。

3. 容抗 X_C

容抗 X_C 为

$$X_C=\frac{1}{\omega C}=\frac{U_C}{I_C}=\frac{U_{Cm}}{I_{Cm}} \tag{8-21}$$

式(8-21)说明:X_C 与 f(或 ω)、C 成反比,即存贮电荷量 C 越大,电荷变化率越大,则阻碍作用越小,X_C 越小;f 越大,变化越快,则阻碍作用越小,X_C 越小。这说明电容 C 是隔直流通交流,阻低频通高频,常用于滤波电路。在直流电路中,$f=0$,$\frac{1}{\omega C}\to\infty$,其

中 C 相当于开路，具有隔直作用，如晶体管放大电路 C 的隔直作用稳定工作点。

X_C 与 f 的关系如图 8.3(e)所示。

例 8-2 把一个 $C=4\ \mu\text{F}$ 的电容元件接到交流电源 $u(t)$ 上，已知 $u(t)=\sqrt{2}\times 79.6\cos(314t-150°)$，求(1) 容抗 X_C；(2) 电流 $i(t)$；(3) 保持电源电压大小不变，频率扩大 100 倍时的电流 $i(t)$。

解 (1) 由于 $\omega=314$ rad/s，则有

$$X_C=\frac{1}{\omega C}=\frac{1}{314\times4\times10^{-6}}=796\ (\Omega)$$

(2) 用相量法，则有

$$\dot{U}=\dot{U}_C=79.6\angle-150°\ (\text{V})$$

$$\dot{I}_C=\text{j}\omega C\dot{U}_C=\text{j}314\times4\times10^{-6}\times79.6\angle-150°=0.1\angle-60°\ (\text{A})$$

$$i(t)=0.1\sqrt{2}\cos(314t-60°)\ (\text{A})$$

(3) 若频率扩大 100 倍，$\omega=31400$ rad/s，则有

$$X_C=\frac{1}{\omega C}=\frac{1}{314\times4\times10^{-6}}=7.96\ (\Omega)$$

$$\dot{I}_C=\text{j}\omega C\dot{U}_C=\text{j}\times31400\times4\times10^{-6}\times79.6\angle-150°=10\angle-60°\ (\text{A})$$

$$i_C(t)=10\sqrt{2}\cos(314t-60°)\ (\text{A})$$

由此可见频率越高，容抗越小，在电压一定时，电流增大，C 具有通高频阻低频的作用。

8.2 阻抗与导纳

8.2.1 阻抗、导纳的概念

在正弦电源激励下，无源线性二端电路 N_0 达到稳态时，其端口电压 $u(t)$、电流 $i(t)$ 是同频率的正弦量，如图 8.4 所示，分别为

$$u(t)=\sqrt{2}U\cos(\omega t+\psi_u)$$

$$i(t)=\sqrt{2}I\cos(\omega t+\psi_i)$$

端口电压 $u(t)$、电流 $i(t)$ 的相量分别为

$$\dot{U}=U\angle\psi_u,\quad \dot{I}=I\angle\psi_i$$

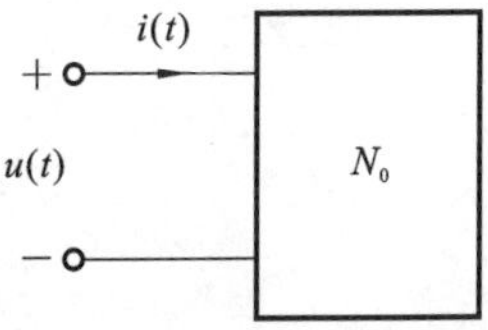

图 8.4 正弦电源激励下的无源二端电路

根据相量法分析，电压与电流有效值之比为一常数，电压与电流的相位差是固定值。端口对外呈现的这个特性用两个参数描述，即阻抗和导纳。

定义：一端口的电压相量与电流相量之比为该端口的阻抗。

阻抗用 Z 表示，单位为欧姆(Ω)。有

$$Z\overset{\text{def}}{=}\frac{\dot{U}}{\dot{I}}=\frac{\dot{U}_m}{\dot{I}_m} \tag{8-22}$$

故有

$$\dot{U}=Z\dot{I} \tag{8-23}$$

称为一端口欧姆定律(VCR)的相量形式。

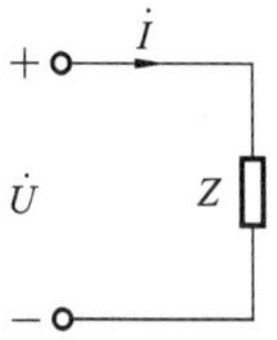

由式(8-23)得

$$\dot{I}=\frac{\dot{U}}{Z} \tag{8-24}$$

阻抗 Z 的电路模型如图 8.5 所示，且有

$$Z=\frac{\dot{U}}{\dot{I}}=\frac{U}{I}\angle\psi_u-\psi_i=|Z|\angle\varphi_Z \tag{8-25}$$

图 8.5　阻抗 Z 的电路模型

其中，$|Z|$ 称为阻抗模，$|Z|=\frac{U}{I}$；φ_Z 称为阻抗角，$\varphi_Z=\psi_u-\psi_i$。

定义：阻抗的倒数为该端口的导纳，即一端口的电流相量与电压相量之比。

导纳用 Y 表示，单位为西(S)。由于

$$Y\overset{\text{def}}{=}\frac{1}{Z} \tag{8-26}$$

则有

$$Y=\frac{\dot{I}}{\dot{U}} \tag{8-27}$$

一端口欧姆定律(VCR)的另一种相量形式为

$$\dot{I}=Y\dot{U} \tag{8-28}$$

由式(8-28)得

$$\dot{U}=\frac{\dot{I}}{Y} \tag{8-29}$$

导纳 Y 的等效电路如图 8.6 所示，且有

$$Y=\frac{\dot{I}}{\dot{U}}=\frac{I}{U}\angle\psi_i-\psi_u=|Y|\angle\varphi_Y \tag{8-30}$$

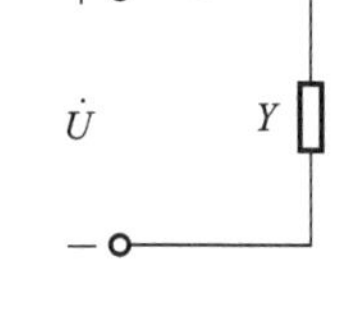

图 8.6　导纳 Y 的等效电路

其中：$|Y|$ 称为导纳模，$|Y|=\frac{I}{U}$；φ_Y 称为导纳角，$\varphi_Y=\psi_i-\psi_u$。

8.2.2　单一元件 R、L、C 的阻抗与导纳

三种基本元件 R、L、C 的 VCR 相量形式为

$$\begin{cases}\dot{U}_R=R\dot{I}_R\\ \dot{U}_L=\mathrm{j}\omega L\dot{I}_L\\ \dot{U}_C=\dfrac{1}{\mathrm{j}\omega C}\dot{I}_C\end{cases}$$

根据阻抗 Z、导纳 Y 的定义，R、L、C 的阻抗 Z、导纳 Y 分别为

$$Z_R=\frac{\dot{U}_R}{\dot{I}_R}=R,\quad Y_R=\frac{\dot{I}_R}{\dot{U}_R}=\frac{1}{Z_R}=G \tag{8-31}$$

$$Z_L=\frac{\dot{U}_L}{\dot{I}_L}=\mathrm{j}\omega L=\mathrm{j}X_L,\quad Y_L=\frac{\dot{I}_L}{\dot{U}_L}=\frac{1}{Z_L}=\frac{1}{\mathrm{j}\omega L}=-\mathrm{j}B_L \tag{8-32}$$

$$Z_C=\frac{\dot{U}_C}{\dot{I}_C}=\frac{1}{\mathrm{j}\omega C}=-\mathrm{j}X_C,\quad Y_C=\frac{\dot{I}_C}{\dot{U}_C}=\frac{1}{Z_C}=\mathrm{j}\omega C=\mathrm{j}B_C \tag{8-33}$$

上述公式中：G 为电导，单位为西(S)；B_L 称为电感电纳，简称感纳，单位为西(S)，$B_L=\frac{1}{\omega L}$；B_C 称为电容电纳，简称容纳，单位为西(S)，$B_C=\omega C$。

8.2.3 RLC 串联电路

RLC 串联电路的时域模型如图 8.7 所示，在正弦电压 $u(t)$ 激励下，电流 $i(t)$ 为正弦量 $i(t)=\sqrt{2}I\cos(\omega t+\psi_i)$，各元件在时域的 VCR 关系分别为

$$\begin{cases} u_R = Ri_R \\ u_L = L\dfrac{\mathrm{d}u_L}{\mathrm{d}t} \\ u_C = \dfrac{1}{C}\displaystyle\int i_C\mathrm{d}t \end{cases}$$

由 KVL 得

$$u_R+u_L+u_C=u(t)$$

即
$$iR+L\frac{\mathrm{d}i}{\mathrm{d}t}+\frac{1}{C}\int i\mathrm{d}t=u(t) \tag{8-34}$$

1. 用相量解析法

令 $\dot{I}=I\angle\psi_i$，根据相量法有

$$\dot{U}_R=R\dot{I},\quad \dot{U}_L=\mathrm{j}\omega L\dot{I},\quad \dot{U}_C=\frac{1}{\mathrm{j}\omega C}\dot{I}$$

RLC 串联电路的相量模型如图 8.8 所示。

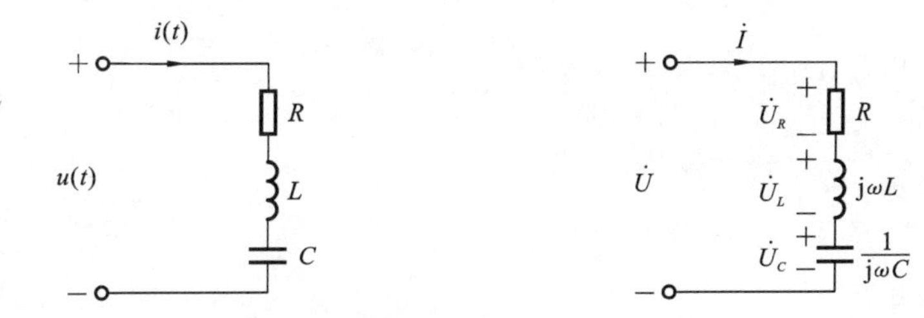

图 8.7 RLC 串联电路的时域模型　　图 8.8 RLC 串联电路的相量模型

由 KVL 定律的相量形式，根据相量法，式(8-34)可写为

$$\begin{aligned}\dot{U}&=\dot{U}_R+\dot{U}_L+\dot{U}_C=R\dot{I}+\mathrm{j}\omega L\dot{I}+\frac{1}{\mathrm{j}\omega C}\dot{I}\\&=\left(R+\mathrm{j}\omega L+\frac{1}{\mathrm{j}\omega C}\right)\dot{I}=\left[R+\mathrm{j}\left(\omega L-\frac{1}{\omega C}\right)\right]\dot{I}\end{aligned} \tag{8-35}$$

令
$$X=\omega L-\frac{1}{\omega C}=X_L-X_C \tag{8-36}$$

称为电抗，单位为欧姆(Ω)，则有

$$\dot{U}=\dot{I}(R+\mathrm{j}X)=\dot{I}Z \tag{8-37}$$

令
$$\begin{aligned}Z&=R+\mathrm{j}X=R+\mathrm{j}\left(\omega L-\frac{1}{\omega C}\right)=\sqrt{R^2+X^2}\angle\arctan\frac{X}{R}\\&=\sqrt{R^2+\left(\omega L-\frac{1}{\omega C}\right)^2}\angle\arctan\frac{\omega L-\frac{1}{\omega C}}{R}=|Z|\angle\varphi_Z\end{aligned} \tag{8-38}$$

其中：阻抗模 $|Z|=\sqrt{R^2+X^2}$；阻抗角 $\varphi_Z=\angle\arctan\dfrac{X}{R}$。$Z$ 称为 RLC 串联电路的复阻抗，Z 是复数，但不是相量，与时间 t 无关。Z 参数模型如图 8.9(a)所示。

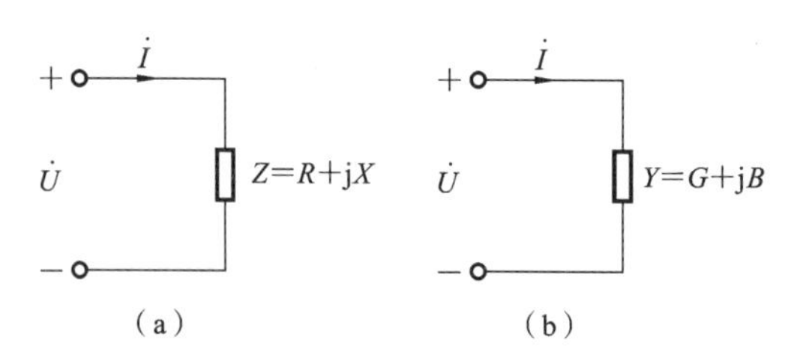

图 8.9 RLC 串联电路 Z、Y 模型

RLC 串联电路端口的复导纳 Y 可由式(8-30)求得

$$Y=\frac{\dot{I}}{\dot{U}}=\frac{1}{R+jX}=\frac{R-jX}{R^2+X^2}=G+jB \tag{8-39}$$

$$G=\frac{R}{R^2+X^2},\quad B=\frac{-X}{R^2+X^2}$$

Y 参数模型如图 8.9(b)所示。

注意:$G\neq\frac{1}{R}$,$B\neq\frac{1}{X}$。

2. 用相量图解法

令$\dot{I}=I\angle\psi_i$,由各元件相量模型得

$$\dot{U}_R=R\dot{I},\quad \dot{U}_L=j\omega L\dot{I},\quad \dot{U}_C=\frac{1}{j\omega C}\dot{I}$$

在复平面上做出$\dot{U}_R$、$\dot{U}_L$、$\dot{U}_C$。

由 KVL 知

$$\dot{U}=\dot{U}_R+\dot{U}_L+\dot{U}_C=\dot{U}_R+\dot{U}_X \tag{8-40}$$

$$\dot{U}_X=\dot{U}_L+\dot{U}_C \tag{8-41}$$

其中:$\dot{U}_X$ 称为电抗电压。

在相量图上做出叠加,设 $X_L>X_C$,则 $U_L>U_C$,先做出$\dot{U}_X=\dot{U}_L+\dot{U}_C$,再由平行四边形求和法则做出$\dot{U}=\dot{U}_R+\dot{U}_X$ 直角三角形,如图 8.10 所示。

求出$\dot{U}$(由勾股定理求出):

$$U=\sqrt{U_R^2+U_X^2}=\sqrt{U_R^2+(U_L-U_C)^2} \tag{8-42}$$

$$\varphi=\arctan\frac{U_X}{U_R}=\arctan\frac{U_L-U_C}{U_R}=\arctan\frac{\omega L-\frac{1}{\omega C}}{R} \tag{8-43}$$

$\dot{U}_R$、$\dot{U}_X$、$\dot{U}$组成的三角形称为电压三角形,其中 $U_X=U_L-U_C$。电压三角形各边除以电流 I,得 R、X、Z 组成的阻抗三角形,如图 8.11 所示。

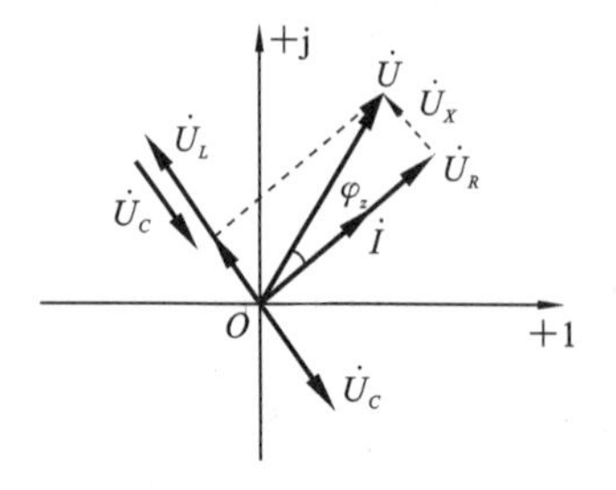

图 8.10 RLC 串联电路相量图

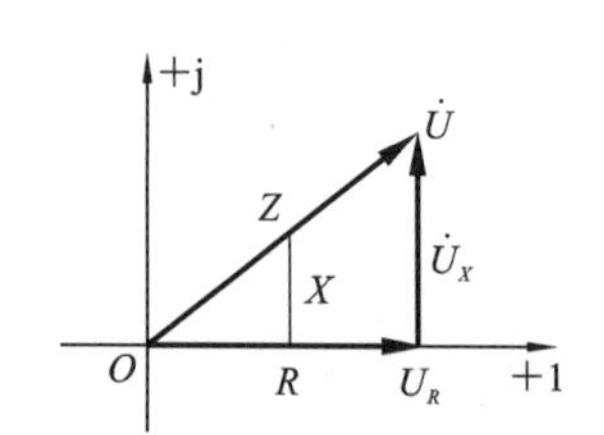

图 8.11 阻抗三角形和电压三角形

从相量图上可以清晰看出$\dot{U}_R$、$\dot{U}_L$、$\dot{U}_C$、$\dot{U}$、$\dot{I}$的大小关系和相位的关系。

(1) 当 $X_L>X_C$，即 $X=X_L-X_C>0$ 时，$\dot{U}$超前$\dot{I}$，$\varphi_Z>0$，端口呈感性。

(2) 当 $X_L<X_C$，即 $X=X_L-X_C<0$ 时，$\dot{U}$滞后$\dot{I}$，$\varphi_Z<0$，端口呈容性。

(3) 当 $X_L=X_C$，即 $X=X_L-X_C=0$ 时，$\dot{U}$与$\dot{I}$同相位，$\varphi_Z=0$，端口呈阻性。

RLC 串联电路可以分成七种情况：R 串联、L 串联、C 串联、RL 串联、RC 串联、LC 串联、RLC 串联电路。其中 RL、RC、LC 串联电路分别表示 RLC 串联电路的一种情况，可由上述分析中令 $C=0$ 或 $L=0$ 或 $R=0$ 分别求得。

RL 串联电路：$C=0$，$Z=R+\mathrm{j}X_L=R+\mathrm{j}\omega L$，$X=X_L=\omega L>0$，端口呈感性。

RC 串联电路：$L=0$，$Z=R-\mathrm{j}X_C=R-\mathrm{j}\dfrac{1}{\omega C}$，$X=-X_C=-\dfrac{1}{\omega C}<0$，端口呈容性。

LC 串联电路：$R=0$，$Z=\mathrm{j}\left(\omega L-\dfrac{1}{\omega C}\right)$，端口呈感性或容性。

例 8-3　一个 RLC 串联电路如图 8.12 所示，$R=2\ \Omega$，$L=2\ \mathrm{H}$，$C=0.25\ \mathrm{F}$，电源电压相量$\dot{U}=10\angle 60^\circ\ \mathrm{V}$，角频率 $\omega=2\ \mathrm{rad/s}$，试求(1) 复阻抗 Z；(2) 电流$\dot{I}$、$\dot{U}_R$、$\dot{U}_L$、$\dot{U}_C$；(3) 画出相量图；(4) 电流 $i(t)$、$u_L(t)$、$u_C(t)$。

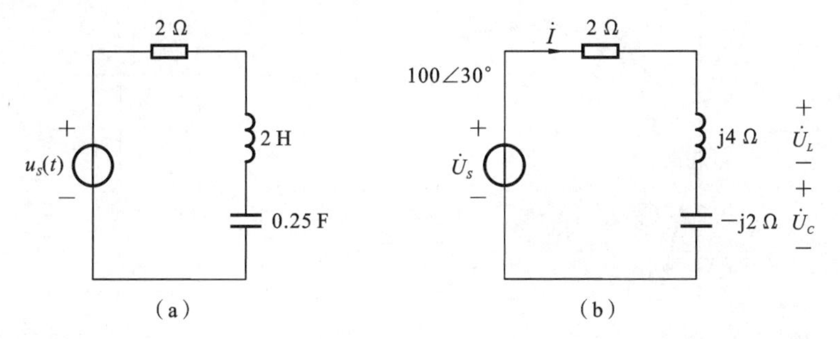

图 8.12　例 8-3 图

解　用相量法。电路的相量模型如图 8.12(b)所示，则有

$$\dot{U}=10\angle 60^\circ\ (\mathrm{V}),\quad \omega=2\ \mathrm{rad/s}$$

(1) 由于 $Z_R=R=2\ \Omega$，$Z_L=\mathrm{j}\omega L=\mathrm{j}2\times 2=\mathrm{j}4\ (\Omega)$

$$Z_C=-\mathrm{j}\frac{1}{\omega C}=-\mathrm{j}\frac{1}{2\times 0.25}=-\mathrm{j}2\ (\Omega)$$

有

$$Z=R+\mathrm{j}\omega L-\mathrm{j}\frac{1}{\omega C}=2+\mathrm{j}4-\mathrm{j}2=2+\mathrm{j}2=2\sqrt{2}\angle 45^\circ\ (\Omega)$$

(2) 由相量关系式：

$$\dot{U}=\dot{I}Z$$

$$\dot{I}=\frac{\dot{U}}{Z}=\frac{10\angle 60^\circ}{2\sqrt{2}\angle 45^\circ}=\frac{5\sqrt{2}}{2}\angle 15^\circ\ (\mathrm{A})$$

有

$$\dot{U}_R=\dot{I}R=2\times\frac{5}{2}\sqrt{2}\angle 15^\circ=5\sqrt{2}\angle 15^\circ\ (\mathrm{V})$$

$$\dot{U}_L=\dot{I}Z_L=\dot{I}(\mathrm{j}\omega L)=\mathrm{j}4\times\frac{5}{2}\sqrt{2}\angle 15^\circ=10\sqrt{2}\angle 105^\circ\ (\mathrm{V})$$

$$\dot{U}_C=\dot{I}Z_C=\dot{I}\left(\frac{1}{\mathrm{j}\omega C}\right)=-\mathrm{j}2\times\frac{5}{2}\sqrt{2}\angle 15°=5\sqrt{2}\angle -75°\ (\mathrm{V})$$

（3）时域表达式：

$$i(t)=5\cos(2t+15°)\ (\mathrm{A})$$
$$u_R(t)=10\cos(2t+15°)\ (\mathrm{V})$$
$$u_L(t)=20\cos(2t+105°)\ (\mathrm{V})$$
$$u_C(t)=10\cos(2t-75°)\ (\mathrm{V})$$

当 $\varphi_Z=45°$时，电路呈感性，相量图如图 8.13 所示。

8.2.4　RLC 并联电路

RLC 并联电路时域模型如图 8.14 所示。已知端口正弦电压 $u(t)=\sqrt{2}U\cos(\omega t+\psi_u)$，求端口电流 $i(t)$。

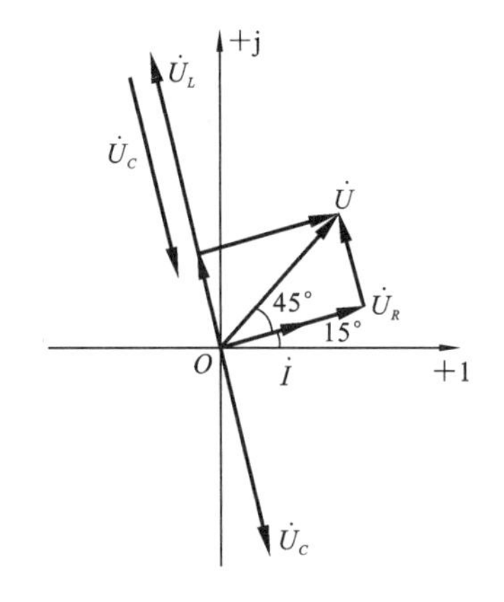

图 8.13　例 8-3 的相量图

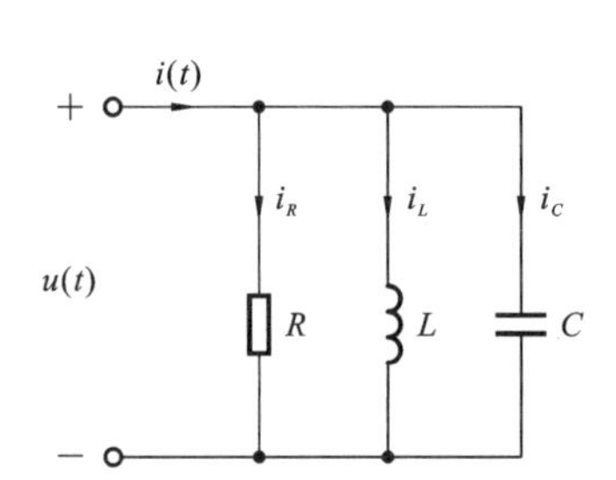

图 8.14　RLC 并联电路时域模型

各元件时域的 VCR 分别为

$$i_R=\frac{u}{R},\quad i_L=\frac{1}{L}\int u\mathrm{d}t,\quad i_C=C\frac{\mathrm{d}u}{\mathrm{d}t}$$

由 KCL 知

$$i=i_R+i_L+i_C$$

$$\frac{1}{R}u+\frac{1}{L}\int u\mathrm{d}t+C\frac{\mathrm{d}u}{\mathrm{d}t}=i \qquad (8\text{-}44)$$

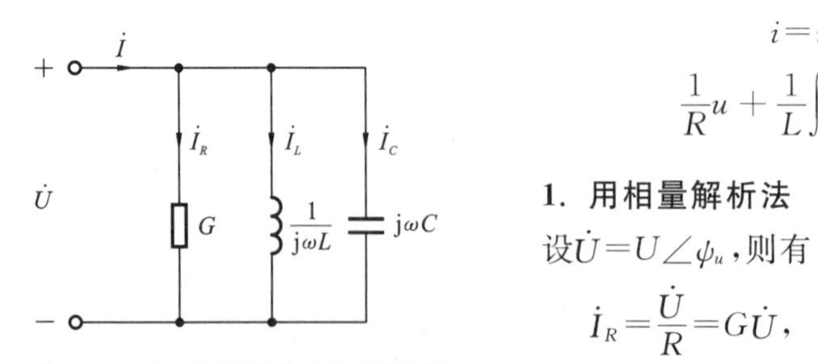

图 8.15　RLC 并联电路相量模型

1. 用相量解析法

设$\dot{U}=U\angle\psi_u$，则有

$$\dot{I}_R=\frac{\dot{U}}{R}=G\dot{U},\quad \dot{I}_L=\frac{\dot{U}}{\mathrm{j}\omega L},\quad \dot{I}_C=\mathrm{j}\omega C\dot{U}$$

电路的相量模型如图 8.15 所示。

由 KCL 定律的相量形式，上式可写为

$$\dot{I}=\dot{I}_R+\dot{I}_L+\dot{I}_C=\frac{\dot{U}}{R}+\frac{\dot{U}}{\mathrm{j}\omega L}+\mathrm{j}\omega C\dot{U}$$

$$=\left(\frac{1}{R}+\frac{1}{\mathrm{j}\omega L}+\mathrm{j}\omega C\right)\dot{U}=\left[G+\mathrm{j}\left(\omega C-\frac{1}{\omega L}\right)\right]\dot{U} \qquad (8\text{-}45)$$

令 $B=-\frac{1}{\omega L}+\omega C=-B_L+B_C$，称为电纳，单位为西(S)，有

$$\dot{I}=(G+\mathrm{j}B)\dot{U}=Y\dot{U} \tag{8-46}$$

故

$$\begin{aligned} Y &=G+\mathrm{j}B=\frac{1}{R}+\mathrm{j}\left(\frac{-1}{\omega L}+\omega C\right) \\ &=\sqrt{G^2+B^2}\angle\arctan\frac{B}{G} \\ &=|Y|\angle\varphi_Y \end{aligned} \tag{8-47}$$

其中：导纳模 $|Y|=\sqrt{G^2+B^2}$；导纳角 $\varphi_Y=\arctan\frac{B}{G}$。$Y$ 称为 RLC 并联电路的导纳。

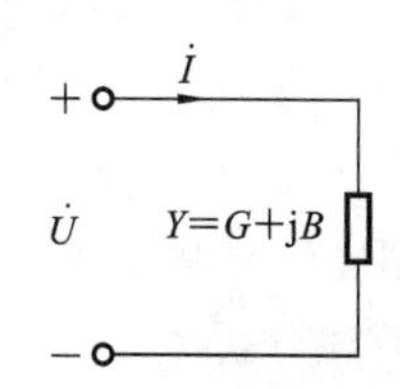

图 8.16 RLC 并联电路 Y 模型

RLC 并联电路 Y 模型如图 8.16 所示。

由式(8-24)得 RLC 并联电路的复阻抗 Z 为

$$Z=\frac{1}{Y}=\frac{\dot{U}}{\dot{I}}=\frac{1}{G+\mathrm{j}B}=\frac{G-\mathrm{j}B}{G^2+B^2}=R+\mathrm{j}X \tag{8-48}$$

其中：$R=\frac{G}{G^2+B^2}$；$X=\frac{-B}{G^2+B^2}$。

注意：$R\neq\frac{1}{G}$，$X\neq\frac{1}{B}$。

2. 用相量图解法

令 $\dot{U}=U\angle\psi_u$，则由各元件相量模型得

$$\dot{I}_R=\frac{\dot{U}}{R},\quad \dot{I}_L=\frac{\dot{U}}{\mathrm{j}\omega L},\quad \dot{I}_C=\mathrm{j}\omega\dot{U}_C$$

在复平面上做出 $\dot{I}_R$、$\dot{I}_L$、$\dot{I}_C$，如图 8.17 所示。

由 KCL 定律知

$$\dot{I}=\dot{I}_R+\dot{I}_L+\dot{I}_C=\dot{I}_R+\dot{I}_B \tag{8-49}$$

$$\dot{I}_B=\dot{I}_L+\dot{I}_C \tag{8-50}$$

其中：$\dot{I}_B$ 称为电纳电流。

在相量图上做出叠加，设 $B_L>B_C$，则 $\dot{I}_L>\dot{I}_C$。先做出 $\dot{I}_B=\dot{I}_L+\dot{I}_C$，再由平行四边形求和法则做出 $\dot{I}=\dot{I}_R+\dot{I}_B$ 的直角三角形，可求出 $\dot{I}$。将上述电流三角形各边除以 U，得到 G、B、Y 组成的导纳三角形，如图 8.18 所示。

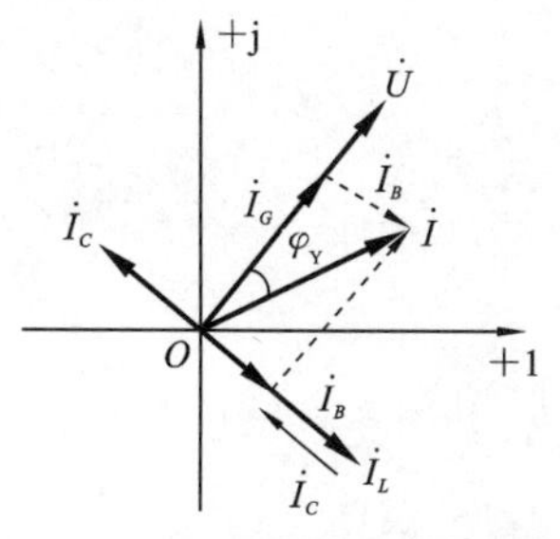

图 8.17 RLC 并联电路相量图

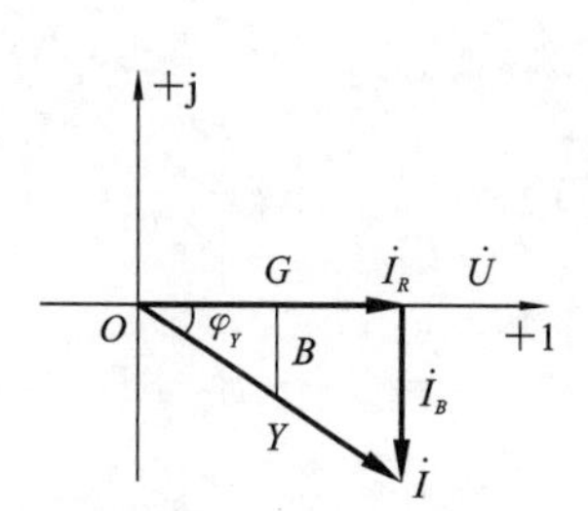

图 8.18 导纳三角形和电流三角形

由勾股定理求出

$$I=\sqrt{I_R^2+I_B^2}=\sqrt{I_R^2+(I_C-I_L)^2} \tag{8-51}$$

$$\varphi_Y=\arctan\frac{I_B}{I_G}=\arctan\frac{I_C-I_L}{I_G}=\arctan\frac{\omega C-\frac{1}{\omega L}}{G} \tag{8-52}$$

说明$\dot{I}$超前$\dot{U}$一个 φ_Y 角。

$\dot{I}_R$、$\dot{I}_B$、$\dot{I}$组成的三角形称为电流三角形，其中$\dot{I}_B=\dot{I}_L+\dot{I}_C$。

由图 8.18 可以清晰看出$\dot{I}_R$、$\dot{I}_L$、$\dot{I}_C$、$\dot{U}$、$\dot{I}$的大小及相位关系。

(1) 当 $B_C<B_L$，即 $B=B_C-B_L<0$ 时，$\dot{U}$超前$\dot{I}$，$\varphi_Y<0(\varphi_Z>0)$，端口呈感性。

(2) 当 $B_C>B_L$，即 $B=B_C-B_L>0$ 时，$\dot{U}$滞后$\dot{I}$，$\varphi_Y>0(\varphi_Z<0)$，端口呈容性。

(3) 当 $B_C=B_L$，即 $B=B_C-B_L=0$ 时，$\dot{U}$与$\dot{I}$同相，$\varphi_Y=0(\varphi_Z=0)$，端口呈阻性。

GLC 并联电路可以分成 7 种情况：R 并联、L 并联、C 并联、RL 并联、RC 并联、LC 并联、RLC 并联电路。其中 RL、RC、LC 并联电路分别是 RLC 并联电路的一种情况，可由上述分析中令 $C=0$ 或 $L=0$ 或 $R=0$ 分别求得。

RL 并联电路：$C=0$，$Y=G+\mathrm{j}B=\frac{1}{R}-\mathrm{j}\frac{1}{\omega L}$，$B=-B_L=-\frac{1}{\omega L}<0$，端口呈感性。

RC 并联电路：$L=0$，$Y=G+\mathrm{j}B=\frac{1}{R}+\mathrm{j}\omega C$，$B=B_C=\omega C>0$，端口呈容性。

LC 并联电路：$G=0$，$Y=\omega C-\frac{1}{\omega L}$，端口呈感性或容性。

例 8-4　RLC 的并联电路如图 8.19 所示，已知通过电源 $u_S(t)$的电流为 $i(t)=5\sqrt{2}\cos(4t+30^\circ)$，$R=0.25\ \Omega$，$L=0.05$ H，$C=0.5$ F。用相量法求：(1) 复导纳 Y、复阻抗 Z；(2) 相量$\dot{U}_S$、$\dot{I}_R$、$\dot{I}_L$、$\dot{I}_C$；(3) 时域表达式 $u_S(t)$、$i_R(t)$、$i_L(t)$、$i_C(t)$；(4) φ_Z，并说明负载性质；(5) 做出相量图。

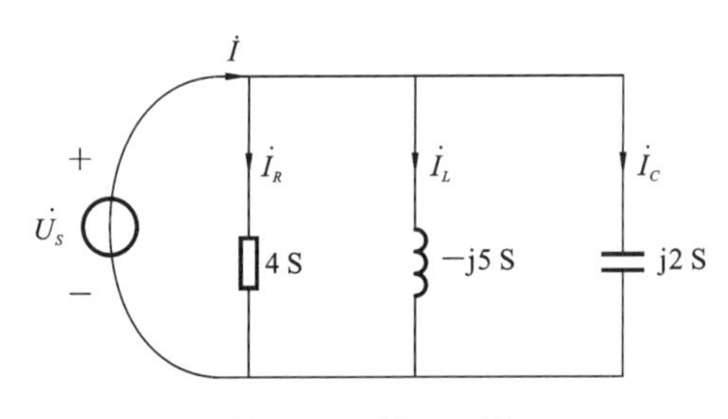

图 8.19　例 8-4 图

解　(1) 由于

$$\dot{I}=5\angle 30^\circ\ (\mathrm{A}),\quad Y_R=G=\frac{1}{R}=4\ (\mathrm{S})$$

$$Y_L=\frac{1}{\mathrm{j}\omega L}=-\mathrm{j}\frac{1}{4\times 0.05}=-\mathrm{j}5\ (\mathrm{S}),\quad Y_C=\mathrm{j}\omega C=\mathrm{j}4\times 0.5=\mathrm{j}2\ (\mathrm{S})$$

则有

$$Y=G+\mathrm{j}(B_C-B_L)=4+\mathrm{j}(2-5)=4-\mathrm{j}3=5\angle -37^\circ\ (\mathrm{S})$$

$$Z=\frac{1}{Y}=\frac{1}{5\angle -37^\circ}=0.2\angle 37^\circ\ (\Omega)$$

(2) 由相量关系式知

$$\dot{U}_S=\frac{\dot{I}}{Y}=\frac{5\angle 30^\circ}{5\angle -37^\circ}=1\angle 67^\circ\ (\mathrm{V})$$

有

$$\dot{I}_R=G\dot{U}_S=4\times1\angle67^\circ=4\angle67^\circ\ (\text{A})$$
$$\dot{I}_L=Y_L\dot{U}_S=-\text{j}5\times1\angle67^\circ=5\angle-23^\circ\ (\text{A})$$
$$\dot{I}_C=Y_C\dot{U}_S=\text{j}2\times1\angle67^\circ=2\angle157^\circ\ (\text{A})$$

(3) 时域表达式为

$$u_S(t)=\sqrt{2}\cos(4t+67^\circ)\ (\text{V})$$
$$i_R(t)=4\sqrt{2}\cos(4t+67^\circ)\ (\text{A})$$
$$i_L(t)=5\sqrt{2}\cos(4t-23^\circ)\ (\text{A})$$
$$i_C(t)=2\sqrt{2}\cos(4t+157^\circ)\ (\text{A})$$

(4) 由于 $\varphi_Z=\psi_u-\psi_i=37^\circ$，$\cos\varphi_Z=\cos37^\circ\approx0.8$，故电路呈感性。

(5) 相量图如图 8.20 所示。

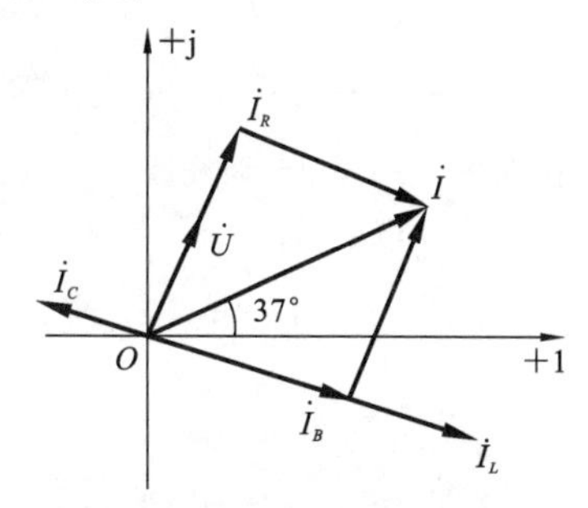

图 8.20 例 8-4 的相量图

8.2.5 阻抗与导纳的关系

无源一端口 N_0 特性可以用参数 Z 或 Y 参数描述，并且彼此可以等效互换。

由定义 $Y=\dfrac{1}{Z}$得

$$ZY=1 \tag{8-53}$$
$$|Z||Y|=1 \tag{8-54}$$
$$\varphi_Y+\varphi_Z=0 \tag{8-55}$$

已知阻抗 Z 的等效变换为导纳 Y，即

$$Y=\frac{1}{Z}=\frac{1}{R+\text{j}X}=\frac{R}{R^2+X^2}-\text{j}\frac{X}{R^2+X^2}=G+\text{j}B \tag{8-56}$$

其中：$G=\dfrac{R}{R^2+X^2}$；$B=-\dfrac{X}{R^2+X^2}$；$|Y|^2=G^2+B^2$。

当 $X>0$，$B<0$ 时，N_0 呈感性；当 $X<0$，$B>0$ 时，N_0 呈容性。

已知导纳 Y 等效为阻抗 Z，即

$$Z=\frac{1}{Y}=\frac{1}{G+\text{j}B}=\frac{G}{G^2+B^2}-\text{j}\frac{B}{G^2+B^2}=R+\text{j}X \tag{8-57}$$

其中：$R=\dfrac{G}{G^2+B^2}$；$X=-\dfrac{B}{G^2+B^2}$；$|Z|^2=R^2+X^2$。

当 $B<0$，$X>0$ 时，N_0 呈感性；当 $B>0$，$X<0$ 时，N_0 呈容性。

由此可知等效变换不会改变阻抗（或导纳）原来感性或容性的性质，只是表示形式不同。选择用 Z 还是 Y 形式，均视一端口 N_0 与外电路的连接情况而定，若一端口 N_0 与外电路串联连接，则用 Z 表示；若一端口 N_0 与外电路并联连接，则用 Y 表示，从而在分析复杂无源线性电路时简化计算。

8.2.6 一般形式

一端口内无源线性电路（含受控源），无论其内部连接多么复杂，对外电路来说，端口电压与电流有效值之比以及电压与电流之间的相位差均是固定值，因而可等效为阻

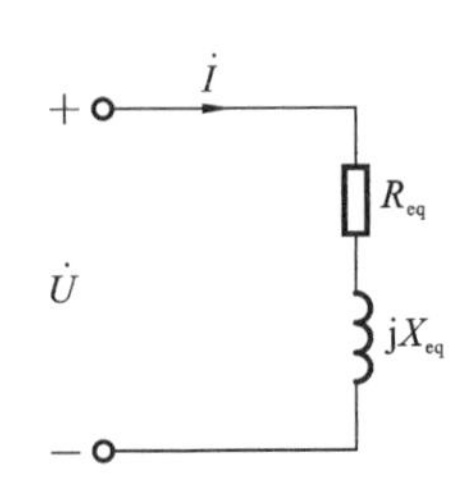

图 8.21 一端口无源线性电路 N_0

抗 Z_{eq} 或导纳 Y_{eq}。

若 N_0 用阻抗 Z_{eq} 描述，则一端口无源线性电路 N_0 如图 8.21 所示。

由定义知

$$Z_{eq}=\frac{\dot{U}}{\dot{I}}=R_{eq}+jX_{eq} \tag{8-58}$$

其中：R_{eq} 为端口等效电阻；X_{eq} 为端口等效电抗。

当 $X_{eq}>0(\varphi_Z>0)$ 时，端口对外呈感性，电压超前于电流，X_{eq} 可用等效电感 L_{eq} 来表示，即

$$L_{eq}=\frac{X_{eq}}{\omega} \tag{8-59}$$

当 $X_{eq}<0$ $(\varphi_Z<0)$ 端口对外呈容性，电压滞后于电流，X_{eq} 可用等效电容 C_{eq} 来表示，即

$$C_{eq}=\frac{1}{\omega|X_{eq}|} \tag{8-60}$$

在复平面上仍可以用 $\dot{U}_R$、$\dot{U}_X$、$\dot{U}$ 组成电压三角形，R_{eq}、X_{eq}、Z_{eq} 组成阻抗三角形，如图 8.22 所示。

若 N_0 用导纳 Y_{eq} 描述，则电路如图 8.23 所示。

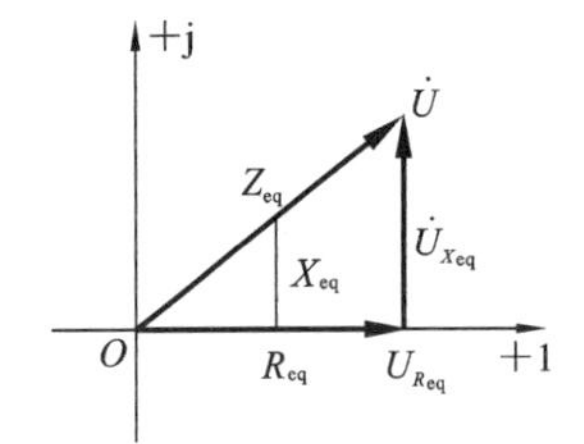

图 8.22 阻抗三角形和电压三角形

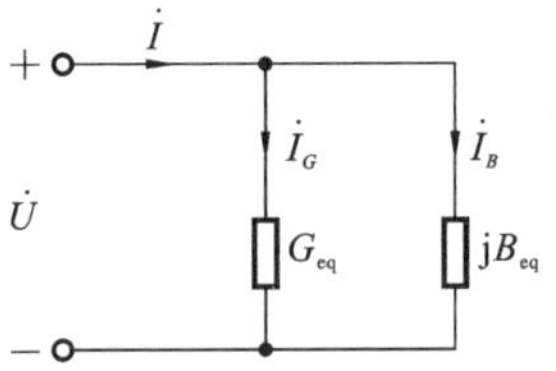

$+$ $\dot{I}$ $\dot{I}_G$ $\dot{I}_B$ $\dot{U}$ G_{eq} jB_{eq} $-$

图 8.23 一端口无源线性电路 N_0

根据定义有

$$Y_{eq}=\frac{\dot{I}}{\dot{U}}=G_{eq}+jB_{eq} \tag{8-61}$$

其中：G_{eq} 为端口等效电导；B_{eq} 为端口等效电纳。

当 $B_{eq}<0(\varphi_Y<0)$ 时，端口对外呈感性（电流滞后电压），B_{eq} 用等效电感表示。

由 $|B_{eq}|=\dfrac{1}{\omega L_{eq}}$ 得

$$L_{eq}=\frac{1}{\omega|B_{eq}|} \tag{8-62}$$

当 $B_{eq}>0(\varphi_Y>0)$ 时，端口对外呈容性（电流超前电压），B_{eq} 可用等效电容表示。

由 $B_{eq}=\omega C_{eq}$ 得

$$C_{eq}=\frac{B_{eq}}{\omega} \tag{8-63}$$

在复平面上可以用 $\dot{I}_G$、$\dot{I}_B$、$\dot{I}$ 组成电流三角形，用 G_{eq}、B_{eq}、Y_{eq} 组成导纳三角形，如图 8.24 所示。

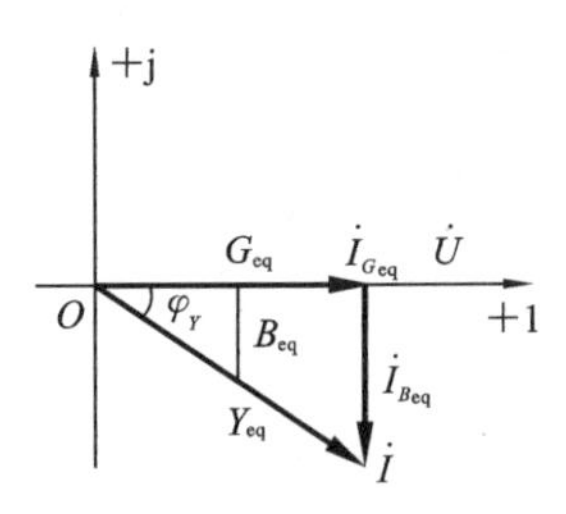

图 8.24 导纳三角形和电流三角形

8.2.7 阻抗、导纳的串联与并联

阻抗、导纳的串联、并联计算和 Y-△变换，均与电阻电路的计算相似。而不同之处在于，前者是复数运算，后者为实数运算。

以两个阻抗导纳的串联、并联为例，由等效的概念，得出计算公式，由此得出若干个阻抗、导纳的串联、并联计算公式。

1. 两个阻抗的串联

两个阻抗串联电路如图 8.25 所示。其等效阻抗为

$$Z=Z_1+Z_2=(R_1+R_2)+\mathrm{j}(X_1+X_2) \tag{8-64}$$

电流为

$$\dot{I}=\frac{\dot{U}}{Z_1+Z_2} \tag{8-65}$$

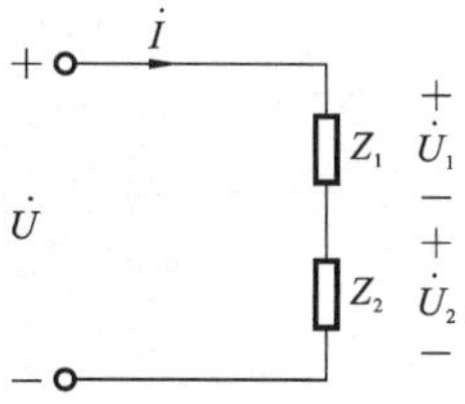

图 8.25 两个阻抗串联电路

分压公式为

$$\begin{cases}\dot{U}_1=\dfrac{Z_1}{Z_1+Z_2}\dot{U}\\ \dot{U}_2=\dfrac{Z_2}{Z_1+Z_2}\dot{U}\end{cases} \tag{8-66}$$

即

$$\dot{U}=\dot{U}_1+\dot{U}_2$$

2. 两个阻抗的并联

两个阻抗并联电路如图 8.26 所示，等效阻抗为

$$\frac{1}{Z}=\frac{1}{Z_1}+\frac{1}{Z_2} \tag{8-67}$$

$$Z=\frac{Z_1Z_2}{Z_1+Z_2}$$

电流为

$$\dot{I}=\frac{\dot{U}}{Z} \tag{8-68}$$

分流公式为

$$\begin{cases}\dot{I}_1=\dfrac{Z_2}{Z_1+Z_2}\dot{I}\\ \dot{I}_2=\dfrac{Z_1}{Z_1+Z_2}\dot{I}\end{cases} \tag{8-69}$$

即

$$\dot{I}=\dot{I}_1+\dot{I}_2$$

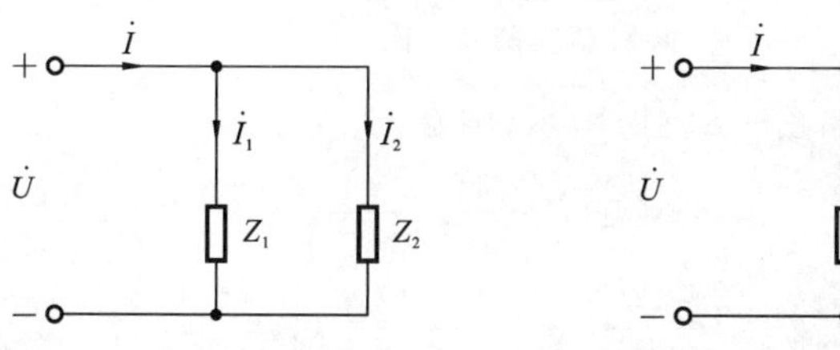

图 8.26 两个阻抗并联电路

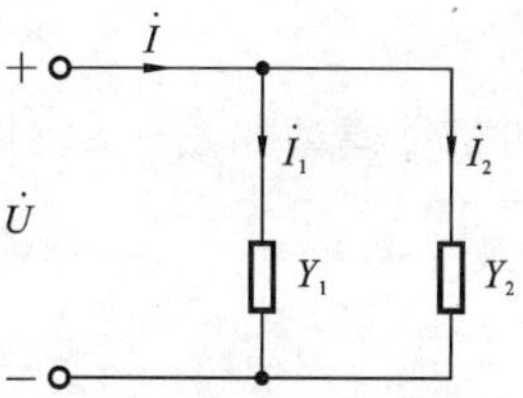

图 8.27 两个导纳并联电路

3. 两个导纳的并联

两个导纳并联电路如图 8.27 所示，其等效导纳为

$$Y=Y_1+Y_2=(G_1+G_2)+\mathrm{j}(B_1+B_2) \tag{8-70}$$

电压为

$$\dot{U}=\dot{I}/Y \tag{8-71}$$

分流公式为

$$\begin{cases}\dot{I}_1=Y_1\dot{U}=\dfrac{Y_1}{Y_1+Y_2}\dot{I}\\ \dot{I}_2=Y_2\dot{U}=\dfrac{Y_2}{Y_1+Y_2}\dot{I}\end{cases} \tag{8-72}$$

即

$$\dot{I}=\dot{I}_1+\dot{I}_2$$

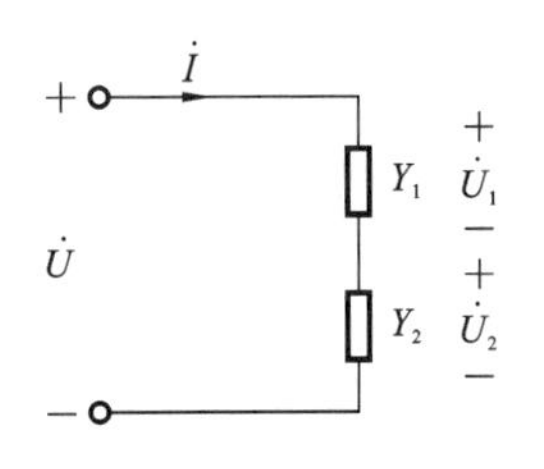

图 8.28 两个导纳串联电路

4. 两个导纳的串联

两个导纳串联电路如图 8.28 所示，其等效导纳为

$$\frac{1}{Y}=\frac{1}{Y_1}+\frac{1}{Y_2} \tag{8-73}$$

即

$$Y=\frac{Y_1\cdot Y_2}{Y_1+Y_2}$$

电流为

$$\dot{I}=Y\dot{U} \tag{8-74}$$

分压公式为

$$\begin{cases}\dot{U}_1=\dot{I}/Y_1=\dfrac{Y_2}{Y_1+Y_2}\dot{U}\\ \dot{U}_2=\dot{I}/Y_2=\dfrac{Y_1}{Y_1+Y_2}\dot{U}\end{cases} \tag{8-75}$$

即

$$\dot{U}=\dot{U}_1+\dot{U}_2$$

一般情况下，串联用阻抗 Z 表示，并联用导纳 Y 表示可简化计算。注意，端口阻抗中的电阻与导纳中的电导、阻抗中的电抗与导纳中的电纳不是互为倒数关系。这可由前面的式(8-56)和式(8-57)看出。

例 8-5 电路如图 8.29(a)所示，$\omega=1$ rad/s，求端口 ab 的输入阻抗 Z。

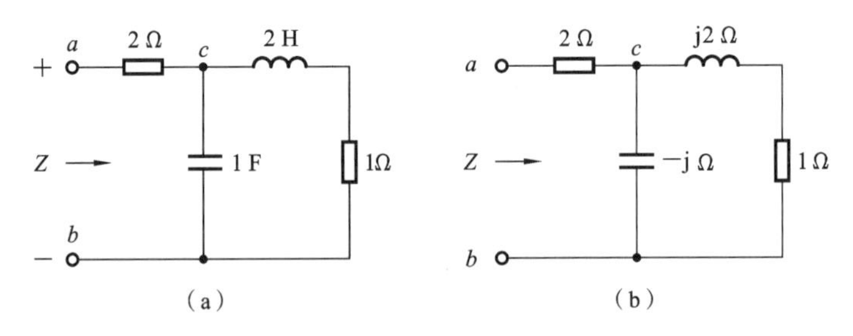

图 8.29 例 8-5 图

解 电路的相量模型如图 8.29(b)所示，则有

$$\mathrm{j}\omega L=\mathrm{j}1\times 2=\mathrm{j}2\ (\Omega),\quad \frac{1}{\mathrm{j}\omega C}=\frac{1}{\mathrm{j}1\times 1}=-\mathrm{j}\ (\Omega)$$

$$Z_{cb}=\frac{-\mathrm{j}\times(1+\mathrm{j}2)}{-\mathrm{j}+1+\mathrm{j}2}=\frac{2-\mathrm{j}}{1+\mathrm{j}}\ (\Omega)$$

$$Z_{ab}=2+Z_{cb}=2+\frac{2-\mathrm{j}}{1+\mathrm{j}}=2.5-\mathrm{j}\,1.5\ (\Omega)$$

例 8-6 电路如图 8.30(a)所示，试求电压相量 $\dot{U}_{ab}$、$\dot{U}_{bc}$ 及各支路的电流相量，并分

别画出电压相量图及电流相量图。

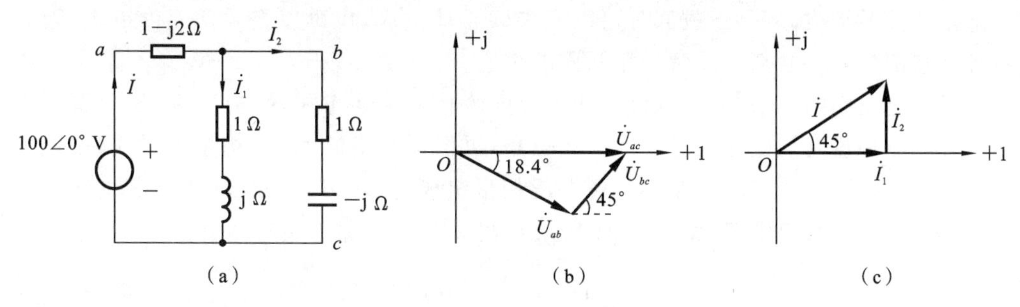

图 8.30 例 8-6 图

解 由电路图可知

$$Z_{bc}=\frac{(1+j)(1-j)}{1+j+1-j}=1\ (\Omega)$$

$$Z_{ac}=Z_{ab}+Z_{bc}=1-j2+1=2-j2=2\sqrt{2}\angle-45^\circ\ (\Omega)$$

由分压公式知

$$\begin{aligned}\dot U_{bc}&=\frac{Z_{bc}}{Z_{ac}}\cdot\dot U=\frac{1}{1-j2+1}\times100\angle0^\circ=\frac{1}{2-j2}\times100\\&=25+j25=25\sqrt{2}\angle45^\circ\ (\mathrm{V})\end{aligned}$$

由 KVL 定律,得

$$\begin{aligned}\dot U_{ab}&=100\angle0^\circ-\dot U_{bc}=100-(25+j25)=75-j25\\&=25\sqrt{10}\angle-18.4^\circ\ (\mathrm{V})\end{aligned}$$

支路电流为

$$\dot I_1=\frac{\dot U_{bc}}{1+j}=\frac{25\sqrt{2}\angle45^\circ}{\sqrt{2}\angle45^\circ}=25\ (\mathrm{A})$$

$$\dot I_2=\frac{\dot U_{bc}}{1-j}=\frac{25\sqrt{2}\angle45^\circ}{\sqrt{2}\angle-45^\circ}=j\,25\ (\mathrm{A})$$

由 KCL 定律,得

$$\dot I=\dot I_1+\dot I_2=25+j25=25\sqrt{2}\angle45^\circ\ (\mathrm{A})$$

或
$$\dot I=\frac{\dot U}{Z_{ac}}=\frac{100\angle0^\circ}{25\sqrt{2}\angle-45^\circ}=25\sqrt{2}\angle45^\circ\ (\mathrm{A})$$

由分流公式,得

$$\dot I_1=\frac{1-j}{1+j+1-j}\times\dot I=25\angle0^\circ\ (\mathrm{A})$$

$$\dot I_2=\frac{1+j}{1+j+1-j}\times\dot I=j\,25\ (\mathrm{A})$$

电压相量图及电流相量图分别如图 8.30(b)、(c)所示。

8.3 电路的相量图

前面已说明相量图的优点是直观显示各相量之间的大小及相位关系,同时可作为相量解析法的辅助分析。

可根据相量关系式，由相量平移求和法则做出相量图。任何电路的各个部分均按一定拓扑关系组成，每一组成部分可以是串联元件组成，也可以是并联元件组成，因此对各串联部分或并联部分通常采用不同的作法。

对于电路中的串联部分，以该串联部分电流相量为参考相量，根据 VCR 关系确定各部分电压相量与该电流相量之间的相位角，再根据回路的 KVL 相量关系式，用相量平移求和法则画出该串联电路部分各电压相量组成的多边形。做出 RLC 串联电路 $\dot{U}=\dot{U}_R+\dot{U}_L+\dot{U}_C$ 的相量图，如图 8.31 所示。在求$\dot{U}$时，与先后顺序无关。

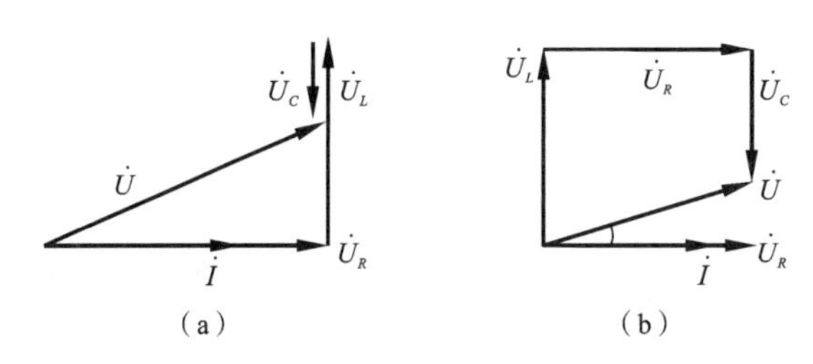

图 8.31 串联电路相量图

对于电路中的并联部分，以该并联部分电压相量为参考相量，根据 VCR 关系确定各部分电流相量与该电压相量之间的相位角，再根据结点 KCL 相量关系式，用相量平移求和法则画出该并联部分各电流相量组成的多边形。做出并联电路$\dot{I}=\dot{I}_R+\dot{I}_L+\dot{I}_C$的相量图，如图 8.32 所示。在求$\dot{I}$时，与先后顺序无关。

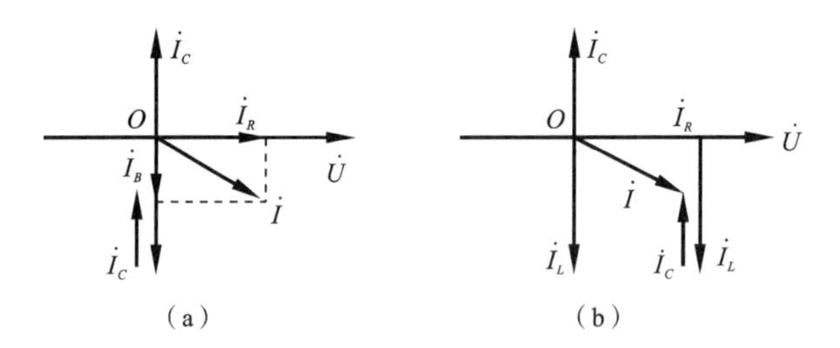

图 8.32 并联电路相量图

需要注意以下几点。

(1) 相量分析法常用于复杂电路分析，是一种常用分析方法；相量图法用于简单电路分析，是一种辅助分析方法。

(2) 相量图上相量的超前或滞后关系，应与表达式中的 φ_Z、φ_Y 一致。按逆时针方向以 ω 旋转，分为两种情况：① $\dot{U}$超前$\dot{I}$，$\varphi_Z=30^\circ$，$\varphi_Y=-30^\circ$；② $\dot{I}$超前$\dot{U}$，$\varphi_Y=60^\circ$，$\varphi_Z=-60^\circ$，分别如图 8.33 所示。

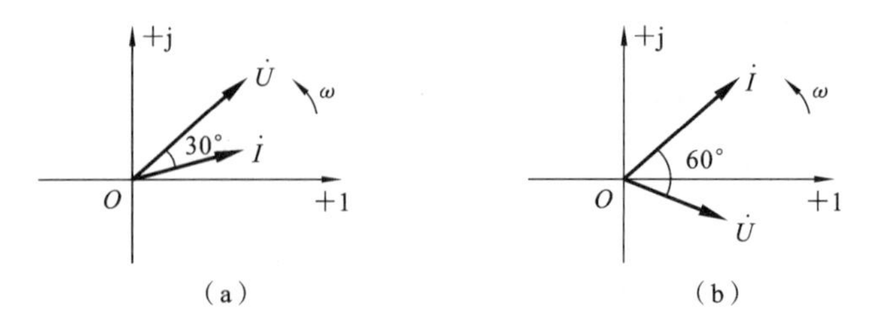

图 8.33 超前或滞后关系

(3) 一端口 N_0 的阻抗和导纳与参数大小(R、L、C)、电源频率 f、内部电路结构有关。在电路结构一定时,f 参数变化会导致 Z、Y 变化。在稳态电路中,当 f 参数固定不变时,Z、Y 是不变的。

(4) 一端口 N_0 内不含受控源,实部 R(或 G)为正,φ_Z 在 $-90°\sim 90°$变化,说明端口内吸收电功率;含有受控源时,R(或 G)为负,端口可能有 $|\varphi_Z|>90°$ 的情况,说明端口向外发出电功率。

例 8-7 如图 8.34 所示电路,除电流表 A_0 和电压表 V_0 外,其余电流表和电压表的读数在图上都已标出,试求电流表 A_0 或电压表 V_0 的读数。

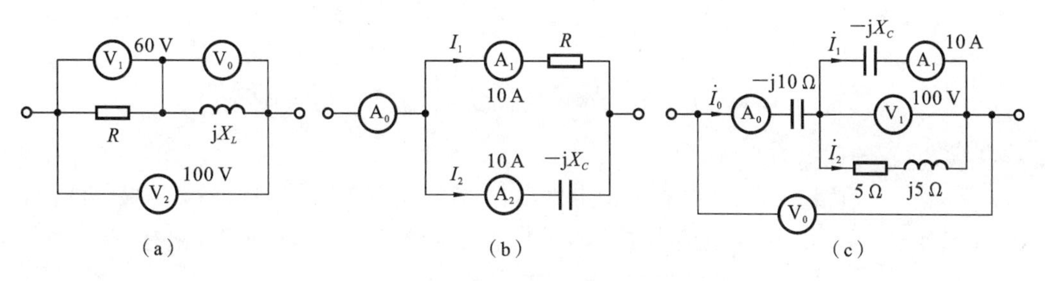

图 8.34 例 8-7 图

解 (1) 解法一。图 8-34(a)用相量解析法。

设串联部分以$\dot{I}=I\angle 0°$为参考相量。在图 8.34(a)所示电路中,有

$$\dot{U}_1=\dot{U}_R=\dot{I}R=RI\angle 0°=60\angle 0°\ (\text{V})$$

$$\dot{U}_0=\dot{U}_L=\text{j}X_L\cdot\dot{I}=X_LI\angle 90°=U_0\angle 90°=\text{j}U_0,\quad \dot{U}_2=100\angle\psi_u$$

由 KVL 定律,得

$$\dot{U}_2=\dot{U}_R+\dot{U}_0=60\angle 0°+\text{j}U_0=\sqrt{60+U_0^2}\angle\tan^{-1}\frac{U_0}{60}=100\angle\psi_u$$

由上式知

$$\sqrt{60^2+U_0^2}=100$$

则有

$$U_0=\sqrt{100^2-60^2}=80\ (\text{V})$$

故电压表 V_0 的读数为 80 V。

解法二。用相量图法。

设$\dot{I}=I\angle 0°$,将

$$\dot{U}_1=\dot{U}_R=60\angle 0°\ (\text{V}),\quad \dot{U}_0=\dot{U}_L=U_0\angle 90°,\quad \dot{U}_2=100\angle\psi_u$$

在相量图上表示出来,如图 8.35(a)所示,由 KVL 定律相量叠加,$\dot{U}_2=\dot{U}_1+\dot{U}_0$ 构成直角三角形,由勾股定理得

$$U_2^2=U_1^2+U_0^2,\quad U_0=\sqrt{100^2-60^2}=80\ (\text{V})$$

这与解法一的结果相同。

(2) 解法一。图 8.34(b)用相量解析法。

设并联部分总电压$\dot{U}=U\angle 0°$为参考相量,则有

$$\dot{I}_1=\frac{\dot{U}}{R}=10\angle 0°\ (\text{A})$$

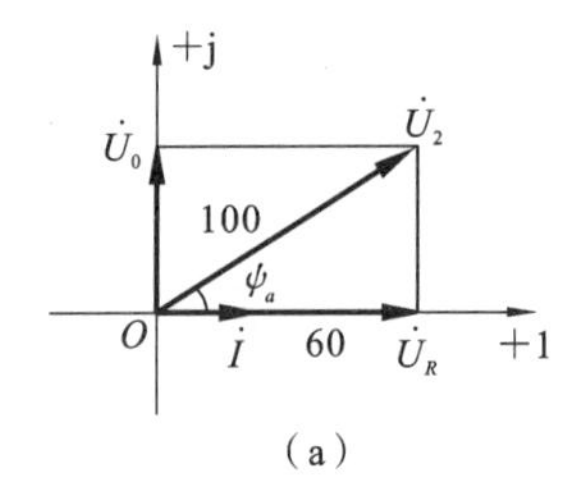

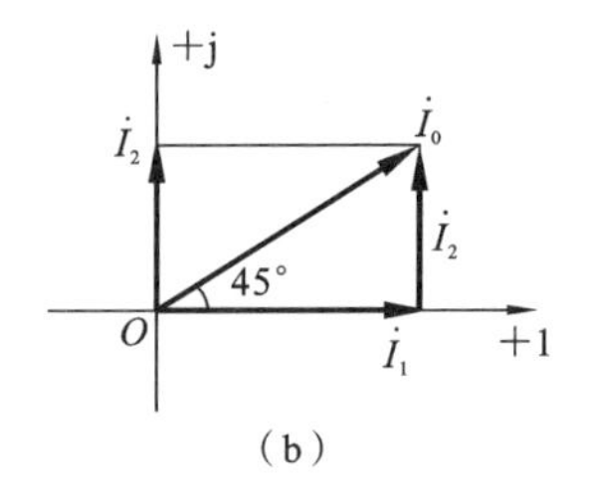

图 8.35 例 8-7 相量图

$$\dot{I}_2=\frac{\dot{U}}{-\mathrm{j}X_C}=\frac{U\angle 0^\circ}{X_C\angle -90^\circ}=10\angle 90^\circ\ (\mathrm{A})$$

由 KCL 定律得

$$\dot{I}_0=\dot{I}_1+\dot{I}_2=10\angle 0^\circ+10\angle 90^\circ=10\sqrt{2}\angle 45^\circ\ (\mathrm{A})$$

故电流表 A_0 的读数为 $10\sqrt{2}$ A。

解法二。用相量图法。在相量图上做出$\dot{I}_1=10\angle 0^\circ$ (A)，$\dot{I}_2=10\angle 90^\circ$ (A)，电路如图 8.35(b)所示。由 KCL 定律作$\dot{I}_0=\dot{I}_1+\dot{I}_2$ 相量叠加构成直角三角形，则有

$$I_0=\sqrt{I_1^2+I_2^2}=\sqrt{10^2+10^2}=10\sqrt{2}\ (\mathrm{A})$$

这与解法一的结果相同。

(3) 解法一。图 8.34(c)用相量解析法。

设$\dot{U}_1=100\angle 0^\circ$ (V)，则有

$$\dot{I}_1=\frac{\dot{U}_1}{-\mathrm{j}X_C}=\frac{U_1\angle 0^\circ}{-\mathrm{j}X_C}=\frac{U_1}{X_C}\angle 90^\circ=10\angle 90^\circ=\mathrm{j}10\ (\mathrm{A})$$

$$\dot{I}_2=\frac{\dot{U}_1}{R+\mathrm{j}X_L}=\frac{100\angle 0^\circ}{5+\mathrm{j}5}=\frac{100\angle 0^\circ}{5\sqrt{2}\angle 45^\circ}=10\sqrt{2}\angle -45^\circ\ (\mathrm{A})$$

由 KCL 定律，得

$$\dot{I}_0=\dot{I}_1+\dot{I}_2=10\mathrm{j}+10(1-\mathrm{j})=10\ (\mathrm{A})$$

故电流表 A_0 的读数为 10 A。

又由于

$$\begin{aligned}\dot{U}_0&=\dot{I}_0(-\mathrm{j}X_C)+\dot{U}_1=10(-\mathrm{j}10)+100\angle 0^\circ\\&=100-\mathrm{j}100=100\sqrt{2}\angle -45^\circ\ (\mathrm{V})\end{aligned}$$

故电压表 V_0 的读数为 141.4 V。

解法二。用相量图法。

设$\dot{U}_1=100\angle 0^\circ$ (V)， $\dot{I}_1=\mathrm{j}10$ (A)， $\dot{I}_2=10\sqrt{2}\angle -45^\circ$ (A)， $\dot{U}_C=-\mathrm{j}100$ (V)

由 KCL 定律，再根据相量求和法则，构成直角三角形，如图 8.36(a)所示。则有

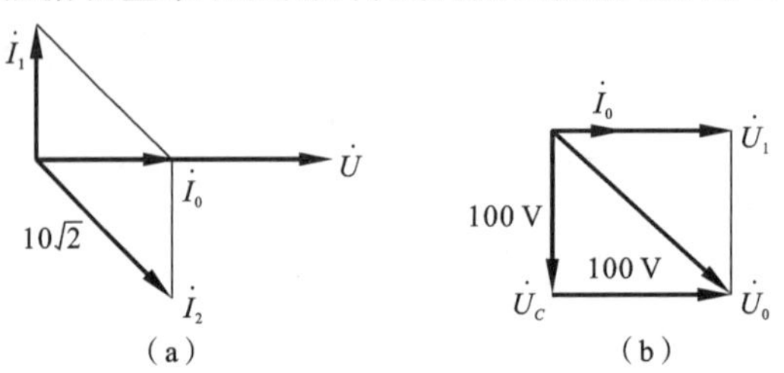

图 8.36 例 8-7 图(c)的相量图

$$I_0=\sqrt{I_2^2-I_1^2}=\sqrt{(10\sqrt{2})^2-10^2}=10\sqrt{2}=10\ (\mathrm{A})$$

由 KVL 定律根据相量求和法则，构成直角三角形，如图 8.36(b)所示。则有

$$U_0=\sqrt{U^2+U_C^2}=\sqrt{100^2+100^2}=10\sqrt{2}\ (\mathrm{V})$$

故电压表 V_0 的读数为 141.4 V，电流表 A_0 的读数为 10 A。这与解法一的结果相同。

8.4 正弦交流电路的相量分析法

8.4.1 相量分析法

在分析复杂正弦稳态交流电路时，采用相量分析法，可对比直流电路的分析方法，如支路电流法、网孔电流法、回路电流法、结点电压法、叠加定理、戴维宁定理、诺顿定理、电压源相量模型与电流源相量模型的等效变换。

1. 电路定律的相量形式是相量法的理论基础

KCL 定律：

$$\sum \dot{I}=0$$

KVL 定律：

$$\sum \dot{U}=0,\quad \sum \dot{I}R=\sum \dot{U}_S \quad 或 \sum \dot{U}=\sum \dot{U}_S$$

VCR 相量形式：

$$\dot{U}=\dot{I}Z$$

$$\dot{I}=Y\dot{U}$$

有源支路的欧姆定律：在电压源方向与支路电压、电流方向相同时，有

$$\dot{I}=\frac{\dot{U}+\dot{U}_S}{Z} \tag{8-76}$$

该公式如果有一个相量方向与其他两个相量方向相反，则相量前面取负号。

串联分压公式：

$$\begin{cases}\dot{U}_1=\dfrac{Z_1}{Z_1+Z_2}\dot{U}\\[2ex]\dot{U}_2=\dfrac{Z_2}{Z_1+Z_2}\dot{U}\end{cases}$$

$$Z=Z_1+Z_2=(R_1+R_2)+\mathrm{j}(X_1+X_2)$$

$$\dot{I}=\frac{\dot{U}}{Z_1+Z_2}$$

并联分流公式：

$$\begin{cases}\dot{I}_1=\dfrac{Z_2}{Z_1+Z_2}\dot{I}\\[2ex]\dot{I}_2=\dfrac{Z_1}{Z_1+Z_2}\dot{I}\end{cases}$$

$$\frac{1}{Z}=\frac{1}{Z_1}+\frac{1}{Z_2}\quad 或\quad Y=Y_1+Y_2$$

$$\dot{U}=\frac{\dot{I}}{Y_1+Y_2} \tag{8-77}$$

2. 支路电流法

列写 $n-1$ 个独立的 KCL 电流相量方程，即 $\sum \dot{I}=0$；列写 $l=b-(n-1)$ 个独立的 KVL 电压相量方程，即 $\sum \dot{I}R=\sum \dot{U}_S$。

3. 网孔电流法

列写 $m=l$ 个独立的网孔电流相量方程，即

$$\begin{cases} Z_{11}\dot{I}_{m1}+Z_{12}\dot{I}_{m2}+\cdots+Z_{1m}\dot{I}_{mm}=\dot{U}_{S11} \\ Z_{21}\dot{I}_{m1}+Z_{22}\dot{I}_{m2}+\cdots+Z_{2m}\dot{I}_{mm}=\dot{U}_{S22} \\ \qquad\vdots \\ Z_{m1}\dot{I}_{m1}+Z_{m2}\dot{I}_{m2}+\cdots+Z_{mm}\dot{I}_{mm}=\dot{U}_{Smm} \end{cases} \tag{8-78}$$

该方程表述为

本网孔电流相量×自阻抗＋相邻网孔电流相量×互阻抗
＝本网孔中所有电压源相量的代数和

4. 回路电流法

列写 l 个独立的回路电流相量方程，即

$$\begin{cases} Z_{11}\dot{I}_{l1}+Z_{12}\dot{I}_{l2}+\cdots+Z_{1l}\dot{I}_{ll}=\dot{U}_{S11} \\ Z_{21}\dot{I}_{l1}+Z_{22}\dot{I}_{l2}+\cdots+Z_{2l}\dot{I}_{ll}=\dot{U}_{S22} \\ \qquad\vdots \\ Z_{l1}\dot{I}_{l1}+Z_{l2}\dot{I}_{l2}+\cdots+Z_{ll}\dot{I}_{ll}=\dot{U}_{Sll} \end{cases} \tag{8-79}$$

该方程表述为

本回路电流相量×自阻抗＋相邻回路电流相量×互阻抗
＝本回路中所有电压源相量的代数和

5. 结点电压法

列写 $n-1$ 个独立的节点电压相量方程，即

$$\begin{cases} Y_{11}\dot{U}_{n1}+Y_{12}\dot{U}_{n2}+\cdots+Y_{1(n-1)}\dot{U}_{(n-1)1}=\dot{I}_{S11} \\ Y_{21}\dot{U}_{n1}+Y_{22}\dot{U}_{n2}+\cdots+Y_{2(n-1)}\dot{U}_{(n-1)2}=\dot{I}_{S22} \\ \qquad\vdots \\ Y_{(n-1)1}\dot{U}_{n1}+Y_{(n-1)2}\dot{U}_{n2}+\cdots+Y_{(n-1)(n-1)}\dot{U}_{(n-1)(n-1)}=\dot{I}_{S(n-1)(n-1)} \end{cases} \tag{8-80}$$

该方程表述为

本结点电压相量×自导纳＋相邻结点电压相量×互导纳
＝汇于本结点所有电流源相量的代数和

6. 叠加定理

线性电路中若干个独立源共同作用时，各支路的电流（或电压）相量等于各个独立源单独作用时分别在该支路产生的电流（或电压）相量的叠加（代数和）。

7. 戴维宁等效电路

任意一个含独立源、线性受控源和线性电阻的有源线性二端电路（一端口电路），对

外电路来说，都可以用一个理想电压源串联内阻抗来替代。理想电压源的电压就是该一端口电路的开路电压相量$\dot{U}_{oc}$，串联阻抗就是该一端口网络内部除源（独立源）以后的输入阻抗 Z_{eq}。

8. 诺顿等效电路

任意一个含独立源、线性受控源和线性电阻的有源线性二端电路（一端口电路），对外电路来说，都可以用一个理想电流源并联内导纳来替代。理想电流源的电流就是该一端口电路的短路电流相量$\dot{I}_{sc}$，并联导纳就是该一端口电路内部除源（独立源）以后的输入导纳 Y_{eq}。

根据上述关系式可建立已知相量与未知相量之间的关系，从而求出未知相量。相量法与直流电路分析方法不同之处在于：正弦稳态电路的方程以相量形式表示，运用复数运算；直流电路方程以代数形式表示，是实数运算。相量分析法中以相量解析法为主，以相量图解法为辅。

下面分别采用不同方法求解分析正弦交流电路。

例 8-8　电路如图 8.37 所示，$\dot{I}_S=10\angle 0°$ A，$r=7\ \Omega$，求电压相量$\dot{U}_{ab}$及支路电流$\dot{I}_1$、$\dot{I}_2$。

解　用结点电压法。以 b 为参考结点，$\dot{U}_{nb}=0$，则有

$$\left(\frac{1}{-\mathrm{j}5}+\frac{1}{6+\mathrm{j}4}\right)\dot{U}_{na}=\dot{I}_S+\frac{r\dot{I}_S}{-\mathrm{j}5}$$

将数据$\dot{I}_S=10\angle 0°$、$r=7\ \Omega$ 代入，得

$$\dot{U}_{ab}=\dot{U}_{na}=254.9\angle 79°=48.64+\mathrm{j}250.2\ (\mathrm{V})$$

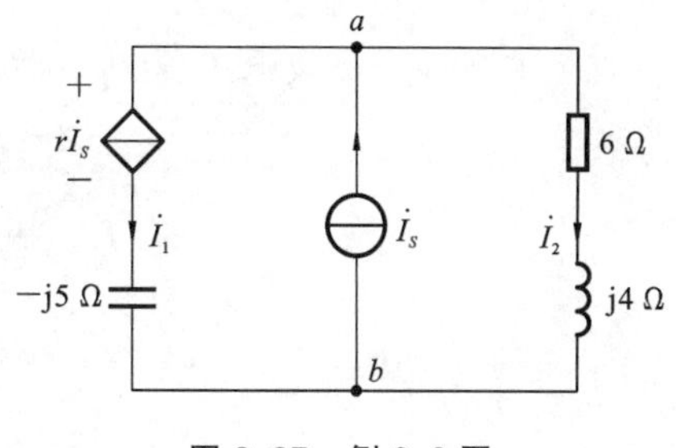

图 8.37　例 8-8 图

根据有源或无源支路的欧姆定律，支路电流为

$$\dot{I}_1=\frac{\dot{U}_{na}-r\dot{I}_S}{-\mathrm{j}5}=\frac{101+\mathrm{j}13.7-7\times 10\angle 0°}{-\mathrm{j}5}$$
$$=29.15\angle -121°=-15-\mathrm{j}25\ (\mathrm{A})$$

$$\dot{I}_2=\frac{\dot{U}_{na}}{6+\mathrm{j}4}=\frac{254.9\angle 79°}{6+\mathrm{j}4}=25\sqrt{2}\angle 45°=25+\mathrm{j}25\ (\mathrm{A})$$

例 8-9　如图 8.38(a)所示正弦稳态电路，已知$\dot{U}_S=100\angle 0°$ V，(1) 用网孔法求$\dot{I}_1$、$\dot{I}_2$、$\dot{I}$；(2) 用戴维宁定理求$\dot{I}$。

解　解法一。用网孔法。

如图 8.38(a)所示，以$\dot{I}_1$、$\dot{I}_2$ 为网孔电流，绕行方向如图 8.38(a)所示。

列网孔方程得

$$\begin{cases}(3+\mathrm{j}4)\dot{I}_1-\mathrm{j}4\dot{I}_2=\dot{U}_S\\ -\mathrm{j}4\dot{I}_1+(\mathrm{j}4-\mathrm{j}2)\dot{I}_2=-2\dot{I}_1\end{cases}$$

解得

$$\dot{I}_1=\frac{100\angle 0°}{7-\mathrm{j}4}=12.41\angle 29.74°=10.78+\mathrm{j}6.16\ (\mathrm{A})$$

$$\dot{I}_2=(2+\mathrm{j})\dot{I}_1=2.24\angle 26.57°\times 12.41\angle 29.74°$$
$$=27.8\angle 56.31°=15.42+\mathrm{j}23.13\ (\mathrm{A})$$

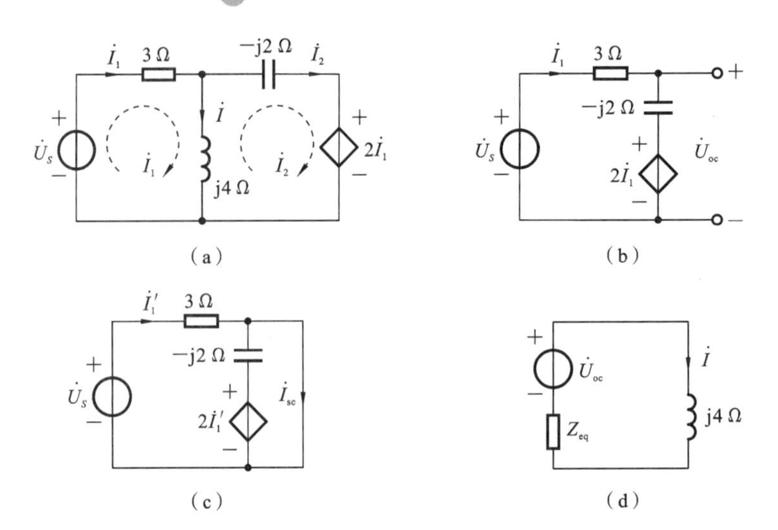

图 8.38　例 8-9 的图

$$\dot{I}=\dot{I}_1-\dot{I}_2=-4.64-\mathrm{j}16.97=17.59\angle-105.3^\circ\ (\mathrm{A})$$

解法二。用戴维宁定理。

(1) 求戴维宁等效电压源$\dot{U}_{oc}$。将 j4 Ω 所在支路端口断开如图 8.38(b)所示，即有

$$(3-\mathrm{j}2)\dot{I}_1+2\dot{I}_1=\dot{U}_S$$

$$\dot{I}_1=\frac{\dot{U}_S}{3-\mathrm{j}2+2}=\frac{100\angle0^\circ}{5-\mathrm{j}2}$$

$$\dot{U}_{oc}=-\mathrm{j}2\dot{I}_1+2\dot{I}_1=(2-\mathrm{j}2)\dot{I}_1=2\sqrt{2}\angle-45^\circ\frac{100\angle0^\circ}{5-\mathrm{j}2}$$

$$=52.51\angle-23.2^\circ\ (\mathrm{V})$$

(2) 求诺顿等效电流源$\dot{I}_{sc}$。将 j4 Ω 所在支路的端口短路，如图 8.38(c)所示。即有

$$\dot{I}_{sc}=\dot{I}'_1+\dot{I}''_1=\frac{\dot{U}_S}{3}+\frac{2\dot{I}'_1}{-\mathrm{j}2}=\frac{1}{3}\dot{U}_S(1+\mathrm{j})$$

$$=\frac{100\angle0^\circ}{3}\times\sqrt{2}\angle45^\circ=47.13\angle45^\circ\ (\mathrm{A})$$

(3) 求等效阻抗 Z_{eq}：

$$Z_{eq}=\frac{\dot{U}_{oc}}{\dot{I}_{sc}}=\frac{52.51\angle-23.2^\circ}{47.13\angle45^\circ}=1.11\angle-68.2^\circ\ (\Omega)$$

(4) 求电流$\dot{I}$。电路如图 8.38(d)所示，即有

$$\dot{I}=\frac{\dot{U}_{oc}}{Z_{eq}+\mathrm{j}4}=\frac{52.51\angle-23.2^\circ}{1.11\angle-68.2^\circ+\mathrm{j}4}=\frac{52.51\angle-23.2^\circ}{0.41-\mathrm{j}1.03+\mathrm{j}4}$$

$$=\frac{52.51\angle-23.2^\circ}{0.41+\mathrm{j}2.97}=17.5\angle105.34^\circ\ (\mathrm{A})$$

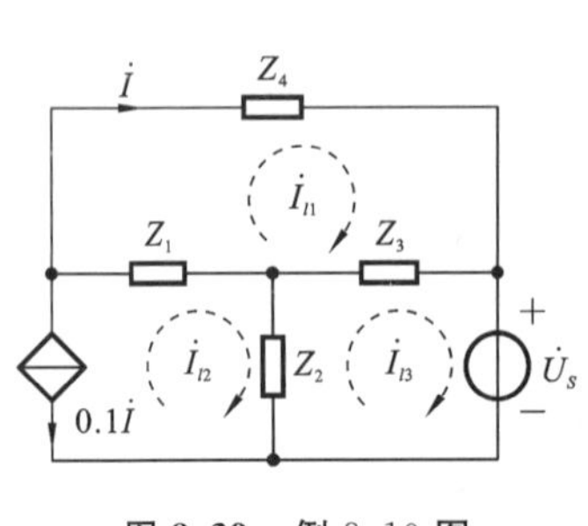

图 8.39　例 8-10 图

例 8-10　用回路电流法列写如图 8.39 所示电路的回路电流方程。

解　用回路电流法。回路电流如图 8.39 所示。

对回路 1，有

$$(Z_1+Z_3+Z_4)\dot{I}_{l1}-Z_1\dot{I}_{l2}-Z_3\dot{I}_{l3}=0\qquad(1)$$

对回路 2,有

$$\dot{I}_{l2}=-0.1\,\dot{I} \tag{2}$$

对回路 3,有

$$-Z_3\,\dot{I}_{l1}-Z_2\,\dot{I}_{l2}+(Z_2+Z_3)\dot{I}_{l3}=-\dot{U}_S \tag{3}$$

故

$$\dot{I}=\dot{I}_{l1} \tag{4}$$

例 8-11 已知 $u_S(t)=2\cos(0.5t+120°)$,受控源转移电阻 $r=1\ \Omega$,求图 8.40(a)所示有源二端电路的戴维宁等效电路。

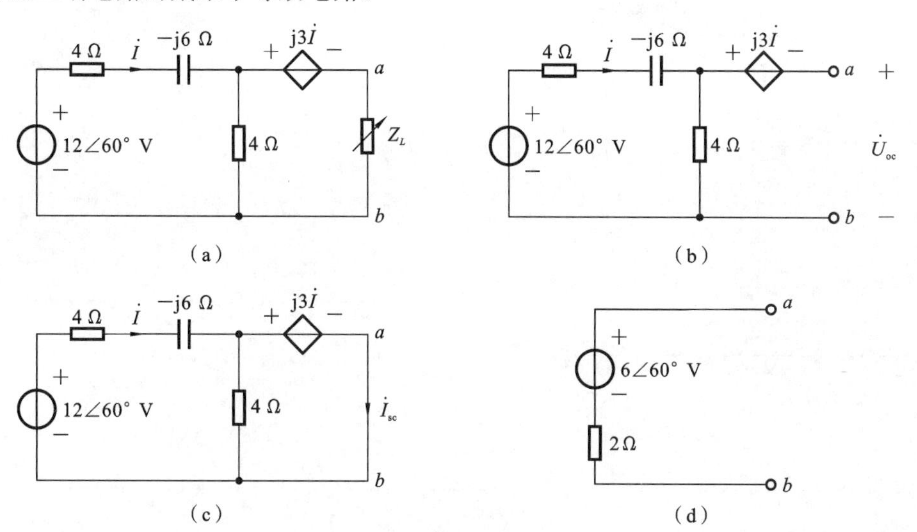

图 8.40 例 8-11 图

解 (1) 求 ab 端口左边戴维宁等效电压源,如图 8.40(b)所示。即有

$$(4-\mathrm{j}6)\dot{I}+4\,\dot{I}=12\angle 60°$$

$$\dot{I}=\frac{12\angle 60°}{8-\mathrm{j}6}\ (\mathrm{A})$$

ab 两端开路电压为

$$\dot{U}_{oc}=-\mathrm{j}3\,\dot{I}+4\,\dot{I}=(4-\mathrm{j}3)\dot{I}=(4-\mathrm{j}3)\times\frac{12\angle 60°}{8-\mathrm{j}6}=6\angle 60°\ (\mathrm{V})$$

(2) 求 ab 等效阻抗 Z_{eq}。将 ab 端口短路,求端口短路电流 $\dot{I}_{sc}$,如图 8.40(c)所示。由 KVL 定律得

$$4-\mathrm{j}6\,\dot{I}+\mathrm{j}3\,\dot{I}=12\angle 60°,\quad \dot{I}=\frac{12\angle 60°}{4-\mathrm{j}3}$$

$$4\times(\dot{I}-\dot{I}_{sc})=\mathrm{j}3\,\dot{I},\quad \dot{I}_{sc}=\frac{(4-\mathrm{j}3)\dot{I}}{4}=3\angle 60°\ (\mathrm{A})$$

$$Z_S=Z_{eq}=\frac{\dot{U}_{oc}}{\dot{I}_{sc}}=\frac{6\angle 60°}{3\angle 60°}=2\ (\Omega)$$

(3) 戴维宁等效电路如图 8.40(d)所示。

8.4.2 非正弦周期信号分析

非正弦周期信号由不同频率的正弦信号叠加而成,可以展开为傅立叶级数,根据叠加定理将各个不同的信号作用于线性正弦交流电路,并根据不同的电路模型,采用相量

法与叠加定理结合,就可以求解电路中各个稳态响应电流或电压。

例 8-12 有一个直流到交流的全桥逆变电路,如图 8.41(a)所示,通过四个开关有序通断,将直流电压 $U_d=110$ V 逆变为交流输出电压 $u_0=\frac{4U_d}{\pi}\left[\cos(\omega t)+\frac{1}{3}\times\cos(3\omega t)+\frac{1}{5}\cos(5\omega t)\right]$,逆变器角频率 $\omega=100$ rad/s,$R=10\ \Omega$,$L=31.8$ mH,$C=159\ \mu$F,求(1) 各次谐波电流 i_{01}、i_{03}、i_{05};(2) 输出电流响应 $i_0=i_{01}+i_{03}+i_{05}$。

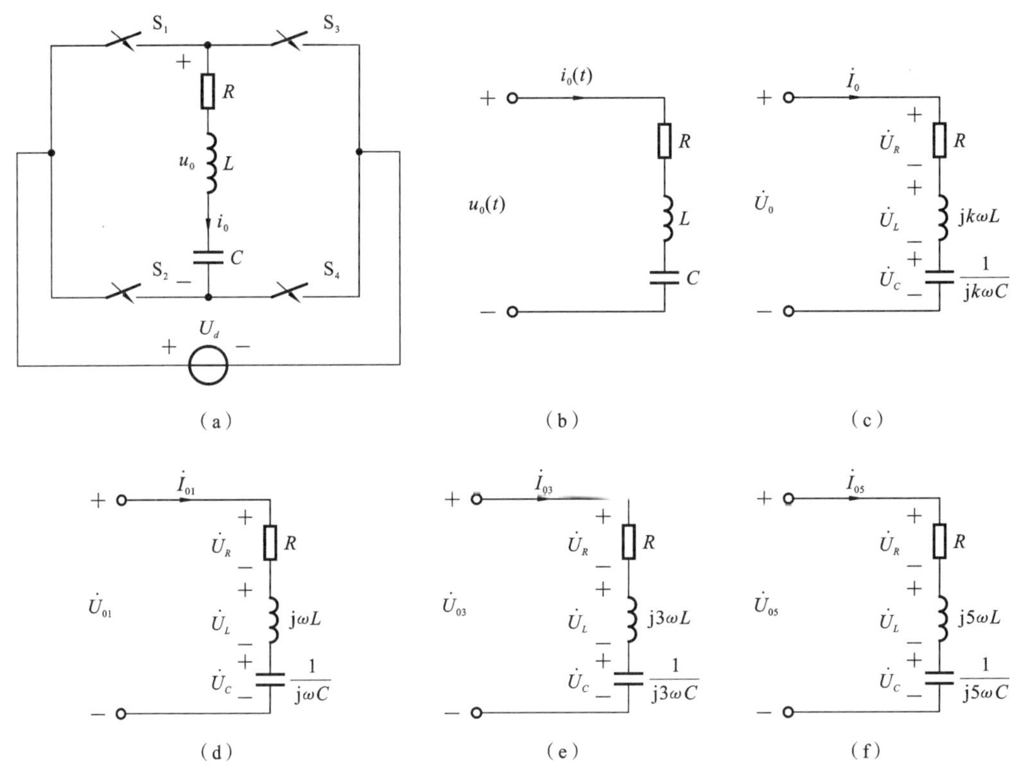

图 8.41 例 8-12 图

解 应用相量法。输出电压响应由基波、三次谐波、五次谐波分量等组成,作用于负载为线性 RLC 串联的电路,时域模型及其相量模型如图 8.42(b)(c)所示。可以用叠加定理分别求出各次谐波电压分量产生的电流,再叠加求出总的电流响应,即有

$$U_d=110\ (\text{V}),\quad \frac{4}{\sqrt{2}\pi}=0.9$$

$$u_{01}(t)=\frac{4U_d}{\pi}\cos(\omega t)=\sqrt{2}\times 0.9U_d\cos(\omega t)$$

$$\dot{U}_{01}=0.9U_d\angle 0^\circ=99\angle 0^\circ\ (\text{V})$$

$$u_{03}(t)=\frac{1}{3}\times\frac{4U_d}{\pi}\cos(3\omega t)=\sqrt{2}\times\frac{1}{3}\times 0.9U_d\cos(3\omega t)$$

$$\dot{U}_{03}=\frac{1}{3}\times\dot{U}_{01}=33\angle 0^\circ\ (\text{V})$$

$$u_{05}(t)=\frac{1}{5}\times\frac{4U_d}{\pi}\cos(5\omega t)=\sqrt{2}\times\frac{1}{5}\times 0.9U_d\cos(5\omega t)$$

$$\dot{U}_{05}=\frac{1}{5}\times\dot{U}_{01}=19.8\angle 0^\circ\ (\mathrm{V})$$

(1) 先求出各个谐波作用下的复阻抗 Z_k：阻抗 Z_k 为 k 次谐波分量端口处的复阻抗，电路如图 8.41(c)所示，即有

$$\begin{aligned}Z_k&=R+\mathrm{j}k\omega L+\frac{1}{\mathrm{j}k\omega C}=R+\mathrm{j}k2\pi fL+\frac{1}{\mathrm{j}k2\pi fC}\\&=10+\mathrm{j}k2\times 3.14\times 100\times 31.8\times 10^{-3}\\&\quad+\frac{1}{\mathrm{j}k2\times 3.14\times 100\times 159\times 10^{-6}}\\&=10+\mathrm{j}19.97k-\mathrm{j}\,\frac{10.01}{k}\ (\Omega)\end{aligned}$$

当 $k=1$、$k=3$、$k=5$ 时，电路模型分别如图 8.41(d)(e)(f)所示，即有

$$Z_1=10+\mathrm{j}9.96=14.11\angle 44.89^\circ\ (\Omega)$$
$$Z_3=10+\mathrm{j}56.56=57.44\angle 79.97^\circ\ (\Omega)$$
$$Z_5=10+\mathrm{j}94.85=95.37\angle 83.98^\circ\ (\Omega)$$

(2) 再求出各次谐波的输出电流 $\dot{I}_k$：

$$\dot{I}_{01}=\frac{\dot{U}_{01}}{Z_1}=\frac{99\angle 0^\circ}{14.11\angle 44.89^\circ}=7.02\angle -44.89^\circ\ (\mathrm{A})$$

$$\dot{I}_{03}=\frac{\dot{U}_{03}}{Z_3}=\frac{33\angle 0^\circ}{57.44\angle 79.97^\circ}=0.57\angle -79.97^\circ\ (\mathrm{A})$$

$$\dot{I}_{05}=\frac{\dot{U}_{05}}{Z_5}=\frac{19.8\angle 0^\circ}{95.37\angle -83.98^\circ}=0.21\angle -83.98^\circ\ (\mathrm{A})$$

(3) 写出电流响应各次谐波正弦量：

$$i_{01}(t)=\sqrt{2}\times 7.02\cos(\omega t-44.89^\circ)$$
$$i_{03}(t)=\sqrt{2}\times 0.57\cos(3\omega t-79.97^\circ)$$
$$i_{05}(t)=\sqrt{2}\times 0.21\cos(5\omega t-83.98^\circ)$$

(4) 由叠加定理求出电流响应：

$$\begin{aligned}i_0(t)&=i_{01}(t)+i_{03}(t)+i_{05}(t)=\sqrt{2}\times 7.02\cos(\omega t-44.89^\circ)\\&\quad+\sqrt{2}\times 0.57\cos(3\omega t-79.97^\circ)+\sqrt{2}\times 0.21\cos(5\omega t-83.98^\circ)\end{aligned}$$

8.4.3 叠加定理应用

若干个不同频率的电源作用于线性系统时，可以根据叠加定理，利用相量法求解电路中任何一个稳态响应电压或电流。

根据相量法应用的条件，同频率的正弦激励源作用于电路时，才可以采用相量法分析。如果不同频率的正弦激励源作用，则借助叠加定理，也可以解决问题，但不可以用结点电压法等其他方法，因为各阻抗因频率不同而改变后，电路模型发生改变后，电路中的各稳态响应会随之而变。

下面的例题中，虽然 u_S 及 i_S 频率不同，但利用叠加定理电源单独作用时仍可采用相量法分析。

例 8-13 已知 $u_S(t)=5\cos 3t$ V，$i_S(t)=3\cos(4t+30^\circ)$ A，求图 8.42(a)所示电路

电容的电压 $u_C(t)$。

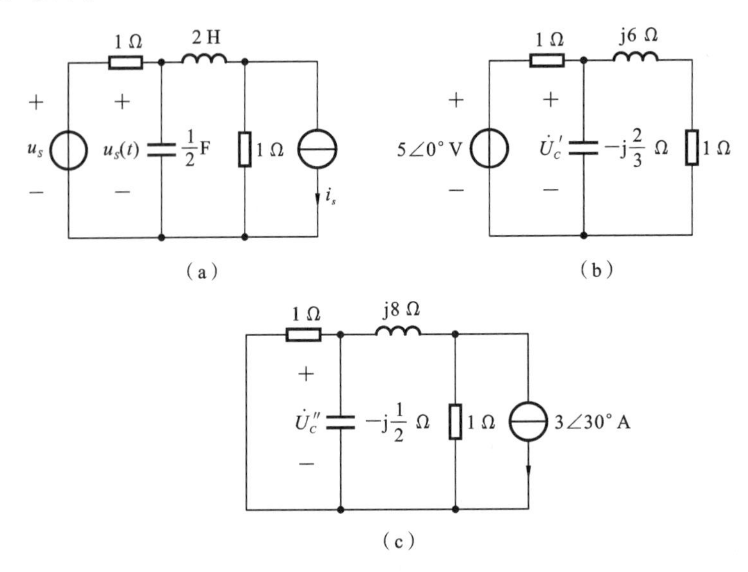

图 8.42 例 8-13 **图**

解 用叠加定理。当电压源 u_S 单独作用时，$\omega=3$ rad/s，电路相量模型如图 8.42(b)所示，即有

$$\dot{U}'_{Cm}=\frac{\dfrac{(1+\mathrm{j}6)\left(-\mathrm{j}\,\dfrac{2}{3}\right)}{1+\mathrm{j}6-\mathrm{j}\,\dfrac{2}{3}}\times 5\angle 0^\circ}{1+\dfrac{(1+\mathrm{j}6)\left(-\mathrm{j}\,\dfrac{2}{3}\right)}{H+\mathrm{j}6-\mathrm{j}\,\dfrac{2}{3}}}=\frac{\left(4-\mathrm{j}\,\dfrac{2}{3}\right)5\angle 0^\circ}{1+\mathrm{j}\,\dfrac{16}{3}+4-\mathrm{j}\,\dfrac{2}{3}}=\frac{12-\mathrm{j}2}{15+\mathrm{j}14}\times 5$$

$$=\frac{12.17\angle -9.5^\circ}{20.52\angle 43^\circ}\times 5=2.97\angle -52.5^\circ\ (\mathrm{V})$$

$$u'_C(t)=2.97\cos(3t-52.5^\circ)$$

电流源 i_S 单独作用时，$\omega=4$ rad/s，电路相量模型如图 8.42(c)所示，即有

$$\dot{U}''_{Cm}=\frac{-\dfrac{1\times\left(-\mathrm{j}\,\dfrac{1}{2}\right)}{1-\mathrm{j}\,\dfrac{1}{2}}}{1+\mathrm{j}8+\dfrac{1\times\left(-\mathrm{j}\,\dfrac{1}{2}\right)}{1-\mathrm{j}\,\dfrac{1}{2}}}\times 3\angle 30^\circ=\frac{\mathrm{j}\,\dfrac{1}{2}}{(1+\mathrm{j}8)\left(1-\mathrm{j}\,\dfrac{1}{2}\right)-\mathrm{j}\,\dfrac{1}{2}}\times 3\angle 30^\circ$$

$$=\frac{\mathrm{j}\,\dfrac{1}{2}}{5+\mathrm{j}7}\times 3\angle 30^\circ=0.174\angle 65.5^\circ\ (\mathrm{V})$$

$$u'_C(t)=0.174\cos(4t+65.5^\circ)$$

根据叠加定理，有

$$u_C(t)=u'_C+u''_C=2.97\cos(3t-52.5^\circ)+0.174\cos(4t+65.5^\circ)$$

8.5　正弦交流电路的功率

正弦交流电路中有贮能元件 L、C，能量有吸收也有释放，与直流电阻电路相比，分析时较复杂。本节引入新概念，如瞬时功率、有功功率、无功功率、视在功率、复功率及功率因数。

8.5.1　瞬时功率

图 8.43 所示的是一端口含源电路 N_S（或不含源电路 N_0），正弦稳态电路 $u(t)$、$i(t)$ 均为同频正弦量，其电压与电流之间相位差为 φ，即有

$$u(t)=\sqrt{2}U\cos(\omega t+\psi_u)=\sqrt{2}U\cos(\omega t+\psi_i+\varphi)$$

$$i(t)=\sqrt{2}I\cos(\omega t+\psi_i)$$

其瞬时功率反映一端口电路 N_S（或 N_0）与端口外功率在转换过程的状态。

在关联参考方向下，吸收的瞬时功率为

$$\begin{aligned}p(t)&=u(t)i(t)=2UI\cos(\omega t+\psi_i)\cos(\omega t+\psi_i+\varphi)\\&=UI\cos\varphi+UI\cos(2\omega t+2\psi_i+\varphi)\\&=UI\cos\varphi+UI[\cos\varphi\cos2(\omega t+\psi_i)-\sin\varphi\sin2(\omega t+\psi_i)]\\&=UI\cos\varphi[1+\cos2(\omega t+\psi_i)]-UI\sin\varphi\sin2(\omega t+\psi_i)\\&=UI\cos\varphi[1+\cos2(\omega t+\psi_i)]+UI\sin\varphi\cos\left[2(\omega t+\psi_i)+\frac{\pi}{2}\right]\end{aligned}\tag{8-81}$$

$u(t)$、$i(t)$、$p(t)$ 波形如图 8.44 所示。

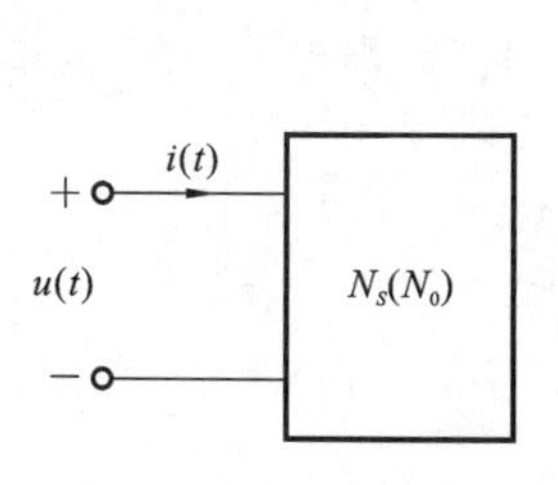

图 8.43　一端口含源（不含源）电路

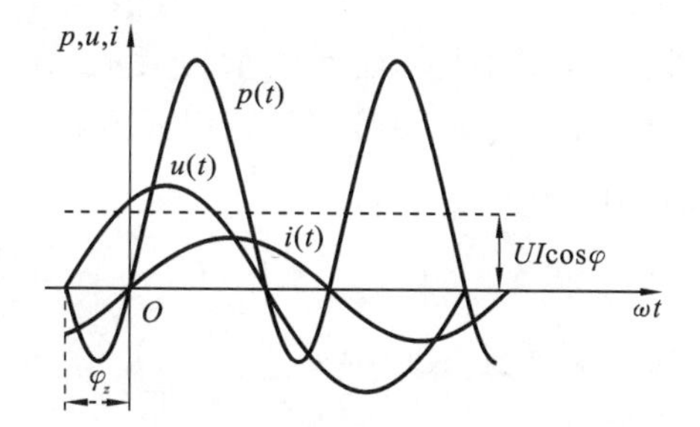

图 8.44　$u(t)$、$i(t)$、$p(t)$ 波形

从波形图上可以看出，在电压、电流变化的一个周期内，瞬时功率随时间交替变化，频率为 2ω，有时为正，有时为负。在 u,i 关联正方向下，在 $u>0$，$i>0$ 及 $u<0$，$i<0$ 时，$p>0$，一端口吸收功率，说明此时内部能量有损耗；在 $u>0$，$i<0$ 及 $u<0$，$i>0$ 时，$p<0$，一端口发出功率，说明此时储能元件不仅供给内部能量损耗，还向端口外供能。

从式(8-83)可以看出，瞬时功率分为两部分：第一部分 $UI\cos\varphi[1+\cos2(\omega t+\psi_i)]$ 恒大于零，表明在任何时刻 t 均存在吸收功率，是一个大小变化而能量传输方向不变的瞬时功率分量，表明耗能的速率；第二部分 $UI\sin\varphi\cos\left[2(\omega t+\psi_i)+\frac{\pi}{2}\right]$ 是按正弦 2ω 规律变化的瞬时功率分量，其吸收能量与发出能量在一个周期内相等，平均功率为零，该瞬时分量表明一端口与外电路之间能量往返的速率。

8.5.2 有功功率(平均功率)

有功功率定义为一个周期内瞬时功率的平均值，是一端口电路平均耗能的瞬时功率，反映一端口一个周期内平均耗能多少，又称为有功功率，是能量由电系统向非电系统释放的不可逆转的功率，表明电能转换为其他形式的能量，由上式瞬时功率 $p(t)$ 的两部分来看，第一部分 $UI\cos\varphi[1+\cos2(\omega t+\psi_i)]$ 在一个周期内，对其积分，保留了第一部分 $UI\cos\varphi$，而 $UI\cos\varphi\cos2(\omega t+\psi_i)$ 的积分为 0，第二部分 $UI\sin\varphi\cos\left[2(\omega t+\psi_i)+\frac{\pi}{2}\right]$ 在一个周期内的积分为 0，由式(8-81)可得

$$P \overset{\text{def}}{=} \frac{1}{T}\int_0^T p(t)\,\mathrm{d}t = UI\cos\varphi \tag{8-82}$$

单位：瓦(W)。

式(8-82)中，$\cos\varphi$ 称为功率因数，φ 称为功率因数角，即电压与电流相位差，也即端口阻抗角。

当一端口内为纯电阻时，$\varphi=0$，$\cos\varphi=1$，则有

$$P=UI=I^2R=\frac{U^2}{R}=GU^2 \tag{8-83}$$

当一端口内为纯电感时，$\varphi=\frac{\pi}{2}$，$\cos\varphi=0$，则有

$$P=0$$

当一端口内为纯电容时，$\varphi=-\frac{\pi}{2}$，$\cos\varphi=0$，则有

$$P=0$$

说明 L、C 不是耗能元件，R 是耗能元件，如电阻器将电能转换为热能。

当一端口为 RLC 串联连接组成的电路时，如图 8.45 所示，由电压三角形知，$U_R=U\cos\varphi$，有

$$P=UI\cos\varphi=U_RI=I_R{}^2R=\frac{U_R^2}{R} \tag{8-84}$$

当一端口为 RLC 并联连接组成的电路时，如图 8.46 所示，由电流三角形知 $I_R=I\cos\varphi$，有

$$P=UI\cos\varphi=UI_R=I_R^2R=\frac{U_R^2}{R} \tag{8-85}$$

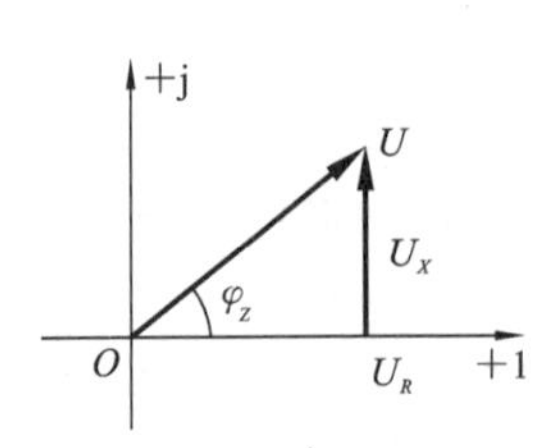

图 8.45 电压三角形

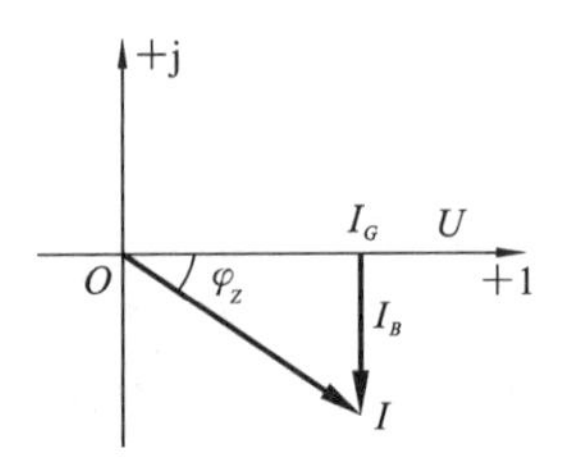

图 8.46 电流三角形

由此可知，有功功率均为 R 消耗的功率。

当一端口内为 R、L、C 连接组成的任一无源二端网络，无论其多么复杂，均由若干

支路构成，每个支路均看成 RLC 串联电路形式。由功率守恒原理，端口总的耗能等于各支路耗能之和，也即各支路电阻耗能之和，即有

$$P=\sum_{k=1}^{n}P_k=P_1+P_2+\cdots P_n=\sum_{n=1}^{n}U_kI_k\cos\varphi_k$$
$$=\sum_{k=1}^{n}I_k^2R_k=\sum_{k=1}^{n}G_kU_k^2 \tag{8-86}$$

其中：U_k 为第 k 条支路电压有效值；I_k 为第 k 条支路电流有效值；φ_k 为第 k 条支路功率因数角。

该一端口用等效阻抗 $Z_{eq}=R_{eq}+jX_{eq}$ 描述，则有

$$P=UI\cos\varphi=I^2R_{eq}=U^2/R_{eq} \tag{8-87}$$

该一端口用等效导纳 $Y_{eq}=G_{eq}+jB_{eq}$ 描述，则有

$$P=UI\cos\varphi=U^2G_{eq}=I^2/G_{eq} \tag{8-88}$$

其中：R_{eq} 为等效电阻；G_{eq} 为等效电导；U 为端口电压有效值；I 为端口电流有效值。

综上所述，一端口为无源二端电路时，有功功率 P 由式(8-86)～式(8-88)均可求出。

8.5.3 无功功率

无功功率 Q 定义为瞬时功率 $p(t)$ 无功分量 $UI\sin\varphi\cos\left[2(\omega t+\psi_i)+\frac{\pi}{2}\right]$ 的最大值，反映一端口内部与端口外电路能量交换的最大规模，由式(8-81)可得

$$Q\overset{\text{def}}{=}UI\sin\varphi \tag{8-89}$$

单位：乏(Var)。

工程上如电动机电场与磁场能量转换，用无功功率来衡量。

(1) 当一端口为纯电阻时，$\varphi=0$，$\sin\varphi=0$，则有

$$Q=0$$

(2) 当一端口为纯电感时，$\varphi=\frac{\pi}{2}$，$\sin\varphi=1$，则有

$$Q=U_LI_L=I_L^2\omega L=I^2X_L=\frac{U_L^2}{X_L}=B_LU_L^2 \tag{8-90}$$

(3) 当一端口为纯电容时，$\varphi=-\frac{\pi}{2}$，$\sin\varphi=-1$，则有

$$Q=-U_CI_C=-I_C^2\frac{1}{\omega C}=-U_C^2\omega C=-I^2X_C=-\frac{U_C^2}{X_C}=-B_CU_C^2 \tag{8-91}$$

说明 R 不是储能元件，而 L、C 是储能元件。

(4) 当端口为 RLC 串联电路时，由图 8.45 电压三角形可知

$$U_X=U\sin\varphi,\quad Q=IU_X=I^2X \tag{8-92}$$

(5) 当端口为 RLC 并联电路时，由图 8.47 电流三角形可知

$$I_X=I\sin\varphi,\quad Q=I_XU=\frac{U^2}{X} \tag{8-93}$$

由此可知，无功功率为储能元件 L 和 C 吸收或释放功率。

RLC 串联电路中，L、C 流过同样的电流 $i(t)$，由于 $u_L(t)$ 超前 $i(t)$ 90°，则瞬时功率

p_L 与 p_C 的方向相反，L 与 C 之间进行能量交换，如图 8.47 所示，有 $p_L>0$、$p_C<0$ 和 $p_L<0$、$p_C>0$，仍有 $Q=Q_L+Q_C$，在电路中，电感无功与电容无功互相补偿。在工程上，电感吸收无功，电容发出无功，二者需加以区别。

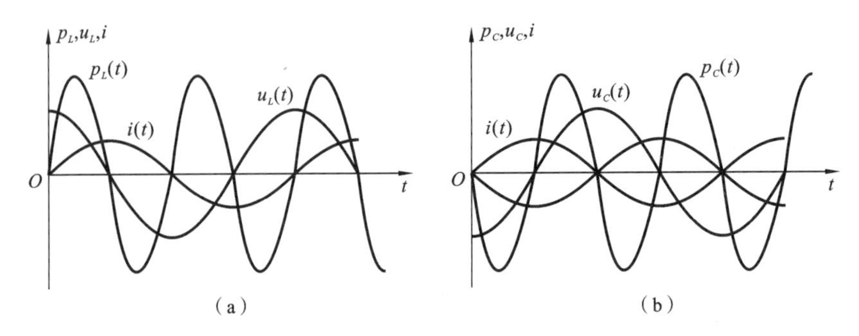

图 8.47 RLC **串联电路中的** p_L **和** p_C

RLC 并联电路中，L、C 两端有同样的电压 $u(t)$，$i_L(t)$ 滞后电压 90°，$i_C(t)$ 超前电压 90°，则瞬时功率 p_L 和 p_C 的方向相反，L、C 之间进行能量交换。如图 8.48 所示，有 $p_L>0$，$p_C<0$ 和 $p_L<0$、$p_C>0$，仍有 $Q=Q_L+Q_C$，电感无功与电容无功互相补偿。

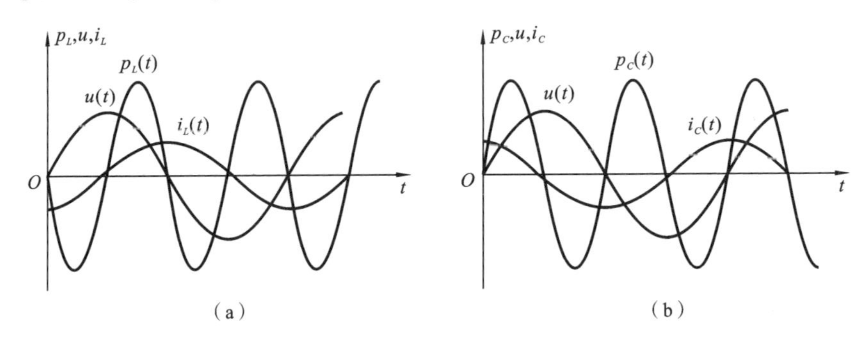

图 8.48 RLC **并联电路中的** p_L **和** p_C

若一端口为任意无源复杂电路，且均由若干个支路构成，则每一支路均可看成 RLC 串联电路形式，由功率守恒原理，端口总的无功功率等于各支路无功功率之和，即有

$$Q=\sum_{K=1}^{n}Q_K=Q_1+Q_2+\cdots Q_n=\sum_{K=1}^{n}U_K I_K\sin\varphi_K$$
$$=\sum_{K=1}^{n}(Q_{LK}+Q_{CK})=\sum_{K=1}^{n}I_K^2(X_{LK}-X_{CK}) \tag{8-94}$$

当该一端口用等效阻抗 $Z_{\text{eq}}=R_{\text{eq}}+\text{j}X_{\text{eq}}$ 描述时，则有

$$Q=UI\sin\varphi_Z=IU_X=I^2X_{\text{eq}} \tag{8-95}$$

当该一端口用等效阻抗 $Y_{\text{eq}}=G_{\text{eq}}+\text{j}B_{\text{eq}}$ 描述时，则有

$$Q=UI\sin\varphi_Z=-UI\sin\varphi_Y=-UI_B=-U^2B_{\text{eq}} \tag{8-96}$$

综上所述，求无源线性一端口网络的无功功率，可用式(8-94)～式(8-96)求出。

需要指出的是由定义 $Q=UI\sin\varphi_Z$，感性 $\varphi_Z>0$，$Q>0$；容性 $\varphi_Z<0$，$Q<0$，则感性无功为正，容性无功为负。

当一端口含有受控源时，可能有 $|\varphi_Z|>90°$ 的情况，则在任何时刻一端口发出功率，且 $|\varphi_Z|>90°$ 的情况仍同前面含受控源的情况一致。

8.5.4 视在功率

视在功率定义为端口电压有效值与电流有效值的乘积，即

$$S \overset{\text{def}}{=} UI \tag{8-97}$$

单位为伏安(VA)。视在功率反映外电路向一端口提供的最大有功功率。

当 $\cos\varphi=1$ 时，

$$S=P=UI$$

工程上常用视在功率表示电气设备在额定电压、额定电流下最大的荷载能力，称为容量。

P、Q、S、$\cos\varphi$ 四者关系为

$$\begin{cases} S=\sqrt{P^2+Q^2} \\ P=S\cos\varphi \\ Q=S\sin\varphi \\ \cos\varphi=\dfrac{P}{S} \end{cases} \tag{8-98}$$

8.5.5 功率因数

工程上常用功率因数 λ 表示电源能量的利用率，也表示能量转化为有功功率的比例。若不含独立源的一端口电路的阻抗角为 φ_Z，定义为

$$\lambda=\cos\varphi_Z \tag{8-99}$$

则由上式得

$$\lambda=\cos\varphi=\frac{P}{S} \tag{8-100}$$

阻抗角 φ 又称为功率因数角。λ 越大，则电气设备获取的有功功率越高，所需无功功率越少，传输效果越好，电源利用率就越高。当 $\lambda=1$，$P=S$ 时，电源利用率最大；当 $\lambda=0.5$，$P=0.5S_N$ 时，能量将有一半转换为有功功率；当 λ 较低时，电气设备只能输出低于 S_N 的有功功率，即电源未充分利用。例如，电动机靠电—磁—电—机械能转换进行工作，如果用于产生磁能的无功功率越小，电源能量中有功功率就越大，更多的转换为机械能，效率就越高，故 λ 称为功率因数。

需要说明以下几点。

(1) 有功功率不一定是有用功率，如电感线圈发热，消耗电源的有功功率，但作为加热丝发热时，是有用功率；无功功率不一定是无用功率，如电动机旋转磁场使电动机获得机械能，磁场能量转换对应无功功率，没有无功功率电动机就不能工作。

(2) $S\neq S_1+S_2+\cdots S_n$，$P=P_1+P_2+\cdots P_n$，$Q=Q_1+Q_2+\cdots Q_n$，其中 n 为电路中第 n 条支路。

例 8-14 三个支路并联如图 8.49 所示，电路电压为 220 V，电路参数为 $R_1=10\ \Omega$，$R_2=3\ \Omega$，$X_C=4\ \Omega$，$R_3=8\ \Omega$，$X_L=6\ \Omega$，求电路中的 P、Q、S 和功率因数 λ。

解 第一条支路：

$$P_1=U_1I_1\cos\varphi_1=I_1^2R_1=\frac{U_1^2}{R_1}=\frac{220^2}{10}=4840\ (\text{W}),\quad Q_1=0\ (\text{Var})$$

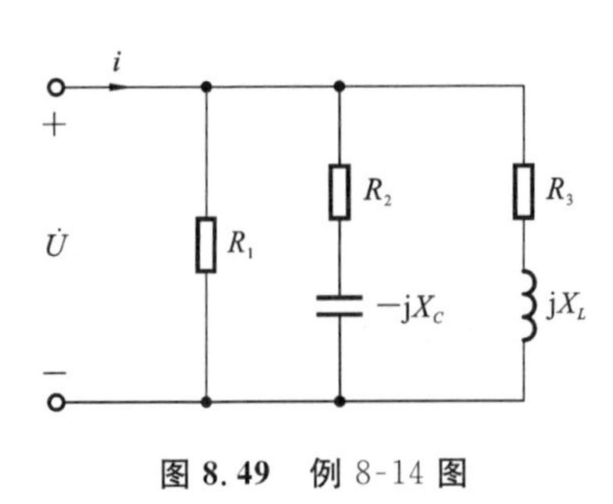

图 8.49　例 8-14 图

第二条支路：

$$P_2 = U_2 I_2 \cos\varphi_2 = I_2^2 R_2 = \left(\frac{U}{\sqrt{R_2^2+X_C^2}}\right)^2 R_2$$
$$= U_2 \frac{U_2}{\sqrt{R_2^2+X_C^2}} \frac{R_2}{\sqrt{R_2^2+X_C^2}}$$
$$= \frac{U^2}{R_2^2+X_C^2} R_2 = \frac{220^2}{3^2+4^2} \times 5 = 5805\ (\mathrm{W})$$
$$Q_2 = U_2 I_2 \sin\varphi_2 = -I_2^2 X_C = U_2 \frac{U_2}{\sqrt{R_2^2+X_C^2}} \frac{-X_c}{\sqrt{R_2^2+X_C^2}}$$
$$= -\frac{U^2}{R^2+X_C^2} X_C = -\frac{220^2}{3^2+4^2} \times 4 = -7744\ (\mathrm{Var})$$
$$<0$$

此时电路呈容性。

第三条支路：

$$P_3 = U_3 I_3 \cos\varphi_3 = I_3^2 R_3 = \left(\frac{U}{\sqrt{R_3^2+X_L^2}}\right)^2 R_3$$
$$= U \frac{U}{\sqrt{R_3^2+X_L^2}} \frac{R_3}{\sqrt{R_3^2+X_L^2}} = \frac{U^2}{R_3^2+X_L^2} R_3$$
$$= \frac{220^2}{8^2+6^2} \times 8 = 3872\ (\mathrm{W})$$
$$Q_3 = U_3 I_3 \sin\varphi_3 = I_3^3 X_L = \left(\frac{U}{\sqrt{R_3^2+X_L^2}}\right)^2 X_L$$
$$= U \frac{U}{\sqrt{R_3^2+X_L^2}} \frac{X_L}{\sqrt{R_3^2+X_L^2}} X_L$$
$$= \frac{220^2}{8^2+6^2} \times 6 = 2904\ (\mathrm{Var}) > 0$$

此时电路呈感性。又有

$$P = P_1 + P_2 + P_3 = 14520\ (\mathrm{W})$$
$$Q = Q_1 + Q_2 + Q_3 = 0 - 7744 + 2904 = -4840\ (\mathrm{Var}) < 0$$
$$S = \sqrt{P^2+Q^2} = \sqrt{14520^2+4840^2} = 15305\ (\mathrm{VA})$$
$$\lambda = \frac{P}{S} = \cos\varphi = \frac{14520}{15305.4} = 0.9487$$

由于 $Q<0, \varphi<0$，则端口呈容性。

8.6　复功率

前面章节我们学习了正弦交流电路功率、有功功率 P、无功功率 Q、视在功率 S、功率因数 λ 等概念，为方便分析，将它们统一为一个公式，引出复功率的概念。

复功率 $\overline{S}$ 定义为

$$\overline{S} \overset{\mathrm{def}}{=} \dot{U}\dot{I}^* = UI\angle\psi_u - \psi_I = UI\cos\varphi + jUI\sin\varphi$$
$$= S(\cos\varphi + j\sin\varphi) = P + jQ$$

$$=\sqrt{P^2+Q^2}\angle\arctan\frac{Q}{P}=S\angle\varphi_Z \qquad (8\text{-}101)$$

其中：$\overline{S}$ 的单位为伏安(VA)；U 为电压有效值；I 为电压有效值；φ 为端口电压与电流的相位差 $\Psi_u-\Psi_i$。

若有无源一端口电路，其等效阻抗为

$$Z_{\mathrm{eq}}=R_{\mathrm{eq}}+\mathrm{j}X_{\mathrm{eq}}$$
$$\overline{S}=\dot{U}\dot{I}^*=I^2Z=I^2(R_{\mathrm{eq}}+\mathrm{j}X_{\mathrm{eq}}) \qquad (8\text{-}102)$$
$$P=I^2R_{\mathrm{eq}},\quad Q=I^2X_{\mathrm{eq}}$$

等效导纳为

$$Y_{\mathrm{eq}}=G_{\mathrm{eq}}+\mathrm{j}B_{\mathrm{eq}}$$
$$\overline{S}=\dot{U}\dot{I}^*=\dot{U}\dot{U}^*Y_{\mathrm{eq}}^*=U^2Y_{\mathrm{eq}}^*=U^2(G_{\mathrm{eq}}-\mathrm{j}B_{\mathrm{eq}}) \qquad (8\text{-}103)$$
$$P=U^2G_{\mathrm{eq}},\quad Q=-U^2B_{\mathrm{eq}}$$

当一端口电路呈感性，有

$$X_{\mathrm{eq}}>0,\quad B_{\mathrm{eq}}<0,\quad Q>0$$

当一端口电路呈容性，有

$$X_{\mathrm{eq}}<0,\quad B_{\mathrm{eq}}>0,\quad Q<0$$

在相量图中可以用功率三角形表示 P、Q、$\overline{S}$ 的关系，如图 8.50 所示。

对于无源一端口电路，当端口等效阻抗用 $Z_{\mathrm{eq}}=R_{\mathrm{eq}}+\mathrm{j}X_{\mathrm{eq}}$表示时，$\dot{U}_R$、$\dot{U}_x$、$\dot{U}$组成电压三角形，将其缩小为原来的 I 分之一时，得到阻抗三角形；将其扩大 I 倍时，得到功率三角形，如图 8.51(a)所示。阻抗三角形、电压三角形，功率三角形有助于认清它们之间的大小及相位关系。

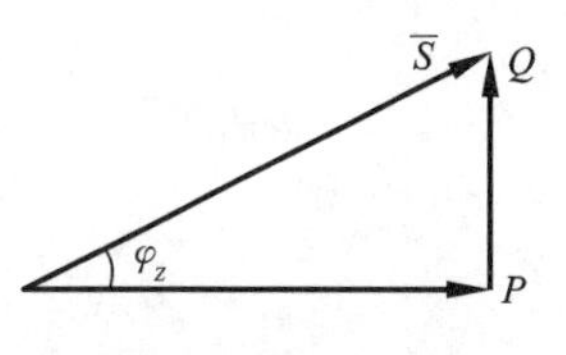

图 8.50 功率三角形

同理，当端口等效导纳用 $Y_{\mathrm{eq}}=G_{\mathrm{eq}}+\mathrm{j}B_{\mathrm{eq}}$表示时，$\dot{I}_G$、$\dot{I}_B$、$\dot{I}$组成电流三角形，将其缩小为原来的 U 分之一时，得到导纳三角形；将其扩大 U 倍时，得到功率三角形，如图 8.51(b)所示。

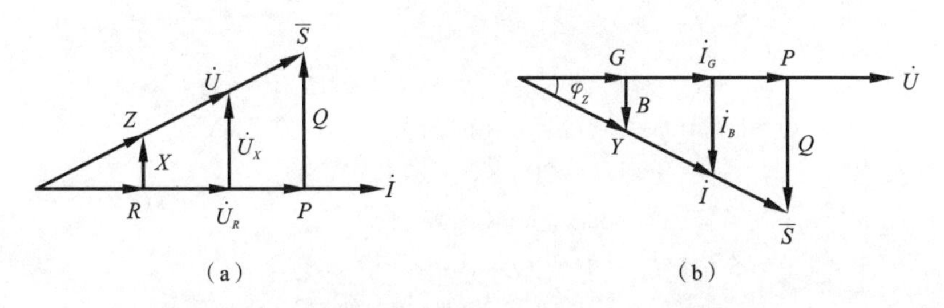

图 8.51 阻抗三角形、电压三角形、功率三角形的关系

由功率守恒定律，可以证明整个电路复功率守恒、有功功率守恒、无功功率守恒，即

$$\sum\overline{S}=0$$
$$\sum P=0$$
$$\sum Q=0$$

需注意的是，① 视在功率不守恒，即 $S\neq S_1+S_2+\cdots+S_n$；② 复功率没有实际物理意义，仅为了分析方便，它不是正弦量，也不是时间的函数；③ 当端口内各电路部分为

串联形式时，用式(8-102)求复功率，当各电路部分为并联形式时，用式(8-103)求复功率。

例 8-15 已知负载电压与电流相量为(a)$\dot{U}=200\angle 120^\circ$，$\dot{I}=5\angle 30^\circ$ A；(b) $\dot{U}=200\angle 45^\circ$ V，$\dot{I}=5\angle 90^\circ$ A。求(1) 负载的等效复阻抗、电阻、电抗；(2) 负载的复导纳、电导、电纳；(3) 负载的有功功率 P、无功功率 Q、视在功率 S、功率因数 λ；(4) 复功率 $\overline{S}$。

解 在(a)中，有

$$\dot{U}=200\angle 120^\circ\ (\text{V}),\quad \dot{I}=5\angle 30^\circ\ (\text{A})$$

$$Z=\frac{\dot{U}}{\dot{I}}=\frac{200\angle 120^\circ}{5\angle 30^\circ}=40\angle 90^\circ\ (\Omega)$$

$$R=0\ (\Omega),\quad X=40\ (\Omega)$$

$$Y=\frac{1}{Z}=\frac{1}{\text{j}40}=-\text{j}\,0.025\ (\text{S})$$

$$G=0\ (\text{S}),\quad B=0.025\ (\text{S})$$

$$\varphi=90^\circ$$

$$P=UI\cos\varphi=0\ (\text{W})$$

$$Q=UI\sin\varphi=200\times 5\times \sin 90^\circ=1000\ (\text{Var})$$

$$S=200\times 5=1000\ (\text{VA})$$

$$\lambda=\cos\varphi=0$$

$$\overline{S}=\dot{U}\dot{I}^*=P+\text{j}Q=200\angle 120^\circ\times 5\angle -30^\circ=1000\angle 90^\circ=\text{j}\,1000\ (\text{VA})$$

在(b)中，有

$$Z=\frac{\dot{U}}{\dot{I}}=\frac{200\angle 45^\circ}{5\angle 90^\circ}=40\angle -45^\circ=28.3-\text{j}\,28.3\ (\Omega)$$

$$R=28.3\ (\Omega),\quad X=-28.3\ (\Omega)\ (\text{容性})$$

$$Y=\frac{1}{Z}=\frac{1}{40\angle -45^\circ}=0.025\angle 45^\circ=0.02+\text{j}0.02\ (\text{S})$$

$$G=0.02\ (\text{S}),\quad B=0.02\ (\text{S})\ (\text{容性})$$

$$\varphi=-45^\circ$$

$$P=UI\cos\varphi=200\times 5\times \cos(-45^\circ)\approx 707\ (\text{W})$$

$$Q=UI\sin\varphi=200\times 5\times \sin(-45^\circ)\approx -707\ (\text{Var})$$

$$S=UI=200\times 5=1000\ (\text{VA})$$

$$\lambda=\cos\varphi=\cos(-45^\circ)\approx 0.707$$

$$\overline{S}=\dot{U}\dot{I}^*=P+\text{j}Q=200\angle 45^\circ\times 5\angle -90^\circ$$

$$=1000\angle -45^\circ\approx 707-\text{j}707\ (\text{VA})$$

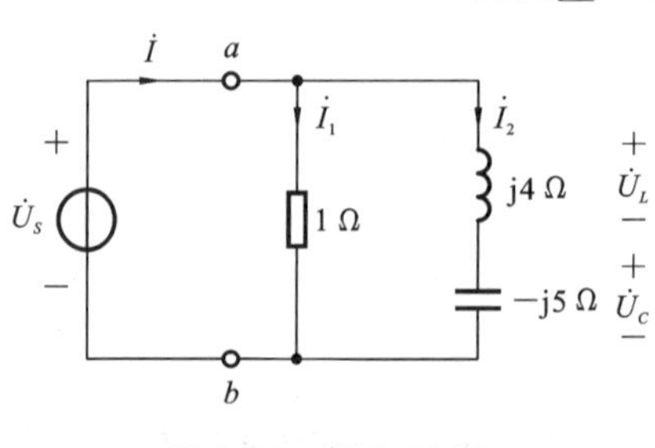

图 8.52 例 8-16 图

例 8-16 已知电路如图 8.52 所示，电源电压$\dot{U}_S=10\angle 0^\circ$ V，求(1) 电流$\dot{I}_2$、$\dot{I}$；(2) 电压$\dot{U}_L$、电压$\dot{U}_C$；(3) ab 端口的阻抗 Z、导纳 Y；(4) ab 端口的复功率 $\overline{S}$；(5) 有功功率 P、无功功率 Q、视在功率 S、功率因数 λ。

解 (1) $\dot{I}_2=\dfrac{\dot{U}_S}{Z_2}=\dfrac{10\angle 0^\circ}{1\angle -90^\circ}$

$$=10\angle 90^\circ\ (\text{A})$$

$$\dot{I}=\dot{I}_1+\dot{I}_2=\frac{10\angle 0^\circ}{1}+10\angle 90^\circ$$

$$=10+\mathrm{j}10=10\sqrt{2}\angle 45^\circ\ (\mathrm{A})$$

(2) $Z_2=Z_L+Z_C=\mathrm{j}4-\mathrm{j}5=-\mathrm{j}$

$=1\angle -90^\circ\ (\Omega)$

$$\dot{U}_L=\dot{I}_2Z_L=\dot{I}_2(\mathrm{j}4)=10\angle 90^\circ\times(\mathrm{j}4)=40\angle 180^\circ\ (\mathrm{V})$$

$$\dot{U}_C=\dot{I}_2Z_C=\dot{I}_2(-\mathrm{j}5)=10\angle 90^\circ\times(-\mathrm{j}5)=50\angle 0^\circ\ (\mathrm{V})$$

(3)
$$Z=\frac{\dot{U}_S}{\dot{I}}=\frac{10\angle 0^\circ}{10\sqrt{2}\angle 45^\circ}=\frac{\sqrt{2}}{2}\angle -45^\circ=\frac{1}{2}-\mathrm{j}\,\frac{1}{2}\ (\Omega)$$

$$Y=\frac{1}{Z}=\sqrt{2}\angle 45^\circ=1+\mathrm{j}\ (\mathrm{S})$$

(4) $\overline{S}=\dot{U}\dot{I}^*=10\angle 0^\circ\times 10\sqrt{2}\angle -45^\circ=100\sqrt{2}\angle -45^\circ=100-\mathrm{j}\,100\ (\mathrm{VA})$

或
$$\overline{S}=I^2Z=(10\sqrt{2})^2\left(\frac{1}{2}-\mathrm{j}\,\frac{1}{2}\right)=100-\mathrm{j}\,100\ (\mathrm{VA})$$

(5) 由上面结论可知

$$P=100\ (\mathrm{W}),\quad Q=-100\ (\mathrm{Var}),\quad S=100\sqrt{2}\ (\mathrm{VA})$$

$$\lambda=\cos\varphi_Z=\cos(-45^\circ)=\frac{\sqrt{2}}{2}$$

例 8-17 如图 8.53 所示，感性负载接在 50 Hz、380 V 的电源上，消耗的功率 $P=20$ kW，$\cos\varphi=0.6$，欲将电路的功率因数提高到 0.9，求(1) 应并联多大电容？(2) 并联电容前后电源电流各为多少？(3) 该负载等效阻抗 Z 及等效电阻 R 与等效电感 L 之值。

解 (1)并联电容前后有功功率不变，电压不变，则有

$$U=380\ (\mathrm{V}),\quad P_1=P_2=P=20\ (\mathrm{kW})$$

$$\lambda_1=\cos\varphi_1=0.6,\quad \varphi_1=53.13^\circ$$

$$\lambda_2=\cos\varphi_2=0.9,\quad \varphi_2=\pm 25.84^\circ(\text{取}+25.84^\circ)$$

$$\overline{S}+\overline{S}_C=\overline{S}_2,\quad \overline{S}_C=-\mathrm{j}\omega CU^2$$

$$\overline{S}_1=P_1+\mathrm{j}Q_1,\quad \overline{S}_2=P_2+\mathrm{j}Q_2$$

$$Q_1=P_1\tan\varphi_1=20\times 10^3\times\tan 53.13^\circ$$

$$=26.67\ (\mathrm{kVar})\ (\text{感性})$$

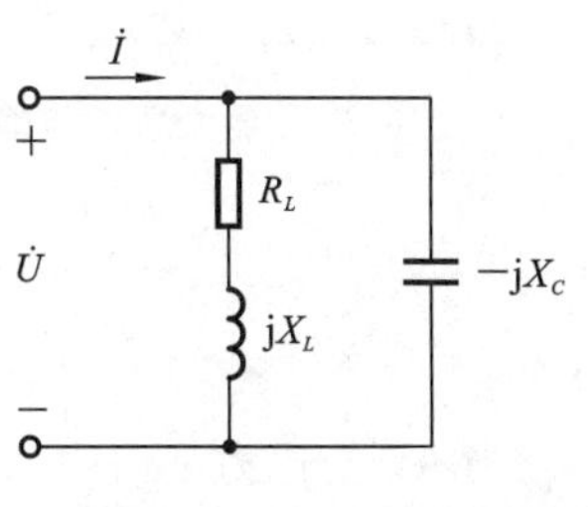

图 8.53 例 8-17 图

$$Q_2=P_2\tan\varphi_2=20\times 10^3\times\tan 25.84^\circ=9.67\ (\mathrm{kVar})$$

由复功率守恒，有

$$\overline{S}_1=\overline{S}_2,\quad P_1+\mathrm{j}Q_1-\mathrm{j}\omega U^2=P_2+\mathrm{j}Q_2$$

而 $P_1=P_2$，则有

$$Q_1-\omega CU^2=Q_2$$

$$C=\frac{1}{\omega U^2}(Q_1-Q_2)=\frac{P}{\omega U^2}(\tan\varphi_1-\tan\varphi_2)$$

$$=\frac{1}{2\times 3.14\times 50\times 380^2}\times(26.67-9.69)=374\ (\mu\mathrm{F})$$

(2) 由 $P=UI\cos\varphi$ 得并联电容前后的电流 I_1、I_2 为

$$I_1=\frac{P}{U\cos\varphi_1}=\frac{20\times10^3}{380\times0.6}=87.72\ (\mathrm{A})$$

$$I_2=\frac{P}{U\cos\varphi_2}=\frac{20\times10^3}{380\times0.9}=58.48\ (\mathrm{A})$$

比较可知,并联电容后电源提供的电流变小。

(3) 由 $U=I|Z|$ 知

$$|Z|=\frac{U}{I}=\frac{380}{87.72}=4.33\ (\Omega)$$

$$R=|Z|\cos\varphi_1=4.33\times0.6=2.60\ (\Omega)$$

$$X_L=|Z|\sin\varphi_1=4.33\times\sin53.13^\circ=3.46\ (\Omega)$$

$$Z=2.60+\mathrm{j}3.46=4.33\angle53.13^\circ\ (\Omega)$$

8.7 最大功率传输定理

在通信系统、信号处理系统及测量系统中,如何从给定的信号源(如通信信号源或测量信号源)中获得信号的最大有功功率,是我们应该关心的主要问题,而效率问题是次要问题。因此本节讨论可变负载 $Z_L=R_L+\mathrm{j}X_L$ 从电源中获取最大有功功率的条件,并求出最大有功功率。

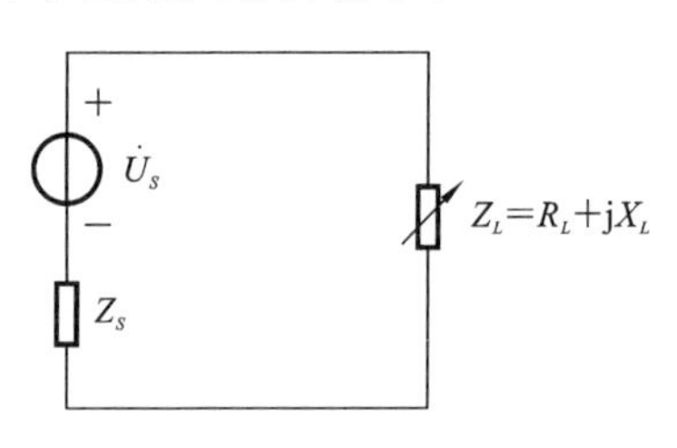

图 8.54 最大功率传输

已知交流电源 $\dot{U}_S$,若内阻抗为 $Z_S=R_S+\mathrm{j}X_S$,则负载 $Z_L=R_L+\mathrm{j}X_L$ 变化,如图 8.54 所示。

由于
$$\dot{I}=\frac{\dot{U}_S}{R_S+\mathrm{j}X_S+R_L+\mathrm{j}X_L}$$

$$I=\frac{U_S}{\sqrt{(R_S+R_L)^2+(X_S+X_L)^2}}$$

若使负载获得的电流最大,有 $X_L+X_S=0$,则此时负载功率为

$$P_L=\left(\frac{U_S}{R_S+R_L}\right)^2R_L$$

当 R_L 变化为某值时,P_L 获取的功率为最大,即

$$\frac{\mathrm{d}P_L}{\mathrm{d}R_L}=0$$

亦即
$$\frac{U_S^2[(R_S+R_L)^2-2(R_S+R_L)X_L]}{(R_S+R_L)^4}=0$$

则当 $R_L=R_S$ 时,负载获得最大功率。

由于负载获得最大功率的条件是

$$\begin{cases}R_L=R_S\\X_L=-X_S\end{cases}$$

则有

$$Z_L=Z_S^*=R_S-\mathrm{j}X_S \tag{8-104}$$

负载阻抗与电源内阻抗互为共轭复数,即负载与信号源为匹配状态时,负载吸收有功功率最大,称为最大功率传输定理,也称为最大功率匹配或共轭匹配。

最大功率为

$$P_{L\max}=\frac{U_S^2}{4R_S} \tag{8-105}$$

特殊地,如信号源内阻是纯电阻,则负载也应是纯电阻时才能获得最大有功功率。

当负载 Z_L 所接电路为有源线性一端口电路时,则由戴维宁定理可知,该电路相对于 Z_L 来说,可以等效为戴维宁电路$\dot{U}_{oc}$与 Z_{eq}串联,负载获取最大有功功率条件为

$$Z_L=Z_{eq}{}^*=R_{eq}-jX_{eq} \tag{8-106}$$

即

$$\begin{cases}R_L=R_{eq}\\X_L=-X_{eq}\end{cases}$$

获取最大有功功率为

$$P_{L\max}=\frac{U_{oc}^2}{4R_{eq}} \tag{8-107}$$

当负载表示为 $Y_L=G_L+jB_L$ 时,由诺顿定理可知该等效电路相对于负载 Y_L 来说,可以等效为诺顿电路$\dot{I}_{sc}$与 Y_{eq}并联,负载获取最大有功功率的条件为

$$Y_L=Y_{eq}^*=G_{eq}-jB_{eq} \tag{8-108}$$

即

$$\begin{cases}G_L=G_{eq}\\B_L=-B_{eq}\end{cases}$$

获取的最大功率为

$$P_{L\max}=\frac{I_{sc}^2}{4G_{eq}} \tag{8-109}$$

在通信系统和电子电路中,往往要求达到共轭匹配,使信号源输出最大有功功率,负载获得最大有功功率。而在电力工程中,则要避免达到共轭匹配,因为在共轭匹配状态下,电源内阻很小,匹配电流很大,必将危及电源和负载,这是不容许的;另外,电力系统传输方面关心的是如何提高效率,匹配时负载电阻等于电源内阻,二者消耗等量功率,电源使用效率降低到 50%,所以传输最大功率时效率很低,不适用于大功率系统。

例 8-18 电路如图 8.54 所示,设 $Z_S=600+j150\ \Omega$,$\dot{U}_S=12\angle 0°\ V$,求(1) 负载 Z_L 为多少时获得最大有功功率;(2) 最大有功功率;(3) 当 $R_L=z_L$ 时,负载获得有功功率的大小。

解 (1)
$$Z_L=Z_S^*=600-j150\ (\Omega)$$

(2)
$$P_{L\max}=\frac{U_S^2}{4R_S}=\frac{12^2}{4\times 600}=0.06\ (W)=60\ (mW)$$

(3) 由于
$$R_L=z_L=\sqrt{R_S^2+X_S^2}=\sqrt{600^2+150^2}=618.5\ (\Omega)$$

$$\dot{I}=\frac{\dot{U}_S}{R_S+jX_S+R_L}=\frac{12\angle 0°}{600+j150+618.5}=\frac{12\angle 0°}{1227.7\angle 83°}=9.8\angle -83°\ (mA)$$

故有
$$P_L=I^2R_L=(9.8)^2\times 618.5=0.06\ (W)=59.4\ (mW)$$

可以看出,如果负载是电阻,内阻是阻抗,则不是最大有功功率,且没有实现匹配。

例 8-19 电路如图 8.55(a)所示,求(1) 负载 Z_L;(2) 获得的最大有功功率;(3) 在 $z_L=R_L=2\sqrt{2}\ k\Omega$ 时,获得有功功率为多少?

解 (1) 由戴维宁定理求出 ab 端口以左的等效电路,如图 8.55(b)所示,则有

$$\dot{I}_S=3\angle 30°\ (A)$$

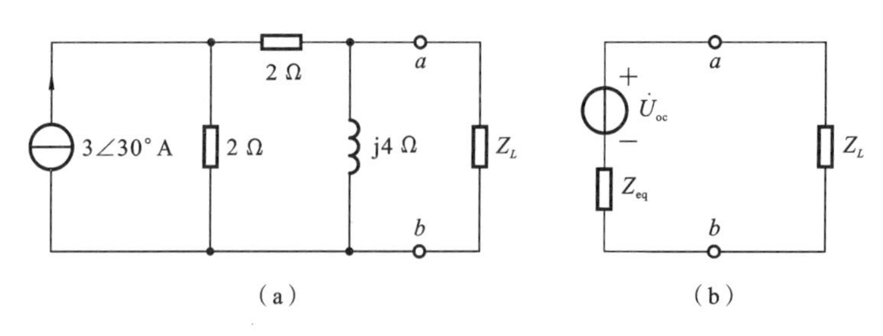

图 8.55 例 8-19 图

$$\dot{U}_{oc}=\frac{2}{2+2+j4}\times 3\angle 30^\circ\times j4=\frac{6\angle 30^\circ}{1+j}\times\angle 90^\circ=3\sqrt{2}\angle 75^\circ\ (V)$$

$$Z_{eq}=\frac{(2+2)j4}{2+2+j4}=\frac{16\angle 90^\circ}{4\sqrt{2}\angle 45^\circ}=2\sqrt{2}\angle 45^\circ=2+j2\ (\Omega)$$

由共轭匹配条件知

$$Z_L=Z_{eq}^*=2-j2\Omega=2\sqrt{2}\angle -45^\circ\ (\Omega)$$

(2) 获得最大有功功率为

$$P_{L\max}=\frac{U_{oc}^2}{4R_{eq}}=\frac{U_{oc}^2}{4R_{eq}}=\frac{(3\sqrt{2})^2}{4\times 2}=2.25\ (W)$$

(3) 若 $z_L=R_L=|Z_S|=Z_S=\sqrt{2^2+2^2}=2\sqrt{2}$ (Ω)(称为模值匹配),则有

$$\dot{I}=\frac{\dot{U}_{oc}}{Z_S+R_L}=\frac{3\sqrt{2}\angle 75^\circ}{2+j2+2\sqrt{2}}=\frac{3\sqrt{2}\angle 75^\circ}{5.23\angle 22.5^\circ}=0.81\angle 52.5^\circ\ (A)$$

$$P_L=I^2R_L=I^2R_L=(0.81)^2\times 2\sqrt{2}=1.86\ (W)$$

比较(2)(3)的结论可知,即使负载大小相等,模值匹配比共轭匹配功率小。

例 8-20 如图 8.56(a)所示的电路为 ab 端口以左的戴维宁等效电路,若 ab 端口接一个可变阻抗 Z_L,如图 8.56(b)所示,则 Z_L 为多少时获得最大功率,获得的最大功率为多少?

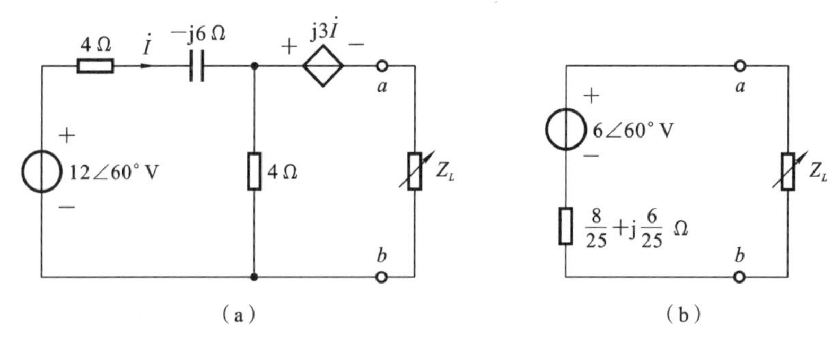

图 8.56 例 8-20 图

解 $\dot{U}_{oc}=6\angle 60^\circ$ (V), $Z_{eq}=\frac{8}{25}+j\frac{6}{25}$ (Ω)

当 $Z_L=Z_{ab}^*=\frac{8}{25}-j\frac{6}{25}$ (Ω)时,负载获得的最大功率为

$$P_{\max}=\frac{\dot{U}_{oc}^2}{4R_S}=\frac{6^2}{4\times\frac{8}{25}}=28.13\ (W)$$

8.8 章节回顾

本章在时域内对正弦交流电路进行稳态分析，即时域稳态分析。

（1）相量关系式可由下面关系式给出。

① KCL、KVL 定律相量形式：

$$\sum \dot{I}=0,\quad \sum \dot{U}=0$$

② 单一元件的相量形式：

$$\dot{U}_R=\dot{I}R,\quad \dot{U}_L=\mathrm{j}\omega L\dot{I}_L,\quad \dot{U}_C=-\mathrm{j}\frac{1}{\omega C}\dot{I}_C$$

③ RLC 串联电路的相量形式：

$$\dot{U}=\dot{I}Z,\quad Z=R+\mathrm{j}\left(\omega L-\frac{1}{\omega C}\right)=R+\mathrm{j}(X_L-X_C)$$

④ RLC 并联电路的相量形式：

$$\dot{I}=\dot{U}Y,\quad Y=G+\mathrm{j}\left(\omega C-\frac{1}{\omega L}\right)=G+\mathrm{j}(B_L-B_C)$$

⑤ 若两个元件串联，可用一个复阻抗 Z 等效代替，即

$$Z=Z_1+Z_2$$

串联分压公式

$$\dot{U}_1=\dot{U}\frac{Z_1}{Z_1+Z_2},\quad \dot{U}_2=\dot{U}\frac{Z_2}{Z_1+Z_2}$$

⑥ 两个元件并联，可用一个复导纳 Y 等效代替，即

$$Y=Y_1+Y_2$$

并联分流公式：

$$\dot{I}_1=\dot{I}\frac{Y_1}{Y_1+Y_2},\quad \dot{I}_2=\dot{I}\frac{Y_2}{Y_1+Y_2}$$

以上可推广到 n 个元件。

（2）任一无源二端电路在正弦激励作用下，端口电压与电流关系均可用下式等效表示，即

$$Z=\frac{\dot{U}}{\dot{I}}=\frac{U}{I}\angle\psi_U-\psi_I=|Z|\angle\varphi_Z=\sqrt{R^2+X^2}\angle\arctan\frac{X}{R}$$

它反映了正弦交流电的一个性质，端口电压、电流的大小关系与相位关系与所加电压、电流无关，而与端口内电路参数和结构有关。

（3）无源二端电路可用 $Z_{eq}=R_{eq}+\mathrm{j}X_{eq}$ 的形式描述，也可用 $Y_{eq}=G_{eq}+\mathrm{j}B_{eq}$ 的形式描述。为便于分析和计算，如果某一部分无源二端电路与外电路串联连接，则用 Z_{eq} 形式表示；若与外电路并联连接，则用 Y_{eq} 表示。若 N_0 不含受控源时有 $\mathrm{Re}[Z(\mathrm{j}\omega)]\geqslant 0$ 或 $\varphi_Z\leqslant 90°$，若 N_0 内含有受控源时可能有 $\mathrm{Re}[Z(\mathrm{j}\omega)]<0$ 或 $\mathrm{Re}[Y(\mathrm{j}\omega)]<0$，这时有 $|\varphi_Z|>90°$，说明该端口向电源侧反馈能量。

（4）用相量法可对复杂正弦交流电路进行分析求解。直流电路中，所用方法有欧姆定律、KCL 定律、KVL 定律、Y-△等效变换、电源的等效变换、支路电流法、结点电压法、网孔电流法、回路电流法、戴维宁定律、诺顿定律等，且均可用于正弦交流电路的分

析，只是直流电路求解运算为实数运算，而正弦交流电路运算为复数运算。

(5) 相量图解法是分析交流电路的辅助分析方法。借助相量图可理清各正弦量电压关系和位置关系。在画电路图时，串联电路部分以电流相量为参考相量，由 VCR 定律确定电压相量与该参考相量的关系，根据 KVL 定律，用相量求和法则画出各电压相量组成的多边形。关联部分以电压相量为参考相量，用 VCR 定律确定各电流相量与该参考相量的关系，根据 KCL 定律，可用相量求和法则画出各电流相量组成的多边形。

(6) 非正弦周期信号可以由不同频率的正弦信号叠加而成，将各个不同的信号作用于线性正弦交流电路，采用将相量法与叠加定理结合的方法，可以求解电路中各个稳态响应电流或电压。

(7) 若干个不同频率的电源作用于线性系统时，可以根据叠加定理，利用相量法求解电路中任何一个稳态响应电压或电流。根据相量法应用的条件，同频率的正弦激励源作用于电路时，才可以采用相量法分析；不同频率的正弦激励源作用时，可以采用结合叠加定理的方法分析。

(8) 正弦交流电路的有功功率为

$$P=UI\cos\varphi$$

视在功率为

$$S=UI=\sqrt{P^2+Q^2}$$

且有如下关系：

$$P=S\sin\varphi, \quad Q=S\sin\varphi, \quad \lambda=\cos\varphi=\frac{P}{S}$$

在相量图上可用功率三角形表示三者的关系。

若线性二端电路 N_0 的端口用 $Z(\mathrm{j}\omega)=R(\omega)+\mathrm{j}X(\omega)$ 表示，则端口有功功率、无功功率和视在功率分别为

$$P=UI\cos\varphi=I^2R=\sum_{K=1}^{n}I_K^2R_K=\sum_{K=1}^{n}U_KI_K\cos\varphi_K$$

$$\begin{aligned}Q&=UI\sin\varphi=I^2[X_L(\omega)-X_C(\omega)]=\sum_{K=1}^{n}I^2(X_{LK}-X_{CK})\\&=\sum_{K=1}^{n}(Q_{LK}+Q_{CK})=\sum_{K=1}^{n}U_KI_K\sin\varphi_K\end{aligned}$$

$$S=UI=\sqrt{P^2+Q^2}=\sqrt{\left(\sum P_k\right)^2+\left(\sum Q_k\right)^2}$$

(9) 复功率是一个辅助计算功率的复数，把 P、Q、S、λ 统一用一个公式表示，而无实际的物理意义。

复功率定义为

$$\begin{aligned}\overline{S}&=\dot{U}\dot{I}^*=S\angle\varphi_Z=UI\cos\varphi_Z+\mathrm{j}UI\sin\varphi_Z=P+\mathrm{j}Q\\&=\sqrt{P^2+Q^2}\angle\arctan\frac{Q}{P}\end{aligned}$$

$$S=\sqrt{P^2+Q^2}, \quad \lambda=\cos\varphi=\frac{P}{S}$$

无源线性二端电路 N_0 用 $Z_{\mathrm{eq}}=R_{\mathrm{eq}}+\mathrm{j}X_{\mathrm{eq}}$ 表示，其复功率为

$$\overline{S}=I^2Z_{\mathrm{eq}}=I^2(R_{\mathrm{eq}}+\mathrm{j}X_{\mathrm{eq}})=P+\mathrm{j}Q$$

$$P=I^2R_{eq}, \quad Q=I^2X_{eq}$$

当 $X_{eq}>0, Q>0$ 时，电路呈感性；

当 $X_{eq}=0, Q=0$ 时，电路呈阻性；

当 $X_{eq}<0, Q<0$ 时，电路呈容性。

无源线性二端电路 N_0 用 $Y_{eq}=G_{eq}+jB_{eq}$ 表示，其复功率为

$$\overline{S}=U^2Y_{eq}^*=U^2(G_{eq}-jB_{eq})=P+jQ$$

$$P=U^2B_{eq}, \quad Q=U^2B_{eq}$$

当 $B_{eq}<0, Q>0$ 时，电路呈感性；

当 $B_{eq}=0, Q=0$ 时，电路呈阻性；

当 $B_{eq}>0, Q<0$ 时，电路呈容性。

根据能量守恒定律，端口电源提供能量等于端口内负载消耗(吸收)能量。

有功功率守恒，等于各支路有功功率之和，即

$$P=P_1+P_2+\cdots+P_n=\sum_{K=1}^{n}I_K^2(X_{LK}-X_{CK})$$

无功功率守恒，等于各支路无功功率之和，即

$$\begin{aligned}Q&=Q_1+Q_2+\cdots+Q_n=I_1^2X_1+I_2^2X_2+\cdots+I_n^2X_n\\&=U_1I_1\sin\varphi_1+U_2I_2\sin\varphi_2+\cdots+U_nI_n\sin\varphi_n\end{aligned}$$

复功率守恒，等于各支路复功率之和，即

$$\begin{aligned}\overline{S}&=\overline{S}_1+\overline{S}_2+\cdots+\overline{S}_n=(P_1+jQ_1)+(P_2+jQ_2)+\cdots+(P_n+jQ_n)\\&=(P_1+P_2+\cdots+P_n)+j(Q_1+Q_2+\cdots+Q_n)\end{aligned}$$

$$S=\sqrt{\left(\sum P_K\right)^2+\left(\sum Q_K\right)^2}, \quad \varphi_Z=\angle\arctan\frac{\sum Q_K}{\sum P_K}$$

由于视在功率不守恒，则有

$$S\neq S_1+S_2+\cdots+S_n$$

(10) 有源二端电路 N_S，若用戴维宁等效电路$\dot{U}_{oc}$、Z_{eq}等效表示，则接于该端口的负载 $Z_L=R_L+jX_L$，当 $R_L=R_{eq}$，$Z_L=Z_{eq}^*=(R_{eq}-jX_{eq})$获得最大有功功率，其值为 $P_{L\max}=\frac{\dot{U}_{oc}{}^2}{4R_{eq}}$。

当用诺顿等效电路$\dot{I}_{sc}$、Y_{eq}表示，则负载 $Y_L=G_L+jB_L$，当 $G_L=G_{eq}$时获得最大有功功率，其值为 $P_{L\max}=\frac{I_{sc}^2}{4G_{eq}}$。

(11) 用并联电容的方法，可以提高功率因数。功率因数的提高可以节省电能，提高电源的传输效果，正弦交流电路的负载大都为感性或阻感性，用电容进行容性无功补偿负载感性无功，可以减小负载向电源索取的电流及视在功率，将更多的能量转给其他负载。若电源电压为$\dot{U}$，感性负载为 $Z=R+jX$，功率因数为 $\lambda_1=\cos\varphi_1$，当并联电容器 C 以后，可使功率因数提高为 $\lambda_2=\cos\varphi_2$，即向电源索取的电流下降，由 $P=UI\cos\varphi$ 知

$$I_1=\frac{P}{U\lambda_1}, \quad I_2=\frac{P}{U\lambda_2}, \quad I_2<I_1$$

并联电容器 C 前后，有功功率不变，电压不变，功率因数提高，电源利用率提高，将

λ_1 提高为 λ_2，需并联的电容容值为

$$C=\frac{P}{\omega U^2}(\tan\varphi_1-\tan\varphi_2),\quad \varphi_1=\cos^{-1}\lambda_1,\quad \varphi_2=\cos^{-1}\lambda_2$$

8.9 习题

8-1 如图 8.57 所示的电路，在指定的电压 u 和电流 i 参考方向下，写出各元件 u-i 的关系式及其相量关系式，并画出对应的相量形式电路图。

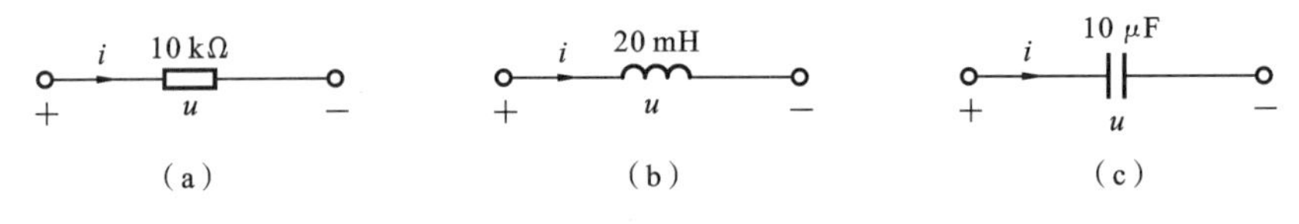

图 8.57 题 8-1 图

8-2 题 8-1 中，若(1) $i(t)=\sqrt{2}\times4\cos(2t+30°)$，用相量法求 $u(t)$；(2) $u(t)=\sqrt{2}\times2\cos(2t+30°)$，用相量法求 $i(t)$；(3) 图 8.57(c)中，$i(t)=\sqrt{2}\times4\cos(2t+30°)$，将电流频率扩大 100 倍，再求电压 $u(t)$ 及容抗 X_C。

8-3 某线圈电感 $L=10$ mH，电阻忽略不计，接在电压为 220 V 的工频交流电源上时，(1) 求电感电流的有效值，写出电流表达式；(2) 若电源频率改为 3140 Hz，求电感电流的有效值，写出电流表达式。

8-4 一个线圈接在 $U=30$ V 的直流电源上，电流为 $I=1$ A；若接在 $U=30$ V、$f=50$ Hz 的交流电源上时 $I=0.6$ A，求线圈电阻 R 和电感 L。

8-5 如图 8.58 所示的电路，已知 $u=220\sqrt{2}\cos(314t-30°)$，$i(t)=10\sqrt{2}\cos(314t+30°)$，求电阻及电容。

8-6 如图 8.59 所示的电路，已知 $u_1=4\sqrt{2}\cos(t+150°)$，$u_2=3\sqrt{2}\cos(t-90°)$，求 $u(t)$。

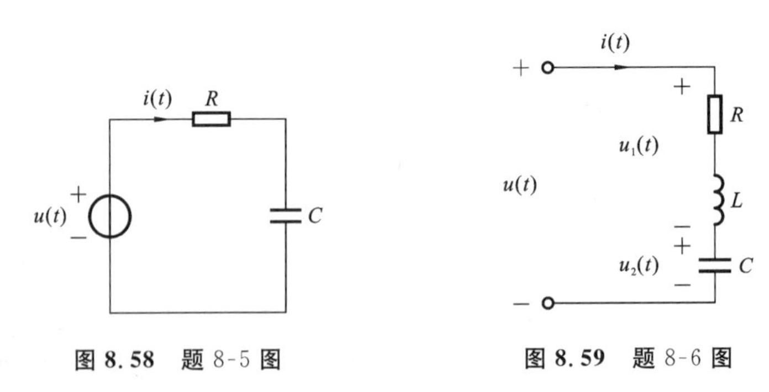

图 8.58 题 8-5 图　　图 8.59 题 8-6 图

8-7 如图 8.60 所示的 RLC 串联电路，接在电源电压 $u_S(t)$ 上，通过的电流为 $i(t)=2\cos(4t-15°)$，$R=1\ \Omega$，$L=1$ H，$C=\frac{1}{12}$ F。(1) 求电源电压 $u_S(t)$；(2) 求 $u_R(t)$、$u_L(t)$、$u_C(t)$；(3) 做出相量图；(4) 求 φ_Z，并说明负载性质。

8-8 RLC 并联电路如图 8.61 所示，已知通过电源 $u_S(t)$ 的电流为 $i(t)=50\cos(2t$

$+45°)$，$R=4\ \Omega$，$L=2\ \text{H}$，$C=\frac{1}{4}\ \text{F}$。(1) 求电源 $u_S(t)$；(2) 求 $i_R(t)$、$i_L(t)$、$i_C(t)$；(3) 求功率因数 $\cos\varphi_Z$，并说明负载性质；(4) 做出相量图。

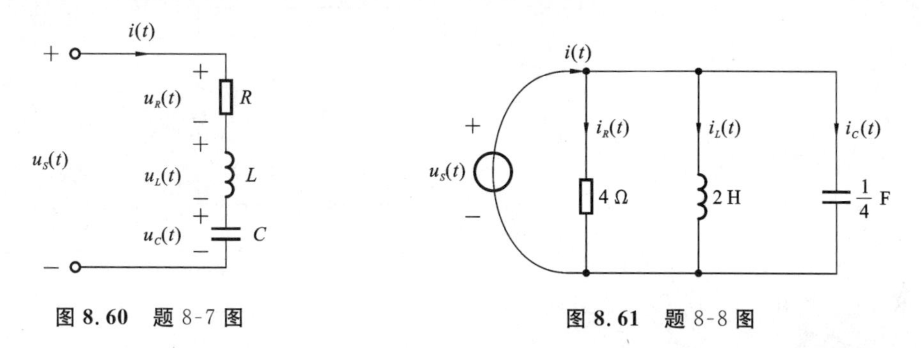

图 8.60　题 8-7 图　　　图 8.61　题 8-8 图

8-9　有一个无源二端电路，当端口 $u(t)=\sqrt{2}\times10\cos(2t+60°)$，$i(t)=\sqrt{2}\times10\cos(2t+30°)$时，求(1)复阻抗 Z；(2) 复导纳 Y；(3) 端口等效电阻 R_{eq}、等效电抗 X_{eq}。

8-10　求图 8.62 所示的电路的相量模型，并求 ab 端口的阻抗和导纳(设 $\omega=1$ rad/s)。

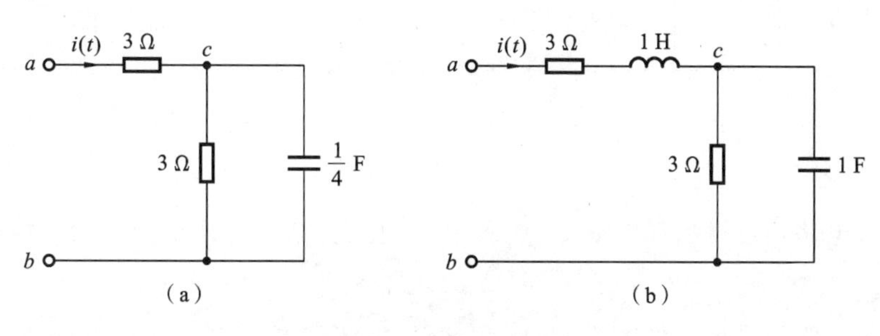

图 8.62　题 8-10 图

8-11　图 8.62 所示的电路若端口加电压 $u(t)=100\sqrt{2}\cos2t$，求 $i(t)$、$u_{ac}(t)$、$u_{cb}(t)$。

8-12　已知 $u_{ab}=2\sqrt{2}\cos100t$，求图 8.63 所示的电路中的电压 $u(t)$。

8-13　图 8.64 所示的电路为 RC 选频电路，用于正弦波发生器中，选择合适的参数可在某一频率下使$\dot{U}_2$ 与$\dot{U}_1$ 同相位，设 $R_1=R_2=250\ \text{k}\Omega$，$C_1=0.01\ \mu\text{F}$，电源 U_1 的频率 $f=1000$ Hz，欲使$\dot{U}_2$ 与$\dot{U}_1$ 同相位，则 C_2 是多少？

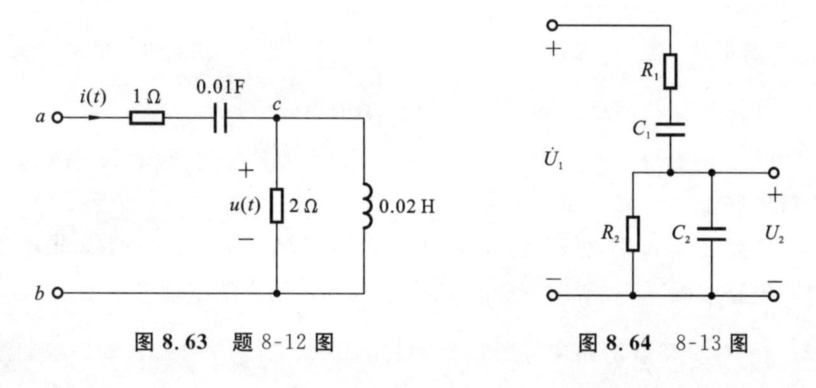

图 8.63　题 8-12 图　　　图 8.64　8-13 图

8-14　图 8.65 所示的是半导体放大器低频模型。用相量法求 u_1、u_2、电压放大倍

数 $\dot{A}_u=\dfrac{\dot{U}_2}{\dot{U}_1}$。

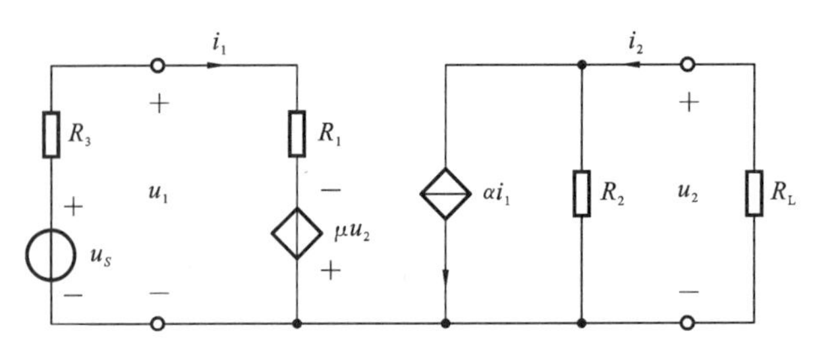

图 8.65　题 8-14 图

8-15　求图 8.66 所示的电路在正弦稳态时端口 1-1′、2-2′的输入阻抗。

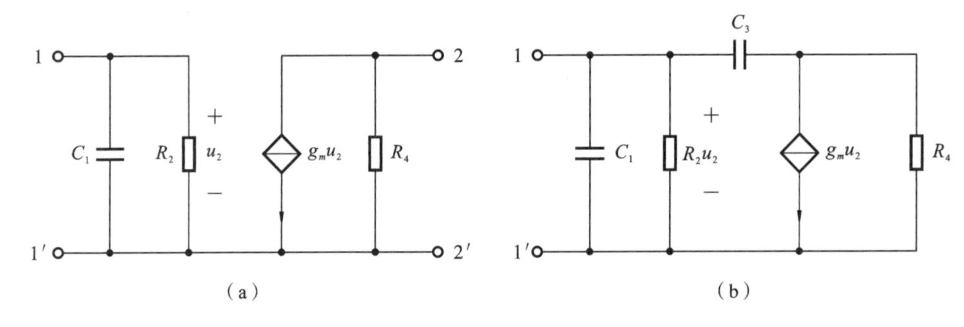

图 8.66　题 8-15 图

8-16　电路相量模型如图 8.67 所示，用网孔法、结点电压法求 $\dot{I}_1$、$\dot{I}_2$、$\dot{I}$；用戴维宁定理求 $\dot{I}$。

8-17　电路相量模型如图 8.68 所示，(1) 用结点电压法求电压相量 $\dot{U}_{ab}$ 及各支路的电流；(2) 用戴维宁定理求电流 $\dot{I}_2$。

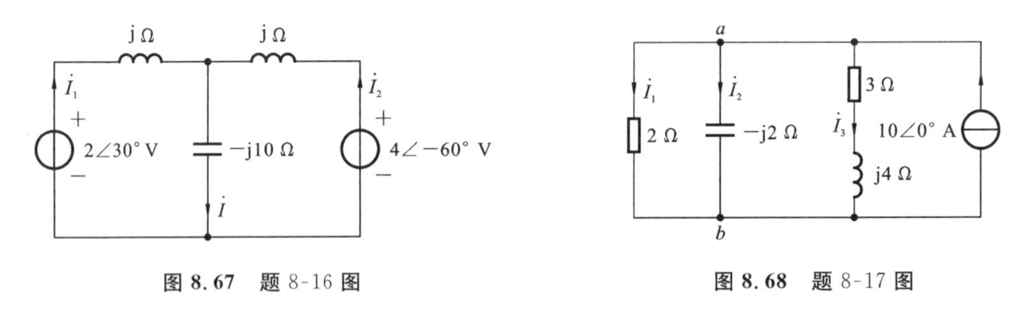

图 8.67　题 8-16 图

图 8.68　题 8-17 图

8-18　用网孔法及结点法列写图 8.69 所示的电路方程。

8-19　已知 $u_S(t)=2\sqrt{2}\cos(5t+120°)$，$r=1\ \Omega$，求图 8.70 所示的正弦稳态电路的戴维宁等效电路。

8-20　电路如图 8.71 所示，已知 $u_S(t)=2\cos(5t)$，$i_S(t)=8\cos(4t)$，求电流 $i(t)$。

8-21　电路如图 8.72 所示，已知 $u_S(t)=10\cos t$，用叠加定理求 u_a。

8-22　在 RLC 串联电路中，已知 $R=6\ \Omega$，$\omega L=2\ \Omega$，$\dfrac{1}{\omega C}=18\ \Omega$，端口施加激励电压 $u(t)=10+30\cos(\omega t+30°)+18\cos(3\omega t)$，求端口电流响应。

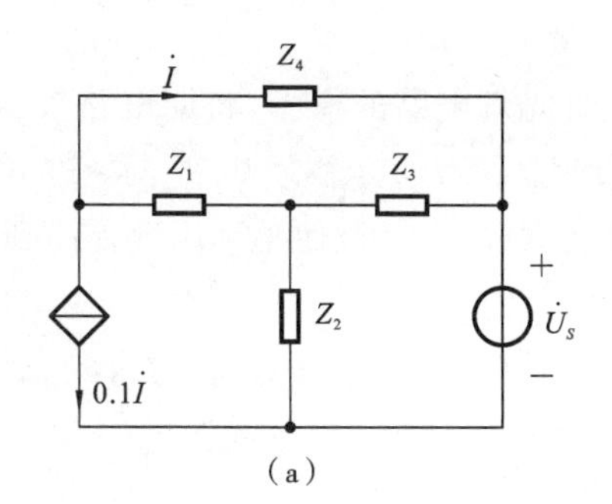

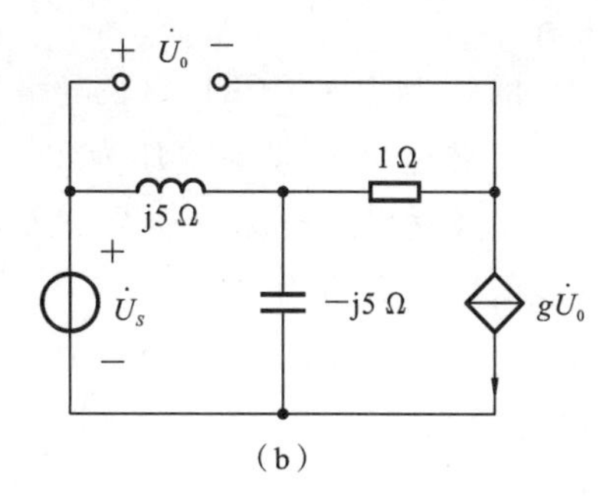

图 8.69　题 8-18 图

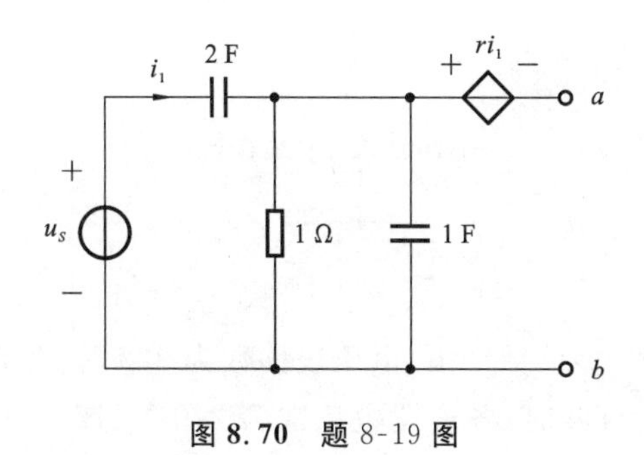

图 8.70　题 8-19 图

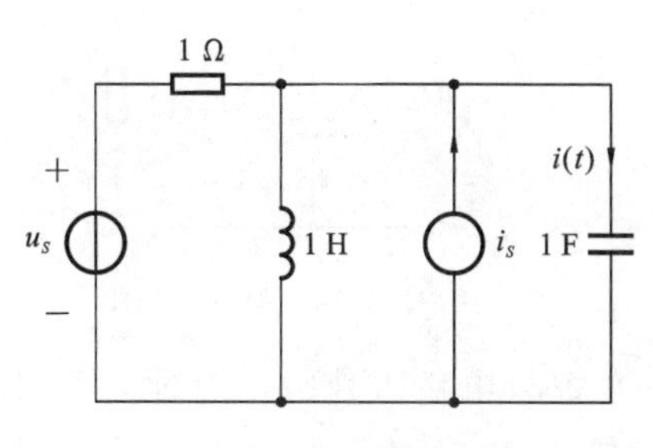

图 8.71　题 8-20 图

8-23　激励电压源 $u_S(t)=\sqrt{2}\times 80\left[\cos(\omega t)+\frac{1}{3}\cos(3\omega t)+\frac{1}{5}\cos(5\omega t)\right]$，如图8.73所示的电路，已知电路中参数 $R=10\ \Omega$，$L=0.1\ \text{H}$，$C=11\times 10^{-6}\ \text{F}$，$\omega=314\ \text{rad/s}$，求电路中的响应电流 $i(t)$。

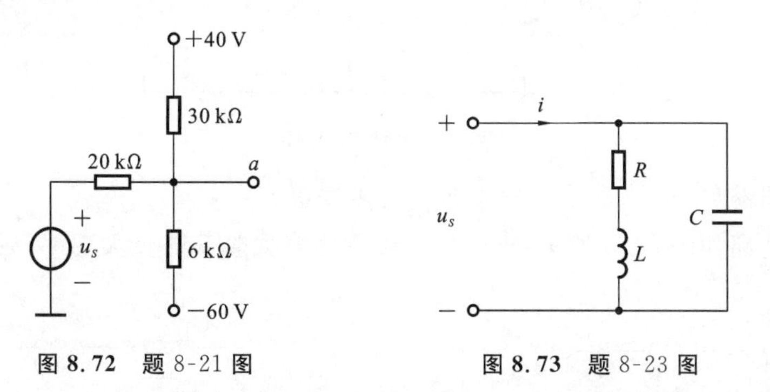

图 8.72　题 8-21 图　　　图 8.73　题 8-23 图

8-24　有一 RLC 串联电路，已知 $R=50\ \Omega$，$L=25\ \text{mH}$，$C=45\ \mu\text{F}$，加激励电压 $u_S(t)=200\cos(\omega t)+50\cos(3\omega t)+40\cos(5\omega t+30°)$，$\omega=314\ \text{rad/s}$，求电路的响应电流 $i(t)$ 及电感电压 $u_L(t)$。

8-25　已知负载电压与电流相量为 $\dot{U}=10\angle 30°\ \text{V}$，$\dot{I}=2\angle 60°\ \text{A}$，求(1) 等效复阻抗；(2) 复导纳；(3) P、Q、S、$\cos\varphi_Z$；(4) 复功率 $\overline{S}$。

8-26　已知负载电压 $U=220\ \text{V}$，$\cos\varphi=0.8(\varphi>0)$，$P=10\ \text{kW}$，求(1) 负载电流；(2) 负载复阻抗；(3) 负载复导纳；(4) 无功功率；(5) 视在功率；(6) 复功率。

8-27　一个电感性负载接在额定电压为 220 V、频率为 50 Hz 的交流电源上，其功率为 8 kW，功率因数为 0.6，求(1) 负载电流；(2) 若将电路功率因数提高到 0.95，需并联多大电容？

8-28　图 8.74 所示的 RL 串联电路为一个日光灯电路的模型，将此电路接于频率为 50 Hz 的正弦电源上，测得电压为 220 V，电流为 0.4 A，功率为 40 W，求(1) 电路吸收的无功功率及功率因数；(2) 日光灯等效阻抗及 R、L；(3) 欲使功率因数提高到 0.9，在端口并联的电容 C 应为多大？

8-29　电路如图 8.75 所示，已知$\dot{U}=260\angle 0°$ V，求(1) 电流$\dot{I}_1$、$\dot{I}_2$、$\dot{I}$；(2) 端口 ab 处的 P、Q、S 及 $\cos\varphi$。

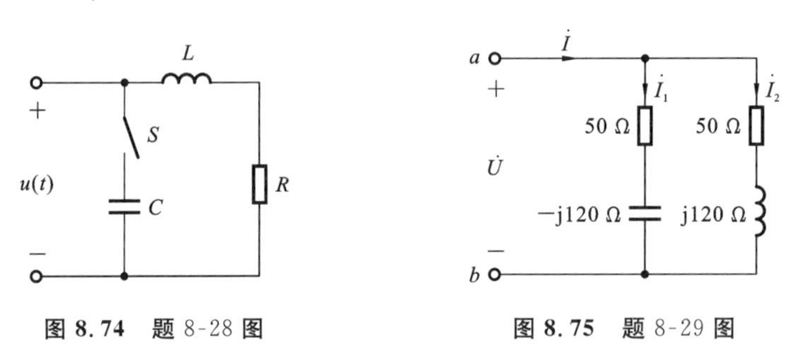

图 8.74　题 8-28 图　　　　图 8.75　题 8-29 图

8-30　电路如图 8.76 所示，当 S 闭合时各表读数如下：电压表读数为 220 V，电流表读数为 10 A，功率表读数为 1000 W；当 S 打开时，各表读数依次为 220 V、12 A 和 1600 W，求阻抗 Z_1 和 Z_2。设 Z_1 为感性。

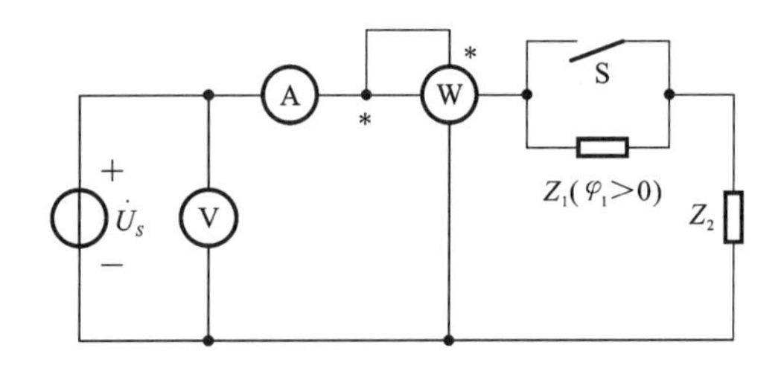

图 8.76　题 8-30 图

8-31　电路如图 8.77 所示，试验证复功率守恒。

8-32　电路如图 8.78 所示，求(1) 负载 Z 为多大时获得最大功率；(2) 最大功率的数值。

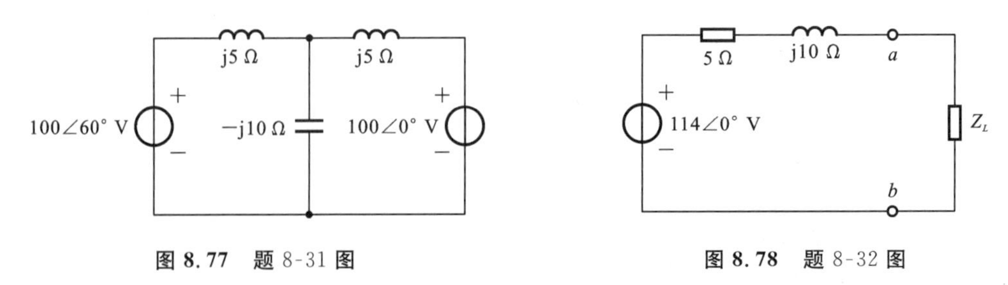

图 8.77　题 8-31 图　　　　图 8.78　题 8-32 图

8-33　电路如图 8.79 所示，已知 $u_S(t)=\sqrt{2}\cos(2t-45°)$，要使流过 R_0 的稳态电流为最大，C_0 应为何值？R_0 为多大时，端口 1、2 获取的功率最大？并求最大功率。

8-34　电路如图 8.80 所示，如果在端口接一可变负载 Z，求(1) 负载 Z 为多大时获得最大功率；(2) 最大功率的数值。

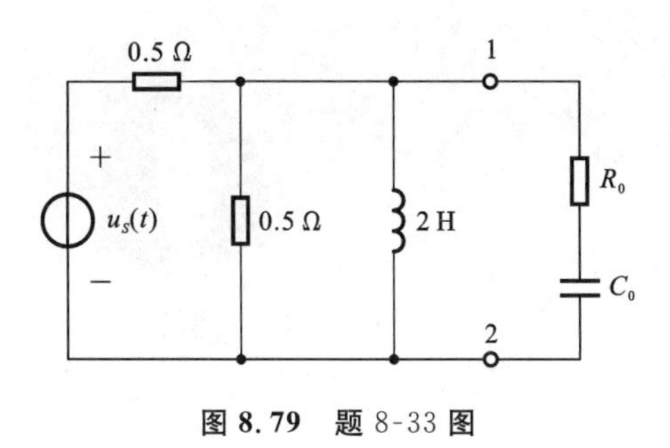

图 8.79 题 8-33 图

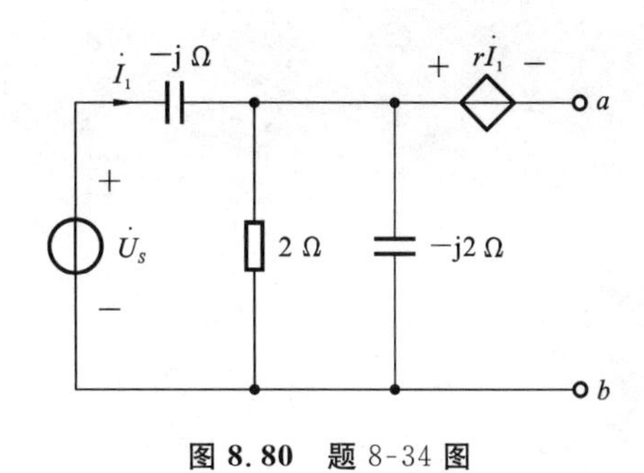

图 8.80 题 8-34 图

习题答案 8

9

电路的频率响应

本章重点

(1) 网络函数的概念及求法。

(2) 一阶、二阶电路的频率特性——幅频特性及相频特性分析，截止频率。

(3) RLC 串联谐振电路谐振特征、谐振频率、品质因数、特性阻抗。

(4) RLC 并联谐振电路谐振特征、谐振频率、品质因数、特性阻抗。

(5) 滤波器的截止频率。

本章难点

二阶电路频率响应的分析。

在时域内对电路进行分析，称为时域分析。第 8 章讨论了正弦稳态电路的稳态响应(电流和电压)，频率不变时电路的响应是时间 t 的固定函数，本章讨论当电源(信号源)频率改变时，电路响应随之变化的规律。电路响应随频率变化而变化的特性称为电路的频率特性(又称频率响应)。在频域内对电路进行分析称为频域分析。频域分析在通信、电子、自动控制、电力等领域应用广泛，如收音机中的选频电路选择来自不同电台频率波段的信号，电话通信电路选择有用音频信号、滤除干扰信号等。这种实现滤波功能的电路称为滤波器，它在通信、信号处理及电子技术中有广泛的应用。

9.1 网络函数

9.1.1 定义

单个输出变量与单个输入变量之间的函数关系称为电路的网络函数。

前面已经分析，正弦交流电路在正弦稳态激励下，各部分响应均为同频率正弦量。运用相量法，对于相量模型，在单一正弦激励情况下，网络函数定义为电路的响应相量与激励相量之比，用符号 $H(\mathrm{j}\omega)$表示，即

$$H(\mathrm{j}\omega)=\frac{\text{响应相量}}{\text{激励相量}}$$

响应和激励可以是电压，也可以是电流，因此网络函数根据不同情况有不同的量纲。

根据响应与激励所处位置在同侧或异侧，网络函数可分为策动点函数和转移函数（或传输函数），如图 9.1 所示。

当频率变化时，网络函数随频率变化而变化的规律称为频率响应。

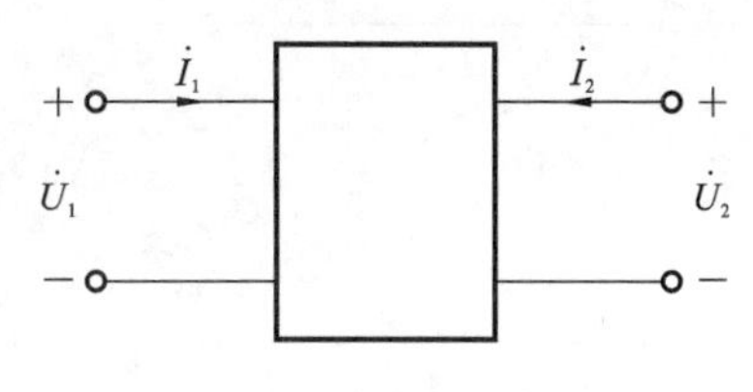

图 9.1 网络函数

9.1.2 策动点函数

如果响应与激励是电路中同一端口的电压相量和电流相量，则称为策动点相量。

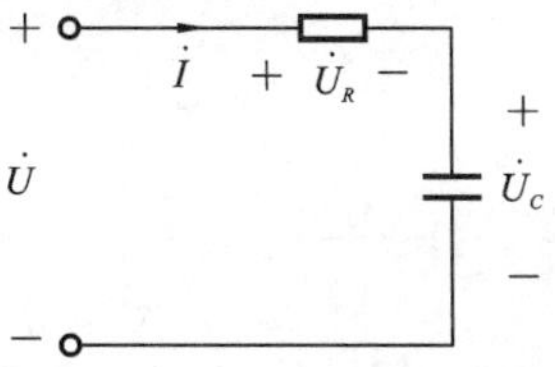

图 9.2 一阶 RC 串联电路

输入阻抗：

$$H(\mathrm{j}\omega)=\frac{\dot{U}_1}{\dot{I}_1} \tag{9-1}$$

输入导纳：

$$H(\mathrm{j}\omega)=\frac{\dot{I}_1}{\dot{U}_1} \tag{9-2}$$

图 9.2 所示的一端口为 RC 串联电路，则策动点函数（输入阻抗）为

$$H(\mathrm{j}\omega)=\frac{\dot{U}_1}{\dot{I}_1}=\frac{\dot{U}}{\dot{I}}=R+\frac{1}{\mathrm{j}\omega C}$$

9.1.3 传输函数

当响应与激励是电路中不同端口的电压相量和电流相量时，称为转移相量（或传输相量）。

转移阻抗：

$$H(\mathrm{j}\omega)=\frac{\dot{U}_2}{\dot{I}_1} \tag{9-3}$$

电流传输比：

$$H(\mathrm{j}\omega)=\frac{\dot{I}_2}{\dot{I}_1} \tag{9-4}$$

电压传输比：

$$H(\mathrm{j}\omega)=\frac{\dot{U}_2}{\dot{U}_1} \tag{9-5}$$

转移导纳：

$$H(\mathrm{j}\omega)=\frac{\dot{I}_2}{\dot{U}_1} \tag{9-6}$$

如图 9.2 所示，转移相量（电压传输比）为

$$H(\mathrm{j}\omega)=\frac{\dot{U}_2}{\dot{U}_1}=\frac{\dot{U}_C}{\dot{U}_1}=\frac{\frac{1}{\mathrm{j}\omega C}}{R+\frac{1}{\mathrm{j}\omega C}}=\frac{1}{1+\mathrm{j}R\omega C}$$

例 9-1 如图 9.3 所示，电路激励源为 $i_1(t)$，输出电压为 $u_2(t)$，求（1）转移导纳 $Y_{21}(\mathrm{j}\omega)=\frac{\dot{I}_1}{\dot{U}_2}$；（2）转移阻抗 $Z_{21}(\mathrm{j}\omega)=\frac{\dot{U}_2}{\dot{I}_1}$。

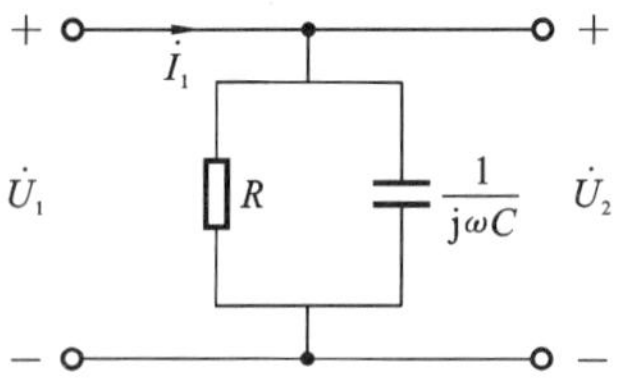

图 9.3 例 9-1 图

解 由于 $Y=\frac{1}{R}+\mathrm{j}\omega C$，$\dot{I}_1=Y\dot{U}_2$ 则有

(1) $$Y_{21}(\mathrm{j}\omega)=\frac{\dot{I}_1}{\dot{U}_2}=Y=\frac{1}{R}+\mathrm{j}\omega C$$

(2) $$Z_{21}(\mathrm{j}\omega)=\frac{\dot{U}_2}{\dot{I}_1}=\frac{1}{Y}=\frac{R}{1+\mathrm{j}\omega RC}$$

例 9-2 求图 9.4(a)所示电路的输入阻抗$\frac{\dot{U}_1}{\dot{I}_1}$及转移电压比$\frac{\dot{U}_2}{\dot{U}_1}$。

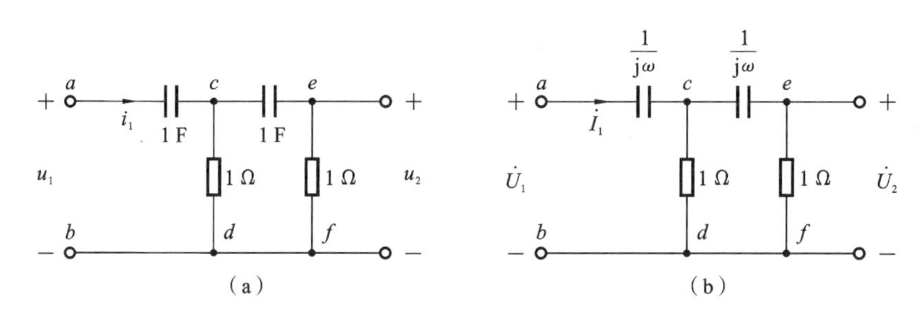

图 9.4 例 9-2 图

解 用相量法。如图 9.4(b)所示，则有

$$Z_{cf}=1+\frac{1}{\mathrm{j}\omega}=\frac{1+\mathrm{j}\omega}{\mathrm{j}\omega}$$

$$Y_{cd}=1+\frac{\mathrm{j}\omega}{1+\mathrm{j}\omega}=\frac{1+\mathrm{j}2\omega}{1+\mathrm{j}\omega}$$

$$Z_{ab}=\frac{1}{\mathrm{j}\omega}+\frac{1+\mathrm{j}\omega}{1+\mathrm{j}2\omega}=\frac{1+\mathrm{j}3\omega+(\mathrm{j}\omega)^2}{\mathrm{j}\omega(1+\mathrm{j}2\omega)}$$

$$\dot{U}_1=\dot{I}_1 Z_{ab}$$

则输入阻抗为

$$\frac{\dot{U}_1}{\dot{I}_1}=Z_{ab}=\frac{1+\mathrm{j}3\omega+(\mathrm{j}\omega)^2}{\mathrm{j}\omega(1+\mathrm{j}2\omega)}$$

由于

$$\dot{U}_{cd}=\dot{I}_1 Z_{cd}=\dot{I}_1\left(\frac{1+\mathrm{j}\omega}{1+\mathrm{j}2\omega}\right)$$

$$\dot{U}_2=\frac{1}{Z_{cf}}\dot{U}_{cd}=\frac{\dot{I}_1\mathrm{j}\omega}{1+\mathrm{j}2\omega}$$

则转移电压比为

$$\frac{\dot{U}_2}{\dot{U}_1}=\frac{(\mathrm{j}\omega)^2}{(\mathrm{j}\omega)^2+\mathrm{j}3\omega+1}$$

9.2 电路的频率响应

因为响应随频率变化而变化，所以网络函数是频率的复函数，即

$$H(\mathrm{j}\omega)=|H(\mathrm{j}\omega)|\angle\varphi(\omega) \tag{9-7}$$

$|H(j\omega)|$与ω的关系称为网络函数的幅频特性，$\varphi(\omega)$与ω的关系称为相频特性，可用曲线表示。根据频率特性画出的曲线称为频率特性曲线。$|H(j\omega)|$-ω称为幅频特性曲线，$\varphi(\omega)$-ω称为相频特性曲线。

本节只分析由R、L、C无源元件构成的一阶、二阶滤波电路的频率响应。通过分析电路的频率响应，可以知道这种电路的滤波特性。滤波特性研究的是在不同频率信号作用下电路中产生的响应随频率变化而变化的规律，这种变化是电路中容抗或感抗随频率变化而变化所引起的。

具有选频功能的电路称为滤波器，滤波器让某一频带信号通过，抑制不需要的其他频率信号；或者反之。研究滤波器要从研究它的频率响应特性入手，即分析其幅频特性和相频特性。按频率响应的通带频率不同，滤波器可分为低通滤波器、高通滤波器、带通滤波器、带阻滤波器和全通滤波器，其理想滤波特性如图 9.5 所示，其中实线为理想滤波特性，虚线为实际特性滤波曲线。在截止频率ω_0处，理想滤波特性垂直变化，而实际滤波器逐渐变化，变化得越陡，这种滤波器滤波特性越好。由无源元件R、L、C构成的滤波电路称为无源滤波器，由运算放大器与R、L、C元件组成的滤波电路称为有源滤波器。按电路的阶数分为一阶，二阶，…，高阶滤波器，其中一阶电路和二阶电路是典型的两类滤波电路，是构成高阶电路的基本单元电路。滤波器在通信工程、电子技术、自动控制、电力系统中应用广泛，将在后续课程中详细介绍。

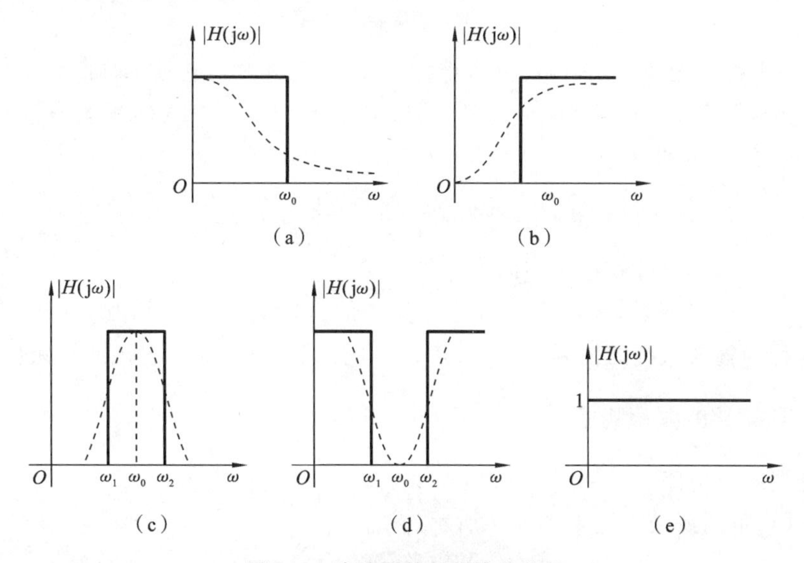

图 9.5　滤波器的理想滤波特性

如前面所分析的 RC 串联电路(见图 9.2)，其特性如下。

频率特性：

$$H(j\omega)=\frac{1}{1+j\omega RC}$$

幅频特性：

$$|H(j\omega)|=\frac{1}{\sqrt{1+(\omega RC)^2}}$$

相频特性：

$$\varphi(\omega)=-\arctan\omega RC$$

图 9.6 所示的是频率特性曲线，由图 9.6(a)的幅频特性 $|H(\mathrm{j}\omega)|$-ω 曲线可看出，电容电压在低频时较大，当 $f=0$ 时最大；频率变高时，u_C 下降，当 $\omega\to\infty$ 时 $u_C=0$，说明低频信号易通过该电路，而高频时 u_C 比较小，即电源信号衰减较大，这种电路具有低通滤波特性。将 $\omega=\omega_0$ 称为截止频率，工程上一般取 $|H(\mathrm{j}\omega)|\geqslant\frac{1}{\sqrt{2}}$的频率信号，对应的频率范围，称为滤波器通频带；而 $|H(\mathrm{j}\omega)|\leqslant\frac{1}{\sqrt{2}}$对应的频率范围称为阻带或止带，二者边界频率称为截止频率。当 $\omega=\omega_0$ 时，电路输出功率是最大输出功率的一半，故 ω_0 称为半功率频率，又称 3 dB 频率$\left(20\lg\left|\frac{H(\mathrm{j}\omega)}{H(\mathrm{j}\omega_0)}\right|=20\lg0.707=-3\ \mathrm{dB}\right)$。

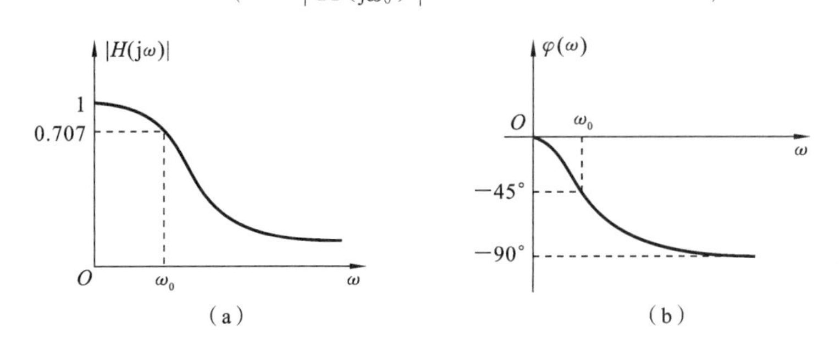

图 9.6 频率特性曲线

对于一个线性无源一端口电路(含受控源、不含独立源)，其频率响应可通过研究端口输入阻抗函数 $Z(\mathrm{j}\omega)$的频率响应得到，端口 $Z(\mathrm{j}\omega)=R(\omega)+\mathrm{j}X(\omega)$，当电源频率改变时，$Z(\mathrm{j}\omega)$随之改变，即有

$$Z(\mathrm{j}\omega)=R(\omega)+\mathrm{j}X(\omega)=\sqrt{R(\omega)^2+X(\omega)^2}\angle\arctan\frac{X(\omega)}{R(\omega)}$$

$$=|Z(\mathrm{j}\omega)|\angle\varphi(\omega) \tag{9-8}$$

故复阻抗 Z 是 $\mathrm{j}\omega$ 的函数，表示 Z 随 ω 变化而变化，其大小及相位均改变；模 $|Z(\mathrm{j}\omega)|$是 ω 的函数，称为输入阻抗的幅频特性；$\varphi(\omega)$是 ω 的函数，称为输入阻抗的相频特性。

9.2.1 一阶电路的频率响应

1. 低通滤波电路

一阶 RC 低通滤波电路如图 9.7 所示。

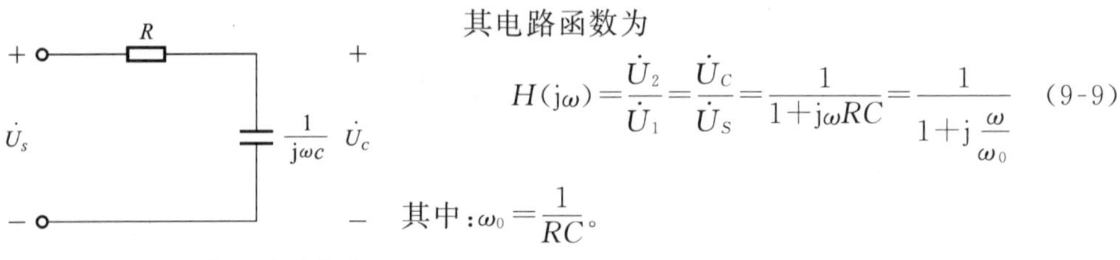

其电路函数为

$$H(\mathrm{j}\omega)=\frac{\dot{U}_2}{\dot{U}_1}=\frac{\dot{U}_C}{\dot{U}_S}=\frac{1}{1+\mathrm{j}\omega RC}=\frac{1}{1+\mathrm{j}\frac{\omega}{\omega_0}} \tag{9-9}$$

其中：$\omega_0=\frac{1}{RC}$。

图 9.7 一阶 RC 低通滤波电路

幅频特性：

$$|H(\mathrm{j}\omega)|=\frac{1}{\sqrt{1+(\omega RC)^2}} \tag{9-10}$$

相频特性：

$$\varphi(\omega)=-\arctan\omega RC \tag{9-11}$$

表 9.1 所示的是一阶 RC 低通滤波电路频率特性的特征值。

表 9.1 一阶 RC 低通滤波电路频率特性的特征值

ω	0	ω_0	∞
$\|H(j\omega)\|$	1	0.707	0
$\varphi(\omega)$	0	$-\frac{\pi}{4}$	$-\frac{\pi}{2}$

一阶 RC 低通滤波电路频率特性曲线如图 9.8 所示。

从上面分析可知，该 RC 低通滤波电路，具有低通滤波特性。工程上认为 $U_2 \geqslant \frac{1}{\sqrt{2}}U_S$，信号被选择通过，通带为 $0 \sim \omega_0$，在此范围内 $|H(j\omega)|$ 的变化不大，相移较小；若 $U_2 < \frac{1}{\sqrt{2}}U_S$，信号被抑制，阻带为 $\omega > \omega_0$，$|H(j\omega)|$ 明显下降，相移增大。RC 一阶低通滤波电路具有通低频信号、阻高频信号的作用。

2. 高通滤波电路

一阶 RC 高通滤波电路如图 9.9 所示。

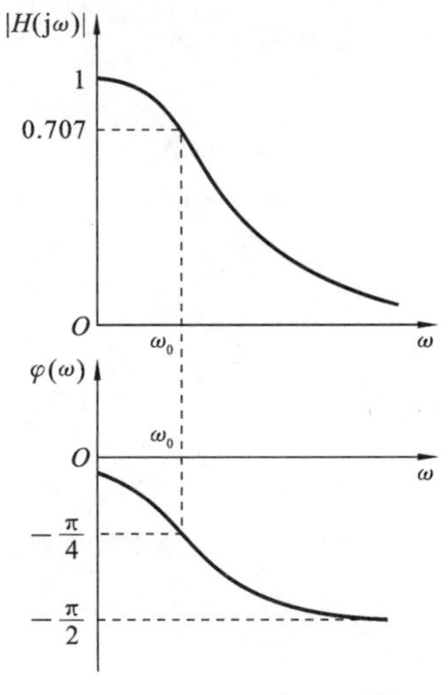

图 9.8 一阶 RC 低通滤波电路频率特性曲线

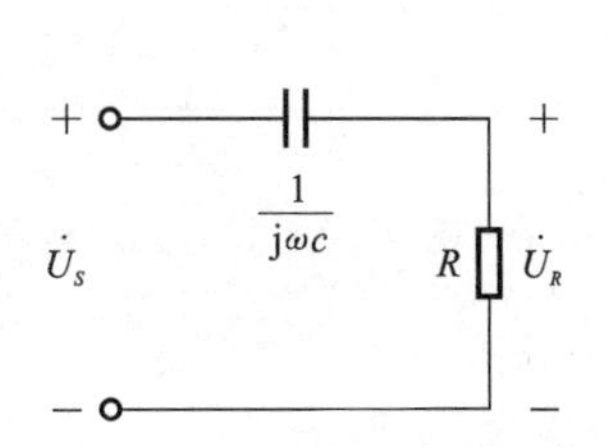

图 9.9 一阶 RC 高通滤波电路

其电路函数为

$$H(j\omega)=\frac{\dot{U}_2}{\dot{U}_1}=\frac{\dot{U}_R}{\dot{U}_S}=\frac{R}{R+\frac{1}{j\omega C}}=\frac{j\omega RC}{R+j\omega RC}$$

$$=\frac{1}{1-j\frac{1}{\omega RC}}=\frac{1}{1-j\frac{\omega_0}{\omega}} \tag{9-12}$$

幅频特性：

$$|H(j\omega)|=\frac{1}{\sqrt{1+\left(\frac{1}{\omega RC}\right)}} \tag{9-13}$$

相频特性：

$$\varphi(\omega)=\arctan\frac{1}{\omega RC} \tag{9-14}$$

表 9.2 所示的是一阶 RC 高通滤波电路频率特性的特征值。

表 9.2 一阶 RC 高通滤波电路频率特性的特征值

ω	0	ω_0	∞
$\lvert H(\mathrm{j}\omega)\rvert$	0	0.707	1
$\varphi(\omega)$	$\frac{\pi}{2}$	$\frac{\pi}{4}$	0

高通滤波电路特性曲线如图 9.10 所示。

一阶 RC 高通电路具有高通滤波特性。通频带 $\omega_0\sim\infty$，阻带 $0\sim\omega_0$，具有通高频信号、阻低频信号的作用。

3. 全通滤波电路

全通滤波电路如图 9.11 所示。

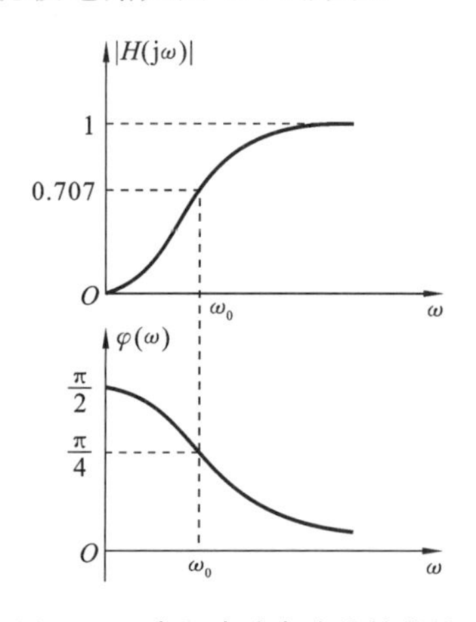

图 9.10 高通滤波电路特性曲线

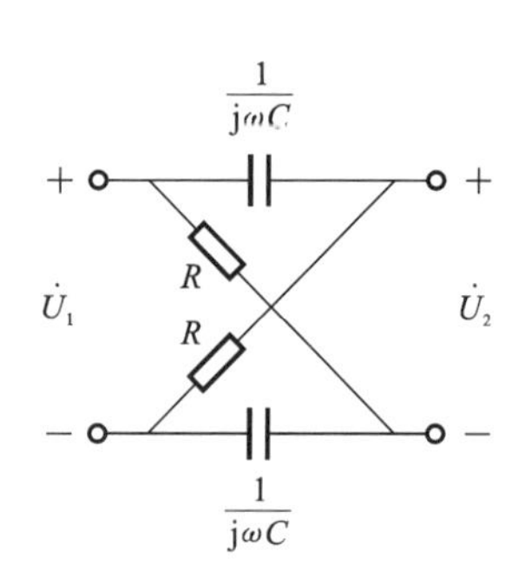

图 9.11 全通滤波电路

其电路函数为

$$\dot{U}_2=\frac{R}{R+\frac{1}{\mathrm{j}\omega C}}\dot{U}_1-\frac{\frac{1}{\mathrm{j}\omega C}}{R+\frac{1}{\mathrm{j}\omega C}}\dot{U}_1$$

$$H(\mathrm{j}\omega)=\frac{\dot{U}_L}{\dot{U}_1}=\frac{\mathrm{j}\omega-\omega_0}{\mathrm{j}\omega+\omega_0} \tag{9-15}$$

其中：$\omega_0=\frac{1}{RC}$。

幅频特性：
$$\lvert H(\mathrm{j}\omega)\rvert=1 \tag{9-16}$$

相频特性：
$$\varphi(\omega)=-2\arctan\frac{\omega}{\omega_0} \tag{9-17}$$

表 9.3 所示的是全通滤波电路频率特性的特征值。

全通滤波电路特性曲线如图 9.12 所示。

该电路对 $0\sim\infty$ 的所有频率信号有相同的放大作用，故为全通滤波电路。

表 9.3 全通滤波电路频率特性的特征值

ω	0	ω_0	∞
$\lvert H(\mathrm{j}\omega)\rvert$	1	1	1
$\varphi(\omega)$	0	$-\frac{\pi}{2}$	$-\pi$

9.2.2 二阶电路的频率响应

1. RLC 串联电路频率响应

图 9.13 所示的是 RLC 串联组成的二阶滤波电路，$\dot{U}_S$ 为激励源，$\dot{I}$为响应。正弦激励$\dot{U}_S$ 的频率 ω 变化，电路输入阻抗、电压、电流等响应随之变化。

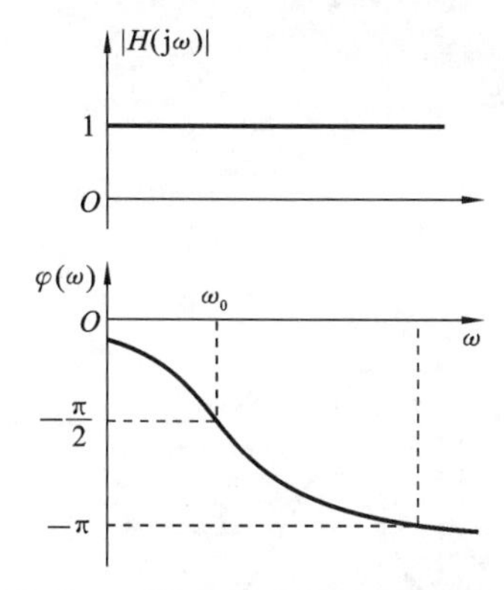

图 9.12 全通滤波电路特性曲线

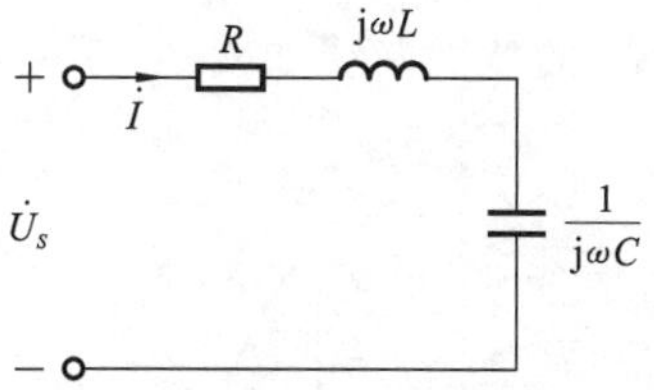

图 9.13 RLC 串联组成的二阶滤波电路

由于
$$Z(\mathrm{j}\omega)=\frac{\dot{U}_S}{\dot{I}}=R+\mathrm{j}\left(\omega L-\frac{1}{\omega C}\right)$$

当 $0<\omega<\omega_0$ 时，$X=\omega L-\frac{1}{\omega C}<0$，则电路呈容性。

当 $\omega=\omega_0$ 时，$X=\omega L-\frac{1}{\omega C}=0$，则电路呈阻性。

当 $\omega_0<\omega<\infty$时，$X=\omega L-\frac{1}{\omega C}>0$，则电路呈感性。

现在讨论网络函数$\frac{\dot{I}}{\dot{U}_S}$、$\frac{\dot{I}}{\dot{I}_0}$、$\frac{\dot{U}_R}{\dot{U}_S}$、$\frac{\dot{U}_L}{\dot{U}_S}$、$\frac{\dot{U}_C}{\dot{U}_S}$等频率特性，以及品质因数 Q 对特性曲线的影响。

对于图 9.13 所示的电路，$\dot{I}$为响应，$\dot{U}_S$ 为激励。

当 $\omega=\omega_0=\frac{1}{\sqrt{LC}}$时，有

$$\dot{I}(\mathrm{j}\omega_0)=\dot{I}_0=\frac{\dot{U}_S}{R} \tag{9-18}$$

$$\dot{I}(\mathrm{j}\omega)=\frac{\dot{U}_S}{Z(\mathrm{j}\omega)}=\frac{1}{R\left[1+\mathrm{j}Q\left(\frac{\omega}{\omega_0}-\frac{\omega_0}{\omega}\right)\right]} \tag{9-19}$$

则网络函数为

$$H(\mathrm{j}\omega)=\frac{\dot{I}}{\dot{U}_S}=\frac{1}{Z(\mathrm{j}\omega)}=\frac{1}{R+\mathrm{j}\left(\omega L-\frac{1}{\omega C}\right)}$$

$$=\frac{1}{R\left[1+\mathrm{j}\left(\frac{\omega L}{R}-\frac{1}{\omega CR}\right)\right]}$$

$$=\frac{1}{R\left[1+\mathrm{j}Q\left(\frac{\omega}{\omega_0}-\frac{\omega_0}{\omega}\right)\right]} \tag{9-20}$$

令

$$Q=\frac{\omega_0 L}{R}=\frac{1}{\omega_0 RC} \tag{9-21}$$

则 Q 称为 RLC 串联电路的品质因数。

$H(\mathrm{j}\omega)$的频率响应曲线如图 9.14 所示，则有

$$H(\mathrm{j}\omega_0)=\frac{\dot{I}(\mathrm{j}\omega_0)}{\dot{U}_S}=\frac{1}{R}$$

$$H_I(\mathrm{j}\omega)=\frac{H(\mathrm{j}\omega)}{H(\mathrm{j}\omega_0)}=\frac{\dot{I}(\mathrm{j}\omega)/\dot{U}_S}{\dot{I}(\mathrm{j}\omega_0)/\dot{U}_S}=\frac{\dot{I}(\mathrm{j}\omega)}{\dot{I}(\mathrm{j}\omega_0)}=\frac{1}{1+\mathrm{j}Q\left(\frac{\omega}{\omega_0}-\frac{\omega_0}{\omega}\right)} \tag{9-22}$$

$H_I(\mathrm{j}\omega)$的特性曲线如图 9.15 所示。

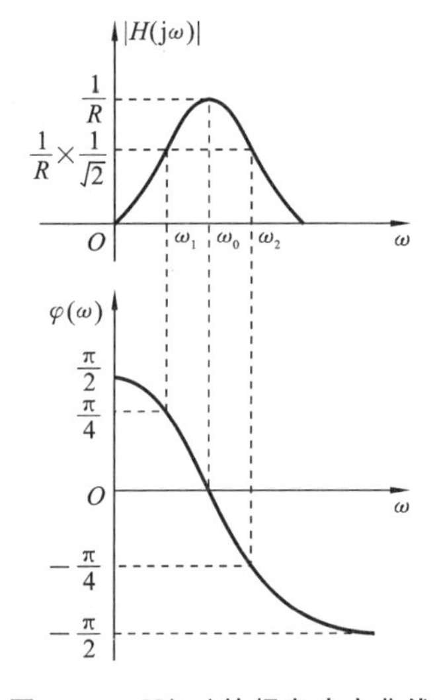

图 9.14　$H(\mathrm{j}\omega)$的频率响应曲线

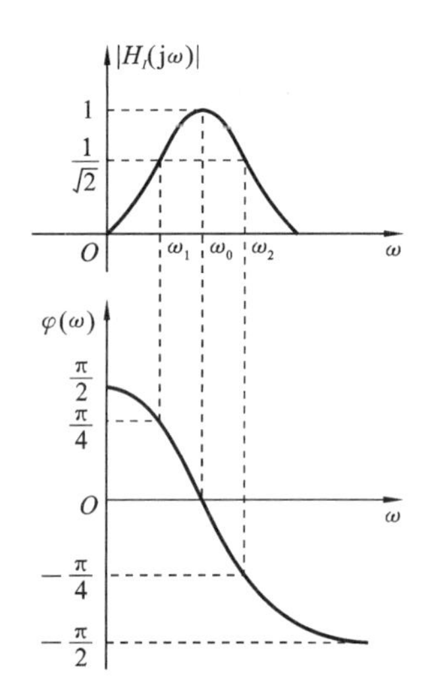

图 9.15　$H_I(\mathrm{j}\omega)$的特性曲线

由分压公式知

$$\dot{U}_R=\frac{R}{Z}\dot{U}_S$$

则网络函数为

$$H_R(\mathrm{j}\omega)=\frac{\dot{U}_R}{\dot{U}_S}=\frac{R}{Z}=\frac{R}{R\left[1+\mathrm{j}Q\left(\frac{\omega}{\omega_0}-\frac{\omega_0}{\omega}\right)\right]}=\frac{1}{1+\mathrm{j}Q\left(\frac{\omega}{\omega_0}-\frac{\omega_0}{\omega}\right)} \tag{9-23}$$

由于幅频特性：

$$|H_R(\mathrm{j}\omega)|=\frac{1}{\sqrt{1+Q^2\left(\frac{\omega}{\omega_0}-\frac{\omega_0}{\omega}\right)^2}} \tag{9-24}$$

相频特性：

$$\varphi(\omega)=-\arctan Q\left(\frac{\omega}{\omega_0}-\frac{\omega_0}{\omega}\right) \tag{9-25}$$

这说明 RLC 串联电路频率特性具有带通特性。由于式(9-22)与式(9-23)相同，频率特性曲线与图 9.15 所示 $H_I(\mathrm{j}\omega)$的幅频特性及相频特性相同，则该特性曲线称为通用频率特性曲线或谐振曲线。

下面分析 Q 值对通用特性曲线的影响。根据式(9-22)，选取几个不同的 Q 值，画出相应的通用特性曲线，如图 9.16 所示。

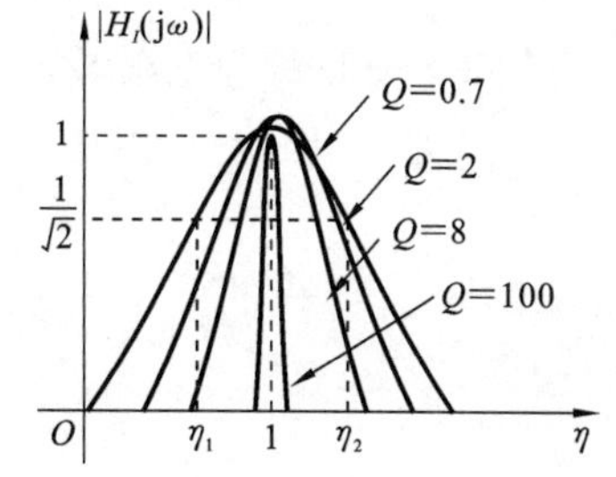

图 9.16　不同 Q 值时的幅频特性

当 $\eta=\frac{\omega}{\omega_0}=1$ 时，有

$$|H_I(\mathrm{j}\omega)|=\frac{I}{I_0}=1,\quad I=I_0$$

则与 Q 无关。

当 $\eta=\frac{\omega}{\omega_0}=0.75$，$Q=2$ 时，有

$$|H_I(\mathrm{j}\omega)|=\frac{I}{I_0}=0.64$$

则 I 抑制到电流 I_0 的 64%；

当 $Q=8$ 时，有

$$|H_I(\mathrm{j}\omega)|=\frac{I}{I_0}=0.21$$

则 I 抑制到电流 I_0 的 21%；

当 $Q=100$ 时，有

$$|H_I(\mathrm{j}\omega)|=\frac{I}{I_0}=0.017$$

则 I 抑制到电流 I_0 的 1.7%。可以看到，Q 值越大，其抑制作用越强，突出谐振频率信号的能力越强，选择性越好。

幅频特性分析(见图 9.16)如下。

(1) 在 $\omega=\omega_0=\frac{1}{\sqrt{LC}}$时，$|H_I(\mathrm{j}\omega)|$出现峰值，即 $H_I(\mathrm{j}\omega)=\frac{\dot{I}(\mathrm{j}\omega)}{\dot{I}(\mathrm{j}\omega_0)}$时为最大值，由于在 ω_0 附近$|H_I(\mathrm{j}\omega)|$的值较大，说明 RLC 串联电路选择 ω_0 附近信号通过，也说明电路具有选择性。这种突出谐振频率电流信号、抑制非谐振频率电流信号的性质称为电路的选择性。Q 值越大，ω_0 附近曲线越陡，选择性越好，抑制非 ω_0 信号的能力越强，但通频带变窄。故 Q 与通频带 BW 成反比，即品质因数 Q 与通频带 BW 是一对矛盾。

信号由一定频率范围的多分量组成，需占用一定的频带宽度，为减小信号传输失真，需使频率范围处于电路的通频带之内。电路频带越宽，失真越小，但频带越宽，电路选择性越差。通信上常需兼顾二者进行综合考虑，在保证一定品质因数 Q、选择性较好的同时，又满足一定的通频带 BW。

(2) 在$|H_I(\mathrm{j}\omega)|<\frac{1}{\sqrt{2}}$的频率范围，由于$|H_I(\mathrm{j}\omega)|$逐渐下降，说明 RLC 串联电路抑制这些频率信号通过，即电路对这些信号有抑制能力。

(3) 工程上一般认为 $|H_I(\mathrm{j}\omega)|$ 在 $\frac{1}{\sqrt{2}}\sim 1$ 有应用价值，即 RLC 串联电路让这些频率信号通过，由此求出通频带 BW 和阻带。通频带位于频域中段，呈带状形状，通频带范围为 $\omega_1 \leqslant \omega_0 \leqslant \omega_2$，其他频率段 $\omega_1 > \omega_2$、$\omega < \omega_1$ 为阻带。

令 $|H_I(\mathrm{j}\omega)| \geqslant \frac{1}{\sqrt{2}} = 0.707$，$Q\left(\frac{\omega}{\omega_0} - \frac{\omega_0}{\omega}\right) = \pm 1$ 则两个截止频率：$\omega_2 = \frac{\omega_0}{2Q} + \omega_0\sqrt{\left(\frac{1}{2Q}\right)^2 + 1}$，称为上限截止频率；$\omega_1 = -\frac{\omega_0}{2Q} + \omega_0\sqrt{\left(\frac{1}{2Q}\right)^2 + 1}$，称为下限截止频率。

通频带：

$$\mathrm{BW} = \omega_2 - \omega_1 = \frac{\omega_0}{Q}\ (\mathrm{rad/s}) \tag{9-26}$$

或

$$\mathrm{BW} = f_2 - f_1 = \frac{f_0}{Q}\ (\mathrm{Hz}) \tag{9-27}$$

其中：$\omega_0 = \frac{1}{\sqrt{LC}}$ 为中心频率；$\omega_1 > \omega_2$，$\omega < \omega_1$ 为阻带。

由分压公式知

$$\dot{U}_L = \frac{\mathrm{j}\omega L}{Z}\dot{U},\quad \dot{U}_C = \frac{\frac{1}{\mathrm{j}\omega C}}{Z}\dot{U}_0$$

则网络函数 $H_L(\mathrm{j}\omega)$ 为

$$\begin{aligned} H_L(\mathrm{j}\omega) &= \frac{\dot{U}_L}{\dot{U}} = \frac{\mathrm{j}\omega L}{R + \mathrm{j}\left(\omega L - \frac{1}{\omega C}\right)} = \frac{\mathrm{j}Q\frac{\omega}{\omega_0}}{1 + \mathrm{j}Q\left(\frac{\omega}{\omega_0} - \frac{\omega_0}{\omega}\right)} \\ &= \frac{\mathrm{j}Q}{\frac{\omega_0}{\omega} + \mathrm{j}Q\left(1 - \frac{\omega_0^2}{\omega^2}\right)} = \frac{\mathrm{j}Q\eta}{1 + \mathrm{j}Q\left(\eta - \frac{1}{\eta}\right)} \\ &= \frac{\mathrm{j}Q}{\frac{1}{\eta} + \mathrm{j}Q\left(1 - \frac{1}{\eta^2}\right)} \end{aligned} \tag{9-28}$$

其中：

$$\eta = \frac{\omega}{\omega_0} \tag{9-29}$$

品质因数：

$$Q = \frac{\omega_0 L}{R} = \frac{1}{\omega_0 RC} \tag{9-30}$$

幅频特性：

$$|H_L(\mathrm{j}\omega)| = \frac{Q}{\sqrt{\left(\frac{\omega_0}{\omega}\right)^2 + Q^2\left(1 - \frac{\omega_0^2}{\omega^2}\right)^2}} \tag{9-31}$$

相频特性为 $\varphi_L(\omega) \sim \omega$：因为 $\dot{U}_L$ 比 $\dot{U}_R$ 超前 90°，故可由 $H_L(\mathrm{j}\omega)$ 的相频特性得到 $\varphi_L(\omega)$。

表 9.4 所示的是网络函数 $|H_L(\mathrm{j}\omega)|$ 幅频特性的特征值。

表 9.4 网络函数 $|H_L(\mathrm{j}\omega)|$ 幅频率特性的特征值

ω	0	ω_j	∞
$\lvert H_L(\mathrm{j}\omega)\rvert$	0	$\dfrac{Q}{\sqrt{1-\dfrac{1}{4Q^2}}}$	1

$H_L(\mathrm{j}\omega)$与 $H_C(\mathrm{j}\omega)$的幅频特性如图 9.17 所示。

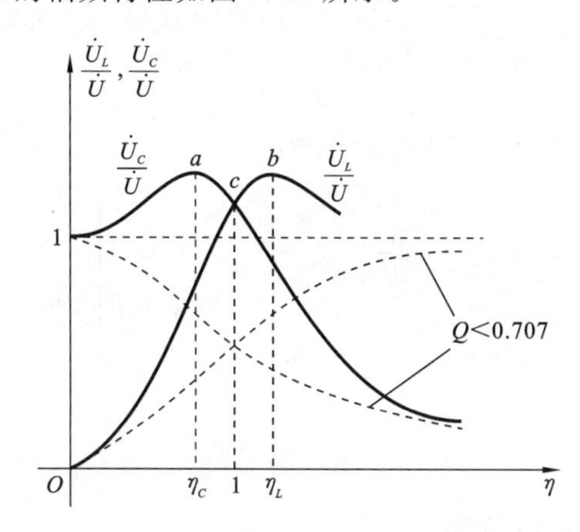

图 9.17 $H_L(\mathrm{j}\omega)$与 $H_C(\mathrm{j}\omega)$的幅频特性

网络函数 $H_C(\mathrm{j}\omega)$为

$$H_C(\mathrm{j}\omega)=\frac{\dot{U}_C}{\dot{U}}=\frac{\dfrac{1}{\mathrm{j}\omega C}}{R+\mathrm{j}\left(\omega L-\dfrac{1}{\omega C}\right)}=\frac{\dfrac{\omega_0}{\mathrm{j}\omega_0 R\omega C}}{1+\mathrm{j}\left(\dfrac{\omega_0 L}{R}\dfrac{\omega}{\omega_0}-\dfrac{1}{R\omega_0}\dfrac{\omega_0}{\omega C}\right)}$$

$$=\frac{-\mathrm{j}Q\eta}{1+\mathrm{j}Q\left(\eta-\dfrac{1}{\eta}\right)}=\frac{-\mathrm{j}Q}{\dfrac{1}{\eta}+\mathrm{j}Q\left(1-\dfrac{1}{\eta^2}\right)}=\frac{-\mathrm{j}Q}{\dfrac{\omega_0}{\omega}+\mathrm{j}Q\left(1-\dfrac{\omega_0^2}{\omega^2}\right)} \tag{9-32}$$

幅频特性：

$$|H_C(\mathrm{j}\omega)|=\frac{Q}{\sqrt{\left(\dfrac{\omega_0}{\omega}\right)^2+Q^2\left(1-\dfrac{\omega_0^2}{\omega^2}\right)}} \tag{9-33}$$

相频特性为 $\varphi_C(\omega)\sim\omega$：因为$\dot{U}_C$ 比$\dot{U}_R$ 滞后 90°，故可由 $H_C(\mathrm{j}\omega)$的相频特性得到$\varphi_C(\omega)$。

表 9.5 所示的是网络函数$|H_C(\mathrm{j}\omega)|$幅频特性的特征值。

表 9.5 网络函数$|H_C(\mathrm{j}\omega)|$幅频特性的特征值

ω	0	ω_j	∞
$\lvert H_C(\mathrm{j}\omega)\rvert$	1	$\dfrac{Q}{\sqrt{1-\dfrac{1}{4Q^2}}}$	0

说明：当 $Q\gg1$ 时，$H_L(\mathrm{j}\omega)$为高通函数，下限截止频率 $\omega_j=0.664\omega_0$，通频带为 $\omega_j\sim\infty$；$H_C(\mathrm{j}\omega)$为低通函数，上限截止频率 $\omega_j=1.55\omega_0$，通频带为 $0\sim\omega_j$。当 $Q>0.707$ 时，

$H_L(j\omega)$和 $H_C(j\omega)$均有大于 Q 且相等的峰值，峰值点分别在 a、b 处，二者在 c 处相等。

已知上限频率 ω_2、下限频率 ω_1、谐振频率 ω_0、BW、Q 等 5 个变量中的任意 2 个，其余 3 个均可求出，其中 $\omega_0=\sqrt{\omega_1\omega_2}$。

RLC 串联电路选频特性在通信中得到广泛应用。

例 9-3 图 9.18 所示的电路中，从天线同时接收到两个电压源信号，大小为 $U_1=U_2=0.1\ \text{mV}$，频率分别为 $f_1=820\ \text{kHz}$、$f_2=1530\ \text{kHz}$，已知选频电路中电阻 $R=13\ \Omega$，线圈 $L=0.25\ \text{mH}$，$C=150\ \text{pF}$，求(1) 品质因数 Q；(2) 电路对 U_1的响应 I_1、电容电压 U_{C1}；(3) 电路对 U_2的响应 I_2、U_{C2}。

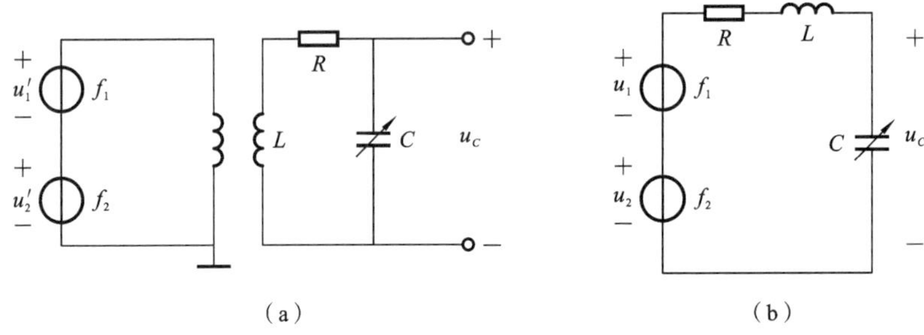

图 9.18 例 9-3 图

解 (1) 该电路对 u_1信号源发生了谐振，有

$$f_0=f_1-\frac{1}{2\pi\sqrt{LC}}=\frac{1}{2\times3.14\times\sqrt{0.25\times10^{-3}\times150\times10^{-12}}}$$

$$=820\times10^3\ \text{Hz}=820\ (\text{kHz})$$

$$Q=\frac{\omega_0 L}{R}=\frac{2\pi f_0 L}{R}=\frac{2\pi f_1 L}{R}=\frac{2\times3.14\times820\times10^3\times0.25\times10^{-3}}{13}=100$$

(2) 由于

$$2\pi f_1 L=\frac{1}{2\pi f_1 C},\quad Z=R$$

则有

$$I=I_0=\frac{U_1}{R}=\frac{0.1\times10^{-3}}{13}=7.7\ (\mu\text{A})$$

$$U_{C1}=I_0\ \frac{1}{2\pi f_1 C}=7.7\times10^{-6}\times\frac{1}{2\times3.14\times150\times10^{-12}}=10\ (\text{mV})$$

或

$$U_{C1}=QU_1=100\times0.1\times10^{-3}=0.01\ (\text{V})=10\ (\text{mV})$$

(3) 相对频率：

$$\eta=\frac{f_2}{f_0}=\frac{f_2}{f_1}=\frac{1530}{820}=1.646$$

$$\frac{I_2}{I_0}=\frac{1}{\sqrt{1+Q^2\left(\eta-\frac{1}{\eta}\right)^2}}=\frac{1}{\sqrt{1+100^2\ (1.646-\frac{1}{1.646})^2}}=0.0098$$

$$I_2=\frac{1}{\sqrt{1+Q^2\left(\eta-\frac{1}{\eta}\right)^2}}I_0=0.098\times7.7=0.075\ (\mu\text{A})$$

$$U_{C2}=I_2\ \frac{1}{2\pi f_2 C}=0.075\times10^{-6}\times\frac{1}{2\times3.14\times1530\times10^3\times150\times10^{-12}}$$

$$=0.052\ (\text{mV})$$

$$\frac{U_{C1}}{U_{C2}}=\frac{10}{0.052}=192$$

可以看出，RLC 串联电路具有选频作用，同样大小强度的信号源，电路对频率为 f_1 的信号发生谐振，对频率为 f_2 的信号没有发生谐振，前者输出比后者输出大 192 倍，所以 f_1 的信号被放大 100 倍输出，而后者被减弱，电路具有选择性，突出了 f_1 的信号，抑制了 f_2 的信号。

2. RLC 并联电路频率响应

图 9.19 所示的电路为一端口 RLC 并联电路，$\dot{I}_S$ 为激励源，$\dot{U}$为响应。

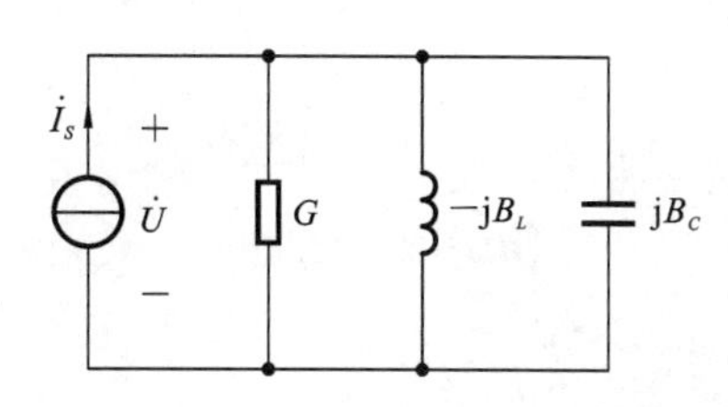

图 9.19　一端口 RLC 并联电路

由于
$$Y(\mathrm{j}\omega)=\frac{1}{R}+\mathrm{j}\left(\omega C-\frac{1}{\omega C}\right)=G+\mathrm{j}(B_C-B_L)$$

当 $\omega>\omega_0$ 时，$B=\omega C-\frac{1}{\omega L}>0$，则端口电路呈容性。

当 $\omega=\omega_0$ 时，$B=\omega C-\frac{1}{\omega L}=0$，则端口电路呈阻性。

当 $\omega<\omega_0$ 时，$B=\omega C-\frac{1}{\omega L}<0$，则端口电路呈感性。

当 $\omega=\omega_0=\frac{1}{\sqrt{LC}}$时，$Y$ 最小，$\dot{U}_0=\dot{I}_S/Y$，若$\dot{I}_S$ 不变，则$\dot{U}_0$ 最大。

现在讨论网络函数$\frac{\dot{U}}{\dot{I}_S}$、$\frac{\dot{I}_R}{\dot{I}_S}$、$\frac{\dot{U}}{\dot{U}_0}$等的频率特性，以及品质因数 Q 对特性曲线的影响。

由于网络函数$\frac{\dot{U}}{\dot{I}_S}$为转移阻抗，则有

$$H_R(\mathrm{j}\omega)=\frac{\dot{U}}{\dot{I}_S}=\frac{\dot{I}_S/Y}{\dot{I}_S}=\frac{1}{Y}=\frac{1}{\frac{1}{R}+\mathrm{j}\left(\omega C-\frac{1}{\omega L}\right)}=\frac{1}{G\left[1+\mathrm{j}\left(\frac{\omega C}{G}-\frac{1}{G\omega L}\right)\right]}$$
$$=\frac{1}{G\left[1+\mathrm{j}Q\left(\frac{\omega}{\omega_0}-\frac{\omega_0}{\omega}\right)\right]}\tag{9-34}$$

其中：
$$Q=\frac{\omega_0 C}{G}=\frac{1}{\omega_0 GL}\tag{9-35}$$

则 Q 称为 RLC 并联电路的品质因数。

$H_R(\mathrm{j}\omega)$的特性曲线如图 9.20 所示。

其频响特性的规律为带通滤波特性，则有

$$\dot{U}(\mathrm{j}\omega_0)=\dot{U}_0=\frac{\dot{I}_S}{Y(\mathrm{j}\omega_0)}=\frac{\dot{I}_S}{G}\tag{9-36}$$

$$H(\mathrm{j}\omega_0)=\frac{U(\mathrm{j}\omega_0)}{\dot{I}_S}=\frac{1}{G}$$

$$H_U(\mathrm{j}\omega)=\frac{H(\mathrm{j}\omega)}{H(\mathrm{j}\omega_0)}=\frac{U(\mathrm{j}\omega)}{U(\mathrm{j}\omega_0)}=\frac{1}{1+\mathrm{j}Q\left(\frac{\omega}{\omega_0}-\frac{\omega_0}{\omega}\right)}\tag{9-37}$$

幅频特性：

$$|H_U(\mathrm{j}\omega)|=\frac{1}{\sqrt{1+Q^2\left(\frac{\omega}{\omega_0}-\frac{\omega_0}{\omega}\right)}} \tag{9-38}$$

相频特性：

$$\varphi(\omega)=-\arctan Q\left(\frac{\omega}{\omega_0}-\frac{\omega_0}{\omega}\right) \tag{9-39}$$

网络函数 $H_U(\mathrm{j}\omega)$ 的频率响应特性曲线如图 9.21 所示，与 RLC 串联电路的网络函数 $H_I(\mathrm{j}\omega)=\dfrac{1}{1+\mathrm{j}Q\left(\frac{\omega}{\omega_0}-\frac{\omega_0}{\omega}\right)}$ 的曲线相同，满足对偶原理，称为通用频率特性曲线，或称谐振曲线。

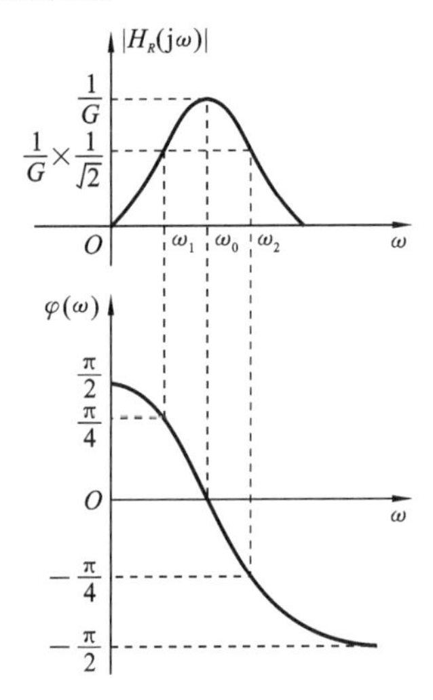

图 9.20　$H_R(\mathrm{j}\omega)$ 的频率响应

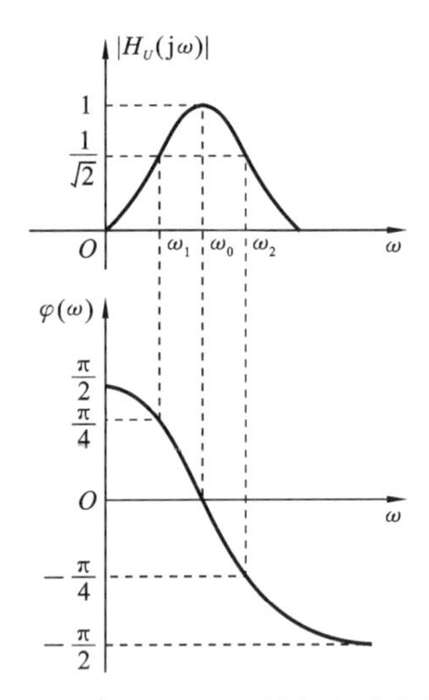

图 9.21　网络函数 $H_U(\mathrm{j}\omega)$ 的频率响应特性曲线

由对偶原理可知，网络函数 $\dfrac{\dot{U}}{\dot{I}_S}$、$\dfrac{\dot{U}}{\dot{U}_0}$、$\dfrac{\dot{I}_R}{\dot{I}_S}$、$\dfrac{\dot{I}_L}{\dot{I}_S}$、$\dfrac{\dot{I}_C}{\dot{I}_S}$ 的频率特性与 $\dfrac{\dot{I}}{\dot{U}_S}$、$\dfrac{\dot{I}}{\dot{I}_0}$、$\dfrac{\dot{U}_R}{\dot{U}_S}$、$\dfrac{\dot{U}_L}{\dot{U}_S}$、$\dfrac{\dot{U}_C}{\dot{U}_S}$ 的频率特性对应相同，品质因数 Q 对特性曲线的影响，规律也相同，分析同 RLC 串联电路的分析。

下面分析 Q 值对通用特性曲线的影响。

网络函数的频率响应特性分析如下。

(1) 选择性：该并联电路能使 ω_0 及其附近 ω 的频率信号通过，即 0.707～1 倍幅值对应的频率信号通过，且 Q 越大，曲线越陡，选择性越好。

(2) 抑制性：当 $\omega>\omega_2$，$\omega<\omega_1$ 时，这些信号通过该电路时呈现幅值很小（小于 0.707），说明电路对这些信号具有抑制作用。

(3) 通频带：

$$\mathrm{BW}=\omega_2-\omega_1=\frac{\omega_0}{Q} \tag{9-40}$$

$$\mathrm{BW}=f_2-f_1=\frac{f_0}{Q} \tag{9-41}$$

其中：

$$\mathrm{BW}=\frac{\omega_0}{Q}=\frac{1}{RC} \tag{9-42}$$

$$Q=\frac{\omega_0 C}{G}=R\omega_0 C=\frac{1}{\omega_0 GL}=\frac{R}{\omega_0 L} \tag{9-43}$$

其中：Q 为电感电流 I_L、电容电流 I_C 比 I_0（即 I_S）扩大的倍数。

Q 越高的电路，BW 越小，选择性越好，但频带越窄。前面提到，品质因数 Q 与通频带 BW 是一对矛盾值。信号由一定频率范围的多分量组成，要求电路提供一定的频带宽度，但频带越宽，电路选择性越差。通信上常需兼顾二者，在保证选择性好的同时，又要满足一定的通频带。

3. L、C 并联组成滤波电路

实际并联电路是 L、C 并联组成的滤波电路，线圈 L 本身的电阻 r 很小，如图 9.22(a)所示，可等效变换为 R_0、L_0、C 并联电路，如图 9.22(b)所示。

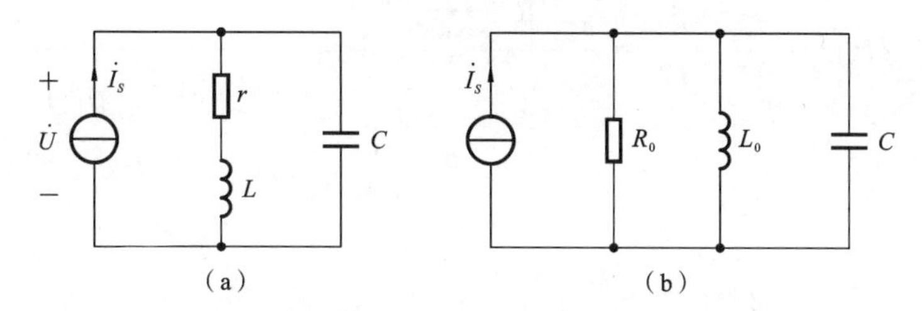

图 9.22 R、L 与 C 并联组成滤波电路

$$Y=\mathrm{j}\omega C+\frac{1}{r+\mathrm{j}\omega L}=\frac{r}{r^2+(\omega L)^2}+\mathrm{j}\left[\omega C-\frac{\omega L}{r^2+(\omega L)^2}\right]$$

$$=G+\mathrm{j}B=\frac{1}{R_0}+\mathrm{j}B=G+\mathrm{j}(B_C-B_L)$$

其中：

$$R_0=\frac{1}{G_0}=\frac{r^2+(\omega L)^2}{r} \tag{9-44}$$

$$L_0=\frac{1}{\omega B_L}=\frac{r^2+(\omega L)^2}{\omega^2 L} \tag{9-45}$$

将 R_0、L_0、C 代入上式 r、L、C 参数中，其余分析同前面的 R、L、C 并联电路。

品质因数：

$$Q=R_0\omega_0 C \tag{9-46}$$

若考虑信号源内阻及负载 R_L，则称为有载滤波器。如图 9.23 所示，则有

$$R'_0=R_S \parallel R_0 \parallel R_L \tag{9-47}$$

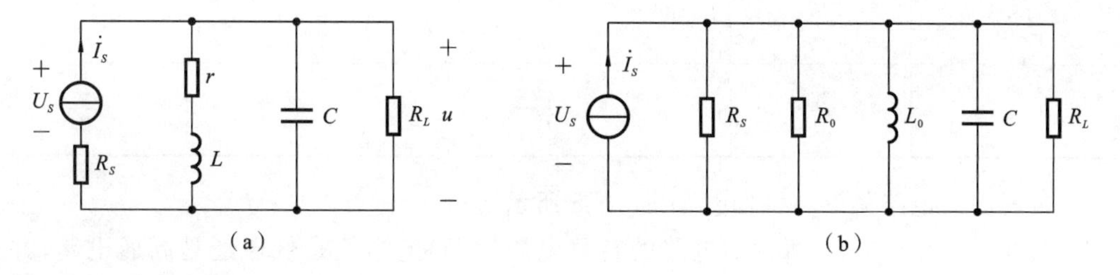

图 9.23 R、L 与 C 并联电路模型及其等效电路

品质因数：

$$Q=R'_0\omega_0 C \tag{9-48}$$

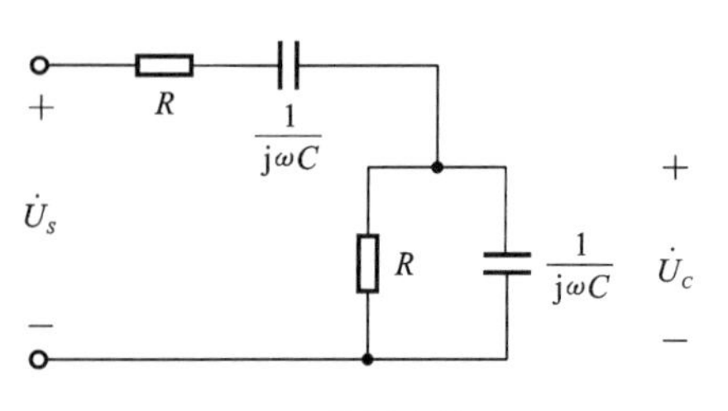

图 9.24 带通滤波电路

$$\frac{Q_e}{Q_0}=\frac{R'_0}{R_0} \tag{9-49}$$

即

$$Q_e=\frac{R'_0}{R_0}Q_0$$

上式表明，当接入电源及负载时，总的 R_0 变小，Q 下降，通频带变宽。

4. 带通滤波电路

带通滤波电路如图 9.24 所示，网络函数为

$$H(j\omega)=\frac{\dot{U}_2}{\dot{U}_1}=\frac{\dot{U}_C}{\dot{U}_S}=\frac{\dfrac{\frac{R}{j\omega C}}{R+\frac{1}{j\omega C}}}{R+\dfrac{1}{j\omega C}+\dfrac{\frac{R}{j\omega C}}{R+\frac{1}{j\omega C}}}=\frac{1}{3+j\left(\omega RC-\dfrac{1}{\omega RC}\right)}$$

$$=\frac{1}{3+j\left(\dfrac{\omega}{\omega_0}-\dfrac{\omega_0}{\omega}\right)} \tag{9-50}$$

幅频特性：

$$|H(j\omega)|=\frac{1}{\sqrt{3^2+\left(\omega RC-\dfrac{1}{\omega RC}\right)^2}} \tag{9-51}$$

相频特性：

$$\varphi(\omega)=-\arctan\frac{\omega RC-\dfrac{1}{\omega RC}}{3} \tag{9-52}$$

其中：

$$\omega_0=\frac{1}{RC} \tag{9-53}$$

表 9.6 所示的是带通滤波电路频率特性的特征值。

表 9.6 带通滤波电路频率特性的特征值

ω	0	ω_1	ω_0	ω_2	∞
$\|H(j\omega)\|$	0	$\frac{1}{3}\times 0.707$	$\frac{1}{3}$	$\frac{1}{3}\times 0.707$	0
$\varphi(\omega)$	$\frac{\pi}{2}$	$\frac{\pi}{4}$	0	$-\frac{\pi}{4}$	$-\frac{\pi}{2}$

带通滤波电路频率特性曲线如图 9.25 所示。

例 9-4 求图 9.26 所示的电路的转移电压比，确定它们是低通还是高通电路，并画出频率响应曲线。

解 由于

$$Y_{cb}=\frac{1}{R_2}+j\omega C=\frac{1+j\omega R_2 C}{R_2}$$

$$Z_{cb}=\frac{R_2}{1+j\omega R_2 C}$$

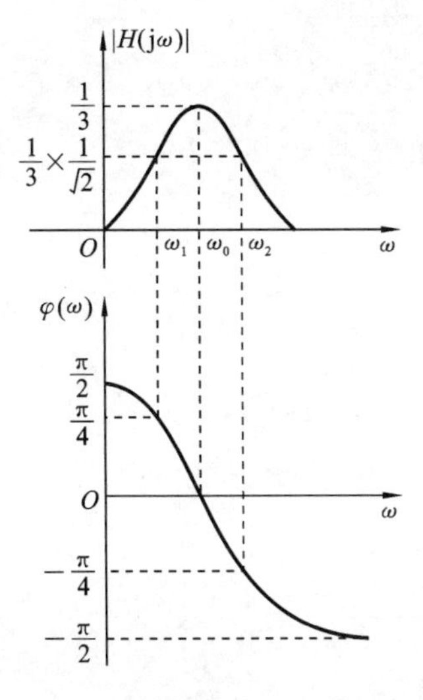

图 9.25 带通滤波电路频率特性曲线

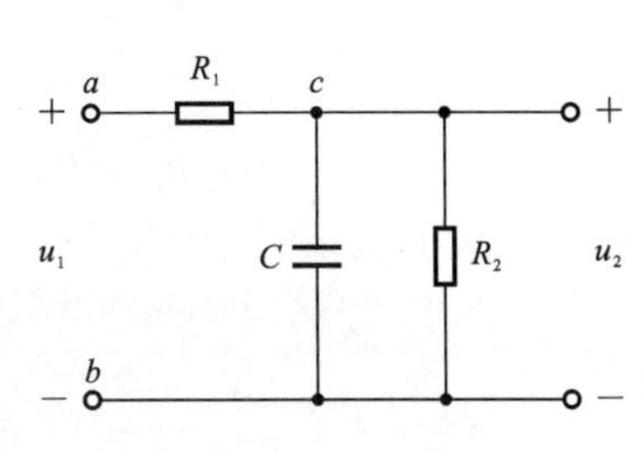

图 9.26 例 9-4 图(1)

$$Z_{ab}=R_1+\frac{R_2}{1+\mathrm{j}\omega R_2 C}=\frac{R_1+R_2+\mathrm{j}\omega R_1 R_2 C}{1+\mathrm{j}\omega R_2 C}$$

$$\dot{U}_2=\frac{Z_{cb}}{Z_{ab}}\dot{U}_1$$

$$H_U(\mathrm{j}\omega)=\frac{\dot{U}_2}{\dot{U}_1}=\frac{Z_{cb}}{Z_{ab}}=\frac{1+\mathrm{j}\omega R_2 C}{R_1+R_2+\mathrm{j}\omega R_2 C}\frac{R_2}{1+\mathrm{j}\omega R_2 C}=\frac{R_2}{R_1+R_2+\mathrm{j}\omega R_1 R_2 C}$$

$$=\frac{R_2}{R_1+R_2}\frac{1}{1+\mathrm{j}\dfrac{\omega R_1 R_2 C}{R_1+R_2}}=K\frac{1}{1+\mathrm{j}\dfrac{\omega}{\omega_0}}$$

$$K=\frac{R_2}{R_1+R_2},\quad \omega_0=\frac{R_1+R_2}{R_1 R_2 C}$$

则该电路为一阶低通电路，表 9.7 所示的是网络函数 $H_U(\mathrm{j}\omega)$ 幅频特性的特征值，频率响应曲线如图 9.27 所示。

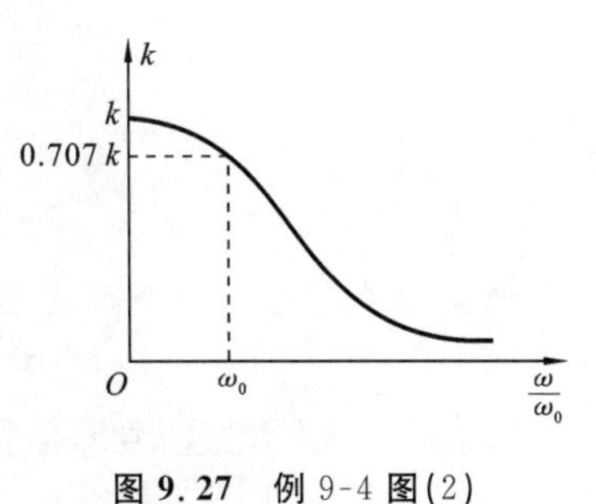

图 9.27 例 9-4 图(2)

表 9.7 网络函数 $H_U(\mathrm{j}\omega)$ 幅频特性的特征值

ω	0	ω_0	∞
$\left\lvert\dfrac{\dot{U}_2}{\dot{U}_1}\right\rvert$	K	$\dfrac{1}{\sqrt{2}}K$	0

例 9-5 RLC 串联电路 $R=10\ \Omega, L=0.01\ \mathrm{H}, C=10^{-6}\ \mathrm{F}$。

(1) 求输入阻抗与频率的关系；

(2) 划出阻抗的模和幅角与频率的关系曲线；

(3) 求谐振频率 ω_0；

(4) 求品质因数 Q；

(5) 求通频带。

解 (1) 输入阻抗与频率关系：

$$Z(\mathrm{j}\omega)=R+\mathrm{j}\omega L+\frac{1}{\mathrm{j}\omega C}=R+\mathrm{j}\left(\omega L-\frac{1}{\omega C}\right)=10+\mathrm{j}\left(0.01\omega-\frac{1}{\omega\times 10^{-6}}\right)$$

(2) $|Z(\mathrm{j}\omega)|=\sqrt{R^2+X^2}=\sqrt{10^2+\left(0.01\omega-\dfrac{1}{10^{-6}\omega}\right)^2}=R\sqrt{1^2+Q^2\left(\dfrac{\omega}{\omega_0}-\dfrac{\omega_0}{\omega}\right)^2}$

$$\varphi(\omega)=\angle\arctan\frac{\omega L-\dfrac{1}{\omega C}}{R}$$

求出上下限截止频率 ω_2、ω_1。由 $\dfrac{R}{Z(\mathrm{j}\omega)}=\dfrac{1}{\sqrt{1^2+Q^2\left(\dfrac{\omega}{\omega_0}-\dfrac{\omega_0}{\omega}\right)^2}}=\dfrac{1}{\sqrt{2}}$，$Q^2\left(\dfrac{\omega}{\omega_0}-\dfrac{\omega_0}{\omega}\right)^2=1$，得

$$\omega_2\approx10512.5,\quad \omega_1\approx9512.5,\quad \mathrm{BW}\approx10^3(\mathrm{rad/s})$$

表 9.8 所示的是复阻抗 $Z(\mathrm{j}\omega)$频率特性的特征值。

表 9.8 复阻抗 $Z(\mathrm{j}\omega)$频率特性的特征值

ω	0	ω_1	ω_0	ω_2	∞
$\|Z(\mathrm{j}\omega)\|$	∞	$\frac{1}{\sqrt{2}}R$	R	$\frac{1}{\sqrt{2}}R$	∞
$\varphi(\omega)$	$-\frac{\pi}{2}$	$-\frac{\pi}{4}$	0	$\frac{\pi}{4}$	$\frac{\pi}{2}$

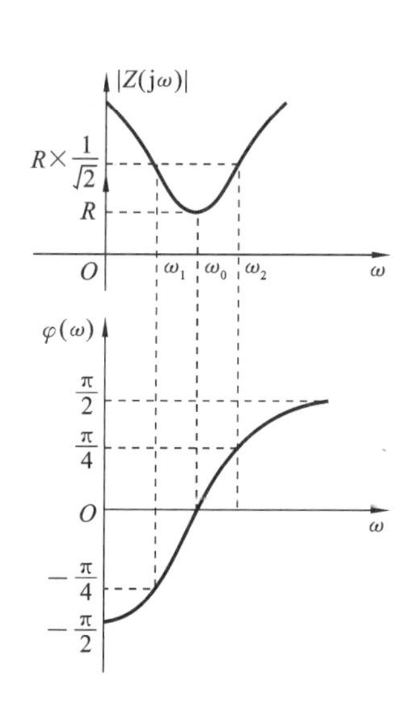

图 9.28 例 9-5 图

$|Z(\mathrm{j}\omega)|$-ω 频率特性曲线(阻抗模和幅角对频率关系曲线)如图 9.28 所示。

(3) $\omega_0=\dfrac{1}{\sqrt{LC}}=\dfrac{1}{\sqrt{0.01\times10^{-8}}}=10^4(\mathrm{rad/s})$

(4) $Q=\dfrac{\omega_0 L}{R}=10^4\times10^{-3}=10$

(5) $\mathrm{BW}=\dfrac{\omega_0}{Q}=\dfrac{10^4}{10}=10^3(\mathrm{rad/s})$

9.3 谐振电路

谐振现象广泛应用于通信工程及电子技术领域，以达到有目的地选择信号。

对于任意一个由 R、L、C 组成的无源一端口线性电路，端口等效阻抗可用 $Z(\mathrm{j}\omega)=R(\omega)+\mathrm{j}X(\omega)$表示，当信号源信号频率改变时，该 $Z(\mathrm{j}\omega)$随之改变。

$$Z(\mathrm{j}\omega)=R(\omega)+\mathrm{j}X(\omega)=\sqrt{R(\omega)^2+X(\omega)^2}\angle\arctan\frac{X(\omega)}{R(\omega)}=|Z(\mathrm{j}\omega)|\angle\varphi_Z(\omega)\tag{9-54}$$

端口等效导纳可用 $Y(\mathrm{j}\omega)=G(\omega)+\mathrm{j}B(\omega)$表示。

当 $X(\omega)>0$，$B(\omega)<0$，即 $\varphi_Z(\omega)>0$，$\varphi_Y(\omega)<0$ 时，电路呈感性。

当 $X(\omega)<0$，$B(\omega)>0$，即 $\varphi_Z(\omega)<0$，$\varphi_Y(\omega)>0$ 时，电路呈容性。

当 $X(\omega)=0$，$B(\omega)=0$，即 $\varphi_Z(\omega)=0$，$\varphi_Y(\omega)=0$ 时，电路呈阻性。

端口电压与电流同相位，这种现象称为谐振。产生谐振由 L 和 C 组成的电路称为谐振电路。

9.3.1 RLC 串联谐振电路

RLC 串联谐振电路如图 9.29 所示，正弦交流电压源$\dot{U}_S$为激励，角频率为 ω。

由于 $Z(\omega)=R+\mathrm{j}\left(\omega L-\dfrac{1}{\omega C}\right)=R+\mathrm{j}X$

串联谐振的条件为

$$I_m[Z]=0 \tag{9-55}$$

即 $X=0,\quad \omega L-\dfrac{1}{\omega C}=0$

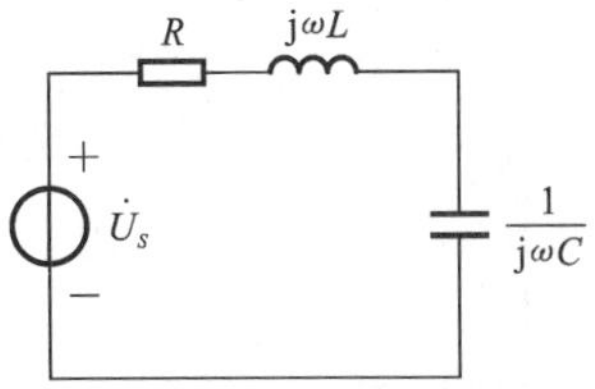

图 9.29 RLC 串联谐振电路

谐振角频率：

$$\omega=\omega_0=\frac{1}{\sqrt{LC}} \tag{9-56}$$

谐振频率：

$$f_0=\frac{1}{2\pi\sqrt{LC}} \tag{9-57}$$

当 $\omega=\omega_0$ 时，称为发生了串联谐振。

谐振频率取决于 L、C、f，ω_0 称为该电路的固有振荡频率。为产生谐振，改变 L 或 C 大小，使电源频率 $\omega_0=\dfrac{1}{\sqrt{LC}}=\omega$；或改变电源频率，使 $\omega=\omega_0=\dfrac{1}{\sqrt{LC}}$，均可使电路发生谐振。

串联谐振的特征如下。

(1) 电阻最小。$X=0$，有

$$Z=R \tag{9-58}$$

(2) 电流最大。$X=0$，有

$$\dot{I}_0=\frac{\dot{U}}{Z}=\frac{\dot{U}}{R} \tag{9-59}$$

(3) 品质因数 Q 为谐振时电感电压或电容电压与信号源 U_S 之比。则有

$$Q=\frac{\dot{U}_{L0}}{\dot{U}_S}=\frac{\dot{U}_{C0}}{\dot{U}_S}=\frac{\omega_0 L}{R}=\frac{1}{\omega_0 CR}=\frac{\rho}{R}=\frac{1}{R}\sqrt{\frac{L}{C}} \tag{9-60}$$

谐振时，有

$$\rho=\omega_0 L=\frac{1}{\omega_0 C}=\sqrt{\frac{L}{C}} \tag{9-61}$$

称为特性阻抗，单位为欧姆(Ω)。

Q 值越高，$\dot{U}_{L0}$及$\dot{U}_{C0}$越大，波形越陡，谐振电路的选择性越好，突出谐振信号 ω_0、抑制非谐振信号 ω 的能力越强，谐振电路"品质"越好。通信工程和电子技术方面利用谐振将微弱信号$\dot{U}_S$扩大 Q 倍，从电容两端输出。

由式(9-52)得

$$Q=\sqrt{\frac{L}{C}}\Big/R,\quad L=R^2Q^2C,\quad C=\frac{1}{Q^2R^2}$$

(4) L、C 上电压最大，则有

$$\dot{U}_{L0}=\mathrm{j}\omega_0 L\dot{I}_0=\mathrm{j}\frac{\omega_0 L}{R}\dot{U}=\mathrm{j}Q\dot{U}_S \tag{9-62}$$

$$\dot{U}_{C0}=-\mathrm{j}\frac{1}{\omega_0 C}\dot{I}_0=-\mathrm{j}\frac{1}{\omega_0 RC}\dot{U}=-\mathrm{j}Q\dot{U}_S \tag{9-63}$$

$$\dot{U}_{L0}=\dot{U}_{C0}=Q\dot{U}_S \tag{9-64}$$

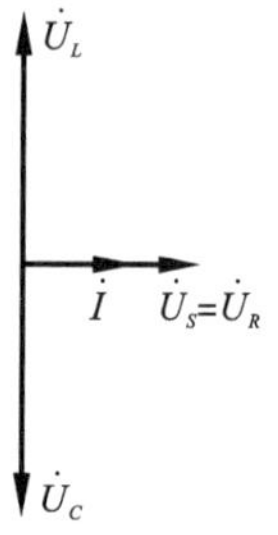

由于$\dot{U}_L$,$\dot{U}_C$ 大小是信号源大小的 Q 倍,故串联谐振称为电压谐振。

(5) 谐振时负载电压等于电源电压,即有

$$\dot{U}_S=\dot{U}_R+\dot{U}_L+\dot{U}_C=\dot{U}_R \tag{9-65}$$

$$\dot{U}_X=0 \tag{9-66}$$

$\dot{U}_L$ 与$\dot{U}_C$ 大小相等、方向相反,相量图如图 9.30 所示。

图 9.30 RLC **串联谐振时相量图**

(6) 谐振时,视在功率 S 等于有功功率 P。

谐振时,有

$$X=0,\quad Q=Q_L+Q_C=0$$

$$S=P=I_0^2 R \tag{9-67}$$

谐振时,由于电路吸收无功功率为零,感性无功功率与容性无功功率彼此补偿,则无需向电源取用无功功率。又由于 L 放电时,C 吸收电能;而 L 吸收电能时,C 释放电能,则能量在电场与磁场之间振荡,即有

$$Q(\mathrm{j}\omega_0)=Q_L(\mathrm{j}\omega_0)+Q_C(\mathrm{j}\omega_0)=\omega_0 LI^2(\mathrm{j}\omega_0)-\frac{1}{\omega_0 C}I^2(\mathrm{j}\omega_0)=0$$

(7) 谐振时总能量为一常数。

在整个过程中电场能量与磁场能量不断变化,各自随 t 变化而变化。$W_L=\frac{1}{2}Li_L(t)^2$,$W_C=\frac{1}{2}Cu_C^2(t)$,但此增彼减,电能与磁能相互转换,存储的总能量保持不变,均为

$$W_{L0}=W_{C0}=\frac{1}{2}LI_{0m}^2=\frac{1}{2}CU_{0m}^2 \tag{9-68}$$

信号源供给电路的能量全部转化为电阻的损耗 $S=P$,当 R 越小,维持振荡所需能量损耗越小,信号源消耗能量越小,即有

$$\begin{aligned}W(\mathrm{j}\omega_0)&=W_L(\mathrm{j}\omega_0)+W_C(\mathrm{j}\omega_0)=\frac{1}{2}LI_{Lm}^2(\mathrm{j}\omega_0)=\frac{1}{2}CU_{Cm}^2(\mathrm{j}\omega_0)\\&=\frac{1}{2}LI_m^2=\frac{1}{2}C(QU_{Sm})^2=\frac{1}{2}L\left(\frac{\sqrt{2}U_S}{R}\right)^2\\&=CQ^2U_S(\mathrm{j}\omega_0)=\text{常数}\end{aligned} \tag{9-69}$$

其中:

$$Q=\frac{\sqrt{\frac{L}{C}}}{R},\quad L=R^2Q^2C,\quad \frac{L}{R^2}=Q^2C$$

从能量观点分析 Q,则有

$$Q=\frac{\omega_0 LI_0^2}{RI_0^2}=\frac{Q_L(\mathrm{j}\omega_0)}{P_R(\mathrm{j}\omega_0)}=\frac{Q_C(\mathrm{j}\omega_0)}{P_R(\mathrm{j}\omega_0)} \tag{9-70}$$

RLC 串联谐振适用于信号源内阻较小的情况,若 R 值增大,则 Q 值降低,选择性变差。在通信工程和电子技术方面要利用电路的串联谐振,而在电力系统中应避免谐振,

以防出现高电压、大电流，损坏电气设备。

串联谐振在无线电中应用，如接收机是用来选择天线接收的来自不同频率的信号，利用 RLC 谐振回路选择所需要的信号，图 9.31(a)为实际电路，图 9.31(b)为等效电路。

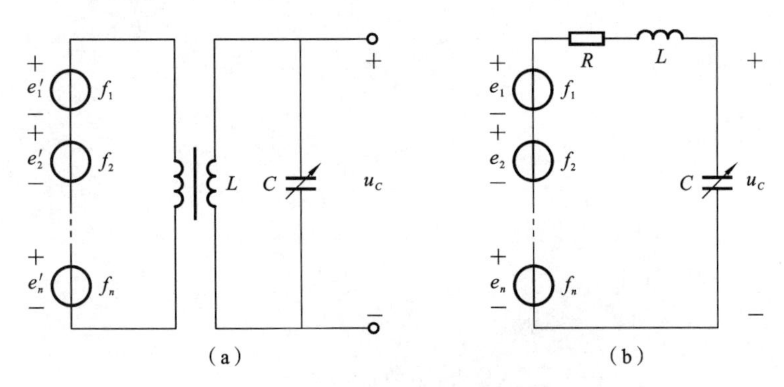

图 9.31　RLC **谐振回路**

例 9-6　电路如图 9.29 所示，在调节电容 C 使得电流 $\dot{I}$ 与电压 $\dot{U}$ 同相位时测得：电压有效值 $U=50$ V，$U_C=200$ V，电流有效值 $I=1$ A；已知 $\omega_0=10^3$ rad/s，求元件有效值 R、L、C 之值及品质因数 Q。

解　根据串联谐振的条件知

$$\omega_0=\frac{1}{\sqrt{LC}}$$

$$\omega_0^2=10^6=\frac{1}{LC}$$

谐振时，有

$$I_0=1\ \text{A},\quad L=0.2\ \text{H}=200\ \text{mH},\quad C=10^{-5}\ \text{F}=10\ \mu\text{F}$$

$$R=\frac{U}{I_0}=\frac{50}{1}=50\ (\Omega)$$

$$U_{C0}=\frac{1}{\omega_0 C}I_0=\frac{1}{10^3\times C}\times 1=200\ (\text{V})$$

$$U_{L0}=\omega_0 L I_0=1\times 10^3 L=U_{C0}=200\ (\text{V})$$

$$Q=\frac{\omega_0 L}{R}=\frac{10^3\times 200\times 10^{-3}}{50}=40$$

9.3.2　RLC 并联谐振电路

令一端口电路由 RLC 并联组成，如图 9.32 所示，由电流源 $\dot{I}_S$ 供电，角频率为 ω。由于

$$Y(\mathrm{j}\omega)=G+\mathrm{j}B=G+\mathrm{j}(B_C-B_L)$$
$$=\frac{1}{R}+\mathrm{j}\left(\omega C-\frac{1}{\omega L}\right)$$

并由并联谐振条件知

$$I_m[Y]=0 \tag{9-71}$$
$$B=0$$

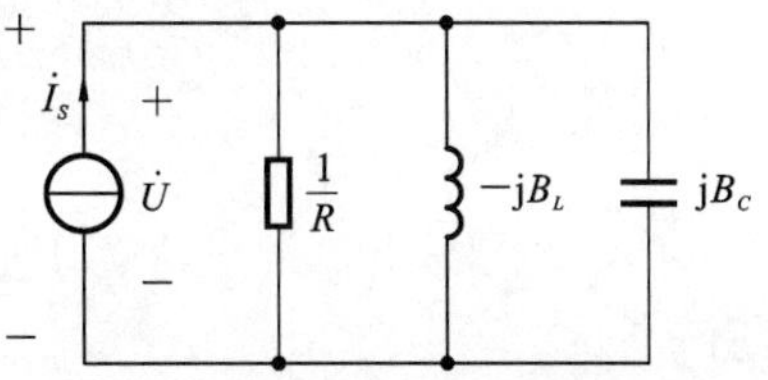

图 9.32　RLC **并联谐振电路**

即

$$\omega C-\frac{1}{\omega L}=0$$

谐振角频率：

$$\omega_0=\frac{1}{\sqrt{LC}} \tag{9-72}$$

谐振频率：

$$f_0=\frac{1}{2\pi\sqrt{LC}} \tag{9-73}$$

则 ω_0 称为该谐振电路的固有振荡频率。

并联谐振的特征如下。

(1) 导纳最小，电阻最大。则有

$$Y=G+jB=G,\quad R=\frac{1}{G} \tag{9-74}$$

(2) 当 $\dot{I}_S$ 一定时，电压最大。则有

$$\dot{U}=\frac{\dot{I}_S}{Y}=\frac{\dot{I}_S}{G} \tag{9-75}$$

(3) 品质因数 Q 为电感(容)电流与电流源电流之比。则有

$$Q=\frac{\dot{I}_{L0}}{\dot{I}_S}=\frac{\dot{I}_{C0}}{\dot{I}_S}\frac{\dot{U}\frac{1}{\omega_0 L}}{G}=\frac{\omega_0 C}{G}=\frac{1}{\omega_0 LG}=\frac{\omega_0 C}{G}=\frac{\sqrt{\frac{C}{L}}}{G}=\frac{\frac{1}{G}}{\sqrt{\frac{L}{C}}}=\frac{R}{\rho} \tag{9-76}$$

其中：
$$\rho=\sqrt{\frac{L}{C}}=\omega_0 L=\frac{1}{\omega_0 C}$$

称为特征阻抗，单位为 Ω。

谐振时，电路阻抗模 R 是支路阻抗模 $\omega_0 L$ 和$\frac{1}{\omega_0 C}$的 Q 倍。则有

$$\dot{I}_{L0}=\dot{I}_{C0}=Q\dot{I}_S \tag{9-77}$$

L、C 支路电流为电源 $\dot{I}_S$ 的 Q 倍，将微弱信号源放大 Q 倍，故并联谐振又称电流谐振。

(4) 电感电流与电容电流大小相等，均为 $\dot{I}_S$ 的 Q 倍，相位相反。则有

$$\dot{I}_L=-j\dot{U}B_L=\frac{\dot{U}}{j\omega_0 L}=-j\frac{\frac{\dot{I}_S}{G}}{\omega_0}=-j\dot{I}_S Q \tag{9-78}$$

$$\dot{I}_C=j\dot{U}B_C=\dot{U}j\omega_0 C=j\dot{I}_S=\frac{\omega_0 C}{G}=jQ\dot{I}_S \tag{9-79}$$

$$Q=\frac{1}{G\omega_0 L}=\frac{\omega_0 C}{G} \tag{9-80}$$

(5) 谐振时，电流源电流等于电导电流。相量图如图 9.33(a)或图 9.33(b)所示，则有

$$\dot{I}_S=\dot{I}_G+\dot{I}_L+\dot{I}_C=\dot{I}_G \tag{9-81}$$

$$\dot{I}_B=\dot{I}_L+\dot{I}_C=0$$

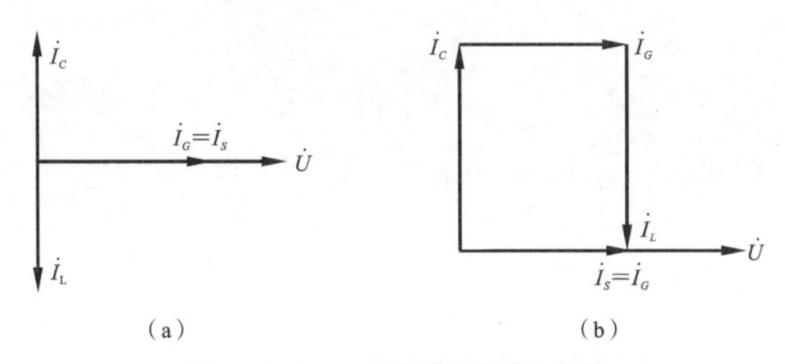

图 9.33 RLC 并联谐振时的相量图

谐振时，$\dot{I}_L$、$\dot{I}_C$ 不取用电源电流，而是 L 与 C 之间互补。

(6) 谐振时视在功率 S 等于有功功率。则有

$$Q=Q_L+Q_C=\frac{1}{2}U^2(\mathrm{j}\omega_0)\omega_0 C-\frac{1}{2}U^2(\mathrm{j}\omega_0)\frac{1}{\omega_0 L}=0$$

$$S=P=\dot{U}^2 G=\dot{I}_S^2/G \tag{9-82}$$

电感磁场能量与电容电场能量相互交换，完全补偿，L 与 C 之间发生振荡，信号源供给能量为有功功率，即供给维持振荡所需的能量损耗。G 越大，并联电阻 R 越小，信号源消耗能量越小。

(7) 电感能量与电容能量总和为一常数。

在整个过程中，电场能量与磁场能量各自随 t 变化而变化，此增彼减，电能与磁能相互转换，但存储的总能量保持不变，则有

$$W_C(\omega_0)=W_L(\omega_0)=\frac{1}{2}Li_L^2(t)+\frac{1}{2}Cu_C^2(t)=\frac{1}{2}LI_{Lm}^2=\frac{1}{2}CU_{Cm}^2=LQ^2I_S^2=\text{常数} \tag{9-83}$$

9.3.3 电感线圈与电容并联电路

工程上常采用电感线圈与电容并联电路，组成谐振电路。其中电感的电路模型由电阻 r 和 L 串联组成，且电阻 r 很小，如图 9.34(a)所示，可等效为 RLC 并联电路，如图 9.34(b)所示。

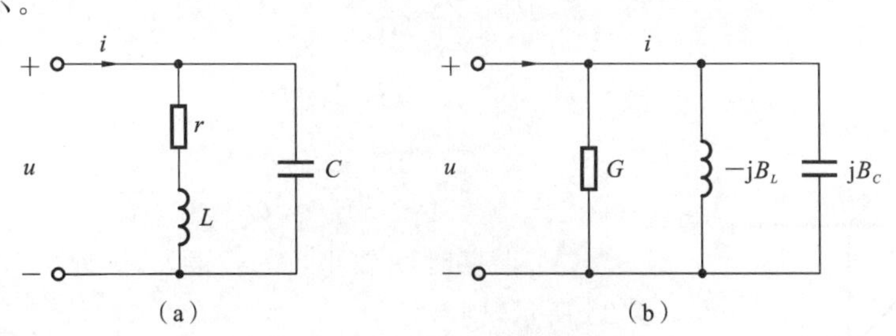

图 9.34 R、L 与 C 并联谐振电路

由于 $Y(\mathrm{j}\omega)=\mathrm{j}\omega C+\dfrac{1}{r+\mathrm{j}\omega L}=\dfrac{r}{r^2+(\omega L)^2}+\mathrm{j}\left(\omega C-\dfrac{\omega L}{r^2+(\omega L)^2}\right)=G+\mathrm{j}(B_C-B_L)$

则谐振条件：

$$I_m[Y(\mathrm{j}\omega)]=0,\quad \omega_0 C-\frac{\omega_0 L}{r^2+(\omega_0 L)^2}=0$$

$$\omega_0=\frac{1}{\sqrt{LC}}\sqrt{1-\frac{Cr^2}{L}} \tag{9-84}$$

或
$$f_0=\frac{1}{2\pi\sqrt{LC}}\sqrt{1-\frac{Cr^2}{L}} \tag{9-85}$$

当 $1-\frac{Cr^2}{L}>0$，即 $r<\sqrt{\frac{L}{C}}$ 时，ω_0 有实数。又由于 r 很小，当 $r\ll\sqrt{\frac{L}{C}}$ 时，电路发生谐振，即有

$$\omega_0=\frac{1}{\sqrt{LC}} \tag{9-86}$$

此时，它与 GLC 并联，谐振电路特性相近。

当 $1-\frac{Cr^2}{L}<0$，即 $r>\sqrt{\frac{L}{C}}$ 时，电路不会发生谐振。

谐振特征如下。

(1) 谐振时，导纳：

$$Y(\mathrm{j}\omega_0)=\frac{r}{r^2+(\omega_0 L)^2}=\frac{r}{\frac{L}{C}}=\frac{rC}{L}=G_0 \tag{9-87}$$

$$Z(\mathrm{j}\omega_0)=\frac{r^2(\omega_0 L)^2}{r}=\frac{\frac{L}{C}}{r}=\frac{L}{rC}=R_0=Z_0 \tag{9-88}$$

为并联于电源两端的等效电阻。其中，$Y(\mathrm{j}\omega_0)$ 不是最小的，$Z(\mathrm{j}\omega_0)$ 不是最大的。

(2) 当 U_S 一定时，$I_0=\frac{U_S}{R_0}$，此时电流很小。

当 I_S 一定时，$U_0=I_S R_0$，此时电压很大。

(3) 当 U_S 一定时，I_{rL} 和 I_C 是总电流 I_0 的 Q 倍。则有

$$I_{rL}=\frac{U_S}{\sqrt{r^2+(\omega_0 L)^2}}=\frac{U_S}{\omega_0 L} \tag{9-89}$$

$$I_C=\omega_0 C U_S \tag{9-90}$$

$$Q=\frac{I_{rL}(\mathrm{j}\omega_0)}{I_0}=\frac{R_0}{\omega_0 L}=\frac{I_C(\mathrm{j}\omega_0)}{I_0}=\omega_0 R_0 C \tag{9-91}$$

$$R_0=Z_0=\frac{L}{rC} \tag{9-92}$$

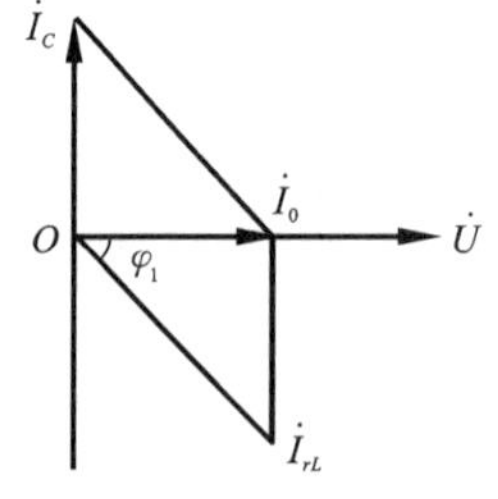

图 9.35 RLC 并联谐振时的相量图

故
$$Q=\omega_0 C R_0=\frac{R_0}{\omega_0 L}=\frac{Z_0}{\omega_0 L}$$

$$L=\frac{|Z_0|}{\omega_0 Q}=\frac{|Z_0|}{2\pi f_0 Q} \tag{9-93}$$

(4) 谐振时，r 较小，而 φ_1 很大，接近 90°，相量图如图 9.35 所示，则有

$$I_{rL}=I_0/\cos\varphi_1 \tag{9-94}$$

$$I_C=I_0\tan\varphi_1=I_{rL}\sin\varphi_1 \tag{9-95}$$

实际并联谐振电路应选择内阻 R_S 大的信号源。R_S 越大，并联线圈中 r 越小，折合到谐振回路中的电阻 R'_0 越大，Q 越大，如图 9.36(a)所示，等效电路如图 9.36(b)所示，即有

$$Q=\frac{R'_0}{\omega_0 L}=\omega_0 R'_0 C \quad \left(R'_0=R_S\parallel R_0,R_0=\frac{L}{rC}\right) \tag{9-96}$$

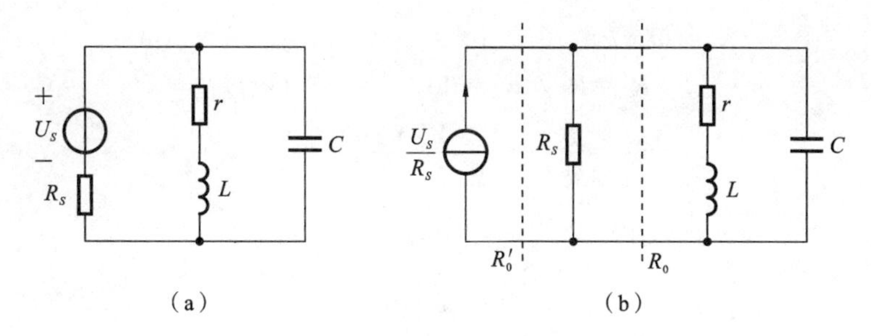

图 9.36 实际并联谐振电路

由式(9-96)可看出，并联谐振电路适用于配合高内阻信号源工作。

并联谐振在无线电工程和电子技术中广泛应用，在并联谐振时，利用 I_S 一定且阻抗模大的特点选择信号，或者 U_S 一定且导纳模小的特点抑制信号以消除干扰。在电力系统中利用并联电容将功率因数提高后电路所处的状态就是接近于电压源馈电的并联谐振状态。

选择信号时，I_S 一定，$|Z_0|$ 越大，U_0 越大，即有

$$U_0 = I_S|Z_0|$$

抑制信号时，U_S 一定，$|Z_0|$ 越大，$|Y_0|$ 越小，I_0 越小，即有

$$I_0 = \frac{U}{Z_0}$$

例 9-7 在图 9.37(a)所示的并联谐振电路中，已知电源的角频率 $\omega_0 = 10^6$ rad/s，$\dot{U}_S = 20\angle 0°$ V，$L = 500$ μH，$R_S = 50$ kΩ，并假设电路已经对电源频率发生谐振。(1) 求电路的通频带 BW、电容 C；(2) 谐振时总电流 I；L、C 回路中的电流 I_1；回路两端的电压 u_0；(3) 如果在回路上并联 $R_L = 30$ kΩ 的电阻，再求通频带 BW。

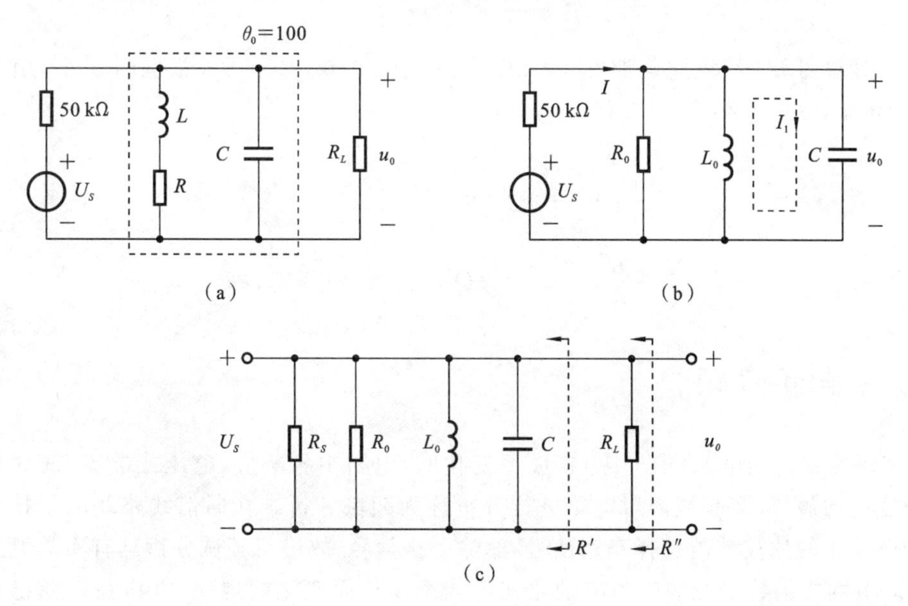

图 9.37 例 9-7 的图

解 (1) 由实际并联电路等效为 R_0L_0C 并联电路，如图 9.37(b)所示。当 $Q=100$ 时，由 $Q=\frac{R_0}{\omega_0 L}=\omega_0 CR_0$ 可得

$$R_0=Q\omega_0 L=100\times10^6\times500\times10^{-6}=50\ (\text{k}\Omega)$$

$$R'=R_0/\!/R_S=50/\!/50=25\ (\text{k}\Omega)$$

$$Q'=\frac{R'_0}{\omega_0 L}=\frac{25\times10^3}{10^6\times500\times10^{-6}}=50$$

$$\text{BW}'=\frac{\omega_0}{Q'}=\frac{10^6}{50}=2\times10^4\ (\text{rad/s})$$

$$Q=\omega_0 CR_0$$

则

$$C=\frac{Q}{\omega_0 R_0}=\frac{100}{10^6\times50\times10^3}=10^{-8}\ \text{F}=100\ (\mu\text{F})$$

(2) 谐振时总电流：

$$I=\frac{U_S}{R_S+R_0}=\frac{20}{(50+50)\times10^3}=0.2\ (\text{mA})$$

L、C 回路中的电流：

$$I_1=Q'\times I=50\times0.2=10\ (\text{mA})$$

回路两端的电压：

$$u_0=IR_0=0.2\times10^{-3}\times50\times10^3=10\ (\text{V})$$

(3) 在回路上并联 $R_L=30\ \text{k}\Omega$ 的电阻，如图 9.37(c)所示，则有

$$R_L=30\ (\text{k}\Omega),\quad R''=R'/\!/R_L=25/\!/30=\frac{150}{11}\ (\text{k}\Omega)$$

故

$$Q''=\frac{R''_0}{\omega_0 L}=\frac{\frac{150}{11}\times10^3}{10^6\times500\times10^{-6}}=\frac{300}{11}\approx27.27$$

$$\text{BW}''=\frac{\omega_0}{Q''}=\frac{10^6}{\frac{300}{11}}=3.67\times10^4\ (\text{rad/s})$$

由计算可知，若将此电路与 30 kΩ 负载电阻并联，$R''<R'$，总电阻变小，由 $Q=\omega_0 CR$ 可知，Q 将变小。或

$$Q\propto R$$

$$Q''=\omega_0 R''C,\quad Q'=\omega_0 R'C$$

$$\frac{Q''}{Q'}=\frac{R''}{R'},\quad Q''=\frac{R''}{R'}Q'=\frac{\frac{150}{11}}{25}\times50\approx27.27$$

9.4 章节回顾

(1) 本章讨论电源(信号源)在频率变化时，电路中各响应(电压或电流)随频率变化而变化的规律，在频域内对电路进行分析称为频域分析。在通信线路及电子技术中有广泛应用的滤波器能选择有用信号，滤除干扰信号，故进行频域分析具有实际意义。

(2) 网络函数研究响应与激励之间随频率变化而变化的规律，电路在正弦稳态激励下，用 $H(\text{j}\omega)$ 表示，定义为电路的响应相量与激励相量之比：

$$H(\text{j}\omega)=\frac{\text{响应相量}}{\text{激励相量}}$$

响应与激励，可以是电压，也可以是电流，故网络函数可以有不同的量纲，根据响应

与激励所处位置的不同，分为策动点函数和转移函数(传输函数)。

(3) 响应随电源(激励)频率变化而变化的规律称为频率响应，故网络函数为频率的复函数，即

$$H(j\omega)=|H(j\omega)|\angle\varphi(\omega)$$

$|H(j\omega)|$与ω的关系称为幅频特性，$\varphi(\omega)$与ω的关系称为相频特性。可用曲线表示，称为频率特性曲线。

(4) 本章讨论了RLC串联电路的频率响应$\frac{\dot{U}_R}{\dot{U}}$、$\frac{\dot{U}_L}{\dot{U}}$、$\frac{\dot{U}_R}{\dot{U}}$、$\frac{\dot{I}}{I_0}$等，对于复数阻抗，有

$$Z(j\omega)=R+j\left(\omega L-\frac{1}{\omega C}\right)=R\left[1+jQ\left(\frac{\omega}{\omega_0}-\frac{\omega_0}{\omega}\right)\right]$$

令

$$Q=\frac{\omega_0 L}{R}=\frac{1}{\omega_0 RC}$$

则

$$H_R(j\omega)=\frac{\dot{U}_R}{\dot{U}}=\frac{1}{1+jQ\left(\frac{\omega}{\omega_0}-\frac{\omega_0}{\omega}\right)}$$

幅频特性呈带通特性。在$\omega=\omega_0=\frac{1}{\sqrt{LC}}$时，$|H_R(j\omega)|$为最大，在$\omega_0$附近较大，远离$\omega_0$处下降很大，该电路对于$\omega_1\sim\omega_2$范围的频率具有选择性，即选择频率在$\omega_1\sim\omega_2$范围的信号通过，抑制$\omega_1\sim\omega_2$范围以外的频率信号。$Q$值越大，$\omega_0$附近曲线越陡，电路通$\omega_0$信号、阻其他信号能力越强，选择性越好，通频带BW越小，带宽越窄。故Q与BW成反比，由此求出通频带与阻带。$\mathrm{BW}=\omega_2-\omega_1=\frac{\omega_0}{Q}$ (rad/s)或$\mathrm{BW}=f_2-f_1=\frac{f_0}{Q}$ (Hz)，$\omega_1\leqslant\omega\leqslant\omega_2$为通带范围，在频域中段呈带状，其余为阻带。而其相频特性说明在$\omega=\omega_0$时没有相移，而在$\omega\neq\omega_0$时出现相移，在$\omega=\omega_2$及$\omega=\omega_1$时相移均为$\frac{\pi}{4}$，在$\omega=\infty$及$\omega=0$时相移达$\frac{\pi}{2}$，而幅频特性降为0。截止频率ω_1、ω_2是根据工程上认为$|H(j\omega)|$由1下降到$\frac{1}{\sqrt{2}}$时对应的频率，在$|H(j\omega)|<\frac{1}{\sqrt{2}}$以下对应的频率信号认为被抑制。并联RLC电路特性分析与RLC串联电路相似，称为通用频率特性曲线。

(5) 本章分析了RLC串联谐振情况。谐振是指端口电压与电流同相位，对外呈现阻性。谐振频率$\omega_0=\frac{1}{\sqrt{LC}}$，谐振特征为电阻最小，电流最大，$L$、$C$上的电压达到最大值，则有

$$\dot{U}_{L0}=\dot{U}_{C0}=Q\dot{U}_S$$

故把串联谐振称为电压谐振。利用此特点，通信线路及电子技术可以选择某一信号并放大Q倍。品质因数：

$$Q=\frac{1}{R}\sqrt{\frac{L}{C}}=\frac{\rho}{R}$$

特性阻抗：

$$\rho=\omega_0 L=\frac{1}{\omega_0 C}=\sqrt{\frac{L}{C}}$$

Q 值越高，谐振电路"品质"越好，电路的选择性越好，突出谐振信号 ω_0、抑制非谐振信号 ω 的能力越强。

谐振时，视在功率 $S=P, Q=0$。电感无功与电容无功相互补偿，L 与 C 之间发生振荡，电源只提供电阻消耗功率以维持振荡，串联谐振电路适用于电源(信号源)内阻较小的情况。

(6) RLC 并联谐振频率 $\omega_0=\dfrac{1}{\sqrt{LC}}$，谐振特征为导纳最小，$\dot{I}_S$ 为信号源时电压最大，L、C 上的电流达到最大值，则有

$$\dot{I}_{C0}=\dot{I}_{L0}=Q\dot{I}_S$$

故并联谐振称为电流谐振。品质因数：

$$Q=\frac{R}{\rho}$$

特性阻抗：

$$\rho=\sqrt{\frac{L}{C}}=\omega_0 L=\frac{1}{\omega_0 C}$$

将微弱信号电流放大 Q 倍。谐振时，L 与 C 之间发生振荡，则

$$S=P,\quad Q=0$$

并联谐振电路适用于内阻较大的信号源。

工程上常采用电感线圈与电容并联产生谐振，电路模型为 r、L 串联再与 C 并联(r 很小)。谐振频率：

$$\omega_0=\frac{1}{\sqrt{LC}}$$

谐振时，导纳：

$$Y(j\omega_0)=\frac{rC}{L}$$

特征与 RLC 并联谐振电路相近，$Z(j\omega_0)=\dfrac{L}{rC}=R_0$ 为谐振时等效电阻，可推得

$$R_0=Q\sqrt{\frac{L}{C}}=Q\rho,\quad Q=\frac{R_0}{\rho}$$

当$\dot{U}_S$ 一定时，$\dot{I}_{RL}$ 和$\dot{I}_C$ 是总电流的 Q 倍，即有

$$Q=\frac{\dot{I}_{RL}}{\dot{I}_0}=\frac{\dot{I}_C}{\dot{I}_0}=\omega_0 CR_0=\frac{R_0}{\omega_0 L}=\frac{R_0}{\rho},\quad \rho=\omega_0 L=\frac{1}{\omega_0 CR_0}=\sqrt{\frac{L}{C}}$$

其中：r 为线圈 L 电路的电阻，R_0 为并联等效电阻。

由上式知，串联在电感上的电阻 r 越小，并联在回路等效电阻 R_0 越大，Q 值越高；反之 Q 值越低。因此并联谐振回路适用于配合高内阻信号源工作。利用并联谐振时，$\dot{I}_S$ 一定且阻抗模大的特点选择信号，或者$\dot{U}_S$ 一定且导纳模小的特点抑制信号以消除干扰。

通信线路与电子技术应尽量利用谐振工作，而电力系统中应尽量避免发生谐振。

(7) 滤波器应用广泛，可分为一阶、二阶、高阶滤波器，又可分为无源、有源滤波器。本章分析了一阶、二阶常见电路无源滤波器及其滤波特性，如低通、高通、带通、带阻、全通滤波特性。

9.5 习题

9-1 试证明图 9.38(a)所示的是低通滤波电路，图 9.38(b)所示的是高通滤波电路，其中截止频率 $\omega_0=\dfrac{R}{L}$。

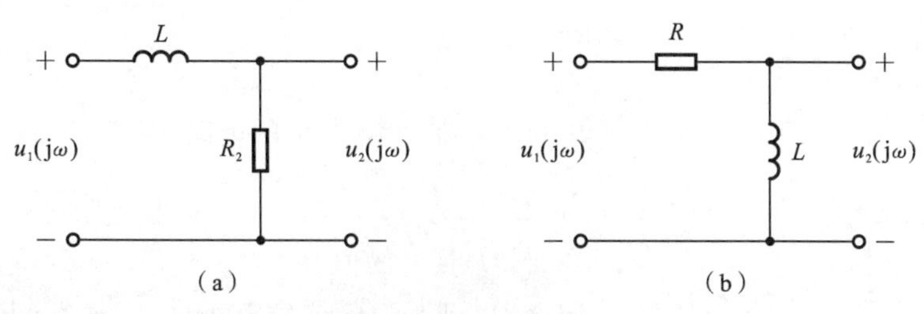

图 9.38 题 9-1 图

9-2 电路如图 9.39 所示，分别求一阶低通电路及一阶高通电路的电压转移函数 $H_u=\dfrac{\dot{U}_2}{\dot{U}_1}$。

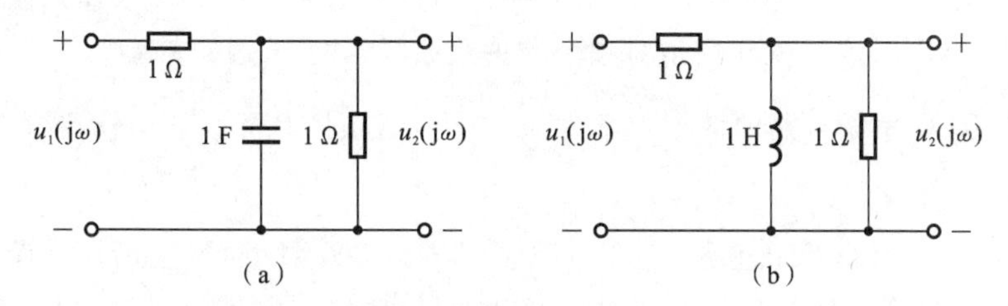

图 9.39 题 9-2 图

9-3 交流放大电路的级间 RC 耦合电路如图 9.40 所示，设 $R=1.5\ \text{k}\Omega$，$C=10\ \mu\text{F}$，(1) 求该电路的通频带；(2) 画出其幅频特性；(3) 若增大电容值，对通频带有何影响？

9-4 有源 RC 低通电路如图 9.41 所示，求含理想运算放大电路的电压转移函数 $H_U=\dfrac{\dot{U}_0}{\dot{U}_I}$。

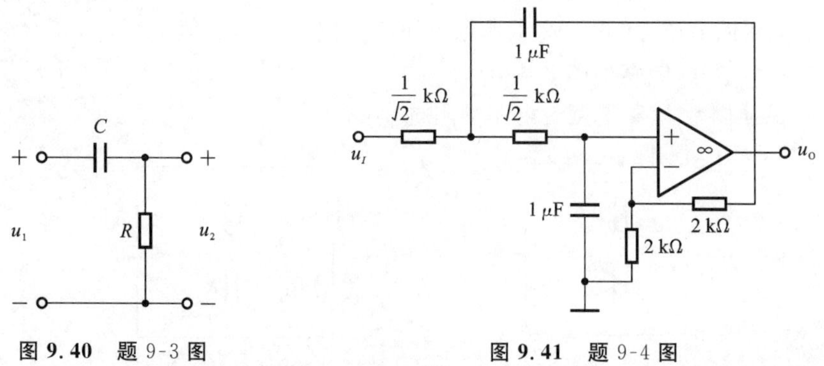

图 9.40 题 9-3 图　　　图 9.41 题 9-4 图

9-5 求图 9.42 所示的各电路的转移电压比，确定电路是低通还是高通电路，并画出频率响应曲线。

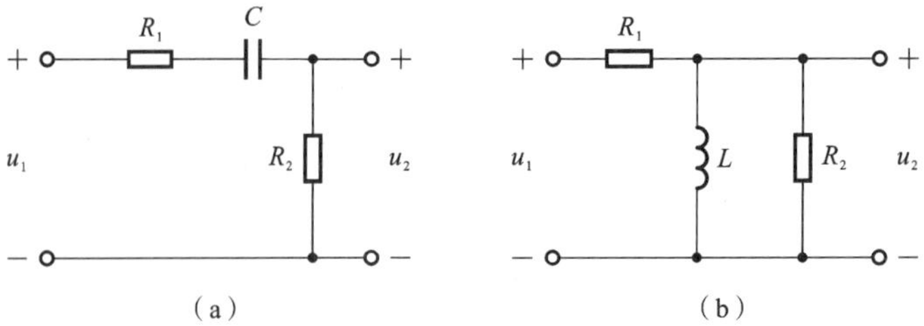

(a)　　(b)

图 9.42　题 9-5 图

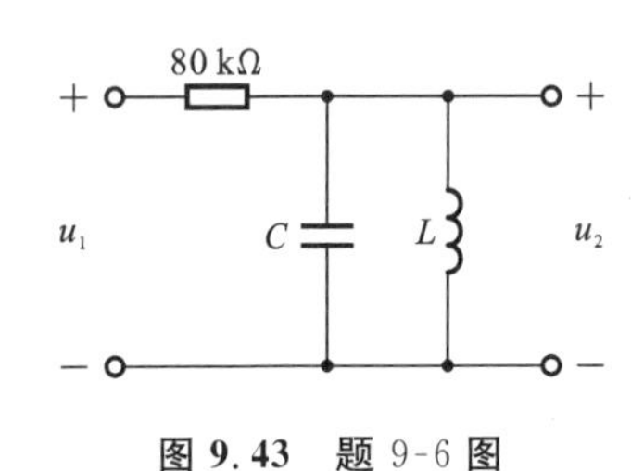

图 9.43　题 9-6 图

9-6　如图 9.43 所示的电路，定义 $H(\mathrm{j}\omega)=\dfrac{\dot{U}_2}{\dot{U}_1}$，$L=100\ \mu\mathrm{F}$，$C=100\ \mathrm{PF}$，求（1）频率为何值时，$|H(\mathrm{j}\omega)|$ 最大？（2）$|H(\mathrm{j}\omega)|$ 的值。

9-7　已知某一带通滤波电路，$\omega_0=2\times10^4\ \mathrm{rad/s}$，$Q=10$，试求通带宽度 B 及两个截止角频率 ω_{C1}、ω_{C2}。

9-8　RLC 串联电路中，$R=10\ \Omega$，$L=64\ \mu\mathrm{H}$，$C=100\ \mathrm{PF}$，$U_S=10\ \mathrm{V}$。（1）求输入阻抗与频率的关系；（2）绘出阻抗的模和幅角对频率的关系曲线；（3）求通频带。

9-9　RLC 并联电路中，$R=10^4\ \Omega$，$L=1\ \mathrm{mH}$，$C=10\ \mu\mathrm{F}$。（1）求输入阻抗与频率的关系；（2）绘出阻抗的模和幅角对频率的关系曲线；（3）求通频带 Q。

9-10　RLC 串联电路的谐振频率为 $\dfrac{1000}{2\pi}$ Hz，通频带 $\mathrm{BW}=\dfrac{100}{2\pi}$ Hz，谐振时阻抗 $Z_0=100\ \Omega$，求 R、L、C。

9-11　有一 RLC 串联电路，它在电源频率 f 为 500 Hz 时发生谐振。谐振时电流 I 为 0.2 A，容抗 X_C 为 314 Ω，并测得电容电压 U_C 为电源电压 U 的 20 倍，试求（1）电阻 R；（2）电感 L；（3）品质因数 Q；（4）电源电压 U；（5）电容电压 U_C。

9-12　已知 RLC 串联电路，$R=30\ \Omega$，$L=104\ \mathrm{mH}$，$C=40\ \mu\mathrm{F}$，电源电压 $\dot{U}=220\angle0^\circ\ \mathrm{V}$，频率可变，求（1）谐振角频率 ω_0；（2）谐振时的电流 I_0；（3）$\dot{U}_R$、$\dot{U}_L$、$\dot{U}_C$；（4）当电流有效值等于谐振电流的 $\dfrac{1}{\sqrt{2}}$ 时的频率 f。

9-13　有一串联谐振电路，已知 $L=160\ \mathrm{mH}$，谐振频率 $f_0=800\ \mathrm{kHz}$ 品质因数 $Q=75$，激励电压源电压为 30 mV，求谐振电路的阻抗 Z 和电流值。

9-14　有一并联电路如图 9.44 所示，$L=0.25\ \mathrm{mH}$，$R=25\ \Omega$，$C=85\ \mathrm{PF}$，试求谐振角频率 ω_0、品质因数 Q 和谐振时电路的阻抗模 $|Z_0|$。

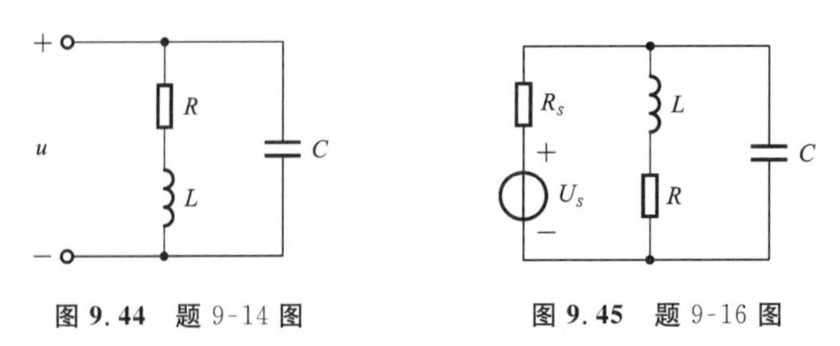

图 9.44　题 9-14 图　　图 9.45　题 9-16 图

9-15　已知 RLC 并联电路，$L=65\ \mathrm{mH}$，$R=5\ \mathrm{k\Omega}$，$C=1.56\ \mu\mathrm{F}$，激励电流源 $\dot{I}_S=3\angle0^\circ\ \mathrm{mA}$，频率可变。（1）求谐振频率 f_0；（2）求谐振电压；（3）计算 $\dot{I}_R$、$\dot{I}_L$、$\dot{I}_C$。

9-16　在图 9.45 所示的电路中，信号源的电动势为 $U_S=200\ \text{V}$，内阻为 $R_S=100\ \text{k}\Omega$，并联谐振回路的谐振角频率和品质因数分别为 $\omega_0=10^7\ \text{rad/s}$，$Q=100$，又设谐振时信号源输出的功率为最大。求(1) 电感 L、电容 C 和电阻 R；(2) 谐振电流 I_0、谐振回路的谐振电压 U_0 和谐振信号源输出的功率 P_0。

9-17　试求图 9.46 所示的各电路谐振角频率的表达式。

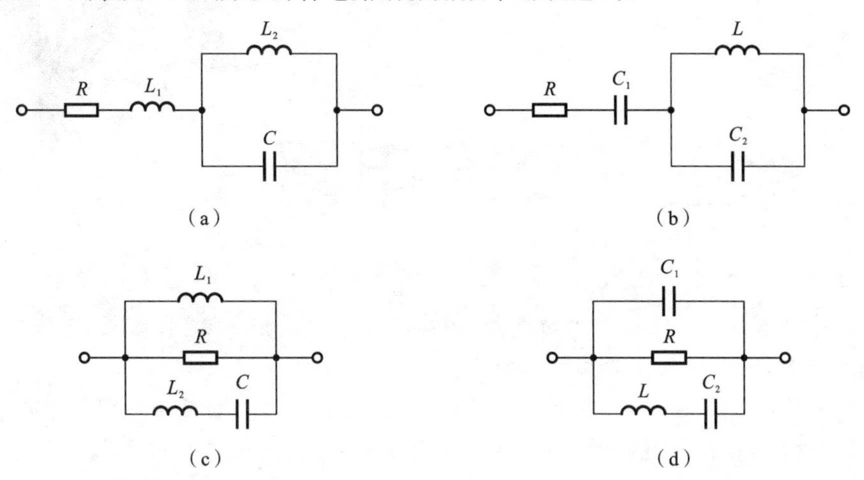

图 9.46　题 9-17 图

9-18　在图 9.47 所示的并联谐振电路中，其谐振频率 $f_0=100\ \text{kHz}$，谐振阻抗 $Z_0=100\ \text{k}\Omega$，品质因数 $Q=100$。(1) 试求元件 r、L 和 C；(2) 若将此电路与 200 kΩ 电阻并联，试问整个电路的品质因数 Q' 将变成多少？

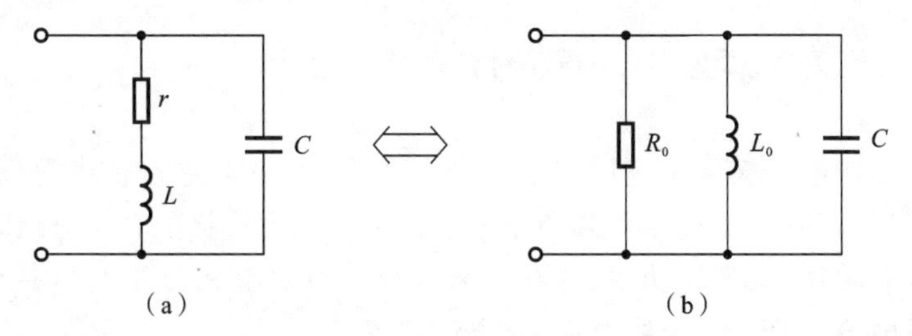

图 9.47　题 9-18 图

9-19　电路如图 9.48 所示。(1) 试求图 9.48(a)所示的电路的谐振角频率，并说明电路各参数间应满足什么条件才能实现并联谐振；(2) 图 9.48(b)中，当 $R_1=R_2=\sqrt{\dfrac{L}{C}}$ 时，试问电路将出现什么样的情况？

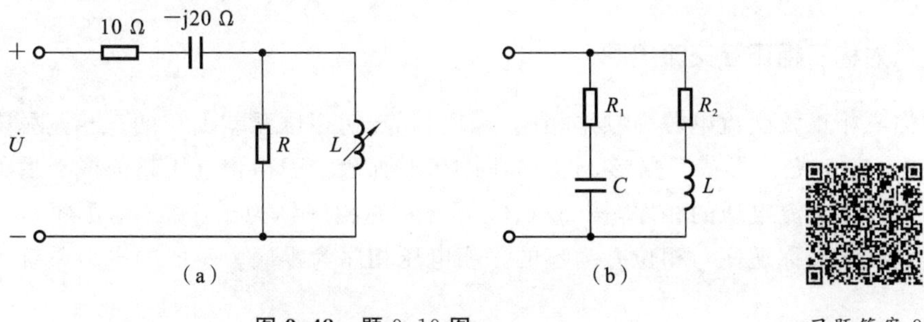

图 9.48　题 9-19 图

习题答案 9

10

三相正弦交流电路

本章重点

(1) 对称三相正弦交流电源的概念,相电压、线电压、相电流、线电流、中线电流、中点位移的概念,电源线电压与相电压的关系。

(2) 三相负载 Y 连接时,对称与不对称负载、有中线(Y_0)与无中线(Y)情况的分析方法。三相对称负载 Y 连接时,线电压与相电压关系式、线电流与相电流关系式。

(3) 三相对称负载 Δ 连接时,线电压与相电压关系式、线电流与相电流关系式。

(4) 三相对称负载的有功功率、无功功率和视在功率。

本章难点

(1) 三相负载星形连接无中线(Y)时,中点位移及各相负载相电流与线电流的求法。

(2) 三相负载星形、三角形(Δ)连接时故障情况分析。

三相正弦交流电在实际中应用广泛。本章将学习三相正弦交流电源以及三相负载的连接方式,三相正弦交流电路负载的星形连接和三角形连接的分析方法,求解三相正弦交流电路的有功功率、无功功率、视在功率。介绍有关三相交流电的一些概念:线电压、相电压、线电流、相电流、中线电流、中点位移等。

10.1 三相正弦交流电源

电力系统在电能的产生、传输、分配到使用过程均采用三相正弦交流电路,三相正弦交流电路一般由三相正弦交流电源、三相输电线路和三相负载组成。

10.1.1 对称三相正弦交流电源

对称三相正弦交流电源由频率相同、幅值相等、初相位互差 120°的三相正弦交流电压源组成,连接成 Y 形或三角形,电路如图 10.1 所示。三相相电压超前或滞后的先后次序称为三相交流电压的相序,按 $A \to B \to C \to A$ 的相序称为正序(又称顺序),与之相反,称为负序(又称逆序),相位差为零的三相电压相序为零序。一般的电力系统均采用正序。

瞬时表达式:

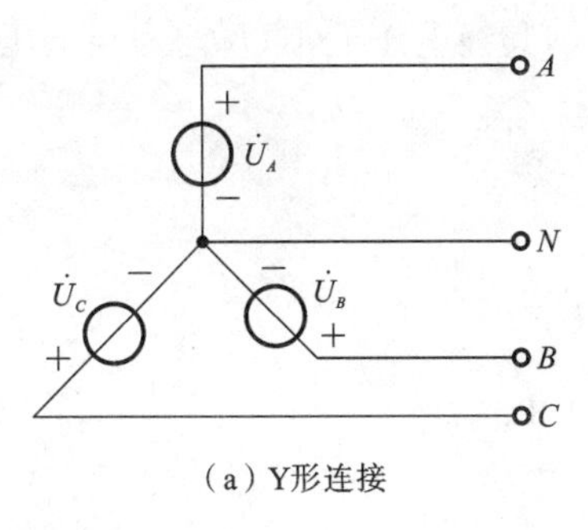

(a) Y形连接

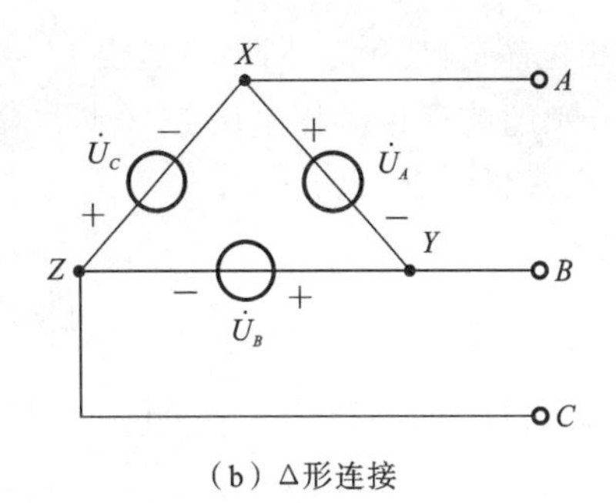

(b) Δ形连接

图 10.1 三相对称电源

$$\begin{cases} u_A=\sqrt{2}U\cos(\omega t) \\ u_B=\sqrt{2}U\cos(\omega t-120°) \\ u_C=\sqrt{2}U\cos(\omega t+120°) \end{cases} \tag{10-1}$$

相量表达式：

$$\begin{cases} \dot{U}_A=U\angle 0° \\ \dot{U}_B=U\angle -120°=\dot{U}_A\angle -120° \\ \dot{U}_C=U\angle 120°=\dot{U}_A\angle 120° \end{cases} \tag{10-2}$$

三相对称电压相量图如图 10.2 所示。

三相对称电源的三相电压之和为零，则有

$$u_A+u_B+u_C=0$$

或
$$\dot{U}_A+\dot{U}_B+\dot{U}_C=0 \tag{10-3}$$

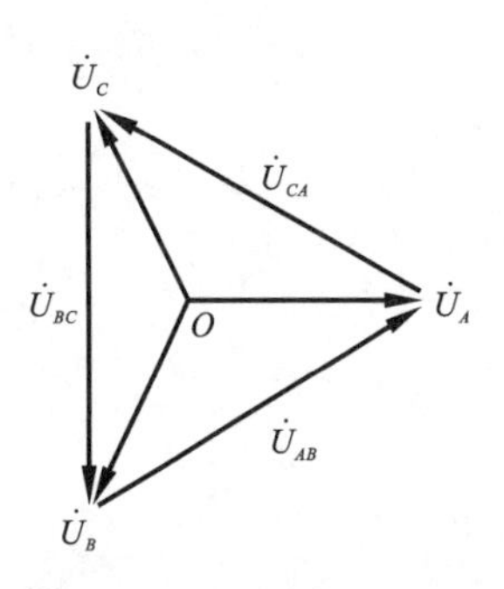

图 10.2 三相对称电压相量图

10.1.2 三相电源的连接

把发电机三相定子绕组或三相变压器次级三个绕组看作对称的三相电源，每相绕组产生电动势，相当于一相电源。三相电源的连接方式有两种：Y 形连接和 Δ 形连接。

1. Y 形连接

从三个绕组首端 A、B、C 引出三根线称为火线，三个绕组末端连在一起，其结点 N 称为中性点，简称中点。从中点引出一根线称为零线，火线与零线之间的电压称为相电压，即$\dot{U}_A$、$\dot{U}_B$、$\dot{U}_C$，火线与火线之间的电压为线电压，即$\dot{U}_{AB}$、$\dot{U}_{BC}$、$\dot{U}_{CA}$，端线上流过的电流称为线电流，即流过输电线上的电流。由三根火线、一根零线组成的供电体系称为三相四线制。电力系统一般采用三相四线制供电。

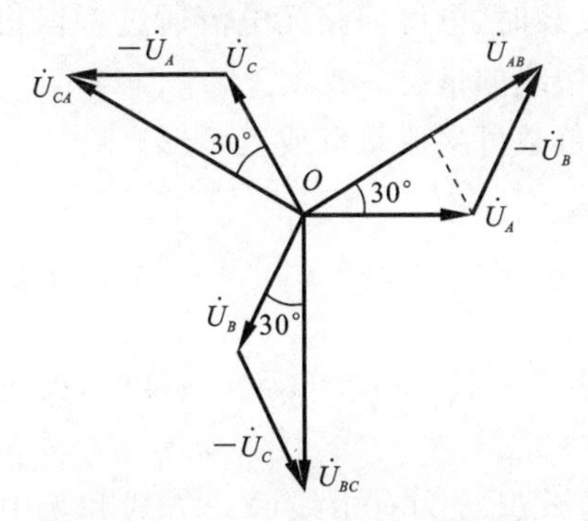

图 10.3 利用相量图求线电压

线电压可由

$$\begin{cases} \dot{U}_{AB}=\dot{U}_A-\dot{U}_B \\ \dot{U}_{BC}=\dot{U}_B-\dot{U}_B \\ \dot{U}_{CA}=\dot{U}_C-\dot{U}_A \end{cases} \tag{10-4}$$

求出，也可通过作相量图求出，如图 10.3 所示。

由图 10.3 所示，$\dot{U}_{AB}$ 为$\dot{U}_A$ 与$(-\dot{U}_B)$的矢量和，其线电压大小为

$$U_l=\sqrt{3}U_P\cos30°\times 2=\sqrt{3}U_P \tag{10-5}$$

$\dot{U}_{AB}$相位超前$\dot{U}_A$ 30°。同理可做出 $\dot{U}_{BC}$、$\dot{U}_{CA}$，其线电压大小 U_l 均为相电压 U_P 的$\sqrt{3}$倍，相位分别超前于相应相电压 $\dot{U}_B$（或 $\dot{U}_C$）30°。

还可用解析法求出。

设$\dot{U}_A=U_P\angle 0°$，则有

$$\dot{U}_B=U_P\angle -120°, \quad \dot{U}_C=U_P\angle 120°$$

故 $$\dot{U}_{AB}=\dot{U}_A-\dot{U}_B=U_P\angle 0°-U_P\angle -120°=U_P(1+\mathrm{j}0)-U_P\left(-\frac{1}{2}-\mathrm{j}\frac{\sqrt{3}}{2}\right)$$

$$=U_P\left(\frac{3}{2}+\mathrm{j}\frac{\sqrt{3}}{2}\right)=\sqrt{3}\dot{U}_A\angle 30°$$

$$\dot{U}_{BC}=\dot{U}_B-\dot{U}_C=U_P\angle -120°-U_P\angle 120°=U_P\left(-\frac{1}{2}-\mathrm{j}\frac{\sqrt{3}}{2}\right)-U_P\left(-\frac{1}{2}+\mathrm{j}\frac{\sqrt{3}}{2}\right)$$

$$=\sqrt{3}U_P\angle -90°=\sqrt{3}\dot{U}_B\angle 30°$$

$$\dot{U}_{CA}=\dot{U}_C-\dot{U}_A=U_P\angle 120°-U_P\angle 0°=U_P\left(-\frac{1}{2}+\mathrm{j}\frac{\sqrt{3}}{2}\right)-U_P(1+\mathrm{j}0)$$

$$=U_P\left(-\frac{3}{2}+\mathrm{j}\frac{\sqrt{3}}{2}\right)=\sqrt{3}U_P\angle 150°=\sqrt{3}\dot{U}_C\angle 30°$$

综上：

$$\begin{cases}\dot{U}_{AB}=\sqrt{3}\dot{U}_A\angle 30° \\ \dot{U}_{BC}=\sqrt{3}\dot{U}_B\angle 30° \\ \dot{U}_C=\sqrt{3}\dot{U}_C\angle 30°\end{cases} \tag{10-6}$$

由上述分析可知，三相电源相电压对称，线电压也对称。

2. △形连接

如图 10.1(b)所示，三个绕组 AX、BY、CZ 的首末端按 B-X、C-Y、Z-A 接在一起，从而组成三角形连接。从三个首端 A、B、C 引出三根线称为火线，没有中线引出，其供电方式为三相三线制，每相绕组相电压即为线电压，则有

$$\begin{cases}\dot{U}_{AB}=\dot{U}_A \\ \dot{U}_{BC}=\dot{U}_B \\ \dot{U}_{CA}=\dot{U}_C\end{cases} \tag{10-7}$$

故有 $$\dot{U}_{AB}+\dot{U}_{BC}+\dot{U}_{CA}=0$$

由于三相电源相电压对称，则线电压也对称。不接负载时，电源回路无电流通过。三相三线制的供电方式用于负载对称或不对称而不需要中线的情况。

综上所述，实际电路中三相电源是对称的，三相负载可接成星形或三角形。

10.2 负载的星形连接

三相负载星形接法采用每相负载末端 X、Y、Z 连接一起，首端 A、B、C 引出到火线上的方式。

负载星形连接分为对称与不对称情况，而连接方式又分为有中线（Y_0）方式和无中线（Y）的方式，故一共可分为不对称有中线、不对称无中线、对称有中线、对称无中线四

种情况进行分析计算。

负载三相分别为 Z_a、Z_b、Z_c，三相负载的末端连一起形成结点 N'，称为负载中性点，三个负载首端分别接到电源 A、B、C 三相火线上，N' 与 N 点之间用中线连接，即 Y_0 方式，如图 10.4 所示。负载三相电压为 $\dot{U}_a$、$\dot{U}_b$、$\dot{U}_c$；流过每相负载的电流为相电流，分别为 $\dot{I}_a$、$\dot{I}_b$、$\dot{I}_c$；火线上电流为线电流，分别为 $\dot{I}_A$、$\dot{I}_B$、$\dot{I}_C$，由于星形连接，每相相电流等于线电流，有

$$\begin{cases}\dot{I}_a=\dot{I}_A\\ \dot{I}_b=\dot{I}_B\\ \dot{I}_c=\dot{I}_C\end{cases}\tag{10-8}$$

由 KCL 定律可知，中线电流：

$$\dot{I}_N=\dot{I}_a+\dot{I}_b+\dot{I}_c\tag{10-9}$$

求每相电流需先求出每相负载电压，然后按照欧姆定律求解。

10.2.1　不对称负载

由于负载不对称，则有

$$Z_a\neq Z_b\neq Z_c$$

1. 有中线情况($Z_0\doteq 0$)

将图 10.4 所示的电路转换为图 10.5 所示的电路，线路阻抗忽略不计，中性线阻抗设为 Z_0，一般 Z_0 很小($Z_0\doteq 0$)。

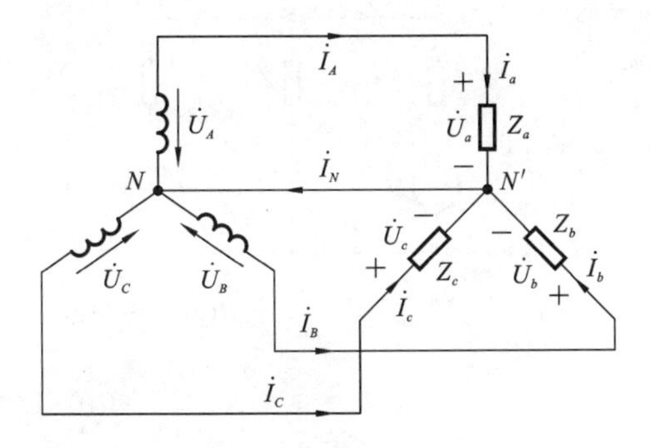

图 10.4　星形 Y_0 接法

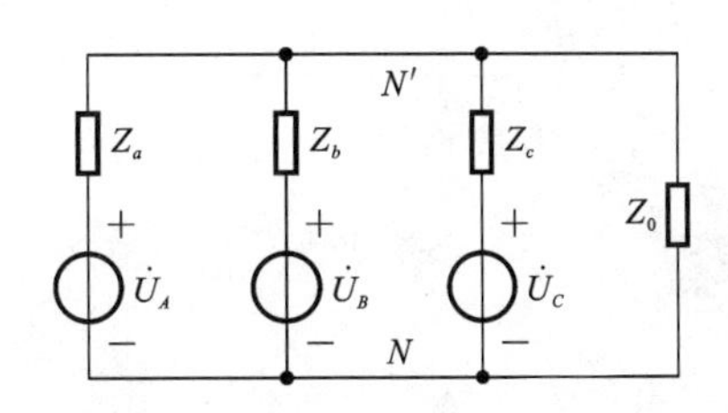

图 10.5　星形 Y_0 接法另一种画法

由结点电压法求中点位移 $\dot{U}_{N'N}$。根据弥尔曼定律：

$$\dot{U}_{N'N}\left(\frac{1}{Z_a}+\frac{1}{Z_b}+\frac{1}{Z_c}+\frac{1}{Z_0}\right)=\frac{\dot{U}_A}{Z_a}+\frac{\dot{U}_B}{Z_b}+\frac{\dot{U}_C}{Z_c}$$

$$\dot{U}_{N'N}=\frac{\dot{U}_AY_a+\dot{U}_BY_b+\dot{U}_CY_c}{Y_a+Y_b+Y_c+Y_0}\tag{10-10}$$

其中：$Y_a=\dfrac{1}{Z_a}$，$Y_b=\dfrac{1}{Z_b}$，$Y_c=\dfrac{1}{Z_c}$，$Y_0=\dfrac{1}{Z_0}$。

因为有中线，则

$$Z_0\doteq 0,\quad Y_0\to\infty$$

$$\dot{U}_{N'N}\doteq 0\tag{10-11}$$

则由 KVL 定律知，每相负载电压：

$$\begin{cases}\dot{U}_a=\dot{U}_A-\dot{U}_{N'N}\doteq\dot{U}_A\\ \dot{U}_b=\dot{U}_B-\dot{U}_{N'N}\doteq\dot{U}_B\\ \dot{U}_c=\dot{U}_C-\dot{U}_{N'N}\doteq\dot{U}_C\end{cases}\tag{10-12}$$

故三相负载相电压基本对称。

中线的作用是使三相负载电压基本对称，均等于电源额定相电压。

负载相电流：

$$\begin{cases}\dot{I}_a=\dfrac{\dot{U}_a}{Z_a}\doteq\dfrac{\dot{U}_A}{Z_a}=\dot{I}_A\\ \dot{I}_b=\dfrac{\dot{U}_b}{Z_b}\doteq\dfrac{\dot{U}_B}{Z_b}=\dot{I}_B\\ \dot{I}_c=\dfrac{\dot{U}_c}{Z_c}\doteq\dfrac{\dot{U}_C}{Z_c}=\dot{I}_C\end{cases}\tag{10-13}$$

由上述分析可知，三相负载不对称的 Y_0 连接时，相电压基本对称，相电流不对称，线电流也不对称。

2. 无中线情况($Z_0\to\infty$,$Y_0=0$)

三相星形不对称负载不带中线(Y)方式连接时，电路如图 10.6 所示，也可转换为图 10.7 所示电路。

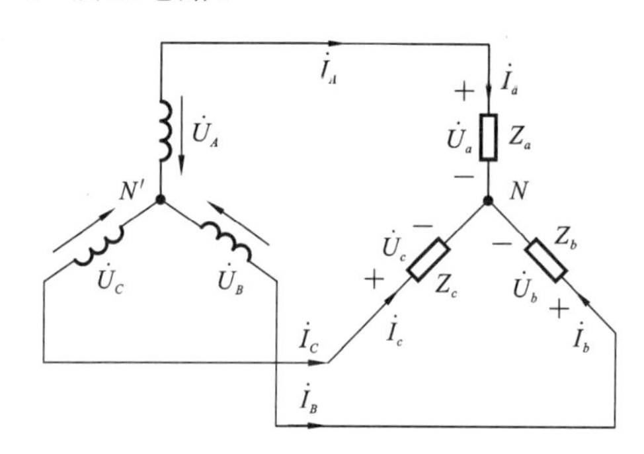

图 10.6　星形 Y 接法

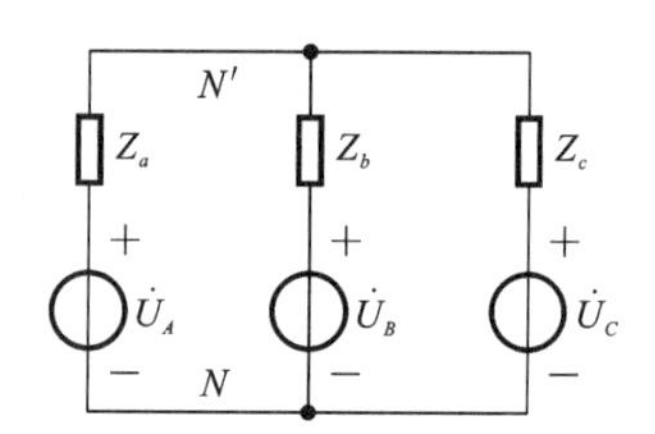

图 10.7　星形 Y 接法另一种画法

$$\dot{U}_{N'N}=\frac{\dot{U}_AY_a+\dot{U}_BY_b+\dot{U}_CY_c}{Y_a+Y_b+Y_c}\tag{10-14}$$

在无中线情况下，有

$$Z_0\to\infty,\quad Y_0=0,\quad \dot{U}_{N'N}\neq0$$

说明负载中性点 N'对电源中性点 N 有电位漂移，称为中性点漂移(简称中点位移)。

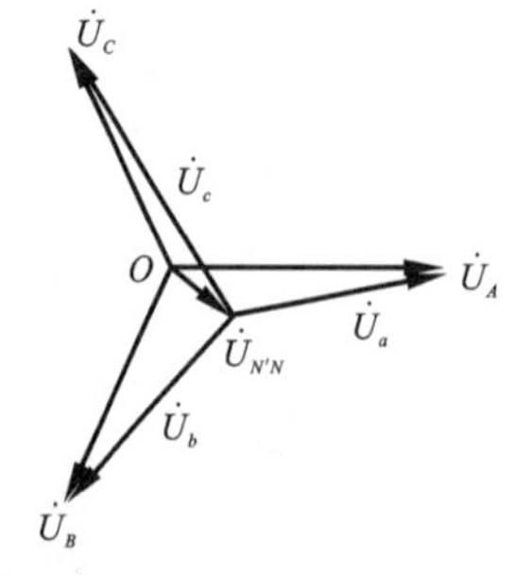

图 10.8　星形 Y 接法相量图

负载相电压：

$$\begin{cases}\dot{U}_a=\dot{U}_A-\dot{U}_{N'N}\\ \dot{U}_b=\dot{U}_B-\dot{U}_{N'N}\\ \dot{U}_c=\dot{U}_C-\dot{U}_{N'N}\end{cases}\tag{10-15}$$

做出相量图如图 10.8 所示，可以看出 N'与 N 不重合，$\dot{U}_{N'N}\neq0$，使得三相负载电压$\dot{U}_a$、$\dot{U}_b$、$\dot{U}_c$ 不对称，有的超过额定电压 U_N，有的低于额定电压 U_N，负载不能正常工作。由于 $U_a<U_N$，$U_b>U_N$，因此中线作用就凸现出来，它能使三相负载电压对称，让其大小均等于电源额定电压；否则将使负载不能正常工作，为此中线上不能加开关或熔断器。

三相负载相电流分别为

$$\begin{cases} \dot{I}_a=\dfrac{\dot{U}_a}{Z_a}=\dot{I}_A \\ \dot{I}_b=\dfrac{\dot{U}_b}{Z_b}=\dot{I}_B \\ \dot{I}_c=\dfrac{\dot{U}_c}{Z_c}=\dot{I}_C \end{cases} \tag{10-16}$$

由 KCL 定律：

$$\dot{I}_a+\dot{I}_b+\dot{I}_c=0 \tag{10-17}$$

由上述分析可知，三相负载不对称的 Y 连接时，相电压不对称，相电流和线电流也不对称。

10.2.2 对称负载

在负载对称情况下，有

$$Z_a=Z_b=Z_c=Z,\quad Y=\frac{1}{Z}$$

1. 有中线情况($Z_0\doteq 0, Y_0\rightarrow\infty$)

由式(10-10)得

$$\dot{U}_{N'N}=\frac{Y(\dot{U}_A+\dot{U}_B+\dot{U}_C)}{3Y+Y_0}=0$$

$$\begin{cases} \dot{U}_a=\dot{U}_A-\dot{U}_{N'N}=\dot{U}_A \\ \dot{U}_b=\dot{U}_B-\dot{U}_{N'N}=\dot{U}_B \\ \dot{U}_c=\dot{U}_C-\dot{U}_{N'N}=\dot{U}_C \end{cases} \tag{10-18}$$

故三相负载电压对称。

三相负载相电流及线电流分别为

$$\begin{cases} \dot{I}_a=\dfrac{\dot{U}_a}{Z_a}=\dfrac{\dot{U}_A}{Z}=\dot{I}_A \\ \dot{I}_b=\dfrac{\dot{U}_b}{Z_b}=\dfrac{\dot{U}_B}{Z}=\dfrac{\dot{U}_A}{Z}\angle -120^\circ=\dot{I}_A\angle -120^\circ=\dot{I}_B \\ \dot{I}_c=\dfrac{\dot{U}_c}{Z_c}=\dfrac{\dot{U}_C}{Z}=\dfrac{\dot{U}_A}{Z}\angle 120^\circ=\dot{I}_A\angle 120^\circ=\dot{I}_C \end{cases} \tag{10-19}$$

由式(10-19)可知，负载对称的三相星形连接，相电压对称，相电流对称，线电流也对称。故对称负载只需计算一相即可，其他两相按对称关系由式(10-19)求出。

2. 无中线情况($Z_0\rightarrow\infty, Y_0=0$)

由于

$$Z_a=Z_b=Z_c=Z,\quad Y=\frac{1}{Z}$$

由式(10-14)得

$$\dot{U}_{N'N}=\frac{Y(\dot{U}_A+\dot{U}_B+\dot{U}_C)}{3Y+Y_0}=\frac{Y(\dot{U}_A+\dot{U}_B+\dot{U}_C)}{3Y}=0$$

由式(10-19)可求出相电流及线电流。

在负载对称无中线情况下，相电压对称，相电流对称，线电流也对称。

在星形连接的对称负载中，相电流和线电流的求解只需求解一相，按对称关系可求出其他两相。其步骤如下。

(1) 求出 a 相负载相电压：

$$\dot{U}_a=\dot{U}_A$$

(2) 求相电流：

$$\dot{I}_a=\frac{\dot{U}_a}{Z}=\frac{\dot{U}_A}{Z}$$

按对称关系求出 b、c 相电流：

$$\dot{I}_b=\dot{I}_a\angle-120^\circ,\quad \dot{I}_c=\dot{I}_a\angle 120^\circ$$

(3) 求线电流：

$$\dot{I}_A=\dot{I}_a,\quad \dot{I}_B=\dot{I}_b,\quad \dot{I}_C=\dot{I}_c$$

或按对称关系求出 B、C 相线电流：

$$\dot{I}_B=\dot{I}_A\angle-120^\circ,\quad \dot{I}_C=\dot{I}_A\angle 120^\circ$$

例 10-1 有一星形连接的三相负载如图 10.9 所示，每相的电阻 $R=3\ \Omega$，感抗 $X=4\ \Omega$，三相电源电压对称，设 $u_{AB}=380\sqrt{2}\cos(\omega t+60^\circ)$，试求相电流及线电流。

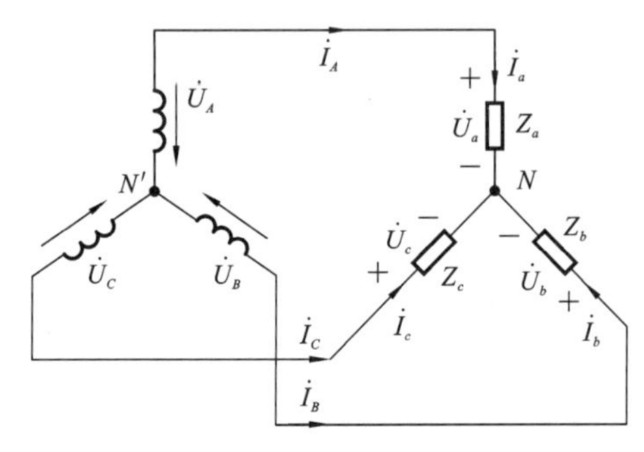

图 10.9 例 10-1 图

解 因为三相负载对称，只算一相即可，则有

$$Z=3+\mathrm{j}4=5\angle 53^\circ\ (\Omega),\quad \dot{U}_{AB}=380\angle 60^\circ\ (\mathrm{V})$$

则电源相电压：

$$\dot{U}_A=\frac{\dot{U}_{AB}}{\sqrt{3}\angle 30^\circ}=\frac{380\angle 60^\circ}{\sqrt{3}\angle 30^\circ}=220\angle 30^\circ\ (\mathrm{V})$$

相电流：

$$\dot{I}_a=\frac{\dot{U}_A}{Z}=\frac{220\angle 30^\circ}{3+\mathrm{j}4}=\frac{220\angle 30^\circ}{5\angle 53^\circ}=44\angle-23^\circ\ (\mathrm{A})$$

由对称关系可求另外两相，即

$$\dot{I}_b=\dot{I}_a\angle-120^\circ=44\angle-143^\circ\ (\mathrm{A})$$

$$\dot{I}_c=\dot{I}_a\angle 120^\circ=44\angle 97^\circ\ (\mathrm{A})$$

由于线电流等于相电流，则有

$$\dot{I}_A=\dot{I}_a=44\angle-23^\circ\ (\mathrm{A})$$

$$\dot{I}_B=\dot{I}_b=44\angle-143^\circ\ (\mathrm{A})$$

$$\dot{I}_C=\dot{I}_c=44\angle 97^\circ\ (\text{A})$$

例 10-2　在图 10.10(a)所示电路中，电源线电压 $U=380$ V，三个电阻接成星形，其电阻分别为 $R_1=11\ \Omega$，$R_2=R_3=22\ \Omega$。(1) 求负载相电压、负载相电流及中性电流，并做出它们的相量图；(2) 若无中性线，如图 10.10(b)所示，求负载相电压及中性点电压；(3) 若无中性线，A 相短路时如图 10.10(c)所示，求各相电压和电流，并做出它们的相量图；(4) 若无中性线，C 相断路时如图 10.10(d)所示，求另外两相的电压和电流；(5) 在问题(3)(4)中若有中性线，则又如何求解？

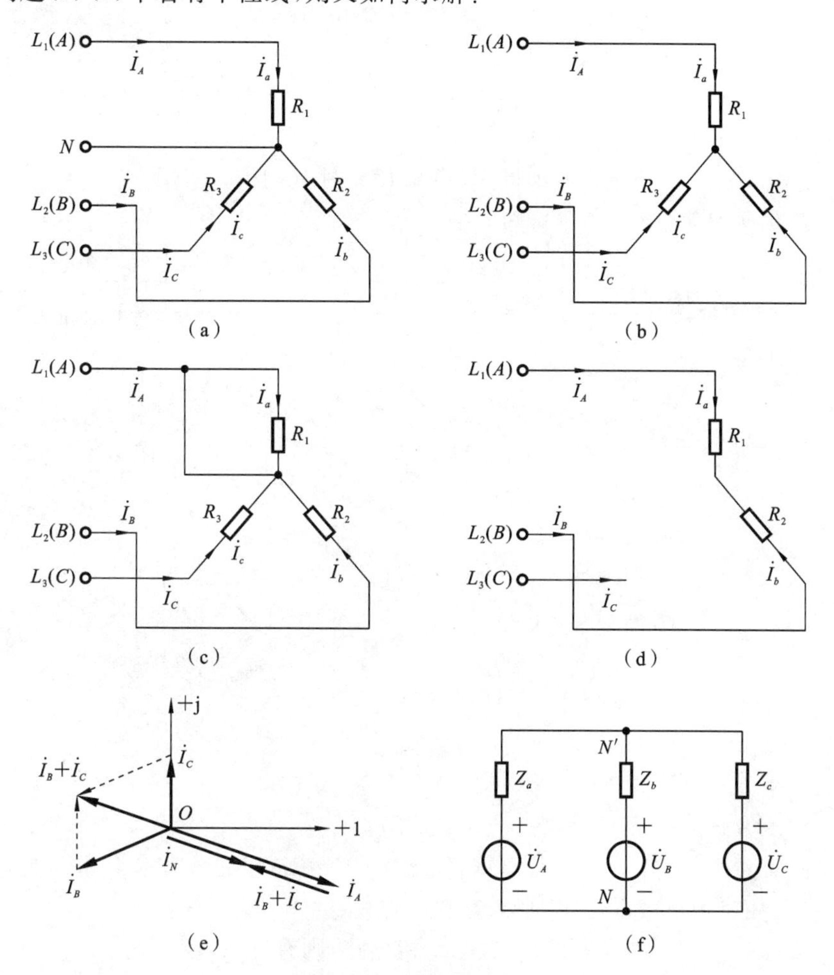

图 10.10　例 10-2 图

解　设 $\dot{U}_{AB}=380\angle 0^\circ\ (\text{V})$，则有

$$\dot{U}_A=\frac{\dot{U}_{AB}}{\sqrt{3}\angle 30^\circ}=220\angle -30^\circ\ (\text{V})$$

(1) 如图 10.10(a)所示，有中线，由式(10-10)得

$$\dot{U}_{N'N}=0$$

又由式(10-13)知

$$\dot{I}_a=\frac{\dot{U}_a}{R_1}=\frac{\dot{U}_A}{R_1}=\frac{220\angle -30^\circ}{11}=20\angle -30^\circ\ (\text{A})$$

$$\dot{I}_b=\frac{\dot{U}_b}{R_2}=\frac{\dot{U}_B}{R_2}=\frac{220\angle-150^\circ}{22}=10\angle-150^\circ\ (\text{A})$$

$$\dot{I}_c=\frac{\dot{U}_c}{R_3}=\frac{\dot{U}_C}{R_3}=\frac{220\angle 90^\circ}{22}=10\angle 90^\circ\ (\text{A})$$

由于相电流等于线电流，则有

$$\dot{I}_A=\dot{I}_a,\quad \dot{I}_B=\dot{I}_b,\quad \dot{I}_C=\dot{I}_c$$

$$\begin{aligned}\dot{I}_N&=\dot{I}_a+\dot{I}_b+\dot{I}_c=20\angle-30^\circ+70\angle-150^\circ+10\angle 90^\circ=20\angle-30^\circ+10\angle 150^\circ\\&=20\cos30^\circ-\text{j}20\sin30^\circ+10\cos150^\circ+\text{j}10\sin150^\circ\\&=10\cos30^\circ-\text{j}10\sin30^\circ=10(\cos30^\circ-\text{j}10\sin30^\circ)\\&=10\angle-30^\circ\ (\text{A})\end{aligned}$$

故相量图如图 10.10(e)所示。

(2) 如图 10.10(b)所示，无中性线，可等效为图 10.10(f)所示。

根据弥尔曼定律，由式(9-14)知

$$\dot{U}_{N'N}=\frac{\dfrac{\dot{U}_A}{R_1}+\dfrac{\dot{U}_B}{R_2}+\dfrac{\dot{U}_C}{R_3}}{\dfrac{1}{R_1}+\dfrac{1}{R_2}+\dfrac{1}{R_3}}=\frac{\dfrac{220\angle-30^\circ}{11}+\dfrac{220\angle-150^\circ}{22}+\dfrac{220\angle 90^\circ}{22}}{\dfrac{1}{11}+\dfrac{1}{22}+\dfrac{1}{22}}$$

$$=\frac{\dfrac{220}{22}\angle-30^\circ}{\dfrac{4}{22}}=\frac{\dfrac{220}{22}(2\angle-30^\circ+\angle-150^\circ+\angle 90^\circ)}{\dfrac{4}{22}}$$

$$=55\angle-30^\circ\ (\text{V})$$

$$\dot{U}_a=\dot{U}_A-\dot{U}_{N'N}=220\angle-30^\circ-55\angle-30^\circ=165\angle-30^\circ\ (\text{V})$$

$$\begin{aligned}\dot{U}_b&=\dot{U}_B-\dot{U}_{N'N}=220\angle-150^\circ-55\angle-30^\circ\\&=55\times(4\angle-150^\circ-\angle-30^\circ)\\&=252\angle-162^\circ\ (\text{V})\end{aligned}$$

$$\begin{aligned}\dot{U}_c&=\dot{U}_C-\dot{U}_{N'N}=220\angle 90^\circ-55\angle-30^\circ\\&=55\times(4\angle-90^\circ-\angle-30^\circ)\\&=198\angle-104^\circ\ (\text{V})\end{aligned}$$

从上式可看出，a 相、c 相负载电压低于 220 V 额定电压，b 相负载电压超过了 220 V 额定电压，故三相负载电压不对称，存在中点位移。

(3) 如图 10.10(c)所示，如无中线，L_1 相短路，则有

$$\dot{U}_a=0\ (\text{V}),\quad \dot{I}_a=0\ (\text{A})$$

$$\dot{I}_B=\dot{I}_b=\frac{\dot{U}_{BA}}{R_2}=\frac{-\dot{U}_{AB}}{R_2}=\frac{-380\angle-120^\circ}{22}=\frac{380}{22}\angle 60^\circ=17.3\angle 60^\circ\ (\text{A})$$

$$\dot{I}_C=\dot{I}_c=\frac{\dot{U}_{CA}}{R_3}=\frac{380\angle 120^\circ}{22}=17.32\angle 120^\circ\ (\text{A})$$

$$\dot{I}_A=-(\dot{I}_b+\dot{I}_c)=-\left(\frac{380}{22}\angle 60^\circ+\frac{380}{22}\angle 120^\circ\right)=-17.32\sqrt{3}\angle 90^\circ=30\angle-90^\circ\ (\text{A})$$

故相量图如图 10.11 所示。

(4) 如无中性线，当 C 相断路时，如图 10.10(d)所示，则有

$$\dot{I}_A=-\dot{I}_B=\frac{\dot{U}_{AB}}{R_1+R_2}=\frac{380\angle 0^\circ}{11+22}=11.5\angle 0^\circ\ (\text{A})$$

$$\dot{U}_{AN}=\frac{R_1}{R_1+R_2}\dot{U}_{AB}=\frac{11}{11+22}\times 380\angle 0^\circ$$

$$=126.7\angle 0^\circ\ (\text{V})$$

$$\dot{U}_{BN}=\frac{R_2}{R_1+R_2}\dot{U}_{BA}=\frac{R_2}{R_1+R_2}(-\dot{U}_{AB})$$

$$=-\frac{22}{11+22}\times 380\angle 0^\circ=253.3\angle 180^\circ\ (\text{V})$$

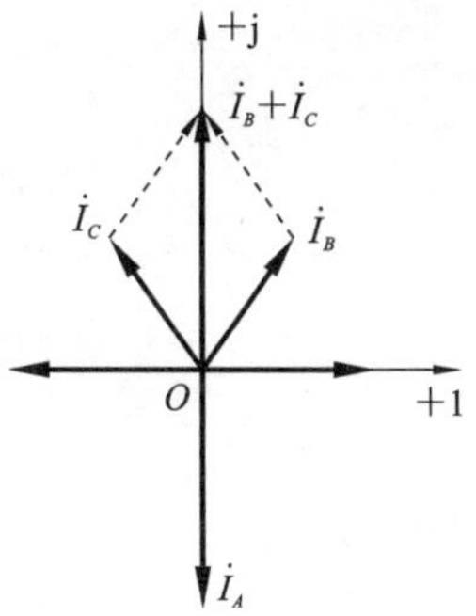

图 10.11　例 10-2(3)的相量图

(5) 若问题(3)中有中线，则 b、c 两相供电正常，与问题(1)相同，则有

$$\dot{U}_a=0\ (\text{V}),\quad \dot{U}_b=220\angle -150^\circ\ (\text{V}),\quad \dot{U}_c=220\angle 90^\circ\ (\text{V})$$

$$\dot{I}_a=0\ (\text{A}),\quad \dot{I}_b=10\angle -150^\circ\ (\text{A}),\quad \dot{I}_c=10\angle 90^\circ\ (\text{A})$$

若问题(4)中有中线，则 a、b 两相供电正常，与问题(1)相同，则有

$$\dot{U}_a=220\angle -30^\circ\ (\text{V}),\quad \dot{U}_b=220\angle -150^\circ\ (\text{V}),\quad \dot{U}_c=0\ (\text{V})$$

$$\dot{I}_a=20\angle -30^\circ\ (\text{A}),\quad \dot{I}_b=10\angle -150^\circ\ (\text{A}),\quad \dot{I}_c=0\ (\text{A})$$

说明中线的作用：若一相出现故障(短路或断路)，其他两相相电压基本等于电源相电压，由于其达到额定电压，故负载仍能正常工作。

10.3　负载的三角形连接

负载相与相之间采用 B-X、C-Y、A-Z 首尾相接的方法，即得三角形连接。三个首端引出三根线 A、B、C 称为端线(火线)；三相负载：Z_{ab}、Z_{bc}、Z_{ca}；负载电流为相电流：$\dot{I}_{ab}$、$\dot{I}_{bc}$、$\dot{I}_{ca}$；三个端线上电流为线电流：$\dot{I}_A$、$\dot{I}_B$、$\dot{I}_C$。如图 10.12 所示，每相负载相电压与电源线电压相等，则有

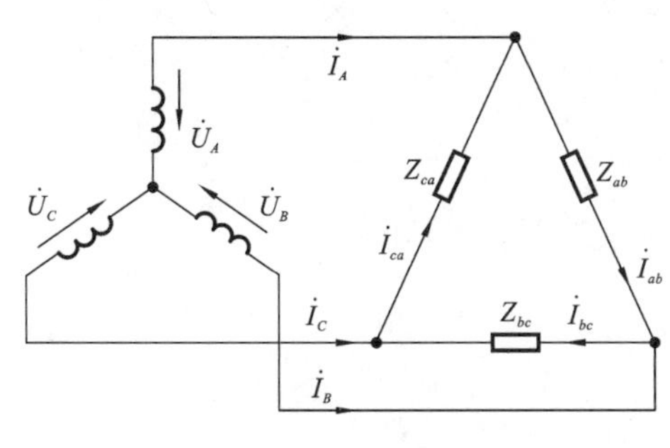

图 10.12　三角形连接

$$\begin{cases}\dot{U}_{ab}=\dot{U}_{AB}\\ \dot{U}_{bc}=\dot{U}_{BC}\\ \dot{U}_{ca}=\dot{U}_{CA}\end{cases}\tag{10-20}$$

三角形连接的负载线电压对称，相电压也对称。

10.3.1　不对称负载

每相相电流由欧姆定律求得

$$\begin{cases}\dot{I}_{ab}=\dfrac{\dot{U}_{ab}}{Z_{ab}}=\dfrac{\dot{U}_{AB}}{Z_{ab}}\\ \dot{I}_{bc}=\dfrac{\dot{U}_{bc}}{Z_{bc}}=\dfrac{\dot{U}_{BC}}{Z_{bc}}\\ \dot{I}_{ca}=\dfrac{\dot{U}_{ca}}{Z_{ca}}=\dfrac{\dot{U}_{CA}}{Z_{ca}}\end{cases}\tag{10-21}$$

根据 KCL 定律，线电流由下式求得

$$\begin{cases}\dot{I}_A=\dot{I}_{ab}-\dot{I}_{ca}\\\dot{I}_B=\dot{I}_{bc}-\dot{I}_{ab}\\\dot{I}_C=\dot{I}_{ca}-\dot{I}_{bc}\end{cases}\tag{10-22}$$

三角形连接不对称负载相电流和线电流,求解步骤如下。

(1) 求各相负载相电压:

$$\begin{cases}\dot{U}_{ab}=\dot{U}_{AB}\\\dot{U}_{bc}=\dot{U}_{BC}\\\dot{U}_{ca}=\dot{U}_{CA}\end{cases}$$

(2) 求各相负载相电流:

$$\begin{cases}\dot{I}_{ab}=\dfrac{\dot{U}_{AB}}{Z}\\\dot{I}_{bc}=\dfrac{\dot{U}_{BC}}{Z}\\\dot{I}_{ca}=\dfrac{\dot{U}_{CA}}{Z}\end{cases}$$

(3) 求线电流:

$$\begin{cases}\dot{I}_A=\dot{I}_{ab}-\dot{I}_{ca}\\\dot{I}_B=\dot{I}_{bc}-\dot{I}_{ab}\\\dot{I}_C=\dot{I}_{ca}-\dot{I}_{bc}\end{cases}$$

10.3.2 对称负载

负载对称时,有

$$Z_{ab}=Z_{bc}=Z_{ca}=Z$$

三相线电压对称,则有

$$\dot{U}_{BC}=\dot{U}_{AB}\angle-120°,\quad \dot{U}_{CA}=\dot{U}_{AB}\angle120°$$

由式(9-15)得

$$\begin{cases}\dot{I}_{ab}=\dfrac{\dot{U}_{AB}}{Z}\\\dot{I}_{bc}=\dfrac{\dot{U}_{BC}}{Z}=\dfrac{\dot{U}_{AB}\angle-120°}{Z}=\dot{I}_{ab}\angle-120°\\\dot{I}_{ca}=\dfrac{\dot{U}_{CA}}{Z}=\dfrac{\dot{U}_{AB}\angle120°}{Z}=\dot{I}_{ca}\angle120°\end{cases}\tag{10-23}$$

三相负载相电流对称,故只需算一相即可,为了方便分析,需找出线电流与相电流的关系,可设 a 相为参考相量,I_p 为相电流大小,则有

$$\begin{cases}\dot{I}_{ab}=I_p\angle0°\\\dot{I}_{bc}=\dot{I}_{ab}\angle-120°=I_p\angle-120°\\\dot{I}_{ca}=\dot{I}_{ab}\angle120°=I_p\angle120°\end{cases}\tag{10-24}$$

$$\begin{cases}\dot{I}_A=\dot{I}_{ab}-\dot{I}_{ca}=I_p\angle0°-I_p\angle120°=\sqrt{3}\dot{I}_{ab}\angle-30°\\\dot{I}_B=\dot{I}_{bc}-\dot{I}_{ab}=I_p\angle-120°-I_p\angle0°=\sqrt{3}\dot{I}_{bc}\angle-30°\\\dot{I}_C=\dot{I}_{ca}-\dot{I}_{bc}=I_p\angle120°-I_p\angle-120°=\sqrt{3}\dot{I}_{ca}\angle-30°\end{cases}\tag{10-25}$$

由此可知，线电流$\dot{I}_A$的有效值I_l均为相电流有效值I_p的$\sqrt{3}$倍，线电流$\dot{I}_A$相位滞后于相应相电流$\dot{I}_{ab}$相位30°。三相负载相电流对称，线电流也对称。

三角形连接对称，负载相电流和线电流的求解步骤如下。

(1) 求出a相负载相电压：

$$\dot{U}_{ab}=\dot{U}_{AB}$$

(2) 求出a相相电流：

$$\dot{I}_{ab}=\frac{\dot{U}_{AB}}{Z}$$

按对称关系求出b、c相电流：

$$\dot{I}_{bc}=\dot{I}_{ab}\angle-120°,\quad \dot{I}_{ca}=\dot{I}_{ab}\angle 120°$$

(3) 求出A相线电流：

$$\dot{I}_A=\sqrt{3}\dot{I}_{ab}\angle-30°$$

按对称关系求出B、C相线电流：

$$\dot{I}_B=\dot{I}_A\angle-120°,\quad \dot{I}_C=\dot{I}_A\angle 120°$$

例 10-3　在图10.13(a)中，对称负载Z接成三角形，已知电源线电压$U_l=220$ V，电流表读数$I=17.3$ A，$\cos\varphi_Z=0.6826$(感性)，试求(1) 每相负载的电阻和感抗；(2) a相负载断开时，电路如图10.13(b)所示，各电流表读数；(3) 当A相火线断开时，电路如图10.13(c)所示，各电流表的读数。

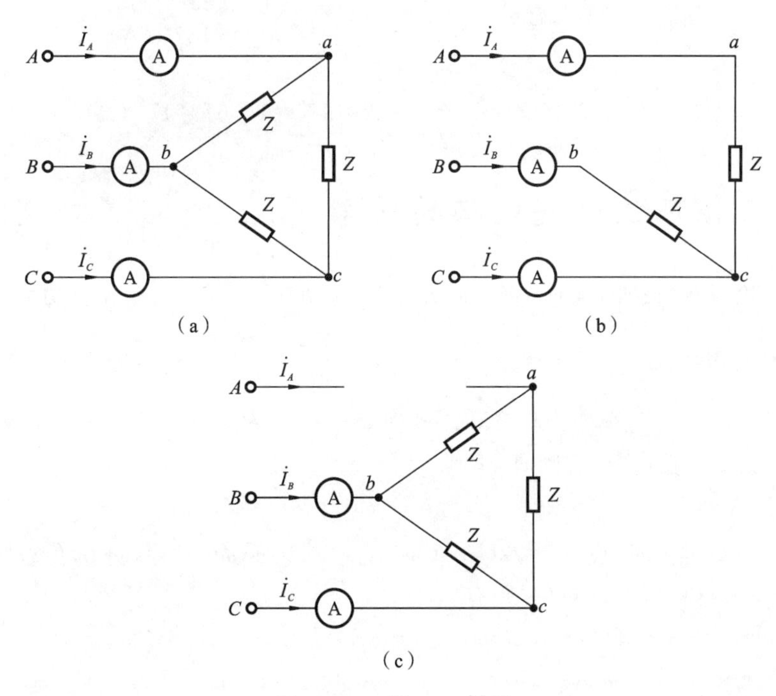

图 10.13　例 10-3 的图

解　(1) 设$\dot{U}_{AB}=220\angle 0°$ (V)，则有

$$\dot{U}_{BC}=220\angle-120° \text{ (V)},\quad \dot{U}_{CA}=220\angle 120° \text{ (V)}$$

如图10.13(a)所示，负载三角形连接，则有

$$I_l=\sqrt{3}I_p,\quad I_l=17.3\ (\text{A}),\quad I_p=\frac{17.3}{\sqrt{3}}=10\ (\text{A})$$

由 $\cos\varphi_Z=0.6826$，$\varphi_Z=47^\circ$（感性）可知

$$|Z|=\frac{U_p}{I_p}=\frac{220}{10}=22\ (\Omega)$$

$$Z=|Z|\cos\varphi_Z+\text{j}|Z|\sin\varphi_Z=22(\cos43^\circ+\text{j}\sin47^\circ)=15+\text{j}\ 16.1\ (\Omega)$$

$$R=|Z|\cos\varphi_Z=15\ (\Omega),\quad X=|Z|\sin\varphi_Z=16.1\ (\Omega)$$

（2）a 相负载断开，电路如图 10.13(b)所示，则有

$$I_A=I_B=\frac{220}{|Z|}$$

$$\dot{I}_A=\frac{\dot{U}_{AC}}{Z}=\frac{-\dot{U}_{CA}}{Z}=\frac{-220\angle 120^\circ}{22\angle 47^\circ}=\frac{220\angle -60^\circ}{22\angle 47^\circ}=10\angle -107^\circ\ (\text{A})$$

$$\dot{I}_B=\frac{\dot{U}_{BC}}{Z}=\frac{220\angle -120^\circ}{22\angle 47^\circ}=10\angle -167^\circ\ (\text{A})$$

$$\begin{aligned}\dot{I}_C&=-(\dot{I}_A+\dot{I}_B)=-(10\angle -107^\circ+10\angle -167^\circ)=10(\angle 73^\circ+\angle 13^\circ)\\&=10(\cos73^\circ+\text{j}\sin73^\circ+\cos13^\circ+\text{j}\sin13^\circ)=17.32\angle 43^\circ\ (\text{A})\end{aligned}$$

即 $$I_A=10\ (\text{A}),\quad I_B=10\ (\text{A}),\quad I_C=17.32\ (\text{A})$$

（3）当 A 相火线断开，电路如图 10.13(c)所示，则有

$$\dot{I}_A=0\ (\text{A}),\quad Z=22\angle 47^\circ\ (\Omega)$$

$$\dot{I}_B=-\dot{I}_C=\frac{\dot{U}_{BC}}{Z'}=\frac{220\angle -120^\circ}{14.67\angle 47^\circ}=15\angle -167^\circ\ (\text{A})$$

其中 $$Z'=(Z+Z)\,/\!/\,Z=\frac{2}{3}Z=\frac{2}{3}22\angle 47^\circ=14.67\angle 47^\circ\ (\Omega)$$

10.4 三相正弦交流电路的功率

本节讨论三相负载的瞬时功率、有功功率、无功功率、视在功率和复功率。

10.4.1 瞬时功率

三相电路的瞬时功率为三相之和。其中 u_a、u_b、u_c 为 a、b、c 三相负载相电压，i_a、i_b、i_c 为 a、b、c 三相负载相电流，则有

$$p=p_a+p_b+p_c=u_ai_a+u_bi_b+u_ci_c$$

当三相负载对称时，设 $u_a=\sqrt{2}U\cos(\omega t)$，$i_a=\sqrt{2}I\cos(\omega t-\varphi_Z)$，$\varphi_Z$ 为负载阻抗角，三相负载电压对称，相电流也对称，则有

$$p_a=u_ai_a=2UI\cos(\omega t)\cos(\omega t-\varphi_Z)=UI[\cos\varphi+\cos(2\omega t-\varphi)]$$

$$\begin{aligned}p_b&=u_bi_b=2UI\cos(\omega t-120^\circ)\cos(\omega t-120^\circ-\varphi_Z)\\&=UI[\cos\varphi+\cos(2\omega t-\varphi_Z-240^\circ)]\end{aligned}$$

$$\begin{aligned}p_c&=u_ci_c=2UI\cos(\omega t-240^\circ)\cos(\omega t-240^\circ-\varphi_Z)\\&=UI[\cos\varphi_Z+\cos(2\omega t-\varphi_Z+240^\circ)]\end{aligned}$$

$$p=p_a+p_b+p_c=3UI\cos\varphi_Z=3P_a \tag{10-26}$$

式(10-26)表明，即使瞬时功率随 t 变化，但三相总的瞬时功率为固定值，其大小为

平均功率，这是对称三相电路的一个优点。例如，三相负载为三相电动机，其三相负载对称，其瞬时功率为定值，因而电动机转矩也为定值，因此即使每相电流及功率均随时间变化，但转矩并不随之变化而为固定值。电机带负载能稳定运行称为瞬时功率平衡。这也是三相交流电优于单相交流电之处，因而普遍采用三相制供电方式。

10.4.2　有功功率

三相对称负载有功功率等于一相有功功率的 3 倍，由于 $P=3P_a$，$P_a=U_aI_a\cos\varphi_a=U_PI_P\cos\varphi_P$，用相电压 U_P、相电流 I_P 表示为

$$P=3U_PI_P\cos\varphi_P \tag{10-27}$$

Y 接法时，有

$$P=3P_a=3U_aI_a\cos\varphi_Z=3U_pI_p\cos\varphi_P=3\frac{U_l}{\sqrt{3}}I_l\cos\varphi_P=\sqrt{3}U_lI_l\cos\varphi_P$$

△接法时，有

$$P=3U_PI_P\cos\varphi_P=3U_l\frac{U_l}{\sqrt{3}}\cos\varphi_P=\sqrt{3}U_lI_l\cos\varphi_P$$

故三相对称负载有功功率用线电压 U_l、线电流 I_l 表示为

$$P=\sqrt{3}U_lI_l\cos\varphi_P \tag{10-28}$$

同一负载接成三角形或星形，其有功功率的求解公式一样，但数值不同。

对称负载有功功率测量时采用一表法，读数的 3 倍就是总有功功率；不对称负载有功功率为各相有功功率之和，测量时采用三表法，如图 10.14 所示，则有

$$P=\frac{1}{T}\int_0^T p(t)\mathrm{d}t=P_a+P_b+P_c \tag{10-29}$$

实际应用中一般采用两表法测三相有功功率，适用于负载对称与不对称的 Y 及△接法以及对称负载 $\mathrm{Y_0}$ 接法。对于星形接法满足 $i_A+i_B+i_C=0$，对于三角形满足 $u_{ab}+u_{bc}+u_{ca}=0$ 时，均可采用二表法，电路如图 10.15 所示。

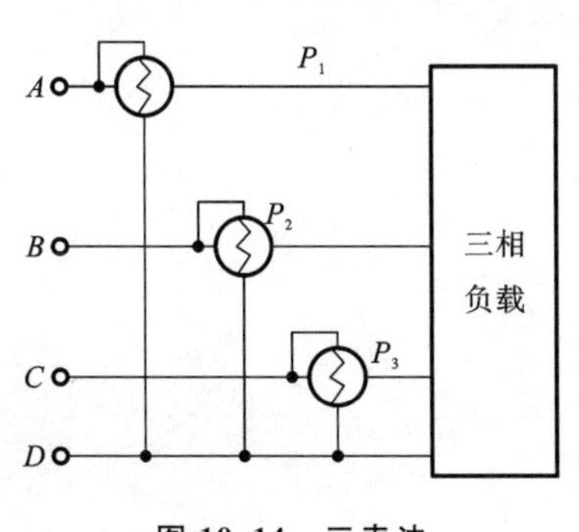

图 10.14　三表法

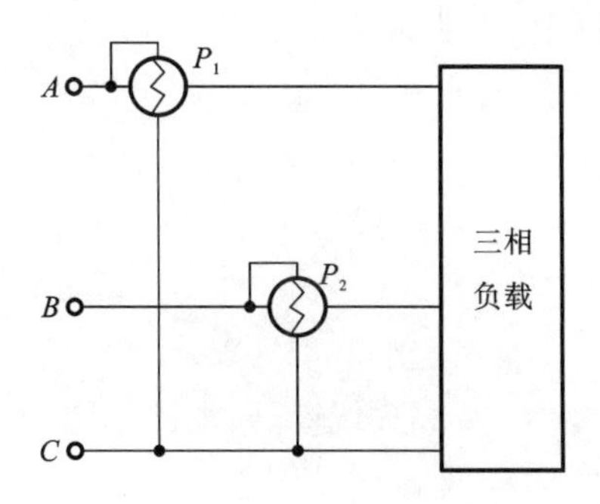

图 10.15　二表法

若负载为 Y，则总有功功率为

$$\begin{aligned}p&=p_a+p_b+p_c=i_au_a+i_bu_b+i_cu_c=i_au_a+i_bu_b-(i_a+i_b)u_c\\&=i_a(u_a-u_c)+i_b(u_b-u_c)=u_{ac}i_A+u_{bc}i_B\end{aligned}$$

$$P=\frac{1}{T}\int_0^T p(t)\mathrm{d}t=U_{AC}I_A\cos\varphi_1+U_{BC}I_B\cos\varphi_2=P_1+P_2 \tag{10-30}$$

其中：φ_1 为 u_{AC} 与 i_A 的夹角；φ_2 为 u_{BC} 与 i_B 的夹角。若单独一块表计 P_1 或 P_2，则无

意义。

若负载为△接法，则总有功功率为

$$
\begin{aligned}
p &= p_{ab} + p_{bc} + p_{ca} = u_{ab} i_{ab} + u_{bc} i_{bc} + u_{ca} i_{ca} \\
&= (u_{ac} - u_{bc}) i_{ab} + u_{bc} i_{bc} - u_{ac} i_{ca} = u_{ac} i_A + u_{bc} i_B
\end{aligned}
$$

$$u_{ab} = -(u_{bc} + u_{ca}) = u_{ac} - u_{bc}$$

$$P = \frac{1}{T}\int_0^T p(t)\,\mathrm{d}t = U_{AC} I_A \cos\varphi_1 + U_{BC} I_B \cos\varphi_2$$

其中：φ_1 为 u_{AC} 与 i_A 夹角；φ_2 为 u_{BC} 与 i_B 夹角。

无论星形或三角形，如果负载对称，也可以用两表法，负载功率因数角为 φ_Z，则有

$$
\begin{aligned}
P &= P_1 + P_2 = U_{AC} I_A \cos\varphi_1 + U_{BC} I_B \cos\varphi_2 \\
&= U_{AC} I_A \cos(30^\circ - \varphi_Z) + U_{BC} I_B \cos(30^\circ + \varphi_Z)
\end{aligned}
\tag{10-31}
$$

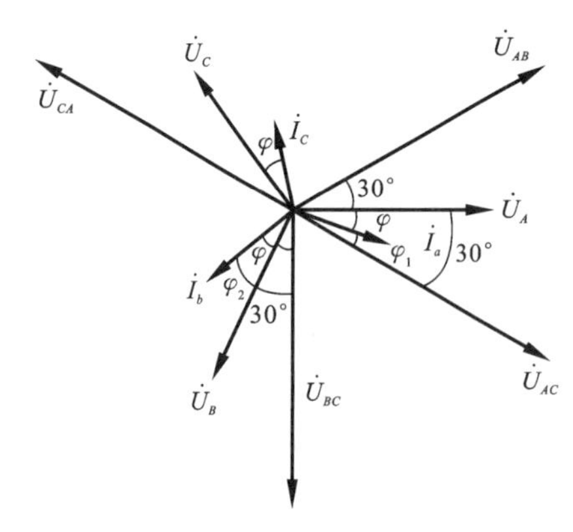

图 10.16 二表法相量图

由图 10.16 可知

$$\varphi_1 = 30^\circ - \varphi_Z, \quad \varphi_2 = 30^\circ + \varphi_Z$$

当 $|\varphi_Z| > 60^\circ$ 时，有一个表计为负。若 $\varphi_Z > 60^\circ$，$P_2 < 0$，则有

$$P = P_1 - P_2 \tag{10-32}$$

若 $\varphi_Z < -60^\circ$，$P_1 < 0$，则有

$$P = -P_1 + P_2 \tag{10-33}$$

若 $\varphi_Z = 60^\circ$，$P_2 = 0$，为感性负载，则有

$$P = P_1 = 0.866 U_X I_X$$

若 $\varphi_Z = -60^\circ$，$P_1 = 0$，为容性负载，则有

$$P = P_2 = 0.866 U_X I_X$$

例 10-4 求(1) 例 10-3(2)中，当 a 相负载断开时，用两表法测功率，功率表的读数；(2) 例 10-3(3)中，当 A 相火线断开时，用两表法测功率，功率表的读数。

解 (1) a 相负载断开，电路如图 10.13(b)所示。

例 10-3 已求得

$$I_A = I_B = 10\ (\mathrm{A}), \quad U_{AC} = U_{BC} = 220\ (\mathrm{V}), \quad Z = 22\angle 47^\circ\ (\Omega)$$

则

$$
\begin{aligned}
P &= P_1 + P_2 + P_3 = P_{AC} + P_{BC} = U_{AC} I_A \cos\varphi_Z + U_{BC} I_B \cos\varphi_Z \\
&= U_{AC} I_A \cos 47^\circ + U_{BC} I_B \cos 47^\circ \\
&= 220 \times 10 \times 0.6826 + 220 \times 10 \times 0.6826 \\
&= 3000\ (\mathrm{W})
\end{aligned}
$$

(2) 当 A 相火线断开，电路如图 10.13(c)所示，则有

$$I_A = 0\ (\mathrm{A})$$

已求得

$$U_{BC} = 220\ (\mathrm{V}), \quad I_B = 15\ (\mathrm{A})$$

其中

$$Z' = (Z + Z) /\!/ Z = \frac{2}{3} Z = \frac{2}{3} \times 22\angle 47^\circ = 14.67\angle 47^\circ\ (\Omega)$$

则

$$
\begin{aligned}
P &= P_1 + P_2 = 0 + U_{BC} \cdot I_B \cos\varphi_P = 220 \times 15 \times \cos 47^\circ \\
&= 220 \times 15 \times 0.6826 = 2253\ (\mathrm{W})
\end{aligned}
$$

10.4.3　无功功率

三相负载不对称时，总无功功率为三相之和，即

$$Q=Q_a+Q_b+Q_c \tag{10-34}$$

若 $Q_a=U_aI_a\sin\varphi_a=U_pI_p\sin\varphi_P$，则三相负载对称时，有

$$Q=3Q_a$$

三相负载的无功功率为

$$Q=3U_pI_p\sin\varphi_p \tag{10-35}$$

或

$$Q=\sqrt{3}U_lI_l\sin\varphi_p \tag{10-36}$$

10.4.4　视在功率

三相负载不对称时，有

$$S=\sqrt{P^2+Q^2} \tag{10-37}$$

其中：P 为三相总的有功功率；Q 为三相总的无功功率。

三相负载对称负载时，有

$$S=3U_pI_p \tag{10-38}$$

或

$$S=\sqrt{3}U_lI_l \tag{10-39}$$

10.4.5　复功率

三相负载吸收的复功率等于各相复功率之和，则有

$$S=\overline{S}_A+\overline{S}_B+\overline{S}_C \tag{10-40}$$

三相负载对称时，有

$$\overline{S}_A=\overline{S}_B=\overline{S}_C$$

即有

$$S=3\overline{S}_A \tag{10-41}$$

例 10-5　已知三相正弦交流电源电压对称，$\dot{U}_{AB}=220\angle30°$ V，有一个三角形连接的三相对称负载，如图 10.17 所示，每相负载 $Z=22\angle60°$ Ω，试求(1) $\dot{U}_{BC}$、$\dot{U}_{CA}$；(2) 三相负载相电压$\dot{U}_{ab}$；(3) 三相负载相电流；(4) 线电流；(5) 三相电路的有功功率 P、无功功率 Q、视在功率 S。

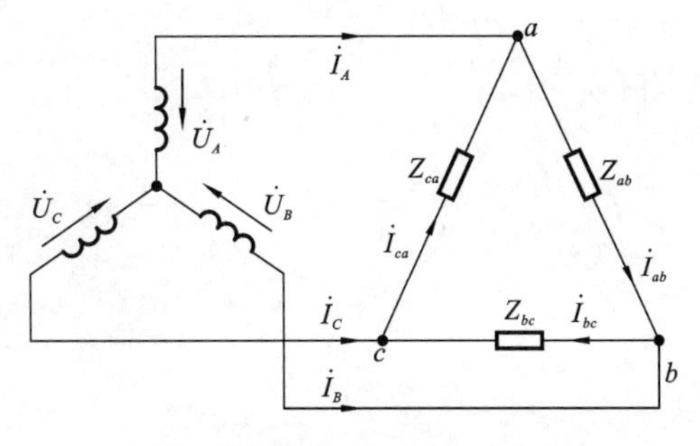

图 10.17　例 10-5 图

解　(1) 由于$\dot{U}_{AB}=220\angle30°$ V，根据对称关系，则有

$$\dot{U}_{BC}=220\angle-90°\ (\text{V})$$
$$\dot{U}_{CA}=220\angle150°\ (\text{V})$$

(2) 三相负载电压：

$$\dot{U}_{ab}=\dot{U}_{AB}=220\angle30°\ (\text{V})$$
$$\dot{U}_{bc}=\dot{U}_{BC}=220\angle-90°\ (\text{V})$$
$$\dot{U}_{ca}=\dot{U}_{CA}=220\angle150°\ (\text{V})$$

(3) 三相负载相电流：

$$\dot{I}_{ab}=\frac{\dot{U}_{ab}}{Z_{ab}}=\frac{220\angle30°}{22\angle60°}=10\angle-30°\ (\text{A})$$

根据对称关系，则有

$$\dot{I}_{bc}=\dot{I}_{ab}\angle-120°=10\angle-150°\ (\text{A})$$
$$\dot{I}_{ca}=\dot{I}_{bc}\angle-120°=10\angle90°\ (\text{A})$$

(4) 线电流：

$$\dot{I}_{A}=\sqrt{3}\dot{I}_{ab}\angle-30°=\sqrt{3}\times10\angle-30°\angle-30°=10\sqrt{3}\angle-60°\ (\text{A})$$

根据对称关系，则有

$$\dot{I}_{B}=\dot{I}_{A}\angle-120°=10\sqrt{3}\angle-180°\ (\text{A})$$
$$\dot{I}_{C}=\dot{I}_{B}\angle-120°=10\sqrt{3}\angle60°\ (\text{A})$$

(5)
$$P=\sqrt{3}U_lI_l\cos\varphi_P=\sqrt{3}\times220\times10\sqrt{3}\cos60°=3300\ (\text{W})$$
$$Q=\sqrt{3}U_lI_l\sin\varphi_P=\sqrt{3}\times220\times10\sqrt{3}\sin60°=3300\sqrt{3}\ (\text{Var})$$
$$S=\sqrt{3}U_lI_l=\sqrt{3}\times220\times10\sqrt{3}=6600\ (\text{VA})$$

例 10-6 电路如图 10.18 所示，在线电压 U_l 为 380 V 的三相电源上接有两组对称三相负载：一组接成 Δ 形，每相阻抗 $Z_{\Delta}=36.3\angle37°\ \Omega$；另一组接成 Y 形，每相电阻 $R_{\text{Y}}=10\ \Omega$。试求(1) 各组负载的相电流；(2) 电路线电流；(3) 三相有功功率。

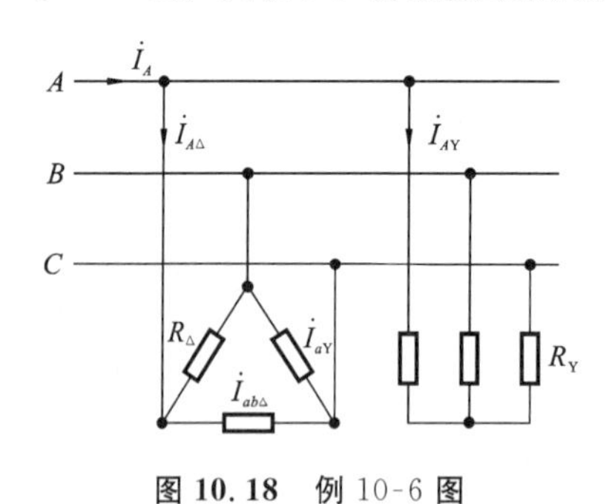

图 10.18 例 10-6 图

解 设线电压 $\dot{U}_{AB}=380\angle0°\ (\text{V})$，则相电压：

$$\dot{U}_{a}=220\angle-30°\ (\text{V})$$

(1) 由于三相负载对称，故只算一相即可。

Δ 形负载为

$$\dot{I}_{ab\Delta}=\frac{\dot{U}_{ab}}{Z_{\Delta}}=\frac{380\angle0°}{36.3\angle37°}=10.47\angle-37°\ (\text{A})$$
$$\dot{I}_{A\Delta}=\sqrt{3}\dot{I}_{ab\Delta}\angle-30°=\sqrt{3}\times10.47\angle-37°\angle-30°$$
$$=18.13\angle-67°\ (\text{A})$$

Y 形负载为

$$\dot{I}_{A\text{Y}}=\dot{I}_{a}=\frac{\dot{U}_{a}}{R_{\text{Y}}}=\frac{220\angle-30°}{10}=22\angle-30°\ (\text{A})$$

(2) 电路线电流：

$$\dot{I}=\dot{I}_{A\Delta}+\dot{I}_{A\text{Y}}=18.13\angle-67°+22\angle-30°=38\angle-46.7°\ (\text{A})$$

(3) 三相有功功率：

$$\begin{aligned}P&=P_{\Delta}+P_{\text{Y}}=\sqrt{3}U_{l\Delta}I_{l\Delta}\cos\varphi_{\Delta}+\sqrt{3}U_{l\text{Y}}I_{l\text{Y}}\cos\varphi_{\text{Y}}\\&=\sqrt{3}\times380\times18.13\times0.8+\sqrt{3}\times380\times22\times1\\&=9546+14480=24026\ (\text{W})\approx24.03\ (\text{kW})\end{aligned}$$

10.5　章节回顾

(1) 三相正弦交流电路对称三相正弦交流电压源，其幅值相等，变化频率相同，相位互差 120°，用正弦表达式表示为

$$\begin{cases} u_A=\sqrt{2}U\cos(\omega t) \\ u_B=\sqrt{2}U\cos(\omega t-120°) \\ u_C=\sqrt{2}U\cos(\omega t+120°) \end{cases}$$

相量式表示为

$$\begin{cases} \dot{U}_A=U\angle 0° \\ \dot{U}_B=U\angle -120° \\ \dot{U}_C=U\angle 120° \end{cases}$$

掌握对称的概念可以简化三相交流电路的分析。

(2) 星形连接三相对称电路，其线电压与相电压关系为

$$\dot{U}_{AB}=\sqrt{3}\dot{U}_A\angle 30°$$

线电压大小是相电压的$\sqrt{3}$倍，相位超出相应相电压 30°，反之，有

$$\dot{U}_A=\frac{\dot{U}_{AB}}{\sqrt{3}\angle 30°}=\frac{\dot{U}_{AB}}{\sqrt{3}}\angle -30°$$

(3) 三相四线制是指三根火线一根零线的供电体系，零线又称中线(中性线)，作用是保证三相负载相电压基本对称，使加在负载的电压尽量等于负载的额定电压，为此中线不能安装保险和熔断器，以防中线断开。

(4) 三相负载的连接方式有星形(Y_0 形或 Y 形)接法和三角形(Δ)接法两大类。三相负载接成 Y_0 形时，中点位移$\dot{U}_{N'N}\doteq 0$，则使三相负载基本电压对称，有

$$\dot{U}_a\doteq\dot{U}_A,\quad \dot{U}_b\doteq\dot{U}_B,\quad \dot{U}_c\doteq\dot{U}_C$$

即负载电压等于电源相电压，每相电流按欧姆定律求解：

$$\dot{I}_a=\frac{\dot{U}_A}{Z_a},\quad \dot{I}_b=\frac{\dot{U}_B}{Z_b},\quad \dot{I}_c=\frac{\dot{U}_C}{Z_c}$$

星形连接时，线电流等于相电流：

$$\dot{I}_A=\dot{I}_a,\quad \dot{I}_B=\dot{I}_b,\quad \dot{I}_C=\dot{I}_c$$

中线电流：

$$\dot{I}_N=\dot{I}_a+\dot{I}_b+\dot{I}_c$$

若负载对称，有

$$Z_a=Z_b=Z_c=Z$$

只需求解 a 相，其他 b、c 两相按对称关系写出，如

$$\dot{I}_a=\frac{\dot{U}_A}{Z},\quad \dot{I}_b=\dot{I}_a\angle -120°,\quad \dot{I}_c=\dot{I}_a\angle 120°,\quad \dot{I}_N=0$$

三相负载对称，相电流对称，线电流也对称。三相负载在日常生活中均不对称，一般采用 Y_0 形接法，通过中线作用使三相负载电压对称。三相负载接成 Y 形时，即不带中线的 Y 形接法，中点位移$\dot{U}_{N''N}\neq 0$，则三相相电压不对称，有

$$\dot{U}_a \neq \dot{U}_A, \quad \dot{U}_b \neq \dot{U}_B, \quad \dot{U}_c \neq \dot{U}_C$$

可能使某一相电压低于额定电压，另一相电压可能高于额定电压，均不能使负载正常工作，严重时可烧毁负载。$\dot{U}_{N''N}$ 用弥尔曼定律求得。对称负载可以不要中线，采用三相三线制供电。

(5) 三相负载(Z_{ab}，Z_{bc}，Z_{ca})接成三角形时，线电压等于相电压即

$$\dot{U}_{AB} = \dot{U}_{ab}$$

每相电流按欧姆定律求解：

$$\dot{I}_{ab} = \frac{\dot{U}_{AB}}{Z_{ab}}, \quad \dot{I}_{bc} = \frac{\dot{U}_{BC}}{Z_{bc}}, \quad \dot{U}_{ca} = \frac{\dot{I}_{CA}}{Z_{ca}}$$

线电流由 KCL 定律求取：

$$\dot{I}_A = \dot{I}_{ab} - \dot{I}_{ca}, \quad \dot{I}_B = \dot{I}_{bc} - \dot{I}_{ab}, \quad \dot{I}_C = \dot{I}_{ca} - \dot{I}_{bc}$$

若三相负载对称，则只需算一相电流 $\dot{I}_{ab} = \dfrac{\dot{U}_{AB}}{Z_{ab}}$，其他两相按对称关系求出：

$$\dot{I}_{bc} = \dot{I}_{ab} \angle 120°, \quad \dot{I}_{ca} = \dot{I}_{ab} \angle -120°$$

线电流：

$$\dot{I}_A = \sqrt{3}\dot{I}_{ab} \angle -30°, \quad \dot{I}_{ab} = \frac{\dot{I}_A}{\sqrt{3}} \angle 30°$$

Δ 形连接时，若负载对称，则相电流对称，线电流也对称。

(6) 三相负载的有功功率：

$$P = P_a + P_b + P_c$$

无功功率：

$$Q = Q_a + Q_b + Q_c$$

视在功率：

$$S = \sqrt{P^2 + Q^2}$$

三相负载对称时，无论 Y 连接或 Δ 连接，均有

$$P = \sqrt{3}U_l I_l \cos\varphi_P = 3U_P I_P \cos\varphi_P$$

$$Q = \sqrt{3}U_l I_l \sin\varphi_P = 3U_P I_P \sin\varphi_P$$

$$S = \sqrt{P^2 + Q^2} = \sqrt{3}U_l I_l = 3U_P I_P$$

(7) 三相负载的有功功率可用三个功率表测得的数值相加得到，也可用二表法测得，即

$$P = P_1 + P_2 = U_{AC} I_A \cos\varphi_1 + U_{BC} I_B \cos\varphi_2, \quad \varphi_1 = \angle \dot{U}_{\hat{AC}}, \dot{I}_A, \quad \varphi_2 = \angle \dot{U}_{\hat{BC}}, \dot{I}_B$$

二表法适用于 Y 形接法、Δ 形接法及对称负载的 Y_0 形接法，而 Y_0 形不对称负载不适用于此法。若有一表计反偏(如 P_2)，可将该表计电流线卷互换接头，然后用 $P = P_1 - P_2$ 计算有功功率。

三相负载对称时，可用一表法测得有功功率，然后再乘以 3，可求出总的有功功率。

10.6 习题

10-1 一个星形连接的对称三相电路，如图 10.19 所示，电源 A 相相电压 $\dot{U}_A =$

$10\angle 30°$ V，$Z_a=Z_b=Z_c=2\angle 60°$ Ω，求(1) $\dot{U}_B$、$\dot{U}_C$；(2) 三相负载相电压$\dot{U}_a$、$\dot{U}_b$、$\dot{U}_c$；(3) 三相负载电流$\dot{I}_a$、$\dot{I}_b$、$\dot{I}_c$及线电流$\dot{I}_A$、$\dot{I}_B$、$\dot{I}_C$。

10-2　有一星形连接的三相对称负载，每相的电阻$R=4$ Ω，感抗$X_L=6$ Ω，三相电源电压对称，设$u_{AB}=\sqrt{2}\times 380\cos(314t+60°)$，试求(1) 三相相电压$\dot{U}_a$、$\dot{U}_b$、$\dot{U}_c$；(2) 三相电流$\dot{I}_a$、$\dot{I}_b$、$\dot{I}_c$及线电流$\dot{I}_A$、$\dot{I}_B$、$\dot{I}_C$；(3) 各相电流、线电流瞬时表达式。

10-3　在图10.20所示的电路中，电源电压对称，每相电压$U_P=220$ V，负载为白炽灯组，额定电压为220 V，电阻分别为$R_1=5$ Ω，$R_2=10$ Ω，$R_3=20$ Ω，中线S闭合。(1) 试求负载相电压、负载相电流及中性线电流，并做出相量图；(2) 求a相负载短路时各相负载相电压；(3) a相断开时，求各相负载相电压；(4) 在S断开、a相短路时，求各相负载上的电压及中线电压；(5) S断开、a相断开时，求各相负载上电压及中线电压；(6)说明中线的作用。

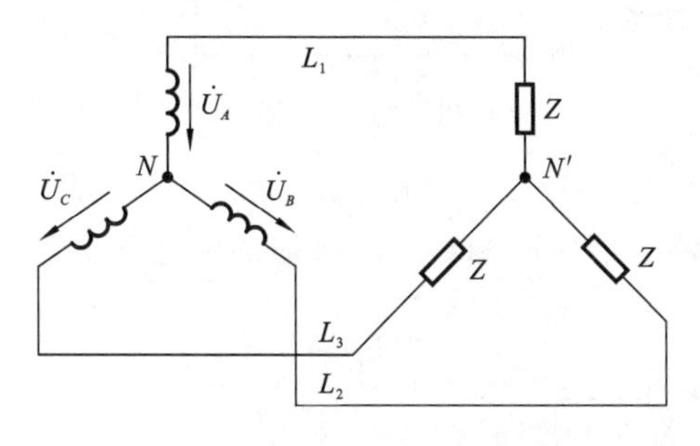

图 10.19　题10-1图

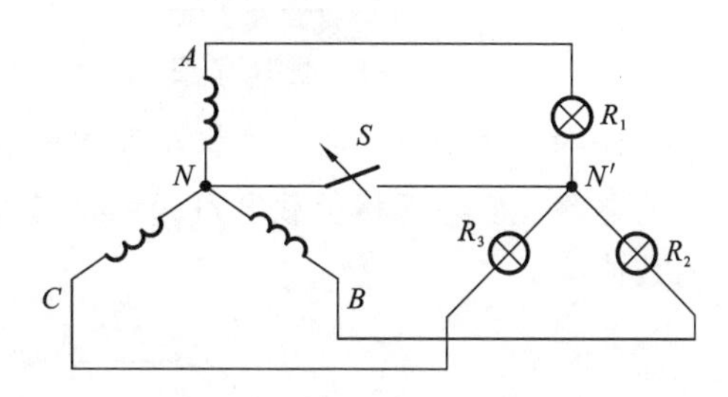

图 10.20　题10-3图

10-4　图10.21所示的电路为对称三角形连接的三相负载，每相$Z=15+\mathrm{j}20$ Ω，接在对称三相电源上，且$U_{AB}=220\angle 30°$ V。求(1) 三相相电压$\dot{U}_{ab}$、$\dot{U}_{bc}$、$\dot{U}_{ca}$；(2) 三相电流$\dot{I}_{ab}$、$\dot{I}_{bc}$、$\dot{I}_{ca}$及线电流$\dot{I}_A$、$\dot{I}_B$、$\dot{I}_C$；(3) a相电流、A相线电流瞬时表达式。

10-5　在图10.22所示的电路中，三相四线制电源电压为380/220 V，接有星形连接的白炽灯对称负载，其总功率为180 W，此外，在C相上接有额定电压为220 V、功率为40 W、功率因数$\cos\varphi=0.5$的日光灯一盏。试求电流$\dot{I}_1$、$\dot{I}_2$、$\dot{I}_3$、$\dot{I}_N$，令$\dot{U}_1=220\angle 0°$ V。

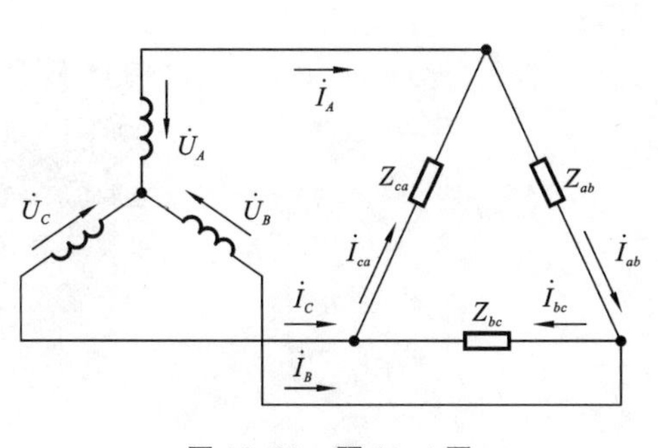

图 10.21　题10-4图

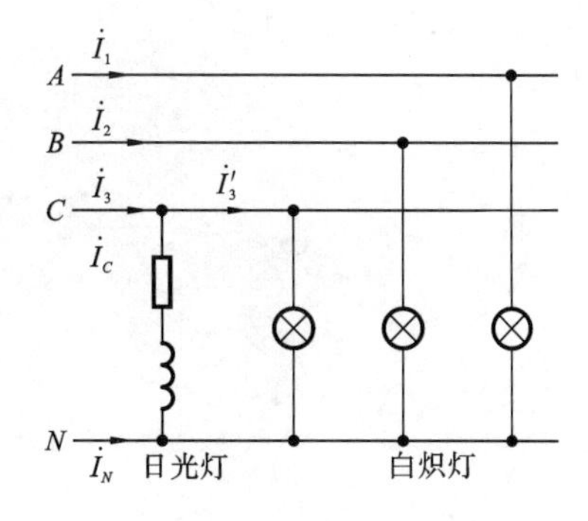

图 10.22　题10-5图

10-6　有一三相异步电动机，其绕组接成三角形，接在线电压$U_l=380$ V的电源上，从电源所取用的功率$P=11.43$ kW，功率因数$\cos\varphi=0.87$，试求电动机的相电流和线电流。

10-7 设在线电压为 380 V 的三相电源上，接有两组三相对称负载，$Z_Y=10\ \Omega$，$Z_\Delta=8+j6\ \Omega$，如图 10.23 所示，试求(1) 线电流$\dot{I}$；(2) 三相负载吸收的总功率 P。

10-8 图 10.24 所示的是由一个电容和四个灯泡组成的星形电路，是一种借灯光强弱以测定低电压三相电源相序的相序指示器。在图中电源相序的情况下，试问哪一相上的灯泡要亮些？

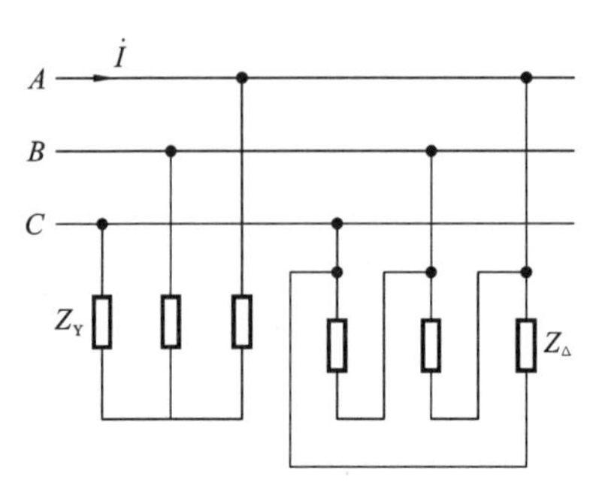

图 10.23 题 10-7 **图**

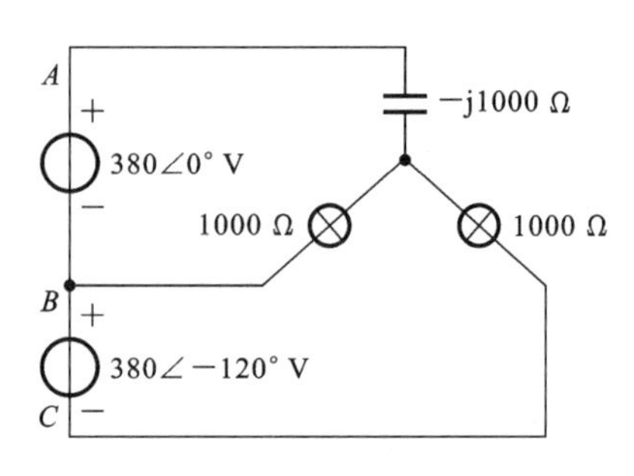

图 10.24 题 10-8 **图**

10-9 图 10.25 所示的是小功率星形对称电阻性负载从单相电源获得三相对称电压的电路。已知每相负载电阻 $R=10\ \Omega$，电源频率 $f=50$ Hz，试求所需的电感和电容的数值。

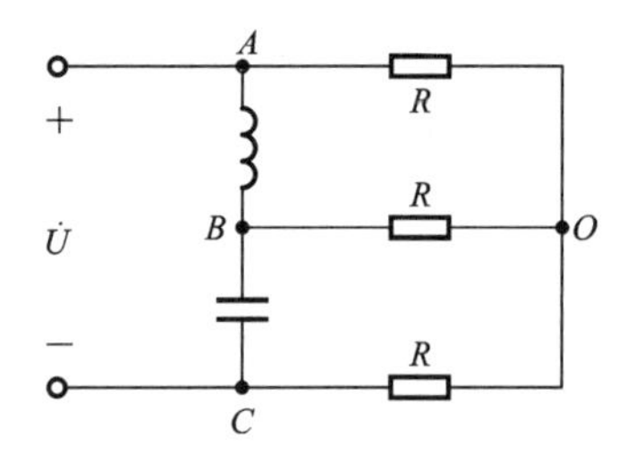

图 10.25 题 10-9 **图**

10-10 设三相负载对称，证明如果电压相等、输送功率相等、距离相等、线路功率损耗相等，则三相输电线的用铜量为单相输入电路的用铜量的 3/4。

习题答案 10

11

含耦合电感的电路分析

本章重点

(1) 磁耦合、耦合电感、自感电压、互感电压、同名端的概念。

(2) 耦合电感的伏安关系。

(3) 含有耦合电感电路的计算。

(4) 空心变压器和理想变压器。

本章难点

(1) 同名端。

(2) 含有耦合电感电路的分析计算——相量分析法。

11.1 耦合电感元件

11.1.1 互感现象

根据电流的磁效应，载流线圈周围会产生磁场，两个靠近的通电线圈，当一个线圈流过交变电流时，另一个线圈的两端将产生感应电压。这种载流线圈之间通过磁场相互联系的现象称为互感现象，所产生的感应电压称为互感电压，两个线圈称为耦合线圈或耦合电感。

如图 11.1 所示，线圈 1 和 2，其电感分别为 L_1 和 L_2，线圈匝数为 N_1 和 N_2。在图 11.1(a)中，当线圈 1 通入电流 i_1 时，会产生自感磁通 Φ_{11}，穿过自身的线圈产生的磁通链称为自感磁通链 Ψ_{11}，构成闭合磁路；还有一部分磁通 Φ_{21}，称为互感磁通，它不仅穿过线圈 1，也穿过线圈 2，构成闭合磁路，产生的磁通链称为互感磁通链 Ψ_{21}，且 $\Psi_{21} \leqslant \Psi_{11}$。同样，图 11.1(b)中，会产生自感磁通 Φ_{22}，穿过自身的线圈产生的磁通链称为自感磁通链 Ψ_{22}，构成闭合磁路；还有一部分磁通 Φ_{12}，称为互感磁通，它不仅穿过线圈 2，也穿过线圈 1，构成闭合磁路，产生的磁通链称为互感磁通链 Ψ_{12}，且 $\Psi_{12} \leqslant \Psi_{22}$。这种一个线圈的磁通穿过另一个线圈产生磁通链的现象，称为磁耦合。Ψ_{21} 和 Ψ_{12} 也称为耦合磁通链。

两线圈的耦合情况因线圈的绕向不同而不同。图 11.1(a)中，两线圈的绕向相同，耦合线圈 1 中，自感磁链 Ψ_{11} 与 i_2 产生的互感磁链 Ψ_{12} 方向相同；耦合线圈 2 中，自感磁

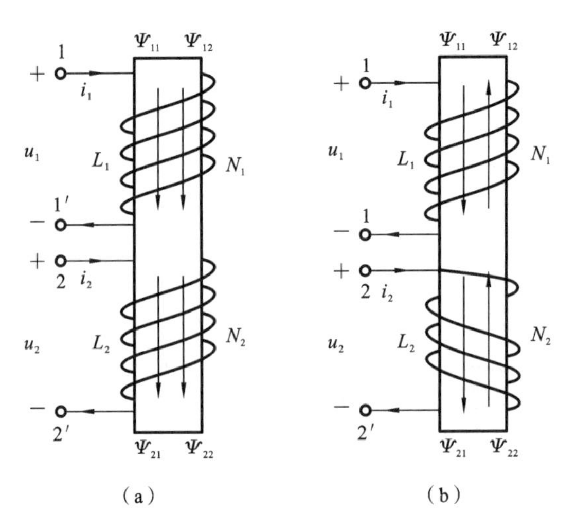

图 11.1 耦合电感

链 Ψ_{22} 和 i_1 产生的互感磁链 Ψ_{21} 方向相同，如图 11.1 中箭头所示。总磁通链 Ψ_1、Ψ_2 等于自感磁链和互感磁链的代数和，即

$$\begin{cases}\Psi_1=\Psi_{11}+\Psi_{12}\\ \Psi_2=\Psi_{21}+\Psi_{22}\end{cases} \tag{11-1}$$

自感磁链为

$$\begin{cases}\Psi_{11}=L_1 i_1\\ \Psi_{22}=L_2 i_2\end{cases} \tag{11-2}$$

互感磁链为

$$\begin{cases}\Psi_{12}=M_{12} i_2\\ \Psi_{21}=M_{21} i_1\end{cases} \tag{11-3}$$

其中：L_1、L_2 为两个线圈的自感系数；M_{12}、M_{21} 为两个线圈的互感系数（简称互感）。假定互感磁链的参考方向与电流的参考方向符合右手螺旋法则，互感系数总是正值。

根据电磁场理论可以证明，两个线圈之间的互感系数 M_{12} 和 M_{21} 相等，即 $M_{12}=M_{21}=M$。互感 M 的单位为亨利(H)，与自感单位相同。

可见，具有耦合关系的每一线圈的磁通链不仅与该线圈本身的电流有关，还与另一个线圈的电流有关。

如图 11.1(b)所示，两线圈的绕向相反，耦合线圈 1 中，自感磁链 Ψ_{11} 和 i_2 产生的互感磁链 Ψ_{12} 方向相反；耦合线圈 2 中，自感磁链 Ψ_{22} 和 i_1 产生的互感磁链 Ψ_{21} 方向相反，如图 11.1(b)中箭头所示。总磁通链 Ψ_1、Ψ_2 等于自感磁链和互感磁链的代数和，即

$$\begin{cases}\Psi_1=\Psi_{11}-\Psi_{12}\\ \Psi_2=-\Psi_{21}+\Psi_{22}\end{cases} \tag{11-4}$$

自感磁链为

$$\Psi_{11}=L_1 i_1,\quad \Psi_{22}=L_2 i_2$$

互感磁链为

$$\Psi_{12}=M_{12} i_2,\quad \Psi_{21}=M_{21} i_1$$

两个耦合线圈的磁通链分别为

$$\Psi_1=\Psi_{11}\pm\Psi_{12}=L_1 i_1\pm M i_2 \tag{11-5}$$

$$\Psi_2=\pm\Psi_{21}+\Psi_{22}=\pm M i_1+L_2 i_2 \tag{11-6}$$

式(11-5)和式(11-6)中，两个电感线圈绕向相同(见图 11.1(a))，M 前取“+”号；绕向相反(见图 11.1(b))，M 前取“−”号。

由此可见，理想耦合线圈即耦合电感可用三个参数 L_1、L_2 和 M 来描述。

11.1.2　耦合电感的电压与电流关系

1. 耦合电感线圈的时域伏安关系式

当耦合电感线圈中的电流 i_1 和 i_2 随时间变化而变化时，线圈中的自感磁通链和互感磁通链也将随之变化，并在各个线圈的两端产生感应电压。设每个线圈的电压、电流为关联参考方向，则每个线圈的电流与该电流产生的磁通符合右手螺旋定则，可忽略线圈内阻。

根据电磁感应定律可以得到理想耦合线圈的伏安关系式。

如图 11.1(a)所示，有

$$\begin{cases}u_1(t)=\dfrac{\mathrm{d}\Psi_1}{\mathrm{d}t}=\dfrac{\mathrm{d}\Psi_{11}}{\mathrm{d}t}+\dfrac{\mathrm{d}\Psi_{12}}{\mathrm{d}t}=L_1\dfrac{\mathrm{d}i_1}{\mathrm{d}t}+M_1\dfrac{\mathrm{d}i_2}{\mathrm{d}t}\\ u_2(t)=\dfrac{\mathrm{d}\Psi_2}{\mathrm{d}t}=\dfrac{\mathrm{d}\Psi_{21}}{\mathrm{d}t}+\dfrac{\mathrm{d}\Psi_{22}}{\mathrm{d}t}=M_2\dfrac{\mathrm{d}i_1}{\mathrm{d}t}+L_2\dfrac{\mathrm{d}i_2}{\mathrm{d}t}\end{cases} \tag{11-7}$$

如图 11.1(b)所示，有

$$\begin{cases}u_1(t)=\dfrac{\mathrm{d}\Psi_1}{\mathrm{d}t}=\dfrac{\mathrm{d}\Psi_{11}}{\mathrm{d}t}-\dfrac{\mathrm{d}\Psi_{12}}{\mathrm{d}t}=L_1\dfrac{\mathrm{d}i_1}{\mathrm{d}t}-M_1\dfrac{\mathrm{d}i_2}{\mathrm{d}t}\\ u_2(t)=\dfrac{\mathrm{d}\Psi_2}{\mathrm{d}t}=-\dfrac{\mathrm{d}\Psi_{21}}{\mathrm{d}t}+\dfrac{\mathrm{d}\Psi_{22}}{\mathrm{d}t}=-M_2\dfrac{\mathrm{d}i_1}{\mathrm{d}t}+L_2\dfrac{\mathrm{d}i_2}{\mathrm{d}t}\end{cases} \tag{11-8}$$

每个线圈的电压均由自感磁链产生的自感电压和互感磁链产生的互感电压两部分组成。

2. 耦合电感线圈的相量伏安关系式

在正弦稳态条件下，根据相量分析法，将图 11.1 所示电路用对应的电路模型及其相量模型表示，如图 11.2 所示。

对应的相量关系式分别为

$$\begin{cases}\dot U_1=\dot U_{11}+\dot U_{12}=\mathrm{j}\omega L_1\dot I_1+\mathrm{j}\omega M\dot I_2\\ \dot U_2=\dot U_{22}+\dot U_{21}=\mathrm{j}\omega M\dot I_1+\mathrm{j}\omega L_2\dot I_2\end{cases} \tag{11-9}$$

$$\begin{cases}\dot U_1=\dot U_{11}+\dot U_{12}=\mathrm{j}\omega L_1\dot I_1-\mathrm{j}\omega M\dot I_2\\ \dot U_2=\dot U_{21}+\dot U_{22}=-\mathrm{j}\omega M\dot I_1+\mathrm{j}\omega L_2\dot I_2\end{cases} \tag{11-10}$$

3. 耦合系数 K

通过前面的分析可知，当线圈 1 通入电流 i_1 时，不仅产生了自感磁通 Φ_{11}，还产生了互感磁通 Φ_{21}，穿过线圈 2。需要指出的是，还有一小部分磁通，没有穿过线圈 1、2，并在周围磁介质中形成闭合磁路，称为漏磁通。为了表示两个线圈磁耦合的紧密程度，工程上常用耦合系数 K 来表示。其定义为

$$K=\frac{M}{\sqrt{L_1L_2}} \tag{11-11}$$

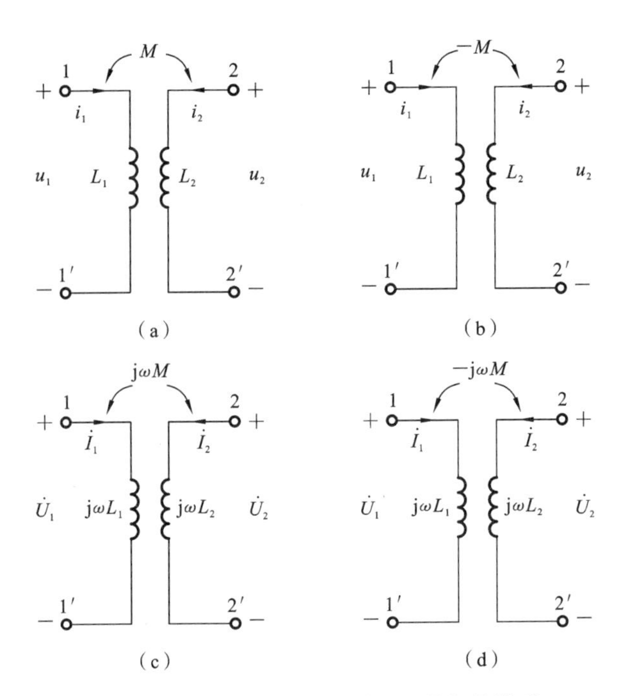

图 11.2　耦合电感的电路模型及其相量模型

其中:耦合系数 K 的大小与两线圈的结构、相互位置以及周围磁介质有关。

当 $0\leqslant K\leqslant 1$,K 越大,说明两个线圈之间耦合越紧;当 $K=1$ 时,称为全耦合;当 $K=0$ 时,说明两线圈没有耦合。则有

$$M=K\sqrt{L_1L_2} \tag{11-12}$$

且有

$$K=\frac{M}{\sqrt{L_1L_2}}=\frac{j\omega M}{\sqrt{j\omega L_1\cdot j\omega L_2}} \tag{11-13}$$

$$K^2=\frac{\Phi_{21}}{\Phi_{11}}\frac{\Phi_{12}}{\Phi_{22}}=\frac{\Psi_{21}}{\Psi_{11}}\frac{\Psi_{12}}{\Psi_{22}}=\frac{M^2}{L_1L_2}$$

因为 $\Psi_{21}\leqslant\Psi_{11}$,$\Psi_{12}\leqslant\Psi_{22}$,可以得出两线圈的互感系数小于等于两线圈自感系数的几何平均值,即 $M\leqslant\sqrt{L_1L_2}$,互感 M 比 $\sqrt{L_1L_2}$ 小(或相等)。K 说明了 M 比 $\sqrt{L_1L_2}$ 小到什么程度,K 越小,两个线圈磁耦合越不紧密。

4. 同名端标志

为方便确定互感电压的正号或负号,在线圈密封的情况下,可以用一种公认的标记"·"或"*"等来表示,这种标记称为同名端,在每个线圈电压电流为关联参考方向时,如果电流从两个耦合线圈的同名端流入,互感电压与自感电压的参考方向一致,则互感电压取正号,表示磁通相助。同名端即为同极性端。如果电流从两个耦合线圈的异名端流入,互感电压与自感电压的参考方向相反,则互感电压取负号,表示磁通相减。异名端即为反极性端。

有了同名端标记,在两个线圈的磁耦合作用时,不用考虑两个线圈内部相对位置及实际绕向,只根据同名端标记,就可以知道两线圈是磁通相助还是相减。

将图 11.1 所示的电路用图 11.3(a)对应的电路模型及其相量模型表示,图 11.3(a)中 1 和 2(或 1′和 2′)为同名端,电流 i_1、i_2 分别从同名端流入,线圈 1 的互感电压 u_{12}

与自感电压 u_{11} 的参考方向一致，则 u_{12} 取正号，线圈 2 同理；图 11.3(b)中 1 和 2′(或 1′和 2)为同名端，即 1 和 1′为异名端，i_1、i_2 分别从异名端流入，线圈 1 的互感电压 u_{12} 与自感电压 u_{11} 的参考方向相反，则 u_{12} 取负号，线圈 2 同理。

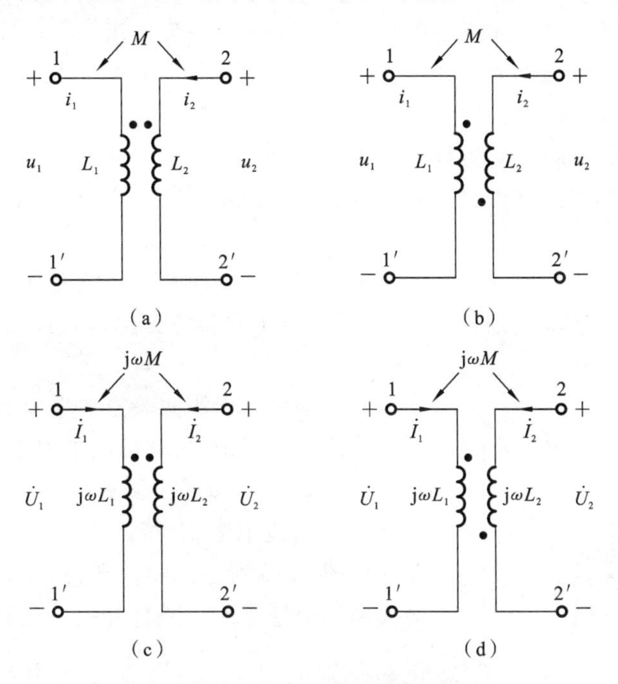

图 11.3 带有同名端标记的耦合电路

下面讨论同名端标记问题，说明根据同名端标记就可以确定自感磁通与互感磁通方向是否相同，而无须再显示耦合线圈绕向及相对位置。线圈的绕向及相对位置判断同名端如图 11.4 所示。

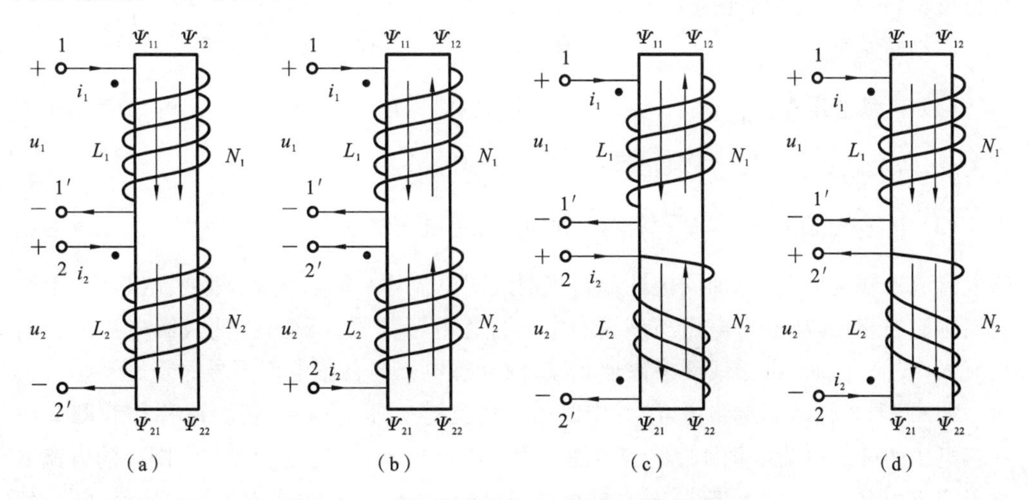

图 11.4 线圈的绕向及相对位置判断同名端

如图 11.4(a)所示，线圈 1、2 绕向一致，相对位置一致，其中的自感磁通与互感磁通方向一致，1、2 为同名端；如图 11.4(b)所示，线圈 1、2 绕向一致，相对位置相反，其中的自感磁通与互感磁通方向相反，1、2 为异名端，1′、2′为同名端；如图 11.4(c)所示，线圈 1、2 绕向相反，相对位置一致，其中的自感磁通与互感磁通方向相反，1、2 为异名端，

$1'$、$2'$为同名端；如图 11.4(d)所示，线圈 1、2 绕向相反，相对位置相反，其中的自感磁通与互感磁通方向相反，1、2 为同名端。由此知：图 11.4(a)(d)线圈中 1、2 为同名端，图 11.4(b)(c)线圈中 1、2 为异名端。

如图 11.4 所示，反过来说，如果是同名端，用记号标记出来，若从同名端流入电流，就有自感磁通与互感磁通方向一致，磁通相助；若从同名端流入电流，就有自感磁通与互感磁通方向相反，磁通相消。

因此，设置同名端标志，这样无论内部绕向及相对位置如何，均可以通过同名端判断内部自感磁通与互感磁通是相同还是相反，无须再画出图 11.1 所示的电路，可构建电路模型，如图 11.3 所示。

互感电压的正负与电流的参考方向及线圈的绕向及相对位置有关。

对于已标记同名端的耦合电感，可根据 u、i 的参考方向以及同名端的位置写出其 u-i 关系式。

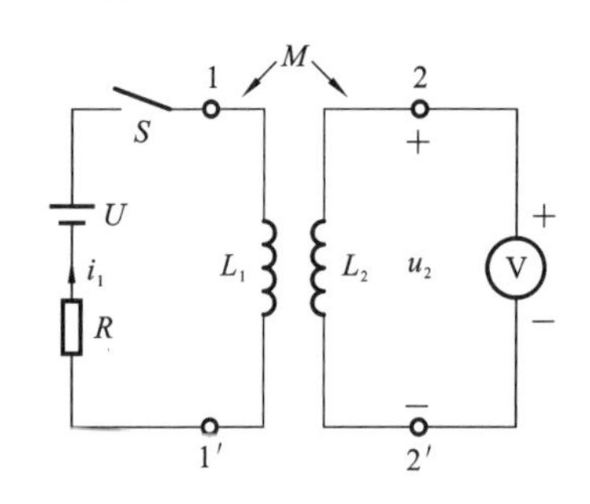

图 11.5　实验方法测同名端

同名端也可以用实验方法来确定。当同名端标志不清楚或没有标记时，就可以采用图 11.5 所示的电路判断。线圈 L_1经过一个开关接到直流电压源上，串联接上一个限流电阻 R，线圈 L_2 串接一个直流电压表，极性如图 11.5 所示。闭合开关 S，电流 i_1 会由零逐渐增大到一个稳态值。闭合开关 S 的瞬间，电流 i_1 的变化率$\frac{\mathrm{d}i_1}{\mathrm{d}t}>0$。此时，线圈 L_2 会产生互感电压 u_2，使电压表的指针发生偏转。若电压表指针正向偏转，表明此互感电压 u_2 大于零，因为 $u_2=M\frac{\mathrm{d}i_1}{\mathrm{d}t}$，可知 1 和 2 两个端钮是一对同名端。若电压表指针反偏，1 和 2 两个端钮是一对异名端。

归纳总结如下。

(1) 自感电压 $L_1\frac{\mathrm{d}i_1}{\mathrm{d}t}$、$L_2\frac{\mathrm{d}i_2}{\mathrm{d}t}$取正号还是取负号，取决于本电感 u、i 的参考方向是否关联，若关联，则自感电压取正号；反之，取负号。

(2) 互感电压 $M\frac{\mathrm{d}i_2}{\mathrm{d}t}$、$M\frac{\mathrm{d}i_1}{\mathrm{d}t}$符号的确定：互感电压的正极性端与产生互感电压的施感电流流入端为同名端(即同极性端)，当两线圈电流均从同名端流入(或流出)时，由于线圈中磁通相助，故互感电压与该线圈中的自感电压同号；反之，当两线圈电流从异名端流入(或流出)时，由于线圈中磁通相减，故互感电压与自感电压异号。

如图 11.3 所示的电路中，i_2 称作线圈 1 中互感电压的施感电流，i_1 称作线圈 2 中互感电压的施感电流。图 11.3(a)线圈 1 中互感电压 u_{12}的正极性端与线圈 2 的电流 i_2 流入端为同名端，互感电压 u_{12}与自感电压 u_{11} 同号；图 11.3(b)线圈 1 中互感电压 u_{12}的正极性端与线圈 2 的电流 i_2 流入端为异名端，互感电压 u_{12}与自感电压 u_{11}异号。

说明：互感电压的方向与同名端标记有关，与施感电流参考方向无关。

5. 耦合电感的受控电压源模型

根据 u-i 关系方程的具体表达式，互感电压可以用电感元件和受控电压源来模拟，从图 11.3 中的电路可以看出：受控电压源（互感电压）的“+”极性端与产生互感电压的施感电流的流入端是同名端；反过来说，若施感电流从同名端流入，互感电压的“+”极性端为线圈同名端的标记端，可以用图 11.6 所示的电路来代替。将图 11.3 中的电路产生的互感电压模拟成受控电压源后，可直接由图 11.6 写出两线圈上的电压。用这种耦合等效电路，列写互感线圈的 u-i 方程非常方便。

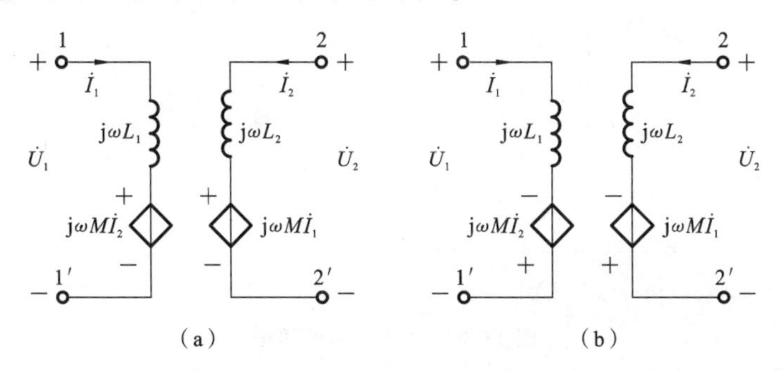

图 11.6　耦合电感的受控电压源模型

例 11-1　在图 11.7 所示的电路中，已知 $i_1=2\cos(4t)$，$i_2=5$ A，$L_1=6$ H，$L_2=4$ H，$M=3$ H，求：(1) 线圈 1、2 中的磁通链 Ψ_{11}、Ψ_{22}、Ψ_{12}、Ψ_{21}、Ψ_1、Ψ_2；(2) 电压 u_1、u_2；(3) 耦合线圈 1、2 的耦合系数 k。

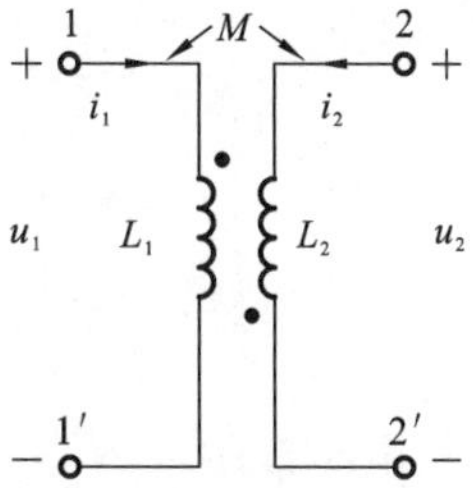

图 11.7　例 11-1 图

解　(1) 由式(11-2)～式(11-6)可得

$$\Psi_{11}=L_1 i_1=6\times 2\cos(4t)=12\cos(4t)$$

$$\Psi_{22}=L_2 i_2=4\times 5=20\ (\text{H})$$

$$\Psi_{12}=Mi_2=3\times 5=15\ (\text{H})$$

$$\Psi_{21}=Mi_1=3\times 2\cos(4t)=6\cos(4t)$$

$$\Psi_1=\Psi_{11}+\Psi_{12}=L_1 i_1+Mi_2=6\times 2\cos(4t)+15=12\cos(4t)+15$$

$$\Psi_2=-\Psi_{22}-\Psi_{21}=-L_2 i_2-Mi_1=-6\times 2\cos(4t)-15=-20-6\cos(4t)$$

(2) 由式(11-7)得

$$u_1=\frac{\mathrm{d}\Psi_1}{\mathrm{d}t}=\frac{\mathrm{d}}{\mathrm{d}t}[12\cos(4t)+15]=-48\sin(4t)$$

$$u_2=\frac{\mathrm{d}\Psi_2}{\mathrm{d}t}=\frac{\mathrm{d}}{\mathrm{d}t}[-20-6\cos(4t)]=24\sin(4t)$$

(3) 由式(11-11)得

$$k=\frac{M}{\sqrt{L_1 L_2}}=\frac{3}{\sqrt{6\times 4}}=0.61$$

11.2　含耦合电感电路的分析

对于耦合电感的电压计算，不但要考虑自感电压，还应考虑互感电压，所以含耦合电感电路的分析有一定的特殊性。本节首先介绍耦合电感的连接，然后举例说明含耦合电感的电路的分析。

11.2.1 耦合电感的串联

两互感线圈串联时有两种接法——顺向串联(异名端相连,见图 11.8(a))和反向串联(同名端相连,见图 11.8(b))。

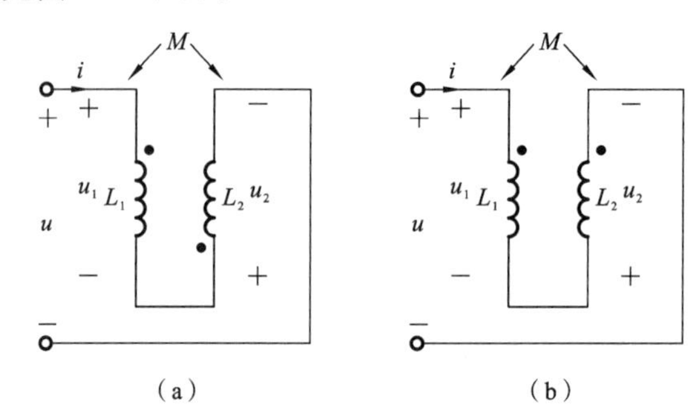

图 11.8 互感线圈的串联

1. 两个耦合电感顺接

如图 11.8(a)所示,有

$$\begin{cases} u_1 = L_1 \dfrac{di_1}{dt} + M \dfrac{di_2}{dt} \\ u_2 = L_2 \dfrac{di_2}{dt} + M \dfrac{di_1}{dt} \end{cases}$$

$$u = u_1 + u_2 = (L_1 + L_2 + 2M)\frac{di}{dt} = L_{eq}\frac{di}{dt}$$

等效电感:

$$L_{eq} = L_1 + L_2 + 2M \tag{11-14}$$

用相量法表示:

$$\dot{U}_1 = \dot{U}_{11} + \dot{U}_{12} = j\omega L_1 \dot{I} + j\omega M \dot{I}$$

$$\dot{U}_2 = \dot{U}_{22} + \dot{U}_{21} = j\omega L_2 \dot{I} + j\omega M \dot{I}$$

$$\dot{U} = \dot{U}_1 + \dot{U}_2 = j\omega(L_1 + L_2 + 2M)\dot{I} = j\omega L_{eq}\dot{I}$$

$$L_{eq} = L_1 + L_2 + 2M \tag{11-15}$$

$$Z_{eq} = j\omega(L_1 + L_2 + 2M) \tag{11-16}$$

$$Z_M = j\omega(2M) \tag{11-17}$$

$$\dot{I} = \frac{\dot{U}}{j\omega(L_1 + L_2 + 2M)} = \frac{\dot{U}}{j\omega L_{eq}} \tag{11-18}$$

如果考虑线圈串联电阻,分别为 R_1、R_2,如图 11.9(a)所示。则总阻抗为

$$Z = R_1 + j\omega L_1 + R_2 + j\omega L_2 + j\omega(2M) \tag{11-19}$$

$$Z = Z_1 + Z_2 + Z_M$$

$$\dot{I} = \frac{\dot{U}}{R_1 + R_2 + j\omega(L_1 + L_2 + 2M)} = \frac{\dot{U}}{R_1 + R_2 + j\omega L_{eq}} \tag{11-20}$$

2. 两个耦合电感反接

两个耦合电感反接,如图 11.8(b)所示,有

$$\begin{cases} u_1 = L_1 \dfrac{di_1}{dt} - M \dfrac{di_2}{dt} \\ u_2 = L_2 \dfrac{di_2}{dt} - M \dfrac{di_1}{dt} \end{cases}$$

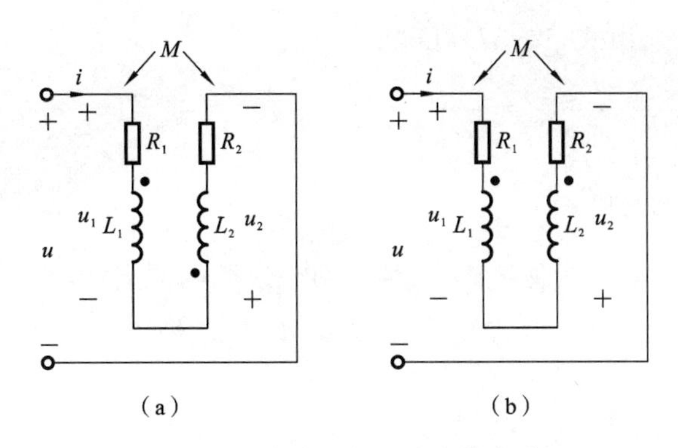

图 11.9 含电阻的互感线圈串联

$$u=u_1+u_2=(L_1+L_2-2M)\frac{di}{dt}=L_{eq}\frac{di}{dt}$$

等效电感为

$$L_{eq}=L_1+L_2-2M \tag{11-21}$$

用相量法表示为

$$\dot{U}_1=\dot{U}_{11}-\dot{U}_{12}=j\omega L_1\dot{I}-j\omega M\dot{I}$$

$$\dot{U}_2=\dot{U}_{22}-\dot{U}_{21}=j\omega L_2\dot{I}-j\omega M\dot{I}$$

$$\dot{U}=\dot{U}_1+\dot{U}_2=j\omega(L_1+L_2-2M)\dot{I}=j\omega L_{eq}\dot{I}$$

$$L_{eq}=L_1+L_2-2M \tag{11-22}$$

$$Z_{eq}=j\omega(L_1+L_2-2M) \tag{11-23}$$

$$Z_M=j\omega(-2M) \tag{11-24}$$

$$\dot{I}=\frac{\dot{U}}{j\omega(L_1+L_2-2M)}=\frac{\dot{U}}{j\omega L_{eq}} \tag{11-25}$$

如果考虑线圈串联电阻，分别为 R_1、R_2，如图 11.9(b)所示，则总阻抗为

$$Z=R_1+j\omega L_1+R_2+j\omega L_2-j\omega(2M) \tag{11-26}$$

$$Z=Z_1+Z_2+Z_M$$

$$\dot{I}=\frac{\dot{U}}{R_1+R_2+j\omega(L_1+L_2-2M)}=\frac{\dot{U}}{R_1+R_2+j\omega L_{eq}} \tag{11-27}$$

例 11-2 两个耦合电感线圈串联，如图 11.8(b)所示，电源电压为 $u(t)=10\sqrt{2}\cos(2t)$，$R_1=2\ \Omega$，$R_2=6\ \Omega$，$\omega L_1=6\ \Omega$，$\omega L_2=8\ \Omega$，$\omega M=4\ \Omega$，求(1) 等效电感 L_{eq}、线圈输入阻抗 Z；(2) 总电流 $\dot{I}$。

解 (1)如图 11.8(b)所示，两耦合电感反向连接，则有

$$\dot{U}=10\angle 0°\ (\text{V})$$

由式(11-23)得

$$Z_{eq}=j\omega L_1+j\omega L_2-j\omega(2M)=j\omega L_{eq}=j6\ (\Omega)$$

$$L_{eq}=\frac{Z_{eq}}{j\omega}=\frac{j6}{j2}=3\ (\text{H})$$

线圈输入阻抗 Z：

$$\begin{aligned}Z&=Z_1+Z_2+Z_M=R_1+j\omega L_1+R_2+j\omega L_2-j\omega 2M\\&=R_1+R_2+Z_{eq}=2+6-j6=8-j6\ (\Omega)\end{aligned}$$

(2) 求总电流$\dot{I}$。由式(11-27)可得

$$\dot{I}=\frac{\dot{U}}{R_1+R_2+\mathrm{j}\omega L_{\mathrm{eq}}}=\frac{10\angle 0^\circ}{(2+6-\mathrm{j}6)}=\frac{10\angle 0^\circ}{10\angle 36.8^\circ}=1\angle -36.8^\circ\ (\mathrm{A})$$

11.2.2 耦合电感的并联

两互感线圈的并联有两种接法：一种是两个线圈的同名端相连，称为同侧并联，如图 11.10(a)所示；另一种是两个线圈的异名端相连，称为异侧并联，如图 11.10(b)所示。

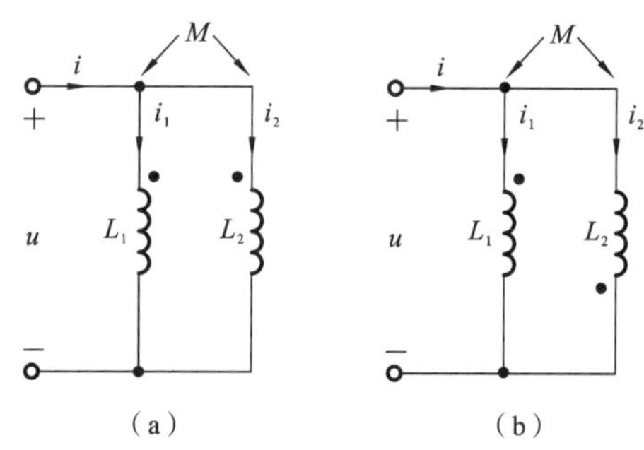

图 11.10 互感线圈的并联

1. 同侧并联

如图 11.10(a)所示，在正弦电路中，用相量表示为

$$\begin{cases}\dot{U}=\mathrm{j}\omega L_1\dot{I}_1+\mathrm{j}\omega M\dot{I}_2\\ \dot{U}=\mathrm{j}\omega L_2\dot{I}_2+\mathrm{j}\omega M\dot{I}_1\\ \dot{I}=\dot{I}_1+\dot{I}_2\end{cases}\tag{11-28}$$

$$Z=\frac{\dot{U}}{\dot{I}}=\mathrm{j}\omega\frac{L_1L_2-M^2}{L_1+L_2-2M}\tag{11-29}$$

等效电感：

$$L_{\mathrm{eq}}=\frac{L_1L_2-M^2}{L_1+L_2-2M}\tag{11-30}$$

$$\dot{U}=Z\dot{I}=\mathrm{j}\omega\frac{L_1L_2-M^2}{L_1+L_2-2M}\dot{I}\tag{11-31}$$

2. 异侧并联

如图 11.10(b)所示，用相量法表示为

$$\begin{cases}\dot{U}=\mathrm{j}\omega L_1\dot{I}_1-\mathrm{j}\omega M\dot{I}_2\\ \dot{U}=\mathrm{j}\omega L_2\dot{I}_2-\mathrm{j}\omega M\dot{I}_1\\ \dot{I}=\dot{I}_1+\dot{I}_2\end{cases}\tag{11-32}$$

$$Z=\frac{\dot{U}}{\dot{I}}=\mathrm{j}\omega\frac{L_1L_2-M^2}{L_1+L_2+2M}\tag{11-33}$$

等效电感：

$$L_{\mathrm{eq}}=\frac{L_1L_2-M^2}{L_1+L_2+2M}\tag{11-34}$$

$$\dot{U}=Z\dot{I}=\mathrm{j}\omega\frac{L_1L_2-M^2}{L_1+L_2+2M}\dot{I}\tag{11-35}$$

总结如下。

(1) 当两互感线圈并联时，等效电感：

$$L=\frac{L_1L_2-M^2}{L_1+L_2\mp 2M} \tag{11-36}$$

注意：同侧取"－"，异侧取"＋"。

(2) 当考虑线圈电阻时，并联电路如图 11.11 所示，去耦等效电路如图 11.12 所示。

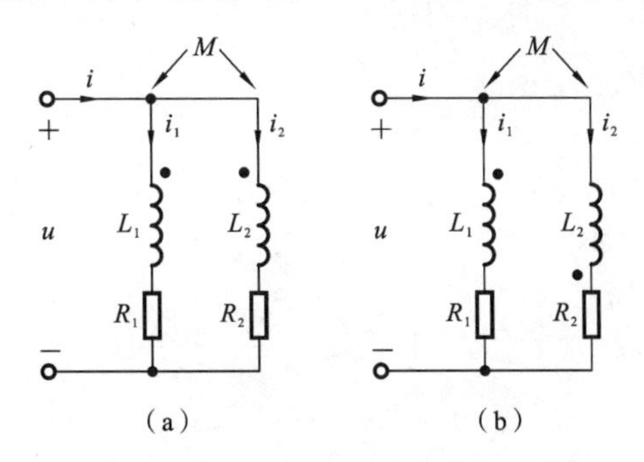

图 11.11 含电阻的互感线圈并联

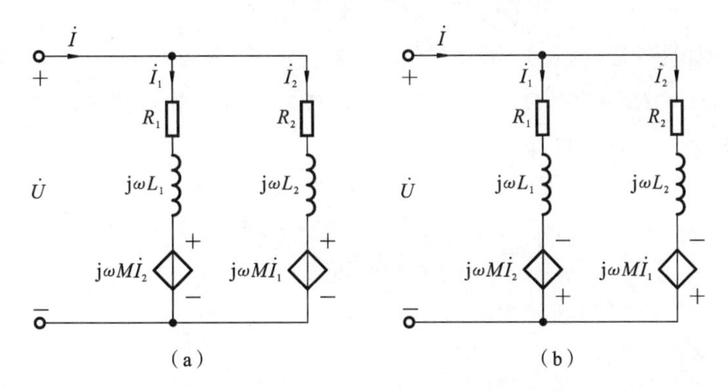

图 11.12 互感线圈并联的去耦等效电路

由图 11.12(a)所示的电路，设 $Z_1=R_1+\mathrm{j}\omega L_1$，$Z_2=R_2+\mathrm{j}\omega L_2$，$Z_M=\mathrm{j}\omega M$，则有

$$\begin{cases}\dot{U}=(R_1+\mathrm{j}\omega L_1)\dot{I}_1+\mathrm{j}\omega M\dot{I}_2=Z_1\dot{I}_1+Z_M\dot{I}_2\\ \dot{U}=(R_2+\mathrm{j}\omega L_2)\dot{I}_2+\mathrm{j}\omega M\dot{I}_1=Z_2\dot{I}_2+Z_M\dot{I}_1\\ \dot{I}=\dot{I}_1+\dot{I}_2\end{cases} \tag{11-37}$$

$$\dot{I}_1=\frac{1-\dfrac{Z_M}{Z_2}}{Z_1-\dfrac{Z_M^2}{Z_2}}\dot{U} \tag{11-38}$$

$$\dot{I}_2=\frac{1-\dfrac{Z_M}{Z_1}}{Z_2-\dfrac{Z_M^2}{Z_1}}\dot{U} \tag{11-39}$$

$$\dot{I}=\dot{I}_1+\dot{I}_2=\frac{Z_1+Z_2-2Z_M}{Z_1+Z_2-Z_M^2}\dot{U} \tag{11-40}$$

端口等效阻抗为

$$Z_{\mathrm{eq}}=\frac{Z_1+Z_2-Z_M^2}{Z_1+Z_2-2Z_M} \tag{11-41}$$

同理，由图 11.12(b)所示的电路，有

$$\begin{cases}\dot{U}=(R_1+\mathrm{j}\omega L_1)\dot{I}_1+\mathrm{j}\omega M\dot{I}_2=Z_1\dot{I}_1-Z_M\dot{I}_2\\ \dot{U}=(R_2+\mathrm{j}\omega L_2)\dot{I}_2+\mathrm{j}\omega M\dot{I}_1=Z_2\dot{I}_2-Z_M\dot{I}_1\\ \dot{I}=\dot{I}_1+\dot{I}_2\end{cases}\tag{11-42}$$

$$\dot{I}_1=\frac{1+\dfrac{Z_M}{Z_2}}{Z_1-\dfrac{Z_M^2}{Z_2}}\dot{U}\tag{11-43}$$

$$\dot{I}_2=\frac{1+\dfrac{Z_M}{Z_1}}{Z_2-\dfrac{Z_M^2}{Z_1}}\dot{U}\tag{11-44}$$

$$\dot{I}=\dot{I}_1+\dot{I}_2=\frac{Z_1+Z_2+2Z_M}{Z_1+Z_2-Z_M^2}\dot{U}\tag{11-45}$$

端口等效阻抗为

$$Z_{\mathrm{eq}}=\frac{Z_1+Z_2-Z_M^2}{Z_1+Z_2+2Z_M}\tag{11-46}$$

例 11-3 如图 11.12(b)所示，已知$\dot{U}=220\angle 0°$ V，$L_1=3$ H，$L_2=10$ H，$M=5$ H，$\omega=100$ rad/s，$R_1=R_2=100$ Ω，求(1) $\dot{I}_1$、$\dot{I}_2$、$\dot{I}$；(2) 端口等效阻抗 Z_{eq}。

解 由图 11.12 分析可知

$$Z_1=R_1+\mathrm{j}\omega L_1=100+\mathrm{j}300\ (\Omega)$$
$$Z_2=R_2+\mathrm{j}\omega L_2=100+\mathrm{j}1000\ (\Omega)$$
$$Z_M=\mathrm{j}\omega M=\mathrm{j}500\ (\Omega)$$

由式(11-43)～式(11-45)得

$$\dot{I}_1=\frac{1+\dfrac{Z_M}{Z_2}}{Z_1-\dfrac{Z_M^2}{Z_2}}\dot{U}=\frac{1+\dfrac{\mathrm{j}500}{100+\mathrm{j}1000}}{100+\mathrm{j}300-\dfrac{(\mathrm{j}500)^2}{100+\mathrm{j}1000}}\times 220\angle 0°=2.429\angle -20.91°\ (\mathrm{A})$$

$$\dot{I}_2=\frac{1+\dfrac{Z_M}{Z_1}}{Z_2-\dfrac{Z_M^2}{Z_1}}\dot{U}=\frac{1+\dfrac{\mathrm{j}500}{100+\mathrm{j}300}}{100+\mathrm{j}1000-\dfrac{(\mathrm{j}500)^2}{100+\mathrm{j}300}}\times 220\angle 0°=1.303\angle -24.03°\ (\mathrm{A})$$

$$\dot{I}=3.73\angle -22.1°\ (\mathrm{A})$$

由式(11-41)可得

$$Z_{\mathrm{eq}}=\frac{Z_1+Z_2-Z_M^2}{Z_1+Z_2+2Z_M}=59\angle 22.1°\ (\Omega)$$

11.2.3 含耦合电感电路的基本分析方法

一种含耦合电感的电路如图 11.13 所示，线圈 1 与线圈 2 之间有互感 M，求$\dot{I}_1$、$\dot{I}_2$。

线圈 1 中的互感电压大小为

$$\dot{U}_{12}=-\mathrm{j}\omega M\dot{I}_2$$

线圈 2 中的互感电压大小为

$$\dot{U}_{21}=-\mathrm{j}\omega M\dot{I}_1$$

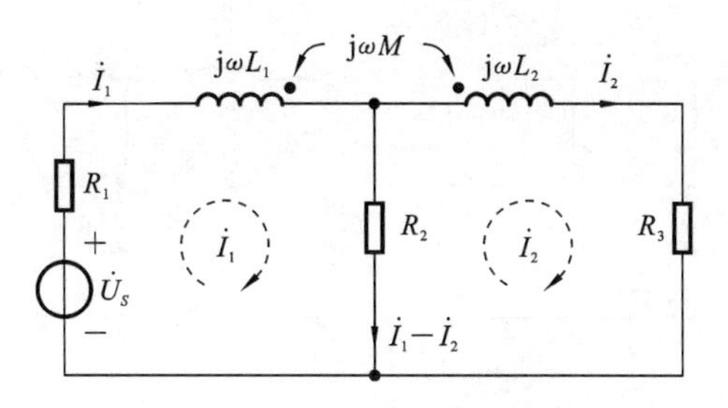

图 11.13 一种含耦合电感的电路

对回路 1 和 2 列 KVL 方程，得

$$\begin{cases}R_1\dot{I}_1+j\omega L_1\dot{I}_1-j\omega M\dot{I}_2+R_2(\dot{I}_1-\dot{I}_2)=\dot{U}_S\\-R_2(\dot{I}_1-\dot{I}_2)+j\omega L_2\dot{I}_2-j\omega M\dot{I}_1+R_3\dot{I}_2=0\end{cases}$$

整理得

$$\begin{cases}(R_1+R_2+j\omega L_1)\dot{I}_1-(R_2+j\omega M)\dot{I}_2=\dot{U}_S\\-(R_2+j\omega M)\dot{I}_1+(R_2+R_3+j\omega L_2)\dot{I}_2=0\end{cases}$$

代入已知数据，可解出$\dot{I}_1$、$\dot{I}_2$。

缺点：按上述方法容易漏写 $j\omega M$ 一项，或写错互感 M 前面的“+”、“−”。

也可以用采用互感电压作为受控源的计算方法，即在正弦稳态分析时，可以把各互感电压作为受控源，并在正确标定其极性后，用正弦稳态分析方法进行分析。

例 11-4 用网孔法列写如图 11.14 所示的电路的网孔电流方程。

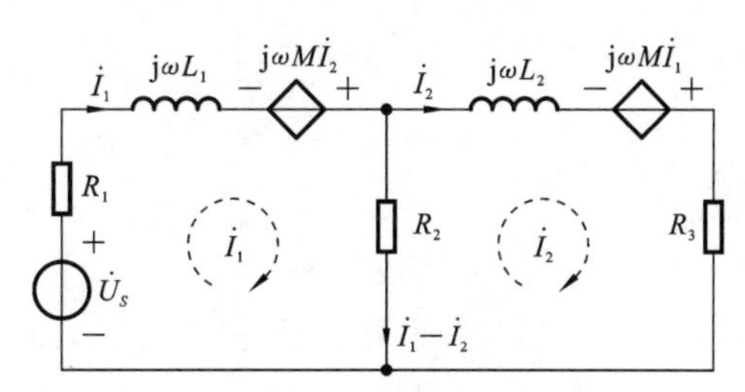

图 11.14 例 11-4 图

解 网孔电流的绕向如图 11.14 所示。则有

$$\begin{cases}(R_1+R_2+j\omega L_1)\dot{I}_1-R_2\dot{I}_2-j\omega M\dot{I}_2=\dot{U}_S\\-R_2\dot{I}_1+(R_2+R_3+j\omega L_2)\dot{I}_2-j\omega M\dot{I}_1=0\end{cases}$$

即

$$\begin{cases}(R_1+R_2+j\omega L_1)\dot{I}_1-(R_2+j\omega M)\dot{I}_2=\dot{U}_S\\-(R_2+j\omega M)\dot{I}_1+(R_2+R_3+j\omega L_2)\dot{I}_2=0\end{cases}$$

与前面方法列写的方程、结果完全一样。

11.2.4 耦合电感的 T 形去耦等效电路

如果公共端为同名端，则两耦合电感有一端连在一起的称为公共端，如图 11.15(a)所示的 A 点，可以用无耦合的三个电感组成的 T 形网络来进行等效替换，如图 11.15(b)所示。

对(a)图，有

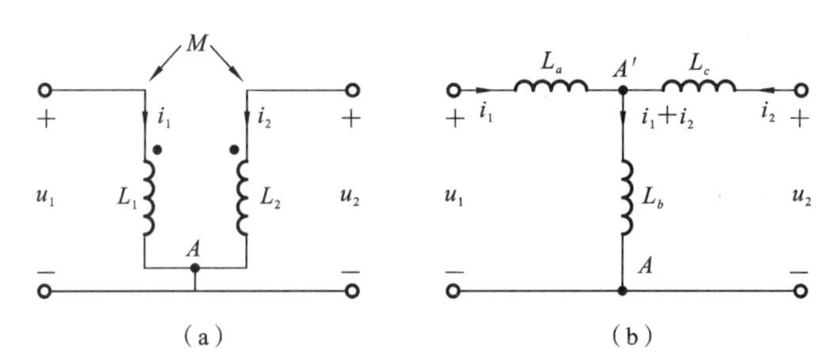

图 11.15 T形去耦等效电路

$$\begin{cases} u_1 = L_1 \dfrac{\mathrm{d}i_1}{\mathrm{d}t} + M \dfrac{\mathrm{d}i_2}{\mathrm{d}t} \\ u_2 = M \dfrac{\mathrm{d}i_1}{\mathrm{d}t} + L_2 \dfrac{\mathrm{d}i_2}{\mathrm{d}t} \end{cases} \tag{11-47}$$

而在图 11.15(b)中，有

$$\begin{cases} u_1 = L_a \dfrac{\mathrm{d}i_1}{\mathrm{d}t} + L_b \dfrac{\mathrm{d}i_2}{\mathrm{d}t} = (L_a + L_b)\dfrac{\mathrm{d}i_1}{\mathrm{d}t} + L_b \dfrac{\mathrm{d}i_2}{\mathrm{d}t} \\ u_2 = L_b \dfrac{\mathrm{d}i_1}{\mathrm{d}t} + (L_b + L_c)\dfrac{\mathrm{d}i_2}{\mathrm{d}t} \end{cases} \tag{11-48}$$

根据等效的概念，使式(11-47)与式(11-48)前面的系数分别相等，即

$$\begin{cases} L_1 = L_a + L_b \\ M = L_b \\ L_2 = L_b + L_c \end{cases}$$

整理得

$$\begin{cases} L_a = L_1 - M \\ L_b = M \\ L_c = L_2 - M \end{cases} \tag{11-49}$$

如果公共端为异名端，如图 11.16(a)所示，其去耦等效电路如图 11.16(b)所示，则有

$$\begin{cases} L_a = L_1 + M \\ L_b = -M \\ L_c = L_2 + M \end{cases} \tag{11-50}$$

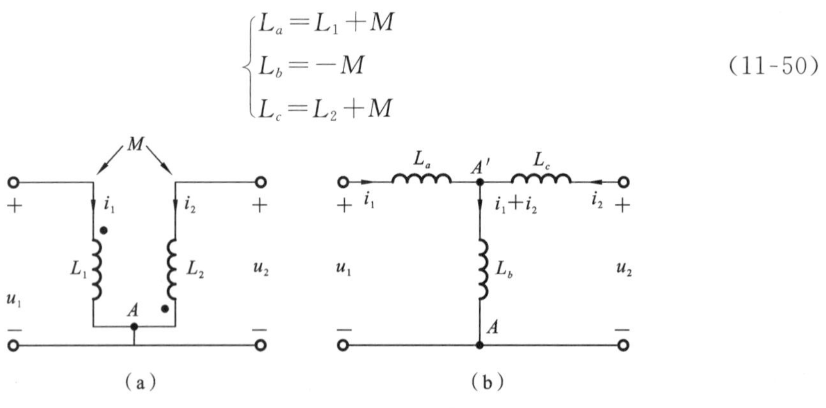

图 11.16 T形去耦等效电路

11.3 耦合电感的复功率

根据耦合电感的受控电压源模型，如图 11.6 所示，把耦合的两个电感看作两条支

路，每条支路由两个元件组成，一个元件是本电感的自感抗 ωL，另一个元件是受控电压源，按一般受控源电路的分析方法分析其功率。

11.3.1 串联耦合电感的复功率

电路如图 11.17(a)(c)所示，分别为两个电感顺接、反接的情况。

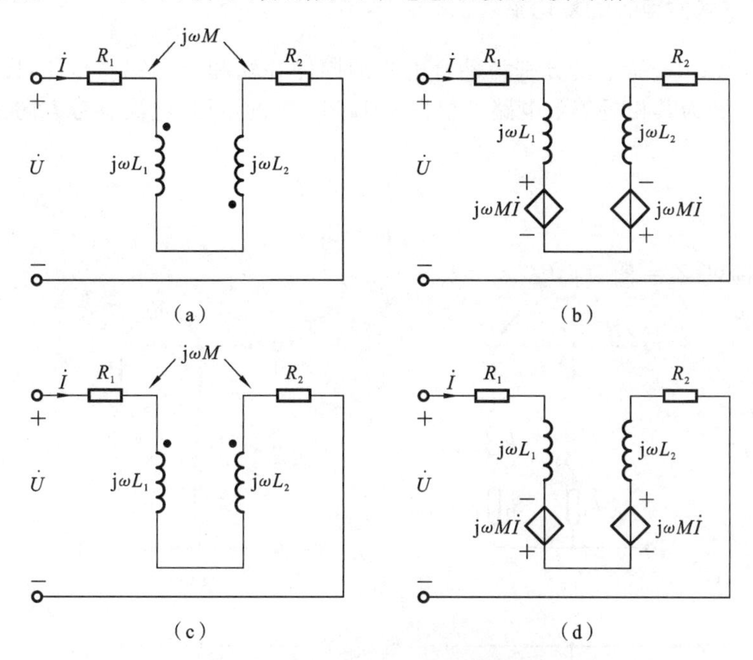

图 11.17 串联耦合电感的功率

当两个电感顺接时，对应的相量模型如图 11.17(b)所示，则有

$$Z_M=\mathrm{j}\omega M,\quad Z_1=R_1+\mathrm{j}\omega L_1,\quad Z_2=R_2+\mathrm{j}\omega L_2$$

故

$$\dot{U}=(Z_1+Z_2)\dot{I}+2Z_M\dot{I}$$

$$\dot{I}=\frac{\dot{U}}{(Z_1+Z_2)+2Z_M} \tag{11-51}$$

当两个电感反接时，对应的相量模型如图 11.17(d)所示，则有

$$\dot{U}=(Z_1+Z_2)\dot{I}-2Z_M\dot{I}$$

$$\dot{I}=\frac{\dot{U}}{(Z_1+Z_2)-2Z_M} \tag{11-52}$$

两受控源的复功率如下。

当顺接时，有

$$S_1=S_2=\dot{U}_M\dot{I}^*=Z_M\dot{I}\dot{I}^*=\mathrm{j}\omega MI^2$$

当反接时，有

$$S_1=S_2=\dot{U}_M\dot{I}^*=-Z_M\dot{I}\dot{I}^*=-\mathrm{j}\omega MI^2$$

第一支路的复功率为

$$S_1=\dot{U}\dot{I}_1^* \tag{11-53}$$

第二支路的复功率为

$$S_2=\dot{U}\dot{I}_2^* \tag{11-54}$$

式(11-53)和式(11-54)中只有无功功率，没有有功功率，表明串联的耦合电感既不

吸收也不提供有功功率，但二者的无功功率相等。根据功率守恒可知，电源发出的有功功率等于电路中所有电阻(包括耦合电感线圈自身电阻)消耗的有功功率。

电源发出的复功率为

$$S=\dot{U}\dot{I}^* \tag{11-55}$$

11.3.2 并联耦合电感的复功率

图 11.18(a)(c)所示的分别为耦合电感的同侧并联和异侧并联电路，图 11.18(b)(d)所示的分别为其相量等效电路。根据图 11.18 中的电压、电流参考方向及同名端的位置，有

$$\dot{U}=Z_1\dot{I}_1\pm Z_M\dot{I}_2$$
$$\dot{U}=Z_2\dot{I}_2\pm Z_M\dot{I}_1$$

其中：$Z_M=\text{j}\omega M$；$Z_1=R_1+\text{j}\omega L_1$；$Z_2=R_2+\text{j}\omega L_2$。

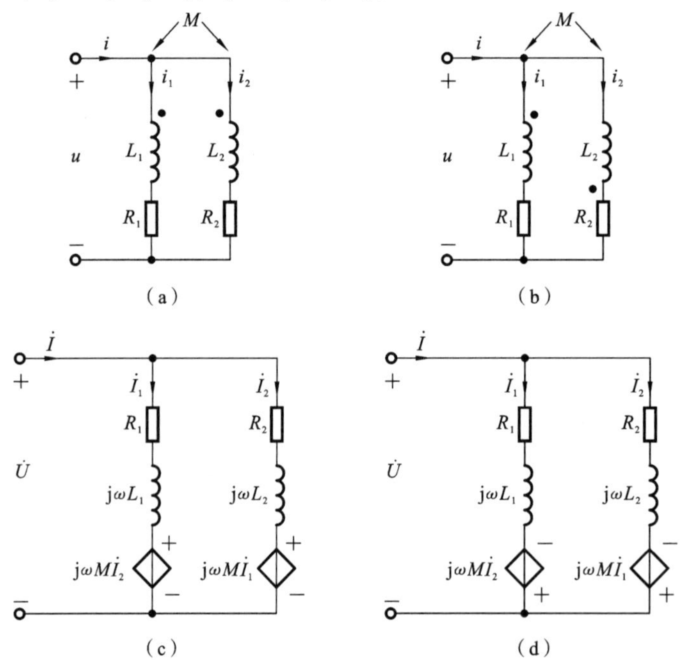

图 11.18 并联耦合电感的复功率

“+”对应两个电感同侧并联，如图 11.18(a)所示；“−”对应两个电感异侧并联，如图 11.18(b)所示，则有

$$\dot{I}_1=\frac{\dot{U}(Z_2\mp Z_M)}{Z_1Z_2-Z_M^2} \tag{11-56}$$

$$\dot{I}_2=\frac{\dot{U}(Z_1\mp Z_M)}{Z_1Z_2-Z_M^2} \tag{11-57}$$

$$\dot{I}=\dot{I}_1+\dot{I}_2 \tag{11-58}$$

第一支路受控源的复功率为

$$S_{M1}=\pm Z_M\dot{I}_2\dot{I}_1^* \tag{11-59}$$

第二支路受控源的复功率为

$$S_{M2}=\pm Z_M\dot{I}_1\dot{I}_2^* \tag{11-60}$$

第一支路的复功率为

$$S_1=\dot{U}\dot{I}_1^* \tag{11-61}$$

第二支路的复功率为

$$S_2=\dot{U}\dot{I}_2^* \tag{11-62}$$

电源发出的复功率为

$$S=\dot{U}\dot{I}^* \tag{11-63}$$

例 11-5　电路如图 11.19 所示，求例 11-4 中(1) 每条支路的复功率 $\widetilde{S}_1$、$\widetilde{S}_2$；(2) 电源提供的总复功率 $\widetilde{S}$。

解　由例 11-4，并根据图 11.19 的分析可知

$$Z_1=R_1+\mathrm{j}\omega L_1=100+\mathrm{j}300\ (\Omega)$$

$$Z_2=R_2+\mathrm{j}\omega L_2=100+\mathrm{j}1000\ (\Omega)$$

$$Z_M=\mathrm{j}\omega M=\mathrm{j}500\ (\Omega)$$

$$\dot{I}_1=2.429\angle-20.91°\ (\mathrm{A})$$

$$\dot{I}_2=1.303\angle-24.03°\ (\mathrm{A})$$

$$\dot{I}=3.73\angle-22.1°\ (\mathrm{A})$$

$$P_{R1}=R_1I_1^2=590\ (\mathrm{W}),\quad Q_{L_1}=\omega L_1I_1^2=1770\ (\mathrm{Var})$$

$$P_{R2}=R_2I_2^2=169.78\ (\mathrm{W}),\quad Q_{L_2}=\omega L_2I_2^2=169.78\ (\mathrm{Var})$$

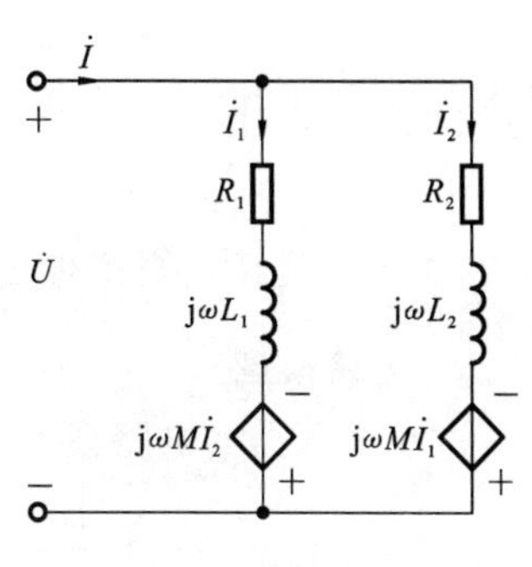

图 11.19　例 11-5 图

由式(11-59)、式(11-60)可得

$$\widetilde{S}_{M1}=\dot{U}_M\dot{I}_1^*=-\mathrm{j}\omega M\dot{I}_2\dot{I}_1^*=P_{M1}+\mathrm{j}Q_{M1}=-91.65-\mathrm{j}1579.83\ (\mathrm{VA})$$

$$\widetilde{S}_{M2}=\dot{U}_M\dot{I}_2^*=-\mathrm{j}\omega M\dot{I}_1\dot{I}_2^*=P_{M2}+\mathrm{j}Q_{M2}=91.65-\mathrm{j}1579.83\ (\mathrm{VA})$$

根据图 11.19 所示的电压、电流参考方向，$P_{M1}<0$ 为 M_1 从电源吸收并通过磁耦合传输给 M_2 的有功功率，$P_{M2}>0$ 为 M_2 由磁耦合获得并重新提供给电路的有功功率。

支路 1 的有功功率和无功功率分别为

$$P_1=P_{R1}+P_{M1}=498.35\ (\mathrm{W})$$

$$Q_1=Q_{L1}+Q_{M1}=190.18\ (\mathrm{Var})$$

支路 2 的有功功率和无功功率分别为

$$P_2=P_{R2}+P_{M2}=261.43\ (\mathrm{W})$$

$$Q_2=Q_{L1}+Q_{M2}=117.98\ (\mathrm{Var})$$

由式(11-61)、式(11-62)知，每条支路的复功率分别为

$$S_1=P_1+\mathrm{j}Q_1=498.35+\mathrm{j}190.18\ (\mathrm{VA})$$

$$S_2=P_2+\mathrm{j}Q_2=261.43+\mathrm{j}117.98\ (\mathrm{VA})$$

由式(11-63)知，电源发出的复功率为

$$S=\dot{U}\dot{I}^*=S_1+S_2=759.78+\mathrm{j}308.16\ (\mathrm{VA})$$

有功功率：

$$P_1=P_1+P_2=759.78\ (\mathrm{W})$$

或

$$\widetilde{S}=\dot{U}\cdot\dot{I}^*=220\angle0°\times3.73\angle22.1°=820.6\angle22.1°\ (\mathrm{VA})$$

$$=759.78+\mathrm{j}308.16\ (\mathrm{VA})$$

11.4　理想变压器

11.4.1　理想变压器的电压、电流关系

理想变压器是铁芯变压器的理想化模型，它也是一种耦合元件。

1. 变压器的三个理想化条件

条件1:无损耗。线圈的导线无电阻,铁芯的铁磁材料磁导率无限大。

条件2:全耦合。由于$k=1$,则耦合系数为

$$M=\sqrt{L_1L_2} \tag{11-64}$$

条件3:参数无限大。自感系数和互感系数L_1、L_2和M都趋于无穷大,但满足

$$\sqrt{\frac{L_1}{L_2}}=\frac{N_1}{N_2}=n \tag{11-65}$$

其中:变比$n=\frac{N_2}{N_1}$,N_1为变压器的初级匝数,N_2为变压器的次级匝数。

上述三个条件在工程实际中不可能完全满足,但在一些实际工程中误差允许的范围内,把实际变压器当理想变压器对待,可使计算过程简化。

2. 电路模型

理想变压器的电路模型如图11.20所示。

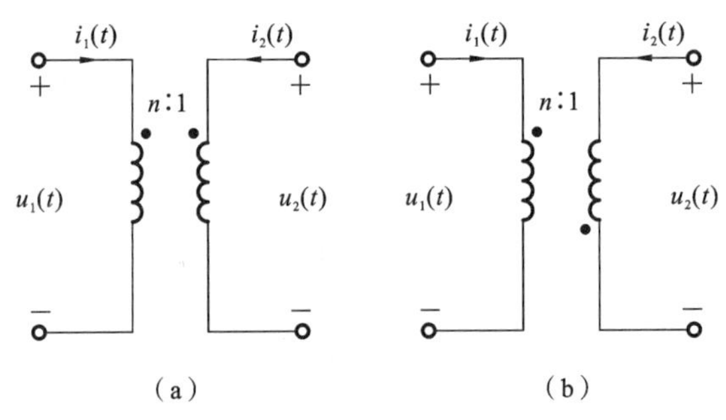

图11.20 理想变压器的电路模型

理想变压器采用唯一的一个参数——变比或匝数比n来描述,而不再用L_1、L_2和M等参数来表达,表明理想变压器为一静态元件(无记忆元件),能变化直流电压和直流电流(即ΔU或ΔI),但不引起附带的电感、电阻等其他元件的作用,在此条件下,理想变压器成为无电磁感应的元件。

3. 理想变压器的变压和变流作用

如果电压、电流参考方向和同名端标示如图11.20(a)所示,则理想变压器的电压、电流关系式为

$$\begin{cases} u_1(t)=nu_2(t) \\ i_1(t)=-\dfrac{1}{n}i_2(t) \end{cases} \tag{11-66}$$

理想变压器初级、次级电流之间的关系,反映了理想变压器具有变换电压和电流的作用。当$n>1$时,为降压变压器;当$n<1$时,为升压变压器。

在正弦稳态下,其相量形式为

$$\begin{cases} \dfrac{\dot{U}_1}{\dot{U}_2}=\dfrac{N_1}{N_2}=n \\ \dfrac{\dot{I}_1}{\dot{I}_2}=-\dfrac{N_2}{N_1}=-\dfrac{1}{n} \end{cases} \tag{11-67}$$

任意时刻，将式(11-67)两边相乘，移相得到理想变压器吸收的功率为

$$p(t)=u_1(t)i_1(t)+u_2(t)i_2(t)=0 \tag{11-68}$$

可见，理想变压器吸收的功率恒等于零，即理想变压器不消耗能量也不存储能量，从初级线圈输入的功率全部都能从次级线圈输出到负载。理想变压器不存储能量，在传输过程中，仅将电压、电流按变比进行数值变换，是一种无记忆元件。

如果电压、电流参考方向和同名端标示如图 11.20(b)所示，则理想变压器的电压、电流关系式为

$$\begin{cases} u_1(t)=-nu_2(t) \\ i_1(t)=\dfrac{1}{n}i_2(t) \end{cases} \tag{11-69}$$

在正弦稳态下，其相量形式为

$$\begin{cases} \dfrac{\dot{U}_1}{\dot{U}_2}=\dfrac{N_1}{N_2}=-n \\ \dfrac{\dot{I}_1}{\dot{I}_2}=\dfrac{N_2}{N_1}=\dfrac{1}{n} \end{cases} \tag{11-70}$$

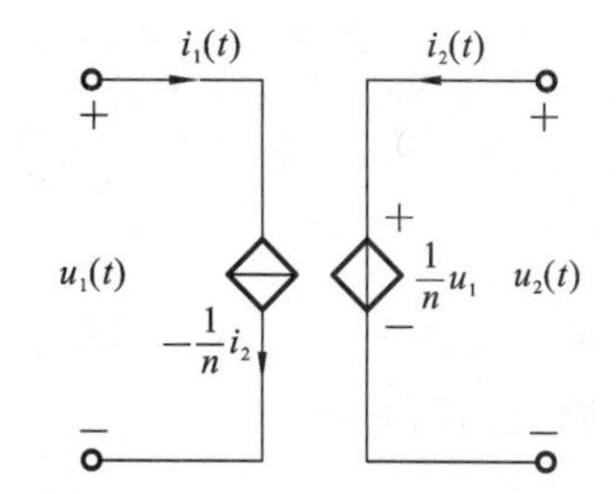

图 11.21 受控源表示的电路模型

4. 受控源模型

理想变压器的一种受控源的电路模型如图 11.21 所示。

11.4.2 理想变压器的阻抗变换作用

理想变压器在正弦稳态电路中，还表现出有变换阻抗的特性，如图 11.22 所示的理想变压器，次级接负载阻抗，由电压、电流参考方向及同名端位置可得理想变压器在正弦交流电路中相量形式为

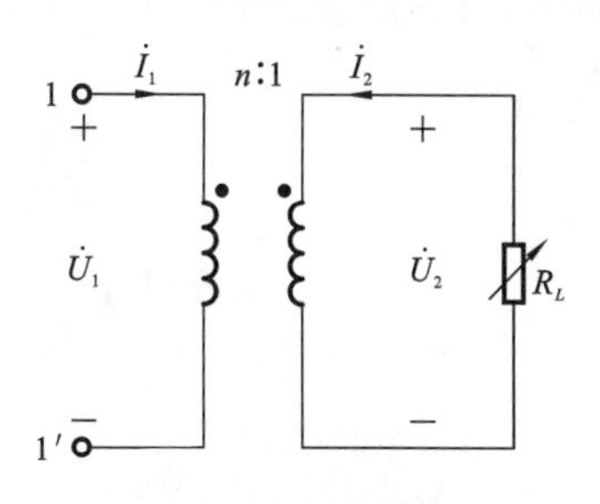

图 11.22 阻抗变换作用

$$\begin{cases} \dot{U}_1=\dfrac{N_1}{N_2}\dot{U}_2 \\ \dot{I}_1=-\dfrac{N_2}{N_1}\dot{I}_2 \end{cases} \tag{11-71}$$

由 1-1′端知输入阻抗为

$$Z_i=\frac{\dot{U}_1}{\dot{I}_1}=\frac{n\dot{U}_2}{-\dfrac{1}{n}\dot{I}_2}=n^2Z_L \tag{11-72}$$

即

$$Z_i=\frac{\dot{U}_1}{\dot{I}_1}=\frac{n\dot{U}_2}{-\dfrac{1}{n}\dot{I}_2}=n^2\left(-\frac{\dot{U}_2}{\dot{I}_2}\right) \tag{11-73}$$

式(11-73)表明，当次级接阻抗 Z_L，对初级来说，相当于在初级接一个数值为 n^2Z_L 的阻抗，即理想变压器有变换阻抗的作用。

习惯上把 n^2Z_L 称为次级对初级的折合阻抗。在实际应用中，一定的电阻负载 R_L 接在变压器次级，在变压器初级相当于接 n^2R_L 的电阻。如果改变 n，输入电阻 n^2R_L 也改变，所以可利用改变变压器匝比来改变输入电阻，从而实现功率匹配，使负载获得最大功率。

由以上分析可知，理想变压器有 3 个主要性能，即变压、变流、变阻抗。

在工程上，通常采用两方面的措施使实际的变压器的性能接近理想变压器：一是尽量采用具有高磁导率的铁磁材料作为芯子；二是尽量紧密耦合，使耦合系数 k 接近 1，并在保持电压不变的情况下，尽量增加原边、副边的匝数。

例 11-6 求图 11.23(a)所示的电路负载电阻上的电压$\dot{U}_2$。

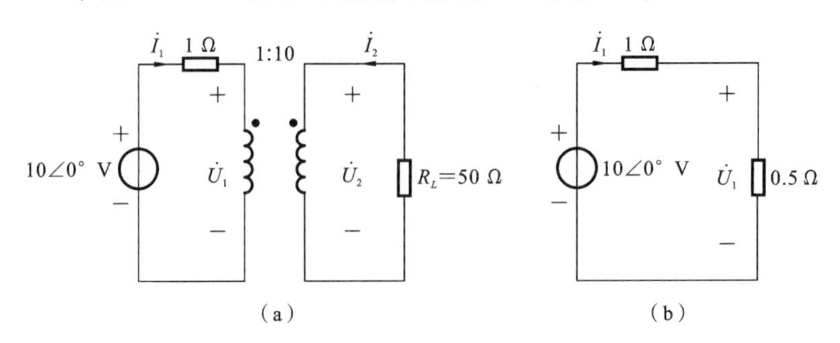

图 11.23 例 11-6 图

解 方法一。列方程求解。

原边回路有

$$1\times\dot{I}_1+\dot{U}_1=10\angle 0^\circ$$

副边回路有

$$50\times\dot{I}_2+\dot{U}_2=0$$

代入理想变压器的特性方程，有

$$\dot{U}_1=\frac{1}{10}\dot{U}_2$$

$$\dot{I}_1=-10\ \dot{I}_2$$

解得

$$\dot{U}_2\approx 33.33\angle 0^\circ\ (\text{V})$$

方法二。应用阻抗变换得原边，$R'_L=n^2R'_L=\left(\frac{1}{10}\right)^2\times 50=\frac{1}{2}\ \Omega$，等效电路如图 11.23(b)所示，则有

$$\dot{U}_1=\frac{10\angle 0^\circ}{1+\left(\frac{1}{10}\right)^2\times 50}\times\left(\frac{1}{10}\right)^2\times 50=\frac{10\angle 0^\circ}{1+\frac{1}{2}}\times\frac{1}{2}=\frac{10\angle 0^\circ}{3}\approx 3.33\angle 0^\circ\ (\text{V})$$

$$\dot{U}_2=\frac{1}{n}\dot{U}_1=10\ \dot{U}_1\approx 33.33\angle 0^\circ\ (\text{V})$$

11.5 章节回顾

(1) 两个线性耦合线圈的磁通链与电流的关系可以表示为

$$\Psi_1=\Psi_{11}\pm\Psi_{12}=L_1i_1\pm Mi_2$$

$$\Psi_2=\pm\Psi_{21}+\Psi_{22}=\pm Mi_1+L_2i_2$$

其电压电流方程为

$$\begin{cases} u_1(t)=L_1\dfrac{\mathrm{d}i_1}{\mathrm{d}t}\pm M\dfrac{\mathrm{d}i_2}{\mathrm{d}t} \\ u_2(t)=\pm M_2\dfrac{\mathrm{d}i_1}{\mathrm{d}t}+L_2\dfrac{\mathrm{d}i_2}{\mathrm{d}t} \end{cases}$$

其相量形式为

$$\begin{cases} \dot{U}_1=\mathrm{j}\omega L_1\dot{I}_1\pm \mathrm{j}\omega M\dot{I}_2 \\ \dot{U}_2=\pm \mathrm{j}\omega M\dot{I}_1+\mathrm{j}\omega L_2\dot{I}_2 \end{cases}$$

耦合电感的受控电压源模型如下。

当两线圈电流均从同名端流入(或流出)时,线圈中磁通相助,互感电压与该线圈中的自感电压同号;否则,当两线圈电流从异名端流入(或流出)时,由于线圈中磁通相消,故互感电压与自感电压异号。

使用去耦等效电路,在列写互感线圈 u-i 关系方程时会非常方便。

(2) 耦合系数 K。

耦合系数 K 表示两线圈的耦合松紧程度,其定义为

$$K=\frac{M}{\sqrt{L_1L_2}}$$

其中:K 值越大,说明两个线圈之间耦合越紧。耦合系数 K 的大小与两线圈的结构、相互位置以及周围磁介质有关。

(3) 同名端标记。

耦合线圈的同名端只取决于线圈的绕向和线圈间的相对位置,与线圈的施感电流的方向无关。在每个线圈的电压、电流为关联参考方向时,如果电流均由两个耦合线圈的同名端流入,自感磁通与互感磁通方向相同,加强了磁场,称为磁通增助,则互感电压与自感电压方向相同;如果电流从异名端流入,自感磁通与互感磁通方向相反,减弱了磁场,称为磁通相减,则互感电压与自感电压的方向相反。同名端同极性。

(4) 串联耦合电感可等效为一个电感。

顺接时,有

$$L_{顺}=L_1+L_2+2M$$

反接时,有

$$L_{反}=L_1+L_2-2M$$

并联耦合电感可等效为一个电感。

同侧并联时,有

$$L=\frac{L_1L_2-M^2}{L_1+L_2-2M}$$

同侧并联时,有

$$L=\frac{L_1L_2-M^2}{L_1+L_2+2M}$$

用等效电路代替耦合电感可简化电路分析。

(5) 当两耦合电感有一对公共端连在一起时,可以用无耦合的三个电感组成的 T 形去耦等效电路来替换。

公共端为同名端时,有

$$\begin{cases}L_a=L_1-M\\L_b=M\\L_c=L_2-M\end{cases}$$

公共端为异名端时，有

$$\begin{cases}L_a=L_1+M\\L_b=-M\\L_c=L_2+M\end{cases}$$

(6) 串联的耦合电感既不吸收也不提供有功功率，但二者的无功功率相等。两个并联耦合电感的无功功率相等。

(7) 理想变压器是一种线性无源二端口元件，是构成各种实际变压器电路模型的基本元件。理想变压器既不消耗也不存储能量，常用来变换电阻、电压和电流。理想变压器的三个理想化条件如下。

① 无损耗，导线被认为无电阻，铁磁材料的磁导率无限大。

② 全耦合，即耦合系数 $k=1 \Rightarrow M=\sqrt{L_1L_2}$。

③ 参数无限大，自感系数和互感系数 L_1、L_2 和 M 都趋于无穷大，但满足 $\sqrt{L_1/L_2}=N_1/N_2=n$。

(8) 理想变压器变压、变流、变阻抗作用：

$$\begin{cases}u_1(t)=nu_2(t)\\i_1(t)=-\dfrac{1}{n}i_2(t)\end{cases}$$

或

$$\begin{cases}u_1(t)=-nu_2(t)\\i_1(t)=\dfrac{1}{n}i_2(t)\end{cases}$$

在正弦交流稳态下，其相量形式为

$$\begin{cases}\dfrac{\dot{U}_1}{\dot{U}_2}=\dfrac{N_1}{N_2}=n\\\dfrac{\dot{I}_1}{\dot{I}_2}=-\dfrac{N_2}{N_1}=-\dfrac{1}{n}\end{cases}$$

或

$$\begin{cases}\dfrac{\dot{U}_1}{\dot{U}_2}=\dfrac{N_1}{N_2}=-n\\\dfrac{\dot{I}_1}{\dot{I}_2}=\dfrac{N_2}{N_1}=\dfrac{1}{n}\end{cases}$$

$$Z_i=\frac{\dot{U}_1}{\dot{I}_1}=\frac{n\dot{U}_2}{-\dfrac{1}{n}\dot{I}_2}=n^2Z_LR_i=n^2R_L$$

电阻负载 R_L 接在变压器次级，在变压器初级相当于接 n^2R_L 的电阻。可利用改变变压器匝比来改变输入电阻，实现功率匹配，使负载获得最大功率。

11.6 习题

11-1 图 11.24 所示的电路中，已知 $i_1=2\cos(4t)$，$i_2=5$ A，$L_1=6$ H，$L_2=4$ H，M

$=3\ \mathrm{H}$，求(1) 线圈1、2中的磁通链Ψ_{11}、Ψ_{22}、Ψ_{12}、Ψ_{21}、Ψ_1、Ψ_2；(2) 电压u_1、u_2；(3) 耦合线圈1、2的耦合系数K。

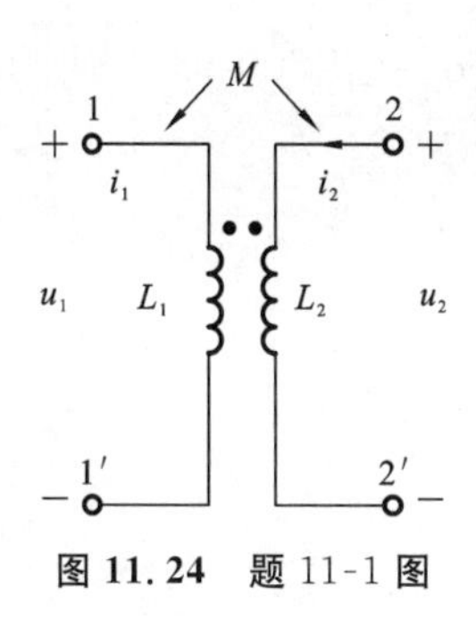

图 11.24　题 11-1 图

11-2　一个耦合电感元件电路图如图11.25所示，已知$\mathrm{j}\omega L_1=\mathrm{j}3\ \Omega$，$\mathrm{j}\omega L_2=\mathrm{j}8\ \Omega$，耦合系数$K=0.5$。写出$\dot{U}_1$、$\dot{U}_2$的表达式。

11-3　图11.26所示的电路中，已知两个耦合线圈，$R_1=3\ \Omega$，$R_2=5\ \Omega$，$\omega L_1=7.5\ \Omega$，$\omega L_2=12.5\ \Omega$，$\omega M=8\ \Omega$，接在交流电压源上，有效值$U=50\ \mathrm{V}$，求(1) 线圈总输入阻抗Z；(2) 总电流$\dot{I}$；(3) 两线圈吸收的复功率$\widetilde{S}_1$、$\widetilde{S}_2$；(4) 电源发出复功率$\widetilde{S}$。

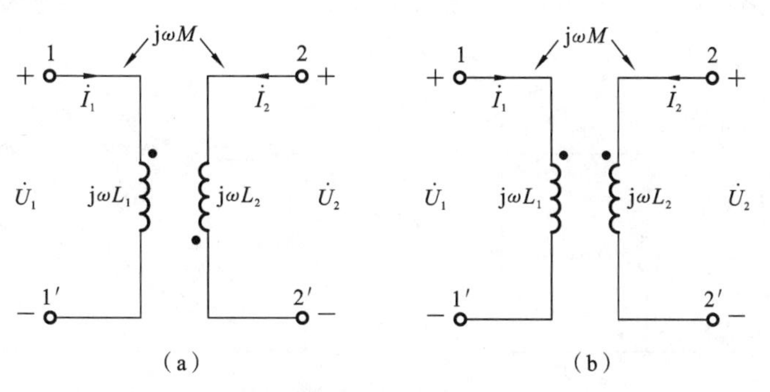

图 11.25　题 11-2 图

11-4　如图11.27所示的电路，求(1) 每条支路的复功率$\widetilde{S}_1$、$\widetilde{S}_2$；(2) 电源发出的总复功率$\widetilde{S}$；(3) 验证复功率平衡。

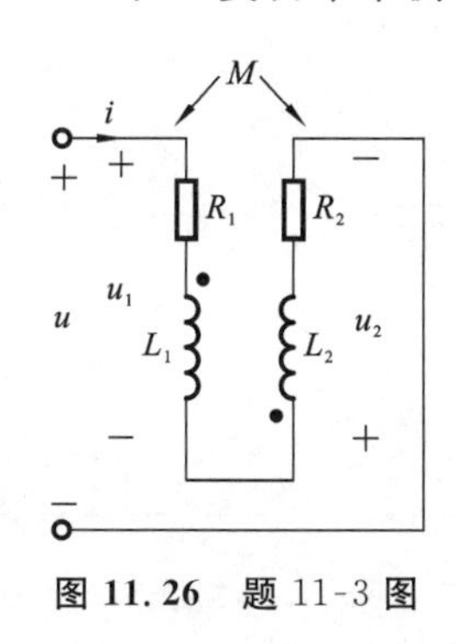

图 11.26　题 11-3 图

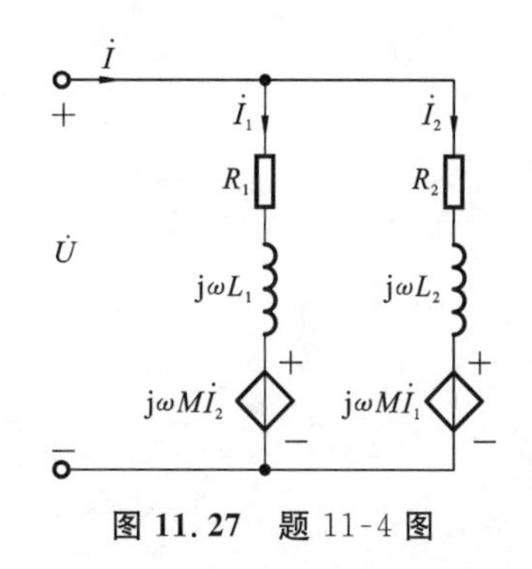

图 11.27　题 11-4 图

11-5　图11.28所示的电路中，已知$L_1=6\ \mathrm{H}$，$L_2=3\ \mathrm{H}$，$M=4\ \mathrm{H}$，求端口ab处等效电感L_{eq}。

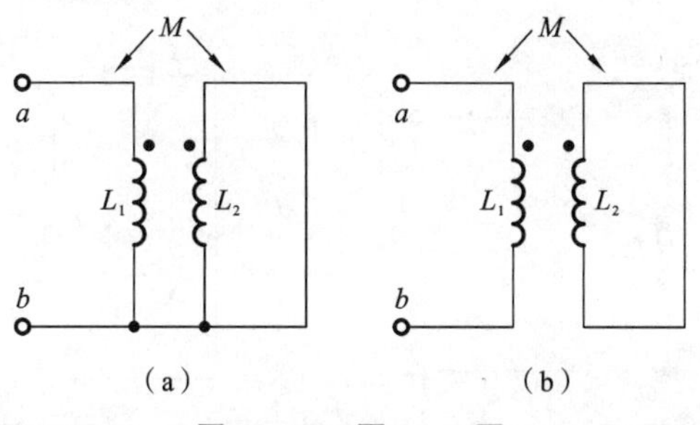

图 11.28　题 11-5 图

11-6　如图11.29所示的电路，已知$\omega=1\ \mathrm{rad/s}$，图11.29(a)中，$K=0.5$；图11.29

(b)中，$K=0.9$，分别求电路的输入阻抗 Z_i。

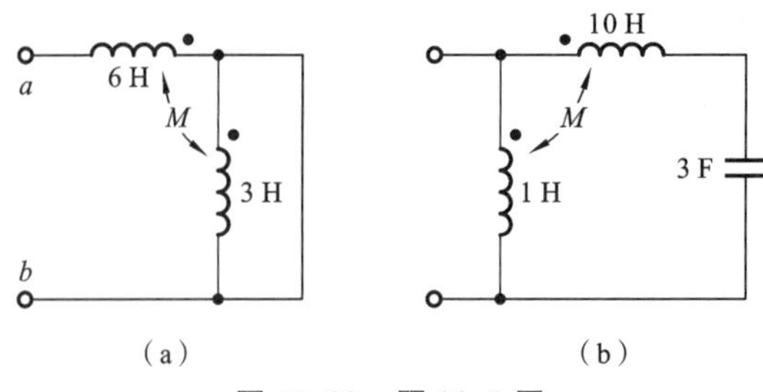

图 11.29　题 11-6 图

11-7　电路如图 11.30 所示，电源电压为 $u=50\sqrt{2}\cos(10^4 t)$，求各支路电流。

11-8　用相量法写出图 11.31 所示的回路电流方程。

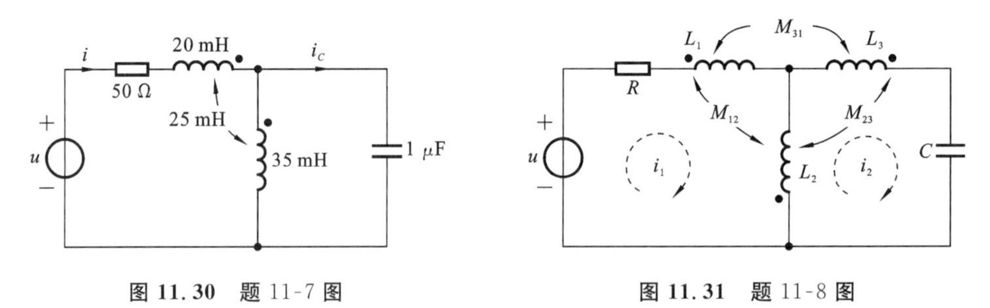

图 11.30　题 11-7 图　　　图 11.31　题 11-8 图

11-9　求图 11.32 所示的电路的开路电压。

11-10　电路如图 11.33 所示，求一端口的戴维宁等效电路。已知 $R_1=R_2=6\ \Omega$，$L_1=L_2=0.1\ \text{H}$，$M=0.05\ \text{H}$，$u_S=30\sqrt{2}\cos(100t)$。

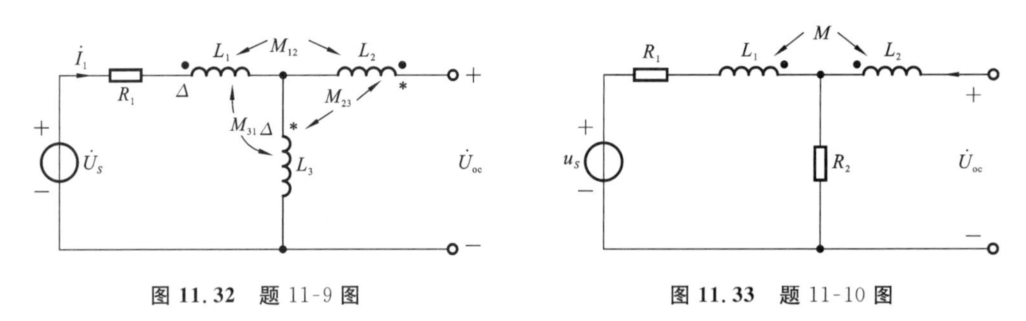

图 11.32　题 11-9 图　　　图 11.33　题 11-10 图

11-11　图 11.34 所示的电路中，已知 $\dot{U}_S=120\angle 0°\ \text{V}$，$L_1=8\ \text{H}$，$L_2=6\ \text{H}$，$L_3=10\ \text{H}$，$M_{12}=4\ \text{H}$，$M_{23}=5\ \text{H}$，$M_{31}=6\ \text{H}$，$\omega=2\ \text{rad/s}$。求其戴维宁等效电路。

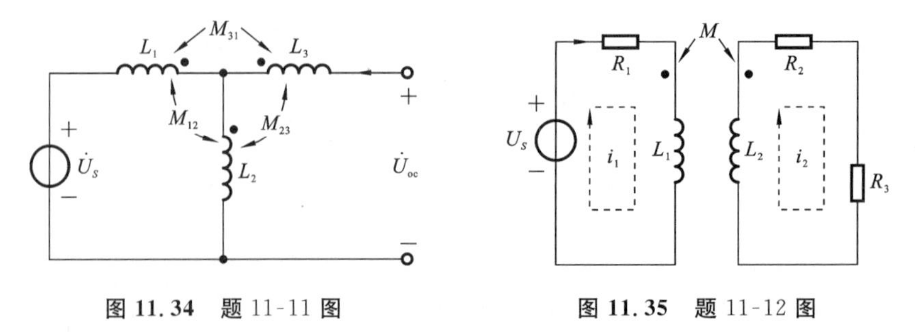

图 11.34　题 11-11 图　　　图 11.35　题 11-12 图

11-12　图 11.35 所示的电路中，$R_1=1\ \text{k}\Omega$，$R_2=0.4\ \text{k}\Omega$，$R_L=0.6\ \text{k}\Omega$，$L_1=2\ \text{H}$，

$L_2=4\ \text{H}, K=0.1, \dot{U}_S=100\angle 0°\ \text{V}, \omega=1000\ \text{rad/s}$，求电流$\dot{I}_2$。

11-13　图 11.36 所示的电路中，已知 $R_1=R_2=\omega L_2=\omega M=10\ \Omega, \omega L_1=20\ \Omega, u_S=150\sqrt{2}\sin(\omega t)$，求 i、i_1、i_2。

11-14　图 11.37 所示的含有耦合电感的电路，已知 $R_1=R_2=4\ \Omega, L_1=5\ \text{mH}, L_2=8\ \text{mH}, M=3\ \text{mH}, C=50\ \mu\text{F}, \dot{U}_S=100\angle 0°\ \text{V}, \omega=1000\ \text{rad/s}$。求(1) 电流$\dot{I}_1$；(2) 电压源发出的复功率；(3) 电阻 R_2 消耗的复功率。

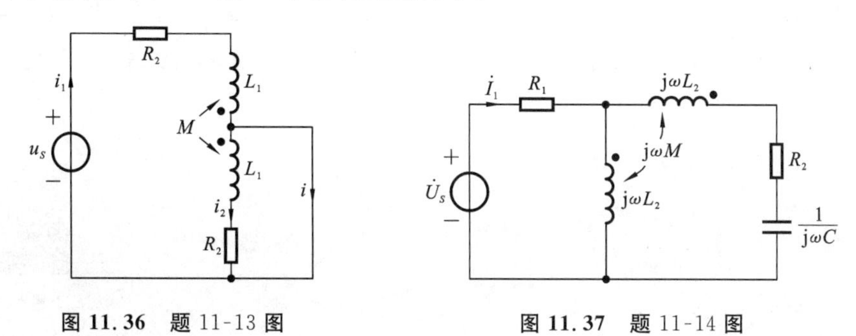

图 11.36　题 11-13 图　　　**图 11.37**　题 11-14 图

11-15　图 11.38 所示的电路中，列写出理想变压器的电压电流方程。

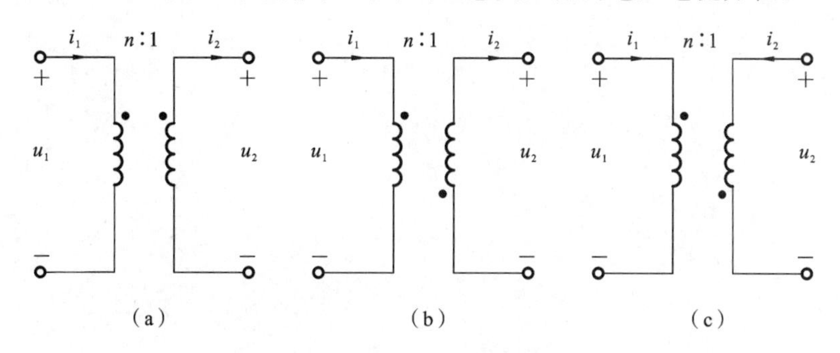

图 11.38　题 11-15 图

11-16　图 11.39 所示的电路中，求(1) 电压 u；(2) 电流 i。

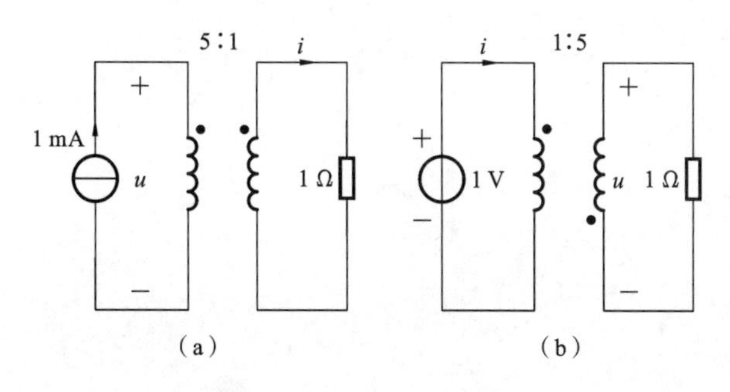

图 11.39　题 11-16 图

11-17　图 11.40 所示的电路中，已知 $L_1=6\ \text{H}, L_2=3\ \text{H}, M=4\ \text{H}$，求端口 ab 处等效电感 L_{eq}。

11-18　图 11.41 所示的电路中，已知 $R_1=R_2=0, L_1=5\ \text{H}, L_2=1.2\ \text{H}, M=2\ \text{H}, R_L=3\ \Omega$，电压源 $u_S=100\cos(10t)$，求(1) 电流 i_1, i_2；(2) 原边电源发出的复功率；(3) 负载 R_L 吸收的有功功率 P。

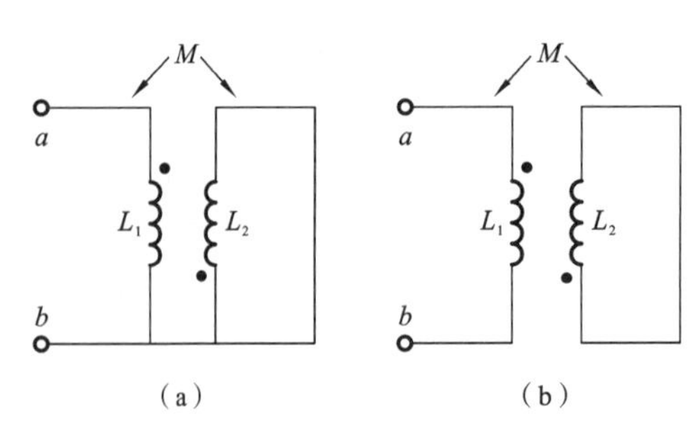

图 11.40 题 11-17 图

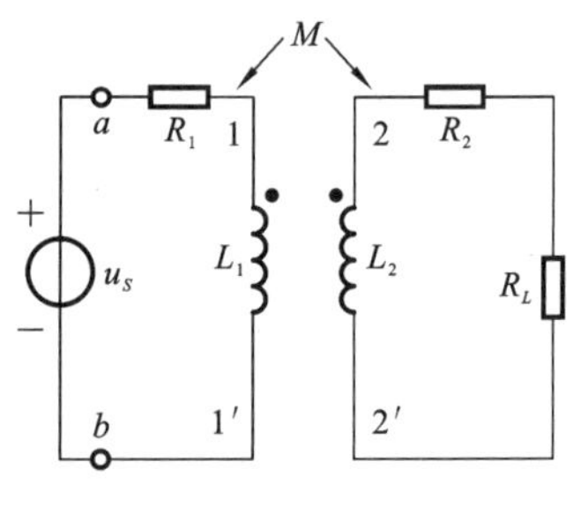

图 11.41 题 11-18 图

习题答案 11

12

非线性电路分析

本章重点

(1) 非线性电路元件的概念、伏安关系。

(2) 非线性电路的方程的建立。

(3) 非线性电阻电路的分析——小信号法、分段线性化法。

本章难点

(1) 非线性电路方程的建立。

(2) 非线性电阻电路的分析——小信号法、分段线性化法。

本章学习一种元件，与线性元件不同，它的特性参数不能用定值表示，而是与电压或者电流有关，只能用特定函数关系表示，这种元件称为非线性元件。含有非线性元件的电路称为非线性电路。本章学习非线性元件及电路的一些基本概念和分析方法。

12.1 非线性电路元件

线性电路元件的参数与电压、电流均无关，而非线性元件参数与其电压或电流具有某种非线性函数关系。

12.1.1 非线性电阻元件

非线性电阻元件的电路符号如图 12.1(a)所示，电路模型如图 12.1(b)所示。线性电阻元件的参数与电压、电流均无关，满足欧姆定律，且具有线性关系，而非线性电阻的电压与电流具有某种非线性函数关系，不满足欧姆定律。

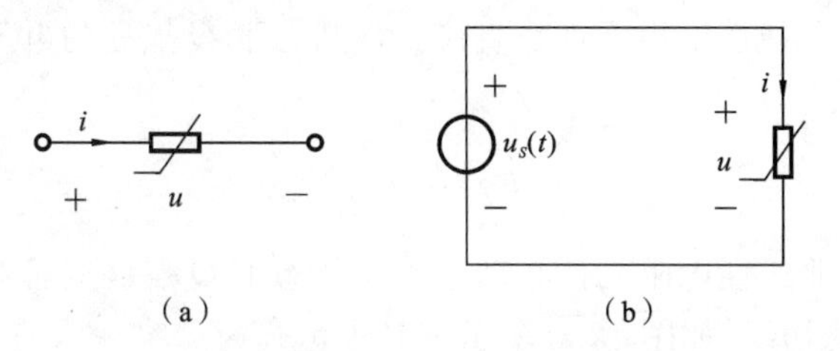

图 12.1 非线性电阻元件及电路

1. 单调电阻

单调电阻的电压与电流是非线性关系，电压是电流的单调函数，伏安关系为 $u=f(i)$，同时电流是电压的单调函数，伏安关系为 $i=f(u)$。例如，普通二极管的电路模型如图 12.2(a)所示，伏安关系特性曲线如图 12.2(b)所示，电压与电流关系具有单调性，其伏安关系为

$$u=U_T\ln\left(\frac{1}{I_S}i+1\right) \tag{12-1}$$

$$i(t)=I_S(e^{\frac{u}{U_T}}-1)\approx I_S(e^{40u}-1) \tag{12-2}$$

其中：u、i 分别为二极管电压、电流；$U_T=\dfrac{kT}{q}=26\ \text{mV}$。

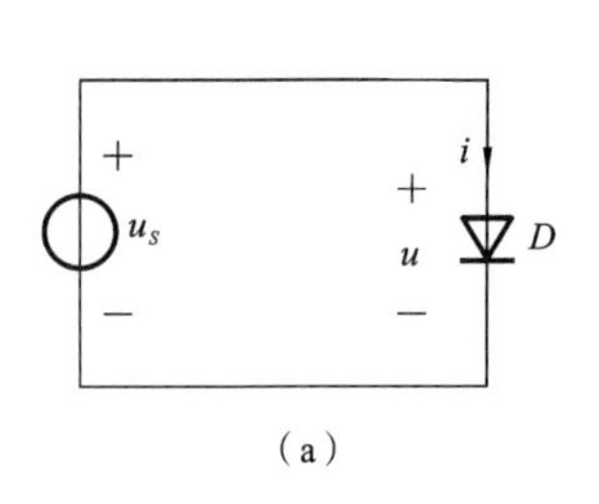

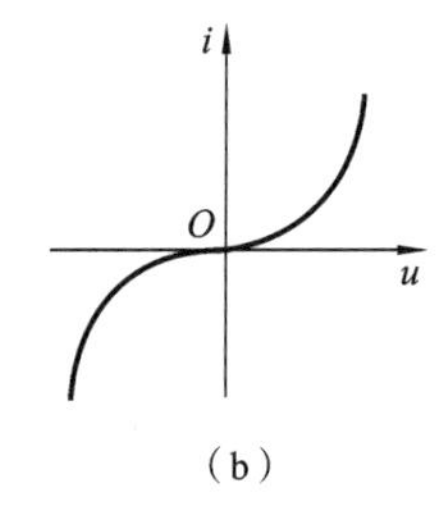

图 12.2 单调电阻电路及其伏安关系特性曲线

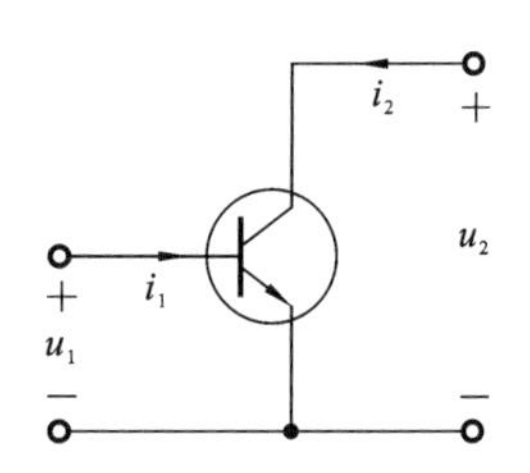

图 12.3 晶体管 BJT 电路模型

再如，晶体管 BJT 电路模型如图 12.3 所示，输入端口及输出端口伏安关系为

$$\begin{aligned} u_1&=u_1(i_1)\big|_{u_2=\text{常数}} \\ i_2&=i_2(u_2)\big|_{i_1=\text{常数}} \end{aligned} \tag{12-3}$$

也为单调函数关系，如图 12.4 所示。

非线性电阻元件在直流电源及交流信号源作用下，呈现的电阻特性为静态电阻及动态电阻的特性，如图 12.5 所示。

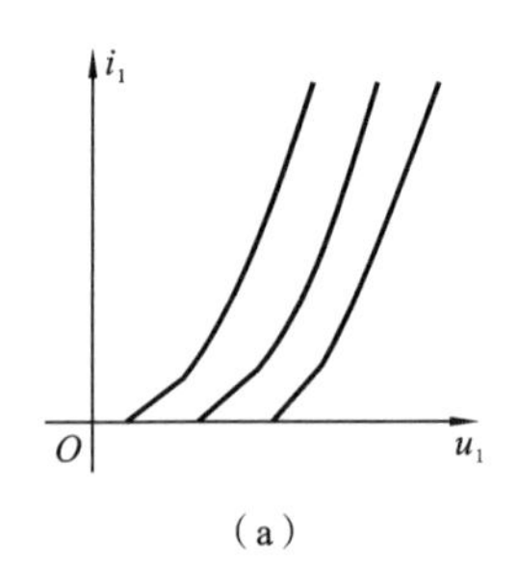

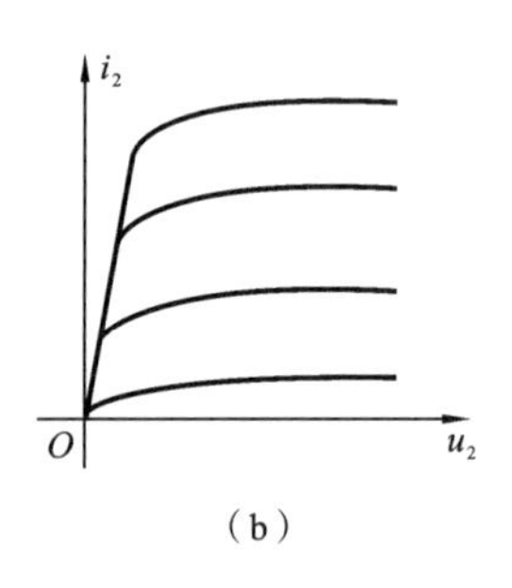

图 12.4 晶体管输入及输出端口的伏安关系

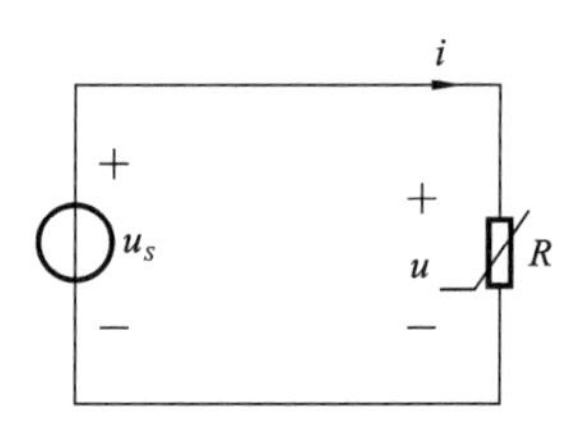

图 12.5 非线性电阻电路

(1) 静态电阻：非线性电阻元件在直流工作状态下 Q 点处的电压与电流之比，如图 12.6 所示。其表达式为

$$R=\frac{u}{i}=\frac{U_0}{I_0} \tag{12-4}$$

(2) 动态电阻：非线性电阻元件在动态工作状态下 Q 点处电压对电流的导数，即 Q 点处曲线 $u=f(i)$的切线，如图 12.6 所示。其表达式为

$$r_d=\frac{\mathrm{d}u}{\mathrm{d}i}\bigg|_{i=I_0}=f'(i)\big|_{i=I_0} \tag{12-5}$$

如图 12.7(a)所示，一个直流有源线性二端电路，连接一个非线性电阻元件，无论该二端电路多么复杂，根据戴维宁定理都可以用一个电压源模型等效代替，其端口的伏安关系为

$$u=U_{\mathrm{oc}}-iR_{\mathrm{eq}}=U_{\mathrm{S}}-iR_{\mathrm{S}} \tag{12-6}$$

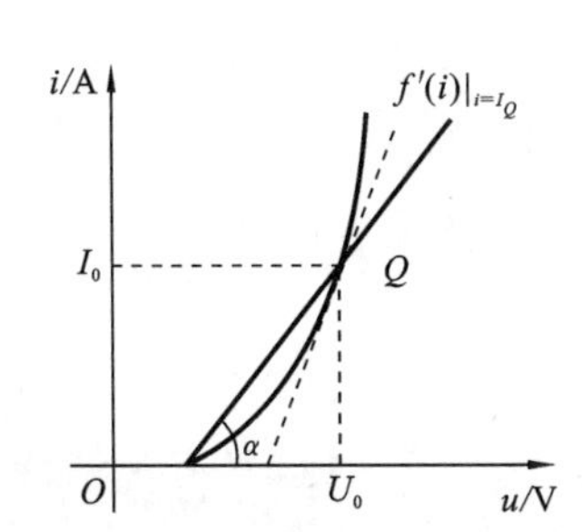

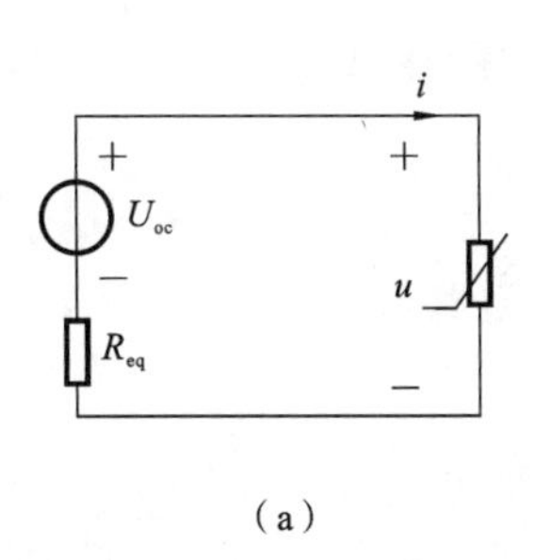

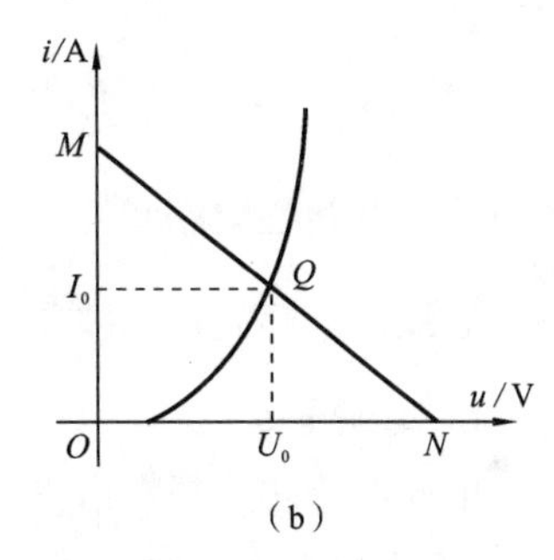

图 12.6 静态电阻及动态电阻

图 12.7 图解法

外接非线性电阻元件的伏安特性为

$$i=f(u) \tag{12-7}$$

式(12-6)及式(12-7)联立求解，解得的电压及电流，称为非线性电阻元件的静态工作点 Q。几何解释：直线 $u=U_{\mathrm{oc}}-iR_{\mathrm{eq}}$ 与曲线 $i=f(u)$ 的交点，如图 12.7(b)所示。

求 Q 点的两种方法如下。

(1) 解析法。将端口线性方程 $u=U_{\mathrm{oc}}-iR_{\mathrm{eq}}$ 与非线性电阻元件的伏安特性 $i=f(u)$ 联立求解，解得 Q 点为(I_0、U_0)。

(2) 图解法。如图 12.7(b)所示，分别做出直线 $u=U_{\mathrm{oc}}-iR_{\mathrm{eq}}$、$i=f(u)$，交点即为 Q 点(I_0、U_0)。直线 $u=U_{\mathrm{oc}}-iR_{\mathrm{eq}}$ 称为直流负载线 MN。

以上两种方法结果相同，第(1)种方法较准确，第(2)种方法较直观。

上述方法适用于含非线性元件(如二极管、晶体管、MOS 管等)的非线性电路的分析。

2. 压控电阻

电流是电压的单值函数，电压不是电流的单值函数，称为电压控制型电阻(简称压控电阻)，每一个电流值对应一个或者多个不同的电压值，如隧道二极管，特性曲线如图 12.8(a)所示，其伏安关系为

$$i=g(u) \tag{12-8}$$

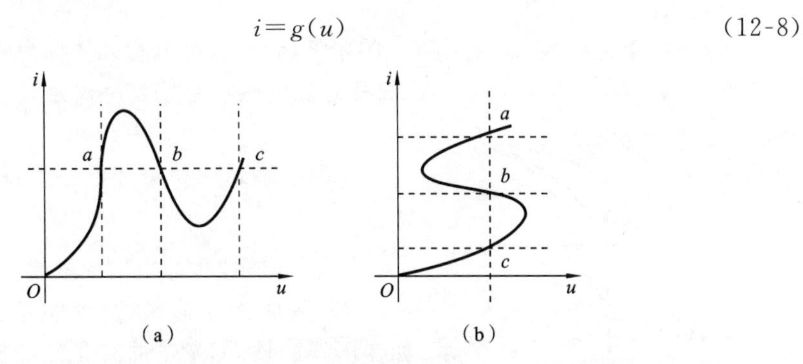

图 12.8 压控电阻的伏安特性

3. 流控电阻

若电压是电流的单值函数，而电流不是电压的单值函数，称为电流控制型电阻（简称流控电阻）。每一个电压值对应一个或者多个不同的电流值，如图 12.8(b)所示。例如，充气二极管，其伏安关系为

$$u=f(i) \tag{12-9}$$

压控电阻、流控电阻不属于单调电阻。

12.1.2 非线性电感元件

非线性电感元件电路符号、电路模型如图 12.9(a)(b)所示。

1. 单调电感

单调电感元件特性由 Ψ-i 曲线表示，如图 12.9(c)所示，Ψ 为磁通链，具有单调特性，称为单调电感元件。

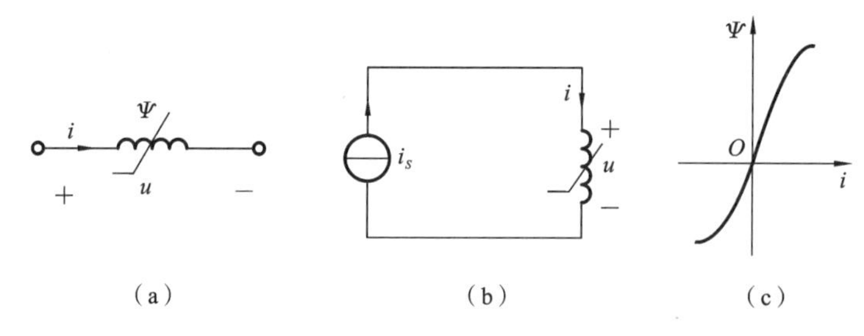

图 12.9 非线性电感元件及其特性曲线

Ψ 是 i 的单值函数，有

$$\Psi=f(i) \tag{12-10}$$

i 是 Ψ 的单值函数，有

$$i=g(\Psi) \tag{12-11}$$

2. 流控电感

Ψ 是 i 的单值函数，而 i 不是 Ψ 的单值函数，称为电流控制型电感（简称流控电感），函数表达式为

$$\Psi=f(i) \tag{12-12}$$

3. 磁控电感

i 是 Ψ 的单值函数，而 Ψ 不是 i 的单值函数，这种电感元件称为磁通链控制型电感（简称磁控电感），函数表达式为

$$i=g(\Psi) \tag{12-13}$$

流控电感元件和磁控电感元件都不是单调电感元件。

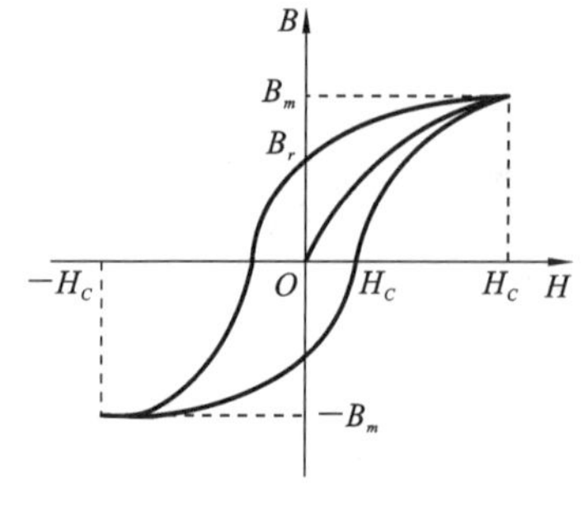

图 12.10 磁滞回线

4. 既非流控也非磁控的电感

i 不是 Ψ 的单值函数，Ψ 也不是 i 的单值函数，如变压器的铁芯，Ψ-i 曲线是磁滞回线，是因为铁磁材料具有磁滞特性，$\Psi \propto B$，$i \propto H$，即 B-H 曲线是磁滞回线，如图 12.10 所示。

5. 伏安关系

非线性电感元件的电压与磁通链的关系为

$$u=\frac{\mathrm{d}\Psi}{\mathrm{d}t}$$

韦安关系为

$$\Psi=f(i)$$

则伏安关系为

$$u=\frac{\mathrm{d}\Psi}{\mathrm{d}t}=\frac{\mathrm{d}\Psi}{\mathrm{d}i}\frac{\mathrm{d}i}{\mathrm{d}t}=\frac{\mathrm{d}f(i)}{\mathrm{d}i}\frac{\mathrm{d}i}{\mathrm{d}t} \tag{12-14}$$

例 12-1　在图 12.9(b)所示电路中，非线性电感元件的 Ψ-i 特性为 $\Psi=\frac{1}{3}i^3\,\mathrm{Wb}$，且 $i=2\sin t$，求电感电压 u。

解　由已知，得

$$\frac{\mathrm{d}\Psi(i)}{\mathrm{d}i}=i^2=4\sin^2 t,\quad \frac{\mathrm{d}i}{\mathrm{d}t}=2\cos t$$

由式(12-14)得

$$u=\frac{\mathrm{d}\Psi}{\mathrm{d}t}=\frac{\mathrm{d}\Psi}{\mathrm{d}i}\frac{\mathrm{d}i}{\mathrm{d}t}=4\sin t\sin(2t)$$

12.1.3　非线性电容元件

非线性电容元件电路符号如图 12.11(a)所示，电路模型如图 12.11(b)所示，元件特性由 q-u 曲线表示，如图 12.11(c)所示。

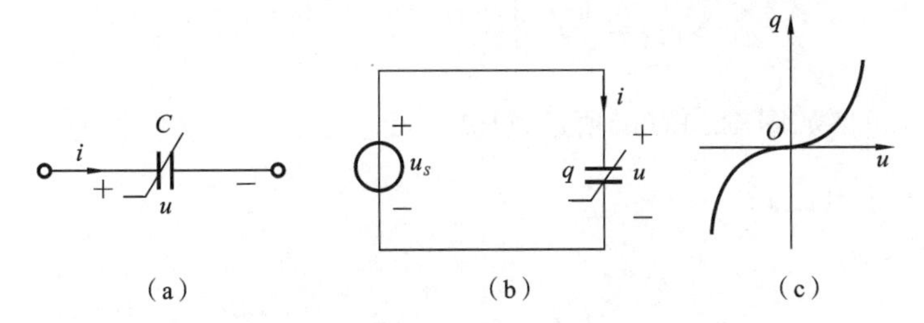

图 12.11　非线性电容元件及其特性曲线

1. 单调电容

电压 u 增大或减小时，q 单调增大或减小，具有单调特性。单调电容元件特性由 q-u 曲线表示，q 为电荷量，称为单调电容。

q 是 u 的单值函数，有

$$q=f(u) \tag{12-15}$$

u 是 q 的单值函数，有

$$u=g(q) \tag{12-16}$$

例如，非线性电容元件的 q-u 曲线，如图 12.11(c)所示，其函数关系为

$$q=k\mathrm{e}^{\lambda u}$$

则

$$u=\frac{1}{\lambda}\ln\frac{q}{k}$$

2. 压控电容

q 是 u 的单值函数，u 不是 q 的单值函数，q-u 特性不具有单值性，这样的电容元件称为电压控制型电容(简称压控电容)，特性曲线如图 12.12 所示。

3. 荷控电容

u 是 q 的单值函数，q 不是 u 的单值函数，这样的电容元件称为电荷控制型电容(简称荷控电容)。特性曲线如图 12.13 所示，q-u 特性不具有单值性。

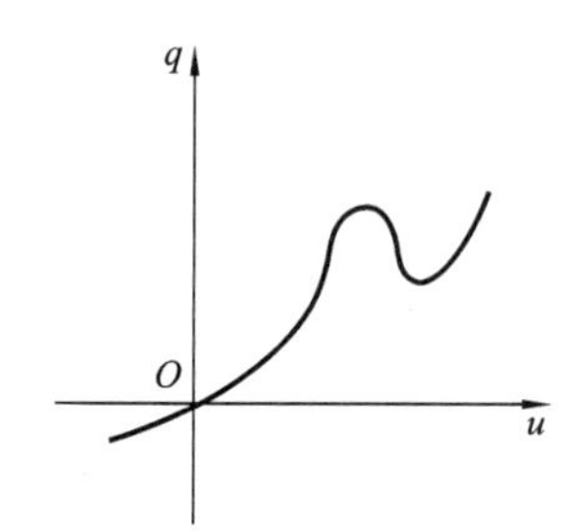

图 12.12　压控电容特性曲线

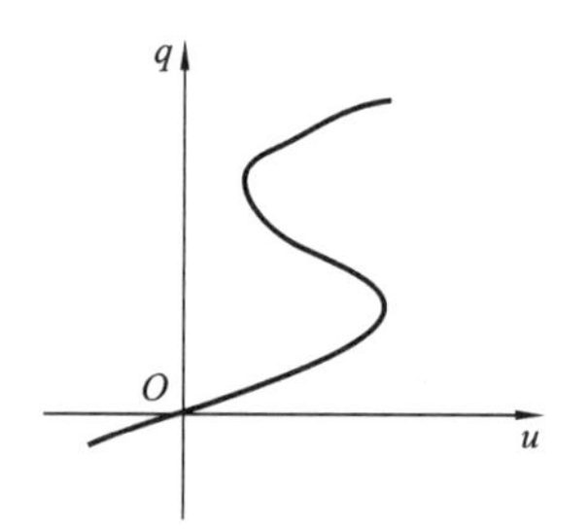

图 12.13　荷控电容特性曲线

4. 伏安关系

非线性电容元件的电流与电荷量关系为

$$i=\frac{\mathrm{d}q}{\mathrm{d}t}$$

库伏关系为

$$q=f(u)$$

则伏安关系为

$$i=\frac{\mathrm{d}q}{\mathrm{d}t}=\frac{\mathrm{d}q}{\mathrm{d}u}\frac{\mathrm{d}u}{\mathrm{d}t}=\frac{\mathrm{d}f(u)}{\mathrm{d}u}\frac{\mathrm{d}u}{\mathrm{d}t} \tag{12-17}$$

例 12-2　电路如图 12.11(b)所示，已知非线性电容的 q-u 特性为 $q=\frac{1}{3}u^3+u$，电压源 $u_S=\cos t$，求电流 i。

解　由已知得

$$u=u_S=\cos t,\quad \frac{\mathrm{d}q}{\mathrm{d}u}=u^2+1=\cos^2 t+1,\quad \frac{\mathrm{d}u}{\mathrm{d}t}=-\sin t$$

由式(12-17)得

$$i=\frac{\mathrm{d}q}{\mathrm{d}u}\cdot\frac{\mathrm{d}u}{\mathrm{d}t}=-(\cos^2 t+1)\sin t$$

12.2　非线性电路的方程

在线性电路中，描述线性时不变电阻电路的方程是一组常系数代数方程，描述线性时不变动态元件电路的方程是一组常系数微分方程。非线性电阻电路的方程是一组非线性代数方程，若含有非线性电感元件或非线性电容元件的非线性电路，则其方程是一组非线性微分方程。分析方程时常采用状态变量法，通常选择非线性电感的磁通量 ψ 和非线性电容的电荷量 q 为状态变量，列写状态方程。复杂的非线性电路方程其解难以求得，需借助计算机应用数值法求解。

线性及非线性电路的分析，均可以根据基尔霍夫电压定律及电流定律、线性元件和非线性元件的VA关系(含非线性方程)，列写一组非线性代数方程或微分方程，进而求解电路。

12.2.1 非线性电阻电路

含非线性电阻电路的方程是一组非线性代数方程。

拓扑约束:KVL定律及KCL定律。支路约束:VAR关系(含非线性方程)。

例 12-3 电路如图12.14(a)所示，已知非线性电阻 R_1 的VAR关系为 $u_1=f_1(i_1)$，非线性电阻 R_2 的VAR关系为 $u_2=f_2(i_2)$，R_1、R_2 均为流控元件。

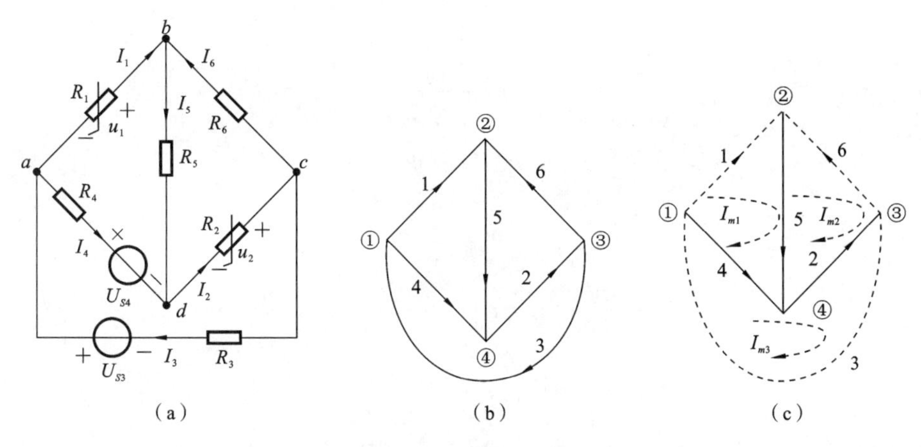

图 12.14 例12-3题

解 电路图及选择的网孔如图12.14(b)(c)所示。

由网孔法——均按顺时针绕行方向列网孔电流方程，则有

$$(R_4+R_5)I_{m1}-R_5I_{m2}-R_4I_{m3}=U_{S4}+u_1 \tag{1}$$

$$-R_5I_{m1}+(R_5+R_6)I_{m2}=-u_2 \tag{2}$$

$$R_4I_{m1}-(R_3+R_4)I_{m3}=U_{S3}-u_2 \tag{3}$$

$$I_2=I_{m3}-I_{m2}$$

$$I_1=I_{m1}$$

将 $u_1=f_1(i_1)$、$u_2=f_2(i_2)$ 代入即可求解。

12.2.2 非线性电感电路

含非线性电感的电路方程是非线性微分方程。

拓扑约束:KVL定律及KCL定律。支路约束:VA关系(含非线性方程)。

例 12-4 电路如图12.15所示，电阻与电容为线性元件，电感为非线性流控元件，$\Psi=f(i_L)$，试列写出非线性微分方程。

解 以 i 为变量，如图12.15所示，则有

$$u_R+u_L+u_C=u_S$$

$$u_L=\frac{\mathrm{d}\Psi}{\mathrm{d}t}=\frac{\mathrm{d}\Psi}{\mathrm{d}i}\frac{\mathrm{d}i}{\mathrm{d}t}=\frac{\mathrm{d}f}{\mathrm{d}i}\frac{\mathrm{d}i}{\mathrm{d}t}$$

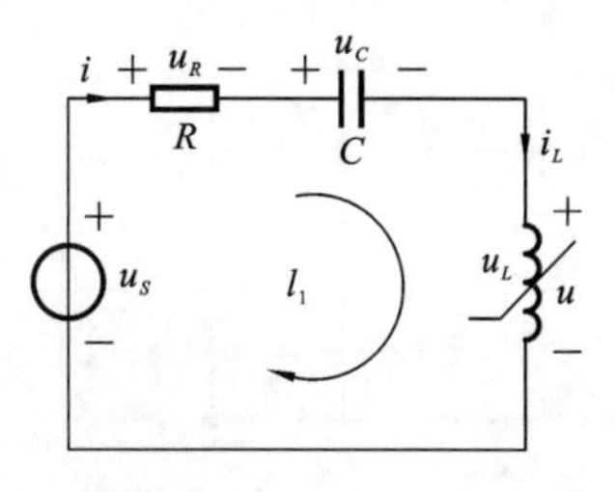

图 12.15 例12-4题

$$\Psi = f(i_L) = g(i)$$

$$iR + \frac{\mathrm{d}\Psi}{\mathrm{d}t} + \frac{1}{C}\int i\mathrm{d}t = u_S$$

$$R\frac{\mathrm{d}i}{\mathrm{d}t} + \frac{\mathrm{d}}{\mathrm{d}t}\left(\frac{\mathrm{d}f}{\mathrm{d}i}\frac{\mathrm{d}i}{\mathrm{d}t}\right) + \frac{i}{C} = \frac{\mathrm{d}u_S}{\mathrm{d}t}$$

$$\frac{\mathrm{d}^2}{\mathrm{d}t^2}\left(\frac{\mathrm{d}f}{\mathrm{d}i}\right) + R\frac{\mathrm{d}i}{\mathrm{d}t} + \frac{i}{C} = \frac{\mathrm{d}u_S}{\mathrm{d}t}$$

或者，设状态变量为 q、Ψ，列写状态方程。

电阻与电容为线性元件，电感为非线性磁控元件，$i_L = g(\Psi)$，一般设状态变量为 q、Ψ，则有

$$u_R + u_L + u_C = u_S$$

$$u_L = \frac{\mathrm{d}\Psi}{\mathrm{d}t}$$

$$i = i_L = i_C = g(\Psi) = \frac{\mathrm{d}q}{\mathrm{d}t}$$

$$u_C = \frac{q}{C}$$

$$u_L = \frac{\mathrm{d}\Psi}{\mathrm{d}t} = u_S - u_R - u_C = u_S - iR - \frac{q}{C}$$

$$\frac{\mathrm{d}q}{\mathrm{d}t} = g(\Psi)$$

$$\frac{\mathrm{d}\Psi}{\mathrm{d}t} = u_S - R\frac{\mathrm{d}q}{\mathrm{d}t} - \frac{q}{C} = u_S - Rg(\Psi) - \frac{q}{C}$$

12.2.3 非线性电容电路

含非线性电容的电路方程是非线性微分方程。

拓扑约束：KVL 定律及 KCL 定律。支路约束：VA 关系(含有非线性方程)。

通常选择非线性电容的电荷量 q 为状态变量，根据 KVL 定律及 KCL 定律列写一组非线性微分方程。

例 12-5 电路如图 12.16 所示，电容为非线性压控元件，$u = 4q^2$。列写以 q 为变量的微分方程。

解 以 q 为变量。由 KCL 定律，得

$$i_S = i_R + i_L + i_C$$

$$i_C = \frac{\mathrm{d}q}{\mathrm{d}t}$$

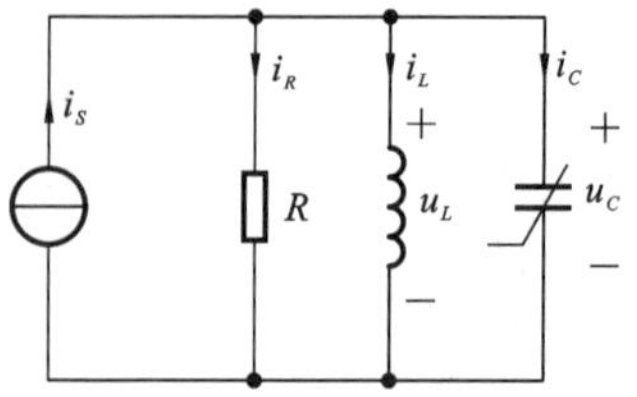

$$\frac{\mathrm{d}q}{\mathrm{d}t} = i_S - i_R - i_L$$

$$u = u_L = u_C = 4q^2$$

$$i_R = \frac{u}{R} = \frac{4q^2}{R}$$

$$i_L = \frac{1}{L}\int u_L \mathrm{d}t = \frac{1}{L}\int 4q^2 \mathrm{d}t$$

$$\frac{\mathrm{d}q}{\mathrm{d}t} = i_S - \frac{4q^2}{R} - \frac{4}{L}\int q^2 \mathrm{d}t$$

图 12.16 例 12-5 题

$$\frac{d^2q}{dt^2}+\frac{4}{R}\frac{dq^2}{dt}+\frac{4}{L}q^2=\frac{di_S}{dt}$$

12.3 非线性电阻电路分析

非线性电阻电路中，由于非线性电阻元件的存在，电路中的伏安关系是一组非线性代数方程，求解过程很麻烦。

对于非线性电阻电路，当电路中有微小信号变化（或者干扰）及大信号变化时，可以采用以下较简便的方法。

12.3.1 小信号法

对于简单的非线性电阻电路，采用小信号法分析，可以方便地求出电路的解。

1. 非线性电阻元件的小信号特性及模型

电路如图 12.17(a)所示，含有一个压控型非线性电阻元件，电压源 u_S 是在直流电压源 U_S 上加一个微小变化量 Δu_S，可使电路的响应电压、电流发生变化，需要求出增量 Δu、Δi 及响应 u、i。

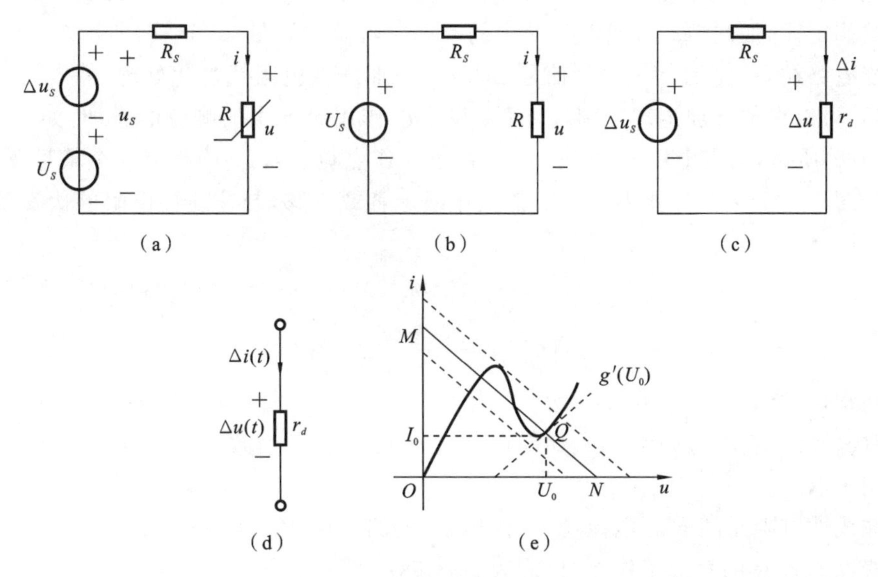

图 12.17 小信号法

非线性电阻元件 R_S 在电压源 U_S 作用下，有

$$i=\frac{U_S}{R_S}-\frac{u}{R_S} \tag{12-18}$$

$$i=g(u) \tag{12-19}$$

式(12-18)称为直流负载线 MN，式(12-19)为非线性元件的伏安特性，式(12-18)与式(12-19)组成方程组，其解为

$$i=I_0,\quad u=U_0$$

在平面几何上解释为一个交点，即 Q 点，如图 12.17(e)所示。

电流增量为

$$i=I_0+\Delta i \tag{12-20}$$

应用泰勒公式展开，式(12-20)为

$$I_0+\Delta i=g(U_0)+g'(U_0)\Delta u(t)+\frac{1}{2}g''(U_0)\Delta^2 u(t)+\cdots \tag{12-21}$$

由于 Δu_S 很小，Δu 也很小，可以忽略高阶导数项，则有

$$\Delta i(t)=g'(U_0)\Delta u(t)=g_d\Delta u(t)$$

$$g'(U_0)=g_d \tag{12-22}$$

其中：$g'(U_0)$是非线性电阻元件伏安特性曲线在工作点 Q 处的斜率，如图 12.17(e)所示；g_d 称为 Q 点处的动态电导。

$$r_d=\frac{1}{g_d}$$

其中：r_d 称为 Q 点处的动态电阻。则有

$$r_d=f'(U_0)=\frac{1}{g'(U_0)}$$

$$\Delta u(t)=r_d\Delta i \tag{12-23}$$

由此可知，在微变信号 Δu_S 作用下，非线性电阻转化为线性电阻，即工作点 Q 处的动态电阻，大小为非线性电阻伏安特性曲线在 Q 点处的斜率 $g'(U_0)$的倒数，满足形式上的欧姆定律，如式(12-23)所示，对应的动态电阻模型如图 12.17(d)所示。

当电路在 U_S 上有一个增量信号 Δu_S 时，将非线性电阻线性化处理，等效为一个线性电阻，可以根据叠加定理分别求出 U_S 和 Δu_S 作用时产生的响应的叠加，如图 12.17(a)(b)(c)所示，响应电压 u、电流 i 是在静态工作点 $Q(U_0、I_0)$附近有一个增量 Δu、Δi，对应如图 12.17(e)所示电路中的直流负载线上移或下移，与非线性电阻的伏安特性的交点。则有

$$u=U_0+\Delta u=U_0+r_d\Delta i,\quad i=I_0+\Delta i,\quad \Delta u'_S=(R_S+r_d)\Delta i$$

$$\Delta u=r_d\Delta i=\frac{r_d}{R_S+r_d}\Delta u_S \tag{12-24}$$

同理，电路如图 12.18(a)所示，含有一个流控型非线性电阻元件，伏安特性如图 12.18(e)所示，表示为 $u=f(i)$，如果在电流源 I_S 上有一个微小信号电流源 $\Delta i_S(t)$，同时作用于电路。

非线性电阻元件 R 在电流源 I_S 作用下，电路如图 12.18(b)所示，点 $Q(I_0,U_0)$称为非线性电阻 R 的直流工作点，也称为静态工作点。

二者共同作用在电阻上产生的电压为

$$u=f(I_0)+\Delta u(t) \tag{12-25}$$

应用泰勒公式展开，式(12-25)可写为

$$u(t)=f(I_0)+\Delta u(t)=f[I_0+\Delta i(t)]=f[I_0]+f'(I_0)\Delta i(t)+\frac{1}{2}f''(I_0)\Delta^2 i(t)+\cdots \tag{12-26}$$

由于 $\Delta i_S(t)$很小，$\Delta i(t)$也很小，可以略去泰勒展开式的高阶导数项，则有

$$\Delta u(t)=f'(I_0)\Delta i(t)$$

$$\Delta u(t)=r_d\Delta i(t) \tag{12-27}$$

$$r_d=f'(I_0) \tag{12-28}$$

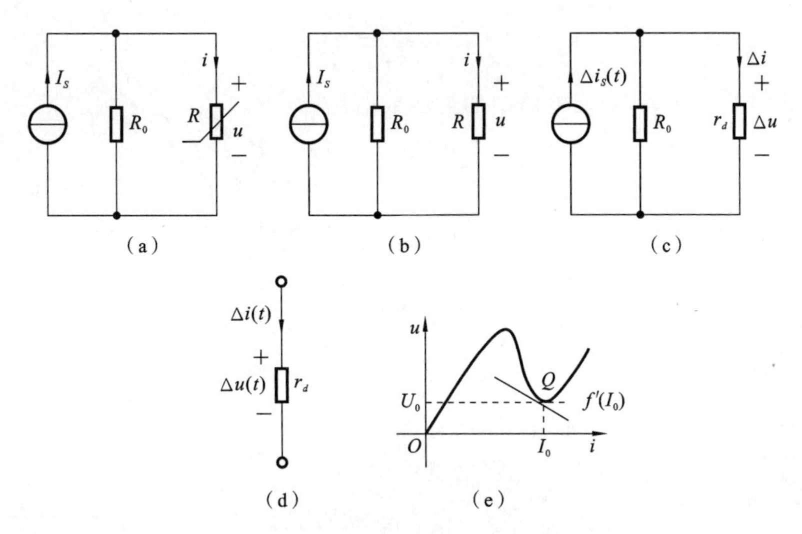

图 12.18 小信号法——微小电流源信号

其中：$f'(I_0)$为电压 $u=f(i)$在工作点 $Q(I_0,U_0)$的一阶导数值，称为动态电阻。$f'(I_0)$的几何意义：在点 $Q(U_0,I_0)$的一条斜率，如图 12.18(e)所示，非线性电阻的动态电阻模型如图 12.18(d)所示。

式(12-23)与式(12-27)说明，非线性电阻的小信号特性满足形式上的欧姆定律：小电压信号通过非线性电阻时产生的小电流响应等于动态电导乘以微小电压激励；小电流信号通过非线性电阻时产生的小电压响应等于动态电阻乘以微小电流激励。

由此可知，当电路中有一个微小信号变化时，可围绕静态工作点 Q 建立一个局部的近似线性模型，把非线性电阻转化为线性电阻，应用叠加定理来分析计算，这种方法称为小信号法。

2. 非线性电阻电路的小信号分析

由非线性电阻的小信号特性可知，求解微小信号的响应就是将非线性电阻线性化处理：在微变条件下，非线性电阻等效为线性电阻，运用等效电路模型代替原来非线性电阻元件，用动态电阻代替非线性电阻，使非线性电路转化为线性电路。这样得到的电路称为小信号等效电路。

根据叠加定理，将原电路等效为直流电源作用下电路和微小信号作用下的电路两部分，求出电路中的电压或电流。

可以看出电路经过线性化处理后，简化了电路分析。

该步骤如下。

(1) 求工作点 Q：令 $\Delta u_S=0$，画出直流电源作用下的模型，代入式(12-18)、式(12-19)。

(2) 求动态电阻 r_d：

$$r_d=\left.\frac{\mathrm{d}u}{\mathrm{d}i}\right|_{I_0}$$

并画出等效模型。

(3) 求小信号电路的解：

$$\Delta u(t)=\frac{r_d}{r_d+R}\Delta u_S(t)$$

或

$$\Delta i(t)=\frac{\Delta u_S}{r_d+R}$$

(4) 根据叠加定理,求出电路中的电压或电流:

$$u=U_0+\Delta u(t),\quad i=I_0+\Delta i(t)$$

例 12-6 某非线性电阻元件的伏安特性为 $u=f(i)=i^2+i+4$,(1) 求 $i=2$ A 时的动态电阻和小信号等效电路;(2) 设电压有一个微小信号增量 $\Delta u=\pm 3$ mV,求电流增量 $\Delta i(t)$。

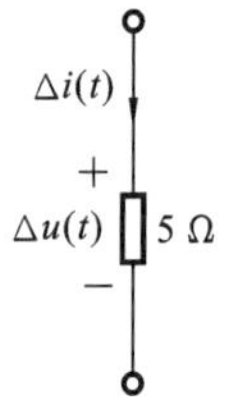

图 12.19 例 12-6 图

解 (1) 动态电阻:

$$r_d=f'(2)=\frac{\mathrm{d}}{\mathrm{d}t}(i^2+i+4)\bigg|_{i=2}=5\ (\Omega)$$

小信号等效电路如图 12.19 所示。

(2) 电流增量:

$$\Delta i(t)=\frac{\Delta u(t)}{r_d}=\frac{\pm 3}{5}=\pm\frac{3}{5}\ (\mathrm{mA})$$

例 12-7 电路如图 12.20(a)所示,已知直流电压源 $U_S=12$ V,非线性电阻伏安特性为 $u=i^2+6(i\geqslant 0)$。(1) 求静态工作点 Q;(2) 求动态电阻 r_d;(3) 若有一个信号增量 $\Delta u_S(t)=\sin\omega t$,用小信号分析法求电流 i。

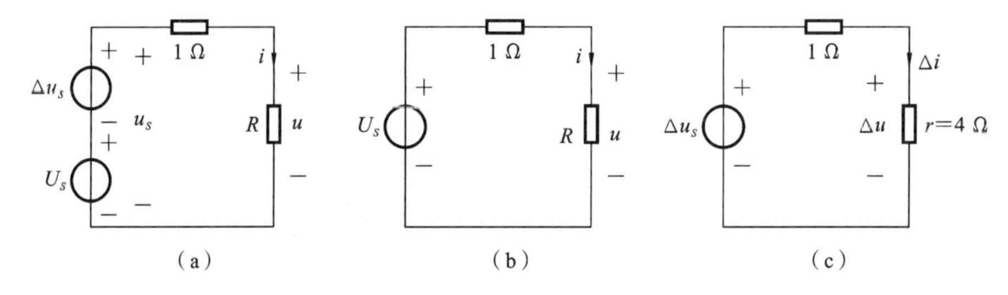

图 12.20 例 12-7 图

解 (1) 求静态工作点 Q。令 $\Delta u_S=0$,如图 12.20(b)所示。

列写方程如下:

$$12=Ri+u=i+u \qquad (1)$$

$$u=i^2+6(i\geqslant 0) \qquad (2)$$

联立方程(1)(2),解得

$$I_0=2\ (\mathrm{A})(-3\ \mathrm{A}\ 舍去)$$

则代入方程(2)中得

$$U_0=10\ (\mathrm{V})$$

静态工作点 Q 为(2 A,10 V)。

(2) 求动态电阻 r_d:

$$r_d=\frac{\mathrm{d}u}{\mathrm{d}i}=2i\bigg|_{i=2}=4\ (\Omega)$$

小信号等效电路模型如图 12.20(c)所示。

(3) 求小信号 $\Delta u_S(t)=\sin(\omega t)$的电流响应,令 $U_S=0$,则有

$$\Delta i(t)=\frac{\Delta u_S(t)}{r_d+1}=\frac{1}{5}\sin(\omega t)$$

(4) 求电流 i。由叠加定理,有

$$i=I_0+\Delta i(t)=2+\frac{1}{5}\sin(\omega t)$$

12.3.2　折线法

若非线性元件的伏安特性曲线用若干段折线近似地表示,使其特性曲线线性化,这种方法称为折线法(又称分段线性化法)。这样非线性电路等效为若干个线性化电路模型,简化了非线性电路的分析。

折线法可用于大信号电流或电压分析,当大信号作用于非线性电路时可以将非线性曲线进行分段线性化处理。一条曲线由若干条线段近似表示,其分段越多,与伏安特性越相似,误差越小。

电路如图 12.21(a)所示,非线性电阻 R 的伏安关系如图 12.21(b)所示,由 O-a-b 段曲线构成,根据折线法,用 Od 和 db 直线段近似表示。

在 Od 直线段,$t_1\leqslant t<\infty$,$0<i<i_1$,电流由大变小,逐渐为 0,伏安关系表示为

$$u=k_1 i=R_2 i$$

其中:R_2 是 Od 直线段的斜率,电路等效如图 12.21(c)所示,且有

$$u(i_1)=R_2 i_1$$

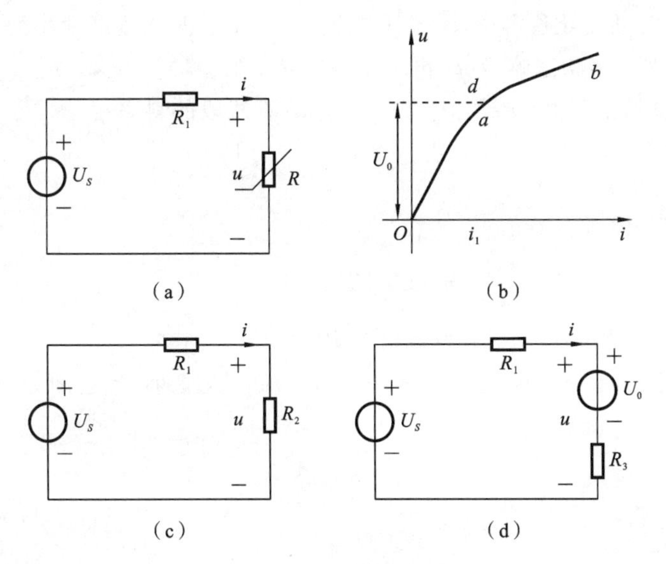

图 12.21　折线法

在 db 直线段,由于 $0\leqslant t\leqslant t_1$,$i_1<i<\infty$,则

$$u-u(i_1)=k_2(i-i_1),\quad u-R_2 i_1=R_3(i-i_1)$$

从而得到伏安关系为

$$u=R_3 i+(R_2-R_3)i_1$$

其中:R_3 是 db 直线段的斜率,电路等效如图 12.21(d)所示。

例 12-8　图 12.22(a)所示的电路中,一个非线性电阻与线性电容 C 串联,且 $C=1\ \mathrm{F}$,激励源 $U_S=2\varepsilon(t)$,电路的初始状态为零,非线性电阻的伏安特性如图 12.22(b)所示,曲线由 Oa 段及 ab 段组成,$U_0=3\ \mathrm{V}$,求响应 $u_C(t)$。

通过分析可知,非线性电阻 R 的伏安关系如图 12.22(b)所示,由 O-a-b 段曲线构

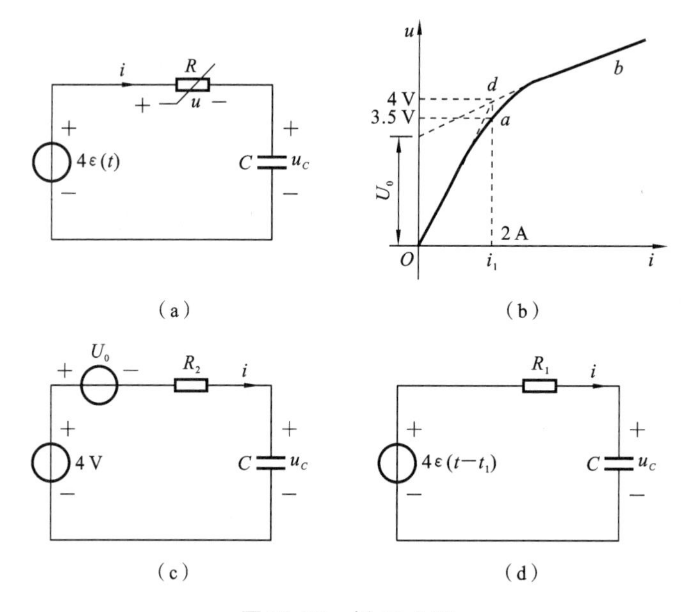

图 12.22　例 12-7 图

成，根据折线法，可用 Od 和 db 直线段近似代替。电流变化趋势：电容在起初充电状态电流最大，随着时间变化逐渐变小为 0；电流 $i=i_C$；随着时间逐渐变小为 0；对应时间 t：$0^{-\infty}$。求解时，先求零状态响应 u_C 再求全响应 u_C。

在 db 直线段，由于 $0\leqslant t\leqslant t_1$，$i_1<i<\infty$，$db$ 直线段的斜率：

$$k_2=R_2=\frac{4-3}{2}=\frac{1}{2}$$

伏安关系表示为

$$u=U_0+R_2 i=3+\frac{1}{2}i$$

电路等效如图 12.22(c)所示，u_C 为零状态响应。

在 Od 直线段，由于 $t_1\leqslant t<\infty$，$0<i<i_1$，电流由大变小，且逐渐为 0，Od 直线段的斜率：

$$k_1=R_1=\frac{4}{2}=2$$

伏安关系表示为

$$u=R_1 i=2i$$

等效电路如图 12.22(d)所示，求具有初始储能 $u_C(t_1)$ 且在 U_S 作用下的全响应 $u_C(t)$。

解　用折线近似法。

(1) 在 ab 段，由于 $0\leqslant t\leqslant t_1$，$i_1<i<\infty$，求零状态响应。

等效为直线 db，db 段的斜率为

$$k_1=R_1=\frac{4}{2}=2\ (\Omega),\quad U_S=4\ (\text{V}),\quad \tau_2=R_2C=\frac{1}{2}\times 1=\frac{1}{2}\ (\text{S})$$

零状态响应为

$$u_C=(U_S-U_0)(1-e^{-\frac{t}{\tau}})=(4-3)(1-e^{-\frac{t}{1/2}})=e^{-2t}\varepsilon(t)$$

(2) 在 Oa 段，由于 $0\leqslant t<t_1$，$0<i<i_1$，求全响应。

等效为直线 Od，Od 段的斜率为

$$k_1=R_1=\frac{4}{2}=2\ (\Omega)$$

初始值：

$$u_C(t_1)=4-3.5=0.5\ (\mathrm{V}),\quad \tau_1=R_1C=2\times1=2\ (\mathrm{S})$$

由于 $t\to\infty$，则有

$$i_C=0\ (\mathrm{A}),\ t\to\infty,\quad u_C(\infty)=4\ (\mathrm{V})$$

由三要素法，知

$$u_C(t)=u_C(\infty)+[u_C(t_1)-u_C(\infty)]\mathrm{e}^{-\frac{t-t_1}{\tau}}=4+(0.5-4)\mathrm{e}^{-\frac{t-0.35}{2}}\varepsilon(t-0.35)$$
$$=4+3.5\mathrm{e}^{-\frac{t-0.35}{2}}\varepsilon(t-0.35)\quad(t\geqslant t_1)$$

12.4 非线性范围的运算放大器

第 3 章分析了运算放大器的工作特性，工作在线性范围 $-\varepsilon<u_d<\varepsilon$ 内，如图 12.23(a)所示，A 为斜率，是运算放大器的电压增益，且 A 非常大，输出电压范围为正负几伏至正负十几伏。

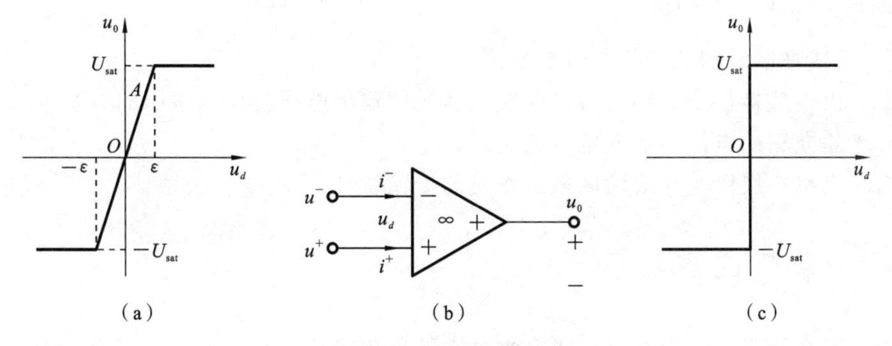

图 12.23 运算放大器

理想运算放大器(简称理想运放器)是电压放大倍数为无穷大的运放器，电路符号如图 12.23(b)所示。它有两个区域，一个为线性区域，具有放大作用；另一个为非线性区域，处于饱和状态。理想运算放大器的输出电压达到饱和值，$\pm U_{sat}$ 称为饱和电压值。

1. 线性区域

由于

$$u_0=Au_d \tag{12-29}$$

其中：$-\varepsilon<u_d<\varepsilon$；$-u_{sat}<u_0<u_{sat}$。

$$u_d=\frac{u_0}{A}=ku_0 \tag{12-30}$$

$$-\frac{u_{sat}}{A}<u_d<\frac{u_{sat}}{A}\to -ku_{sat}<u_d<ku_{sat} \tag{12-31}$$

线性区域具有以下两个特性。

(1) 虚断(路)性质(输入电阻 $R_{in}=\infty$)：

$$I^+=I^-=0 \tag{12-32}$$

(2) 虚短(路)性质：

$$U_d = U_b - U_a \doteq 0$$
$$U^+ = U^- \tag{12-33}$$

2. 非线性区域(饱和区域)

非线性区域具有以下两个特性。

(1) 虚断(路)性质(输入电阻 $R_{in}=\infty$)：

$$I^+ = I^- = 0 \tag{12-34}$$

(2)
$$U_d = U_b - U_a \neq 0,\quad U^+ \neq U^- \tag{12-35}$$

此时,电压放大倍数为无穷大,则有

$$u_0 = \pm U_{sat} \tag{12-36}$$

$$|u_d| = \frac{u_0}{A} = \frac{\pm U_{sat}}{A} = u^+ - u^- \tag{12-37}$$

当 $u_d = u^+ - u^- > 0$ 时,有

$$u_0 = U_{sat} \tag{12-38}$$

当 $u_d = u^+ - u^- < 0$ 时,有

$$u_0 = -U_{sat} \tag{12-39}$$

特性曲线如图 12.23(c)所示。

3. 非线性区域的工作特性分析步骤

(1) 由运放器性质,建立线性、非线性区域的输出电压与输入电压的关系。

(2) 建立输入电压与输入电流的关系。

(3) 求出在线性与非线性区域工作时的传输特性 $i_I = f(u_I)$关系。

12.5 章节回顾

(1) 非线性元件参数与电压或电流具有某种非线性函数关系,不满足欧姆定律,注意与线性电路元件的区别。线性电阻元件的参数与电压、电流均无关,伏安关系是线性关系,满足欧姆定律。

非线性电阻元件分为以下几种。

① 单调电阻:电压是电流的单调函数,$u=f(i)$,同时电流是电压的单调函数,$i=f(u)$,如二极管、晶体管等非线性元器件。

非线性电阻元件在直流电源及交流信号源作用下,呈现的电阻特性用静态电阻及动态电阻来描述。

(a) 静态电阻:非线性电阻元件在直流工作状态下 Q 点处的电压与电流之比。其表达式为

$$R = \frac{u}{i} = \frac{U_0}{I_0}$$

当一端口的伏安关系为

$$u = U_{oc} - iR_{eq} = U_S - iR_S$$

外接非线性电阻元件,其伏安特性为

$$i = f(u)$$

二者联立求解，解得的电压和电流即为 Q 点，称为非线性电阻元件的静态工作点。

几何解释：直线 $u=U_{oc}-iR_{eq}$ 与曲线 $i=f(u)$ 的交点。

(b) 动态电阻：非线性电阻元件在动态工作状态下 Q 点处电压对电流的导数，即 Q 点处曲线 $u=f(i)$ 的切线。其表达式为

$$r_d=\left.\frac{\mathrm{d}u}{\mathrm{d}i}\right|_{i=I_0}=f'(i)\,|_{i=I_0}$$

求 Q 点的两种方法：解析法和图解法。第一种方法较准确，第二种方法较直观。

② 压控电阻。

电流是电压的单值函数，电压不是电流的单值函数，称为电压控制型电阻（简称压控电阻）。

③ 流控电阻。

电压是电流的单值函数，电流不是电压的单值函数，称为电流控制型电阻。

(2) 非线性电感元件。

① 单调电感。

单调电感元件特性由 Ψ-i 曲线表示，Ψ 是 i 的单值函数，则有

$$\Psi=f(i)$$

其中 i 是 Ψ 的单值函数，则有

$$i=g(\Psi)$$

② 流控电感。

Ψ 是 i 的单值函数，而 i 不是 Ψ 的单值函数，称为电流控制型电感（简称流控电感）。函数表达式为

$$\Psi=f(i)$$

③ 磁控电感。

i 是 Ψ 的单值函数，而 Ψ 不是 i 的单值函数，这种电感元件称为磁通链控制型电感（简称磁控电感）。函数表达式为

$$i=g(\Psi)$$

④ 既非流控也非磁控的电感。

i 不是 Ψ 的单值函数，Ψ 也不是 i 的单值函数，如变压器的铁芯，Ψ-i 曲线为磁滞回线，是因为铁磁材料具有磁滞特性，$\Psi\propto B$，$i\propto H$，即 B-H 曲线是磁滞回线。

⑤ 电压与磁通链的关系为

$$u=\frac{\mathrm{d}\Psi}{\mathrm{d}t}$$

韦安关系为

$$\Psi=f(i)$$

伏安关系为

$$u=\frac{\mathrm{d}\Psi}{\mathrm{d}t}=\frac{\mathrm{d}\Psi}{\mathrm{d}i}\frac{\mathrm{d}i}{\mathrm{d}t}=\frac{\mathrm{d}f(i)}{\mathrm{d}i}\frac{\mathrm{d}i}{\mathrm{d}t}$$

(3) 非线性电容元件。

① 单调电容。

当电压 u 增大或减小时，q 单调增大或减小，具有单调特性，单调电容元件特性由 q-u 曲线表示。q 是 u 的单值函数，则有

$$q=f(u)$$

其中 u 是 q 的单值函数，则有

$$u=g(q)$$

② 压控电容。

q 是 u 的单值函数，u 不是 q 的单值函数，q-u 特性不具有单值性。

③ 荷控电容。

u 是 q 的单值函数，q 不是 u 的单值函数，称为荷控电容。

④ 伏安关系。

⑤ 电流与电荷量关系为

$$i=\frac{\mathrm{d}q}{\mathrm{d}t}$$

库伏关系为

$$q=f(u)$$

伏安关系为

$$i=\frac{\mathrm{d}q}{\mathrm{d}t}=\frac{\mathrm{d}q}{\mathrm{d}u}\frac{\mathrm{d}u}{\mathrm{d}t}=\frac{\mathrm{d}f(u)}{\mathrm{d}u}\frac{\mathrm{d}u}{\mathrm{d}t}$$

(4) 非线性电路的方程。

非线性电路的分析可以根据基尔霍夫电压定律及电流定律、线性元件和非线性元件的 VA 关系(含非线性方程)，列写一组非线性代数方程或微分方程，进而求解电路。

① 非线性电阻电路。

含非线性电阻电路的方程是一组非线性代数方程。

拓扑约束：KVL 及 KCL。支路约束：VAR 关系(含非线性方程)。

② 非线性电感电路。

含非线性电感的电路方程是非线性微分方程。

拓扑约束：KVL 及 KCL。支路约束：VA 关系(含非线性方程)。

③ 非线性电容电路。

含非线性电容的电路方程是非线性微分方程。

拓扑约束：KVL 及 KCL。支路约束：VA 关系(含有非线性方程)。

通常选择非线性电容的电荷量 q 为状态变量，根据 KVL 及 KCL 列写一组非线性微分方程。

(5) 非线性电阻电路分析。

当电路中有微小信号变化(或者干扰)及大信号变化时，可以采用以下较简便的方法。

① 小信号法：在微变信号作用下，非线性电阻转化为线性电阻，即工作点 Q 处的动态电阻 r_d，大小等于 Q 点处非线性电阻伏安特性曲线的斜率 $f'(I_0)$，且有 $\Delta u(t)=f'(I_0)\Delta i(t)$，围绕 Q 点建立一个局部的近似线性模型，把非线性电阻转化为线性电阻，使用叠加定理分析计算电路中电压或电流。

具体步骤如下。

(a) 求工作点 Q：令 $\Delta u_S=0$，画出直流电源作用下的模型，联立式(12-18)与式(12-19)，求出 U_0、I_0。

(b) 求动态电阻 r_d：

$$r_d=\left.\frac{\mathrm{d}u}{\mathrm{d}i}\right|_{I_0}$$

或动态电导 g_d：

$$g_d=\left.\frac{\mathrm{d}i}{\mathrm{d}u}\right|_{U_0}$$

并画出等效模型。

(c) 求小信号电路的解：

$$\Delta u(t)=\frac{r_d}{r_d+R}\Delta u_S(t) \quad 或 \quad \Delta i(t)=\frac{\Delta u_S}{r_d+R}$$

(d) 根据叠加定理，求出电路中的电压 $u=U_0+\Delta u(t)$，或电流 $i=I_0+\Delta i(t)$。

② 分段线性化法，又称折线法。将非线性元件的伏安特性曲线用若干段适当的直线近似表示，使特性曲线线性化，如非线性电路等效为若干个线性化电路模型。近似折线法可用于大信号电流或电压分析。

(6) 非线性范围的运算放大器。

理想运算放大器有两个工作区域：一个为线性区域，具有放大作用；另一个为非线性区域，处于饱和状态。理想运放器输出电压达到饱和值，$\pm U_{sat}$ 称为饱和电压值。

① 线性区域：

$$u_0=Au_d$$

其中

$$-\varepsilon<u_d<\varepsilon, \quad -u_{sat}<u_0<u_{sat}$$

$$u_d=\frac{u_0}{A}ku_0, \quad -\frac{u_{sat}}{A}<u_d<\frac{u_{sat}}{A}\rightarrow -ku_{sat}<u_d<ku_{sat}$$

它具有以下两个特性。

(a) 虚断(路)性质：

$$I^+=I^-=0$$

注意：输入电阻 $R_{in}=\infty$。

(b) 虚短(路)性质：

$$U_d=U_b-U_a\doteq 0, \quad U^+=U^-$$

② 非线性区域(饱和区域)具有以下两个特性。

(a) 虚断(路)性质：

$$I^+=I^-=0$$

注意：输入电阻 $R_{in}=\infty$。

(b) 虚短(路)性质：

$$U_d=U_b-U_a\neq 0, \quad U^+\neq U^-$$

由于电压放大倍数为无穷大，故有

$$u_0=\pm U_{sat}, \quad |u_d|=\frac{u_0}{A}=\frac{\pm U_{sat}}{A}=u^+-u^-$$

当 $u_d=u^+-u^->0$ 时，有

$$u_0=U_{sat}$$

当 $u_d=u^+-u^-<0$ 时，有

$$u_0=-U_{sat}$$

③ 分析步骤。

(a) 由运放器性质，建立输出电压与输入电压的关系，用输出电压表示输入电压。

(b) 建立输入电压与输入电流的关系。

(c) 求出在线性与非线性区域工作时的传输特性，即

$$i_I = f(u_I)$$

12.6 习题

12-1 电路如图 12.24 所示。已知非线性电阻的 u-i 特性为 $i=g(u)=2\sqrt{u}$，且激励电压源 $u_S=18$ V，求电流 i。

12-2 图 12.25 所示的电路中，非线性电感元件的 Ψ-i 特性为 $\Psi(i)=i+\text{th}i$，且 $i=\sin t$，求电感电压 u。

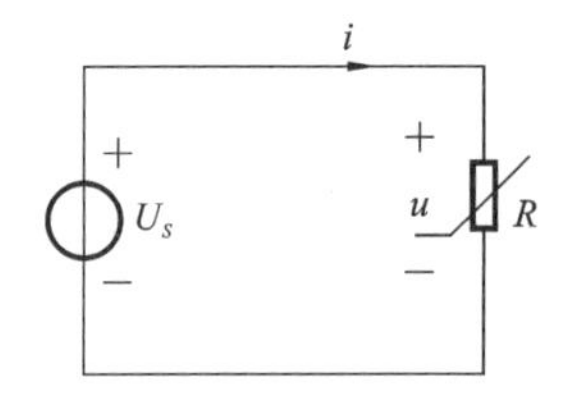

图 12.24 题 12-1 图

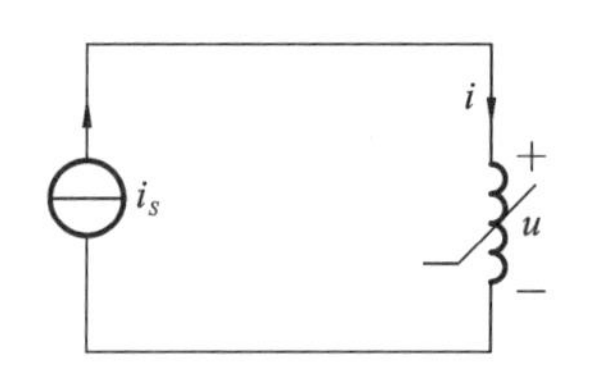

图 12.25 题 12-2 图

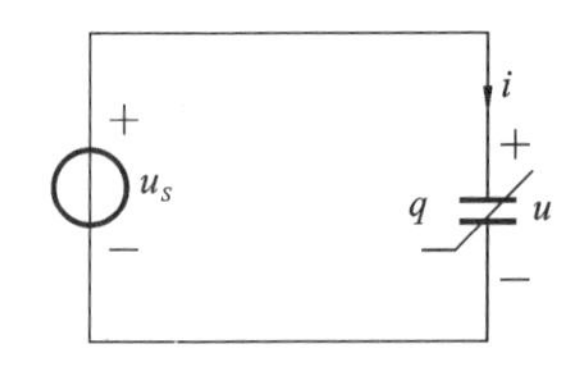

图 12.26 题 12-3 图

12-3 电路如图 12.26 所示。已知非线性电容的 q-u 特性为 $q=\frac{1}{2}u^2C$，电压源 $u_S=1+\frac{1}{2}\sin t$，求电容电流 i。

12-4 电路如图 12.27(a)所示，试列出该回路的回路电流方程(设 1，4，6 为树支)。已知非线性电阻 R_1 为压控元件，伏安关系为 $I_1=g(U_1)$，非线性电阻 R_2 为流控元件，伏安关系为 $U_2=f(I_2)$(提示：把压控元件 1 取为树支，把流控元件 2 取为连支，如图 12.27(b)所示。)

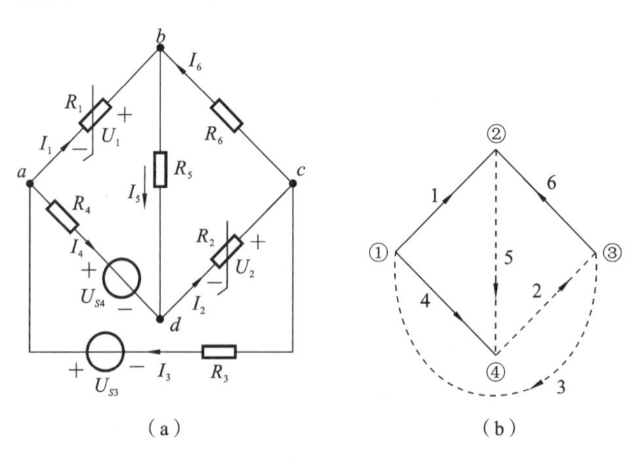

图 12.27 题 12-4 图

12-5 图 12.28 所示的电路中，已知 $U_S=8$ V，$R_1=R_2=2$ Ω，$R_3=1$ Ω，非线性电阻 R 的伏安特性为 $i=u^2-u+1.5$，用解析法及图解法求 u 和 i。

12-6 已知非线性电路如图 12.29 所示，直流电压源 $U_0=40\ \text{V}$，若有一个微小信号增量 $\Delta u_S(t)=\pm 2\ \text{mV}$，电阻 $R=12\ \Omega$，非线性电阻元件伏安关系为 $u(t)=4i^2$，求电路的电流 i。

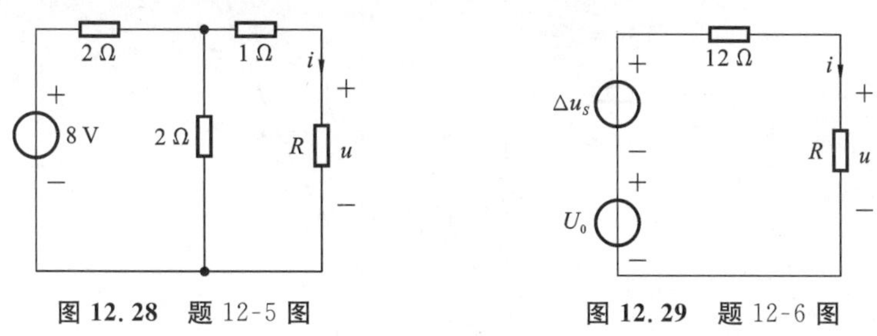

图 12.28　题 12-5 图　　　　图 12.29　题 12-6 图

12-7 图 12.30 所示的电路中，$U_S=4\ \text{V}$，小信号电压 $u_S(t)=15\cos(\omega t)$，已知非线性电阻 R 的伏安特性为 $\begin{cases} i=\dfrac{1}{50}u^2 & (u>0) \\ i=0 & (u<0) \end{cases}$，试用小信号分析法求非线性电阻的电压和电流。

12-8 电路如图 12.31 所示。已知直流电流源 $I_0=10\ \text{A}$，信号源电流 $i_S=\sin t$，非线性电阻 R 的伏安特性为 $\begin{cases} i=u^2 & (u>0) \\ i=0 & (u<0) \end{cases}$，求电压 u。

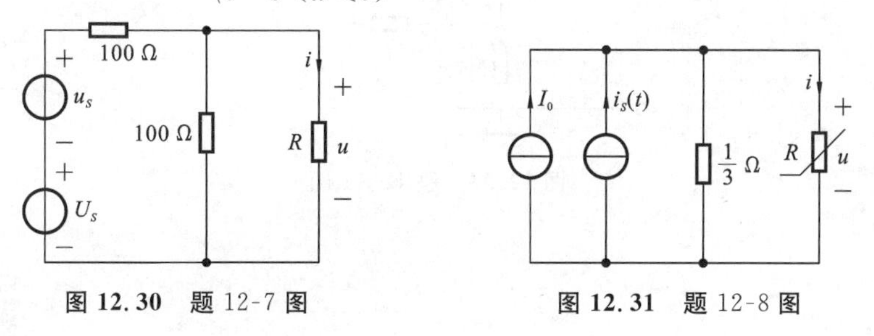

图 12.30　题 12-7 图　　　　图 12.31　题 12-8 图

12-9 图 12.32(a)所示的电路中，$I_0=4\ \text{A}$，一个非线性电阻与线性电感 L 并联，非线性电阻 R 元件特性如图 12.32(b)所示，已知初始状态为零状态，求响应 $i_L(t)$。

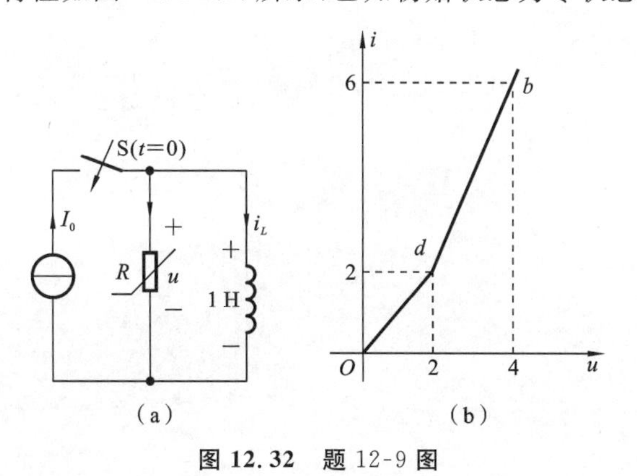

(a)　　　　(b)

图 12.32　题 12-9 图

12-10 电路如图 12.33(a)所示。直流电压源 $U_S=3.5\ \text{V}$，$R_1=1\ \Omega$，非线性电阻的伏安特性如图 12.33(b)所示，它由三段曲线组成：Oa 段、ab 段和 bc 段。(1) 用图解法求静态工作点 Q；(2) 用分段线性化折线法求解静态工作点 Q（提示：近似直线方程 Oa 段中有 $u=i$；ab 段中有 $u=2i-1$；bc 段中有 $u=3i-1$）。

12-11　试分析图 12.34 中的理想运放器工作在非线性区域的传输特性 $i_I=f(u_I)$。

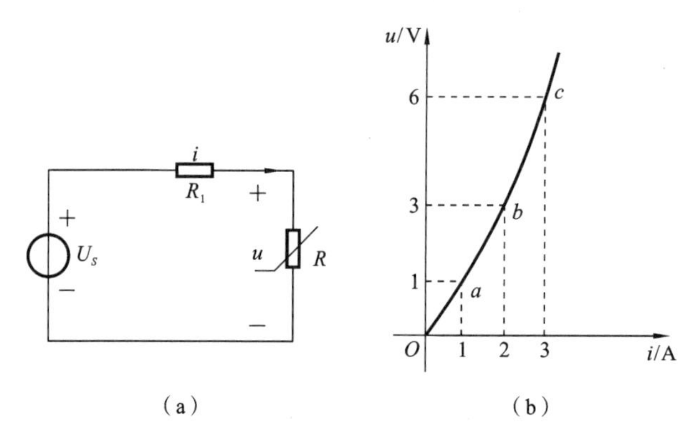

（a）　　　　　　（b）

图 12.33　题 12-10 图

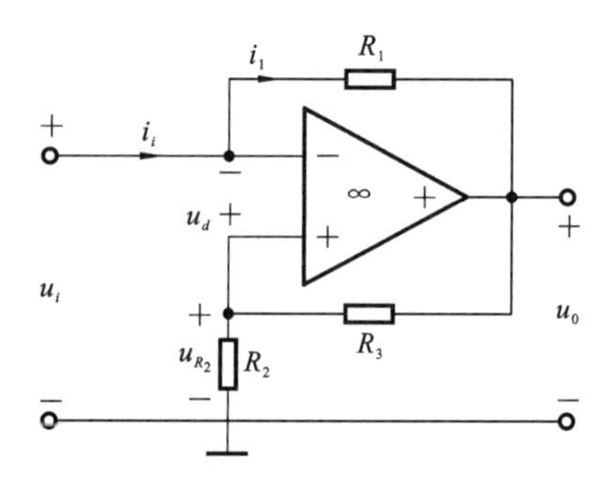

图 12.34　题 12-11 图

习题答案 12

参 考 文 献

[1] 邱关源. 电路[M]. 5 版. 北京:高等教育出版社,2008.

[2] 李瀚荪. 电路分析基础[M]. 5 版. 北京:高等教育出版社,2019.

[3] 张永瑞. 电路分析基础[M]. 4 版. 西安:西安电子科技大学出版社,2019.

[4] 周守昌. 电路原理[M]. 2 版. 北京:高等教育出版社,2004.

[5] 刘健,刘良成. 电路分析[M]. 3 版. 北京:电子工业出版社,2020.

[6] 江泽佳. 电路原理[M]. 3 版. 北京:高等教育出版社,2002.

[7] (美)James W. Nilsson, Susan A. Riedel. 电路[M]. 10 版. 周玉坤,冼立勤,李莉,等,译. 北京:电子工业出版社,2020.

[8] 张荆沙,葛蓁. 电路分析基础[M]. 武汉:华中科技大学出版社,2019.

[9] 刘文胜,陈雪娇. 电路分析简明教程[M]. 武汉:华中科技大学出版社,2018.

[10] 钱建平. 电路分析[M]. 3 版. 北京:北京理工大学出版社,2016.

[11] 张永瑞,王松林. 电路基础教程[M]. 北京:高等教育出版社,2005.

[12] 陈希有. 电路理论基础[M]. 3 版. 北京:高等教育出版社,2004.

[13] 余本海. 电路简明教程[M]. 北京:中国水利水电出版社,2011.

[14] (美)Charles K. Alexander, Matthew N. O. Sadiku. 电路基础[M]. 3 版. 于歆杰,译. 北京:清华大学出版社,2008.

[15] 刘原. 电路分析基础[M]. 4 版. 北京:电子工业出版社,2020.

[16] 施娟,晋良念,周茜. 电路分析基础[M]. 2 版. 西安:西安电子科技大学出版社,2021.

[17] 王源. 电路分析基础[M]. 西安:西安电子科技大学出版社,2019.

[18] (美)Robert L. Blylestad. 电路分析导论[M]. 12 版. 陈希有,张新燕,李冠林,等,译. 北京:机械工业出版社,2014.

[19] 刘景夏,胡冰新,张兆东,等. 电路分析基础[M]. 北京:清华大学出版社,2012.